改訂版 世界一わかりやすい 阪大の理系数学 合格講座

OSAKA

池谷 哲
Satoshi Ikeya

＊本書は，小社より 2019 年に刊行された『世界一わかりやすい　阪大の理系数学　合格講座』の改訂版であり，大阪大学「数学（理系）」の最新動向に最大限の配慮をするために加筆・修正をしたものです。

はじめに

本書は，高校の数学を一通り勉強して，これから阪大合格に向けて本格的な対策に入ろうとする受験生のための参考書です。阪大は数学Ⅲからの出題が多い大学ですが，数学Ⅲの学習が終わっていない人もいるでしょうから，数学Ⅰ·A·Ⅱ·Bの内容を前半(第7章まで)に，数学Ⅲの内容を後半(第8章以降)に配列しました。もし数学Ⅰ·A·Ⅱ·Bが既習ならば，本書を使い始めて大丈夫です。

本書で扱う問題(60題)は，すべて阪大の過去問(理系53題，理文共通6題，文系1題)としました。阪大に合格するためには，どこかで阪大の過去問を研究する必要があるからです。「十分な実力がついてから過去問にチャレンジしよう」と考えている人も多いかもしれませんが，先に阪大の過去問研究をし，その後で自分の弱点を知って，それをひとつずつツブしていく方が効率的です。その研究のため，阪大数学の特徴がよく出ている

The 阪大な問題

を集めました。さらに難易度については，阪大受験生なら誰でも解けるようなサービス問題ではなく，あるいは一部の数学超人しか解けない難問でもない

★阪大に合格するためには解けなければならないが，
1人で勉強するのが難しい問題
★少し難しいけど頑張って解ければ、
阪大入試でアドバンテージがとれる問題

を選びました。

詳しくは次の「阪大理系数学の特徴」で説明しますが，

阪大の問題は「重い」「重厚」

とよくいわれます。計算や記述量が多く(重い)，深い理解を求める(重厚)問題が多いからでしょう。しかし，裏を返せば

本番ではそんなにたくさん解けなくても合格できる

ということです。

では，阪大の二次試験で何割くらいとればよいと思いますか？

ここでお詫びしないといけないことがあります。この改訂版を執筆しているのは，2022 年度入試の直後なのですが，2020～2022 年の 3 年間，阪大の問題がやや易しかったんです。とくに 2022 年は，少し難しい問題集をこなしていれば，一度はどこかでやったことのある問題のセットでした。この傾向がたまたまなのか，これからも続くのかはわかりません。とくに，2021・2022 年については，コロナで十分に勉強ができなかった受験生への配慮という可能性もあり，そうだとすると，コロナが沈静化すると，また，元の難易度にもどるかもしれません。

また，2022 年度は共通テストの平均点が大幅に下がりました。いくつかの教科では平均点が“史上最低点”になっています。現時点ではわかりませんが，阪大受験生の共通テストの平均点も激変していると思います。

ですから，ここからのお話は，“これまでの阪大理系数学の長い歴史をふまえて”のものです。あなたが受験されるときは，阪大が発表されている入試成績結果(Web ページがあります)や，予備校が発表されるボーダーラインなどを参考にして，あなたに合った受験戦略を立ててくださいね。

では，話をもどします。たとえば，2021 年のデータですと，工学部応用自然学科の場合，共通テスト 300 点と二次試験 700 点の合計 1,000 点です。合格最低点は 555 点，合格者平均で 605 点，合格者の共通テスト平均点は 242 点(80%)です。共通テストで合格者平均をとっていれば，二次試験で何割とればよいのでしょうか。合格最低点ならば 313 点(45%)，合格者平均でも 363 点(52%)です。つまり，

5割でよい

のです。医学部医学科はさすがにもう少し高いですが，それでも 7 割まではいきません。

	工学部応用自然学科 A 配点	医学部医学科
合計	555／1,000	1,455／2,000
共通テスト	242／300	450／500
二次試験	313／700（45%）	1,005／1,500（67%）

数学で稼ぐ人，英語で稼ぐ人，いろいろいると思いますが，全科目の得点率が等しいと仮定した場合，阪大理系の数学は例年 5 題構成なので，医学部なら 3 題強，他学部の場合は 2 ～ 3 題で合格できます。この事実を知っていましたか？

阪大理系の数学は150分の試験なので，この時間で3題を解ければよいとすると，1題あたり…50分！　もちろん残りの問題も少しは考えて難易度を見極める必要がありますが，それでも1題に40分くらいかけてよいということです。ところで，

1題を40分かけて解いたことありますか？

ほとんどの人はないかもしれません。10分以内に解ける問題しか解いたことがない人が，イキナリ40分かけて解くような問題に挑戦しても，そりゃキツイですよね。

さてそれでは，10分で解ける問題と40分かけて解く問題の違いは何でしょうか？　計算量が4倍になるのでしょうか？　それとも場合分けが15個くらいになるのでしょうか。そんな問題見たことないですよね(笑)。

昔，ポリア(George Pólya(1887–1985)：ハンガリー出身のアメリカの数学者)が，数学の問題を解くプロセスを4つに分類しました。

第一段階：「**理解**」
・その問題は何が与えられていて，何を求める(何を示す)のかを理解する段階
第二段階：「**計画**」
・与えられたものと求めたいもの(示したいもの)の関連を見つけ，その問題をどうやって解くのか計画を立てる段階
第三段階：「**実行**」
・計画を実行に移す，すなわち，実際に解答を作成する段階
第四段階：「**検討**」
・出てきた結果や導くプロセスが正しいか，他の解き方はないかなどを検討する段階

このような分類をした人は他にもいますが，概ね似たような分類です。ではあらためて質問です。10分で解ける問題と40分かけて解く問題の違いは何でしょうか？　そうです！　第一段階：「**理解**」と第二段階：「**計画**」があるかないかです。

阪大に限らず，いわゆる難関大学で，第三段階：「**実行**」のみで解ける問題(瞬間的に解法がわかって，いきなり解答を書き始められる問題)を並べると，みんな高得点となってしまって差がつかず試験になりません。ま

た，大学の先生は数学者なので，単に公式や定理が使えて，定型的な解法を知っているかを見たいわけではなく，一言でいえば，阪大で勉強する資格があるかどうか

自分の頭で考えることができる人物かどうか

を見たいのです。だからこそ，あんなに凝った問題を作成されるのです。そういう意味で，阪大の問題は非常に良問です。重厚ではありますが，

ひとつひとつのプロセスを丁寧に積み上げれば，
突飛な発想や飛び道具を使わなくても解ける

ように作られています。そこで本書では，ポリアがいうところの「**理解**」と「**計画**」に重点を置きました。

40 分かかる問題を 10 分で解くつもりでやっていたら，そりゃ解けませんよね。それだけのことです。これまで，解法パターンを暗記して，反射神経で問題を解いていた人，それはそれで大切です。無から有は生じませんからね。しかし，そういう他の人が作り上げてくれたものを身につける一方で，自分の頭で考える力をパワーアップさせていくことも大切です。

①「**理解**」②「**計画**」③「**実行**」④「**検討**」

のプロセスをひとつひとつ丁寧に積み上げていけば，阪大の入試で合格点がとれるんだということを忘れないでください。そのために，2 つ意識してほしいことがあります。

★ゆっくり解こう
★紙に書いて考えよう

です。「ゆっくり解こう」はここまでの話でわかってもらえますよね。「紙に書いて考えよう」は先ほどの「**理解**」「**計画**」に重点をおく，ということにつながっています。本書ではココをめちゃくちゃ詳しく，しつこく書きますが，これをあなたは自分で計算用紙（問題用紙の余白）にやらないといけないわけです。数学屋さんは紙に書いて考えるんです。人が頭の中だけで操作ができる情報の量はたかがしれています。頭で保持できないから，紙に保持してもらうんです。

あなたが今まで頑張って身につけた，さまざまな数学の力，考える力が阪大の素晴らしい問題を通して花開きますように。

では，始めましょう。

池谷　哲

阪大理系数学の特徴

★形式

・150 分 5 題で全題記述式。
・問題冊子は B5 判(開くと B4 判)，下書き用に余白がとられている。
・解答用紙は B4 判(縦長)で，大問 1 題につき 1 枚(裏面使用可)。
・解答冊子には解答用紙 5 枚と年によって白紙が折り込まれている。

どこか連続する2題が1ページにまとめられ　　残りの3題は1ページに1題ずつ

★合格に必要な得点率

学部によりますが，これまでですとざっくり，合格者平均は

共通テストでは，医学部以外で 80%，医学部で 90%

でした。これをクリアしていれば，

二次試験は，医学部以外で 50%，医学部で 70%

です。したがって，まずは

共通テストをちゃんと得点すること

二次科目の英，数，理はもちろんですが，国語や社会も手を抜いてはいけませんよ。そして，共通テストがしっかりとれれば，

二次は自分が解ける問題を選んで丁寧に解く

で OK です。

★傾向

融合問題が多い＆微分・積分が多い　数学Ⅰ・A・Ⅱ・Bでの融合問題もありますが，数学Ⅲの微分･積分（極限を含む）との融合問題が多いですね。「確率で n を入れておいて $n\to\infty$」とか，「図形で θ を入れておいて微分して最大・最小」などです。数学Ⅲ単体以外に，数学Ⅲがらみの問題もカウントすると，5 題中 4 題が数学Ⅲを使う問題という年度もあります。微分・積分と他分野の融合問題を見つけたら，とくに積極的に解きしょう。

数学的な読解力・思考力を要する問題が多い　阪大は旧七帝大の中でとくにヘビー級の問題が多いのですが，近年はそういった問題には絶妙な誘導（小問）がつくことが多いです。阪大というと「実行」の部分が重たいのでここに注目されがちですが，じつは丁寧な問題文や誘導的な小問で「理解」や「計画」を助けつつ，受験生の数学的な読解力・思考力を試す問題が多いです。

リアルな設定　阪大は基本理念のひとつに「実学の重視」が挙げられています。「大阪大学憲章」（Web ページにあります）の 6 番目ですが，ここに「基礎と応用のバランスに配慮して，現実社会の要請に応える教育研究を実践する。」とあります。こういう学風ゆえか，たとえば「半径 1」の円で一般性を失わない問題が「半径 r」として，より一般化された形で出題されたりします。また，問題文に文字定数がたくさん入っていたり，他大学に比べて複雑なものを扱うことが多いです。そのため，どうしても計算が重くなるので，計算力が重要となります。

★頻出分野

数学Ⅲの微分・積分　微分は接線，関数の増減への応用，積分は面積・体積などが多いです。要するに，グラフや図形など「具体的なもの」を扱う問題がよく出題されます。ただし後述するように，「数式そのもの」を扱う問題として，微分・積分の「不等式」への応用も頻出です。

極限　図形や確率と融合された軽いものから，極限単独の重たいものまで，とにかくよく出ます。また，「はさみうちの原理」を用いることが多く，そのため「不等式」も頻出分野となります。

不等式　証明，成立条件を求める問題が多いです。証明では図形の面積を比較して考える問題（「階段」と呼ばれています）がよく出題されます。このときのオチは「はさみうちの原理」を利用した極限です。また，不等式を作ることを「評価する」といったりしますので，本書の**第 10 章**で研究します。

多変数関数　これは近年の傾向なのですが，x, y の 2 文字，x, y, z の 3 文字が入った関数の扱い方がよく出題されるようになってきました。高校の教科書ではバラバラの単元で扱われているので，本書の**第 11 章**で整理します。

図形　阪大の図形問題では，「道具を見せない」ことがしばしばあります。例えば，ベクトルの問題で，問題文にベクトルの表現を入れずに，図形の特徴から「ベクトルでやるとよさそう」と受験生に判断させるんです。4 つの方針「幾何」「三角比」「座標」「ベクトル」を順に試していくとよいです。本書では，**第 5 章**と**第 6 章**で扱います。

立体図形　数学Ⅲの積分の体積の問題と，前述の「図形」としての立体の問題が出題されます。どちらもある程度の立体把握能力が必要で，中学受験などで鍛えた人に有利かもしれません。ニガ手な人が対処するコツは「ナナメから見た図だけでなく，まっすぐ見た図をたくさん描く」ということです。本書では，**第 6 章**と**第 12 章**で扱います。

確率　ほぼ毎年出題され，近年目立つのは「他分野との融合」と「確率漸化式」の 2 系統です。「他分野との融合」は本当にどの分野と融合されるのかまったく読めないので，問題集などで見つけたら積極的に練習しておいてください。また，「確率漸化式」は「p_{n+1} を p_n で表せ」のような漸化式を立てることを誘導する小問がないことがあるので，自力で「この問題は漸化式を立てるのかな？」と気づく必要があります。本書の**第 7 章**では，漸化式に向いている問題の構造とその気づき方について考えていきます。

整数，有理数・無理数　阪大では整数問題がちょくちょく出題されますが，整数問題をニガ手とする受験生は多いです。とくに，阪大の整数問題は難しい印象があるようです。しかし，「理解」に重点がおかれていて，n に具体的な値を代入していくとその構造に気づくという良問が揃っています。「整数」については**第 1 章**で扱います。また，整数問題の一種で，「有理数・無理数」を素材とした問題が他大学に比べて頻出です。こちらは**第 2 章**で扱います。

整式　「恒等式」といいかえてもよいかもしれません。阪大では，昔から整式に関する証明が頻出で，しかもかなり本格的でヘビーなものが多いんです。近年は減少傾向なんですが，それでもたまに出題されているので，**第 3 章**の一部と**第 4 章**で扱います。とくに，「一致の定理」を使う問題が特徴的です。これは教科書外の知識ですが，本書でしっかりと修得していただくつもりです。

本書の構成と使い方

今まで述べたような「阪大理系数学の特徴」をふまえ，本書は次のような構成になっています。

★全部で 15 章 60 テーマ(60 題)

阪大理系数学の頻出の分野または特徴的な分野を 15 章に分け，各章の冒頭に「プロローグ」として，その分野のまとめをつけました。

収録されている問題は，すべて阪大の過去問からセレクトされた良問 60 題です。後期試験や文系の問題でも良問ならば選びました。

★各問題には難易度と解答目安時間を表記

一般的な難易度で表現すると，ほとんどの問題が難問になってしまうので(笑)，阪大理系の問題におけるレベル分け(★☆☆：易，★★☆：標準，★★★：難)です。「易」と「標準」がちゃんと解ければ合格できますが，医学部志望の人は，「難」でも少しは点数をもぎ取りたいところです。

また，解答目安時間は入試本番での目安なので，学習初期段階は，もっと時間をかけても構いません。最終的な目標タイムだと思ってください。

★問題ごとに「理解」→「計画」→「実行」→「検討」

本書では，「どういうふうに考えれば解答にたどりつくか」というところに，とくに重点をおきましたので，「解答(**実行**)」に移るまでのプロセス(「**理解**」と「**計画**」)を非常に詳しく書きました。

理解：問題のどこに着目するのか，どうしていいかわからないときに，どのようにその問題を調べていくのかを，しつこく解説しました。

計画：「理解」をもとに，どのように解答を組み立てるのか，それを順を追って説明しました。ただし実際には，「理解」と「計画」とを行ったり来たりしながら進めていくものなので，本書でも便宜上の分け方になっています。あまり神経質にならず，要するに「実行(解答用紙)」に移る前の段階(計算用紙)と思ってください。

実行：実際の解答です。かっこいい解答にはこだわらず，受験生が書ける範囲で，減点されない解答を載せました。

検討：「計画」段階では気づきにくく，「実行」段階で気づく注意点・関連事項などを載せました。別解がこちらに載っている場合もあります。

★本書の使い方

「実力がついてから阪大の過去問をやろう」と考えているかもしれませんが，「はじめに」でも言いましたように，

**阪大の問題が解けるようになる近道は
阪大の問題を解くこと**

です。数学Ⅰ·A·Ⅱ·Bが既習ならば本書を使い始めてください。

❶各章のプロローグを読む

その分野のまとめ，有名問題のcheck，他大学の問題を素材としたアプローチのしかたの解説です。「阪大理系数学の問題を解くにはどうするか」という視点で整理しましたので，今までの知識を再整理しましょう。

❷目安時間を参考にして自分で問題を解いてみる

解けなくても，式を立てたり，図を描いたり，その問題を理解することが大切です。理解できたら，どう解くかをいろいろな角度から考えてみてください。そして，今，あなたがその問題に対してできることをすべて試してみましょう。そうすることではじめて自分の知識や技術が磨かれます。

❸解けないときは 理解，計画 を読んでみる

ここを読んでみて，解けそうだったら，自分で解答を作成してみてください。ただし，次にやるときは自力で 理解，計画 ができるように，問題の見方，切り方をチェックしておいてください。

❹答え合わせをする

自力で解けたときも，それを思いついたプロセスを客観的に観察し，意識の表面に上げることが重要です。実行（解答）だけでなく，理解 計画 検討 もよく読んでください。また，別解は重要なものだけ載せましたので，こちらもチェックしてください。

本書は，「阪大理系志望者が本格的な受験勉強を始めるときに使う本」ですが，過去問が60題収録されています。サービス問題を除いた「解くべき問題」「解ければアドバンテージとなる問題」という意味では20年分くらいに相当しますので，本書だけで合格に必要な実力が十分につきます。

しかし，勉強にやり過ぎということはありませんから，過去問は何年でもさかのぼって解きましょう。
　また，「確率が弱いな」といった分野による強い・弱いや，「このタイプの証明がニガ手だな」といった問題のタイプによる得手・不得手がわかったときは，阪大の過去問にこだわらず，網羅的な参考書や問題集で個別にツブしていきましょう。

謝　辞

　このような出版の機会を与えてくださった株式会社 KADOKAWA の原賢太郎氏，遅れまくったキタナイ字の原稿をこのようなキチンとした本に仕上げてくださった島田晋也氏に感謝いたします。
　それから，原稿を読み，さまざまなご意見をくださった駿台予備学校の澤田肇先生，引野貴之先生，河合塾の西浦高志先生に，この場を借りてお礼申し上げます。最後に，いつもいろいろとご指導いただいている駿台予備学校・河合塾の新井茂樹先生には，本書の執筆でも大変にお世話になりました。ありがとうございました。

CONTENTS

その他の収録問題

Column一覧

第1章 整　数

プロローグ

ご存知かもしれませんが，高校の数学の教科書に「整数」の章が入ったのは 2012 年度からで，大学入試としては 2015 年度からになります。もちろんそれまでにも入試では整数問題は出題されていたわけですが，教科書に載ったのはそのときからになります。逆にいうと，それまでは「教科書で習わないのに，入試には出る」という不思議な状態だったわけです。ですから, その頃は「整数はニガ手」という受験生が多かったのですが，今はもう大丈夫……かというと，相変わらず「整数はニガ手」という受験生が多いですね。

一つの原因は教科書で扱っている内容の偏りでしょう。1 次不定方程式 $Ax+By=C$ の扱いを中心に構成されていますが，これは数学的にもとても重要なものなのですが，大学入試全体としては頻度は低いです。また，n 進法などもそうですね。こんな感じで, せっかく教科書に載ったのに，大学入試としては頻度の低いネタがいろいろ入ってしまい，かえって勉強が大変になっている，という現状があります。

もう一つの原因は，「はじめに」に書きました 理解 と 計画 のプロセスをすっとばして，いきなり 実行 に入ろうとするからです。阪大の整数問題はとくにヘビーなものが多いですから，このプロセスは重要です。パターンをいっぱい覚えて，それとマッチングしようとしても，まあ，ほぼ無理でしょう。あとでやりますが

- 具体的に数値を代入して様子を見る。
- どの文字に注目するかを意識して，式の特徴を見る。

といったことをして，問題をほぐしていかないといけません。しかし逆に，ほぐしてしまえば，それほど難しい知識や技術は必要としないのが阪大の整数問題です。本当によく練られた問題が多いです。阪大の整数問題を研究していけば，阪大の数学に対する考え方や，阪大が受験生に求めている数学の力がどういったものかが，見えてくるでしょう。

整数問題にはたくさんの解法があるように見えますが，ものすごく集約すると，主に使っているのは，次の 3 つになります。

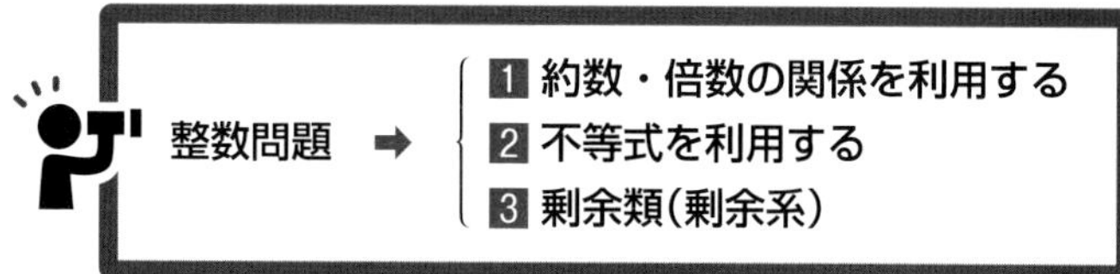

整数は図形と並んで大昔から研究されてきた分野ですから，もちろん他にもいろいろな解法があるのですが，大学入試に出てくる問題の多くは，この 3 つのいずれかで解けることがほとんどです。有名な不定方程式で確認してみましょう。

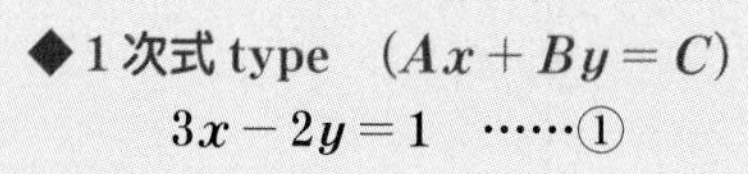

◆1 次式 type　$(Ax+By=C)$

$$3x-2y=1 \quad \cdots\cdots①$$

> **1 約数・倍数の関係**を用いたときのコツとして「割り算の形にする」というのがあります。この場合ですと $\div 2$ で
> $$\frac{3(x-1)}{2}=y-1$$
> として，3 と 2 は ± 1 以外の公約数をもたない(互いに素)ので，$x-1$ が 2 の倍数だとわかります。

$$3\cdot 1-2\cdot 1=1 \quad \cdots\cdots②$$

であるから，①－②より

$$3(x-1)=2(y-1)$$

3 と 2 は互いに素であるから，$x-1$ は 2 の倍数で，k を整数として $2k$ と表せる。よって，

$$\begin{cases} x-1=2k \\ y-1=3k \end{cases} \quad \therefore \begin{cases} \boldsymbol{x=2k+1} \\ \boldsymbol{y=3k+1} \end{cases} \quad (\boldsymbol{k}\text{ は整数})$$

ココで **1 約数・倍数の関係**を使っています。もちろん「②を作って①－②とする」というのは，最初から自力で思いつくのは無理ですが，解法のキモになっているのは **1 約数・倍数の関係**です。

◆積 xy がある type　$(Axy+Bx+Cy+D=0)$

$$\boldsymbol{xy-2x-3y+5=0}$$

まず x でくくる

$$x(y-2)-3y+5=0$$

$y-2$ を作る

$$x(y-2)-3(y-2)-6+5=0$$

(x の式)×(y の式)＝(整数) の形にする

$$(x-3)(y-2)=1$$

$x-3$，$y-2$ は整数であるから，1 の約数……と，ココで **1 約数・倍数の関係**を使っています。この“因数分解モドキ”の変形も自力では思いつかないかもしれませんが，有名ですよね。

$(x-3,\ y-2)=(1,\ 1),\ (-1,\ -1)$

$\therefore\ (\boldsymbol{x},\ \boldsymbol{y})=(4,\ 3),\ (2,\ 1)$

◆2乗がある type　$(Ax^2+Bxy+Cy^2+\cdots\cdots)$

(1)　$\boldsymbol{x^2-2xy+3y^2-2x-4y+5=0}$

(2)　$\boldsymbol{x^2-2xy-3y^2-2x-4y+5=0}$

ほぼ同じ式ですが $3y^2$ の前が「−」か「+」かのちがいで，解法が全然ちがってきます。

(1), (2)とも x(または y)で整理して，「解の公式」を使います。

(1)では

$$x^2-2(y+1)x+3y^2-4y+5=0$$

$$\therefore\ x=(y+1)\pm\sqrt{(y+1)^2-(3y^2-4y+5)}$$

$$=(y+1)\pm\sqrt{-2y^2+6y-4}\quad\cdots\cdots①$$

$ax^2+2b'x+c=0$ のとき

$x=\dfrac{-b'\pm\sqrt{b'^2-ac}}{a}$

となります。ココで **2 不等式の利用**ですね。x が整数となるには，まず実数であることが必要ですから，$\sqrt{\quad}$ の中が 0 以上ということになるので

$$-2y^2+6y-4\geqq 0\qquad\therefore\ (y-1)(y-2)\leqq 0\qquad\therefore\ 1\leqq y\leqq 2$$

y も整数ですので $y=1,\ 2$ で，①より

$y=1$ に対して $x=2\pm\sqrt{0}=2$，$y=2$ に対して $x=3\pm\sqrt{0}=3$

$\therefore\ (\boldsymbol{x},\ \boldsymbol{y})=(2,\ 1),\ (3,\ 2)$

となります。

(2)も同様にやってみますと

$$x^2-2(y+1)x-3y^2-4y+5=0$$

$$\therefore\ x=(y+1)\pm\sqrt{(y+1)^2-(-3y^2-4y+5)}$$

$$=(y+1)\pm\sqrt{4y^2+6y-4}\qquad\cdots\cdots②$$

「$\sqrt{\quad}$ の中が 0 以上」なので

$$4y^2+6y-4\geqq 0\quad\therefore\quad(2y-1)(y+2)\geqq 0\quad\therefore\quad y\leqq -2,\ \frac{1}{2}\leqq y$$

あれ？　y が絞り込めませんね。これを満たす整数 y は無数にありますもんね。そこで，今度は「$\sqrt{\quad}$ の中が平方数(整数の 2 乗)」を使います。$\sqrt{\quad}$ がはずれないと x が整数になりませんもんね。

$$4y^2+6y-4=n^2\quad(n\text{ は 0 以上の整数})\quad\cdots\cdots③$$

②より　$x=y+1\pm n$　となりますので，$n<0$ は考えなくて大丈夫です。

とおいて，平方完成して

$$4\left(y+\frac{3}{4}\right)^2-\frac{25}{4}=n^2$$

整数を扱うので分数を避けるため，$\times 4$ しましょうか。

$$(4y+3)^2-25=(2n)^2$$
移項
$$(4y+3)^2-(2n)^2=25$$
$A^2-B^2=(A+B)(A-B)$
$$(4y+3+2n)(4y+3-2n)=25$$

これで **1 約数・倍数の関係**が利用できますね。$n \geqq 0$ より
$4y+3+2n \geqq 4y+3-2n$ に注意すると

$4y+3+2n$	25	5	-5	-1
$4y+3-2n$	1	5	-5	-25

ここで

$$\begin{cases} 4y+3+2n=a & \cdots\cdots ㋑ \\ 4y+3-2n=b & \cdots\cdots ㋺ \end{cases}$$

$\therefore$

a	25	5	-5	-1
b	1	5	-5	-25

とおくと，㋑＋㋺，㋑－㋺より

$$8y+6=a+b,\ 4n=a-b \quad \therefore\ y=\frac{a+b-6}{8},\ n=\frac{a-b}{4}$$

ですから，a，b のそれぞれに対して，

y	$\frac{5}{2}$	$\frac{1}{2}$	-2	-4
n	6	0	0	6
x	×	×	-1	3，-9

②，③より
$x=y+1\pm n$
です。

となり

$$(\boldsymbol{x},\ \boldsymbol{y})=(-1,\ -2),\ (3,\ -4),\ (-9,\ -4)$$

ということで，まとめますと

2 乗がある type　$(Ax^2+Bxy+Cy^2+\ \cdots\cdots)$
➡ x(または y)で整理して，解の公式を用い，
・($\sqrt{}$ の中身) $\geqq 0$ で y(または x)の範囲を絞る
・($\sqrt{}$ の中身) $= n^2$ とおいて $m^2-n^2=(m-n)(m+n)$
(注)これで解けないものもあります。その場合は誘導がつきます。

◆ 3 文字以上の type

$\dfrac{1}{x}+\dfrac{1}{y}+\dfrac{1}{z}=1$ ……① をみたす自然数 x，y，z の組をすべて求めよ。

3 文字以上の不定方程式では，式に対称性がある問題が多いです。もしくは，あとで出る②式のような大小関係が設定されている問題が多いです。

これは，たとえば $\frac{1}{6}+\frac{1}{3}+\frac{1}{2}=1$ なので，$(x,\ y,\ z)=(6,\ 3,\ 2)$ が1つの答えなのですが，これに対し

$(x,\ y,\ z)=(6,\ 3,\ 2),\ (6,\ 2,\ 3),\ (3,\ 6,\ 2),\ (3,\ 2,\ 6),\ (2,\ 6,\ 3),\ (2,\ 3,\ 6)$ と $x,\ y,\ z$ の組は6組出てしまいます。これはじゃまくさいので，とりあえず

$$x \geqq y \geqq z \geqq 1 \quad \cdots\cdots ②$$

の場合で考え，あとで $x,\ y,\ z$ へのあてはめ方を考えます。すると

$$\frac{1}{x} \leqq \frac{1}{y} \leqq \frac{1}{z}$$

が成り立ちますから，

$$\frac{1}{x}+\frac{1}{x}+\frac{1}{x} \leqq \frac{1}{x}+\frac{1}{y}+\frac{1}{z} \leqq \frac{1}{z}+\frac{1}{z}+\frac{1}{z}$$

という不等式が得られます。まん中の式に①を代入すると

$$\frac{3}{x} \leqq 1 \leqq \frac{3}{z}$$

左の不等式で分母を払うと $3 \leqq x$ となります。これを満たす自然数 x は無数にあり，役に立ちません。一方，右の不等式は $z \leqq 3$ となります。これを満たす自然数は $z=1,\ 2,\ 3$ のみです。しかも $z=1$ のとき，①は

$$\frac{1}{x}+\frac{1}{y}+\frac{1}{1}=1 \qquad \therefore \quad \frac{1}{x}+\frac{1}{y}=0$$

となり，$x \geqq 1,\ y \geqq 1$ より解がありませんから

$$z=2,\ 3$$

> $\frac{1}{z}=1-\left(\frac{1}{x}+\frac{1}{y}\right)<1$ より，$z>1$ としてもよいですね。

となります。**2 不等式**で z の範囲を絞り込みました。あとは分母を払うと「積 xy がある type」になります。

(i) $z=2$ のとき，①より

$$\frac{1}{x}+\frac{1}{y}=\frac{1}{2}$$

$$xy-2x-2y=0$$

$$(x-2)(y-2)=4$$

②より $x \geqq y \geqq 2$ であるから

$x-2 \geqq y-2 \geqq 0$ である。

よって

$$(x-2,\ y-2)=(4,\ 1),\ (2,\ 2)$$

$$\therefore\ (x,\ y)=(6,\ 3),\ (4,\ 4)$$

(ii) $z=3$ のとき，①より

$$\frac{1}{x}+\frac{1}{y}=\frac{2}{3}$$

$$2xy-3x-3y=0$$

$$(2x-3)(2y-3)=9$$

②より $x \geqq y \geqq 3$ であるから

$2x-3 \geqq 2y-3 \geqq 3$ である。

よって

$$(2x-3,\ 2y-3)=(3,\ 3)$$

$$\therefore\ (x,\ y)=(3,\ 3)$$

以上より②のとき

$(x,\ y,\ z)=(6,\ 3,\ 2),\ (4,\ 4,\ 2),\ (3,\ 3,\ 3)$

ですから，②の条件を取り除くと

$$(\boldsymbol{x},\ \boldsymbol{y},\ \boldsymbol{z})=(6,\ 3,\ 2),\ (6,\ 2,\ 3),\ (3,\ 6,\ 2),\ (3,\ 2,\ 6),\ (2,\ 6,\ 3),\ (2,\ 3,\ 6),\ (4,\ 4,\ 2),\ (4,\ 2,\ 4),\ (2,\ 4,\ 4),\ (3,\ 3,\ 3)$$

有名な不定方程式を4パターンほど見てきましたが，いずれの解き方も **1 約数・倍数の関係**，**2 不等式**を利用していましたね。**3 剰余類**は不定方程式ではあまり使わないので，こんな問題でやってみましょう。

> **◆剰余類(余りによる分類)を用いる例題**
>
> **n が整数のとき　n^3+2n は3の倍数であることを示せ。**

このように「●の倍数であることを示せ」というキーワードが出てきたら，●の剰余類を考えますよね。今回は3の剰余類ですから，n を

$n=3k,\ 3k+1,\ 3k+2$　(k は整数)

3k－1 でもよいです。

に場合分けして考えます。

(i)　$n=3k$ のとき

$$\begin{aligned}&n^3+2n\\&=27k^3+6k\\&=3(9k^3+2k)\end{aligned}$$

(ii)　$n=3k+1$ のとき

$$\begin{aligned}&n^3+2n\\&=(27k^3+27k^2+9k+1)\\&\qquad+2(3k+1)\\&=3(9k^3+9k^2+5k+1)\end{aligned}$$

(iii)　$n=3k+2$ のとき

$$\begin{aligned}&n^3+2n\\&=(27k^3+54k^2+36k+8)\\&\qquad+2(3k+2)\\&=3(9k^3+18k^2+14k+4)\end{aligned}$$

こんな感じです。

ところで，この問題には

$$\begin{aligned}n^3+2n&=(n^3-n)+3n\\&=(n-1)n(n+1)+3n\end{aligned}$$

と変形して，「$(n-1)n(n+1)$ は連続する3つの整数の積だから3の倍数であり，$3n$ は3の倍数であるから，n^3+2n は3の倍数である」なんて，サラッとした別解もあるんです。こんな解答が書ければカッコイイですが，大学受験を何とかクリアしたい，ということなら，そんなに深入りしなくても大丈夫です。もちろん，上にやったような有名パターンはある程度整理して身につけておかないといけませんが，阪大の数学で本当に必要なのは，理解 と 計画 です。

では，阪大の整数問題を研究してみましょう。「はじめに」でも言いましたが，1問30分～1時間かけて解く問題です。パッと見てパッと解き出す“反射の訓練”はここでは無意味です。無意識にやってきたことを，ひとつひとつ意識に上げながら，“自分の頭で考える”練習をしましょう。

整　数 ①

問題 1　★☆☆　25分

どのような負でない2つの整数 m と n をもちいても

$$x = 3m + 5n$$

とは表すことができない正の整数 x をすべて求めよ。

（阪大・理系・00前）

理解　少し古いですが，阪大の整数問題の中ではかなり易しく，解答量も少ないので，まずはこの問題からいってみましょう。あ，易しいといいましたが，「阪大としては」という意味です。入試本番では何をしたらよいかわからず，パスした受験生も多かったようです。

いきなり **実行** に入れる人はほぼいないと思います。まず，この x がどんな性質をもっているのかを調べてみましょう。

> **n がらみの問題（整数，数列，場合の数，確率）**
> **➡ $n=1$，2，3，……を代入して様子を見る**

$n=0$ とすると $x=3m$ ですから，$m=0$，1，2，3，……としていくと，下の表1のようになりますね。あ，x は正の整数なので，$m=0$ のときの $x=0$ には ×（バツ）をつけています。

次に $n=1$ とすると $x=3m+5$ ですから表2のようになり，$n=2$ とすると $x=3m+10$ ですから表3のようになります。これを続けていくと……

m \ n	0	1
0	~~0~~	
1	3	
2	6	
3	9	
4	12	
5	15	
6	18	
7	21	
8	24	
⋮	⋮	

表1

➡

m \ n	0	1	2
0	~~0~~	5	
1	3	8	
2	6	11	
3	9	14	
4	12	17	
5	15	20	
6	18	23	
7	21	26	
8	24	29	
⋮	⋮	⋮	

表2

➡

m \ n	0	1	2	3
0	~~0~~	5	10	
1	3	8	13	
2	6	11	16	
3	9	14	19	
4	12	17	22	
5	15	20	25	
6	18	23	28	
7	21	26	31	
8	24	29	34	
⋮	⋮	⋮	⋮	

表3

ボ～ッと書いてちゃダメですよ。意識をトバして，神の啓示が降りてくるのを待っていたら，試験が終わってしまいます。「何か特徴はないか？」という意識をもちながら書いていきましょう。

ヒントです。右の**表４**のような表ができていると思います。$n=0$の列と$n=3$の列をよく見てください。何か気づきませんか？

⋮

そうです！　$n=3$の列の$x=15$，18，21，24，…… は$n=0$の列にすでにありますね。**表５**の▢の部分です。これに気づけば$n=4$の列の$x=20$，23，26，29，…… は$n=1$の列に（**表６**の▢の部分），$n=5$の列の$x=25$，28，31，34，…… は$n=2$の列に（**表６**の⬚の部分）あることに気づきますよね。

すると，$n=0$，1，2のときだけを調べればよいことがわかります。書きながら気づいていたと思いますが，$n=0$のときの

$$x=3m=3,\ 6,\ 9,\ 12,\ \cdots\cdots$$

は当然「3の倍数」ですよね。$n=1$のときの

$$x=3m+5=5,\ 8,\ 11,\ 14,\ \cdots\cdots$$

はどうですか？　……そうです！

「3で割って2余る整数」です。

これに気づけば

$$x=3m+5=3(m+1)+2$$

という変形も思いつくと思います。

m ＼ n	0	1	2	3	4	5	…
0	~~0~~	5	10	15	20	25	
1	3	8	13	18	23	28	
2	6	11	16	21	26	31	
3	9	14	19	24	29	34	
4	12	17	22	⋮	⋮	⋮	
5	15	20	25				
6	18	23	28				
7	21	26	31				
8	24	29	34				
⋮	⋮	⋮	⋮				

表４

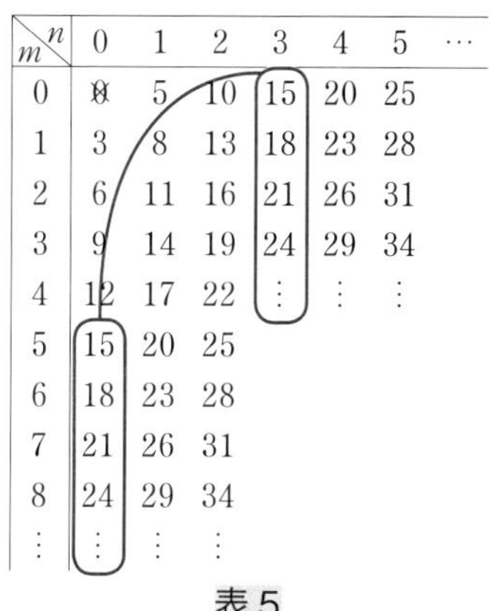

m ＼ n	0	1	2	3	4	5	…
0	~~0~~	5	10	15	20	25	
1	3	8	13	18	23	28	
2	6	11	16	21	26	31	
3	9	14	19	24	29	34	
4	12	17	22	⋮	⋮	⋮	
5	15	20	25				
6	18	23	28				
7	21	26	31				
8	24	29	34				
⋮	⋮	⋮	⋮				

表５

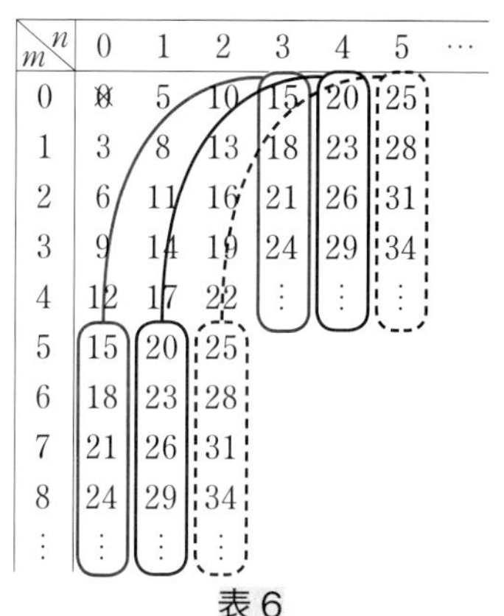

m ＼ n	0	1	2	3	4	5	…
0	~~0~~	5	10	15	20	25	
1	3	8	13	18	23	28	
2	6	11	16	21	26	31	
3	9	14	19	24	29	34	
4	12	17	22	⋮	⋮	⋮	
5	15	20	25				
6	18	23	28				
7	21	26	31				
8	24	29	34				
⋮	⋮	⋮	⋮				

表６

mは0以上の整数ですので，これは「3で割って2余る整数」のうち，5以上をすべて表すことができます。逆に「3で割って2余る正の整数」で表せないのは「2」だけですね。

じゃあ$n=2$のときの

$$x=3m+10=10,\ 13,\ 16,\ 19,\ \cdots\cdots$$

は

$$x=3(m+3)+1 \quad (m \geqq 0)$$

と変形できて，「3で割って1余る整数」のうち，10以上をすべて表すことができます。逆に「3で割って1余る正の整数」で表せないのは「1，4，7」ですね。

ということで，答えは

$$x=2,\ 1,\ 4,\ 7$$

とわかりました。あとはこれをキチンと論証することです。

まず

(i)　$n=0$のとき　$x=3m$は3の倍数である正の整数をすべて表せる

(ii)　$n=1$のとき　$x=3m+5$は3で割って2余る正の整数のうち2以外をすべて表せる

(iii)　$n=2$のとき　$x=3m+10$は3で割って1余る正の整数のうち1，4，7以外をすべて表せる

ことを示しましょうか。

$n \geqq 3$のときはどうしましょう？　理解のプロセスでわかったように，このときは

$$x=3m+5n \geqq 3m+15 \geqq 15$$

となり，15以上の正の整数しか表せませんから，これが$x=2,\ 1,\ 4,\ 7$を表すことは不可能ですよね。これでOKです。

どうですか？　問題文を見て数秒でこんなことまでわかるのは超人だけです。2～3分でも無理じゃないでしょうか。だから，阪大は1問あたり30分を与えてくれているわけです。計算はほとんどなく，記述量も少ないですから，ここまでに10～15分かかったとしても，このあと解答を書く（実行）時間は十分あります。ゆっくり考えるクセをつけましょうね。

実行

$$x = 3m + 5n \quad (m,\ n \text{は負でない整数}) \quad \cdots\cdots(*)$$

(i)　$n=0$ のとき，$(*)$ は

$$x = 3m \quad \cdots\cdots ①$$

となり，$m=0,\ 1,\ 2,\ \cdots\cdots$ であるから，0 以上の 3 の倍数はすべて①で表すことができる。

(ii)　$n=1$ のとき，$(*)$ は

$$x = 3m + 5 = 3(m+1) + 2$$

となり，$m=0,\ 1,\ 2,\ \cdots\cdots$ であるから，x は 3 で割って 2 余る正の整数のうち，5 以上のものはすべて表すことができ，2 は表せない。

(iii)　$n=2$ のとき，$(*)$ は

$$x = 3m + 10 = 3(m+3) + 1$$

となり，$m=0,\ 1,\ 2,\ \cdots\cdots$ であるから，x は 3 で割って 1 余る正の整数のうち，10 以上のものはすべて表すことができ，1，4，7 は表せない。

正の整数は 3 の倍数，3 で割って 1 余る整数，3 で割って 2 余る整数のいずれかであるから，(i)，(ii)，(iii)のときに $(*)$ で表せない正の整数 x は，

$$x = 1,\ 2,\ 4,\ 7$$

である。

さらに，$n \geqq 3$ のとき，$(*)$ と $m \geqq 0$ より，

$$x = 3m + 5n \geqq 15$$

であるから，$(*)$ で表せない正の整数 x は

$$\boldsymbol{x = 1,\ 2,\ 4,\ 7}$$

検討　**計画** ではいいませんでしたが，解答を書いているときに，ココを書かないとイケないことは気がつきましたか？「$x=3m+5n$ とは表すことができない正の整数 x をすべて求めよ」という問いですから，「$x=1,\ 2,\ 4,\ 7$ 以外はすべて表せる」ことを示さないといけません。

本問は **3 剰余類**で解いていますので，(i)で 3 の倍数，(ii)で 3 で割って 2 余る整数，(iii)で 3 で割って 1 余る整数を扱い，「(正の)整数はこれですべてつくされています」とココで述べておくわけです。

このように，解答を書きながら，もしくは書き終わってから，論理に穴がないかどうかを考える，これが **検討** の 1 つです。

テーマ

2 整数 ②

問題 2 ★★☆ 35分

4個の整数

$n+1,\ n^3+3,\ n^5+5,\ n^7+7$

がすべて素数となるような正の整数 n は存在しない。これを証明せよ。

(阪大・理系・13)

理解 これも阪大の入試本番ではパスした人が多かった問題です。難しかったようですが，ちゃんと，理解，計画 のプロセスをふめば大丈夫です。では，また

n がらみの問題(整数，数列，場合の数，確率)
➡ $n=1,\ 2,\ 3,\ \cdots\cdots$ を代入して様子を見る

からやってみましょう。

$n=1$ のとき

$n+1=2$(素数)，$n^3+3=4=2^2$，$n^5+5=6=2\times3$，

$n^7+7=8=2^3$

で，素数は $n+1$ のみですね。

$n=2$ のとき

$n+1=3$(素数)，$n^3+3=11$(素数)，$n^5+5=37$(素数)，

$n^7+7=135=3^3\times5$

で，n^7+7 だけが合成数です。たしかに「すべて素数」ではないですね。

$n=3$ のとき，そろそろ n^5，n^7 がキツくなってきますが，

$n+1=4=2^2$

と，ココで out！ ですね。ということで，n が奇数のときはもう調べなくてよいことに気づきましたか？ だって，n が奇数のときは $n+1$ が偶数ですもんね。$n=1$ のときの $n+1=2$ 以外は，$n+1$ がすべて合成数です。ちなみに，$n=3$ のとき，

$n^3+3=30=2\times3\times5$，$n^5+5=248=2^3\times31$，

$n^7+7=2194=2\times1097$

です。

$n=4$ のとき

$n+1=5$(素数),

$n^3+3=67$(素数),

$n^5+5=1029=3\times7^3$,

$n^7+7=16391=37\times443$

となります。

> $n^7+7=16391=37\times443$ の因数分解は気づかないかもしれませんね。でも $n^5+5=1029=3\times343(=3\times7^3)$ は気づかないといけません。
>
> 「N が 3 の倍数」
> ⇔「N の各位の数の和が 3 の倍数」
>
> でしたよね。

$n=5$ は奇数なのでもういいから，次は $n=6$ …となるのですが，ぼちぼち計算がイヤになってきましたね。ここでいったん整理してみましょう。表にして，合成数に○をつけました。

n	$n+1$	n^3+3	n^5+5	n^7+7
1	2	(2^2)	(2×3)	(2^3)
2	3	11	37	($3^3\times5$)
3	(2^2)	($2\times3\times5$)	($2^3\times31$)	(2×1097)
4	5	67	(3×7^3)	(37×443)
⋮	⋮	⋮	⋮	⋮

$n=1$，3 のときはすべて偶数ですから，ココの共通な素因数 2 はあたり前ですよね。じゃあ，$n=2$，4 のときの合成数に注目してみましょうか。

($3^3\times5$)，(3×7^3)，((37×443))

最後の $16391=37\times443$ の素因数分解は普通気がつかないかなと思いますので(　)にしてみました。さあ，何か気づきませんか？　……素因数 3 が共通していますね。そう思って上の表をもう一度見ると

各 n に対して，必ず 1 つ素因数 3 をもつ数がある

ことに気づきます。

計画　ということは，「3 の剰余類」でしょうか？　それぞれのとき，$n+1$，n^3+3，n^5+5，n^7+7 のどれが素因数 3 をもつか確認してみましょう。

(i)　$n=3k$ のときはどうでしょう。上の表で $n=3$ のとき，n^3+3 が素因数 3 をもっていますから，コレでしょうか。

$n^3+3=27k^3+3=3(9k^3+1)$

たしかに素因数 3 をもちます。

(ii)　$n=3k+1$ のときはどうでしょう。上の表で $n=1$，4 のとき

n^5+5 が素因数 3 をもっていますから。コレでしょうか。

$$\begin{aligned} n^5+5 &= (3k+1)^5+5 \\ &= {}_5C_0(3k)^5+{}_5C_1(3k)^4+{}_5C_2(3k)^3 \\ &\quad +{}_5C_3(3k)^2+{}_5C_4(3k)+{}_5C_5+5 \\ &= 3(3^4k^5+5\cdot 3^3k^4+10\cdot 3^2k^3 \\ &\quad +10\cdot 3k^2+5k+2) \end{aligned}$$

（${}_5C_5$ は 1，$1+5=6=3\times 2$）

「二項定理」は大丈夫ですか？
あとの 検討 で確認しましょう。

ココは mod(合同式)を
使うとラクですが，ちょっと
注意があります。あとの 検討 で。

ちょっと大変ですが，素因数 3 をもちます。

(iii) 最後に $n=3k+2$ のときはどうでしょう。上の表で $n=2$ のとき，n^7+7 が素因数 3 をもっていますから，コレでしょうか。

$$\begin{aligned} n^7+7 &= (3k+2)^7+7 \\ &= {}_7C_0(3k)^7+{}_7C_1(3k)^6\cdot 2+\cdots+{}_7C_6(3k)\cdot 2^6+{}_7C_7\,2^7+7 \\ &= 3(3^6k^7+7\cdot 3^5\cdot k^6\cdot 2+\cdots+7\cdot k\cdot 2^6+45) \end{aligned}$$

（${}_7C_7\,2^7$ は 128，$128+7=135=3\times 45$）

かなり大変でしたが，素因数 3 をもちましたね。これで OK です！

⋮

甘～い(笑)。もちろんこれでも解答としては OK なのですが，問題を作った先生はちょっとガッカリされると思います。もう一度，表の $n=2$ のところをよく見てください。何かひっかかるところはありませんか？　……そうです！　$n+1$ が素因数 3 をもっているんです。さっきは素数ということで○はつけなかったんですが，これを調べてみますと

$$n+1=(3k+2)+1=3(k+1)$$

アッサリ素因数 3 が出てきます！

ですから，$n=3k+2$ のときは

$k=0$ つまり $n=2$ のときだけ，$n^7+7=2^7+7=135=3^3\times 5$

を使って

$k\geqq 1$ のときは，$n+1=(3k+2)+1=3(k+1)$

を使うとラクですね。

ね，よくできてるでしょ。阪大らしいよく練られた良問だと思います。

実行

正の整数 n は整数 k を用いて，

(i)　$3k$　$(k \geqq 1)$　　(ii)　$3k+1$　$(k \geqq 0)$　　(iii)　$3k+2$　$(k \geqq 0)$

のいずれかの形で表される。

(i)　$n=3k$　$(k \geqq 1)$ のとき

$$n^3+3=27k^3+3=3(9k^3+1)$$

であるから，n^3+3 は 3 の倍数である。$9k^3+1 \geqq 10$ より，n^3+3 は 3(素数)とはならない。

「3 の倍数」であっても 3 だけは素数ですので，この説明が必要です。

$n \geqq 3$ より $n^3+3 \geqq 30$ でも OK

(ii)　$n=3k+1$　$(k \geqq 0)$ のとき

$$\begin{aligned} n^5+5 &= (3k+1)^5+5 \\ &= {}_5\mathrm{C}_0(3k)^5+{}_5\mathrm{C}_1(3k)^4+{}_5\mathrm{C}_2(3k)^3+{}_5\mathrm{C}_3(3k)^2+{}_5\mathrm{C}_4\,3k+{}_5\mathrm{C}_5+5 \\ &= 3(3^4k^5+5\cdot 3^3k^4+10\cdot 3^2k^3+10\cdot 3k^2+5k+2) \end{aligned}$$

であるから，n^5+5 は 3 の倍数である。さらに

$$3^4k^5+5\cdot 3^3k^4+10\cdot 3^2k^3+10\cdot 3k^2+5k+2 \geqq 2$$

より，n^5+5 は 3(素数)とはならない。

$n \geqq 1$ より $n^5+5 \geqq 6$ でも OK

(iii)　$n=3k+2$　$(k \geqq 0)$ のとき

・$k=0$ すなわち $n=2$ のとき，$n^7+7=135=3^3\cdot 5$ は素数ではない。

・$k \geqq 1$ のとき，

$$n+1=(3k+2)+1=3(k+1)$$

は 3 の倍数である。さらに，$k+1 \geqq 2$ より $n+1$ は 3(素数)とはならない。

$n \geqq 5$ より $n+1 \geqq 6$ でも OK

以上(i)，(ii)，(iii)より，$n+1$，n^3+3，n^5+5，n^7+7 がすべて素数となるような正の整数 n は存在しない。

（証明おわり）

まず，「二項定理」は大丈夫でしたか？　たまに丸暗記している人がいますが，「定理」というほどのものではないですよ。たとえば

$$(a+b)^3=a^3+3a^2b+3ab^2+b^3$$

ですが，これは $(a+b)\times(a+b)\times(a+b)$ を展開するわけですから，それぞれの $(a+b)$ から a，b のいずれか一方を取り出して，掛けあわせていくんですよね。次のようになります。

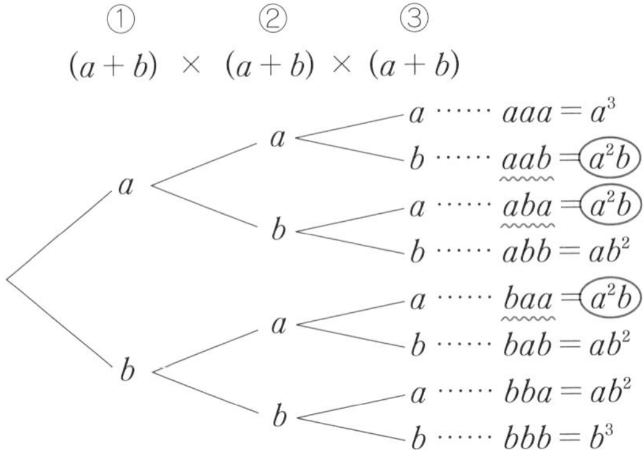

ですから，たとえば a^2b は

aab，aba，baa

の3回登場します。だから a^2b の係数は3なんですよね。つまり，

$(a^2b$ の係数$)=(a,\ a,\ b$ の並べ方の数$)$
$=(b$ を①，②，③のどれから取り出すかの方法の数$)$
$={}_3\mathrm{C}_1$

ということです。というわけで

①, ②, ③から　0個　1個　2個　3個の b を取り出す

$$(a+b)^3={}_3\mathrm{C}_0a^3+{}_3\mathrm{C}_1a^2b+{}_3\mathrm{C}_2ab^2+{}_3\mathrm{C}_3b^3$$
$$=a^3+3a^2b+3ab^2+b^3$$

a をどれから取り出すかと考えると ${}_3\mathrm{C}_2$ です。でも，${}_3\mathrm{C}_1={}_3\mathrm{C}_2$ ですのでどちらでもよいです。

となり，これを一般化したものが

◆二項定理

$$(a+b)^n={}_n\mathrm{C}_0a^n+{}_n\mathrm{C}_1a^{n-1}b+{}_n\mathrm{C}_2a^{n-2}b^2+\cdots\cdots+{}_n\mathrm{C}_nb^n$$

n 個の $(a+b)$ から0個　1個　2個　……　n 個の b を取り出す

です。

次に，「合同式」ですが，これはご存知ですか？　僕が受験生だった頃は教科書に載っていなかったので，「入試では使っちゃダメ」とか，「いや，使っても大丈夫だ」とか，いろいろいわれていて，悩ましい道具でした。しかし，現在は教科書に「発展的な内容」として載るようになりましたので，「使ってOK」が確実になりました。合同式を知らない人は，あとのページにまとめてありますので，そちらを読んでください。

実行 のところを mod 3 で考えて

(i) $n \equiv 0$ のとき，$n^3 + 3 \equiv 0^3 + 0 = 0$

(ii) $n \equiv 1$ のとき，$n^5 + 5 \equiv 1^5 + 2 = 3 \equiv 0$

(iii) $n \equiv 2$ のとき，$n + 1 \equiv 2 + 1 = 3 \equiv 0$，$n^7 + 7 \equiv 2^7 + 1 = 129 \equiv 0$

（$129 = 3 \times 43$）

ココは「＝」イコールでも「≡」合同でもかまいません。

とできるので，(i)，(ii)，(iii) それぞれで

「$n+1$，n^3+3，n^5+5，n^7+7 のいずれかが 3 の倍数である」

ことはいえています。でも，

「$n+1$，n^3+3，n^5+5，n^7+7 のいずれかが素数ではない」

とはいえません。そうです！ “3 の倍数” の中に “3(素数)” が含まれているんです。だから，実行 でも p.29 の ＿＿＿ の記述が必要になるんです。

mod で解くなら，「3 より大きい 3 の倍数」と説明するとよいですね。

以下，mod 3 で考える。

(i) $n \equiv 0$ のとき，$n^3 + 3 \equiv 3 \equiv 0$ であり，

このとき $n \geqq 3$ であるから，$n^3 + 3 \geqq 3^3 + 3 > 3$ である。

よって，$n^3 + 3$ は 3 より大きい 3 の倍数である。

(ii) $n \equiv 1$ のとき，$n^5 + 5 \equiv 6 \equiv 0$ であり，

このとき $n \geqq 1$ であるから，$n^5 + 5 \geqq 1^5 + 5 > 3$ である。

よって，$n^5 + 5$ は 3 より大きい 3 の倍数である。

(iii) $n \equiv 2$ のとき，

(ア) $n = 2$ であれば $n^7 + 7 = 135 = 3 \times 45$ は 3 より大きい 3 の倍数である。

(イ) $n \geqq 5$ であれば $n + 1 \equiv 3 \equiv 0$ であり，$n + 1 \geqq 5 + 1 > 3$ である。よって，$n + 1$ は 3 より大きい 3 の倍数である。

mod を使いますと (iii) $n \equiv 2$ のときは $n^7 + 7 \equiv 135 \equiv 0$ とカンタンに扱えるので，$n^7 + 7$ だけでよいですね。

mod はこのように便利なのですが，反面，いくつかの情報が抜けてしまうので，使うときには注意が必要です。たとえば n が奇数のときは mod ですと，mod 2 で考えて

$$n \equiv 1 \qquad \therefore \quad n^2 \equiv 1^2 = 1$$

となり，

「n^2 は 2 で割って 1 余る数(奇数)」

としかわかりません。しかし，$n = 2k + 1$（k は整数）とおくと

$$n^2 = (2k+1)^2 = 4k^2 + 4k + 1 = 4k(k+1) + 1$$

となり，

「n^2 は 4 で割って 1 余る数」

とわかります。さらに，k，$k+1$ は連続する2整数ですので，どちらかが偶数ですから，

「n^2 は8で割って1余る数」

とわかります。mod を過信しないようにしましょう。

◆合同式

m を正の整数とする。2つの整数 a，b について，$a-b$ が m の倍数であるとき，a と b は m を法として合同であるといい，式で

$$a \equiv b \pmod{m}$$

と表す。このような式を合同式という。a と b が m を法として合同であるとは，a を m で割ったときの余りと，b を m で割ったときの余りが等しいことと同じである。

◆合同式の性質

a，b，a'，b' を整数，m，k を正の整数として $a \equiv a' \pmod{m}$，$b \equiv b' \pmod{m}$ のとき

$$a \pm b \equiv a' \pm b' \pmod{m}\ (\text{複号同順})$$

$$ab \equiv a'b' \pmod{m}$$

$$a^k \equiv a'^k \pmod{m}$$

たとえば mod 3 で
$7 \equiv 1$，$5 \equiv 2$
ですから
$7+5=12 \equiv 0$，$1+2=3 \equiv 0$
$7 \times 5 = 35 \equiv 2$，$1 \times 2 = 2$
$7^2 = 49 \equiv 1$，$1^2 = 1$

具体的な数字で考えてもらうと，ほぼあたり前な性質ですね。注意しないといけないのは割り算で，

c を整数として

$$ac \equiv bc \pmod{m}$$

において，

(i)　c と m が互いに素のとき，

$$a \equiv b \pmod{m}$$

(ii)　c と m が互いに素でないとき，

c と m の最大公約数を g とすると

$$a \equiv b \left(\mathrm{mod}\ \frac{m}{g}\right)$$

mod 3 で
$7 \times 2 = 14 \equiv 2$
$1 \times 2 = 2$
ですから
$7 \times 2 \equiv 1 \times 2 \rightarrow 7 \equiv 1$

mod 6 で
$7 \times 3 = 21 \equiv 3$
$5 \times 3 = 15 \equiv 3$
ですから
$7 \times 3 \equiv 5 \times 3 \pmod{6}$
は成立しますが
$7 \equiv 5 \pmod{6}$
は成立しません。
$6 = 3 \times 2$ ですから
$7 \equiv 5 \pmod{2}$
は成立します。

となります。ここまで載っている教科書や参考書はほとんどありませんし，「自明」ともいえませんから，mod での割り算は避けた方がよいかと思います。

「理解」，「計画」，「実行」，「検討」

「はじめに」で言った

「理解」，「計画」，「実行」，「検討」

という分類は G.Pólya（ポリア）という数学者が考えたもので，「いかにして問題を解くか」という有名な本に載っているものです。この本は数学だけではなく，広く，問題解決の方法の本として読まれていて，僕も大学院生のときに読みました。

日本では千葉大学名誉教授の佐藤恒雄先生が，数学の力を 4 つに分類されていて，

1．まず，問題文を読み，分析する力（読解・分析力）
2．次に，内容を自分の言葉に置き換える力（翻訳力）
3．次に，解答に向かって目標を設定する力（目標設定力）
4．最後に，解答を作成する力（遂行力）

と言っておられます。1，2 が「理解」，3 が「計画」，4 が「実行」という対応でしょうか。

数学者が「理解」や「計画」を重視していることがわかりますよね。何度もしつこいですが，これまで暗記と反射で数学を解いてきて，今，行き詰まっている人は，ここがいいかげんになっている可能性が高いです。とくに阪大の問題ではここが重要ですから，阪大の過去問を通してひとつひとつの作業を意識化していきましょう。

テーマ

3 整 数 ③

問題 3 ★★☆ 40分

次の 2 つの条件(i)，(ii)をみたす自然数 n について考える。

(i) n は素数ではない。

(ii) l，m を 1 でも n でもない n の正の約数とすると，必ず

$$|l-m| \leqq 2$$

である。

このとき，以下の問いに答えよ。

(1) n が偶数のとき，(i)，(ii)をみたす n をすべて求めよ。

(2) n が 7 の倍数のとき，(i)，(ii)をみたす n をすべて求めよ。

(3) $2 \leqq n \leqq 1000$ の範囲で，(i)，(ii)をみたす n をすべて求めよ。

（阪大・理文共通・12 前）

理解 これも良問です。おそらくほとんどの受験生は(1)の「n が偶数」を見て，$n=2k$ $(k=2,\ 3,\ 4,\ \cdots)$ としてフリーズだったと思います。あなたはどうですか？ いきなり「$n=2k$」として考え始める問題もありますが，本問では条件(ii)でツマります。まずは具体的に，

$$n=4,\ n=6,\ n=8,\ \cdots$$

と実験していきましょう。

$n=4$ とき，n の正の約数は 1，2，4 ですが，l，m はこのうち「1 でも $n(=4)$ でもない」ので，2 しかありません。ですから，$l=2$，$m=2$ としかできませんね。このとき，

$$|l-m|=|2-2|=0$$

で，$|l-m| \leqq 2$ をみたしています。l と m は同じでもいいんですね。

$n=6$ のとき，n の正の約数は 1，2，3，6 ですから，1，6 を除いて，

$$l,\ m=2,\ 3$$

です。l，m の組合せは 4 パターンあって，

$(l,\ m)=(2,\ 2)$ のとき $|l-m|=|2-2|=0$

$(l,\ m)=(2,\ 3)$ のとき $|l-m|=|2-3|=1$

$(l,\ m)=(3,\ 2)$ のとき $|l-m|=|3-2|=1$

$(l,\ m)=(3,\ 3)$ のとき $|l-m|=|3-3|=0$

ですから，「必ず $|l-m|\leqq 2$」ですね。$n=6$ もOKです。

$n=8$ のとき，n の正の約数は1，2，4，8ですから，1，8を除いて，

$$l,\ m=2,\ 4$$

です。l，m の組合せは4パターンあって，

$(l,\ m)=(2,\ 2)$ のとき　$|l-m|=|2-2|=0$

$(l,\ m)=(2,\ 4)$ のとき　$|l-m|=|2-4|=2$

$(l,\ m)=(4,\ 2)$ のとき　$|l-m|=|4-2|=2$

$(l,\ m)=(4,\ 4)$ のとき　$|l-m|=|4-4|=0$

ですから，これもOKです。

$n=10$ のとき，n の約数は1，2，5，10ですから，1，10を除いて，

$$l,\ m=2,\ 5$$

です。l，m の組合せは4パターンあって，

$(l,\ m)=(2,\ 2)$ のとき　$|l-m|=|2-2|=0$

$(l,\ m)=(2,\ 5)$ のとき　$|l-m|=|2-5|=3$

おっと，ココで「必ず $|l-m|\leqq 2$」がoutになってしまいました。

しつこいようですが，**$n=12$** もやってみましょう。

$$l,\ m=2,\ 3,\ 4,\ 6$$

で，l，m の組合せは 4×4 パターンあるのですが，$|l-m|$ が最大となる

$(l,\ m)=(2,\ 6)$ のとき　$|l-m|=|2-6|=4$

を調べることにより，outとわかります。

ここまでのことをまとめてみましょう。$|l-m|$ の最大値をチェックすると，

n	l，m	$\|l-m\|$ の最大値	$\|l-m\|\leqq 2$
4	◎②	$\|②-②\|=0$	OK
6	②，③	$\|③-②\|=1$	OK
8	②，④	$\|④-②\|=2$	OK
10	②，⑤	$\|⑤-②\|=3$	out
12	②，3，4，⑥	$\|⑥-②\|=4$	out
⋮	⋮	⋮	⋮

気づきましたか？　$|l-m|$ の最大値は，l，m の最大値○から最小値○を引けば得られますよね。すると $n\geqq 10$ のとき○ $\geqq 5$ であり，○はつねに○ $=2$ ですから，

$$|l-m|\geqq 5-2=3 \quad \text{out}$$

となります。(1)の答は $n=4$，6，8ですね。

では，一般的に

$$n = 2k \ (k = 2,\ 3,\ 4,\ \cdots)$$

でやってみましょう。l，m の最大値は ⓚ，最小値は ② ですから，

(｜$l - m$｜の最大値) = ⓚ − ②

これが 2 以下で条件(ii)が OK になりますから，

$$k - 2 \leqq 2 \qquad \therefore \quad k \leqq 4$$

です。よって

$$k = 2,\ 3,\ 4 \qquad \therefore \quad n = 4,\ 6,\ 8$$

と答えが出ました。

すると，(2)では

$$n = 7k \ (k = 2,\ 3,\ 4,\ \cdots)$$

とおいて，l，m の最大値…は k か 7 かわからないですね。k と 7 の大小で場合分けして，

$k = 2,\ 3,\ 4,\ 5,\ 6,\ 7$ のとき最大値は 7，最小値は k（？）

$k = 8,\ 9,\ 10,\ \cdots$ のとき最大値は k，最小値は 7（？）

あとでお話しますが，実はウソです。たとえば，$k = 9$ つまり $n = 63 = 3^2 \times 7$ のとき，最小値は 3 です。

です。ですが，どっちにしても絶対値を考えますから，

(｜$l - m$｜の最大値) = $|k - 7|$

ですね。これが 2 以下で条件(ii)が OK になりますから

$$|k - 7| \leqq 2$$

$$\therefore \quad -2 \leqq k - 7 \leqq 2$$

$$\therefore \quad 5 \leqq k \leqq 9$$ （辺々に +7）

$$\therefore \quad k = 5,\ 6,\ 7,\ 8,\ 9$$

$|x| \leqq A$ を解くと $-A \leqq x \leqq A$ p.113 で説明しています。

あ，でも，$k = 6,\ 8$ は $n = 7k$ が偶数になりますから，(1)で調べおわってますね。ですから

$$k = 5,\ 7,\ 9 \qquad \therefore \quad n = 35,\ 49,\ 63$$

です。ちょっと確認してみましょうか。

n	l, m	｜$l - m$｜の最大値	｜$l - m$｜$\leqq 2$
35	⑤, ⑦	｜⑦ − ⑤｜= 2	OK
49	⑦	｜⑦ − ⑦｜= 0	OK
63	③, 7, 9, ㉑	｜㉑ − ③｜= 18	out

あれ？ $n = 63$ は out ですね？ k が合成数のときは，l，m が 7 と k 以外の値もとり得るようになるため，out になることがあるわけです。$|k - 7| \leqq 2$ と「k が奇数」で k の候補を絞り込んだあと，さらに k が合成数なのかどうかを check しないといけませんね。

続いて(3)にいきましょう。(1)で $2k$，(2)で $7k$ ときましたから，p を素数として，

$$n=pk$$

とおけばよさそうです。(1)，(2)では，k の範囲を

$$k=2,\ 3,\ 4,\ \cdots$$

としましたが，(3)ではムダがあることに気づきましたか？　$n=7k$ のとき，$k=5,\ 7,\ 9$（$k=9$ は out）と出ましたよね。p は素数で，いまから，

$$p=2,\ 3,\ \textcircled{5},\ 7,\ \cdots\quad つまり，n=2k,\ 3k,\ 5k,\ 7k,\ \cdots$$

と調べていくので，$p \geqq 7$ のときの $k=5$ の場合は，$p=\textcircled{5}(n=5k)$ のときにすでに調べていることになります。だから

「p は n の素因数のうち最小のもの」

として，$k \geqq p$ つまり

$$k=p,\ p+1,\ p+2,\ \cdots$$

とすれば，少し作業が減ります。

ここも前ページ同様ウソが入っていますね。k が合成数のとき注意です。

このとき，l，m の最小値が $\textcircled{p}$，最大値が $\textcircled{k}$ ということになりますから

$$(|l-m| の最大値)=|\textcircled{k}-\textcircled{p}|=k-p$$

です。これが 2 以下ですから，

$$k-p \leqq 2 \qquad \therefore\ k \leqq p+2 \qquad \therefore\ k=p,\ p+1,\ p+2$$

n が偶数の場合，つまり $p=2$ の場合は(1)で調べおわっていますから，p，k がともに奇数の場合を考えます。すると $p+1$ が偶数になりますから

$$k=p,\ p+2 \qquad \therefore\ n=p^2,\ p(p+2)$$

この 2 つだけを調べればよいことになりました。あとは(2)の $n=7k$ のときの $k=9$，$n=63$ のときのように，$p+2$ が合成数で，p よりも小さい素因数をもっていないかどうかを check すればよさそうです。

阪大の問題はご存知のようにヘビー級が多いですから，解法がヒラメいたからといって，すぐに解答用紙に書き出すのではなく，いったんこのように整理して，無駄を減らしてから解答用紙に書き出すようにしましょう。本問の(3)は $2 \leqq n \leqq 1000$ ですから，それでも

$$p=2,\ 3,\ 5,\ 7,\ 11,\ 13,\ 17,\ 19,\ 23,\ 29,\ \textcircled{31}$$

$31^2=961<1000$
$37^2=1369>1000$

の 11 個を調べないといけません。さすが阪大ですね（汗），がんばりましょう。それにしても良問だと思いませんか？　かなりの難問ですが，難しい定理や公式は一切使っていないんです。素朴な実験から，ちょっとした発見をして，解けちゃうんです。さすが阪大ですね。

実行

(1)　n が偶数のとき，条件(i)より，

$n=2k$（k は 2 以上の整数　……①）

とおける。このとき，2，k は 1 でも n でもない n の正の約数であるから，条件(ii)より，

$|k-2|\leqq 2$

$\therefore\quad -2\leqq k-2\leqq 2$

$\therefore\quad 0\leqq k\leqq 4$

が必要である。これと①より，

$k=2,\ 3,\ 4$

であり，1 でも n でもない n の正の約数は

$k=2$　つまり $n=4=2^2$ のとき：2

$k=3$　つまり $n=6=2\cdot 3$ のとき：2，3

$k=4$　つまり $n=8=2^3$ のとき：2，4

であるから，いずれも条件(ii)をみたす。よって，求める n は

$\boldsymbol{n=4,\ 6,\ 8}$

$k\geqq 2$ なので，絶対値記号はなくてもよいですが，(2)，(3)ではつけるので，ココもそろえました。

「必要・十分」についてはあとの 検討 でお話しします。

(2)　n が 7 の倍数のとき，条件(i)より，

$n=7k$　（k は 2 以上の整数）

とおける。(1)で求めた n に 7 の倍数はないから，ここでは k が奇数の場合を考えればよい。よって，

k は 3 以上の奇数　……②

とする。このとき，7，k は 1 でも n でもない n の正の約数であるから，条件(ii)より，

$|k-7|\leqq 2\qquad \therefore\quad -2\leqq k-7\leqq 2\qquad \therefore\quad 5\leqq k\leqq 9$

が必要である。これと②より，

$k=5,\ 7,\ 9$

であり，1 でも n でもない n の正の約数は

$k=5$　つまり $n=35=5\cdot 7$ のとき：5，7

$k=7$　つまり $n=49=7^2$ のとき：7

$k=9$　つまり $n=63=3^2\cdot 7$ のとき：3，7，9，21

であるから，$k=5$，7 のときは条件(ii)をみたし，$k=9$ のときは条件(ii)をみたさない。よって，求める n は

$\boldsymbol{n=35,\ 49}$

(3)　(ア)　n が偶数のとき，(1)より $n=4$，6，8

(イ)　n が奇数のとき，p を n の最小の素因数として，

$n=pk$（k は p 以上の奇数　……③）

とおける。p，k は1でも n でもない n の正の約数であるから，条件(ii)より，

$|k-p| \leqq 2$　　$\therefore$　$-2 \leqq k-p \leqq 2$　　$\therefore$　$p-2 \leqq k \leqq p+2$

が必要である。これと③，さらに p，k が奇数であることから，

$k=p$，$p+2$　　$\therefore$　$n=p^2$，$p(p+2)$

である。

$2 \leqq n \leqq 1000$，$p \leqq k$（$p^2 \leqq pk=n$）であり，$31^2=961<1000$，$37^2=1369>1000$ であるから，$p \leqq 31$ で調べればよく，

$p=3$ のとき　$n=3^2$，$3 \cdot 5=9$，15

$p=5$ のとき　$n=5^2$，$5 \cdot 7=25$，35

$p=7$ のとき　$n=7^2=49$

（$n=7 \cdot 9=3^2 \cdot 7$ は条件(ii)をみたさない）

$p=11$ のとき　$n=11^2$，$11 \cdot 13=121$，143

$p=13$ のとき　$n=13^2=169$

（$n=13 \cdot 15=3 \cdot 5 \cdot 13$ は条件(ii)をみたさない）

$p=17$ のとき　$n=17^2$，$17 \cdot 19=289$，323

$p=19$ のとき　$n=19^2=361$

（$n=19 \cdot 21=3 \cdot 7 \cdot 19$ は条件(ii)をみたさない）

$p=23$ のとき　$n=23^2=529$

（$n=23 \cdot 25=5^2 \cdot 23$ は条件(ii)をみたさない）

$p=29$ のとき　$n=29^2$，$29 \cdot 31=841$，899

$p=31$ のとき　$n=31^2=961$

（$n=31 \cdot 33=1023>1000$）

である。

以上(ア)，(イ)より，求める n は

$n=$**4，6，8，9，15，25，35，49，121，143，169，289，323，361，529，841，899，961**

検討　実行で「必要である」という言葉が出てきましたけれど，大丈夫でしたか？　よく「必要，十分がわからない」という受験生がいますが，数学屋さんにとってこれは文法のようなもの。外国人の方の変な日本語は，少し聞くくらいならいいですけど，長時間はツラいじゃないですか。あれと同じです。やはり，文法には気をつけないと。といってもたいしたことはないんですよ。基本はコレです。

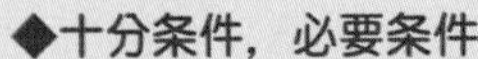

◆十分条件，必要条件

条件 p，q について

$$p \Longrightarrow q$$

が成り立っているとき，

p は q であるための十分条件

q は p であるための必要条件

という。

また，p，q をみたす集合をそれぞれ P，Q とすると

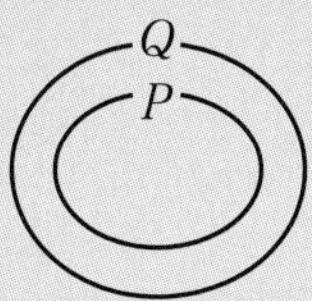

となっている。

十分条件 ⇒ 必要条件

「⟹ 矢の先は必要」と覚えます。
(先がないと刺さりません)

住んでいる所で考えるとよいです。僕は京都府宇治市(10 円玉の平等院のあるところ)に住んでいるので,

宇治市民 $\overset{\text{ならば}}{\Longrightarrow}$ **京都府民**

で，包含関係はこんな感じです。

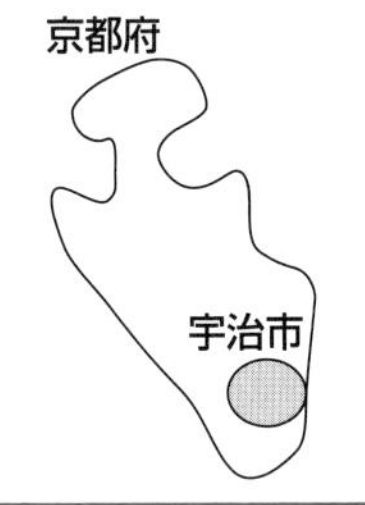

要は，解答で論理が「行って戻れる」なら「必要十分条件」「同値」なわけですが，「行って戻れなくなった」ら「必要条件(であるが十分条件ではない)」なわけです。$x=\sqrt{2}$ のとき，両辺を 2 乗すると $x^2=2$ ですが，コレだと

$$x=\sqrt{2} \quad \Longrightarrow \quad x^2=2$$

の一方通行ですよね。$x^2=2$ のとき $x=\pm\sqrt{2}$ ですから

$$x=\sqrt{2} \quad \Longleftarrow \quad x^2=2$$

は成立しません。こういうときに

「$x=\sqrt{2}$ のとき，$x^2=2$ であることが必要」

とか

「$x^2=2$ は $x=\sqrt{2}$ であるための必要条件(であるが十分条件ではない)」

と書くわけです。

「必要十分条件」「同値」にするなら

$$x=\sqrt{2} \Longleftrightarrow \begin{cases} x^2=2 \\ \text{かつ} \\ x \geqq 0 \end{cases}$$

です。

本問の場合ですと，たとえば (2) で $n=7k$ とおいたとき，$k=9$ だったりすると $n=7\cdot9=7\cdot3^2$ となります。すると，最初に考えていた

l，m の最大値が k，最小値が 7

とか

($|l-m|$ の最大値) $=|k-7|$

が使えなくなります。でも，k と 7 が l，m の候補であることは間違いあ

りませんから，

「$|l-m|\leqq 2$ が必ず成り立つ」 $\Longrightarrow$ 「$|k-7|\leqq 2$ が成り立つ」
（どのような l，m に対しても $|l-m|\leqq 2$ が成り立つ）

という「一方通行」が発生しているわけです。逆は必ずしも成り立つとは限りませんよね？ l，m が「k，7 の場合だけの式」ですので，「すべての l，m で成り立つ」かどうかはわかりませんもんね。このようにして

「必要性」で k の候補を絞り込んで，あとで「十分性」の check をしたわけです。

このように，解答を書くときに「行って戻れる」のか，「一方通行」なのかは，つねに気をつけておかなければいけません。しかし，上の $x=\sqrt{2}$ の 2 乗の例のように，「同値関係がくずれるところ」には代表的なものがいくつかあります。本書でもいくつか出てきますので，その都度 check していきましょう。

復習のやり方 1

学校や塾で授業を受けたあと，ちゃんと復習してますか？

「予習で精一杯で復習の時間が取れない」

と相談にくる人がいます。それはそうです。大学入試の問題は，1 問 30 分くらいかけて解くんですから，小中学生のときのように短時間では復習できません。

また，復習はしているんだけど，

「その日に復習したら覚えてるし，日をあけると忘れちゃうし」
「授業でやった問題はできるけど，ちょっと変えられるとできない」

と相談にくる人がいます。これは時間がないので急いで復習しようとして，「理解」や「計画」をすっ飛ばして復習している可能性が高いです。問題のどこを見てその解法に気づいたのか，どういう試行錯誤を経てそれを思いついたのか，そういった「理解」の部分を復習していなければ，同じ問題なら反応できても，ちょっと変えられたら反応できません。また，自分で解答を組み立てずに，今日の授業を何となく思い出して解答を再現しているだけなら，そりゃあしばらくしたら忘れてしまうでしょう。

まともに「理解」，「計画」，「実行」，「検討」を復習すれば，一度習ってるとはいえ 1 問に 10 ～ 20 分はかかるでしょう。でも時間は足りません。ではどうするか？ （p.54 に続く）

テーマ

4 整数 ④

問題 4 ★★★ 40分

l, m, n を3以上の整数とする。等式

$$\left(\frac{n}{m}-\frac{n}{2}+1\right)l=2$$

をみたす l, m, n の組をすべて求めよ。 (阪大・理系・10前)

理解 これは l, m, n と3文字ありますので,「具体的な値を代入」といっても, どれに代入するかによって, いろいろありそうです。

アルファベット順で, まずは l に代入してみましょうか。「3以上」なのでとりあえず $l=3$ でいってみましょう。与式は

$$\left(\frac{n}{m}-\frac{n}{2}+1\right)\cdot 3=2$$

となります。$2m$ を掛けて, 分母を払ってみましょうか。 ($\times 2m$)

$$3(2n-mn+2m)=4m$$

$$3mn-6n-2m=0 \quad \text{(整理)}$$

プロローグ でやりました「積 xy がある type」ですので, ($3n$ でくくる)

$$3n(m-2)-2m=0$$

$$3n(m-2)-2(m-2)-4=0 \quad (m-2\text{ を作る})$$

$$(3n-2)(m-2)=4 \quad (n\text{ の式})\times(m\text{ の式})=(\text{整数})\text{ の形にする}$$

うーん, $l=3$ の場合は解けますが, これでいくと $l=4$, 5, 6, ……と永遠に続けないといけない感じがしますねぇ……。

次は, $m=3$ としてみましょうか。与式は

$$\left(\frac{n}{3}-\frac{n}{2}+1\right)l=2$$

$$\left(1-\frac{n}{6}\right)l=2$$

おっ, 分母の文字がなくなって, 計算がやり易くなりましたね。6を掛けて分母を払うと

$$(6-n)l=12$$

何か気づきましたか? もちろん **1 約数・倍数の関係** で12の約数を考

えるのですが，そうすると，さっきと同様永遠に続けないといけない気がします。ところが，**2 不等式**の目線で見ると，l，12 は正ですから，$6-n>0$ で $n<6$ が得られます。$n=3$，4，5 のときは l がありますが，$n \geqq 6$ のときは l がありませんね。m が他の値のときも調べてみましょう。

$m=4$ のとき	$m=5$ のとき	$m=6$ のとき	$m=7$ のとき
$\left(\dfrac{n}{4}-\dfrac{n}{2}+1\right)l=2$	$\left(\dfrac{n}{5}-\dfrac{n}{2}+1\right)l=2$	$\left(\dfrac{n}{6}-\dfrac{n}{2}+1\right)l=2$	$\left(\dfrac{n}{7}-\dfrac{n}{2}+1\right)l=2$
$\left(1-\dfrac{1}{4}n\right)l=2$	$\left(1-\dfrac{3}{10}n\right)l=2$	$\left(1-\dfrac{1}{3}n\right)l=2$	$\left(1-\dfrac{5}{14}n\right)l=2$
$n=3$ $(l=8)$ は OK $n \geqq 4$ のとき $1-\dfrac{1}{4}n \leqq 0$ で out	$n=3$ $(l=20)$ は OK $n \geqq 4$ のとき $1-\dfrac{3}{10}n<0$ で out	$n \geqq 3$ より $1-\dfrac{1}{3}n \leqq 0$ で out	$n \geqq 3$ より $1-\dfrac{5}{14}n<0$ で out

どうも $m \geqq 6$ のときはダメそうです。

「$m \geqq 6$ のとき，l，n がない」といえるのでしょうか？

やってみましょう。$m \geqq 6$ のとき，$\dfrac{n}{m} \leqq \dfrac{n}{6}$ ($n>0$ より) ですから

$$\frac{n}{m}-\frac{n}{2}+1 \leqq \frac{n}{6}-\frac{n}{2}+1=\frac{3-n}{3} \leqq 0$$

（$n \geqq 3$ より）

$l>0$ ですから，l を掛けると

$$\left(\frac{n}{m}-\frac{n}{2}+1\right)l \leqq 0$$

となり，与式の左辺が 2 となることはありません。

これで，$3 \leqq m \leqq 5$ がいえましたから，あとは $m=3$，4，5 の 3 通りを調べれば OK です。

実行

$$\left(\frac{n}{m}-\frac{n}{2}+1\right)l=2 \quad \cdots\cdots ①$$

$m \geqq 6$ とすると，$n \geqq 3$ であるから，

$$\frac{n}{m}-\frac{n}{2}+1 \leqq \frac{n}{6}-\frac{n}{2}+1=\frac{3-n}{3} \leqq 0$$

さらに $l \geqq 3>0$ であるから，

$$\left(\frac{n}{m}-\frac{n}{2}+1\right)l \leqq 0$$

よって，①をみたす l，m，n は存在しないから，

$$m=3,\ 4,\ 5$$

である。

(i)　$m=3$ のとき，①より

$$\left(\frac{n}{3}-\frac{n}{2}+1\right)l=2 \qquad \therefore\quad (6-n)l=12$$

$l \geqq 3$，$6-n \leqq 3$ に注意して，これをみたす l，n の組は

$$(l,\ 6-n)=(4,\ 3),\ (6,\ 2),\ (12,\ 1)$$

$$\therefore\quad (l,\ n)=(4,\ 3),\ (6,\ 4),\ (12,\ 5)$$

(ii)　$m=4$ のとき，①より

$$\left(\frac{n}{4}-\frac{n}{2}+1\right)l=2 \qquad \therefore\quad (4-n)l=8$$

$l \geqq 3$，$4-n \leqq 1$ に注意して，これをみたす l，n の組は

$$(l,\ 4-n)=(8,\ 1) \qquad \therefore\quad (l,\ n)=(8,\ 3)$$

(iii)　$m=5$ のとき，①より

$$\left(\frac{n}{5}-\frac{n}{2}+1\right)l=2 \qquad \therefore\quad (10-3n)l=20$$

$l \geqq 3$，$10-3n \leqq 1$ に注意して，これをみたす l，n の組は

$$(l,\ 10-3n)=(20,\ 1) \qquad \therefore\quad (l,\ n)=(20,\ 3)$$

以上(i)，(ii)，(iii)より，求める l，m，n の組は

$$(l,\ m,\ n)=\mathbf{(4,\ 3,\ 3),\ (6,\ 3,\ 4),\ (12,\ 3,\ 5),\ (8,\ 4,\ 3),\ (20,\ 5,\ 3)}$$

理解　さて，**問題 1**～**問題 3**に続いて本問も「具体的な値を代入」で解答の糸口が見つかりましたが，本問はコレだけではもったいない良問ですので，もう少し別の **理解** の方法も試してみましょう。

複数の文字 ➡ どの文字に着目するか？
着目する文字を順に変えて
その文字について式を整理していく

第 11 章多変数でお話ししますが，阪大は文字がたくさん登場する問題が多いです。この種の問題では，どの文字に着目するかで，式の見え方がか

なりちがってきますから，ボヤ～っと見ていると気づけません。1文字ずつ着目する文字を変えながら，どんな整理や変形が可能か考えていくのです。

では，またアルファベット順で，l からいきましょうか。

$$\left(\frac{n}{m}-\frac{n}{2}+1\right)l=2$$

通分

$$\frac{n(2-m)+2m}{2m}\times l=2 \quad \cdots\cdots ⓐ$$

$l=$ の形に整理

$$l=\frac{4m}{n(2-m)+2m} \quad \cdots\cdots ⓑ$$

おっ，分母が (n の式)×(m の式) の形に変形できそうですね。やってみましょう。

$$\begin{aligned} &n(2-m)+2m \\ =&n(2-m)+2(m-2)+4 \\ =&-(n-2)(m-2)+4 \end{aligned}$$

$m-2$ を作る

(n の式)×(m の式) の形

ですから，ⓑは

$$l=\frac{4m}{4-(n-2)(m-2)}$$

となります。$l \geqq 3$，$m \geqq 3$，$n \geqq 3$ ですから，……どうですか？　何か気づきますか？　そうです！　左辺の $l>0$，右辺の分子 $4m>0$ ですから右辺の分母も正，つまり

$$(n-2)(m-2)<4$$

です。$n-2 \geqq 1$，$m-2 \geqq 1$ ですから，これで

$n-2$	1	1	1	2	3
$m-2$	1	2	3	1	1

の5通りに絞り込めましたね。

解答としてはⓑまで変形する必要はないですね。ⓐの段階で分子を

$$n(2-m)+2m=4-(n-2)(m-2)$$

と変形しておいて，$l>0$，$2m>0$ より

$$4-(n-2)(m-2)>0$$

ともちこんで，n と m を絞り込みましょうか。あとは5通りを調べてあげればOKです。

〈別解 1〉

$$\left(\frac{n}{m}-\frac{n}{2}+1\right)l=2$$

より，

$$\frac{4-(n-2)(m-2)}{2m}l=2 \quad \cdots\cdots①$$

$l>0$，$m>0$ より，

$$4-(n-2)(m-2)>0 \qquad \therefore \quad (n-2)(m-2)<4$$

$n \geqq 3$，$m \geqq 3$ より $n-2 \geqq 1$，$m-2 \geqq 1$ であるから，これをみたす n，m の組は

$$(n-2,\ m-2)=(1,\ 1),\ (1,\ 2),\ (1,\ 3),\ (2,\ 1),\ (3,\ 1)$$

$$\therefore \quad (n,\ m)=(3,\ 3),\ (3,\ 4),\ (3,\ 5),\ (4,\ 3),\ (5,\ 3)$$

のいずれかである。

①より，

$$l=\frac{4m}{4-(n-2)(m-2)}$$

であるから，

$(n,\ m)=(3,\ 3)$ のとき　$l=\dfrac{4\cdot 3}{4-1\cdot 1}=4$

$(n,\ m)=(3,\ 4)$ のとき　$l=\dfrac{4\cdot 4}{4-1\cdot 2}=8$

$(n,\ m)=(3,\ 5)$ のとき　$l=\dfrac{4\cdot 5}{4-1\cdot 3}=20$

$(n,\ m)=(4,\ 3)$ のとき　$l=\dfrac{4\cdot 3}{4-2\cdot 1}=6$

$(n,\ m)=(5,\ 3)$ のとき　$l=\dfrac{4\cdot 3}{4-3\cdot 1}=12$

いずれも l は 3 以上の整数となる。

したがって，求める l，m，n の組は

$$(l,\ m,\ n)=(\mathbf{4,\ 3,\ 3}),\ (\mathbf{8,\ 4,\ 3}),\ (\mathbf{20,\ 5,\ 3}),\ (\mathbf{6,\ 3,\ 4}),\ (\mathbf{12,\ 3,\ 5})$$

上では l に着目しましたが，m や n に着目してもできます。たとえば $\textcircled{n}$ について整理すると

$$\left(\frac{\textcircled{n}}{m}-\frac{\textcircled{n}}{2}+1\right)l=2$$

（〰を n でくくるため通分 $\div l$）

$$\frac{\textcircled{n}(2-m)}{2m}+1=\frac{2}{l}$$

（左辺の 1 を右辺に移項して通分）

$$\frac{\textcircled{n}(2-m)}{2m}=\frac{2-l}{l}$$

$$\textcircled{n}=\frac{2m(2-l)}{l(2-m)}$$

$2-l$ と $2-m$ が負になりますので，分母，分子に -1 を掛けましょうか。

$$n=\frac{2m(l-2)}{l(m-2)}$$

ここで $n \geqq 3$ を使うと

$$\frac{2m(l-2)}{l(m-2)} \geqq 3$$

（分母払う（$l>0$，$m-2>0$））

$$2m(l-2) \geqq 3l(m-2)$$

$$lm-6l+4m \leqq 0$$

（（l の式）×（m の式）≦（整数）の形）

$$(l+4)(m-6) \leqq -24$$

$l+4>0$ なので，$m-6<0$ でないといけませんから，

$$m=3,\ 4,\ 5$$

に絞り込めました。

次に m に着目ですが，m は分母にあるので，「$m=\cdots\cdots$」の形に変形するのは大変です。$m \geqq 3$ から順に組み立ててみましょうか。

$$m \geqq 3$$

（逆数をとって $\times n$（$n>0$））

$$\frac{n}{m} \leqq \frac{n}{3}$$

（$+\left(-\frac{n}{2}+1\right)$）

$$\frac{n}{m}-\frac{n}{2}+1 \leqq \frac{n}{3}-\frac{n}{2}+1$$

（$\times l$（$l>0$））

$$\left(\frac{n}{m}-\frac{n}{2}+1\right)l \leqq \left(1-\frac{n}{6}\right)l$$

左辺が $=2$ ですから

$$2 \leqq \frac{(6-n)l}{6} \qquad \therefore \quad (6-n)l \geqq 12$$

$l>0$ なので，$6-n>0$ でないといけませんから，

$n=3,\ 4,\ 5$
に絞り込めました。

理解　さきほどは，$l=(m,\ n$ の式$)$ にして考えてみたのですが，
そこまでせず l についていろいろ操作をしてみる
という 理解 の方法もあります。「いろいろ」っていわれても困ると思いますが，これは与えられた式の形によりますから，「いろいろ」としか言いようがないです。足す，引く，掛ける，割る，なんかが代表でしょうか。

たとえば

$$\left(\frac{n}{m}-\frac{n}{2}+1\right)l=2$$

で l に着目して，両辺を「l で割って」みますと

$$\frac{n}{m}-\frac{n}{2}+1=\frac{2}{l} \quad \cdots\cdots ⓐ$$

となりますよね。これをじ〜っと見て，自分が今までに扱ったことのある式で似ているものがないかを探すわけです。プロローグ でやった不定方程式 $\frac{1}{x}+\frac{1}{y}+\frac{1}{z}=1$ は頭に浮びますか？　浮かばなかったら，l にまた別の操作をやっていけばいいのです。ここでは浮かんだとしますね。

じゃあ，逆に違うところはどこでしょう。ⓐは分子に n がありますね。$\frac{1}{x}+\frac{1}{y}+\frac{1}{z}=1$ は分子はすべて数字です。ですから，形を近づけるために，ⓐの両辺を n で割ってみましょうか。

$$\frac{1}{m}-\frac{1}{2}+\frac{1}{n}=\frac{2}{ln} \quad \cdots\cdots ⓑ$$

つづいて，$\frac{1}{x}+\frac{1}{y}+\frac{1}{z}=1$ のときと同じように不等式を作ってみましょう。左辺について不等式を作ると，$m \geqq 3,\ n \geqq 3$ より $\frac{1}{m} \leqq \frac{1}{3},\ \frac{1}{n} \leqq \frac{1}{3}$ ですから，

$$\frac{1}{m}-\frac{1}{2}+\frac{1}{n} \leqq \frac{1}{3}-\frac{1}{2}+\frac{1}{3}=\frac{1}{6}$$

よって，ⓑより

$$\frac{2}{ln} \leqq \frac{1}{6} \qquad \therefore \quad ln \geqq 12$$

あ，ダメですね。これをみたす $l,\ n$ は無数にあります。じゃあⓑの右

辺について不等式を作ると $l \geqq 3$，$n \geqq 3$ より $\frac{1}{l} \leqq \frac{1}{3}$，$\frac{1}{n} \leqq \frac{1}{3}$ ですから，

$$\frac{2}{ln} \leqq \frac{2}{9}$$

よって，ⓑより

$$\frac{1}{m} - \frac{1}{2} + \frac{1}{n} \leqq \frac{2}{9} \qquad \therefore \quad \frac{1}{m} + \frac{1}{n} \leqq \frac{13}{18}$$

これも，m，n が大きければ（$m = n = 18$ など）何でも成り立ってしまいますね。ということは逆向きの不等式 $\left(\frac{1}{m} + \frac{1}{n} > \text{●の形}\right)$ が欲しいわけですから，たとえば単純に

$$\frac{2}{ln} > 0$$

はどうでしょう？　ⓑより

$$\frac{1}{m} - \frac{1}{2} + \frac{1}{n} > 0 \qquad \therefore \quad \frac{1}{m} + \frac{1}{n} > \frac{1}{2}$$

両辺に $2mn$ を掛けて分母を払いますと，

$$2n + 2m > mn \qquad \therefore \quad (n-2)(m-2) < 4$$

おっ，絞り込めました。〈**別解 1**〉と同じ式が出ましたね。あとは，〈**別解 1**〉と同じです。

実行

〈**別解 2**〉

$$\left(\frac{n}{m} - \frac{n}{2} + 1\right)l = 2$$

より，

$$\frac{1}{m} - \frac{1}{2} + \frac{1}{n} = \frac{2}{ln}$$

$\frac{2}{ln} > 0$ であるから，

$$\frac{1}{m} - \frac{1}{2} + \frac{1}{n} > 0$$

であり，両辺に $2mn(>0)$ をかけて，

$$2n - mn + 2m > 0 \qquad \therefore \quad (n-2)(m-2) < 4$$

（以下〈**別解 1**〉に同じ）

第2章 有理数・無理数

プロローグ

整数の次は有理数・無理数です。といっても，有理数・無理数の問題は途中から整数を扱うことが多いですので，整数の続きみたいなもんです。大昔の問題なので，本書では扱いませんが，1971 年の阪大(理文共通)に

> a を実数とし，$z=\cos 2a\pi+i\sin 2a\pi$ とおく。
> (1) a が有理数であるとき，複素数 z, z^2, … , z^n, … のうちで相異なるものはいくつあるか。
> (2) a が無理数のとき, z, z^2, …, z^n, … はすべて相異なることを示せ。

というのがありまして，昔はよく問題集に載っていた有名問題でした。この他にも何問か, 有理数·無理数の両方の扱いを問う問題を見たことがあって，受験生だった頃「阪大って，有理数・無理数が好きなんやなぁ」と思った記憶があります。でも，僕が予備校講師になった頃はあまり出題されていなくて,「あれ～？」と思っていました。それが最近また，整数にまぎれて，ポツポツ出題されるようになってきたんです。流行はくり返す？整数のおさらいをかねて，やってみましょう。

まず，有理数・無理数へのアプローチですが，整理すると次のようになります。

1 「有理数である」が条件 ➡ $=\dfrac{p}{q}$ とおく $\left(\begin{array}{l}p，q\text{ は互いに素}\\ \text{な整数で，}q>0\end{array}\right)$

2 「無理数である」が条件 ➡ p，q 有理数，α 無理数のとき $p+q\alpha=0$ ならば $p=q=0$

3 「有理数である」ことを示す ➡ 有理数の和・差・積・商で表せることを示す

4 「無理数である」ことを示す ➡ 背理法 (「有理数である」と仮定して **1** へ)

この章の 問題5，問題6 で扱う阪大の過去問では「$\sqrt{2}$，$\sqrt{7}$ が無理数であることは証明せずに用いてよい」とただし書きがあり，

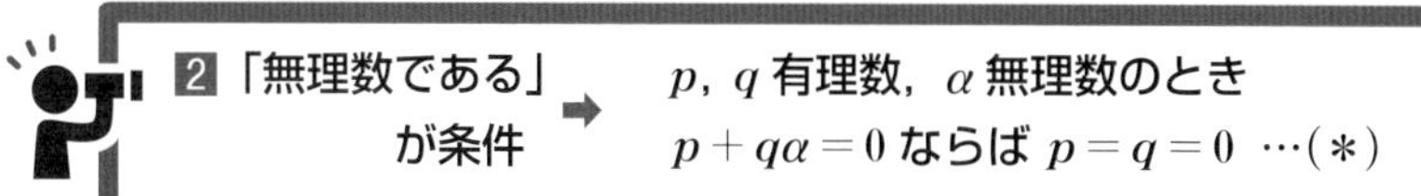

2「無理数である」が条件 ➡ **p，q 有理数，α 無理数のとき $p+q\alpha=0$ ならば $p=q=0$ …(＊)**

を使っていくことになるのですが，(＊)は証明できますか？　ここで確認しておきましょう。背理法を用います。

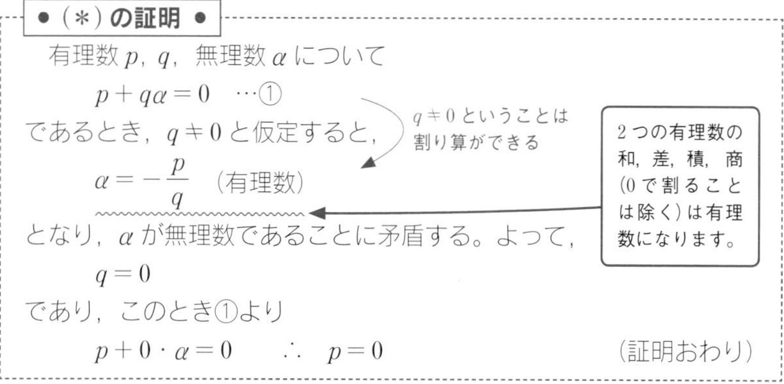

● (＊)の証明 ●

有理数 p，q，無理数 α について

$$p+q\alpha=0 \quad \cdots ①$$

であるとき，$q \neq 0$ と仮定すると，

$$\alpha=-\frac{p}{q} \quad (\text{有理数})$$

となり，α が無理数であることに矛盾する。よって，

$$q=0$$

であり，このとき①より

$$p+0\cdot\alpha=0 \qquad \therefore \quad p=0$$

（証明おわり）

この証明の応用を 問題7 で扱いますから，ちゃんと自力で証明できるようにしておいてくださいね。

さて，じゃあ実際の問題でアプローチを check していきましょうか。

1「$=\dfrac{p}{q}$ **とおく**」の例としては，教科書でも扱う

> $\sqrt{2}$ が無理数であることを示せ。

が超有名で，**4 背理法** ➡ **1**「$=\dfrac{p}{q}$ **とおく**」となります。

$\sqrt{2}$ が無理数ではない，すなわち有理数であると仮定すると

$$\sqrt{2}=\frac{p}{q} \quad (p,\ q \text{ は互いに素な整数で，} q>0)$$

とおいて

⋮

矛盾

ってヤツです。コレ，問題7 の(1)なんで，そっちでやることにしますね。

2 $p+q\alpha=0$ **ならば** $p=q=0$　を使う例としては

> x，y が有理数であり，
> $$2x+3\sqrt{2}=4+y\sqrt{2}$$
> をみたすとき，x，y の値を求めよ。

みたいな問題で，$\sqrt{2}$ で整理して

$$(2x-4)+(3-y)\sqrt{2}=0$$

であり，$2x-4$，$3-y$ は有理数，$\sqrt{2}$ は無理数であるから

$$2x-4=3-y=0 \qquad \therefore \quad x=2,\ y=3$$

とやるヤツです。コレはカンタンすぎますが，与えられた条件を整理すると，結局こういう形になって，**2** を利用して解く，という流れになります。

次に **3**，**4** ですが，これは入試問題でやってみましょうか。

> $\tan 1^\circ$ は有理数か。　（京大・理文共通・06 後）

余談ですが，ゆとり教育で π を "3" と計算するようになった 2003 年に，東大で

> 円周率が 3.05 より大きいことを証明せよ。（東大・理科・03 前）

という問題が出まして，これは「ゆとり教育への問題提起だ」と話題になったんですが，別のことでも話題になったんです。「大学入試史上，最も問題文が短い」って。3.05 を 1 文字と見たら，18 文字ですもんね。で，それに対抗したのかどうなのか，3 年後の京大がコレです。$\tan 1^\circ$ を 1 文字と見ると，7 文字！　しかも，「無理数であることを示せ。」じゃなくて，「有理数か。」ですもんね(笑)。

本題に戻ります。本問は $\tan 1^\circ$ が有理数なのか無理数なのかわかりませんので，

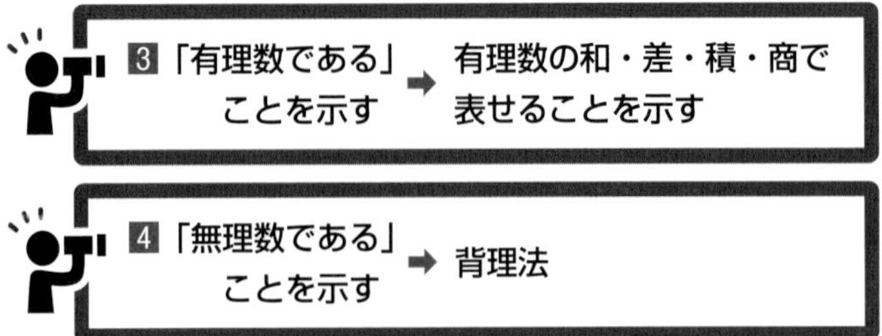

のどちらかわかりません。これではとっかかりがないので，とりあえず

tan について知っている公式を思い出すと

① $\tan\theta=\dfrac{\sin\theta}{\cos\theta}$

② $1+\tan^2\theta=\dfrac{1}{\cos^2\theta}$

③ $\tan(\alpha+\beta)=\dfrac{\tan\alpha+\tan\beta}{1-\tan\alpha\tan\beta}$

③は①と sin，cos の加法定理で作ります。

$\tan(\alpha+\beta)=\dfrac{\sin(\alpha+\beta)}{\cos(\alpha+\beta)}$ （加法定理）

$=\dfrac{\sin\alpha\cos\beta+\cos\alpha\sin\beta}{\cos\alpha\cos\beta-\sin\alpha\sin\beta}$ （分母，分子を $\cos\alpha\cos\beta$ で割る）

$=\dfrac{\dfrac{\sin\alpha}{\cos\alpha}+\dfrac{\sin\beta}{\cos\beta}}{1-\dfrac{\sin\alpha}{\cos\alpha}\cdot\dfrac{\sin\beta}{\cos\beta}}$

$=\dfrac{\tan\alpha+\tan\beta}{1-\tan\alpha\tan\beta}$

くらいでしょうか。①，②で $\theta=1^\circ$ とすると $\cos 1^\circ$ や $\sin 1^\circ$ が出てきますが，これも $\tan 1^\circ$ と同じく，有理数か無理数かわかんないですよね。じゃあ，③で，$\alpha=1^\circ$ としてみましょうか。β はどうします？　とりあえず $\beta=1^\circ$ としてみましょうか。

$$\tan 2^\circ=\frac{\tan 1^\circ+\tan 1^\circ}{1-\tan 1^\circ\tan 1^\circ}=\frac{2\tan 1^\circ}{1-\tan^2 1^\circ}\quad\cdots④$$

お，ちょっと面白い式になりましたね。もし，$\tan 1^\circ$ が有理数だったら，$\tan 2^\circ$ は $\tan 1^\circ$ と 2 と 1 の和・差・積・商で表せていますから，$\tan 2^\circ$ も有理数ということになりますよね。すると，今度は $\alpha=2^\circ$，$\beta=1^\circ$ とすれば

$$\tan 3^\circ=\frac{\tan 2^\circ+\tan 1^\circ}{1-\tan 2^\circ\tan 1^\circ}$$

となり，$\tan 3^\circ$ も有理数ということになります。これをくり返していけば

$\tan 4^\circ$，$\tan 5^\circ$，$\tan 6^\circ$，……

もすべて有理数ということになります。……，じゃあオカシイですよね。だって

$$\tan 30^\circ=\frac{1}{\sqrt{3}}$$

は無理数ですもんね。ですから，$\tan 1^\circ$ は無理数で，**4 背理法**で示せばよさそうです。では解答です。

$\tan 1^\circ$ は無理数である。

これを背理法により証明する。$\tan 1^\circ$ が有理数であると仮定する。

一般に，n を 29 以下の自然数として，$0<\tan n^\circ<1$ であり，

（$\tan 30^\circ$ で矛盾がわかりますから，$n^\circ+1^\circ\leqq 30^\circ$ で。）

$$\tan(n^\circ+1^\circ)=\frac{\tan n^\circ+\tan 1^\circ}{1-\tan n^\circ\tan 1^\circ}$$

であるから，$n=1$ とすると

$$\tan 2^\circ=\frac{2\tan 1^\circ}{1-\tan^2 1^\circ}$$

となり，$\tan 2^\circ$ は有理数である。

次に $n=2$ とすると

$$\tan 3^\circ = \frac{\tan 2^\circ + \tan 1^\circ}{1 - \tan 2^\circ \tan 1^\circ}$$

であるから，$\tan 3^\circ$ も有理数である。

以下同様にして，$\tan 4^\circ$，$\tan 5^\circ$，…，$\tan 30^\circ$ も有理数となるが，

$\tan 30^\circ = \dfrac{\sqrt{3}}{3}$ は無理数であるから矛盾。

よって，$\tan 1^\circ$ は無理数である。

より厳密には「$\sqrt{3}$ が無理数であること」も証明すべきですが，京大の本問は，入試本番で自明としても大丈夫だったようです。

Column　復習のやり方2 （p.41 から続く）

復習のグレードを分けましょう。たとえば次の 3 つです。

①理解 ↕ **見るだけ**（着眼点，解法の急所）（2 ～ 3 分）

②計画 ↓ **下書き**（立式や作図）（5 ～ 10 分）

③実行 ↓ **解答作成**（10 ～ 20 分）

解答作成はわかりますよね。**下書き**は問題を読んで理解し，立式や作図で解答のアイデアが出来たら OK とします。**見るだけ**はノートに工夫が必要です。

- 問題をコピーしてノートに貼っておく。
  （問題と解答が離れると復習のときに不便）
- 『着眼点』を問題の横にメモしておく。
  （できれば「1 次独立なベクトルですべて表す」のように一言でまとめる）
- 『解答の急所』にアンダーラインを引く。
  （「ここさえできれば，ほかは大丈夫」という所，1 問あたり 3 ～ 5 か所）

これで，まず問題だけ見て『着眼点』を思い出す。次に解答のアンダーラインのところをかくしておいて，順に思い出していく。これなら 1 問あたり 2 ～ 3 分ですし，電車の中で立っていても，布団で寝ころんででもできます。

僕は帰りの電車の中で**見るだけ**，家へ帰って予習のときできなかったものについては**下書き**，週末に必要なものだけ**解答作成**して，次の週の行きの電車でもう一度**見るだけ**をやっていました。難しい問題については 4 回復習したことになります。予習で 1 回，授業で 1 回見ていますから，これで合計 6 回見たことになります。いくら難しくても，6 回も見ればかなり覚えてしまいます。それでもダメなものは付箋（ふせん）を貼っておいて，夏休みや直前にも復習します。

モノが覚えられるか覚えられないかは，興味程度と反復回数が大きく影響します。**解答作成**だけでは時間が足りませんから，復習のグレードを自分なりに何段階か用意して使い分け，回数をかせいでください。

テーマ

5 有理数・無理数①

問題 5 ★★☆ 30分

α を2次方程式 $x^2-2x-1=0$ の解とするとき，
$(a+5\alpha)(b+5c\alpha)=1$ をみたす整数の組 $(a,\ b,\ c)$ をすべて求めよ。
ただし，必要ならば $\sqrt{2}$ が無理数であることは証明せずに用いてよい。

（阪大・理系・09前）

理解 まずは有理数・無理数へのアプローチは，次のようでした。

1「有理数である」が条件 ➡ $=\dfrac{p}{q}$ とおく（p，q は互いに素な整数で，$q>0$）

2「無理数である」が条件 ➡ p，q 有理数，α 無理数のとき $p+q\alpha=0$ ならば $p=q=0$ …(＊)

3「有理数である」ことを示す ➡ 有理数の和・差・積・商で表せることを示す

4「無理数である」ことを示す ➡ 背理法（「有理数である」と仮定して **1** へ）

本問では「必要ならば $\sqrt{2}$ が無理数であることは証明せずに用いてよい」とありますので，**2「無理数である」が条件**で，(＊)を利用すると思われます。

$x^2-2x-1=0$ を解くと

$$x=1\pm\sqrt{2}$$

ですから，α は

$$\alpha=1+\sqrt{2}\quad または\quad \alpha=1-\sqrt{2}$$

の2通りあります。とりあえず $\alpha=1+\sqrt{2}$ でやってみましょうか。

$$(a+5\alpha)(b+5c\alpha)=1$$

に代入して

$$(a+5+5\sqrt{2})(b+5c+5\sqrt{2}\,c)=1$$

これを展開して，○＋□$\sqrt{2}=0$の形に整理すればよいのでしょう。
$\sqrt{2}$のある部分とない部分に分けて

$$\{(a+5)\pm5\sqrt{2}\}\{(b+5c)\pm5c\cdot\sqrt{2}\}=1$$

これで展開してみましょう。　　2になって$\sqrt{2}$がなくなる

$$(a+5)(b+5c)\pm(a+5)\cdot5c\cdot\sqrt{2}\pm5\sqrt{2}(b+5c)+5\sqrt{2}\cdot5c\cdot\sqrt{2}=1$$

$$(ab+5ac+5b+75c-1)\pm\boxed{5(ac+b+10c)}\sqrt{2}=0$$

a，b，cが整数ですから，⬭と□は整数です。整数は有理数に含まれますから，プロローグで証明した（＊）が使えて

$$\begin{cases} ab+5ac+5b+75c-1=0 & \cdots\cdots ⓐ \\ 5(ac+b+10c)=0 & \cdots\cdots ⓑ \end{cases}$$

$\alpha=1-\sqrt{2}$のときは〰部分の＋（プラス）が−（マイナス）になるだけですね。同様にⓐ，ⓑが得られます。

　等式がいくつか出てきたら，考えられる作業は

です。ⓑから

$$b=-(a+10)c \qquad \cdots\cdots ⓑ'$$

とできますから，bの消去がラクそうです。もちろん，ⓑを

$$a=-\frac{b}{c}-10 \quad や \quad c=-\frac{b}{a+10}$$

として，aやcを消去することもあり得ます。でも，まあ，やり易いことから順に試していきましょう。ⓑ′をⓐに代入して

$$-a(a+10)c+5ac-5(a+10)c+75c-1=0$$

$$-a^2c-10ac+25c-1=0$$

cでくくれますね。

$$(a^2+10a-25)c=-1 \qquad \cdots\cdots ⓒ$$

（aの式）×（cの式）＝（整数）の形にできました。

$$(a^2+10a-25,\ c)=(1,\ -1),\ (-1,\ 1)$$

です。

計画　途中で気づきましたように，$\alpha=1+\sqrt{2}$を代入したときと，$\alpha=1-\sqrt{2}$を代入したときは，〰部分の＋（プラス）と−（マイナス）が逆になるだけなので，まとめてやりましょうか。

で，ⓐ，ⓑを導いて，b を消去してⓒにもちこみましょう。ここから a，c の値を求めて，ⓑ′ に代入して b の値を求めれば完成です。

実行

$$\alpha=1\pm\sqrt{2}$$

であるから，$(a+5\alpha)(b+5c\alpha)=1$ に代入すると，

$$\{(a+5)\pm5\sqrt{2}\}\{(b+5c)\pm5\sqrt{2}\,c\}=1$$

± まとめてやります。

$$(ab+5ac+5b+75c-1)\pm5(ac+b+10c)\sqrt{2}=0$$

（以上，すべて複号同順）

a，b，c は整数であるから，$ab+5ac+5b+75c-1$，$5(ac+b+10c)$ は有理数であり，$\sqrt{2}$ は無理数であるから，

$$\begin{cases} ab+5ac+5b+75c-1=0 & \cdots\cdots① \\ 5(ac+b+10c)=0 & \cdots\cdots② \end{cases}$$

②より，

$$b=-c(a+10) \qquad \cdots\cdots②'$$

であるから，①に代入すると，

$$-ac(a+10)+5ac-5c(a+10)+75c-1=0$$

$$c(a^2+10a-25)=-1 \qquad \cdots\cdots③$$

③は解答の中では使わないのですが，あとの検討で参照しますので，式番号をつけています。

c，$a^2+10a-25$ は整数であるから，

$(a^2+10a-25,\ c)=(1,\ -1),\ (-1,\ 1)$

(i)　$a^2+10a-25=1$　$(c=-1)$　のとき

$$a^2+10a-26=0 \qquad \therefore\quad a=-5\pm\sqrt{51}$$

となり不適。

(ii)　$a^2+10a-25=-1$　$(c=1)$　のとき

$$a^2+10a-24=0 \qquad \therefore\quad (a-2)(a+12)=0$$

$$\therefore\quad a=2,\ -12$$

さらに②′ より，

$a=2$，$c=1$ のとき　　$b=-1\cdot(2+10)=-12$

$a=-12$，$c=1$ のとき　　$b=-1\cdot(-12+10)=2$

以上より，求める整数の組 $(a,\ b,\ c)$ は

$$(a,\ b,\ c)=(\mathbf{2},\ \mathbf{-12},\ \mathbf{1}),\ (\mathbf{-12},\ \mathbf{2},\ \mathbf{1})$$

さて，これで十分 OK なのですが，もう少しカッコよく解くことができます。上の解答では $\alpha=1\pm\sqrt{2}$ を代入して，$\sqrt{2}$

について整理し，

$$p+q\sqrt{2}=0 \quad \Leftrightarrow \quad p=q=0 \quad (p,\ q \text{ 有理数})$$

を利用したのですが，1は有理数，

$\sqrt{2}$ は無理数ですので，

α も無理数

(有理数)＋(無理数) は
無理数ですが，
(無理数)±(無理数) は
無理数とは限りません。
たとえば $(1+\sqrt{2})+(-\sqrt{2})=1$
　　　　　㊕　　　㊕　　㊒

なんですよね。ですから，α について整理したら

$$p+q\alpha=0 \quad \Leftrightarrow \quad p=q=0 \quad (p,\ q \text{ 有理数}) \quad \cdots(*)$$

が利用できます。

$(a+5\alpha)(b+5c\alpha)=1$ を展開すると

$$ab+5(ac+b)\boxed{\alpha}+25c\boxed{\alpha^2}=1$$

になります。このままだと $\boxed{\alpha^2}$ が有理数なのか無理数なのかわかりませんから(＊)が使えません。そこで，α が $x^2-2x-1=0$ の解であることから

$$\alpha^2-2\alpha-1=0 \qquad \therefore \quad \boxed{\alpha^2}=\boxed{2\alpha+1}$$

をみたすことを利用します。いわゆる「次数下げ」ですね。

$$ab+5(ac+b)\alpha+25c(2\alpha+1)=1$$
$$(ab+25c-1)+5(ac+b+10c)\alpha=0$$
α で整理

$ab+25c-1$，$5(ac+b+10c)$ は有理数，α は無理数ですから

$$\begin{cases} ab+25c-1=0 & \cdots\cdots㋐ \\ 5(ac+b+10c)=0 & \cdots\cdots㋑ \end{cases}$$

㋑は解答の②と同じですね。

$$b=-c(a+10)$$

として，㋐に代入すると

$$-ac(a+10)+25c-1=0$$
$$c(a^2+10a-25)=-1$$
c でくくる

となり，解答の③が得られました。$\alpha=1\pm\sqrt{2}$ を代入してからの展開の作業がない分，ミスも起こりにくいでしょうね。

テーマ

6 有理数・無理数②

問題 6 ★★☆ 40分

a, b を自然数とし，不等式

$$\left|\frac{a}{b}-\sqrt{7}\right|<\frac{2}{b^4} \qquad \text{(A)}$$

を考える。次の問いに答えよ。ただし，$2.645<\sqrt{7}<2.646$ であること，$\sqrt{7}$ が無理数であることを用いてよい。

(1) 不等式 (A) をみたし $b \geqq 2$ である自然数 a, b に対して

$$\left|\frac{a}{b}+\sqrt{7}\right|<6$$

であることを示せ。

(2) 不等式 (A) をみたす自然数 a, b の組のうち，$b \geqq 2$ であるものをすべて求めよ。

（阪大・理系・17）

理解 プロローグ でもいいましたが，阪大は他大学に比べ，有理数･無理数関連の問題が多いように思います。**問題 7** のような他分野との融合問題も多いですから，ここでしっかり研究しておきましょう。

まず (A) の絶対値記号をはずしますと

$$-\frac{2}{b^4}<\frac{a}{b}-\sqrt{7}<\frac{2}{b^4} \quad \cdots\cdots ⓐ$$

となります。

> $|x| \leqq A$
> を解くと
> $-A \leqq x \leqq A$
> p.113 で説明しています。

一方，(1)の証明の目標は

$$\left|\frac{a}{b}+\sqrt{7}\right|<6$$

ですが，a, b は自然数ですから，絶対値記号は不要ですね。証明の目標は

目標 $\dfrac{a}{b}+\sqrt{7}<6$

となります。ⓐの各辺に $2\sqrt{7}$ を加えると $\dfrac{a}{b}+\sqrt{7}$ が作れますね。

$$2\sqrt{7}-\frac{2}{b^4}<\frac{a}{b}+\sqrt{7}<2\sqrt{7}+\frac{2}{b^4}$$

目標の不等号の向きから，左側の不等式［点線枠］は不要のようですね。右側の不等式［実線枠］を利用して，さらに

$$2\sqrt{7}+\frac{2}{b^4}<6$$

がいえればOKです。$\sqrt{7}<2.646$ であり，$b \geqq 2$ より $\dfrac{1}{b} \leqq \dfrac{1}{2}$ ですから

$$\frac{b}{a}+\sqrt{7}<2\sqrt{7}+\frac{2}{b^4}<2\times 2.646+\frac{2}{2^4}=5.417<6$$

できました！

次に(2)ですが，

与えられた式 (A) が $\left|\dfrac{a}{b}-\sqrt{7}\right|<\dfrac{2}{b^4}$

(1)で示した式が $\left|\dfrac{a}{b}+\sqrt{7}\right|<6$

ですから，$(A-B)(A+B)=A^2-B^2$ が思いつきませんか？　辺々を掛けてみましょうか。

$$\left|\frac{a^2}{b^2}-7\right|<\frac{12}{b^4}$$

整数を扱いますので，分数式はイマイチですから，両辺に $\times b^2$ をして，

$$|a^2-7b^2|<\frac{12}{b^2} \qquad \cdots\cdots ⓑ$$

右辺の分数式も避けるなら，さらに両辺に $\times b^2$ をして

$$|b^2(a^2-7b^2)|<12 \quad \cdots\cdots ⓑ'$$

どうですか？　ⓑ′の方が気づき易いかな？　$b^2(a^2-7b^2)$ は整数で，絶対値が 12 より小さいので

$$b^2(a^2-7b^2)=0,\ \pm 1,\ \pm 2,\ \pm 3,\ \pm 4,\ \cdots\cdots,\ \pm 11$$

です。ちょっと多いですが絞り込めました。

するとⓑでも気づきませんか？　(1)でもやりましたけど，$b \geqq 2$ ですから

$$|a^2-7b^2|<\frac{12}{b^2} \leq \frac{12}{2^2}=3$$

ココにイコールがないので $a^2-7b^2=\pm 3$ はナシ。

です。

$$a^2-7b^2=0,\ \pm 1,\ \pm 2$$

に絞り込めました。

計画　$a^2-7b^2=0$ はダメですよね。$a>0$，$b>0$ より

$$a=\sqrt{7}\,b$$

ですから，「$p+q\sqrt{2}=0 \iff p=q=0$」の証明のときと同じです。

$$\sqrt{7}=\frac{a}{b}$$

となり「$\sqrt{7}$ は無理数，$\dfrac{a}{b}$ は有理数で矛盾」ってやつです。

次に $a^2-7b^2=\pm 1$ のときは，ⓑより

$$1<\frac{12}{b^2} \qquad \therefore \quad b^2<12$$

であり，$b \geqq 2$ ですから

$$b=2,\ 3$$

と絞り込めます。$a^2-7b^2=\pm 2$ のときも同様ですね。

実行

(1)　不等式 (A) より，

$$\frac{a}{b}-\sqrt{7}<\frac{2}{b^4}$$

であるから，両辺に $2\sqrt{7}$ を加えて，

$$\frac{a}{b}+\sqrt{7}<\frac{2}{b^4}+2\sqrt{7}$$

ここで，$b \geqq 2$，$\sqrt{7}<2.646$ より，

$$\frac{a}{b}+\sqrt{7}<\frac{2}{b^4}+2\sqrt{7}<\frac{2}{2^4}+2\times 2.646=5.417<6$$

である。また，$a>0$，$b>0$ より，$\dfrac{a}{b}+\sqrt{7}>0$ である。よって，

$$0<\frac{a}{b}+\sqrt{7}<6$$

であるから，

$$\left|\frac{a}{b}+\sqrt{7}\right|<6$$

（証明おわり）

(2)　不等式 (A) と(1)の結果の辺々を掛けると，

$$\left|\frac{a^2}{b^2}-7\right|<\frac{12}{b^4}$$

$$|a^2-7b^2|<\frac{12}{b^2} \quad \cdots\cdots①$$

$a^2-7b^2=0$ のとき，$a>0$，$b>0$ より $\dfrac{a}{b}=\sqrt{7}$ となるが，a，b は自然数につき $\dfrac{a}{b}$ は有理数であるから，これは $\sqrt{7}$ が無理数であることに反する。また，$b\geqq 2$ より $\dfrac{12}{b^2}\leqq\dfrac{12}{2^2}=3$ であるから，①より

$$0<|a^2-7b^2|<3 \qquad \therefore \quad a^2-7b^2=\pm 1,\ \pm 2$$

(i) $a^2-7b^2=\pm 1$ ……② のとき，①より

$$1<\frac{12}{b^2} \qquad \therefore \quad b^2<12$$

であり，b は 2 以上の自然数であるから，$b=2$，3 である。

(ア) $b=2$ のとき，②より

$$a^2=7b^2\pm 1=27,\ 29$$

であるが，これをみたす自然数 a は存在しない。

(イ) $b=3$ のとき，②より

$$a^2=7b^2\pm 1=62,\ 64$$

であり，これをみたす自然数 a は，$a^2=64$ のとき $a=8$ である。

(ii) $a^2-7b^2=\pm 2$ ……③ のとき，①より

$$2<\frac{12}{b^2} \qquad \therefore \quad b^2<6$$

であり，b は 2 以上の自然数であるから，

$$b=2$$

このとき，③より

$$a^2=7b^2\pm 2=26,\ 30$$

であるが，これをみたす自然数 a は存在しない。

たまに

$$\frac{a}{b}<2.667$$
$$-)\quad \sqrt{7}<2.646$$
$$\frac{a}{b}-\sqrt{7}<2.667-2.646$$

?!

とする人がいますが，間違いです。

逆に $(a,\ b)=(8,\ 3)$ のとき，$\dfrac{a}{b}=\dfrac{8}{3}=2.666\cdots<2.667$ であるから $\sqrt{7}>2.645$ とあわせて，

$$\left|\frac{a}{b}-\sqrt{7}\right|<2.667-2.645=0.022$$

である。また，

$$\frac{2}{b^4}=\frac{2}{81}=0.0246\cdots>0.024$$

であるから，不等式 (A) をみたす。

$$\frac{a}{b}<2.667$$
$$+)\quad -\sqrt{7}<-2.645$$
$$\frac{a}{b}-\sqrt{7}<2.667-2.645$$

が正しいです。

$2.645<\sqrt{7}<2.646$
にマイナスを掛けて
$-2.645>-\sqrt{7}>-2.646$
不等号が逆向きになります。

以上より，求める自然数 a，b の組は

$$(a,\ b)=(8,\ 3)$$

検討 (i)，(ii)と進んで，$(a,\ b)=(8,\ 3)$ を見つけたあと，不等式 (A) をみたすかどうかのチェックはしましたか？　そうです，「必要・十分」です。

(1)で

$$\left|\frac{a}{b}-\sqrt{7}\right|<\frac{2}{b^4} \quad \underset{\times}{\overset{\bigcirc}{\rightleftarrows}} \quad \left|\frac{a}{b}+\sqrt{7}\right|<6$$

不等式(A)　　　　(1)の結果

ココで
$<\dfrac{2}{b^4}+2\sqrt{7}$
$<\dfrac{2}{2^4}+2\times 2.646$
としていましたね。

すでに一方通行ですよね。さらに，不等式 (A) と(1)の結果の辺々を掛けたところで

$$\begin{cases}\left|\dfrac{a}{b}-\sqrt{7}\right|<\dfrac{2}{b^4}\\ \left|\dfrac{a}{b}+\sqrt{7}\right|<6\end{cases} \quad \underset{\times}{\overset{\bigcirc}{\rightleftarrows}} \quad \left|\frac{a^2}{b^2}-7\right|<\frac{12}{b^4}$$

また，一方通行になっています。

たとえば
$\begin{cases}|x|<2\\ |y|<2\end{cases} \underset{\times}{\overset{\bigcirc}{\rightleftarrows}} |xy|<4$
反例 $x=4,\ y=\dfrac{1}{2}$
ですよね。

それから，途中で気づいたかもしれませんが，もう一工夫で，もっと上手く絞り込めるんです。(2)で $a^2-7b^2\neq 0$ に気づくと，a^2-7b^2 は整数ですから

$$|a^2-7b^2|\geqq 1$$

ですよね。これを①に使うと，(左右を逆に書きます)

$$\frac{12}{b^2}>|a^2-7b^2|\geqq 1 \qquad \therefore\ b^2<12 \qquad \therefore\ b=2,\ 3$$

と，b の値がすぐに絞り込めます。あとは $b=2,\ 3$ をそれぞれ①に代入して

(i)　$b=2$ のとき

$|a^2-28|<3 \qquad \therefore\ a^2=26,\ 27,\ 28,\ 29,\ 30$　←平方数ナシ

(ii)　$b=3$ のとき

$|a^2-63|<\dfrac{4}{3} \qquad \therefore\ a^2=62,\ 63,\ 64$　←平方数 64 だけ

と調べれば OK です。かなりコンパクトになりますね。

問題 3 のときもお話ししましたが，解法が思いついたからといって，すぐに解答用紙に書き出すのではなく，「もっと上手く解けないか」をつねに考えながら進んでいくことが大切だと思います。

テーマ 7

有理数・無理数③

問題 7 ★☆☆ 30分

以下の問いに答えよ。

(1) $\sqrt{2}$ と $\sqrt[3]{3}$ が無理数であることを示せ。

(2) p, q, $\sqrt{2}p+\sqrt[3]{3}q$ がすべて有理数であるとする。そのとき，$p=q=0$ であることを示せ。

（阪大・理系・15）

ここまでの2問はどちらも

2「無理数である」が条件 ➡ $p+q\alpha=0$ ならば $p=q=0$

を使っていましたが，最後に

4「無理数である」を示す ➡ 背理法

をやってみましょう。本問の(1)です。「$\sqrt{2}$ が無理数である」ことを示すのは，高校の教科書に載っていることですが，ちゃんと書けますか？

そもそも，「無理数」とは何でしょう？「実数のうち有理数じゃないもの」ですよね。まず，

有理数……整数，有限小数，循環小数

です。そうすると，「これじゃないもの」って何なんでしょうかね？　正解は

無理数……循環しない無限小数

です。具体的には

$\sqrt{2}=1.41421356\cdots\cdots$

$\pi=3.14159265\cdots\cdots$

なんかがそうですが，これが「循環してない」って，どう示せばいいんですかね……。ひょっとすると100桁くらいいくとリピートしてるかもしれません。ということで，直接的な証明は難しそうなので，否定から考える「背理法」を利用することになるんですね。

> 整数は，たとえば
> $2=\dfrac{2}{1}$
> 有限小数は，たとえば
> $1.23=\dfrac{123}{100}$
> 循環小数は，たとえば
> $0.\dot{1}2\dot{3}=\dfrac{123}{999}=\dfrac{41}{333}$
> のように，分数で表すことができます。

「$\sqrt{2}$ が無理数である」を否定すると「$\sqrt{2}$ は無理数ではない」すなわち「$\sqrt{2}$ が有理数である」となります。

> $\sqrt{2}$ が実数であることは前提とします。

有理数でしたら，整数，有限小数，循環小数いずれにしても分母・分子が整数の分数で表すことができますから，m，$n\,(m \neq 0)$ を互いに素な整数として，

$$\sqrt{2} = \frac{n}{m} \quad \cdots\cdots ⓐ$$

「最大公約数が 1」とも表現します。

とおくことができます。

「互いに素」とは「± 1 以外に公約数をもたない」ということですが，この解法においては「$\dfrac{n}{m}$ が既約分数」という意味です。たとえば $\dfrac{7}{4}$ は

$$\frac{7}{4} = \frac{14}{8} = \frac{21}{12} = \cdots\cdots$$

$m = 8$，$n = 14$ で ± 2，± 1 が公約数

$m = 12$，$n = 21$ で ± 3，± 1 が公約数

など，無数に表し方があります。これでは扱いにくいので，$\dfrac{7}{4}$ は $m = 4$，$n = 7$ の 1 通りだけで表すことにしてしまうわけです。でも，これだと $m = -4$，$n = -7$ もイケてしまいますね。ということで，分母は 0 はダメなので，$m \neq 0$ を含む条件として，$m > 0$ とするとよいです。すなわち

$$\frac{n}{m}\left(\begin{array}{l} m,\ n \text{ は互いに素な整数で} \\ m > 0\ \text{（または } m \geqq 1\text{）} \end{array}\right)$$

とおきます。あと，本問で $\sqrt{2} > 0$ は自明ですので「m，$n\,(m \neq 0)$ は互いに素な整数」ではなく，さらに「m，n は互いに素な自然数」とするとよいですよね。

さて，話を戻してⓐの続きですが，無理数を避けるため，両辺を 2 乗しましょう。

$$2 = \frac{n^2}{m^2}$$

これで整数問題になりました。分母を払いましょうか。

$$2m^2 = n^2 \qquad \cdots\cdots ⓑ$$

これで何か気づきますか？ といっても，具体的な数値が「2」しかありませんから，「$2m^2$ が偶数」に気づいて，

「n^2 が偶数」

∴ 「n も偶数」……ⓒ

気づかないときは割り算の形にして $m^2 = \dfrac{n^2}{2}$ 左辺が整数なので右辺も整数で「n^2 は偶数」です。

とイケますよね。すると $n = 2N$（N は自然数）とおけますから，ⓑに代入して，

$$2m^2 = 4N^2 \qquad \therefore \quad m^2 = 2N^2$$

今度は「$2N^2$ が偶数」に気づいて

「m^2 が偶数」

$\therefore$ 「m が偶数」 ……ⓓ

とイケます。すると，$m=2M$（M は自然数）とおけ……何か気づきませんか？　現在「背理法」が進行中です。「矛盾」を探さないといけないんです。「矛盾」はありませんか？ 「$\dfrac{n}{m}$」とおいたとき，矛盾が起こるのは，たいがい「m と n は互いに素」の部分です。そうです！

「n が偶数」 ……ⓒ　　「m が偶数」……ⓓ

なら，「m と n は 2 を公約数にもつ」ので，矛盾です！　「背理法」の最中は，1 つ作業が進むたびに，どこかで矛盾が起こっていないか check しながら進まないといけませんね。$\sqrt[3]{3}$ の方も同様にイケそうです。

次に(2)はどうでしょう。とりあえず，$\sqrt{2}p+\sqrt[3]{3}q$ が有理数らしいですがそのままではわかりにくいですから

$r=\sqrt{2}p+\sqrt[3]{3}q$ ……ⓔ

とおきましょうか。あ，なんでもないことのようですが，コレ，けっこう大事なことで，先輩の超人的に賢い先生に

「名前をつけることは重要だよ」

と教えていただきました。もう少し詳しくいうと

条件で与えられたもの，または結論で扱うものを文字でおき直して，扱い易くする（名前をつける）

ということです。賢い人の考え方をインストールしておきましょう。

おそらく

$p+q\alpha=0$　ならば　$p=q=0$ ……(∗)

（p，q 有理数，α 無理数）

を利用するわけですが，ⓔには無理数が $\sqrt{2}$ と $\sqrt[3]{3}$ の 2 個ありますので，そのままでは使えないですよね。そうすると，$\sqrt{2}$ なら 2 乗，$\sqrt[3]{3}$ なら 3 乗すると無理数を有理数に変えられますから，ここはやはり，ラクな 2 乗にしましょうか。

ⓔで右辺を $\sqrt{2}p$ だけにして

$r-\sqrt[3]{3}q=\sqrt{2}p$

両辺を 2 乗します。

$r^2-2\boxed{\sqrt[3]{3}}rq+(\sqrt[3]{3})^2q^2=2p^2$

あれ?!　たぶん$(\sqrt[3]{3})^2$ $(=\sqrt[3]{9})$ は無理数ですよね。無理数が $\boxed{\sqrt[3]{3}}$ と $(\sqrt[3]{3})^2$ の2個になってしまいました。失敗です。

じゃあ，今度は「$\sqrt[3]{3}q$ を3乗」でやってみましょうか。ⓔで右辺を $\sqrt[3]{3}q$ だけにして

$$r-\sqrt{2}p=\sqrt[3]{3}q$$

両辺を3乗します。

$$r^3-3r^2(\sqrt{2}p)+3r(\sqrt{2}p)^2-(\sqrt{2}p)^3=3q^3$$

$$r^3-3\sqrt{2}r^2p+6rp^2-2\sqrt{2}p^3=3q^3$$

$\sqrt{2}$ で整理して，

$$(r^3+6rp^2-3q^3)-p(3r^2+2p^2)\sqrt{2}=0$$

お，これで(*)が使えますね。でも，せっかく(1)で「$\sqrt{2}$ が無理数」を示していますから，(*)は自明にせず，

「$p(3r^2+2p^2)\neq 0$ と仮定すると $\underset{(\text{無理数})}{\sqrt{2}}=\underset{(\text{有理数})}{\dfrac{r^3+6rp^2-3q^3}{p(3r^2+2p^2)}}$ となり矛盾」

といきましょうか。

すると，

$$p(3r^2+2p^2)=0$$

となり，$p=0$ または $3r^2+2p^2=0$ ですね。

$p=0$ のとき，ⓔより

$$r=\sqrt[3]{3}q$$

となりますから，$q\neq 0$ を仮定して

$$\frac{r}{q}=\sqrt[3]{3}$$

とすると，(1)で示した「$\sqrt[3]{3}$ が無理数」も使えますね。いい感じです。これで $q=0$ がいえます（ついでに $r=0$ です）。

また，$3r^2+2p^2=0$ のとき，$r^2\geqq 0$，$p^2\geqq 0$ ですから，$r=p=0$ です。あ，$p=0$ ですね。上の $p=0$ のときとまとめて処理できますね。

実行

(1)　(i)　$\sqrt{2}$ が無理数であることを，背理法により示す。

$\sqrt{2}$ が有理数であると仮定すると，$\sqrt{2}>0$ より，

$$\sqrt{2}=\frac{n}{m}\quad (m,\ n\text{ は互いに素な自然数})$$

とおけて，両辺を2乗すると，

$$2=\frac{n^2}{m^2} \qquad \therefore \quad 2m^2=n^2 \qquad \cdots\cdots ①$$

理解 では「n^2 は偶数…」でしたが少し表現を変えました。理由は 検討 でお話しします。

となる。これより n^2 は素数2を約数にもつから，n も素数2を約数にもつ。よって，$n=2N$（N は自然数）とおけて，このとき①より，

$$2m^2=4N^2 \qquad \therefore \quad m^2=2N^2$$

となる。これより，m^2 は素数2を約数にもつから，m も素数2を約数にもつ。ゆえに，n と m が公約数2をもつこととなり，これは n と m が互いに素であることに矛盾する。したがって，$\sqrt{2}$ は有理数でない実数であり，無理数である。

(ii) $\sqrt[3]{3}$ が無理数であることを，背理法により示す。

$\sqrt[3]{3}$ が有理数であると仮定すると，$\sqrt[3]{3}>0$ より

$$\sqrt[3]{3}=\frac{l}{k} \quad (k,\ l \text{ は互いに素な自然数})$$

とおけて，両辺を3乗すると，

$$3=\frac{l^3}{k^3} \qquad \therefore \quad 3k^3=l^3 \qquad \cdots\cdots ②$$

となる。これより l^3 は素数3を約数にもつから，l も素数3を約数にもつ。よって，$l=3L$（L は自然数）とおけて，このとき②より，

$$3k^3=27L^3 \qquad \therefore \quad k^3=9L^3$$

となる。これより，k^3 は素数3を約数にもつから，k も素数3を約数にもつ。ゆえに，l と k が公約数3をもつこととなり，これは l と k が互いに素であることに矛盾する。したがって，$\sqrt[3]{3}$ は有理数でない実数であり，無理数である。

（証明おわり）

(2)
$$r=\sqrt{2}\,p+\sqrt[3]{3}\,q \qquad \cdots\cdots ③$$

とおくと，r は有理数であり，

$$r-\sqrt{2}\,p=\sqrt[3]{3}\,q$$

であるから，両辺を3乗して，

$$r^3-3\sqrt{2}\,r^2p+6rp^2-2\sqrt{2}\,p^3=3q^3$$

$$(r^3+6rp^2-3q^3)=p(3r^2+2p^2)\sqrt{2}$$

ここで，$p(3r^2+2p^2)\neq 0$ と仮定すると，

$$\sqrt{2}=\frac{r^3+6rp^2-3q^3}{p(3r^2+2p^2)}$$

となる。p, q, r は有理数であるから，この右辺は有理数であり，左辺の $\sqrt{2}$ は無理数であるから，これは矛盾。よって，

$$p(3r^2+2p^2)=0$$

$$\therefore \quad p=0 \text{ または } 3r^2+2p^2=0$$

$r^2 \geqq 0$, $p^2 \geqq 0$ であるから，$3r^2+2p^2=0$ のとき $r=p=0$ である。よって，いずれの場合も $p=0$ であり，このとき，③より

$$r=\sqrt[3]{3}\,q$$

である。

ここで，$q \fallingdotseq 0$ と仮定すると，

$$\sqrt[3]{3}=\frac{r}{q}$$

となり，右辺は有理数であり，左辺の $\sqrt[3]{3}$ は無理数であるから，これは矛盾。よって，

$$q=0$$

である。

したがって，

$$p=q=0$$

（証明おわり）

理解で「$\sqrt{2}$ が無理数」を示したとき，「$\sqrt[3]{3}$ が無理数」も「同様にイケそうですね」といったのですが，ちょっとマズいことが……。

m^2 が偶数ならば m は偶数

は m が整数のとき OK です。

l^3 が 3 の倍数ならば l も 3 の倍数　……(※)

も l が整数のとき OK です。では，

a^2 が 4 の倍数ならば a も 4 の倍数

はどうでしょう？　ダメですよね。たとえば $a^2=36=4\times 9$ のとき，$a=\pm 6$ ですから，a は 4 の倍数ではありませんよね。そうなんです。

a^2 が●の倍数ならば a も●の倍数

は，●が素数でないと成り立たないんです。

で，本問では●が 2 や 3 で，いずれも素数でしたので，その心配はありませんが，実行では「素数 2 を約数にもつから」「素数 3 を約数にもつ

から」というように，「素因数(素数の因数)○をもっている」ということを強調した解答にしました。

本問は解答のボリュームがそこそこありますので，(※)は自明にしましたが，これをちゃんと示すと，ちょっとした小問クラスになります。3の剰余類で考えまして，

k を整数として

$l=3k$ のとき　$l^3=27k^3=3\times 9k^3$

$l=3k\pm 1$ のとき　$l^3=27k^3\pm 27k^2+9k\pm 1$

$=3(9k^3\pm 9k^2+3k)\pm 1$

(以上，すべて複号同順)

であるから，l^3 が3の倍数となるのは，$l=3k$ すなわち l が3の倍数のときだけである。

となります。

ミスを減らす 1

「ミスを減らすにはどうしたらいいですか？」という相談をちょいちょい受けます。このとき，僕がする質問は，次の2つです。

質問①「もともとミスが多い人？　それとも最近増えた？」

質問②「たとえばどんなミスが多い？」

質問①「もともとミスが多い人？　それとも最近増えた？」に対して

もともとミスが多い人はその人の性格というか性質なので，僕にはどうにもできません(笑)。でも，最近増えたのであれば，それはおそらく受験のプレッシャーです。勉強中や試験中，「このままで間に合うんだろうか？」とか「これで受かるんだろうか？」とか，勉強以外のことに脳を持って行かれていませんか？　受験生としてそれはしょうがないですが，せっかく勉強しているのに，脳をフルに使えないのはもったいないですよね。

こんなときは，今，頭でぐるぐる回っていることを紙に書き出すとよいそうです。頭の中ではこんがらがっていたことでも，紙に書き出すと実は同じことがぐるぐる回っていただけで，大した量ではなかったりしますし，また，客観的に考えることができたりします。受験生に不安はつきものです。人生を左右する可能性のあるテストを受けるというのに不安がない方がオカシイです。不安を抱えながら前に進む方法を身につけましょう。(p.79 に続く)

第3章 方程式・不等式

プロローグ

この章では数学Ⅰ·A·Ⅱ·Bで出てくる2次，3次，4次の方程式や不等式を扱います。ただ，問題によっては数学Ⅲの極限や微分法を使った方がよいものもあり，その場合は数学Ⅲを使っています。そもそも数学には「Ⅰ」とか「Ⅲ」とかありませんし，あくまでもカリキュラムの都合上で分けられているだけですもんね。それに阪大は「融合問題が多い」といわれる大学です。これも「本来，数学には範囲なんてないんだから，幅広く勉強してきてね」という，阪大の先生方の主張なのかもしれませんね。

2次や3次の方程式へのアプローチとして代表的なものは

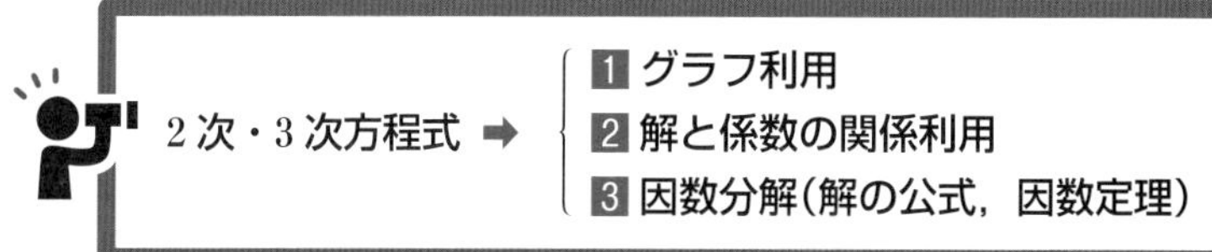

です。

たとえば

> aを実数とする。xの2次方程式$x^2 - ax + a = 0$が異なる2つの正の解をもつようなaの値の範囲を求めよ。

という問題が出たら

$$f(x) = x^2 - ax + a$$

とおいて，$y = f(x)$のグラフがx軸の正の部分と2点で交わる条件を考えて

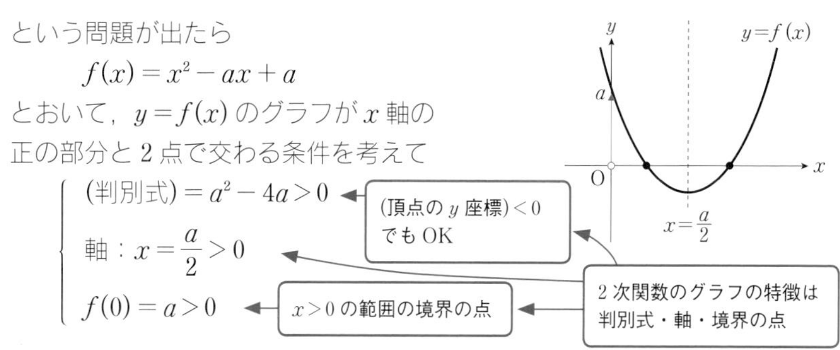

この連立不等式を解いて

$a > 4$

としますよね。これが **1 グラフ利用**です。

でも,「整数解」となるとグラフでは扱いにくいことが多いですし,「虚数解」はグラフでは扱えません。x 軸とグラフの交点の x 座標は「実数解」ですもんね。こんなときよくやるのが,**2 解と係数の関係利用**です。ちなみに,さっきの問題は解と係数の関係でも解けて

$$\begin{cases}(\text{判別式}) = a^2 - 4a > 0 \\ (2\text{ 解の和}) = a > 0 \\ (2\text{ 解の積}) = a > 0\end{cases} \qquad \therefore \quad a > 4$$

となります。

3 因数分解(解の公式)は,この問題だと

$$x = \frac{a \pm \sqrt{a^2 - 4a}}{2} > 0$$

ですから,無理不等式を解くことになって,ちょっとツラいですね。でも,問題によっては 1,2 ではムリで,3 だとスンナリ解けるものもあります。僕は受験生時代,すぐに 1 で攻めてしまい,3 で解くべき問題で失敗したことが何度かあります(泣)。

上の例は簡単すぎたので,もう少し標準的な問題でやってみましょう。

> a を実数とする。次の x の 3 次方程式が重解をもつような a の値と,そのときの解を求めよ。
>
> (1) $x^3 + x^2 + ax + 3 = 0$ (2) $x^3 + (a+2)x^2 + 3ax + 2a = 0$

(1)を **1 グラフ利用**でやってみましょうか。

$$f(x) = x^3 + x^2 + ax + 3$$

とおくと

$$f'(x) = 3x^2 + 2x + a$$

$f'(x) = 0$ として解くと,$x = \dfrac{-1 \pm \sqrt{1 - 3a}}{3}$ となりますから,あまりキレイではありませんね。

グラフはどんな形になるのでしょうか? 3 次関数のグラフは「極値をもつ(極大と極小を 1 つずつ)」場合と,「極値をもたない」場合があって,

極値をもつ場合に，$f(x)=0$ が重解 $x=\alpha$ をもつのは，
$f(x)=(x-\alpha)^2(x-\beta)$ など右の図のようなときですね。

そうすると，極値をもたない場合は重解がなさそうに思うかもしれませんが，方程式

$$(x-\alpha)^3=0$$

に対して，$y=(x-\alpha)^3$ のグラフは右のようになりますから，極値をもたない場合も，重解 $x=\alpha$ をもつことがあります。本問は「重解をもつ」としていて，「2 重解」か「3 重解」かは断っていませんので，どっちもアリ，ということになります。

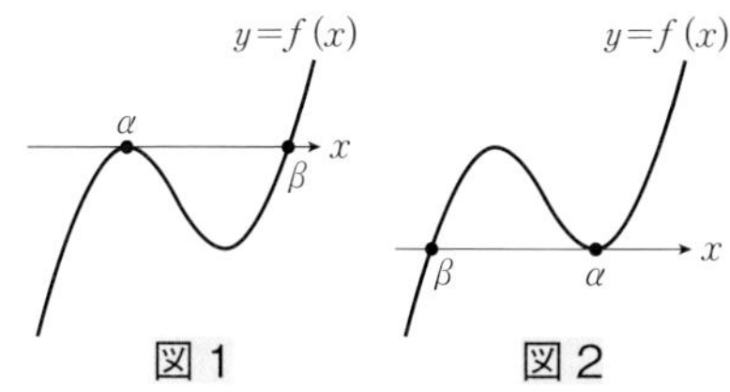

図1　図2

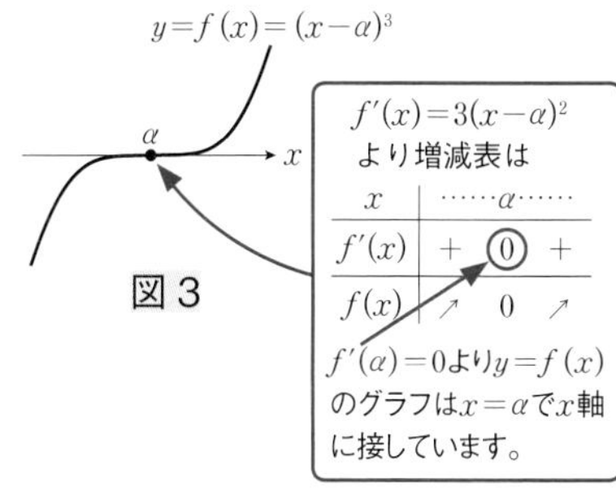

図3

そうしますと，図1，図2，図3いずれの場合も，$f(x)=0$ が重解 $x=\alpha$ をもつ条件は

$$\boldsymbol{f(\alpha)=0,\ f'(\alpha)=0}$$

> ココではグラフからやや直観的にやりましたが，コレは必要十分条件になっています。後の p.76 で証明しましょう。

となります。これより

$$\alpha^3+\alpha^2+a\alpha+3=0,\ \ 3\alpha^2+2\alpha+a=0$$

a を消去して

$$\alpha^3+\alpha^2+(-3\alpha^2-2\alpha)\alpha+3=0$$

$$2\alpha^3+\alpha^2-3=0 \quad \cdots\cdots ⓐ$$

$$(\alpha-1)(2\alpha^2+3\alpha+3)=0$$

> $g(\alpha)=2\alpha^3+\alpha^2-3$
> とすると
> $g(1)=2+1-3=0$
> ですから，因数定理により $g(\alpha)$ は $\alpha-1$ を因数にもちます。あとは
> $\alpha-1\,\overline{)\,2\alpha^3+\alpha^2-3}$
> を計算しました。

$2\alpha^2+3\alpha+3=2\left(\alpha+\dfrac{3}{4}\right)^2+\dfrac{15}{8}>0$ より

$$\alpha=1 \qquad \therefore\ \ a=-3\alpha^2-2\alpha=-5$$

実際，このとき

$$f(x)=x^3+x^2-5x+3$$
$$=(x-1)^2(x+3)$$

となり，$f(x)=0$ は $x=1$ を重解，$x=-3$ を解にもちます。

次に(1)を **2 解と係数の関係利用**で解いてみましょう。$f(x)=0$ の重解を $x=\alpha$ として，3 つの解を $x=\alpha$，α，β とすると，

$$\begin{cases} \alpha+\alpha+\beta=-1 \\ \alpha\alpha+\alpha\beta+\beta\alpha=a \\ \alpha\alpha\beta=-3 \end{cases}$$

3 次方程式 $ax^3+bx^2+cx+d=0$ の 3 解が α，β，γ のとき

$$\begin{cases} \alpha+\beta+\gamma=-\dfrac{b}{a} \\ \alpha\beta+\beta\gamma+\gamma\alpha=\dfrac{c}{a} \\ \alpha\beta\gamma=-\dfrac{d}{a} \end{cases}$$

です。これは

$$ax^3+bx^2+cx+d$$
$$=a(x-\alpha)(x-\beta)(x-\gamma)$$

の両辺の係数を比較することで導くことができます。

$$\therefore \begin{cases} \beta=-2\alpha-1 & \cdots\cdots ⓑ \\ a=\alpha^2+2\alpha\beta & \cdots\cdots ⓒ \\ \alpha^2\beta=-3 & \cdots\cdots ⓓ \end{cases}$$

ⓑをⓓに代入して β を消去すると

$$\alpha^2(-2\alpha-1)=-3$$
$$2\alpha^3+\alpha^2-3=0$$

となり，さきほどの解答の式ⓐになります。

これより

$$\alpha=1$$

ですから，ⓑより

$$\beta=-3$$

となり，ⓒより

$$a=1^2+2\cdot1\cdot(-3)=-5$$

となります。

3 因数分解はムリなんですね。x の係数の a がジャマですもんね。

では，(2)です。(1)と同じく，**1 グラフ**でいくと，まず，

$$f(x)=x^3+(a+2)x^2+3ax+2a$$

とおいて，微分です。

$$f'(x)=3x^2+2(a+2)x+3a$$

$f'(x)=0$ とすると $x=\dfrac{-(a+2)\pm\sqrt{a^2-5a+4}}{3}$ となるので，(1)と同じくキタナイです。そこで，これまた(1)と同じく

$$f(\alpha)=0,\ f'(\alpha)=0$$

とすると

$$\begin{cases} \alpha^3+(a+2)\alpha^2+3a\alpha+2a=0 \\ 3\alpha^2+2(a+2)\alpha+3a=0 \end{cases}$$

……これはキビシイ!!

じゃあ，**2 解と係数の関係**はどうでしょう？ (1)と同じく，解を

α, α, βとおくと

$$\begin{cases} \alpha+\alpha+\beta=-(a+2) \\ \alpha\alpha+\alpha\beta+\beta\alpha=3a \\ \alpha\alpha\beta=-2a \end{cases} \quad \therefore \quad \begin{cases} \beta=-(2\alpha+a+2) & \cdots\cdots ⓔ \\ \alpha^2+2\alpha\beta=3a & \cdots\cdots ⓕ \\ \alpha^2\beta=-2a & \cdots\cdots ⓖ \end{cases}$$

(1)とちがって，ⓔ，ⓕ，ⓖ 3 式とも a が入っていて，かなりキビシイです。ⓔをⓕ，ⓖに代入してβを消去し，さらにその 2 式から a を消去すると，$\alpha \neq 0$ より

$$\alpha^3+6\alpha^2+12\alpha+8=0$$

が得られて，

$$(\alpha+2)^3=0 \qquad \therefore \quad \alpha=-2$$

と求められるのですが，かなり大変な計算になってしまいます……。

そんなにがんばる前に，**3 因数分解**を試してみましょうね(笑)。3 次方程式ですので，因数定理を用います。係数が具体的な整数値であれば

> **◆整数を係数とする n 次方程式 ($n \geqq 1$)**
>
> $$a_nx^n+a_{n-1}x^{n-1}+ \cdots\cdots +a_1x+a_0=0$$
> $$(a_n,\ a_{n-1},\ \cdots,\ a_1,\ a_0 \text{ は整数で，} a_n \neq 0,\ a_0 \neq 0)$$
>
> **が有理数の解をもてば，それは**
>
> $$\frac{(\text{定数項 } a_0 \text{ の約数})}{(\text{最高次の係数 } a_n \text{ の約数})}$$
>
> **と表せる。**
>
> コレは証明できますか？
> 入試でたまに出題されますので
> p.78 で証明しておきます。

を使うところですが，コレは文字定数 a が入っていますので

ですね。ⓐで整理しますと，

$$ⓐ\underbrace{(x^2+3x+2)}_{=(x+2)(x+1)}+\underbrace{(x^3+2x^2)}_{=x^2(x+2)}=0$$

共通因数 $x+2$ に気づいて，

$$(x+2)\{a(x+1)+x^2\}=0$$

$$\therefore \quad (x+2)(x^2+ax+a)=0$$

$$\therefore \quad x=-2$$

$$\text{または} \quad x^2+ax+a=0 \quad \cdots\cdots ⓗ$$

これが重解をもつのは2通り考えられて，x の2次方程式ⓗが

(i) 重解をもつ　(ii) $x=-2$ を解にもつ

のいずれかですよね。

(i)のとき，ⓗの判別式を D として

$D=a^2-4a=0$　∴　$a(a-4)=0$　∴　$a=0,\ 4$

(ア) $a=0$ のとき　与式は

$(x+2)x^2=0$　∴　$x=-2,\ 0$(重解)

(イ) $a=4$ のとき　与式は

$(x+2)(x^2+4x+4)=0$　∴　$(x+2)^3=0$　∴　$x=-2$(重解)

(ii)のとき

$(-2)^2+a(-2)+a=0$　∴　$a=4$

これは(i)の(イ)と同じ

以上より，

$a=0$　このとき解は $x=0,\ -2$

$a=4$　このとき解は $x=-2$

大丈夫でしたか？ (2)で受験生時代の僕のように失敗しませんでしたか？ あのとき以来，僕は文字定数入りの3次方程式を見ると，まず **3 因数分解**を check するようにしています。こうやって問題の着眼のしかたを自分なりに調整したり，ミスを減らしていったりすることも，受験勉強では大切なことになります。本当の数学はもっと自由な発想でやるんだと思うのですが，僕らは時間制限のある入試数学ですので，こういうことも必要になってきますね。

p.73 ではグラフを使って直観的に考えてしまいましたが，

> **$f(x)$ が整式のとき**
> **「$f(x)$ が $(x-\alpha)^2$ を因数にもつ」$\Longleftrightarrow f(\alpha)=f'(\alpha)=0$**

が成り立ちます。

> **「$f(x)$ が $x-\alpha$ を因数にもつ」$\Longleftrightarrow f(\alpha)=0$　(因数定理)**

の発展版ですね。証明は次のようになります。

● 証明 ●

$f(x)$ を $(x-\alpha)^2$ で割ったときの商を $g(x)$，余りを $ax+b$（a，b は定数）とおくと

$$f(x)=(x-\alpha)^2 g(x)+ax+b$$

であるから，両辺を x で微分して

$$f'(x)=2(x-\alpha)g(x)+(x-\alpha)^2 g'(x)+a$$

よって

$$f(\alpha)=a\alpha+b,\quad f'(\alpha)=a$$

であるから，

「$f(x)$ が $(x-\alpha)^2$ を因数にもつ」

$\Longleftrightarrow a=b=0$

$\Longleftrightarrow f(\alpha)=f'(\alpha)=0$

（証明おわり）

数学Ⅲの積の微分法を使いました。

2 次式 $(x-\alpha)^2$ で割っているので余りは 1 次以下です。

$f''(x)$ は $f'(x)$ を微分したもので「第 2 次導関数」といいます。数学Ⅲで習います。

このまま，

「$f(x)$ が $(x-\alpha)^3$ を因数にもつ」$\Longleftrightarrow f(\alpha)=f'(\alpha)=f''(\alpha)=0$

「$f(x)$ が $(x-\alpha)^4$ を因数にもつ」

$\Longleftrightarrow f(\alpha)=f'(\alpha)=f''(\alpha)=f'''(\alpha)=0$

⋮

と，どこまでも拡張できます。ただ，いずれにしても教科書には載っていないので，試験で使うときは証明をつけておくとよいと思います。

次に p.75 のコレです。

◆整数を係数とする n 次方程式（$n \geqq 1$）

$$a_n x^n + a_{n-1}x^{n-1} + \cdots\cdots + a_1 x + a_0 = 0$$

（a_n，a_{n-1}，$\cdots$，a_1，a_0 は整数で，$a_n \neq 0$，$a_0 \neq 0$）

が有理数の解をもてば，それは

$$\frac{(\text{定数項 } a_0 \text{ の約数})}{(\text{最高次の係数 } a_n \text{ の約数})}$$

と表せる。

● 証明 ●

有理数解を

$$x=\frac{p}{q}\ (p,\ q\ \text{は互いに素な整数で}\ q>0)$$

とおくと,

$$a_n\left(\frac{p}{q}\right)^n+a_{n-1}\left(\frac{p}{q}\right)^{n-1}+\cdots\cdots+a_1\frac{p}{q}+a_0=0$$

両辺に q^n を掛けて,

$$a_np^n+a_{n-1}p^{n-1}q+\cdots\cdots+a_1pq^{n-1}+a_0q^n=0 \quad \cdots\cdots①$$

①より,

$$a_np^n=-q(a_{n-1}p^{n-1}+\cdots\cdots+a_1pq^{n-2}+a_0q^{n-1})$$

a_np^n 以外を q でくくった

$$\therefore\quad \frac{a_np^n}{q}=-(a_{n-1}p^{n-1}+\cdots\cdots+a_1pq^{n-2}+a_0q^{n-1})$$

$\div q\ (\neq 0)$

であり,右辺は整数である。よって,左辺も整数であり,p と q は互いに素であるから,a_n は q の倍数,すなわち q は a_n の約数である。

また,①より,

$$p(a_np^{n-1}+a_{n-1}p^{n-2}q+\cdots\cdots+a_1q^{n-1})=-a_0q^n$$

a_0q^n 以外を p でくくった

$a_0\neq 0$,$q>0$ より,$p\neq 0$ であるから,

$\div p$

$$a_np^{n-1}+a_{n-1}p^{n-2}q+\cdots\cdots+a_1q^{n-1}=-\frac{a_0q^n}{p}$$

したがって,上と同様に a_0 は p の倍数,すなわち p は a_0 の約数である。

(証明おわり)

この証明と同じ考え方をするものは,たとえば昔の阪大に

> 整数 a,b を係数とする 2 次式 $f(x)=x^2+ax+b$ を考える。$f(\alpha)=0$ となるような有理数 α が存在するとき,以下のことを証明せよ。
>
> (1) α は整数である。　(2) 略
>
> (阪大・理文共通・80)

というものがありました。上と同様に

$$\alpha=\frac{p}{q}\ (p,\ q\ \text{は互いに素な整数で}\ q>0)$$

とおくと，$f(\alpha)=0$ より

$$\frac{p^2}{q^2}+a\frac{p}{q}+b=0 \xrightarrow[\times q]{} \frac{p^2}{q}=-(ap+bq)$$

であり，右辺は整数である。よって，左辺も整数であり，p と q は互いに素であることと，$q>0$ であることから

$$q=1$$

よって

$$\alpha=\frac{p}{q}=p \quad (\text{整数}) \qquad (\text{証明おわり})$$

のように証明します。これ，また最近出たんです。次の**問題8**です。

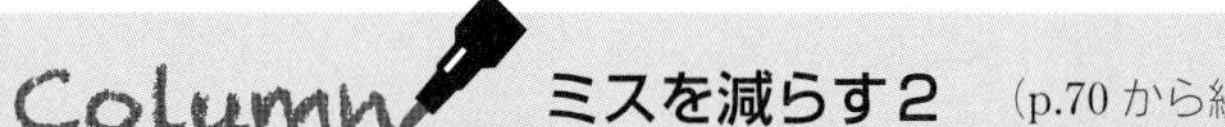

ミスを減らす2 （p.70 から続く）

質問②「たとえばどんなミスが多い？」に対して

最近のテストでのミスを具体例として上げてくる学生がいます。それじゃあダメです。それくらいの意識では，そのミスは他のミスと混ぜこぜになって，しばらくしたら単なる「ミス」になり，意識の下の方に埋もれてしまいます。

Step1 まず，ミスを集めます。ノートでも，カードでも，大きい付箋でもよいですから，問題集をやったとき，模試を受けたとき，自分がやったミスを，その都度集めていきます。

Step2 しばらく集めていくと，同じミスをしていることに気づきます。人それぞれミスのパターンがあり，「部分積分で微分と積分が逆になる」「展開のときプラスマイナスを間違う」「自分の 2 が汚くて 3 に見えた」とか。そこに気づけば，次にその作業が出てきたら「あ，自分はここでミスしやすいから，気をつけよう」と思います。これだけでもミスは減ります。

Step3 さらに，そのミスをしないような方法を考えると，より確実です。自分で思いつかなければ先生や友達に聞いてみてもいいでしょう。要は「丁寧にやる」ってことですから，「暗算で飛ばしている部分をちゃんと書くようにする」「数え上げるときは必ず樹形図を書くようにする」のような程度で十分です。

Step4 あとは必要があれば，計算練習や類題演習をやりましょう。

さて，最後に，ミスを減らす最大のコツは「ミスらない！」という意識です。

「この計算を間違えたら落ちる(＝人生変わる，死ぬ)」

という覚悟を持って，その答案を作り上げましょう。

テーマ

8 方程式・不等式①

問題 8　★☆☆　25分

$\alpha=\dfrac{2\pi}{7}$ とする。以下の問いに答えよ。

(1) $\cos 4\alpha=\cos 3\alpha$ であることを示せ。

(2) $f(x)=8x^3+4x^2-4x-1$ とするとき，$f(\cos\alpha)=0$ が成り立つことを示せ。

(3) $\cos\alpha$ は無理数であることを示せ。

（阪大・理系・22）

理解　$\alpha=\dfrac{2\pi}{7}$ は 2π を7等分したものですから，右の図のような，単位円に内接する正7角形は思いつきますか？　思いついたなら，

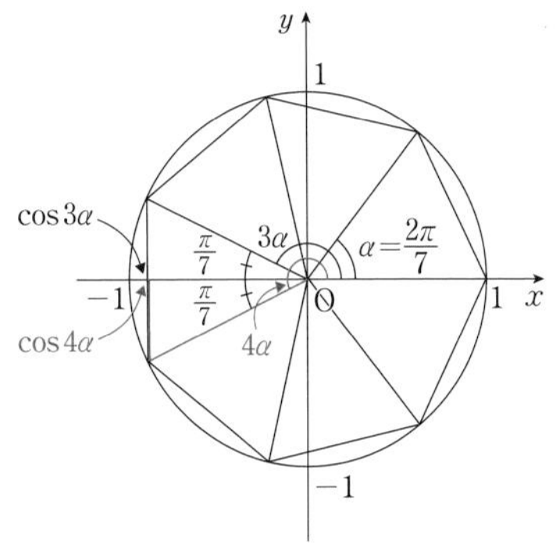

$$\cos 4\alpha=\cos 3\alpha$$

はあたりまえですよね。4α と 3α を $\pi\pm\dfrac{\pi}{7}$ と見て

$$\cos 4\alpha=\cos\frac{8\pi}{7}=\cos\left(\pi+\frac{\pi}{7}\right)$$

$$=\cos\left(\pi-\frac{\pi}{7}\right)=\cos\frac{6\pi}{7}=\cos 3\alpha$$

$\cos(\pi+\theta)=\cos(\pi-\theta)$

で証明おわりです。

もしくは，こんなのはどうでしょう。

$$\alpha=\frac{2\pi}{7}\quad\text{より}\quad\cos\alpha=\cos\frac{2\pi}{7}$$

値を知らない

は計算できないですよね。α を何倍かして，有名角にしようとすると，やはり7倍でしょうか。

$$7\alpha=2\pi\quad\text{より}\quad\cos 7\alpha=\cos 2\pi\qquad\therefore\quad\cos 7\alpha=1$$

値がわかる

でも，7 倍角はツラいです。何倍角ならイケますか？　2 倍角，3 倍角，4 倍角までがんばりましょうか。そうすると 7α を 4α と 3α に分けて，

$$4\alpha=2\pi-3\alpha$$

より

$$\cos 4\alpha=\cos(2\pi-3\alpha)$$

$$\therefore\quad \cos 4\alpha=\cos 3\alpha$$

$\cos(2\pi-\theta)=\cos\theta$

これでもイケますね。

このような変形は $\cos\frac{2\pi}{5}$ を求めるときなどにも使われて，$\beta=\frac{2\pi}{5}$ として　$5\beta=2\pi$　より　$3\beta=2\pi-2\beta$　ですから

$$\sin 3\beta=\sin(2\pi-2\beta)\qquad\therefore\quad \sin 3\beta=-\sin 2\beta$$

「あれ？　$\cos 3\beta=\cos(2\pi-2\beta)$ じゃないの？」と思いましたか？もちろん cos でもできるのですが，まあ，しばらく見ててください。

ここから，3 倍角と 2 倍角で

$$3\sin\beta-4\sin^3\beta=-2\sin\beta\cos\beta$$

$\sin\beta\neq 0$ ですから，両辺を $\sin\beta$ で割って，

$$3-4\sin^2\beta=-2\cos\beta$$

$$3-4(1-\cos^2\beta)=-2\cos\beta$$

$$4\cos^2\beta+2\cos\beta-1=0$$

ホラ，$\cos\beta$ の式になりました。ちなみに $\cos 3\beta=\cos(2\pi-2\beta)$ ですと，$\cos\beta$ の 3 次方程式になります。

$0<\beta<\frac{\pi}{2}$　より　$0<\cos\beta<1$　であるから，

$$\cos\beta=\frac{-1+\sqrt{5}}{4}$$

本問の(2)も，(1)の結果に 4 倍角（2 倍角を 2 回）と 3 倍角を用いればよいのでしょう。

$$\begin{aligned}\cos 4\alpha&=\cos(2\cdot 2\alpha)=2\cos^2 2\alpha-1\\&=2(2\cos^2\alpha-1)^2-1\\&=8\cos^4\alpha-8\cos^2\alpha+1\end{aligned}$$

（2 倍角）（もう 1 回 2 倍角）

$$\cos 3\alpha=4\cos^3\alpha-3\cos\alpha$$

ですから，(1)の結果より

$$8\cos^4\alpha-8\cos^2\alpha+1=4\cos^3\alpha-3\cos\alpha$$

$$8\cos^4\alpha-4\cos^3\alpha-8\cos^2\alpha+3\cos\alpha+1=0$$

$x=\cos\alpha$ として

$$8x^4-4x^3-8x^2+3x+1=0\quad\cdots\cdots\text{ⓐ}$$

あれ？　x の 4 次方程式になってしまいましたね。予定では x の 3 次方程式が出てくるハズだったのですが…。

4 次式を 3 次式にしたいので，因数分解でしょうか。
プロローグ で証明しました，

> **◆整数を係数とする n 次方程式 $(n \geqq 1)$**
>
> $$a_n x^n + a_{n-1}x^{n-1} + \cdots\cdots + a_1 x + a_0 = 0$$
>
> **$(a_n,\ a_{n-1},\ \cdots,\ a_1,\ a_0$ は整数で，$a_n \neq 0,\ a_0 \neq 0)$**
>
> **が有理数の解をもてば，それは**
>
> $$\frac{(\text{定数項}\,a_0\,\text{の約数})}{(\text{最高次の係数}\,a_n\,\text{の約数})}$$
>
> **と表せる。**

…(＊)

を思い出しましょう。そうしますと，

$$\frac{(1\text{の約数})}{(8\text{の約数})} = \pm 1,\quad \pm\frac{1}{2},\quad \pm\frac{1}{4},\quad \pm\frac{1}{8}$$

ⓐで $x=1$ としますと成り立ちますね。ⓐの左辺は $x-1$ で割り切れますので，右の割り算からⓐは

$$\begin{array}{r|rrrrr}
 & 8 & 4 & -4 & -1 & \\
\hline
1\ -1 & 8 & -4 & -8 & 3 & 1 \\
 & 8 & -8 & & & \\
\hline
 & & 4 & -8 & & \\
 & & 4 & -4 & & \\
\hline
 & & & -4 & 3 & \\
 & & & -4 & 4 & \\
\hline
 & & & & -1 & 1 \\
 & & & & -1 & 1 \\
\hline
 & & & & & 0
\end{array}$$

$$(x-1)(8x^3+4x^2-4x-1)=0$$

となります。$0<\alpha<\dfrac{\pi}{2}$ より $0<\cos\alpha<1$ ですから，$x \neq 1$ です。よって，$x-1$ で割って，

$$8x^3+4x^2-4x-1=0 \qquad \therefore\ \ f(x)=0$$

ができました。

さて，そうしますと，さらに (＊) から，$f(x)=0$ の有理数の解は，

$$\frac{(1\text{の約数})}{(8\text{の約数})} = \pm 1,\quad \pm\frac{1}{2},\quad \pm\frac{1}{4},\quad \pm\frac{1}{8}$$

となりますが，実際に $f(x)$ に代入すると，

$$f(1)=7,\ f\left(\frac{1}{2}\right)=-1,\ f\left(\frac{1}{4}\right)=-\frac{13}{8},\ f\left(\frac{1}{8}\right)=-\frac{91}{64}$$

$$f(-1)=-1,\ f\left(-\frac{1}{2}\right)=1,\ f\left(-\frac{1}{4}\right)=\frac{1}{8},\ f\left(-\frac{1}{8}\right)=-\frac{29}{64}$$

となり，どれも $f(x)=0$ の解ではありません。ということは，

「有理数の解はない」$\Longleftrightarrow$「解は無理数」
ですね。

一般の方程式ですと「虚数解をもつ」可能性もあるのですが，本問は $\cos\alpha$ についての方程式で「実数解があることは保障されている」と考えられます。

しかし！　(＊)は高校の教科書には載っていません!!　知っていましたか？　大学入試では，自明として使わない方が安全です。第2章でやりましたが，

4「無理数である」ことを示す➡背理法

でしたね。

$$x=\cos\alpha=\frac{p}{q}\quad (p,\ q\text{ は互いに素な整数で }q>0)$$

とおいて，プロローグ でやった(＊)の証明を，ここでもやりましょう。

実行

(1)　$\alpha=\dfrac{2\pi}{7}$ であるから，

$$7\alpha=2\pi\qquad\therefore\quad 4\alpha=2\pi-3\alpha$$

よって，

$$\cos4\alpha=\cos(2\pi-3\alpha)\qquad\therefore\quad \cos4\alpha=\cos3\alpha$$

理解 でやりましたように
$\cos4\alpha=\cos\left(\pi+\dfrac{\pi}{7}\right)$
$=\cos\left(\pi-\dfrac{\pi}{7}\right)$
$=\cos3\alpha$ でもOKです。

（証明おわり）

(2)　$\cos4\alpha=\cos(2\cdot2\alpha)=2\cos^2 2\alpha-1$

$=2(2\cos^2\alpha-1)^2-1=8\cos^4\alpha-8\cos^2\alpha+1$

であるから，(1)の結果より，

$$8\cos^4\alpha-8\cos^2\alpha+1=4\cos^3\alpha-3\cos\alpha$$

$$(\cos\alpha-1)(8\cos^3\alpha+4\cos^2\alpha-4\cos\alpha-1)=0$$

割り算は計算用紙で済ませておいて，ココはイキナリで

$0<\alpha<\dfrac{\pi}{2}$ より $\cos\alpha\neq1$ であるから，

$\div(\cos\alpha-1)$

$$8\cos^3\alpha+4\cos^2\alpha-4\cos\alpha-1=0$$

よって，$f(x)=8x^3+4x^2-4x-1$ とするとき，

$$f(\cos\alpha)=0$$

が成り立つ。

（証明おわり）

(3) 背理法により示す。

$\cos\alpha$ が有理数であると仮定すると，$\cos\alpha>0$ より

$$\cos\alpha=\frac{p}{q}\quad (p,\ q\ \text{は互いに素な自然数})$$

負は考えなくて良いですね。

とおくことができる。これを $f(\cos\alpha)=0$ に代入して，

$$8\frac{p^3}{q^3}+4\frac{p^2}{q^2}-4\frac{p}{q}-1=0$$

$\times q^3$ で分母を払う

$$8p^3+4p^2q-4pq^2-q^3=0$$

q でくくる

$$8p^3=-(4p^2-4pq-q^2)q$$

$\div q$

$$\frac{8p^3}{q}=-(4p^2-4pq-q^2)$$

右辺は整数であるから，左辺も整数であり，さらに p，q は互いに素であるから，q は8の約数である。

すなわち

$$q=1,\ 2,\ 4,\ 8$$

p でくくる

$$p(8p^2+4pq-4q^2)=q^3$$

$\div p$

$$8p^2+4pq-4q^2=\frac{q^3}{p}$$

左辺は整数であるから，右辺も整数であり，さらに p，q は互いに素であるから，p は1の約数である。

すなわち

$$p=1$$

よって，

$$\cos\alpha=\frac{p}{q}=1,\ \frac{1}{2},\ \frac{1}{4},\ \frac{1}{8}$$

のいずれかである。

計画でやったように，この値を全部代入して「どれも解にならない」でもよいのですが，せっかく $\cos\alpha$ について不等式が作れますのでこれで矛盾を示しました。

一方，$0<\alpha<\dfrac{\pi}{3}$ より，

$$\frac{1}{2}<\cos\alpha<1$$

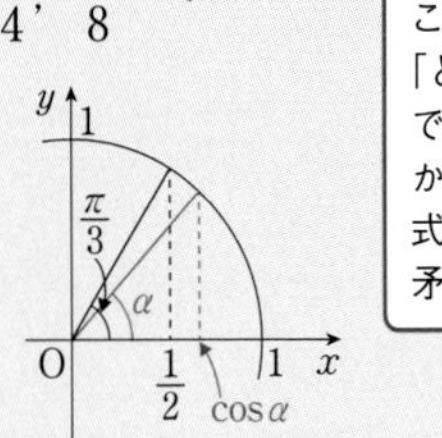

であるから，これは矛盾。

したがって，

$\cos\alpha$ は無理数である。

（証明おわり）

検討　実は，(2)については，(1)を使わずに，**理解**の$\cos\beta$でやったように，sinを使った方がラクです。$\alpha=\dfrac{2\pi}{7}$　より

$4\alpha=2\pi-3\alpha$　ですから，

$$\sin 4\alpha=\sin(2\pi-3\alpha)$$

2倍角

$$2\sin 2\alpha\cos 2\alpha=-\sin 3\alpha$$

2倍角　　3倍角

$$2(2\sin\alpha\cos\alpha)(2\cos^2\alpha-1)=-(3\sin\alpha-4\sin^3\alpha)$$

$\sin\alpha\neq 0$より，両辺を$\sin\alpha$で割って，

$$4\cos\alpha(2\cos^2\alpha-1)=-3+4\sin^2\alpha$$

（$\sin^2\alpha$ ← $1-\cos^2\alpha$）

$$\therefore\quad 8\cos^3\alpha+4\cos^2\alpha-4\cos\alpha-1=0$$

このように「$\div\sin\alpha$」がすぐに思いつきます。

Column　志望学部について

僕は京大工学部精密工学科(現・物理工学科)出身なのですが，卒業論文の発表のとき，審査の先生から受けた質問の1つに「それは何に使えますか？」がありました。また，京大理学部生物学科出身の弟は，同じく卒業論文の発表のとき，「それは，何が面白いですか？」と質問されたそうです。

工学部は何かを作り出すところ(ばかりではありませんが)で，何かの役に立たないといけませんので，そういう質問が出るわけです。一方，理学部は「面白いか，面白くないか」，もっと言えば「自分にとって面白いか」なんだと思います(あ，もちろんfunnyじゃなくてinterestingの方ね)。

あと，指導していただいた教授に言われたことは「工学部では正解が1通りではない」ってことです。歯車ひとつとってもたくさんの形があって，用途や使う環境などによって「正解」は変わりますし，これから誰も考えもしなかった新しい歯車が発明されるかもしれません。それに対して理学部では，基本的に「真実はひとつ！」(byコナン君)だと思います。

大学は中学や高校と違い，文部科学省の定めた全国共通のカリキュラムがあるわけではありません。「高校数学」はどこの高校に行っても同じものを習いますが，「工学部」だからといって，すべての大学がすべての工学分野を扱っているわけではありません。大学ごとに，さらに研究室ごとに，極端な話「同じものはない」んですよね。

あなたは阪大で何を，どう学びたいですか？

今は各研究室がWEB上でいろいろな情報を公開しておられます。自分の将来の夢を考えるためにも，受験勉強のモチベーションを上げるためにも，阪大のHPなどで研究室や先生方について調べてみましょう。あなたが知らない面白い研究をしている人がいっぱい見つかると思いますよ。

9 方程式・不等式②

問題 9 ★★☆ 30分

実数を係数とする3次方程式

$$x^3 + ax^2 + bx + c = 0$$

が異なる3つの実数解をもつとする。このとき，$a > 0$，$b > 0$ ならば，少なくとも2つの実数解は負であることを示せ。

（阪大・理系・02前）

3次方程式
1 グラフ　**2 解と係数の関係**　**3 因数分解**

ですが，阪大で出題される整式の方程式や不等式は，本問のように係数が一般的なものが多く，これでは **3 因数分解**は無理ですね。**1 グラフ**はどうでしょうか。

$$f(x) = x^3 + ax^2 + bx + c$$

とおいて，微分すると

$$f'(x) = 3x^2 + 2ax + b$$

ですから，これまた係数が一般的で，キレイに因数分解ができません。

ということで，**2 解と係数の関係**でいってみましょうか。異なる3つの実数解を α，β，γ としますと，

$$\begin{cases} \alpha + \beta + \gamma = -a & \cdots\cdots ⓐ \\ \alpha\beta + \beta\gamma + \gamma\alpha = b & \cdots\cdots ⓑ \\ \alpha\beta\gamma = -c & \cdots\cdots ⓒ \end{cases}$$

忘れちゃったら
$x^3 + ax^2 + bx + c$
$= (x - \alpha)(x - \beta)(x - \gamma)$
の両辺を係数比較。

です。$a > 0$ と $b > 0$ が条件にありますから，ⓐ，ⓑより

$$\alpha + \beta + \gamma = -a < 0 \quad \cdots\cdots ⓐ'$$

$$\alpha\beta + \beta\gamma + \gamma\alpha = b > 0 \quad \cdots\cdots ⓑ'$$

です。

少なくとも2つの実数解は負

ですから，α，β，γ に大小関係を設定しておきましょうか。

$\alpha < \beta < \gamma$ ……ⓓ

とすると 目標 は

$\underset{2\text{個負}}{\underline{\alpha < \textcircled{\beta}} < 0 \leqq \gamma}$ または $\underset{3\text{個負}}{\underline{\alpha < \textcircled{\beta} < \gamma}} < 0$

となりますから，いずれにしても

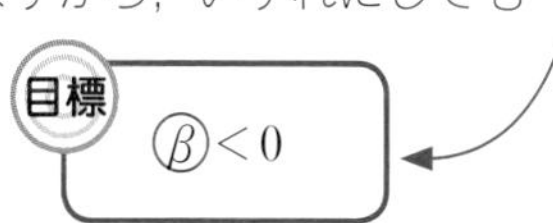

を示せばよいことになりますね。

ここでは β に着目しましたが
問 題 4 でやりましたように
「どの文字に着目するか？」
で見え方がかなりかわります。
検討 で，γ に着目します。

しかし，ⓐ′ を β について整理して

$\beta < -(\alpha + \gamma)$

ⓑ′ を β について整理して

$(\alpha + \gamma)\beta > -\alpha\gamma$

で，α，γ の正負は不明ですから，身動きがとれないですね……。

「背理法」は思いつきましたか？　受験数学業界（？）の方では，

「否定的な命題の証明は背理法」

という標語（？）がありますが，偉い先輩の先生がおっしゃるには，「そんな考え方はダメだ！」だそうです（笑）。その先生いわく

「数学においてはつねに

肯定から攻めるか，否定から攻めるか

を考えないといけない！」

だそうです。

たとえば，右の図の斜線部分の面積を求めるとき，正方形の面積から，四分円の面積を引きますよね。右下の図の斜線部分の面積を求めるときも，正三角形の面積から，外の 3 つの三角形の面積を引きますよね。このように，図形の問題では，わりとスンナリ「否定」にいっていると思います。

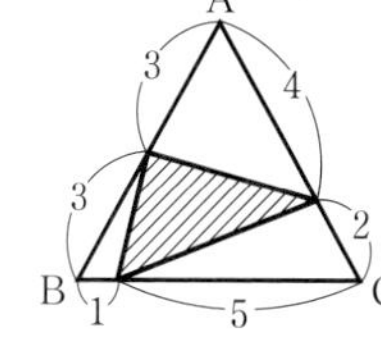

これが確率・場合の数なら「余事象」，「補集合」，証明なら「背理法」，「対偶証明」になるわけです。

この発想が出にくい人は

証明問題では，「否定から攻められないか？」考える

という習慣をつけましょう。

目標の $\beta<0$ を否定すると，

$$\beta \geqq 0$$

と仮定することになり，このとき，ⓓより

$$\gamma>\beta \geqq 0 \qquad \therefore \quad \gamma>0$$

です。すると，$\beta+\gamma>0$ ですから，ⓐ′ より

$$\alpha<-(\beta+\gamma)<0 \qquad \therefore \quad \alpha<0 \leqq \beta<\gamma$$

すると，ⓑ′ の $\alpha\beta+\beta\gamma+\gamma\alpha$ をバラバラに見ると

$$\underset{\substack{\ominus \\ (\text{または}\ 0)}}{\alpha\beta}, \quad \underset{\substack{\oplus \\ (\text{または}\ 0)}}{\beta\gamma}, \quad \underset{\ominus}{\gamma\alpha}$$

うーん。足して正か負か判断できないですね。α で整理して，$\alpha(\beta+\gamma)+\beta\gamma$ と見ると，

$$\underset{\ominus}{\alpha(\beta+\gamma)}, \quad \underset{\substack{\oplus \\ (\text{または}\ 0)}}{\beta\gamma}$$

これも，足して正か負か判断できないですね。γ で整理して，$\alpha\beta+\gamma(\alpha+\beta)$ と見ると，ⓐ′ より $\alpha+\beta<-\gamma<0$ ですから，

$$\underset{\substack{\ominus \\ (\text{または}\ 0)}}{\alpha\beta}, \quad \underset{\ominus}{\gamma(\alpha+\beta)}$$

お！　矛盾が出ました！　ⓑ′ より $\alpha\beta+\beta\gamma+\gamma\alpha>0$ ですから，これでイケますね。

実行

$$x^3+ax^2+bx+c=0$$

の異なる3つの実数解を α，β，γ $(\alpha<\beta<\gamma$ ……①$)$ とおくと，解と係数の関係より，

$$\begin{cases} \alpha+\beta+\gamma=-a \\ \alpha\beta+\beta\gamma+\gamma\alpha=b \end{cases}$$

であり，$a>0$，$b>0$ であるから，

$$\begin{cases} \alpha+\beta+\gamma<0 & \cdots\cdots② \\ \alpha\beta+\beta\gamma+\gamma\alpha>0 & \cdots\cdots③ \end{cases}$$

である。

　$\beta<0$ であることを，背理法により示す。

$$\beta \geqq 0 \qquad \cdots\cdots④$$

と仮定すると，①より，

$$\gamma > 0 \qquad \cdots\cdots ⑤$$

であり，②，④，⑤より，

$$\alpha < -(\beta + \gamma) < 0 \qquad \cdots\cdots ⑥$$

である。

次に，④，⑥より，

$$\alpha\beta \leqq 0 \qquad \cdots\cdots ⑦$$

である。また，②，⑤より，

$$\alpha + \beta < -\gamma < 0$$

であるから，これと⑤より，

$$(\alpha + \beta)\gamma < 0 \qquad \cdots\cdots ⑧$$

である。

⑦，⑧より，

$$\alpha\beta + \beta\gamma + \gamma\alpha = \alpha\beta + (\alpha + \beta)\gamma < 0$$

となるが，これは③に矛盾する。したがって，

$$\beta < 0$$

であり，これと①より，

$$\alpha < \beta < 0$$

であるから，与えられた3次方程式の異なる3つの実数解のうち，少なくとも2つの実数解は負である。

（証明おわり）

さて，理解で目標をβに着目して整えてみましたが，γに着目すると，どうなるでしょう？

(i) $\alpha < \beta < 0 \leqq \gamma$ または (ii) $\alpha < \beta < \gamma < 0$

ですね。$\alpha < \beta < \gamma$で設定していますので，$\gamma < 0$の場合は(ii)が成り立ちます。すると問題は

$\gamma \geqq 0$のとき(i)がいえるか？

です。実行の②と$\gamma \geqq 0$より

$$\alpha + \beta < -\gamma \leqq 0 \qquad \therefore \quad \alpha + \beta < 0 \qquad \cdots\cdots (あ)$$

となります。すると，実行の③の$\beta\gamma + \gamma\alpha = \gamma(\alpha + \beta)$の部分が

$$\gamma(\alpha + \beta) \leqq 0$$

となりますから，③より

$$\alpha\beta > -\gamma(\alpha + \beta) \geqq 0 \qquad \therefore \quad \alpha\beta > 0 \qquad \cdots\cdots (い)$$

です。(い)より

「$\alpha>0$ かつ $\beta>0$」または「$\alpha<0$ かつ $\beta<0$」

ですが，このとき，さらに㋐より

「$\alpha<0$ かつ $\beta<0$」

ですね。(i)がいえました。これだと背理法を使わずイケます。

実行

〈②，③からの別解〉

(i)　$\gamma<0$ のとき，①より，

$$\alpha<\beta<\gamma<0$$

である。

(ii)　$\gamma\geqq 0$ のとき，②より，

$$\alpha+\beta<-\gamma\leqq 0 \quad \therefore \quad \alpha+\beta<0 \qquad \cdots\cdots ④$$

であり，これと③より，

$$\alpha\beta>-\gamma(\alpha+\beta)\geqq 0 \quad \therefore \quad \alpha\beta>0 \qquad \cdots\cdots ⑤$$

である。

④，⑤と α，β が実数であることから，$\alpha<0$，$\beta<0$ であり，これと①より，

$$\alpha<\beta<0\leqq\gamma$$

以上(i)，(ii)より，与えられた3次方程式の相異なる3つの実数解のうち，少なくとも2つの実数解は負である。

（証明おわり）

さて，p.86 の**理解**のところで，**1 グラフ**を考え

$$f(x)=x^3+ax^2+bx+c$$

とおいて，微分すると

$$f'(x)=3x^2+2ax+b$$

これが「キレイに因数分解ができないからダメ」としたのですが，「異なる3つの実数解をもつ」という条件のもとでやればどうでしょうか？　$y=f(x)$ のグラフは右のようになるはずです。極大値をとる x の値を p，極小値をとる x の値を q とすると

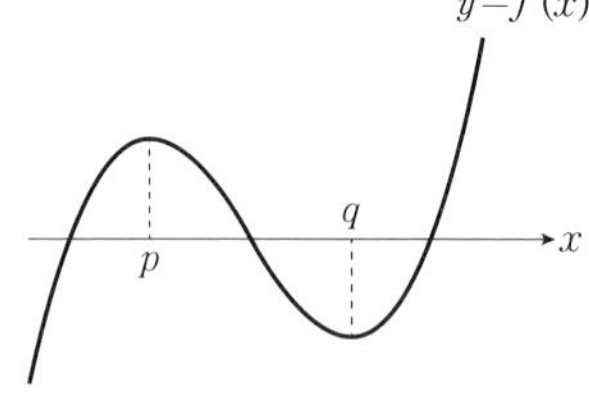

$$f'(x)=3(x-p)(x-q)$$

と因数分解できます。すると，解と係数の関係で

$$p+q=-\frac{2a}{3},\ pq=\frac{b}{3}$$

であり，$a>0$，$b>0$ より

$$p+q<0,\ pq>0$$

ですから，

「$p<0$ かつ $q<0$」

ですよね。

$f(x)=x^3+ax^2+bx+c$ と与えられているのに，それをムシ(？)して，別の文字 p，q をおくというのはナカナカ敷居が高いかもしれませんね。でも，アリです。

計画 さきほどの $y=f(x)$ のグラフに y 軸を追加すると，右の 2 つのグラフのようになり，上のグラフですと $f(x)=0$ は 2 つの負の実数解をもち，下のグラフですと $f(x)=0$ は 3 つの負の実数解をもちます。ということで，示せました。

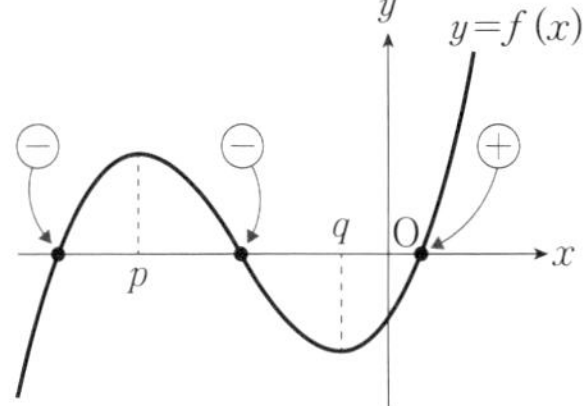

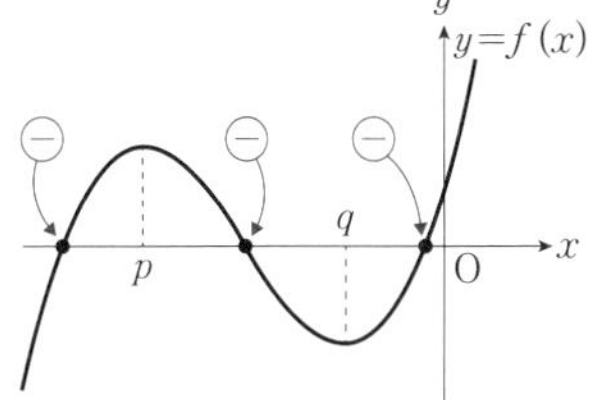

実行

$$f(x)=x^3+ax^2+bx+c$$

とおくと，3 次方程式 $f(x)=0$ が異なる 3 つの実数解をもつことから，3 次関数 $f(x)$ は極大値と極小値をもち，極大値は正，極小値は負である。

よって，

$$f'(x)=3x^2+2ax+b=0$$

は異なる 2 つの実数解をもち，これを p，q $(p<q)$ とすると，

$$f'(x)=3(x-p)(x-q)$$

となる。ゆえに増減表は右のようになるから，$f(x)$ は $x=p$ で極大，$x=q$ で極小となり，

x	$\cdots$	p	$\cdots$	q	$\cdots$
$f'(x)$	$+$	0	$-$	0	$+$
$f(x)$	↗	極大	↘	極小	↗

$$f(p)>0,\ f(q)<0$$

である。

次に，2 次方程式 $f'(x)=0$ について，解と係数の関係より，

$$p+q=-\frac{2a}{3},\ pq=\frac{b}{3}$$

であり，$a>0$，$b>0$ より，

$$p+q<0\ ,\ pq>0$$

である。これらと p，q が実数であることから，

$$\begin{cases} p<0 \\ q<0 \end{cases}$$

である。これと $p<q$ より，

$$p<q<0$$

であり，$y=f(x)$ のグラフは右のようになる。

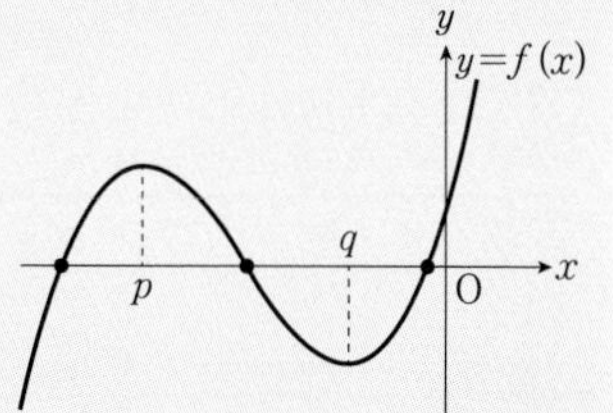

したがって，$y=f(x)$ のグラフは x 軸の $x<p(<0)$ の部分と，$p<x<q$ (<0) の部分に1つずつ交点をもつから，3次方程式 $f(x)=0$ の相異なる3つの実数解のうち，少なくとも2つの実数解は負である。

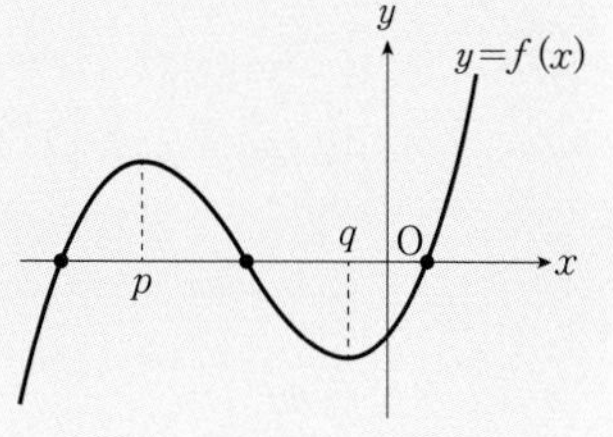

（証明おわり）

方程式・不等式③

問題 10 ★★☆ 25分

$f(x)=2x^3+x^2-3$ とおく。直線 $y=mx$ が曲線 $y=f(x)$ と相異なる3点で交わるような実数 m の範囲を求めよ。

（阪大・理系・05前）

「直線 $y=mx$ と曲線 $y=f(x)$ が相異なる3点で交わる」

$\Updownarrow$

「方程式 $mx=f(x)$ が相異なる3つの実数解をもつ」

はいいですよね。さて，この $mx=f(x)$ ですが，

$$2x^3+x^2-mx-3=0 \quad \cdots\cdots ⓐ$$

となります。

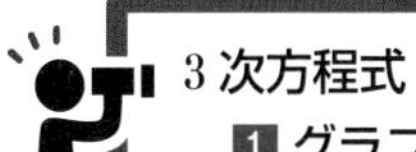

3次方程式
1 グラフ　**2 解と係数の関係**　**3 因数分解**

でしたね。**3 因数分解**はムリですし，**2 解と係数の関係**も，

$$\alpha+\beta+\gamma=-\frac{1}{2},\ \alpha\beta+\beta\gamma+\gamma\alpha=-\frac{m}{2},\ \alpha\beta\gamma=\frac{3}{2}$$

となりますが，「α，β，γ が相異なる実数」である m の条件は……って，何をしたらよいのか思いつきません。**1 グラフ**でしょうか。

どのグラフを考えましょう？

$$g(x)=2x^3+x^2-mx-3$$

とおいて，$y=g(x)$ のグラフを考えますか？　もちろん，それもアリですが，他の方法はありませんか？　数学Ⅲの微分をやっていないとムリですが。

文字定数 m を分離する

という発想は出ますか？

ⓐに $x=0$ を代入すると，$-3=0$ となって成り立ちませんから，ⓐは $x=0$ を解にもちません。ですから，$x\neq0$ で考えてよく，このとき

$$ⓐ \Longleftrightarrow 2x^3+x^2-3=mx \quad \cdots\cdots ⓐ'$$

$$\Longleftrightarrow 2x^2+x-\frac{3}{x}=m \quad \cdots\cdots ⓐ''$$

（$\div x$）

$\div x$ をするので $x \neq 0$ を調べました。

となりますから，

$$h(x)=2x^2+x-\frac{3}{x}$$

とおいて

$y=h(x)$ のグラフと直線 $y=m$ の交点

を調べることもできます。そんなことをいったら問題文のまま，つまりⓐ′で

$y=f(x)$ のグラフと直線 $y=mx$ の交点

でもできるんですけどね(笑)。$y=f(x)$ は文字定数ナシの固定された 3 次関数のグラフですし，$y=mx$ は原点 O を通る傾き m の直線ですので，動きもシンプルです。つまり，文字定数の入った式には 3 つの方針があって

文字定数

1 入れっぱなし　2 完全に分離　3 1 次式で分離

ⓐ　$g(x)=0$　　ⓐ″　$h(x)=m$　　ⓐ′　$f(x)=mx$

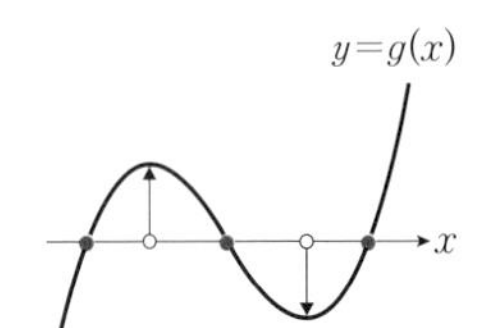

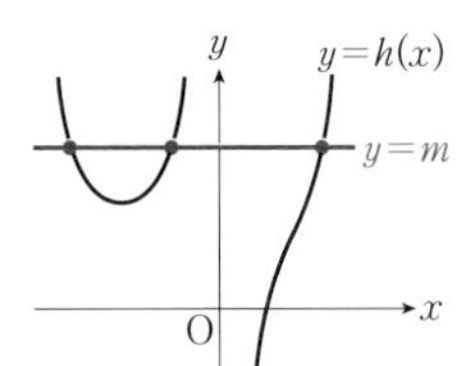

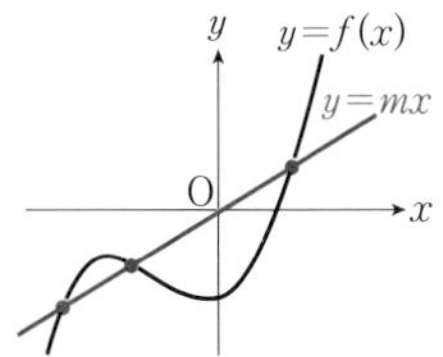

こんな感じです。

もちろん，文字定数の入り方が，たとえば

$$2x^3+m^2x^2-mx-3=0$$

のように m^2 などが入ったりすると，分離するのは難しいですし，

$$2x^3+x^2-mx-n=0$$

のように 2 文字入ると分離しても，扱いにくいです。ですが，とくに数学Ⅲの問題では，文字定数が 1 文字だけ 1ヶ所ということが多いですから，そのときはこの 3 つの方針をそれぞれ試してみて，一番やり易いものを選ぶようにしましょう。

1 入れっぱなしですが

$$g(x)=2x^3+x^2-mx-3$$

とおいて微分すると

$$g'(x)=6x^2+2x-m$$

となります。問題 9 のときと同じく，3 次方程式 $g(x)=0$ が相異なる 3 つの実数解をもつのは，「3 次関数 $g(x)$ が極大値と極小値をもって，極大値が正，極小値が負のとき」です。ですから，2 次方程式 $g'(x)=0$ は異なる 2 つの実数解をもつことが必要で，判別式を D として

$$\frac{D}{4}=1-6(-m)=1+6m>0 \qquad \therefore \quad m>-\frac{1}{6}$$

です。このときの $g'(x)=0$ の 2 つの実数解を α，$\beta(\alpha<\beta)$ とおくと，解の公式より

$$\alpha=\frac{-1-\sqrt{1+6m}}{6},\ \beta=\frac{-1+\sqrt{1+6m}}{6}$$

となり，α，β を

極大値 $g(\alpha)=2\alpha^3+\alpha^2-m\alpha-3>0$

極小値 $g(\beta)=2\beta^3+\beta^2-m\beta-3<0$

に代入して，m の式にするのは，……

ちょっと大変ですね。どうしましょう？

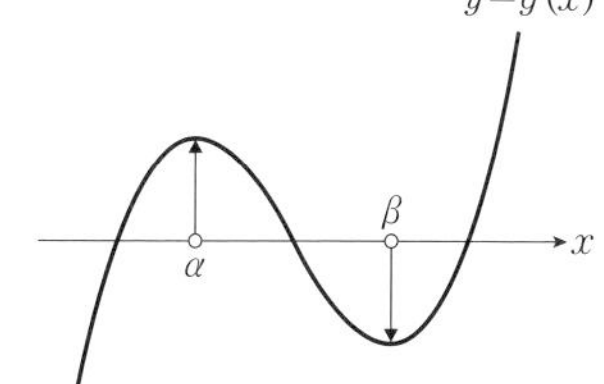

理系受験生はどうしても数学Ⅲの微積分の練習量の方が多いので，こういう数学Ⅱの微積分の技を忘れちゃってる人が多いのですが，大丈夫ですか？

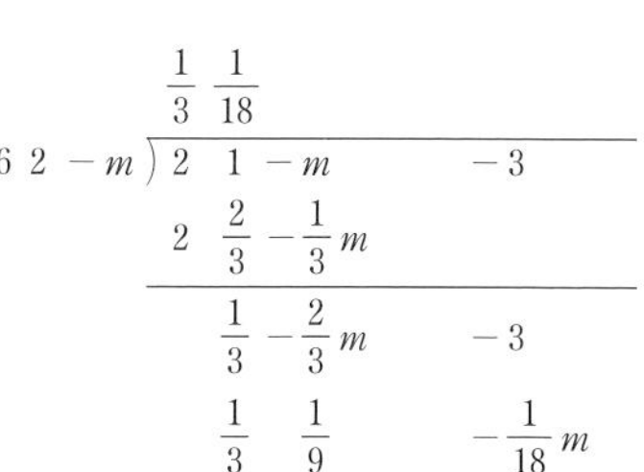

複雑な値の整式への代入
➡割り算で次数下げ

です。$g(x)$ を $g'(x)$ で割ると，右の割り算より

$$\text{商は}\ \frac{1}{3}x+\frac{1}{18},\ \text{余りは}\left(-\frac{2}{3}m-\frac{1}{9}\right)x+\frac{1}{18}m-3$$

となり，

$$g(x)=g'(x)\left(\frac{1}{3}x+\frac{1}{18}\right)+\left(-\frac{2}{3}m-\frac{1}{9}\right)x+\frac{1}{18}m-3$$

となります。これに $x=\alpha$，β を代入すると $g'(\alpha)=g'(\beta)=0$ ですから

$$g(\alpha)=\left(-\frac{2}{3}m-\frac{1}{9}\right)\alpha+\frac{1}{18}m-3$$

$$g(\beta)=\left(-\frac{2}{3}m-\frac{1}{9}\right)\beta+\frac{1}{18}m-3$$

となりますよね。これならα，βを代入できます。また解と係数の関係から

$$\alpha+\beta=-\frac{1}{3},\ \alpha\beta=-\frac{m}{6}$$

と，α，βの基本対称式がわかりますので，「極大値が正，極小値が負」を

$$g(\alpha)g(\beta)<0$$

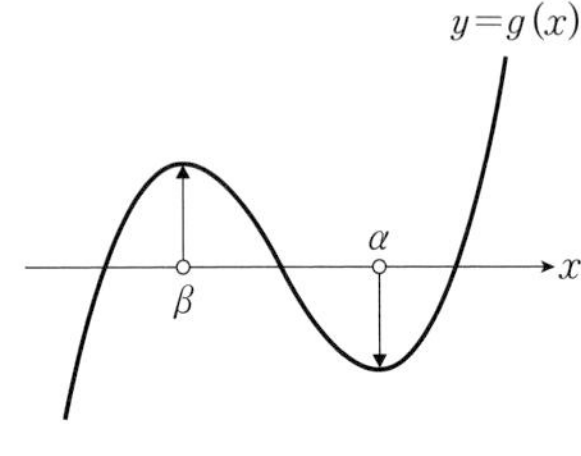

でやりましょうか。上では$\alpha<\beta$としたのですが，この式は$\alpha>\beta$としたとき，右のようなグラフで，

極大値 $g(\beta)>0$　　極小値 $g(\alpha)<0$

となる場合も同時に処理しています。ここに，次数下げした式を代入すると

$$\left\{\left(-\frac{2}{3}m-\frac{1}{9}\right)\alpha+\frac{1}{18}m-3\right\}\left\{\left(-\frac{2}{3}m-\frac{1}{9}\right)\beta+\frac{1}{18}m-3\right\}<0$$

$$\left(-\frac{2}{3}m-\frac{1}{9}\right)^2\alpha\beta+\left(-\frac{2}{3}m-\frac{1}{9}\right)\left(\frac{1}{18}m-3\right)(\alpha+\beta)+\left(\frac{1}{18}m-3\right)^2<0$$

さらに，$\alpha+\beta=-\frac{1}{3}$，$\alpha\beta=-\frac{m}{6}$を代入すると……　「うわぁ」ですね。

ここで，ノルか，ソルかです。ちなみにこの計算を続けると，

$$8m^3+m^3+108m-960>0$$

$$(m-4)(8m^2+33m+240)>0$$

$$m>4$$

となりますが，分母を払って整理するのも大変だし，因数の$m-4$を見つけるのも大変です。試験中，こういう状況に直面することがありますよね。ここで，「うわぁ，これは大変だな。他に方法はないかな？」と立ち止まることが大切です。けっこう多くの受験生は「うーん，この計算まちがうだろうな～」と思いながら，ダラダラ機械的な計算を続けます。そりゃ計算が合うわけがない（笑）。このまま進むとヤバそうなときは，いったん立ち止まって，他の方法を考えましょう。今はまだ 計画 の段階ですから大丈夫です（イキナリ解答用紙に書いていると後戻りできませんが……）。本問ですと，「文字定数mを分離」してみるわけです。そちらも上手くいかないとか，他にアイデアが出ない，そんなときはしょうがありません，

人生のかかった計算です。命がけで合わせましょう！

さて，これだけ引っぱっておいて，結局「文字定数 m を分離」です。すいません。ここからは数学Ⅲの微分法を使いますので，未習の場合は保留して 検討 に進んでください。先ほどの

$$2x^2+x-\frac{3}{x}=m \quad \cdots\cdots ⓐ''$$

で，

$$h(x)=2x^2+x-\frac{3}{x}$$

として，$x\to\pm0$ のとき漸近線がありますが，これはカンタンですね。また，

$$h'(x)=4x+1+\frac{3}{x^2}=\frac{4x^3+x^2+3}{x^2}=\frac{(x+1)(4x^2-3x+3)}{x^2}$$

もちろん暗算ではなく，因数定理で因数 $x+1$ を見つけて，割り算しました。

$4x^2-3x+3=4\left(x-\frac{3}{8}\right)^2+\frac{39}{16}>0$ ですから，$h'(x)$ の符号もカンタンに調べられます。イケそうですね。

実行

直線 $y=mx$ と曲線 $y=f(x)$ の方程式から y を消去して，

$$mx=2x^3+x^2-3$$

この方程式は $x=0$ を解にもたないから，$x\neq0$ で考えて，両辺を x で割ると，

$$m=2x^2+x-\frac{3}{x} \quad \cdots\cdots ①$$

よって，

$$g(x)=2x^2+x-\frac{3}{x}$$

計画 では説明の都合で $h(x)$ とおきましたが，ここではアルファベット順で $g(x)$ にします。

とおくと，

「直線 $y=mx$ と曲線 $y=f(x)$ が相異なる 3 点で交わる」

⇔「x の方程式①が相異なる 3 つの実数解をもつ」

⇔「曲線 $y=g(x)$ と直線 $y=m$ が相異なる 3 点で交わる」 ……(＊)

である。

$$g'(x)=4x+1+\frac{3}{x^2}=\frac{4x^3+x^2+3}{x^2}=\frac{(x+1)(4x^2-3x+3)}{x^2}$$

であり，$4x^2-3x+3=4\left(x-\frac{3}{8}\right)^2+\frac{39}{16}>0$

であるから，$g(x)$ の増減表は右のようになる。また，

x	$\cdots$	-1	$\cdots$	0	$\cdots$
$g'(x)$	$-$	0	$+$	／	$+$
$g(x)$	↘	4	↗	／	↗

$$\lim_{x\to\pm\infty} g(x)=\lim_{x\to\pm\infty}\left(x^2\left(2+\frac{1}{x}\right)-\frac{3}{x}\right)=+\infty$$

（$x^2 \to +\infty$，$2+\frac{1}{x} \to 2$，$-\frac{3}{x} \to 0$）

$$\lim_{x\to\pm 0} g(x)=\lim_{x\to\pm 0}\left(2x^2+x-\frac{3}{x}\right)=\mp\infty \text{（複号同順）}$$

（$2x^2+x \to 0$，$-\frac{3}{x} \to \mp\infty$）

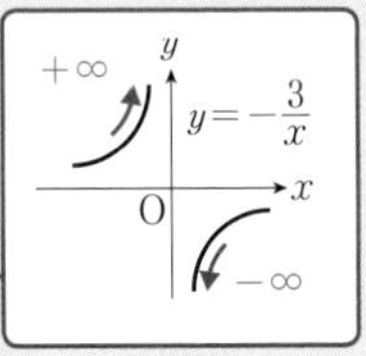

$+\infty$　$y=-\frac{3}{x}$　x　y　O　$-\infty$

であるから，$y=g(x)$ のグラフは右のようになる。

よって，求める m の値の範囲は

$(*) \Longleftrightarrow m>4$

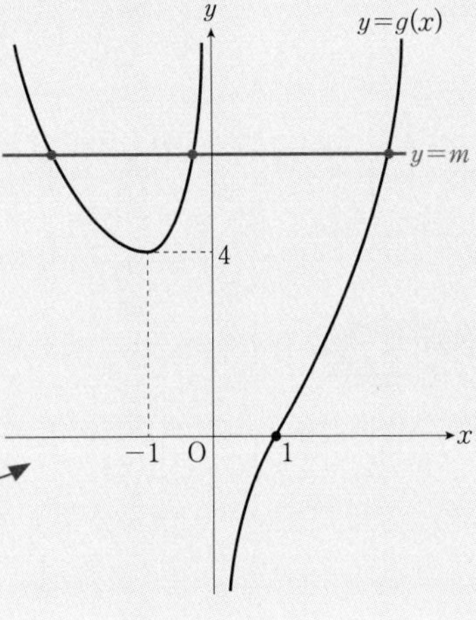

y　$y=g(x)$　$y=m$　4　-1　O　1　x

$g(x)=\frac{(x-1)(2x^2+3x+3)}{x}$ より，x 軸との交点は $(1,\ 0)$ です。
また $g''(x)=\frac{4x^3-6}{x^3}$ より，$x=\sqrt[3]{\frac{3}{2}}$ で変曲点をもつので，右のグラフには反映させましたが，m の範囲を調べるのには必要ないので，解答には凹凸について書かなくてOKです。

検討　さて，**3 1次式で分離**，つまり，問題文そのままの「$y=f(x)$ のグラフと直線 $y=mx$」で調べるとどうなるでしょう。

まずは $y=f(x)$ のグラフの形を調べると

$$f'(x)=6x^2+2x=6x\left(x+\frac{1}{3}\right)$$

より，$f(x)$ の増減表は右のようになります。

x	$\cdots$	$-\frac{1}{3}$	$\cdots$	0	$\cdots$
$f'(x)$	$+$	0	$-$	0	$+$
$f(x)$	↗	$-\frac{80}{27}$	↘	-3	↗

極大値 $-\frac{80}{27}=-2.96\cdots$　と極小値 -3 がものすごくキワドイですねー（笑）。

あと，$f(1)=0$ に気づいて，$f(x)$ を $x-1$ で割ると

$$f(x)=(x-1)(2x^2+3x+3)$$

$2x^2+3x+3=2\left(x+\dfrac{3}{4}\right)^2+\dfrac{15}{8}>0$ より x 軸とは点 $(1,\ 0)$ のみで交わります。

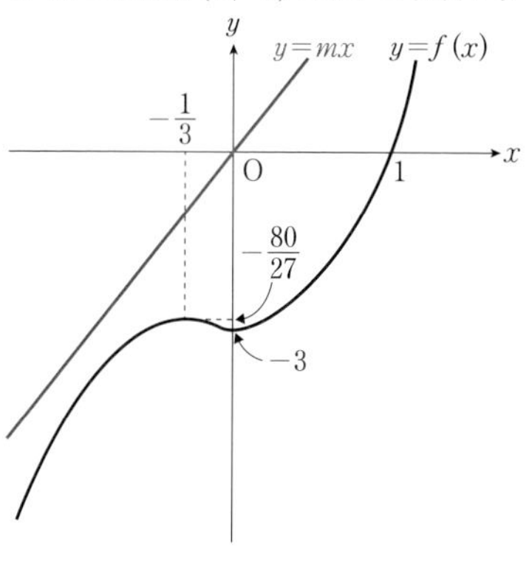

$y=mx$ は原点Oを通る傾き m の直線です。Oを通る $y=f(x)$ の接線を求めてみましょう。$y=f(x)$ 上の点 $(t, f(t))$ における接線の方程式は

$y=(6t^2+2t)(x-t)+2t^3+t^2-3$

$y=(6t^2+2t)x-4t^3-t^2-3$ ……㋐

です。これが O(0, 0) を通るとき

$-4t^3-t^2-3=0$

$\therefore \quad (t+1)(4t^2-3t+3)=0$

$4t^2-3t+3=4\left(t-\dfrac{3}{8}\right)^2+\dfrac{39}{16}>0$ より

$t=-1$

であり，このとき㋐は

$y=4x$

となります。

$y=f(x)$ と $y=4x$ の接点の x 座標が -1 ですから $(x+1)^2$ を因数にもつのは自明ですよ。

$y=4x$ と $y=f(x)$ から y を消去すると

$4x=2x^3+x^2-3$

$2x^3+x^2-4x-3=0$

$(x+1)^2(2x-3)=0$

$x=-1$（重解），$\dfrac{3}{2}$

よって，$y=4x$ と $y=f(x)$ は，$x=-1$ の点で接し，$x=\dfrac{3}{2}$ の点で交わりますから，グラフは右のようになります。

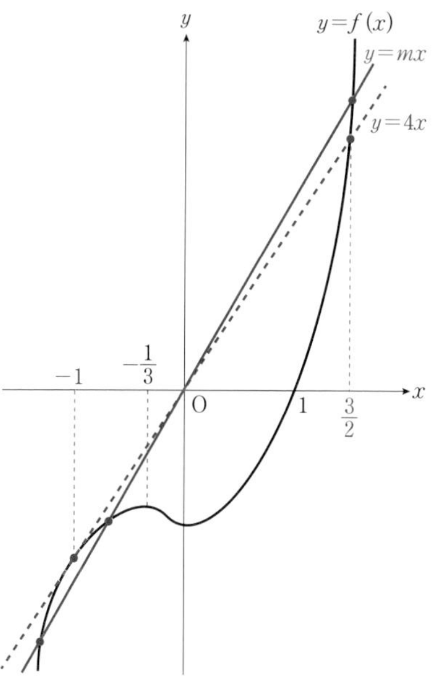

すると，直線 $y=mx$ が曲線 $y=f(x)$ と相異なる3点で交わるような m の値の範囲は

$m>4$

とできます。こちらもアリでしたね。

テーマ

11 方程式・不等式④

問題 11 ★★☆ 30分

a, b を正の実数とし, $f(x)=x^4-ax^3+bx^2-ax+1$ とする。

(1) c を実数とし, $f(x)$ が $x-c$ で割り切れるとする。このとき, $c>0$ であり, $f(x)$ は $(x-c)\left(x-\dfrac{1}{c}\right)$ で割り切れることを示せ。

(2) $f(x)$ がある実数 s, t, u, v を用いて

$$f(x)=(x-s)(x-t)(x-u)(x-v)$$

と因数分解できるとき, $a \geqq 4$ が成り立つことを示せ。

(3) $a=5$ とする。$f(x)$ がある実数 s, t, u, v を用いて

$$f(x)=(x-s)(x-t)(x-u)(x-v)$$

と因数分解ができるような自然数 b の値をすべて求めよ。

(阪大・理系・18)

(1)では「$f(x)$ が $x-c$ で割り切れる」が条件ですから, やはり, 因数定理の利用でしょう。$f(c)=0$, すなわち

$$c^4-ac^3+bc^2-ac+1=0 \quad \cdots\cdots ⓐ$$

が成り立ちますね。

で, 第1目標の「$c>0$」ですが, $a>0$, $b>0$ が与えられているので, ⓐをよく見ると…

$$\underset{\sim\sim}{c^4}-ac^3\underset{\sim\sim\sim\sim}{+bc^2}-ac\underset{\sim\sim}{+1}=0$$

〰部は正ですよね(正確には $c^2 \geqq 0$ ですので, c^4 と bc^2 は「0以上」です)。残りの部分は ac でくくれて,

$$c^4+bc^2+1=a\,ⓒ(c^2+1)$$

$a>0$, $c^2+1>0$ ですから, ⓒ>0 がいえますね。$a(c^2+1)$ で割って

$$ⓒ=\frac{c^4+bc^2+1}{a(c^2+1)}>0$$

として記述しましょうか。

次に第2目標の「$f(x)$ は $(x-c)\left(x-\dfrac{1}{c}\right)$ で割り切れる」ですが, $f(x)$ は $x-c$ で割り切れると仮定されていますので,

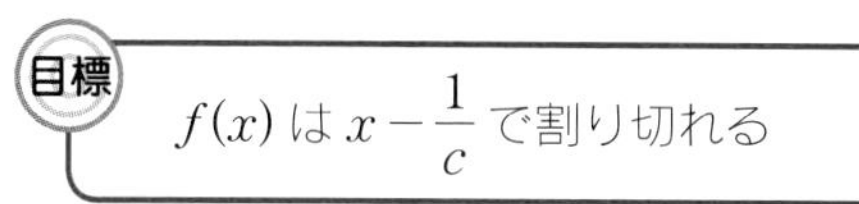

を示せばよいですね。因数定理を利用して

$$f\left(\frac{1}{c}\right)=0$$

を示すことになります。

$$\begin{aligned}f\left(\frac{1}{c}\right)&=\frac{1}{c^4}-a\frac{1}{c^3}+b\frac{1}{c^2}-a\frac{1}{c}+1\\&=\frac{1-ac+bc^2-ac^3+c^4}{c^4}\\&=0\end{aligned}$$

通分

ⓐより（分子）$=0$ です

お！　楽勝でしたね。……と，このままだと少し減点されますよ。わかりますか？

「$c=\dfrac{1}{c}$　かつ　$c>0$」つまり $c=1$ のときがマズいんです！　このときは

「$f(x)$ が $x-1$（$x-c$）で割り切れるとき，

$f(x)$ は $(x-1)(x-1)(=(x-1)^2)$（$(x-c)\left(x-\dfrac{1}{c}\right)$）で割り切れる」

ことを示さないといけないわけですが，今のままだと

$f(c)=0$ と $f\left(\dfrac{1}{c}\right)=0$ は，

どちらも $f(1)=0$ となってしまい，

「$f(x)$ が $x-1$ で割り切れる」

ということしか，いえていません！

$c=1$ のとき，ⓐは

$$1-a+b-a+1=0 \quad \therefore \quad b=2a-2$$

となりますから，$f(x)$ は

$$f(x)=x^4-ax^3+(2a-2)x^2-ax+1$$

> 次数の低い a で整理して
> $$\begin{aligned}f(x)&=(x^4-2x^2+1)-ax(x^2-2x+1)\\&=(x^2-1)^2-ax(x-1)^2\\&=(x-1)^2\{(x+1)^2-ax\}\\&=(x-1)^2\{x^2+(-a+2)x+1\}\end{aligned}$$
> でもOKです。

となり，右の組立除法から，$x-1$ で割ると，

$$f(x)=(x-1)\{x^3+(-a+1)x^2+(a-1)x-1\}$$

さらに $x-1$ で割ると，

$$f(x)=(x-1)^2\{x^2+(-a+2)x+1\}$$

となります。OK ですね。

1	1	$-a$	$2a-2$	$-a$	1
		1	$-a+1$	$a-1$	-1
1	1	$-a+1$	$a-1$	-1	0
		1	$-a+2$	1	
	1	$-a+2$	1	0	

プロローグ のところでやりました。

「$f(x)$ が $(x-\alpha)^2$ で割り切れる」$\Longleftrightarrow f(\alpha)=f'(\alpha)=0$

を用いてもよいのですが，教科書に載っている定理ではないので，証明ナシに使うのは少し不安です。カンタンに割り算できますので，ここは安全策で，割り算で解答しておきましょうか。

次に(2)ですが，これは(1)の結果の利用でしょうか？　$f(x)$ が

$$f(x)=(x-s)(x-t)(x-u)(x-v)$$

と因数分解できますから，「$x-s$ で割り切れる」がいえて，(1)の結果より，「$(x-s)\left(x-\dfrac{1}{s}\right)$ で割り切れる」といえます。t，u，v のいずれかが $\dfrac{1}{s}$ ということになりますが，大小関係などとくに条件はありませんので，$v=\dfrac{1}{s}$ としましょうか。$f(x)$ は

$$f(x)=(x-s)(x-t)(x-u)\left(x-\frac{1}{s}\right)$$

となります。

これを展開するのはまあまあ大変なので，とりあえず定数項を調べてみますと，$(-s)(-t)(-u)\left(-\dfrac{1}{s}\right)=tu$ となります。

$f(x)=x^4-ax^3+bx^2-ax+1$
の定数項と比較して

$$tu=1 \qquad \therefore\quad u=\frac{1}{t}$$

ということで，$f(x)$ は

> イッキに「$u=\dfrac{1}{t}$，$v=\dfrac{1}{s}$」とできそうですが，ちょっとキケンです。$s=t$ の場合，$v=\dfrac{1}{s}=\dfrac{1}{t}$ はいえますが，u は何ともいえません。
>
> $$f(x)=(x-s)(x-s)\left(x-\frac{1}{s}\right)(x-u)$$
>
> ココだけで(1)が成立してしまう　ココは謎

$$f(x)=(x-s)(x-t)\left(x-\frac{1}{s}\right)\left(x-\frac{1}{t}\right)$$

となります。少しキレイになりましたね。これを展開すると

$$\begin{aligned}f(x)&=\left\{x^2-\left(s+\frac{1}{s}\right)x+1\right\}\left\{x^2-\left(t+\frac{1}{t}\right)x+1\right\}\\&=x^4-\left(s+\frac{1}{s}+t+\frac{1}{t}\right)x^3+\left\{2+\left(s+\frac{1}{s}\right)\left(t+\frac{1}{t}\right)\right\}x^2\\&\qquad\qquad-\left(s+\frac{1}{s}+t+\frac{1}{t}\right)x+1\end{aligned}$$

となりますから，$f(x)=x^4-ax^3+bx^2-ax+1$ と係数比較して

$$a=s+\frac{1}{s}+t+\frac{1}{t},\quad b=2+\left(s+\frac{1}{s}\right)\left(t+\frac{1}{t}\right)\quad\cdots\cdots\text{ⓑ}$$

です。これで

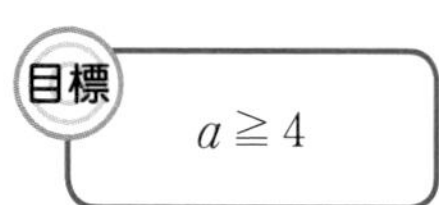

です。どうしましょう？

学校の教科書では「$a>0$，$b>0$ のとき」となっていますが，この不等式そのものは「$a \geqq 0$，$b \geqq 0$ のとき」成立します。

式の形で気づいているとは思いますが，(1)で示したもうひとつのことは覚えていますか？ 「$c>0$」も示しましたよ。(2)では

$s>0$，$t>0$

ってことになります。

（正の数の）逆数の和についての不等式 ➡ **相加・相乗平均**

$a \geqq 0$，$b \geqq 0$ のとき

$$\frac{a+b}{2} \geqq \sqrt{ab}$$

（等号成立は $a=b$ のとき）

ですね！

$$a=s+\frac{1}{s}+t+\frac{1}{t} \geqq 2\sqrt{s\cdot\frac{1}{s}}+2\sqrt{t\cdot\frac{1}{t}}=4$$

できました。

最後に(3)ですが，(2)と同じ条件ですので，ⓑが使えます。$a=5$ ですから

$$a=\left(s+\frac{1}{s}\right)+\left(t+\frac{1}{t}\right)=5,\qquad b=2+\left(s+\frac{1}{s}\right)\left(t+\frac{1}{t}\right)$$

となります。(2)のように相加・相乗平均を使いますと

$$b=2+\underbrace{\left(s+\frac{1}{s}\right)}_{\geqq 2}\underbrace{\left(t+\frac{1}{t}\right)}_{\geqq 2} \geqq 2+2\cdot 2=6\qquad\cdots\cdots\text{ⓒ}$$

となりますが，$b \geqq 6$ をみたす整数 b は無数にあり，役には立たないです。

こちらの方が先に思いついていたかもしれませんが，$s+\dfrac{1}{s}$，$t+\dfrac{1}{t}$ をひとカタマリと見ましょうか。「名前をつける」です。

$$s+\frac{1}{s}=p,\ t+\frac{1}{t}=q \qquad \cdots\cdots ⓓ$$

とおくと

$$p+q=a=5 \qquad b=2+pq \qquad \cdots\cdots ⓔ$$

となります。どうですか？　……「p，q の和と積」ですから，また相加・相乗が見えますね。(2)と同様，s，t が正ですので p，q も正です。よって

$$\frac{p+q}{2}\geqq\sqrt{pq}$$

が成り立ち，$p+q=5$ ですから

$$\frac{5}{2}\geqq\sqrt{pq} \qquad \therefore \quad pq\leqq\left(\frac{5}{2}\right)^2$$

よって

$$b=2+pq\leqq 2+\frac{25}{4}=8+\frac{1}{4}$$

となり，ⓒとあわせると

$$6\leqq b\leqq 8+\frac{1}{4}$$

ですから，これをみたす自然数 b は

$$b=6,\ 7,\ 8$$

に絞り込めました。

まあまあですね。候補が 3 つくらいなら，全部調べてもよいでしょう。しかし，実はもっと絞り込めるんです。ⓔで q を消去すると

$$\begin{aligned} b&=2+p(5-p)\\ &=-p^2+5p+2\\ &=-\left(p-\frac{5}{2}\right)^2+\frac{33}{4} \end{aligned}$$

「複数の等式➡文字消去」でしたよね。

また，(2)でやったわけですが，ⓓで相加・相乗により

$$p=s+\frac{1}{s}\geqq 2\sqrt{s\cdot\frac{1}{s}}=2,\ q=t+\frac{1}{t}\geqq 2\sqrt{t\cdot\frac{1}{t}}=2$$

です。これとⓔの $q=5-p$ から

$$p\geqq 2,\ 5-p\geqq 2 \qquad \therefore \quad 2\leqq p\leqq 3$$

となり，右のグラフを見ればわかりますように，これをみたす自然数 b は

$$b=8$$

だけです！

ⓔから相加・相乗ではなく，q を消去して平方完成したんですが，そもそも，相加・相乗って，平方完成で証明するんですよ。知ってますか？

$b=-p^2+5p+2$

$$\frac{a+b}{2}-\sqrt{ab}=\frac{1}{2}\{(\sqrt{a})^2+(\sqrt{b})^2-2\sqrt{a}\sqrt{b}\}$$

$$=\frac{1}{2}(\sqrt{a}-\sqrt{b})^2$$

$$\geqq 0$$

ココで $a\geqq 0$，$b\geqq 0$ という条件が必要です。

ですから等号成立は $\sqrt{a}=\sqrt{b}$ つまり $a=b$ のときなんですね。

mod と剰余類の関係もそうですが，応用として作られた定理や公式を丸暗記で使うのではなく，元の定理や公式からどのように導かれたのかを理解して，その場面，場面でより効果的な方をチョイスできるようになりたいものですね。

実行

(1) $f(x)$ が $x-c$ で割り切れることから，因数定理より，

$$f(c)=c^4-ac^3+bc^2-ac+1=0 \quad \cdots\cdots①$$

①より，

$$ac(c^2+1)=c^4+bc^2+1$$

であり，$a\neq 0$，$c^2+1\neq 0$ であるから，

$$c=\frac{c^4+bc^2+1}{a(c^2+1)}$$

$a>0$，$b>0$ であり，$c^2\geqq 0$，$c^4\geqq 0$ であるから，

$$c>0$$

(i) $c\neq 1$ のとき，①より，

$$f\left(\frac{1}{c}\right)=\frac{1}{c^4}-\frac{a}{c^3}+\frac{b}{c^2}-\frac{a}{c}+1=\frac{1-ac+bc^2-ac^3+c^4}{c^4}=0$$

であるから，因数定理より $f(x)$ は $x-\dfrac{1}{c}$ で割り切れる。

$c \neq 1$，$c > 0$ より $c \neq \dfrac{1}{c}$ であるから，$f(x)$ は $(x-c)\left(x-\dfrac{1}{c}\right)$ で割り切れる。

(ii) $c=1$ のとき，①より，

$$1-a+b-a+1=0 \qquad \therefore \quad b=2a-2$$

であるから，

$$\begin{aligned} f(x) &= x^4-ax^3+(2a-2)x^2-ax+1 \\ &= (x-1)^2\{x^2-(a-2)x+1\} \end{aligned}$$

となり，$f(x)$ は $(x-1)^2$ すなわち $(x-c)\left(x-\dfrac{1}{c}\right)$ で割り切れる。

以上(i)(ii)より，$f(x)$ は $(x-c)\left(x-\dfrac{1}{c}\right)$ で割り切れる。

（証明おわり）

(2) $f(x)$ がある実数 s，t，u，v を用いて，

$$f(x)=(x-s)(x-t)(x-u)(x-v) \quad \cdots\cdots ②$$

と因数分解できるとき，$f(x)$ は $x-s$ で割り切れるから，(1)の結果より，$f(x)$ は $(x-s)\left(x-\dfrac{1}{s}\right)$ で割り切れる。よって，$x-\dfrac{1}{s}$ は $x-t$，$x-u$，$x-v$ のいずれかに一致する。ここで，$x-\dfrac{1}{s}$ は $x-v$ と一致する，すなわち $\dfrac{1}{s}=v$ として一般性は失わない。

②の右辺を展開して，左辺と定数項を比較すると $1=stuv$ であるから，$\dfrac{1}{s}=v$ としたとき，

$$1=stu\frac{1}{s} \qquad \therefore \quad tu=1 \qquad \therefore \quad u=\frac{1}{t}$$

である。

よって，$f(x)$ は

$$f(x)=(x-s)(x-t)\left(x-\frac{1}{s}\right)\left(x-\frac{1}{t}\right)$$

と因数分解できて，(1)で示したことより，

$$s>0,\ t>0 \qquad \cdots\cdots ③$$

である。

$$p=s+\frac{1}{s},\ q=t+\frac{1}{t} \quad \cdots\cdots ④$$

とおくと，

理解 計画 では s，t のままやりましたが，この段階で p，q におき直した方が見易いですね。

$$f(x)=(x^2-px+1)(x^2-qx+1) \quad \cdots\cdots⑤$$
$$=x^4-(p+q)x^3+(pq+2)x^2-(p+q)x+1$$

であるから，$f(x)=x^4-ax^3+bx^2-ax+1$ と係数を比較して，

$$a=p+q \quad \cdots\cdots⑥ \qquad b=pq+2 \quad \cdots\cdots⑦$$

③，④より，相加平均と相乗平均の大小関係を用いて，

$$\left.\begin{aligned} p=s+\frac{1}{s}\geqq 2\sqrt{s\cdot\frac{1}{s}}=2 \ (\text{等号成立は } s=1 \text{ のとき}) \\ q=t+\frac{1}{t}\geqq 2\sqrt{t\cdot\frac{1}{t}}=2 \ (\text{等号成立は } t=1 \text{ のとき}) \end{aligned}\right\} \cdots\cdots⑧$$

である。よって，⑥，⑧より，

$$a=p+q\geqq 2+2=4$$

（証明おわり）

(3) (2)と同様にして，②～⑧が成り立つ。

$a=5$ であるから，⑥より，

$$p+q=5 \qquad \therefore \quad q=5-p \quad \cdots\cdots⑥'$$

であり，これを⑦に代入して，

$$b=p(5-p)+2$$
$$=-\left(p-\frac{5}{2}\right)^2+\frac{33}{4}$$

また，⑥′と⑧より，

$$p\geqq 2,\ 5-p\geqq 2 \qquad \therefore \quad 2\leqq p\leqq 3$$

であるから，右のグラフより，この範囲にある自然数 b は

$$b=8$$

のみであり，

$$(p,\ q)=(2,\ 3),\ (3,\ 2)$$

である。

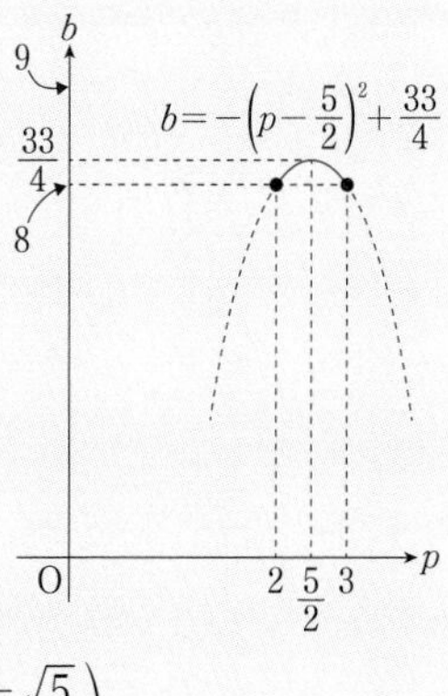

このとき，⑤より，

$$f(x)=(x^2-2x+1)(x^2-3x+1)$$
$$=(x-1)^2\left(x-\frac{3-\sqrt{5}}{2}\right)\left(x-\frac{3+\sqrt{5}}{2}\right)$$

となり，$f(x)=(x-s)(x-t)(x-u)(x-v)$ と因数分解できる。

よって，求める b の値は

$$\boldsymbol{b=8}$$

テーマ 12

方程式・不等式⑤

問題 12 ★★☆ 25分

x の3次式 $f(x)$ を $f(x)=x^3-9x$ とする。また，$a<b$ をみたす実数 a，b に対し，x の2次式 $g(x)$ を $g(x)=(x-a)(x-b)$ とおく。このとき，6次方程式 $g(f(x))=0$ が6個の相異なる実数解をもつための a，b についての条件を求めよ。

（阪大・理系・92後）

理解 かなり古い問題ですいません。$g(f(x))=0$ はそのままですと6次方程式になるのですが，このように，合成関数でできている方程式を扱うときに面白い技があるので，これで取り上げさせてください。東大や京大でも出題歴があり，知っているとかなりやり易くなりますから。

代表的な問題は，三角方程式で，次のような問題です。

> a を実数の定数とする。x の方程式
> $$2\sin^2 x-\sin x-2=a \quad \cdots\cdots(*)$$
> が，$0\leqq x<2\pi$ において，相異なる4つの解をもつような a の値の範囲を求めよ。

$(*)$ は

$$f(x)=\sin x,\ g(x)=2x^2-x-2$$

とおくと，合成関数 $g(f(x))$ を用いて

$$g(f(x))=a$$

と表せます。

> 両方 x の式で見にくいですが，
> $g(●)=2●^2-●-2$
> で「●に同じものを入れる」というルールだけです。ですから，
> $g(f(x))=2\{f(x)\}^2-f(x)-2$
> $=2\sin^2 x-\sin x-2$
> ですね。

$t=f(x)=\sin x$ とおきますと，これは

$$g(t)=a \quad つまり\ 2t^2-t-2=a \quad \cdots\cdots ⓐ$$

となりますが，単にⓐの実数解の個数を数えてもダメなんですよね。だって

ⓐは t の方程式，$(*)$ は x の方程式

で，「t の個数」を問われてるんじゃなくて，「x の個数」を問われてるんですもんね。

そこで，t と x の対応関係を調べることになります。$t=\sin x$ の $0 \leqq x < 2\pi$ におけるグラフは右のようになりますから，t の値が 1 つ定まると，それに対応する x の個数は

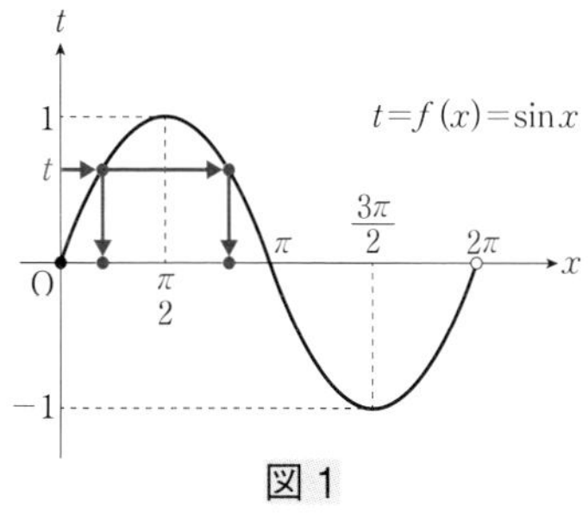

図 1

$-1<t<1$ のとき　　2 個
$t= \pm 1$ のとき　各々 1 個
$t<-1,\ 1<t$ のとき　0 個

であり，t の値が異なれば対応する x の値も異なりますね。

で，t の 2 次方程式ⓐは，実数解を最大で 2 個もちますから，

「x の方程式 $(*)$ が $0 \leqq x < 2\pi$ の範囲に相異なる 4 つの解をもつ」
$\Leftrightarrow$「t の 2 次方程式ⓐが $-1<t<1$ の範囲に異なる 2 つの解をもつ」
$\Leftrightarrow$「$y=g(t)$ のグラフと直線 $y=a$ が $-1<t<1$ の範囲に異なる 2 つの共有点をもつ」

とすればよいわけです。

$$g(t)=2t^2-t-2$$
$$=2\left(t-\frac{1}{4}\right)^2-\frac{17}{8}$$

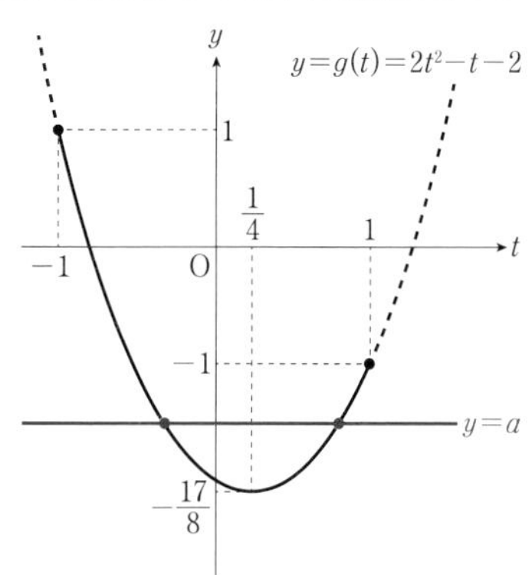

図 2

より，$y=g(t)$ のグラフは右のようになりますから，求める a の値の範囲は

$$-\frac{17}{8}<a<-1$$

となります。

さて，この程度なら大丈夫だと思うのですが，もしこれが

> $(*)$ の $0 \leqq x < 2\pi$ における解の個数を求めよ。

だったらどうでしょう。**図 2** で直線 $y=a$ を動かしつつ，**図 1** との対応を調べないといけません。なかなか大変です。

そこで最初にお話ししていた技なんです。**図 1** と **図 2** では t が対応しているのですが，**図 1** は t が縦軸，**図 2** は t が横軸になっていて，これがわかりにくいので，**図 3** のように **図 1** を 90° 回転

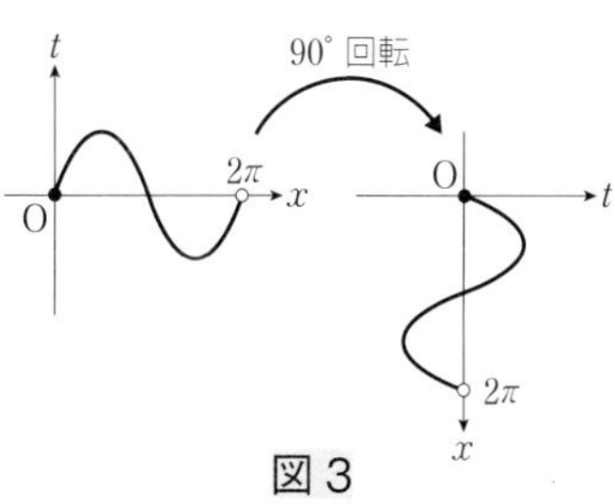

図 3

して，図2の下へ，図1，図2のt軸が対応するように並べてみます。すると図4のようになります。

すると，もともとの問題の「解が4つ」の場合は図4の赤い線のようになり，tの方程式$g(t)=a$が，$-1<t<1$の範囲に異なる2つの解t_1，t_2をもち，xの方程式

$f(x)=t_1$が2つの解x_{11}，x_{12}

$f(x)=t_2$が2つの解x_{21}，x_{22}

をもちます。これでxの方程式$g(f(x))=0$はx_{11}，x_{12}，x_{21}，x_{22}の4つの解をもつことになります。

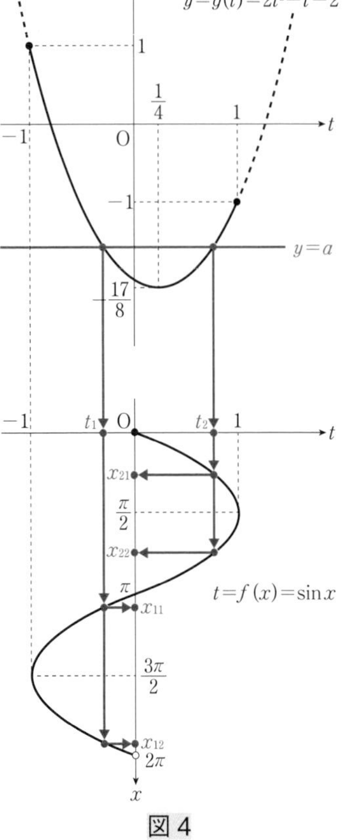

図4

他の場合も直線$y=a$を動かしながら調べていけばわかりますね。ちなみに（＊）の$0\leqq x<2\pi$における解の個数は

$a>1$のとき	0個
$a=1$のとき	1個
$-1<a<1$のとき	2個
$a=-1$のとき	3個
$-\frac{17}{8}<a<-1$のとき	4個
$a=-\frac{17}{8}$のとき	2個
$a<-\frac{17}{8}$のとき	0個

となります。確かめてみてください。

前フリが長くなりました。問題12に戻りましょう。本問も合成関数$g(f(x))$でできた方程式ですから，$t=f(x)$とおいて

$$t=f(x)=x^3-9x \qquad y=g(f(x))=g(t)=(t-a)(t-b)$$

のグラフを上のようにt軸を平行にして並べればよさそうです。

$t=f(x)$は

$$f'(x)=3x^2-9=3(x-\sqrt{3})(x+\sqrt{3})$$

より増減表が右のようになりますから，$t=f(x)$のグラフは図5のよう

になります。$y=g(t)$ のグラフは**図 6** のようになりますね。

x	$\cdots$	$-\sqrt{3}$	$\cdots$	$\sqrt{3}$	$\cdots$
$f'(x)$	$+$	0	$-$	0	$+$
$f(x)$	↗	$6\sqrt{3}$	↘	$-6\sqrt{3}$	↗

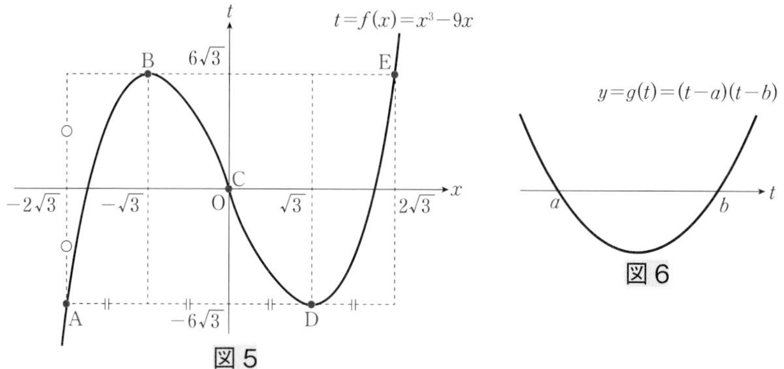

図 5　　図 6

あ，本問では使いませんが，3 次関数のグラフって，**図 5** のように 8 つの長方形におさまってるって知ってました？　極小値と同じ値をとる点 A，極大値をとる点 B，変曲点 C(このグラフでは原点 O)，極小値をとる点 D，極大値と同じ値をとる点 E の x 座標が等間隔なんです。最大・最小問題の場合分けのときなんかに使えます。教科書に載っていないので，自明として答案に書くのはヤメておいた方がよいですが，$f(x)=6\sqrt{3}$ や $f(x)=-6\sqrt{3}$ を解いて点 A や E の座標を求めるとき，知っていると安心して計算できます。

話をもとに戻します。**図 5** を 90°回転し，**図 6** の下へ，**図 5**，**図 6** の t 軸に平行になるように並べます。**図 6** の a，b は値がわからないので，まずはテキトーにかいてみましょう。

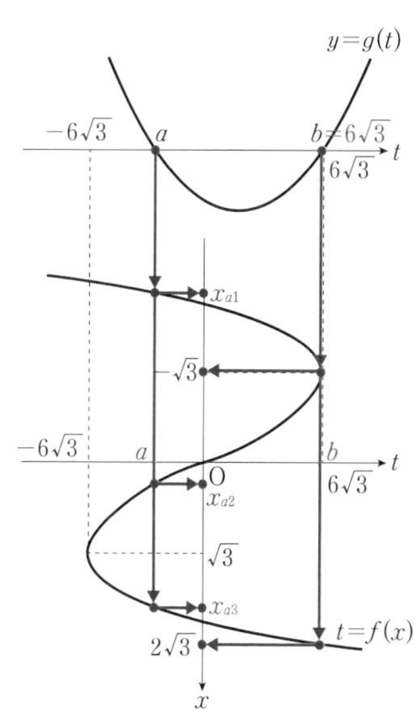

b をちょうど $6\sqrt{3}$，a を $-6\sqrt{3}$ と $6\sqrt{3}$ の間にとってみました。すると，

$f(x)=a$ に対して，解 x_{a1}，x_{a2}，x_{a3}

$f(x)=b=6\sqrt{3}$ に対して，

解 $-\sqrt{3}$，$2\sqrt{3}$

があり，$g(f(x))=0$ はあわせて 5 つの解をもつことがわかります。

じゃあ，本問の

「$g(f(x))=0$ が 6 個の相異なる実数解をもつ」

ためには，どうしたらよいでしょうか？

そうです，「a，b とも $-6\sqrt{3}$ と $6\sqrt{3}$ の間」にあれば OK ですね。まず，$t=f(x)$ のグラフを書いて，$t=f(x)$ をみたす x は

$-6\sqrt{3}<t<6\sqrt{3}$ のとき　　3 個　←──（※）

$t=\pm 6\sqrt{3}$ のとき　　各々 2 個

$t<-6\sqrt{3}$，$6\sqrt{3}<t$ のとき　1 個

を説明しましょう。次に $g(t)=0$ つまり $(t-a)(t-b)=0$ は $t=a$，b の 2 解をもちますから，$g(f(x))=0$ が相異なる 6 個の実数解をもつのは，「$t=a$，b が 2 個とも（※）に入っているとき」ともっていきます。

実行

$f(x)=x^3-9x$

$f'(x)=3x^2-9=3(x-\sqrt{3})(x+\sqrt{3})$

であるから，$f(x)$ の増減表および $t=f(x)$ のグラフは右のようになる。

x	$\cdots$	$-\sqrt{3}$	$\cdots$	$\sqrt{3}$	$\cdots$
$f'(x)$	$+$	0	$-$	0	$+$
$f(x)$	↗	$6\sqrt{3}$	↘	$-6\sqrt{3}$	↗

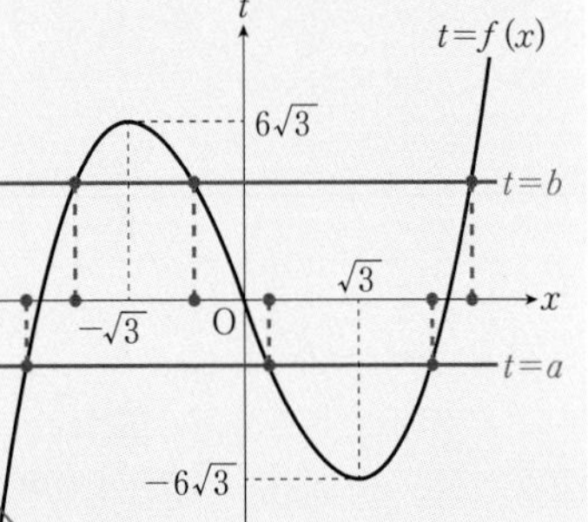

よって，$t=f(x)$ をみたす実数 x は

$-6\sqrt{3}<t<6\sqrt{3}$ のとき　　3 個

$t=\pm 6\sqrt{3}$ のとき　　各々 2 個

$t<-6\sqrt{3}$，$6\sqrt{3}<t$ のとき　1 個

存在する。また，t が異なれば x の値はすべて異なる。

$t=a$ をみたす 3 個の x と $t=b$ をみたす 3 個の x にダブリがないことを説明しました。ダブると解が 6 個より少なくなる。

次に，$t=f(x)$ とおくと，x の 6 次方程式 $g(f(x))=0$ は t の 2 次方程式

$$g(t)=0 \text{ すなわち } (t-a)(t-b)=0$$

となり，$a<b$ よりこれは異なる 2 つの実数解

$$t=a,\ b$$

をもつ。

よって，x の 6 次方程式 $g(f(x))=0$ が 6 個の相異なる実数解をもつのは，t の 2 次方程式 $g(t)=0$ が $-6\sqrt{3}<t<6\sqrt{3}$ の範囲に異なる 2 つの実数解をもつときであるから，求める条件は $a<b$ を考慮して，

$$\boldsymbol{-6\sqrt{3}<a<b<6\sqrt{3}}$$

テーマ

13 方程式・不等式⑥

問題 13 ★★☆ 25分

どのような実数 x に対しても，不等式

$$|x^3+ax^2+bx+c| \leqq |x^3|$$

が成り立つように，実数 a，b，c を定めよ。

（阪大・理文共通・95 前）

理解 またまたちょっと古いですが，数学Ⅲの微積分を使わない不等式の問題は，阪大ではあまりないので許してください。でも，とても大切な考え方を使います。

絶対値記号がジャマなんで，はずしたいのですが，x^3+ax^2+bx+c の正負はまったくわかりませんね。x^3 の正負は場合分けで何とかなります。

$x \geqq 0$ のとき　$x^3 \geqq 0$

$x < 0$ のとき　$x^3 < 0$

ですね。じゃあ $x \geqq 0$ のときを考えることにして，与式は

$$|x^3+ax^2+bx+c| \leqq x^3 \quad \cdots\cdots ⓐ$$

となります。ここで

$A \geqq 0$ のとき

$$|X| < A \iff -A < X < A$$
$$|X| = A \iff X = \pm A$$
$$|X| > A \iff X < -A,\ A < X$$

という絶対値のはずし方は知っていますか？

補足

絶対値とは数直線における「原点とのキョリ」の意味で $|-2|$ は「点 0 と点 -2 のキョリ」という意味です。だから $|-2|=2$ になるんですね。ですから

$$|x| < 2$$

は「点 0 と点 x のキョリが 2 より小さい」という意味で

$$-2 < x < 2$$

となります。

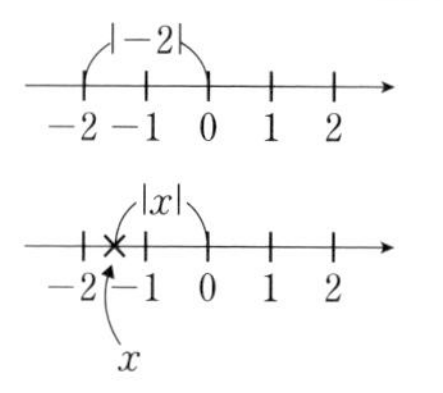

絶対値記号は「$x \geqq 0$ のとき $|x| = x$, $x < 0$ のとき $|x| = -x$」と場合分けしてはずす方法しか知らない人がたまにいます。こちらもマスターしておいてください。

すると，ⓐは

$$-x^3 \leqq \underline{x^3 + ax^2 + bx + c \leqq x^3} \quad \cdots\cdots ⓐ'$$

となり，右側の不等式は

$$\underline{ax^2 + bx + c \leqq 0}$$

となります。これは2次不等式($a = 0$ の場合もあるので，正確には2次以下の不等式ですが)になりますので，これはよいですね。

$x \geqq 0$ でこの不等式が成り立つのは……

1 グラフで考えてみましょうか。$a > 0$ のときはダメですね。右のグラフのように，どこかで必ず

$$ax^2 + bx + c > 0$$

となってしまいます。

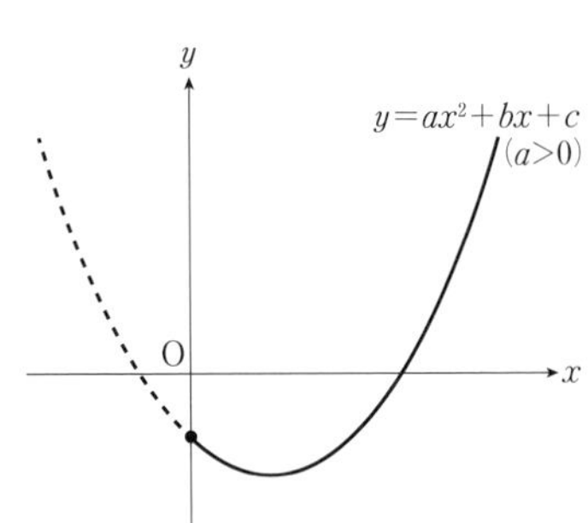

$a < 0$ はどうでしょう？

◆絶対不等式

「$p \leqq x \leqq q$ のとき，つねに $f(x) \geqq 0$ が成り立つ」 $\iff$ $\begin{pmatrix} p \leqq x \leqq q \text{ における} \\ f(x) \text{ の最小値} \end{pmatrix} \geqq 0$

このように，ある範囲(「実数全体」でもよい)でつねに成り立つ不等式のことを「絶対不等式」といいますが，絶対不等式では最大・最小に着目するのが基本です。この特殊なケースとして

◆絶対不等式(2次以下，すべての実数)

「すべての実数 x に対して $ax^2 + bx + c \geqq 0$ が成り立つ」 $\iff$ $\begin{cases} a > 0 \\ (\text{判別式}) \leqq 0 \end{cases}$ または $\begin{cases} a = b = 0 \\ c \geqq 0 \end{cases}$

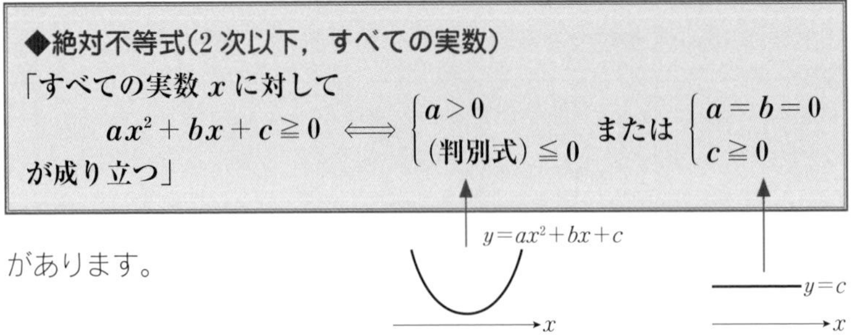

があります。

こちらを暗記している人も多いのですが，あくまで基本は

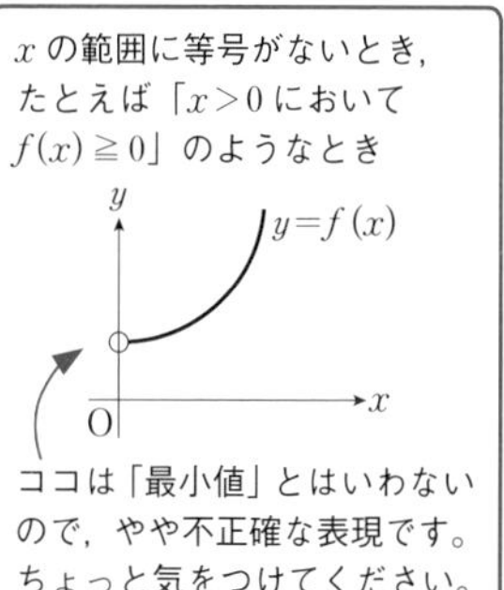

です。

さて，そうしますと $a<0$ のとき，
$x\geqq 0$ において

$$ax^2+bx+c\leqq 0$$

が成り立つ条件は

($x\geqq 0$ における ax^2+bx+c の最大値) $\leqq 0$

となりますから，軸の位置で場合分けになりますね。

$$f(x)=ax^2+bx+c$$

とおくと

軸：$x=-\dfrac{b}{2a}\geqq 0$ のとき　$f\left(-\dfrac{b}{2a}\right)\leqq 0$

軸：$x=-\dfrac{b}{2a}<0$ のとき　$f(0)\leqq 0$

うーん，なかなか大変ですね。
しかもⓐ′の左側の不等式は

$$2x^3+ax^2+bx+c\geqq 0$$

となり，a，b，c の 3 文字入りの 3 次不等式ですから，このまま進むのは無理そうですね。

さて，ここで違う発想で攻めてみましょう。

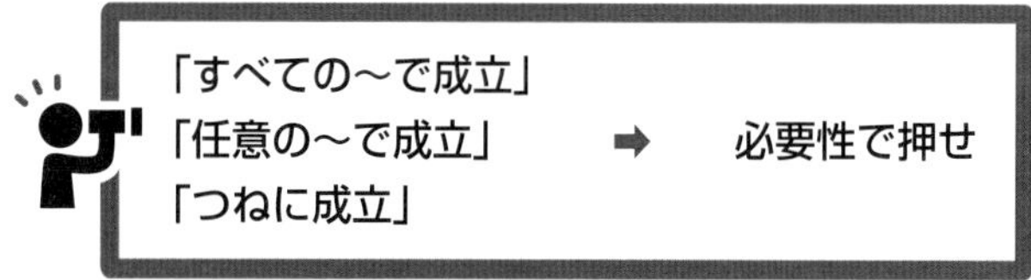

恒等式の問題で，「数値代入法」というのがありますね。

$$x^3=a+bx+cx(x-1)+dx(x-1)(x-2)$$

が x の恒等式となるように定数 a，b，c，d を定めよ。

のような問題で，$x=0$，1，2，3 を代入して，a，b，c，d を求める，アレです。

すべての x で成立　　$\Longrightarrow$　　$x=0,\ 1,\ 2,\ 3$ で成立
（するためには）　　　　　　　　（することが必要）

で，あとで十分性の check をする，アレです。

コレと同じように，「すべての〜で成立」という条件が出たら，とりあえずいくつかの値を代入してみて，必要条件を求めてみるんです。本問は

「どのような実数 x に対しても

$$|x^3+ax^2+bx+c| \leqq |x^3| \quad \cdots\cdots ⓐ$$

が成り立つ」

ようにするわけですから，とりあえず x に何か入れてみましょう……まあ，$x=0$ あたりですよね。まさか $x=\pi$ なんか入れませんよね(笑)。すると

$$|c| \leqq 0$$

となります。そもそも絶対値はキョリで 0 以上なので，$|c| \geqq 0$ ですから

$$|c|=0 \qquad \therefore \quad c=0$$

が必要。ということになりました。

そうしますとⓐは

$$|x^3+ax^2+bx| \leqq |x^3|$$

となりました。c がなくなったので，左辺は x でくくれますよね。

$$|x(x^2+ax+b)| \leqq |x \cdot x^2|$$

$$|x||x^2+ax+b| \leqq |x||x^2|$$

（x でくくる）（$|AB|=|A||B|$）

$|x| \geqq 0$ ですから，これが「どのような実数 x に対しても成り立つ」条件は

$$|x^2+ax+b| \leqq |x^2| \quad \cdots\cdots ⓑ$$

（$\div |x|$）

となりますね。

あ，でも $x=0$ のときがマズいですね。いったん $x \neq 0$ として $|x|>0$ なら，$\div |x|$ をしても大丈夫ですね。じゃあ，

「$x \neq 0$ をみたすどのような実数 x に対しても

$$|x^2+ax+b| \leqq |x^2| \quad \cdots\cdots ⓑ$$

が成り立つ」ようにするわけですから，また，$x=0$ を入れてみたいですね。……でも，「$x \neq 0$」です。どうしましょう？　……ちょっと数学Ⅲを使います。$x \to 0$ でイキましょう！　すると

$$\lim_{x \to 0}|x^2+ax+b| \leqq \lim_{x \to 0}|x^2|$$

$$\therefore \quad |b| \leqq 0$$

（コレくらいの極限は数学Ⅱでもやりますね。）

となりますから，また

$$|b|=0 \qquad \therefore \quad b=0$$

そして，ⓑは

$$|x^2+ax| \leqq |x^2|$$

$$|x||x+a| \leqq |x|^2$$

$$|x+a| \leqq |x|$$

x でくくって，$|AB|=|A||B|$

$\div |x|$

これが「$x \neq 0$ をみたすどのような実数 x に対しても成り立つ」から，また，$x \to 0$ で

$$\lim_{x\to 0}|x+a| \leqq \lim_{x\to 0}|x| \qquad \therefore \quad |a| \leqq 0 \qquad \therefore \quad |a|=0 \qquad \therefore \quad a=0$$

よって

$$a=b=c=0$$

が「必要」となります。十分性は明らかですね。

実行

$$|x^3+ax^2+bx+c| \leqq |x^3| \quad \cdots\cdots①$$

①がどのような実数 x に対しても成り立つことから，$x=0$ のときも成り立つことが必要で，

$$|c| \leqq 0$$

一般に $|c| \geqq 0$ であるから，

$$|c|=0 \qquad \therefore \quad c=0$$

が必要である。

このとき①は

$$|x^3+ax^2+bx| \leqq |x^3|$$

$$|x||x^2+ax+b| \leqq |x||x^2|$$

となるから，$x \neq 0$ のとき，

$$|x^2+ax+b| \leqq |x^2| \quad \cdots\cdots②$$

> $x \neq 0$ のとき $|x^2|>0$ より，②は
> $-|x^2| \leqq x^2+ax+b \leqq |x^2|$
> となり，さらに $x^2>0$ より
> $-x^2 \leqq x^2+ax+b \leqq x^2$
> ここから，絶対不等式の処理をする別解もあります。
> 検討 でやりましょう。

②が $x \neq 0$ をみたすどのような実数 x に対しても成り立つことから，$x \to 0$ のときも成り立つことが必要で，

$$\lim_{x\to 0}|x^2+ax+b| \leqq \lim_{x\to 0}|x^2| \qquad \therefore \quad |b| \leqq 0$$

上と同様に，

$$b=0$$

が必要である。

このとき②は

$$|x^2+ax| \leqq |x^2|$$

$$|x||x+a| \leqq |x|^2$$

となるから，$x \neq 0$ のとき，

$$|x+a| \leqq |x| \quad \cdots\cdots ③$$

③が $x \neq 0$ をみたすどのような実数 x に対しても成り立つことから，$x \to 0$ のときも成り立つことが必要で，

$$\lim_{x \to 0}|x+a| \leqq \lim_{x \to 0}|x| \qquad \therefore \quad |a| \leqq 0$$

上と同様に，

$$a=0$$

が必要である。

逆に，このとき①は

$$|x^3| \leqq |x^3|$$

となり，これはどのような実数 x に対しても成り立つから，十分である。

以上より，

$$\boldsymbol{a=b=c=0}$$

どうでしたか？「**必要性で押せ**」なかなか強力だったでしょ。そもそも

「どのような実数 x に対しても成り立つ」

って，かなり異常な状態ですから，「え？　ホンマ？」と思って，

数値をいろいろ入れて試してみる

ことって，自然な行動だと思いませんか？　僕たちは受験としての数学をやっていて，とにかく「解く」ことに気がいってしまっていて，問題とちゃんと向き合えていないところがあるように思います。数学屋さんが問題を作っておられるわけですから，数学屋さんが自然にやる行動，素朴な発想を吸収していきましょうね。

さて，解答の途中に出てきた②からの別解です。$x \neq 0$ で考えていて，$|x^2|>0$ ですので，p.113 の方法で絶対値がはずせて，p.114 の $ax^2+bx+c>0$ に対する絶対不等式の処理ができます。

〈②からの部分的別解〉

$$|x^2+ax+b| \leqq |x^2| \quad \cdots\cdots②$$

$x \neq 0$ のとき，$|x^2|>0$，$x^2>0$ であるから，

$$② \iff -|x^2| \leqq x^2+ax+b \leqq |x^2|$$
$$\iff -x^2 \leqq x^2+ax+b \leqq x^2$$
$$\iff \begin{cases} ax+b \leqq 0 & \cdots\cdots③ \\ 2x^2+ax+b \geqq 0 & \cdots\cdots④ \end{cases}$$

$x \neq 0$ をみたすどのような実数 x に対しても，③が成り立つ条件は

$$a=0 \quad \cdots\cdots⑤ \quad かつ \quad b \leqq 0 \quad \cdots\cdots⑥$$

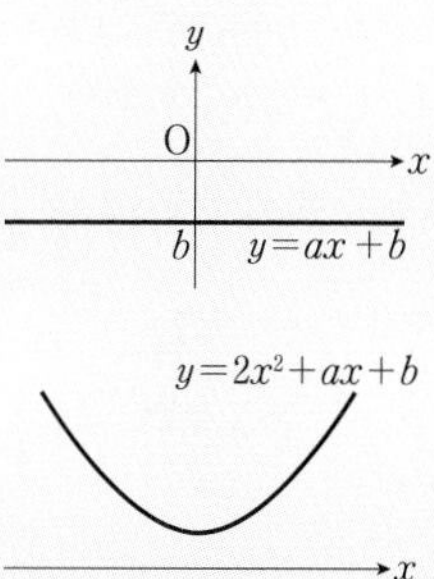

また，$x \neq 0$ をみたすどのような実数 x に対しても，④が成り立つ条件は

$$(判別式)=a^2-8b \leqq 0 \quad \cdots\cdots⑦$$

⑤，⑦より，

$$0-8b \leqq 0 \qquad \therefore \quad b \geqq 0$$

であり，これと⑥より，

$$b=0$$

以上より，

$$a=b=c=0$$

が必要である。

逆に，このとき①は

$$|x^3| \leqq |x^3|$$

「$c=0$」が必要条件ですので十分性の check がいります。

となり，これはどのような実数 x に対しても成り立つから，十分である。

以上より，

$$\boldsymbol{a=b=c=0}$$

これだと，極限を使わずに解答できますね。

逆に極限を，もっと積極的に使うなら，次ページのような別解もできます。

解答では，与式を順に $|x|$ で割って，3 次→2 次→1 次と次数を下げていったのですが，これをイッキにやりますと，$x \neq 0$ として

$$\left|1+\frac{ax^2+bx+c}{x^3}\right| \leqq 1 \quad \cdots\cdots あ$$

となります。$x \to +\infty$ だったら楽勝ですね。$x \to +\infty$ のとき，$\frac{1}{x} \to +0$ ですから，

$$\frac{ax^2+bx+c}{x^3}=a\left(\frac{1}{x}\right)+b\left(\frac{1}{x}\right)^2+c\left(\frac{1}{x}\right)^3 \to 0 \quad (x \to +\infty)$$

となるところです。しかし，今回は $x \to 0$ ですので，ちがいますよ。

$x \to +0$ のときは $\frac{1}{x} \to +\infty$，$x \to -0$ のときは $\frac{1}{x} \to -\infty$ ですから，$c \neq 0$ とすると

$$\left|\frac{ax^2+bx+c}{x^3}\right|=\left|\underbrace{\left(\frac{1}{x}\right)^3}_{\to \pm\infty}\underbrace{(ax^2+bx+c)}_{\to c}\right| \to \infty \quad (x \to \pm 0)$$

となり，あは成り立ちませんよね。背理法で $c \neq 0$ と仮定して，矛盾を示し，$c=0$ を示しましょうか。順に $b=0$，$a=0$ もイケそうです。

〈別解 —— 数学Ⅲの極限，背理法利用〉

$$|x^3+ax^2+bx+c| \leqq |x^3| \quad \cdots\cdots ①$$

$x \neq 0$ のとき，$|x|>0$ であるから，両辺を $|x^3|$ で割ると，

$$\left|1+\frac{ax^2+bx+c}{x^3}\right| \leqq 1 \qquad \cdots\cdots ①'$$

$c \neq 0$ と仮定すると，

$$\left|\frac{ax^2+bx+c}{x^3}\right|=\left|\left(\frac{1}{x}\right)^3(ax^2+bx+c)\right| \to \infty \quad (x \to 0)$$

となり，①′が成り立たない。よって，$c=0$ である。このもとで，$b \neq 0$ と仮定すると，

$$\left|\frac{ax^2+bx}{x^3}\right|=\left|\left(\frac{1}{x}\right)^2(ax+b)\right| \to \infty \quad (x \to 0)$$

となり，①′が成り立たない。よって，$b=0$ である。さらにこのもとで，$a \neq 0$ と仮定すると，

$$\left|\frac{ax^2}{x^3}\right|=\left|\frac{1}{x}\cdot a\right| \to \infty \quad (x \to 0)$$

となり，①′が成り立たない。よって，$a=0$ である。

以上より，

$$\boldsymbol{a}=\boldsymbol{b}=\boldsymbol{c}=0$$

何完？

阪大に限りませんが，

「○○大学に受かるには何問完答しないといけませんか？」

という質問を受けることがあります。僕の答えは，

「そんなんわからへん」

です。

問題の難易度を毎年毎年ビタッとそろえているのは東大くらいではないでしょうか。また，数学が得意で数学でかせぐ人，理科でかせぐから数学は落とさなければ大丈夫という人，共通テストの持ち点の多い人，少ない人，バラバラです。一律に「何完」というのはナンセンスです。

阪大の受験生の層は毎年ほぼ一定のはずです。ある年は急にアホばっかりが受験したり，ある年は超人ばっかりが受験したり，なんてことはありません。受験では一部の超人を除けば，基本的にどんぐりの背比べですから，

みんなが解ける問題をちゃんと解いて，

みんなが解けない問題を捨てる

そして，

自分がその時間内に取れる最大の点を取る

ことが合格の条件です。

前に「合格最低点を調べろ」と言っておいて矛盾するようですが，阪大の合格最低点もかなり変動します。入念に下調べをしておいて，入試本番では試験中に「今年は難しいから，解ける問題をしっかり解こう」とか「今年は易しいからちょっとペースを上げないと」などの判断が必要です。

第4章 整　式

プロローグ

第3章と少しカブる感じもあるのですが，この章では「整式」を扱いたいと思います。「恒等式」の扱いといってもよいかもしれません。阪大では，たまに「整式 $f(x)$ が～であることを示せ。」といった整式に関する証明問題が出ています。これがナカナカのヘビー級でして，力づくで解けなくもないのですが，今から説明します，「**一致の定理**」および，その証明方法を知っていると，見通しが非常によくなります。

また，整式をおくときに，教科書では，

$$f(x)=a_nx^n+a_{n-1}x^{n-1}+\cdots+a_2x^2+a_1x+a_0$$

の1通りしか扱いませんが，問題によって，上手なおき方があったりします。これは **問題16** で勉強しましょう。

まず，整式の割り算に関する問題へのアプローチ方法のおさらいです。整式の割り算では，次の原理が重要です。

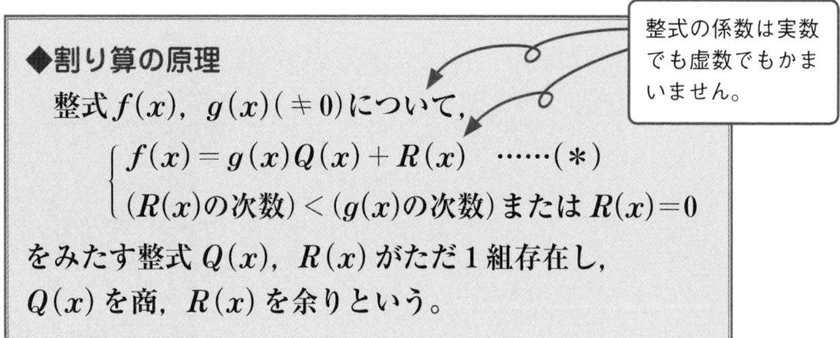

◆割り算の原理

整式 $f(x)$，$g(x)\ (\neq 0)$ について，

$$\begin{cases} f(x)=g(x)Q(x)+R(x) & \cdots\cdots(*) \\ (R(x)\text{の次数})<(g(x)\text{の次数})\ \text{または}\ R(x)=0 \end{cases}$$

をみたす整式 $Q(x)$，$R(x)$ がただ1組存在し，$Q(x)$ を商，$R(x)$ を余りという。

$f(x)$，$g(x)$ が具体的な式で，係数が数値もしくは簡単な文字定数なら，実際に割り算することも可能です。しかし，次数もわからない一般の整式 $f(x)$ を具体的に計算することはできませんし，具体的であっても $f(x)=ax^3+bx^2+cx+d$ のような文字だらけの式では，実際に割り算するとものすごい式になってしまいます。そういう場合に，この $(*)$ の形に変形できれば，商や余りがわかります。ということで，整式の割り算については，次の3つのアプローチが考えられます。

整式の割り算

➡ **1** 実際に割る
2 $(*)$ の式を立てて，$g(x)=0$ となる x の値を代入する
3 $f(x)$ から $g(x)$ をくくり出し，$(*)$ の形を作る

1 は次のような割り算ですね。p.95 ですでにやりましたが，たとえば，x^3+2x^2+3x+4 を $x-2$ で割る場合，

$$\begin{array}{r|l} & x^2+4x+11 \\ \hline x-2 & x^3+2x^2+3x+4 \\ & x^3-2x^2 \\ \hline & \quad 4x^2+3x \\ & \quad 4x^2-8x \\ \hline & \qquad 11x+4 \\ & \qquad 11x-22 \\ \hline & \qquad\qquad 26 \end{array}$$

$$\begin{array}{r|rrrr} & 1 & 4 & 11 & \\ \hline 1\ -2 & 1 & 2 & 3 & 4 \\ & 1 & -2 & & \\ \hline & & 4 & 3 & \\ & & 4 & -8 & \\ \hline & & & 11 & 4 \\ & & & 11 & -22 \\ \hline & & & & 26 \end{array}$$

$$\begin{array}{r|rrrr} 2 & 1 & 2 & 3 & 4 \\ & & 2 & 8 & 22 \\ \hline & 1 & 4 & 11 & 26 \end{array}$$

↗のときに×2しています

のようになり，

商は $x^2+4x+11$，余りは 26

ですね。左が一番基本の割り算，まん中は係数だけ書いたもの（p.95 はコレでした），右は 1 次式の割り算しか使えませんが，組立除法ですね。僕は組立除法を使うと，± で混乱するので，あまり使いません。だいたいまん中の“係数だけ”のヤツをやります。

2 は有名なんで大丈夫だと思いますが，**3** は「？」と思ったかもしれません。たとえば

> x^n $(n \geqq 2)$ を $(x-1)^2$ で割ったときの余りを求めよ。

という問題を 2 通りで解いてみましょう。

まず **2** から。商を $Q(x)$，余りを $ax+b$ とおくと，$(*)$ は

$$x^n=(x-1)^2Q(x)+ax+b \quad \cdots\cdots①$$

となりますね。2 次式 $(x-1)^2$ で割っていますので，余りは 1 次以下で $ax+b$ とおけます。$(x-1)^2=0$ となるように $x=1$ を代入しますと

$$1=a+b \quad \cdots\cdots②$$

未知数が a，b の 2 文字で，式が 1 つですから，式がもう 1 つ欲しいですね。

どうしましょう？　数学Ⅲの微分法が使えるとカンタンです。p.77 でやりましたね。①の両辺を x で微分すると，積の微分法を用いて

$$nx^{n-1}=2(x-1)Q(x)+(x-1)^2Q'(x)+a$$

となりますから，これに $x=1$ を代入して

$$n=a \quad \cdots\cdots ③$$

②，③より

$$a=n,\ b=1-n$$

ですから，求める余りは

$$\boldsymbol{nx+(1-n)}$$

となります。

参考です。②より①は
$$x^n=(x-1)^2Q(x)+ax+1-a$$
$$x^n-1=(x-1)^2Q(x)+a(x-1)$$
となりますから，$x-1$ で両辺を割った商を考えて
$$x^{n-1}+x^{n-2}+\cdots+x^2+x+1$$
$$=(x-1)Q(x)+a$$
ここで $x=1$ を代入すると，
$n=a$ ……③が得られます。

今度は，これを **3** で解いてみます。x^n から $(x-1)^2$ をくくり出すため，

$$x^n=\{(x-1)+1\}^n$$

と変形します。すると，二項定理により

p.30 で説明しました。
丸暗記になっていないですか？

$$x^n={}_n\mathrm{C}_0(x-1)^n+{}_n\mathrm{C}_1(x-1)^{n-1}+\cdots+{}_n\mathrm{C}_{n-2}(x-1)^2+{}_n\mathrm{C}_{n-1}(x-1)+{}_n\mathrm{C}_n$$

ココは $(x-1)^2$ でくくれる　　ココはくくれない

$$=(x-1)^2(x\text{ の整式})+n(x-1)+1$$

となります。

$$n(x-1)+1 \text{ は 1 次，} (x-1)^2 \text{ は 2 次}$$

ですから，(＊) の形になりましたね。ですから，求める余りは

$$n(x-1)+1 \quad \text{つまり} \quad \boldsymbol{nx+(1-n)}$$

となります。**3** はこのように使います。

次に「剰余の定理」，「因数定理」を証明しましょう。p.73 で使いましたね。順番が前後してすいません。**2** を使って証明します。

> **整式 $f(x)$ について**
> **◆剰余の定理**
> **$(f(x)$ を $x-\alpha$ で割ったときの余り$)=f(\alpha)$**
> **◆因数定理**
> **「$f(x)$ が $x-\alpha$ で割り切れる」$\Leftrightarrow f(\alpha)=0$**

は大丈夫ですよね。じゃあ，$ax+b$ $(a \neq 0)$ で割った場合は大丈夫ですか？　証明したことがないからなのか，「$x-\alpha$ で割ったのはわかるけど，$ax+b$ で割った場合はわからない」という人がたまにいます。

$a \neq 0$ とする。

◆剰余の定理

$(f(x)$ を $ax+b$ で割ったときの余り$)=f\left(-\dfrac{b}{a}\right)$

◆因数定理

「$f(x)$ が $ax+b$ で割り切れる」$\Leftrightarrow$ $f\left(-\dfrac{b}{a}\right)=0$

です。証明してみましょう。

$f(x)$ を $ax+b$ で割ったときの商を $Q(x)$ とし，余りを r(定数)とします。1 次式 $ax+b$ で割っていますから，余りは 0 次(0 以外の定数)または 0，つまり定数ですよね。そこで (*) の式は

$$f(x)=(ax+b)Q(x)+r$$

となりますから，$x=-\dfrac{b}{a}$ を代入すると，

$ax+b=0$ となり(←コレは **2** のアプローチ)

$$f\left(-\frac{b}{a}\right)=r$$

つまり

$$(f(x) \text{ を } ax+b \text{ で割ったときの余り})=r=f\left(-\frac{b}{a}\right) \quad \text{(剰余の定理)}$$

です。また

$$\text{「}f(x) \text{ が } ax+b \text{ で割り切れる」} \Leftrightarrow r=0 \Leftrightarrow f\left(-\frac{b}{a}\right)=0 \quad \text{(因数定理)}$$

となります。

> $f(x)=x$ は 1 次式
> $f(x)=2$ は 0 次式
> なのですが $f(x)=0$ の次数は高校の教科書では定義しないことになっています。あまり気にしなくてもよいのですが，ここでは一応厳密に書いてみました。

おまけのお話です。

「x に関する整式」とは，n を 0 以上の整数として

$$a_n x^n + a_{n-1} x^{n-1} + \cdots + a_2 x^2 + a_1 x + a_0 \quad \left(=\sum_{k=0}^{n} a_k x^k \text{（ただし } x^0=1 \text{ とします）}\right)$$

の形で表すことのできるもののことです。a_0，a_1，a_2，…と書くと，「何か規則があるのか?!」と思ってしまう人もいるようですが，$ax^n+bx^{n-1}+\cdots$ とおくとアルファベットは 26 個しかありませんし，途中に x もあります(笑)。「x^k の係数は a_k($k=0$，1，2，…)」と表現しているだけです。

で，「整式の次数」なんですが，

「係数が 0 でない項の最大次数」

と定義されます。ですから

$\boxed{3}x^2+2x+1$ の次数は，$3x^2$ の次数が最大で，2 次

$\boxed{4}x+5$ の次数は，$4x$ の次数が最大で，1 次

$\boxed{6}$ の次数は，6 の次数が最大で，0 次

となるわけです。ところが，

整式 0 の次数は？

困るのがわかります？　そうなんです。

「整式 0 には　係数が 0 でない項がない！」

んですよ。だから

　整式 0 は次数が定義されない（少なくとも高校数学の範囲では）んです。
あ，そうそう，
「$f(x)$ は 2 次以下の整式」とか「$f(x)$ は高々 2 次の整式」といった場合，
$f(x)$ は 2 次か 1 次か 0 次か「整式として 0」かという意味で使われます。「整式として 0」も含まれていますからね。

ココをまとめると「$f(x)$ は定数」と表現されます。

では，いよいよ「一致の定理」です。
その前に，恒等式についてのおさらいですが，

$$ax(x+1)+b(x+1)(x-1)+cx(x-1)=x^2+2x+3 \quad \cdots\cdots①$$

が x についての恒等式となるように，定数 a，b，c を定めよ。

という問題をどう解きますか？

ですよね。

1 係数比較法ですと，①の左辺を x の降べきの順に整理して

$$(a+b+c)x^2+(a-c)x-b=x^2+2x+3$$

となりますから，両辺の係数を比較して

$$\begin{cases} a+b+c=1 \\ a-c=2 \\ -b=3 \end{cases} \quad \therefore \begin{cases} a=3 \\ b=-3 \\ c=1 \end{cases}$$

2 数値代入法ですと，①がすべての x で成り立つには，$x=1$ で成り立つことが必要ですから，①に $x=1$ を代入して

$$2a=1+2+3 \qquad \therefore \quad a=3$$

$x=0$ を代入して

$$-b=3 \qquad \therefore \quad b=-3$$

$x=-1$ を代入して

$$2c=1-2+3 \qquad \therefore \quad c=1$$

これで a，b，c の値が出そろいました。さて，次はどうします？

一般の等式において

$$\begin{array}{ccc} \text{すべての } x \text{ に対して} & \overset{\bigcirc}{\underset{\times}{\rightleftarrows}} & x=1,\ 0,\ -1 \text{ に対して} \\ \text{成り立つ} & & \text{成り立つ} \end{array}$$

ですから，この段階で

$$a=3,\ b=-3,\ c=1$$

は，①が x についての恒等式であるための必要条件であることはわかりましたが，十分条件であることはわからないですよね。ここで十分性のcheck，すなわち，①の左辺に $a=3$，$b=-3$，$c=1$ を代入して整理し，①の右辺と一致することを確認します。

$$\begin{aligned}(\text{①の左辺}) &= 3x(x+1)-3(x+1)(x-1)+x(x-1)\\ &= (3x^2+3x)-(3x^2-3)+(x^2-x)\\ &= x^2+2x+3\\ &= (\text{①の右辺})\end{aligned}$$

「よって，十分である」みたいに書きますよね。

ところが！　です。こんな定理があるんです!!

◆一致の定理

n 次以下の 2 つの整式(整式 0 も含む) $f(x)$，$g(x)$ について，

「$n+1$ 個の相異なる値 α_1，α_2，…，α_n，α_{n+1} に対して

$f(\alpha_k)=g(\alpha_k)$ $(k=1,\ 2,\ \cdots,\ n,\ n+1)$」

⇔「$f(x)=g(x)$ は x についての恒等式」

これを用いますと，①の左辺と右辺は 2 次以下の整式で(左辺は a，b，c の値によっては 1 次式や定数になる可能性もあります)，3 個の相異なる x の値，$x=-1$，0，1 に対して等しくなったわけですから，

「①は恒等式だ」

といってよい(必要十分) ということになります。

この定理の証明は昭和 31 年(笑) に東工大で出題されています。ひょっとするともっと古いものがあるかもしれません。この定理は高校の教科書には載っていませんが，入試では使ってよいといわれています。「教科書に載っていない定理を使うのは恐い」と思う人は，証明をつけるとよいでしょう。証明自体，整式に対する重要なアプローチ方法を含んでいます。ここでマスターしておきましょう。

⇐はあたり前ですから，問題は⇒です。2 つのものが一致することを示すのに

$$A = B \iff A - B = 0$$

がよく使われますよね。ですから，ここでも

$$F(x) = f(x) - g(x)$$

とおいて，n 次以下の整式 $F(x)$ が

$$F(\alpha_1) = F(\alpha_2) = \cdots = F(\alpha_n) = F(\alpha_{n+1}) = 0$$

をみたすときに

「$F(x)$ が整式として 0」（恒等的に $F(x) = 0$）

を示しましょう。

2 通りに証明してみたいと思います。1 つ目は

$$F(\alpha_1) = F(\alpha_2) = \cdots = F(\alpha_n) = 0$$

$F(\alpha_{n+1}) = 0$ は使わずに，あとにとっておきます。

の段階で，因数定理より $F(x)$ は

$$(x - \alpha_1)(x - \alpha_2) \cdots (x - \alpha_n)$$

で割り切れます。さらに，$F(x)$ が n 次以下であることを考慮して

$$F(x) = a(x - \alpha_1)(x - \alpha_2) \cdots (x - \alpha_n) \quad (a \text{ は定数})$$

とおけることになります。で，$F(\alpha_{n+1}) = 0$ を使うと

$$a(\alpha_{n+1} - \alpha_1)(\alpha_{n+1} - \alpha_2) \cdots (\alpha_{n+1} - \alpha_n) = 0$$

となるのですが，$\alpha_1, \alpha_2, \cdots, \alpha_n, \alpha_{n+1}$ は相異なるので 〰〰 部分は $\neq 0$ です。ですから，$a = 0$ となり，恒等的に $F(x) = 0$ となります。

2 つ目の証明は

$$F(\alpha_1) = F(\alpha_2) = \cdots = F(\alpha_n) = F(\alpha_{n+1}) = 0$$

を全部使います。すると，$F(x)$ は

$$(x - \alpha_1)(x - \alpha_2) \cdots (x - \alpha_n)(x - \alpha_{n+1})$$

で割り切れることになります。これは $n+1$ 次式ですよね。$f(x)$，$g(x)$ は n 次以下の整式ですから，$F(x) = f(x) - g(x)$ も n 次以下の整式です。「アレ？」ですよね。そこで，「背理法で示す」というアイデアが出てきて，次の〈**証明 2**〉のようになります。

● 「一致の定理」の証明 ●

P：「$n+1$ 個の相異なる値 α_1，α_2，$\cdots$，α_n，α_{n+1} に対して
$f(\alpha_k) = g(\alpha_k)$ $(k = 1, 2, \cdots, n, n+1)$」

Q：「$f(x) = g(x)$ は x についての恒等式」

とする。

$Q \Rightarrow P$ は明らかなので，$P \Rightarrow Q$ を示す。

〈**証明 1**〉

$$F(x) = f(x) - g(x)$$

とおくと

$$F(\alpha_1)=F(\alpha_2)=\cdots=F(\alpha_n)=0 \cdots\cdots ①,\ F(\alpha_{n+1})=0 \cdots\cdots ②$$

である。①より因数定理を用いると，$F(x)$ は

$(x-\alpha_1)(x-\alpha_2)\cdots(x-\alpha_n)$ を因数にもつ。

さらに $F(x)$ が n 次以下の整式であることから，a を定数として

$$F(x)=a(x-\alpha_1)(x-\alpha_2)\cdots(x-\alpha_n)$$

とおける。さらに②より

$$a(\alpha_{n+1}-\alpha_1)(\alpha_{n+1}-\alpha_2)\cdots(\alpha_{n+1}-\alpha_n)=0$$

であり，α_1，α_2，$\cdots$，α_n，α_{n+1} は相異なるから

$$a=0$$

したがって

$F(x)=0$ は x についての恒等式

すなわち

$f(x)=g(x)$ は x についての恒等式

（証明おわり）

〈証明 2〉

$$F(x)=f(x)-g(x)$$

とおくと，

$$F(\alpha_1)=F(\alpha_2)=\cdots=F(\alpha_n)=F(\alpha_{n+1})=0$$

であるから，因数定理により

$F(x)$ は $(x-\alpha_1)(x-\alpha_2)\cdots(x-\alpha_n)(x-\alpha_{n+1})$ を因数にもつ。

$F(x)$ が整式として 0 ではないと仮定すると，0 でない整式 $Q(x)$ を用いて，$F(x)$ は

$$F(x)=(x-\alpha_1)(x-\alpha_2)\cdots(x-\alpha_n)(x-\alpha_{n+1})Q(x)$$

と表せる。これより $F(x)$ の次数は $n+1$ 以上である。

一方，$f(x)$，$g(x)$ の次数は n 以下であるから，$F(x)=f(x)-g(x)$ の次数も n 以下である。これは矛盾。

よって，$F(x)$ は整式として 0 であるから

$F(x)=0$　すなわち　$f(x)=g(x)$

は x についての恒等式である。

（証明おわり）

どちらの証明も，次数に着目することが重要でしたね。そうなんです。

整式を扱うときは次数に着目

なんです。

テーマ

14 整式 ①

問題 14 ★★☆ 30分

(1) $f(x)$ を x の整式とし，$\{a_k\}$ は $a_k < a_{k+1}$ $(k=1,\ 2,\ \cdots)$ および $\lim_{k\to\infty} a_k = \infty$ をみたす数列とする。このとき

$$f(a_k)=0,\ k=1,\ 2,\ \cdots$$

ならば $f(x)$ は整式として 0 であることを示せ。

(2) $f_1(x)$，$f_2(x)$，$f_3(x)$ を x の整式とし

$$F(x)=f_1(x)+f_2(x)\sin x+f_3(x)\sin 2x$$

はすべての実数 x に対して 0 であるとする。このとき $f_1(x)$，$f_2(x)$，$f_3(x)$ はいずれも整式として 0 であることを示せ。

（阪大・理系・03 前）

(1)は少し条件のついた整式についての「一致の定理」の証明ですね。$f(x)$ の次数がわからないのですが，仮に 3 次式としましょうか。

$$f(a_k)=0,\ k=1,\ 2,\ \cdots$$

無限個の値 a_1，a_2，a_3，… に対して $f(x)=0$ になるんですね スゴイ(笑)！

より

$$f(a_1)=0,\ f(a_2)=0,\ f(a_3)=0,\ f(a_4)=0,\ \cdots\cdots$$

であり，$a_1<a_2<a_3<a_4<\cdots$ より少なくとも相異なる 4 個の値に対して $f(x)=0$ となりますから，一致の定理で「$f(x)$ は整式として 0」です。a_1, a_2, a_3, … が相異なる値であるように設定するために，「$a_k < a_{k+1}$ $(k=1,\ 2,\ \cdots)$ および $\lim_{k\to\infty} a_k = \infty$」としてありますが，要は「一致の定理を証明しなさい」という問題ですね。ですから，「一致の定理より自明」はダメですよ(笑)。「それを示せっちゅうとるんじゃ！」と阪大の先生におこられますよ。

ということで，(1)はできるとして，問題は(2)です。

$$F(x)=f_1(x)+f_2(x)\sin x+f_3(x)\sin 2x \quad \cdots\cdots ⓐ$$

がすべての実数 x に対して 0 になるんですね。どうしましょう？　お！ 問題 13 でやったネタですね！

が使えます。すべての実数 x に対して $F(x)=0$ が成り立ちますから，x にテキトーな値を代入して，必要条件を求め，十分性を check でしょうか。

……いや，十分性の check は不要ですよ。問題文をよーく考えてください。

P：「$F(x)$ はすべての実数 x に対して 0」

Q：「$f_1(x)$，$f_2(x)$，$f_3(x)$ はいずれも整式として 0」

としますと，本問は

「P であるとき，Q であることを示せ」

つまり

「$P \Rightarrow Q$ を示せ」

っていってるんですよ。

「$P \Leftrightarrow Q$ を示せ」

ではないんです！

ちゃんと問題文が読めていましたか？　もっとも，十分性の check である $Q \Rightarrow P$ は，すべての実数 x に対して

$f_1(x)=0$，$f_2(x)=0$，$f_3(x)=0$

なら，すべての実数 x に対して

$F(x)=f_1(x)+f_2(x)\sin x+f_3(x)\sin 2x=0$

ですから，これはあたり前ですよね。だから設問としてははずされたんでしょう。

さあ，では，x に何を入れましょう？

$f_2(x)$ に $\sin x$

$f_3(x)$ に $\sin 2x$

が掛かっていますから，ここはやはり

$x=\pi$，2π，3π，$\cdots$

として，

$\sin x=0$，$\sin 2x=0$

を作りにいくべきではないでしょうか。(1)を利用すると考えると

$a_1=\pi$，$a_2=2\pi$，$a_3=3\pi$，$\cdots$

とすれば，(1)の条件である

$$a_k < a_{k+1},\ \lim_{k\to\infty} a_k = \infty$$

が clear されます。

$x = a_k$ としますと

$$F(a_k) = f_1(a_k) + f_2(a_k)\sin a_k + f_3(a_k)\sin 2a_k$$

であり，$F(a_k)=0$，$\sin a_k = 0$，$\sin 2a_k = 0$ ですから

$$0 = f_1(a_k) + f_2(a_k)\cdot 0 + f_3(a_k)\cdot 0 \qquad \therefore\quad f_1(a_k)=0$$

となります。これで，(1)の結果より

「$f_1(x)$ は整式として 0」

がいえますね。

じゃあ

$$F(x) = f_2(x)\sin x + f_3(x)\sin 2x$$

になりました。今度は

「$\sin x = 0$ かつ $\sin 2x \neq 0$」

となる x を見つけて，$f_2(x)$ を消して，$f_3(x)$ を残すか

「$\sin x \neq 0$ かつ $\sin 2x = 0$」

となる x を見つけて，$f_2(x)$ を残して，$f_3(x)$ を消すか，どちらかでしょう。すると……，後者の x として

$$x = \frac{\pi}{2},\ \frac{\pi}{2}+2\pi,\ \frac{\pi}{2}+4\pi,\ \cdots$$

などが思いつきませんか。

$$\sin x = 1\ ,\ \sin 2x = 0$$

となります。ですから

$$b_1 = \frac{\pi}{2},\ b_2 = \frac{\pi}{2}+2\pi,\ b_3 = \frac{\pi}{2}+4\pi,\ \cdots$$

とすれば

$$b_k < b_{k+1}\ ,\ \lim_{k\to\infty} b_k = \infty$$

は clear で

$$F(b_k) = f_2(b_k)\sin b_k + f_3(b_k)\sin 2b_k$$

において，$F(b_k)=0$，$\sin b_k = 1$，$\sin 2b_k = 0$ ですから

$$0 = f_2(b_k)\cdot 1 + f_3(b_k)\cdot 0 \qquad \therefore\quad f_2(b_k)=0$$

となり

「$f_2(x)$ は整式として 0」

です。

最後

$$F(x) = f_3(x)\sin 2x$$

になります。「すべての実数は x に対して $F(x)=0$」ですから，「$f_3(x)$ は整式として 0」は自明だと思いますが，一応，これまでの流れにしたがいましょうか。

$$c_1=\frac{\pi}{4},\ c_2=\frac{\pi}{4}+2\pi,\ c_3=\frac{\pi}{4}+4\pi,\ \cdots$$

で

$$c_k<c_{k+1},\ \lim_{k\to\infty}c_k=\infty$$

を clear して

$$F(c_k)=f_3(c_k)\sin 2c_k$$

で，$F(c_k)=0$，$\sin 2c_k=1$ ですので

$$0=f_3(c_k)\cdot 1 \qquad \therefore\ f_3(c_k)=0$$

となり

「$f_3(x)$ は整式として 0」

です。

実行

(1) **〈解答 1〉**

n を自然数として，$f(x)$ が x の n 次式であると仮定する。

$$f(a_1)=0,\ f(a_2)=0,\ \cdots,\ f(a_n)=0$$

$$a_1<a_2<\cdots<a_n$$

であるから，因数定理により，$f(x)$ は $(x-a_1)(x-a_2)\cdots(x-a_n)$ で割り切れる。よって，a を 0 でない実数として，

$$f(x)=a(x-a_1)(x-a_2)\cdots(x-a_n) \quad \cdots\cdots①$$

とおける。

次に，$f(a_{n+1})=0$ であるから，①で $x=a_{n+1}$ とすると，

$$0=a(a_{n+1}-a_1)(a_{n+1}-a_2)\cdots(a_{n+1}-a_n)$$

となり，さらに $a_1<a_2<\cdots<a_n<a_{n+1}$ より，

$$a=0$$

となる。これは $a\neq 0$ に矛盾。

よって，$f(x)$ は定数(0 次式または整式として 0)となるが，$f(a_1)=0$ であるから，

$f(x)$ は整式として 0 である。

(証明おわり)

〈解答 2〉

n を自然数として，$f(x)$ が x の n 次式であると仮定する。

$$f(a_1)=0,\ f(a_2)=0,\ \cdots,\ f(a_n)=0,\ f(a_{n+1})=0$$

$$a_1 < a_2 < \cdots < a_n < a_{n+1}$$

であるから，因数定理により，$f(x)$ は

$(x-a_1)(x-a_2)\cdots(x-a_n)(x-a_{n+1})$ で割り切れる。

$f(x)$ は n 次式 $(n \geqq 1)$ であるから，整式として 0 ではない。よって，0 ではない整式 $g(x)$ を用いて，

$$f(x)=(x-a_1)(x-a_2)\cdots(x-a_n)(x-a_{n+1})g(x)$$

と表せる。これより，$f(x)$ の次数は $n+1$ 以上となり，$f(x)$ の次数が n であることに矛盾する。

よって，$f(x)$ は定数(0 次式または整式として 0)となるが，$f(a_1)=0$ であるから，

$f(x)$ は整式として 0 である。（証明おわり）

(2) $$F(x)=f_1(x)+f_2(x)\sin x+f_3(x)\sin 2x \quad \cdots\cdots(*)$$

$a_k=k\pi\ (k=1,\ 2,\ 3,\ \cdots)$ とおくと，数列 $\{a_k\}$ は

$$a_k < a_{k+1} \quad (k=1,\ 2,\ 3,\ \cdots),\ \lim_{k\to\infty} a_k=\infty$$

をみたし，$F(a_k)=0$，$\sin a_k=0$，$\sin 2a_k=0$ であるから，$(*)$ より，

$$f_1(a_k)=0 \quad (k=1,\ 2,\ 3,\ \cdots)$$

が成り立つ。よって，(1)より，$f_1(x)$ は整式として 0 である。

このとき，$(*)$ は

$$F(x)=f_2(x)\sin x+f_3(x)\sin 2x \quad \cdots\cdots(*)'$$

となる。そこで，$b_k=\dfrac{\pi}{2}+2k\pi\ (k=1,\ 2,\ 3,\ \cdots)$ とおくと，数列 $\{b_k\}$ は

$$b_k < b_{k+1} \quad (k=1,\ 2,\ 3,\ \cdots),\ \lim_{k\to\infty} b_k=\infty$$

をみたし，$F(b_k)=0$，$\sin b_k=1$，$\sin 2b_k=0$ であるから，$(*)'$ より，

$$f_2(b_k)=0 \quad (k=1,\ 2,\ 3,\ \cdots)$$

が成り立つ。よって，(1)より，$f_2(x)$ は整式として 0 である。

このとき，$(*)'$ は

$$F(x)=f_3(x)\sin 2x \quad \cdots\cdots(*)''$$

となる。そこで，$c_k=\dfrac{\pi}{4}+2k\pi\ (k=1,\ 2,\ 3,\ \cdots)$ とおくと，数列 $\{c_k\}$ は

$$c_k < c_{k+1} \quad (k=1,\ 2,\ 3,\ \cdots),\ \lim_{k\to\infty} c_k=\infty$$

をみたし，$F(c_k)=0$，$\sin 2c_k=1$ であるから，$(*)''$ より，

$$f_3(c_k)=0 \quad (k=1,\ 2,\ 3,\ \cdots)$$

が成り立つ。よって，(1)より，$f_3(x)$ は整式として 0 である。

以上より，$f_1(x)$，$f_2(x)$，$f_3(x)$ はいずれも整式として 0 である。

（証明おわり）

テーマ

15 整式②

問題 15 ★★★ 40分

5次式 $f(x)=x^5+px^4+qx^3+rx^2+sx+t$ （p, q, r, s, t は実数）について考える。このとき，以下の問いに答えよ。

(1) 数列 $f(0)$，$f(1)$，$f(2)$，$f(3)$，$f(4)$ が等差数列であることと，

$$f(x)=x(x-1)(x-2)(x-3)(x-4)+lx+m$$

（l，m は実数）

と書けることは互いに同値であることを示せ。

(2) $f(x)$ は(1)の条件をみたすものとする。α を実数，k を3以上の自然数とする。k 項からなる数列

$$f(\alpha),\ f(\alpha+1),\ f(\alpha+2),\ \cdots,\ f(\alpha+k-1)$$

が等差数列となるような α，k の組をすべて求めよ。

（阪大・理系・12前）

(1)

P：「数列 $f(0)$，$f(1)$，$f(2)$，$f(3)$，$f(4)$ が等差数列である」

Q：「$f(x)=x(x-1)(x-2)(x-3)(x-4)+lx+m$ と書ける」

として

$P \Leftrightarrow Q$

を示す問題です。

$P \Leftrightarrow Q$ の証明

➡ **1 同値変形をくり返す** $P \Leftrightarrow P' \Leftrightarrow P'' \Leftrightarrow \cdots \Leftrightarrow Q$

2 必要と十分の2つに分けて証明する (i) $P \Rightarrow Q$ (ii) $Q \Rightarrow P$

必要十分（同値）の証明というと，2 だと思う人が多いのですが，1 のように同値変形でずっともっていけるなら，(i)，(ii)に分けてなくてもよいですよ。1 でイケるのか，2 のように分けて示すのか，判断するのも

数学の力のひとつです。

で，本問ですが，「5 つの数が等差数列をなす」ことの必要十分条件は知りませんよね。あ，「3 つの数 a，b，c がこの順で等差数列をなす」ことの必要十分条件は知ってますね。

「3 つの数 a，b，c が，この順で等差数列をなす」

$\Leftrightarrow b-a=c-b$

$\Leftrightarrow b=\dfrac{a+c}{2}$

です。「等差中項」とか呼ばれてるネタですね。しかし，これが数 A，B，C，D，E となると

$$B-A=C-B=D-C=E-D$$

$$\Leftrightarrow \quad B=\frac{A+C}{2},\ C=\frac{B+D}{2},\ D=\frac{C+E}{2}$$

となりますが，A，B，C，D，E の一般的な式としては，コレ以上進めませんね。

また，「$f(x)=x(x-1)(x-2)(x-3)(x-4)+lx+m$ と書ける」ことの必要十分条件も知りません。割り算の原理ですと，$f(x)$ は 5 次式で x^5 の係数は 1 ですから，$f(x)$ を 5 次式 $x(x-1)(x-2)(x-3)(x-4)$ で割ると，商は 1，余りは 4 次以下で，たとえば $ax^4+bx^3+cx^2+dx+e$ とおいて

$$f(x)=x(x-1)(x-2)(x-3)(x-4)+ax^4+bx^3+cx^2+dx+e \quad \cdots\cdots ⓐ$$

と表すことはできます。でも，割り算の原理から

$$f(x)=x(x-1)(x-2)(x-3)(x-4)+lx+m$$

とすることはできないですよね。

じゃあ，**1 同値変形**の方針はあきらめて，**2 必要と十分に分ける**でいきましょうか。あ，そうそう，しょうもない話ですが，こういった同値（必要十分）を示す問題で，必要と十分に分けて示すとき，

必要か十分の一方はカンタン

なことが多いです。だから，仮に，超難しく見える問題でも，どちらか一方だけなら示せるかもしれません。セコい話ですが一方だけでも部分点はありますから，ちゃんと書いて 1 点でも多く取りにいきましょうね。本問ですと，$Q \Rightarrow P$ はカンタンです。Q が成り立つ，すなわち

$$f(x)=x(x-1)(x-2)(x-3)(x-4)+lx+m$$

と書けたとすれば

$$
\begin{aligned}
f(0) &= \phantom{4l+{}} m \\
f(1) &= l + m \\
f(2) &= 2l + m \\
f(3) &= 3l + m \\
f(4) &= 4l + m
\end{aligned}
\quad (+l)
$$

となり，$f(0)$，$f(1)$，$f(2)$，$f(3)$，$f(4)$ は初項 m，公差 l の等差数列です。$Q \Rightarrow P$ が示せました。ね，一瞬でしょ。

さあ，では，$P \Rightarrow Q$ を考えましょう。上でもいいましたが，$f(x)$ を $x(x-1)(x-2)(x-3)(x-4)$ で割ると，商は1，余りは一般的には4次以下で，ⓐのように表せます。もう一度書きますと，

$$f(x)=x(x-1)(x-2)(x-3)(x-4)+ax^4+bx^3+cx^2+dx+e \quad \cdots\cdots ⓐ$$

です。すると

$$
\begin{aligned}
f(0) &= e \\
f(1) &= a+b+c+d+e \\
f(2) &= 16a+8b+4c+2d+e \\
f(3) &= 81a+27b+9c+3d+e \\
f(4) &= 256a+64b+16c+4d+e
\end{aligned}
$$

本問には「この順で等差数列」とは書いていないのですが，「数列 $f(0)$，$f(1)$，…」と書いてありますので，「この順番に並んでいる」と解釈して OK です。

となりますから，これがこの順で等差数列をなすと，公差である $f(1)-f(0)$，$f(2)-f(1)$，$f(3)-f(2)$，$f(4)-f(3)$ が等しいことから

$$f(1)-f(0)=f(2)-f(1)=f(3)-f(2)=f(4)-f(3)$$

つまり，

$$a+b+c+d=15a+7b+3c+d=65a+19b+5c+d=175a+37b+7c+d$$

が成り立ちます。

$$14a+6b+2c=0 \qquad 50a+12b+2c=0 \qquad 110a+18b+2c=0$$

$$\therefore\ 7a+3b+c=0 \quad \cdots\cdots ⓑ \qquad \therefore\ 25a+6b+c=0 \quad \cdots\cdots ⓒ \qquad \therefore\ 55a+9b+c=0 \quad \cdots\cdots ⓓ$$

となりますから，ⓒ－ⓑ，ⓓ－ⓒにより c を消去して

$$18a+3b=0 \quad \cdots\cdots ⓔ \ ,\quad 30a+3b=0 \quad \cdots\cdots ⓕ$$

ⓕ－ⓔにより b を消去して $a=0$，これをⓔに代入して $b=0$，さらにこれらをⓑに代入して $c=0$。おー，できました！ ⓐに $a=b=c=0$ を代入して

$$f(x)=x(x-1)(x-2)(x-3)(x-4)+dx+e$$

（$d \to l$，$e \to m$）

とおけばOKですね。しかも，途中で同値関係がくずれないので，
1 同値変形で解答が書けます。実行でやってみましょう。

計画　さて，上の方針で解答は作れるのですが，せっかくですので，ここで「一致の定理」を使う解答も考えてみましょう。上では一生懸命計算しましたが，要は，$f(x)=x(x-1)(x-2)(x-3)(x-4)$ で割ったときの余りについて

> **目標**
> $ax^4+bx^3+cx^2+dx+e=lx+m$ が x の恒等式

となればいいんですよね。左辺と右辺は4次以下の整式です。何か気がつきましたか？　前ページの理解で，$Q \Rightarrow P$ が成り立つことを確認しましたね。あれをひとつの式で表してみます。

数列 $f(0)$，$f(1)$，$f(2)$，$f(3)$，$f(4)$ の初項を m，公差を l とすれば

$$f(n)=nl+m \quad (n=0,\ 1,\ 2,\ 3,\ 4)$$

と表せます。一方，ⓐより

$$f(x)=x(x-1)(x-2)(x-3)(x-4)+ax^4+bx^3+cx^2+dx+e$$

とおけますから，相違なる5つの値 $x=0,\ 1,\ 2,\ 3,\ 4$ に対して，

$$f(x)=ax^4+bx^3+cx^2+dx+e \quad (x=0,\ 1,\ 2,\ 3,\ 4)$$

が成り立ちます。つまり

$$lx+m\,(=f(x))=ax^4+bx^3+cx^2+dx+e$$

が相異なる5つの値に対して成り立ちますから，x の恒等式といえます！

安全のため，「一致の定理」を自明とせずに解答にしておきましょうか。「一致の定理」の証明の流れで，

$$g(x)=(ax^4+bx^3+cx^2+dx+e)-(lx+m)$$

とおいて，$g(x)$ が整式として0ではないと仮定します。すると $g(x)$ は4次以下の整式です。一方，$g(0)=g(1)=g(2)=g(3)=g(4)=0$ ですから，$g(x)$ は $x(x-1)(x-2)(x-3)(x-4)$ を因数にもちますので，5次以上の整式となります。これは矛盾……といった感じです。

それでは，まず(1)を解いてみましょう。

実行

(1)　$f(x)=x^5+px^4+qx^3+rx^2+sx+t$（$p$, q, r, s, t は実数）を $x(x-1)(x-2)(x-3)(x-4)$ で割ったとき，商は1であり，余りは $ax^4+bx^3+cx^2+dx+e$（a, b, c, d, e は実数）とおけるから，

$$f(x)=x(x-1)(x-2)(x-3)(x-4)+ax^4+bx^3+cx^2+dx+e$$

と表せる。このとき

$$\begin{aligned} f(0)&=e\\ f(1)&=a+b+c+d+e\\ f(2)&=16a+8b+4c+2d+e\\ f(3)&=81a+27b+9c+3d+e\\ f(4)&=256a+64b+16c+4d+e \end{aligned}$$

であるから，

$$\begin{aligned} f(1)-f(0)&=a+b+c+d\\ f(2)-f(1)&=15a+7b+3c+d\\ f(3)-f(2)&=65a+19b+5c+d\\ f(4)-f(3)&=175a+37b+7c+d \end{aligned}$$

よって，

$$f(1)-f(0)=f(2)-f(1)=f(3)-f(2)=f(4)-f(3)$$

となる条件は

$$\begin{aligned} a+b+c+d&=15a+7b+3c+d\\ &=65a+19b+5c+d=175a+37b+7c+d \end{aligned}$$

$\therefore$　$14a+6b+2c=0$ かつ $50a+12b+2c=0$ かつ $110a+18b+2c=0$

$\therefore$　$a=b=c=0$

したがって，

「数列 $f(0)$, $f(1)$, $f(2)$, $f(3)$, $f(4)$ が等差数列である」

$\Leftrightarrow$　$f(1)-f(0)=f(2)-f(1)=f(3)-f(2)=f(4)-f(3)$

$\Leftrightarrow$　$a=b=c=0$

$\Leftrightarrow$　$f(x)=x(x-1)(x-2)(x-3)(x-4)+dx+e$

$\Leftrightarrow$　「$f(x)=x(x-1)(x-2)(x-3)(x-4)+lx+m$（$l$, m は実数）と書ける」

（証明おわり）

〈**別解** ――「一致の定理」の証明を参考に〉

(1)　$l=f(1)-f(0)$，$m=f(0)$

とおくと，

「数列 $f(0)$, $f(1)$, $f(2)$, $f(3)$, $f(4)$ が等差数列」

$\Leftrightarrow$　$f(n)=ln+m$　$(n=0,\ 1,\ 2,\ 3,\ 4)$ ……①

である。

この等差数列の初項は $f(0)(=m)$，公差は $f(1)-f(0)(=l)$ です。

また，$f(x)$ は x の 5 次式で，x^5 の係数は 1 であるから，$f(x)$ を $x(x-1)(x-2)(x-3)(x-4)$ で割ったときの商は 1 であり，余りは 4 次以下であるから，これを $R(x)$ とおくと，

$f(x)=x(x-1)(x-2)(x-3)(x-4)+R(x)$ ……②

よって，

$f(n)=R(n)$　$(n=0,\ 1,\ 2,\ 3,\ 4)$ ……③

が成り立つ。

計画 では余りを $ax^4+bx^3+cx^2+dx+e$ とおきましたが，a，b，c，d，e は使いませんので $R(x)$ とまとめました。

$g(x)=R(x)-(lx+m)$

とおくと，$g(x)$ は 4 次以下の整式である。①，③から，$n=0$，1，2，3，4 に対して，

$g(n)=R(n)-(ln+m)=f(n)-f(n)=0$

が成り立つから，因数定理により，$g(x)$ は $x(x-1)(x-2)(x-3)(x-4)$ を因数をもつ。

ここで，$g(x)$ が整式として 0 ではないと仮定すると，$g(x)$ は 0 ではない整式 $h(x)$ を用いて，

$g(x)=x(x-1)(x-2)(x-3)(x-4)h(x)$

と表せる。これより，$g(x)$ は 5 次以上の整式であり，これは矛盾。

したがって，任意の x について，

$g(x)=0$　すなわち　$R(x)=lx+m$

が成り立つから，②より，$f(x)$ は

$f(x)=x(x-1)(x-2)(x-3)(x-4)+lx+m$

と表せる。

（証明おわり）

検討　〈**別解**〉では，途中で背理法が入ったので，同値関係がわかりにくかったかもしれません。②は整式の割り算の原理にもとづく式で，一般の $f(x)$ で成り立ちますから，③も一般の $f(x)$ で成り立ちます。ですから，

「数列 $f(0)$, $f(1)$, $f(2)$, $f(3)$, $f(4)$ が等差数列」

$\Leftrightarrow$ $f(n)=ln+m$ $(n=0,\ 1,\ 2,\ 3,\ 4)$

$\Leftrightarrow$ $g(n)=0$ $(n=0,\ 1,\ 2,\ 3,\ 4)$　ここで①，③を用いている

$\Leftrightarrow$ $R(x)=lx+m$　ここが「一致の定理」にあたる

$\Leftrightarrow$ 「$f(x)=x(x-1)(x-2)(x-3)(x-4)+lx+m$ と書ける」

ということで，これも **1 同値変形**でイケています。

理解　では，(2)にうつりましょう。$f(x)$ は(1)の条件をみたすので

$$f(x)=x(x-1)(x-2)(x-3)(x-4)+lx+m \quad \cdots\cdots ⓖ$$

と表せます。また，$f(0)$, $f(1)$, $f(2)$, $f(3)$, $f(4)$ は等差数列になっています。

「k 項からなる数列 $f(\alpha)$, $f(\alpha+1)$, $f(\alpha+2)$, $\cdots$, $f(\alpha+k-1)$ が等差数列」となるわけですが，条件の「k が3以上の自然数」は何なのでしょう？　$k=3$ のとき，～～は

「3項からなる数列 $f(\alpha)$, $f(\alpha+1)$, $f(\alpha+2)$ が等差数列」

となります。$k=2$ のとき，～～は

「2項からなる数列 $f(\alpha)$, $f(\alpha+1)$ が等差数列」

って，2項だけじゃ意味わかんないですもんね(笑)。

ということで，(1)のときの **理解** で思い出していた，

「a, b, c がこの順で等差数列をなす」 $\Leftrightarrow$ $b=\dfrac{a+c}{2}$

が使えそうでありませんか？　実際には3項以上続く等差数列なわけですが，そのためには，「少なくとも $f(\alpha)$, $f(\alpha+1)$, $f(\alpha+2)$ の3項は等差数列であることが必要」ですよね。**必要性で押せ**です。

すると

$$f(\alpha+1)=\frac{1}{2}\{f(\alpha)+f(\alpha+2)\}$$

が成り立つことが必要で，ⓖを使うと

$$(\alpha+1)\alpha(\alpha-1)(\alpha-2)(\alpha-3)+l(\alpha+1)+m$$
$$=\frac{1}{2}\{\alpha(\alpha-1)(\alpha-2)(\alpha-3)(\alpha-4)+l\alpha+m$$
$$+(\alpha+2)(\alpha+1)\alpha(\alpha-1)(\alpha-2)+l(\alpha+2)+m\}$$

$\dfrac{1}{2}l\{\alpha+(\alpha+2)\}+\dfrac{1}{2}(m+m)$
$=l(\alpha+1)+m$

となります。$l(\alpha+1)+m$ が消去できますね。右辺を整理しますよ。

$$(\alpha+1)\alpha(\alpha-1)(\alpha-2)(\alpha-3)$$

$\alpha(\alpha-1)(\alpha-2)$ でくくる

$$=\frac{1}{2}\alpha(\alpha-1)(\alpha-2)\{(\alpha-3)(\alpha-4)+(\alpha+2)(\alpha+1)\}$$

すると，

$$(\alpha+1)\boxed{\alpha(\alpha-1)(\alpha-2)}(\alpha-3)=\boxed{\alpha(\alpha-1)(\alpha-2)}(\alpha^2-2\alpha+7)$$

$$\therefore\quad \boxed{\alpha(\alpha-1)(\alpha-2)}\{(\alpha+1)(\alpha-3)-(\alpha^2-2\alpha+7)\}=0$$

$$\therefore\quad \alpha(\alpha-1)(\alpha-2)=0$$

右辺を左辺へ移項して
$\alpha(\alpha-1)(\alpha-2)$ でくくる

お～！

$\alpha=0$　または　$\alpha=1$　または　$\alpha=2$

が求まりましたよ！

すると，

$\alpha=0$ に対しては，$f(0)$ をスタートとして

$f(0)$，$f(1)$，$f(2)$，$f(3)$，$f(4)$，…が等差数列

$\alpha=1$ に対しては，$f(1)$ をスタートとして

$f(1)$，$f(2)$，$f(3)$，$f(4)$，…が等差数列

$\alpha=2$ に対しては，$f(2)$ をスタートとして

$f(2)$，$f(3)$，$f(4)$，…が等差数列

ってことですよね。(1)から $f(0)\sim f(4)$ は等差数列になっていることは確実ですから，問題は $f(5)$ 以降です。

$f(5)$ を調べてみましょう。$f(0)\sim f(4)$ は

$f(0)=m$，$f(1)=l+m$，$f(2)=2l+m$，$f(3)=3l+m$，$f(4)=4l+m$

の公差 l の等差数列です。これに対し $f(5)$ は

$$f(5)=5\cdot4\cdot3\cdot2\cdot1+5l+m$$

ですから，$f(5)$ と $f(4)$ の差は

$$f(5)-f(4)=(120+5l+m)-(4l+m)=120+l\neq l$$

これは l にならないですね。ですから，$\alpha=0$ でも $\alpha=1$ でも $\alpha=2$ でも，「等差数列になるのは $f(4)$ まで」ということになります。では解答を書いてみましょう。

実行

(2)　(1)より，$f(x)$ は

$$f(x)=x(x-1)(x-2)(x-3)(x-4)+lx+m\quad\cdots\cdots①$$

と書ける。

k は 3 以上の自然数であるから，k 項からなる数列

$f(\alpha)$，$f(\alpha+1)$，$f(\alpha+2)$，…，$f(\alpha+k-1)$

が等差数列となるためには，

$$「f(\alpha),\ f(\alpha+1),\ f(\alpha+2)\quad \text{が等差数列}」$$

すなわち，

$$2f(\alpha+1)=f(\alpha)+f(\alpha+2)$$

が必要である。これは①より，

$$2\{(\alpha+1)\alpha(\alpha-1)(\alpha-2)(\alpha-3)\cancel{+l(\alpha+1)+m}\}$$
$$=\alpha(\alpha-1)(\alpha-2)(\alpha-3)(\alpha-4)\cancel{+l\alpha+m}$$
$$+(\alpha+2)(\alpha+1)\alpha(\alpha-1)(\alpha-2)\cancel{+l(\alpha+2)+m}$$
$$\therefore\quad \alpha(\alpha-1)(\alpha-2)=0$$
$$\therefore\quad \alpha=0\quad\text{または}\quad\alpha=1\quad\text{または}\quad\alpha=2$$

となる。

次に(1)より，$f(0)$，$f(1)$，$f(2)$，$f(3)$，$f(4)$ はこの順に公差 l の等差数列をなしている。また，①より，

$$f(5)=120+5l+m\ ,\ f(4)=4l+m$$

であるから，

$$f(5)-f(4)=120+l$$

となり，$f(5)$ はこの等差数列の項とはならない。

以上より，

$\alpha=0$ のとき，$\underbrace{\underbrace{\underbrace{f(0), f(1), f(2)}_{k=3}, f(3)}_{k=4}, f(4)}_{k=5}$ が等差数列をなすから，

$$k=3,\ 4,\ 5$$

$\alpha=1$ のとき，$\underbrace{\underbrace{f(1),\ f(2),\ f(3)}_{k=3},\ f(4)}_{k=4}$ が等差数列をなすから，

$$k=3,\ 4$$

$\alpha=2$ のとき，$\underbrace{f(2),\ f(3),\ f(4)}_{k=3}$ が等差数列をなすから，

$$k=3$$

となり，求める α，k の組は

$(\alpha,\ k)=$ **(0, 3)，(0, 4)，(0, 5)，**
(1, 3)，(1, 4)，
(2, 3)

テーマ

16 整式③

問題 16　★★★　40分

n を1以上の整数とする。n 次の整式

$$f(x)=a_0x^n+a_1x^{n-1}+a_2x^{n-2}+\cdots+a_kx^{n-k}+\cdots+a_{n-1}x+a_n$$

とその導関数 $f'(x)$ の間に

$$nf(x)=(x+p)f'(x)$$

という関係があるとする。ただし，p は定数である。このとき

$$f(x)=a_0(x+p)^n$$

であることを示せ。

（阪大・理系・98前）

理解　どうですか？　パッと頭に入ってきますか？　僕はムリなので(笑)。こういうときは n に具体的な値を代入して，調べてみましょう。

$n=1$ として

$$f(x)=a_0x+a_1,\ f'(x)=a_0$$

これらを $\underset{}{\overset{1}{n}}f(x)=(x+p)f'(x)$ に代入して

$$1\cdot(a_0x+a_1)=(x+p)a_0$$

$$a_0x+a_1=a_0x+a_0p$$

両辺の係数を比較して

$$a_1=a_0p$$

よって

$$f(x)=a_0x+a_0p=a_0(x+p)$$

次に **$n=2$** として

$$f(x)=a_0x^2+a_1x+a_2,\ f'(x)=2a_0x+a_1$$

これらを $\overset{2}{n}f(x)=(x+p)f'(x)$ に代入して

$$2(a_0x^2+a_1x+a_2)=(x+p)(2a_0x+a_1)$$

$$2a_0x^2+2a_1x+2a_2=\underbrace{2a_0x^2+(a_1}_{x\text{を掛けた部分}}+\underbrace{2a_0p)x+a_1p}_{p\text{を掛けた部分}}$$

両辺の係数を比較して

$$x\text{の係数}\to\begin{cases}2a_1=a_1+2a_0p\\ 2a_2=\qquad a_1p\end{cases}\quad\therefore\quad\begin{cases}a_1=2a_0p\\ a_2=\dfrac{1}{2}a_1p=a_0p^2\end{cases}\ \leftarrow\text{定数項}$$

よって

$$f(x)=a_0x^2+2a_0px+a_0p^2=a_0(x^2+2px+p^2)=a_0(x+p)^2$$

次に $\boldsymbol{n}=\mathbf{3}$ として

$$f(x)=a_0x^3+a_1x^2+a_2x+a_3,\ f'(x)=3a_0x^2+2a_1x+a_2$$

これらを $nf(x)=(x+p)f'(x)$ に代入して（n に3）

$$3(a_0x^3+a_1x^2+a_2x+a_3)=(x+p)(3a_0x^2+2a_1x+a_2)$$

$$3a_0x^3+3a_1x^2+3a_2x+3a_3=3a_0x^3+2a_1x^2+a_2x$$

x を掛けた部分

$$+3a_0px^2+2a_1px+a_2p$$

p を掛けた部分

両辺の係数を比較して

$$\begin{array}{r}x^2\text{の係数}\to\\ x\text{の係数}\to\\ \text{定数項}\to\end{array}\begin{cases}3a_1=2a_1+3a_0p\\ 3a_2=\ a_2+2a_1p\\ 3a_3=\qquad a_2p\end{cases}\quad\therefore\quad\begin{cases}a_1=3a_0p\\ a_2=a_1p=3a_0p^2\\ a_3=\dfrac{1}{3}a_2p=a_0p^3\end{cases}$$

よって

$$f(x)=a_0(x^3+3px^2+3p^2x+p^3)=a_0(x+p)^3$$

そろそろあきてきちゃったかもしれませんが，$(x+p)^3$ の展開公式はよく使うから直観的に反応できるとしても，本問の最終目標は $(x+p)^n$ です。もう少し調べておきましょうか。$\boldsymbol{n}=\mathbf{4}$ をトバし，$\boldsymbol{n}=\mathbf{5}$ として

$$f(x)=a_0x^5+a_1x^4+a_2x^3+a_3x^2+a_4x+a_5$$

$$f'(x)=5a_0x^4+4a_1x^3+3a_2x^2+2a_3x+a_4$$

これらを $nf(x)=(x+p)f'(x)$ に代入して（n に5）

$$5(a_0x^5+a_1x^4+a_2x^3+a_3x^2+a_4x+a_5)$$
$$=(x+p)(5a_0x^4+4a_1x^3+3a_2x^2+2a_3x+a_4)$$

$$5(a_0x^5+a_1x^4+a_2x^3+a_3x^2+a_4x+a_5)$$
$$=5a_0x^5+4a_1x^4+3a_2x^3+2a_3x^2+a_4x$$

x を掛けた部分

$$+5a_0px^4+4a_1px^3+3a_2px^2+2a_3px+a_4p$$

p を掛けた部分

両辺の係数を比較して

$$\begin{array}{r}x^4\text{の係数}\to\\ x^3\text{の係数}\to\\ x^2\text{の係数}\to\\ x\text{の係数}\to\\ \text{定数項}\to\end{array}\begin{cases}5a_1=4a_1+5a_0p\\ 5a_2=3a_2+4a_1p\\ 5a_3=2a_3+3a_2p\\ 5a_4=a_4+2a_3p\\ 5a_5=a_4p\end{cases}\quad\therefore\quad\begin{cases}a_1=5a_0p & \cdots\cdots\text{ⓐ}\\ 2a_2=4a_1p & \cdots\cdots\text{ⓑ}\\ 3a_3=3a_2p & \cdots\cdots\text{ⓒ}\\ 4a_4=2a_3p & \cdots\cdots\text{ⓓ}\\ 5a_5=\ a_4p & \cdots\cdots\text{ⓔ}\end{cases}$$

ⓐより　$a_1 = 5a_0 p$ ……ⓐ′

これとⓑより　$a_2 = \dfrac{4}{2}a_1 p = \dfrac{4\cdot 5}{2}a_0 p^2$ ……ⓑ′

これとⓒより　$a_3 = \dfrac{3}{3}a_2 p = \dfrac{3\cdot 4\cdot 5}{3\cdot 2}a_0 p^3$ ……ⓒ′

これとⓓより　$a_4 = \dfrac{2}{4}a_3 p = \dfrac{2\cdot 3\cdot 4\cdot 5}{4\cdot 3\cdot 2}a_0 p^4$ ……ⓓ′

これとⓔより　$a_5 = \dfrac{1}{5}a_4 p = \dfrac{1\cdot 2\cdot 3\cdot 4\cdot 5}{5\cdot 4\cdot 3\cdot 2}a_0 p^5$ ……ⓔ′

次の一般化に向けて，規則性を発見するため，あえて約分せずに残してみました。さあ，何か気づきましたか？

これで気づけないときは

証明は結果からお迎え

ですね。

$$f(x) = a_0(x+p)^{n}$$ (← 5)

となることが証明の目標ですから，二項定理より

$$f(x) = a_0({}_5C_0x^5 + {}_5C_1x^4p + {}_5C_2x^3p^2 + {}_5C_3x^2p^3 + {}_5C_4xp^4 + {}_5C_5p^5)$$

つまり，$f(x) = a_0x^5 + a_1x^4 + a_2x^3 + a_3x^2 + a_4x + a_5$ の a_1〜 a_5 が

$a_1 = a_0\,{}_5C_1p = \dfrac{5}{1}a_0p$ ← ⓐ′と一致

$a_2 = a_0\,{}_5C_2p^2 = \dfrac{5\cdot 4}{2\cdot 1}a_0p^2$ ← ⓑ′と一致

$a_3 = a_0\,{}_5C_3p^3 = \dfrac{5\cdot 4\cdot 3}{3\cdot 2\cdot 1}a_0p^3$ ← ⓒ′と一致

$a_4 = a_0\,{}_5C_4p^4 = \dfrac{5\cdot 4\cdot 3\cdot 2}{4\cdot 3\cdot 2\cdot 1}a_0p^4$ ← ⓓ′と一致

$a_5 = a_0\,{}_5C_5p^5 = \dfrac{5\cdot 4\cdot 3\cdot 2\cdot 1}{5\cdot 4\cdot 3\cdot 2\cdot 1}a_0p^5$ ← ⓔ′と一致

となればよいですが……，ⓐ′～ⓔ′に一致していますね！　OK です。

計画　これを一般の n でやりましょう。x^{n-k} の係数に着目しますよ。

$$f(x) = a_0x^n + \cdots + a_{k-1}x^{n-k+1} + a_k x^{n-k} + \cdots + a_n$$

$$f'(x) = na_0x^{n-1} + \cdots + (n-k+1)a_{k-1}x^{n-k} + (n-k)a_kx^{n-k-1} + \cdots + a_{n-1}$$

で，これを $nf(x) = (x+p)f'(x)$ に代入すると

$$n(a_0x^n + \cdots + a_k x^{n-k} + \cdots + a_n)$$
$$= (x+p)\{na_0x^{n-1} + \cdots + (n-k+1)a_{k-1}x^{n-k} + (n-k)a_kx^{n-k-1} + \cdots + a_{n-1}\}$$

$$n(a_0x^n+\cdots+\textcircled{a_k}x^{n-k}+\cdots+a_n)$$
$$=na_0x^n+\cdots\cdots\cdots\cdots\cdots+\underset{\sim\sim}{(n-k)a_kx^{n-k}}+\cdots+a_{n-1}x$$
$$+na_0px^{n-1}+\cdots+\underset{\sim\sim}{(n-k+1)a_{k-1}px^{n-k}}+\cdots+a_{n-1}p$$

両辺の x^{n-k} の係数を比較して

$$n\textcircled{a_k}=(n-k)a_k+(n-k+1)a_{k-1}p$$
$$ka_k=(n-k+1)a_{k-1}p$$
$$a_k=\frac{n-k+1}{k}a_{k-1}p$$

a_kで整理

$n=1$ のときは
$1\cdot(a_0x+a_1)$
$=a_0x+a_0p$
なので〰と〰が
出てこないですね。
$n=1$ は別にしましょう。

この式で，$n\geqq 2$ で考えて

$k=1$ として　$a_1=\dfrac{n}{1}a_0p={}_n\mathrm{C}_1a_0p$　……ⓕ

$k=2$ として　$a_2=\dfrac{n-1}{2}a_1p=\dfrac{n(n-1)}{2\cdot 1}a_0p^2={}_n\mathrm{C}_2a_0p^2$

$k=3$ として　$a_3=\dfrac{n-2}{3}a_2p=\dfrac{n(n-1)(n-2)}{3\cdot 2\cdot 1}a_0p^3={}_n\mathrm{C}_3a_0p^3$

⋮

とイケます。理解 でやりましたように，$n=1$ のときは $a_1=a_0p$ ですから，ⓕは $n=1$ のときも成り立ちますね。

実行

$f(x)=a_0x^n+a_1x^{n-1}+\cdots+a_{k-1}x^{n-k+1}+a_kx^{n-k}+\cdots+a_{n-1}x+a_n$

より，

$f'(x)=na_0x^{n-1}+(n-1)a_1x^{n-2}+\cdots+(n-k+1)a_{k-1}x^{n-k}$
$+(n-k)a_kx^{n-k-1}+\cdots+a_{n-1}$

である。$f(x)$ と $f'(x)$ の間に，

$$nf(x)=(x+p)f'(x)$$

という関係があるから，$n\geqq 2$ のとき，両辺の x^{n-k} ($k=1,\ 2,\ 3,\ \cdots,\ n-1$) の係数を比較すると，

$$na_k=(n-k)a_k+(n-k+1)a_{k-1}p$$
$$a_k=\frac{n-k+1}{k}a_{k-1}p\quad\cdots\cdots①$$

また，両辺の定数項を比較すると，

$$na_n=pa_{n-1}$$

となるから，①は $k=n$ のときも成り立ち，$n=1$ のときも成り立つ。

よって，

$$a_k=\frac{n-k+1}{k}a_{k-1}p$$

$a_{k-1}=\dfrac{n-k+2}{k-1}a_{k-2}p$

$$= \frac{n-k+1}{k} \cdot \frac{n-k+2}{k-1} a_{k-2} p^2$$

$$a_{k-2} = \frac{n-k+3}{k-2} a_{k-3} p$$

$$= \frac{n-k+1}{k} \cdot \frac{n-k+2}{k-1} \cdot \frac{n-k+3}{k-2} a_{k-3} p^3$$

計画 でやりましたように

$a_1 = \frac{n}{1} a_0 p$

$a_2 = \frac{n-1}{2} a_1 p$

$a_3 = \frac{n-2}{3} a_2 p$ です。

$$\vdots$$

$$= \frac{n-k+1}{k} \cdot \frac{n-k+2}{k-1} \cdot \cdots\cdots \cdot \frac{n-2}{3} \cdot \frac{n-1}{2} \cdot \frac{n}{1} a_0 p^k$$

$$= {}_n\mathrm{C}_k a_0 p^k$$

であるから,

$$\begin{aligned} f(x) &= a_0x^n + a_1x^{n-1} + a_2x^{n-2} + \cdots + a_{n-2}x^2 + a_{n-1}x + a_n \\ &= a_0x^n + {}_n\mathrm{C}_1 a_0 p x^{n-1} + {}_n\mathrm{C}_2 a_0 p^2 x^{n-2} + \cdots \\ &\qquad + {}_n\mathrm{C}_{n-2} a_0 p^{n-2} x^2 + {}_n\mathrm{C}_{n-1} a_0 p^{n-1} x + {}_n\mathrm{C}_n a_0 p^n \\ &= a_0({}_n\mathrm{C}_0 x^n + {}_n\mathrm{C}_1 x^{n-1} p + {}_n\mathrm{C}_2 x^{n-2} p^2 + \cdots \\ &\qquad + {}_n\mathrm{C}_{n-2} x^2 p^{n-2} + {}_n\mathrm{C}_{n-1} x p^{n-1} + {}_n\mathrm{C}_n p^n) \\ &= a_0(x+p)^n \end{aligned}$$

(証明おわり)

検討 なかなか大変な計算でしたね。結果の方からお迎えにいけるのでまだマシですが，変形して ${}_n\mathrm{C}_k$ を導くところは文字でちゃんと書けますか？　具体的な数値で試した式を参考にしながら，ひとつひとつ進めていきましょう。

さて，プロローグ でお話ししましたが，教科書では整式をおくときに

$$f(x) = a_nx^n + a_{n-1}x^{n-1} + \cdots + a_2x^2 + a_1x + a_0$$

しか習いませんが，$f(x)$ の条件によって，いろいろなおき方があります。

まずは 問題14 ～ 問題16 と使ってきました因数定理がらみのおき方。

◆整式のおき方 1

$x = \alpha_k$　$(k = 1, 2, 3, \cdots, n)$ に対して,

1　$f(\alpha_k) = 0$　➡　$f(x) = (x-\alpha_1)(x-\alpha_2)\cdots(x-\alpha_n)g(x)$

2　$f(\alpha_k) = a$　➡　$f(x) = (x-\alpha_1)(x-\alpha_2)\cdots(x-\alpha_n)g(x) + a$

3　$f(\alpha_k) = \alpha_k$　➡　$f(x) = (x-\alpha_1)(x-\alpha_2)\cdots(x-\alpha_n)g(x) + x$

1 は因数定理から自明ですね。**2**，**3** もそれぞれ $F(x)=f(x)-a$，$F(x)=f(x)-x$ として，因数定理を用いれば簡単に示せます。

たとえば 1999 年神戸大の理系で，次のような問題がでました。

> (1) x の整式 $P(x)$ を $x-1$ で割った余りが 1，$x-2$ で割った余りが 2，$x-3$ で割った余りが 3 となった。
>
> $P(x)$ を $(x-1)(x-2)(x-3)$ で割った余りを求めよ。
>
> (2) n は 2 以上の自然数とする。$k=1,\ 2,\ 3,\ \cdots,\ n$ について，整式 $P(x)$ を $x-k$ で割った余りが k となった。
>
> $P(x)$ を $(x-1)(x-2)\cdots(x-n)$ で割った余りを求めよ。
>
> （神戸大・理系・99 後）

要は **3** のおき方で，答えは「余り x」なのですが，$P(x)$ は次数も何も分かりませんから，割り算はできませんし，整式の割り算の原理を使おうにも，$(x-1)(x-2)\cdots(x-n)$ で割った余りは $n-1$ 次以下ですので

$$P(x)=\underbrace{(x-1)(x-2)\cdots(x-n)}_{n\text{次}}Q(x)+\underbrace{a_{n-1}x^{n-1}+\ \cdots\ +a_2x^2+a_1x+a_0}_{n-1\text{次以下}}$$

とおくことになり，これで a_{n-1}，a_{n-2}，$\cdots$，a_1，a_0 を求めるのはキビシいです。

まず(1)を解いてみましょう。$(x-1)(x-2)(x-3)$ で割った余りですので，2 次以下で，具体的に ax^2+bx+c とおくことができます。商を $Q(x)$ として

$$P(x)=(x-1)(x-2)(x-3)Q(x)+ax^2+bx+c$$

とおけます。剰余の定理より，$P(1)=1$，$P(2)=2$，$P(3)=3$ ですから $x=1,\ 2,\ 3$ を代入して

$$\begin{cases} P(1)=a+b+c=1 \\ P(2)=4a+2b+c=2 \\ P(3)=9a+3b+c=3 \end{cases} \quad \therefore \begin{cases} a=0 \\ b=1 \\ c=0 \end{cases} \quad \therefore\ \text{余り}\ x$$

となります。これをヒントに「ははーん，きっと，(2)も

$$P(x)=(x-1)(x-2)\cdots(x-n)Q(x)+x$$

だな」っと予測して，証明させようという問題ですね。そこで

$$F(x)=P(x)-x$$

とおくと，剰余の定理より，$P(1)=1$，$P(2)=2$，$\cdots$，$P(n)=n$ ですから

$$F(1)=F(2)=F(3)=\ \cdots\ =F(n)=0$$

よって，$F(x)$ は $(x-1)(x-2)(x-3)\cdots(x-n)$ を因数にもち，$Q(x)$ を整式として

$$F(x) = (x-1)(x-2)(x-3)\cdots(x-n)Q(x)$$

と表せます。よって

$$P(x) = F(x) + x = (x-1)(x-2)(x-3)\cdots(x-n)Q(x) + x$$

ですから，求める余りは x となります。

次に，受験業界で「整数多項式」と呼ばれるおき方です。

「整数多項式」はアダ名です。正式な名前ではないので，試験では書かないように。

◆整式のおき方 2 ――整数多項式

$$\boldsymbol{f(x) = a_0 + a_1 x + a_2 x(x-1) + a_3 x(x-1)(x-2) + \cdots + a_n x(x-1)(x-2)\cdots(x-n+1)}$$

「え！　こんなおき方できるの？」と思うかもしれませんが順に割っていけばよいだけです。たとえば 3 次式

$$f(x) = ax^3 + bx^2 + cx + d$$

について，$x(x-1)(x-2)$ で割ると，商は a ですから，余りを $b'x^2 + c'x + d'$ とおくと

$$f(x) = ax(x-1)(x-2) + b'x^2 + c'x + d'$$

$x(x-1)(x-2) = x^3 - 3x^2 + 2x$ で

```
             a
1 -3 2 0 ) a    b    c   d
           a  -3a   2a   0
                    ⋮
```

です。

次に，$b'x^2 + c'x + d'$ を $x(x-1)$ で割ると，商は b' ですから，余りを $c''x + d''$ とおくと

$$f(x) = ax(x-1)(x-2) + b'x(x-1) + c''x + d''$$

ね，上の形になったでしょ。

これを使う問題としては，たとえば 1988 年の京大に次のような問題があります。

> $f(x) = ax^3 + bx^2 + cx$ を x の 3 次式とする。すべての整数 n に対して $f(n)$ が整数になるための必要十分条件は，適当な整数 p，q，r をとると
>
> $$f(x) = \frac{p}{6}x(x+1)(x+2) + \frac{q}{2}x(x+1) + rx$$
>
> と表されることであることを示せ。　　（京大・文系・88 後）

$f(x) = ax^3 + bx^2 + cx$ を $x(x+1)(x+2)$ つまり $x^3 + 3x^2 + 2x$ で割ると，右の割り算より商は a，余りは $(b-3a)x^2 + (c-2a)x$ なので

```
            a
1 3 2 0 ) a     b      c     0
          a    3a     2a     0
              b-3a   c-2a    0
```

$$f(x) = ax(x+1)(x+2) + (b-3a)x^2 + (c-2a)x$$

さらに $(b-3a)x^2+(c-2a)x$ を $x(x+1)$ つまり x^2+x で割ると，右の割り算より，商は $b-3a$，余りは $(a-b+c)x$ なので，

$$\begin{array}{r|rrr} & b-3a & & \\ \hline 1\ 1\ 0 & b-3a & c-2a & 0 \\ & b-3a & b-3a & 0 \\ \hline & & a-b+c & 0 \end{array}$$

$$f(x)=ax(x+1)(x+2)+(b-3a)x(x+1)+(a-b+c)x$$

これで「整数多項式」の形になりました。

「すべての整数 n に対して $f(n)$ が整数になる」ための必要十分条件ですが，「すべての」なので

必要性で押せ

が使えそうです。$a=A$，$b-3a=B$，$a-b+c=C$ とおき直して

$$f(x)=Ax(x+1)(x+2)+Bx(x+1)+Cx$$

とし，x にいくつか具体的な値を代入して，必要条件を求めましょう。

$x=0$ は $f(0)=0$ となり無意味です。$x=-1$，-2 は式がカンタンになりそうですね。A，B，C の 3 文字ありますので，もう 1 つ式を作りましょうか。$x=1$ あたりでどうでしょう。$f(-1)$，$f(-2)$，$f(1)$ は整数ですから，

$$\begin{cases} f(-1)=-C \\ f(-2)=2B-2C \\ f(1)=6A+2B+C \end{cases} \quad \therefore \quad \begin{cases} C=-f(-1) & (\text{整数}) \\ 2B=f(-2)+2C & (\text{整数}) \\ 6A=f(1)-2B-C & (\text{整数}) \end{cases}$$

となります。

あらためて，p，q，r を整数として，

$$6A=p,\ 2B=q,\ C=r$$

とおくと

$$f(x)=\frac{p}{6}x(x+1)(x+2)+\frac{q}{2}x(x+1)+rx$$

と表されることが示せました。

十分性の check はカンタンです。

$$f(n)=p\cdot\frac{n(n+1)(n+2)}{6}+q\cdot\frac{n(n+1)}{2}+rn$$

$\frac{n(n+1)(n+2)}{6}$，$\frac{n(n+1)}{2}$ が整数となるところが「整数多項式」の見せ場。

$n(n+1)(n+2)$ は連続 3 整数の積ですから，2 の倍数かつ 3 の倍数で 6 の倍数です。よって，$\dfrac{n(n+1)(n+2)}{6}$ は整数。また $n(n+1)$ は連続 2 整数の積ですから，2 の倍数で $\dfrac{n(n+1)}{2}$ は整数，よって $f(n)$ は任意の整数 n に対して整数となり，十分です。

話が長くなりました。いよいよ本問用のおき方です。

◆整式のおき方 3 ――ベキ展開
$f(x)$ を $(x-\alpha)^k$ で表す

$$f(x)=a_0+a_1(x-\alpha)+a_2(x-\alpha)^2+\cdots+a_n(x-\alpha)^n$$

$x-\alpha$ のベキ乗で表すので「ベキ展開」です。

これも整数多項式のように順に割っていっても示せますし，**プロローグ** で整式の割り算へのアプローチ **3** **$f(x)=g(x)Q(x)+R(x)$ の形を作り出す**の例として，x^n を $(x-1)^2$ で割った余りを求めるとき，二項定理による

$$x^n=\{(x-1)+1\}^n={}_n\mathrm{C}_0(x-1)^n+{}_n\mathrm{C}_1(x-1)^{n-1}+\cdots+{}_n\mathrm{C}_{n-1}(x-1)+{}_n\mathrm{C}_n$$

こんな変形をやりましたよね。あれでも説明できます。

本問は目標が「$f(x)=a_0(x+p)^n$」ですから，$f(x)$ をコレで表してみましょうか。たとえば $n=3$ として

$$f(x)=a_0x^3+a_1x^2+a_2x+a_3$$

を $(x+p)^3$ で割ると商は a_0，余りは 2 次以下の整式。その余りを $(x+p)^2$ で割って，商を b_1，余りを $b_2(x+p)+b_3$ とおくと

$$f(x)=a_0(x+p)^3+b_1(x+p)^2+b_2(x+p)+b_3 \quad \cdots\cdots ⓐ$$

よって

$$f'(x)=3a_0(x+p)^2+2b_1(x+p)+b_2$$

ですから，$3f(x)=(x+p)f'(x)$ に代入して

$$3\{a_0(x+p)^3+b_1(x+p)^2+b_2(x+p)+b_3\}$$
$$=(x+p)\{3a_0(x+p)^2+2b_1(x+p)+b_2\}$$
$$3a_0(x+p)^3+3b_1(x+p)^2+3b_2(x+p)+3b_3$$
$$=3a_0(x+p)^3+2b_1(x+p)^2+b_2(x+p) \qquad 0$$

定数項

両辺の係数を比較して

$(x+p)^2$ の係数 → $3b_1=2b_1$
$(x+p)$ の係数 → $3b_2=b_2$
定数項 → $3b_3=0$

$$\therefore \begin{cases} b_1=0 \\ b_2=0 \\ b_3=0 \end{cases}$$

よって，ⓐより

$$f(x)=a_0(x+p)^3$$

となりOKです。

一般の n 次式の場合も，「$(x+p)^n$ で割って，その余りを $(x+p)^{n-1}$ で割って，以下これをくり返して

$$f(x)=a_0(x+p)^n+b_1(x+p)^{n-1}+\cdots+b_{n-1}(x+p)+b_n$$

とおく」と説明してもよいですし，さきほど言いましたように，二項定理でも説明できます。二項定理がニガ手な人は

$$x+p=t$$

とおき直すとわかり易いかもしれません。

$$\begin{aligned} f(x)&=f(t-p)\\ &=a_0(t-p)^n+a_1(t-p)^{n-1}+\cdots+a_{n-1}(t-p)+a_n \end{aligned}$$

となります。最高次が a_0t^n ということはわかりますが，それ以降はなかなか複雑な式になります。でも，目標は $f(x)=a_0(x+p)^n=a_0t^n$ となることを示すことですから，t^{n-1} 以下の項の係数は，最後は消えちゃうんです。だから，いったん

$$f(x)=a_0t^n+b_1t^{n-1}+b_2t^{n-2}+\cdots+b_{n-1}t+b_n$$

と表しましょうか。ということで

$$f(x)=a_0(x+p)^n+b_1(x+p)^{n-1}+b_2(x+p)^{n-2}+\cdots+b_{n-1}(x+p)+b_n$$

と表せました。

実行

〈別解 1 —— ベキ展開〉

$x+p=t$ とおくと，

$$\begin{aligned} f(x)&=f(t-p)\\ &=a_0(t-p)^n+a_1(t-p)^{n-1}+\cdots+a_{n-1}(t-p)+a_n \end{aligned}$$

であるから，

$$f(x)=a_0t^n+b_1t^{n-1}+b_2t^{n-2}+\cdots+b_{n-1}t+b_n$$

とおける。

よって，

$$\begin{aligned} f(x)=a_0(x+p)^n&+b_1(x+p)^{n-1}\\ &+b_2(x+p)^{n-2}+\cdots+b_{n-1}(x+p)+b_n \quad \cdots\cdots① \end{aligned}$$

であるから，

$$\begin{aligned} f'(x)=na_0(x+p)^{n-1}&+(n-1)b_1(x+p)^{n-2}\\ &+(n-2)b_2(x+p)^{n-3}+\cdots+b_{n-1} \end{aligned}$$

これらを $nf(x)=(x+p)f'(x)$ に代入すると，

$$\begin{aligned} &na_0(x+p)^n+nb_1(x+p)^{n-1}+nb_2(x+p)^{n-2}+\cdots\\ &\qquad\qquad+nb_{n-1}(x+p)+nb_n\\ &=na_0(x+p)^n+(n-1)b_1(x+p)^{n-1}+(n-2)b_2(x+p)^{n-2}+\cdots\\ &\qquad\qquad+b_{n-1}(x+p) \end{aligned}$$

となる。

両辺の $(x+p)^{n-k}\quad(k=1, 2, 3, \cdots, n)$ の係数と定数項を比較すると，

$$\begin{cases} nb_1 &= (n-1)b_1 \\ nb_2 &= (n-2)b_2 \\ &\vdots \\ nb_{n-1} &= b_{n-1} \\ nb_n &= 0 \end{cases} \qquad \therefore \begin{cases} b_1 &= 0 \\ b_2 &= 0 \\ &\vdots \\ b_{n-1} &= 0 \\ b_n &= 0 \end{cases}$$

であるから，①より，

$$f(x)=a_0(x+p)^n$$

（証明おわり）

第3章の **プロローグ** のところで

「$f(x)$ が $(x-\alpha)^2$ を因数にもつ」 $\Leftrightarrow$ $f(\alpha)=f'(\alpha)=0$

をやりましたよね。あそこで

「$f(x)$ が $(x-\alpha)^3$ を因数にもつ」 $\Leftrightarrow$ $f(\alpha)=f'(\alpha)=f''(\alpha)=0$

以下，ずっと拡張できます，ってお話，おぼえてますか？　本問は

$f(x)=a_0(x+p)^n$　つまり「$f(x)$ が $(x+p)^n$ を因数にもつ」

ですから

$$f(-p)=f'(-p)=f''(-p)=\cdots=f^{\overbrace{\prime\prime\cdots\prime}^{n-1\text{個}}}(-p)=0$$

ということになりますね。

これを直接使うわけではありませんが，これが頭に浮かんだ人は

$$nf(x)=(x+p)f'(x)$$

を「微分してみたらどうだろう？」という発想が出るかもしれません。数学Ⅲの「積の微分法」を使いますが，たとえば $n=3$ のとき

$$3f(x)=(x+p)f'(x) \qquad \cdots\cdots ⓐ$$

両辺を x で微分して

$$3f'(x)=1\cdot f'(x)+(x+p)f''(x)$$

$$\therefore\quad 2f'(x)=(x+p)f''(x) \qquad \cdots\cdots ⓑ$$

さらに両辺を x で微分して

$$2f''(x)=1\cdot f''(x)+(x+p)f'''(x)$$

$$\therefore\quad f''(x)=(x+p)f'''(x) \qquad \cdots\cdots ⓒ$$

一方，$n=3$ のとき

$$f(x)=a_0x^3+a_1x^2+a_2x+a_3$$

$$f'(x)=3a_0x^2+2a_1x+a_2$$
$$f''(x)=3\cdot 2a_0x+2a_1$$
$$f'''(x)=3\cdot 2a_0 \qquad \cdots\cdots ⓓ$$

ですから，ⓐより

$$\begin{aligned}f(x)&=\frac{1}{3}(x+p)f'(x)\\&=\frac{1}{3}(x+p)\cdot\frac{1}{2}(x+p)f''(x) \quad (\because\ ⓑより)\\&=\frac{1}{3}(x+p)\cdot\frac{1}{2}(x+p)\cdot(x+p)f'''(x) \quad (\because\ ⓒより)\\&=\frac{1}{3}(x+p)\cdot\frac{1}{2}(x+p)\cdot(x+p)\cdot 3\cdot 2\cdot a_0 \quad (\because\ ⓓより)\\&=a_0(x+p)^3\end{aligned}$$

となりOKです。

計画　これを一般の n でやります。$f^{\overbrace{\prime\prime\prime\cdots\prime}^{k\text{個}}}(x)$ と書いてもよいのですが，ちょっと大変です。第 k 次導関数は，$f^{(k)}(x)$ と書きます。

$$nf(x)=(x+p)f'(x)$$

の両辺を微分することを n 回くり返して，$f^{(n)}(x)=n!a_0$ までもちこめばよさそうです。

実行

〈別解 2 —— 第 n 次導関数を利用〉

$$nf(x)=(x+p)f'(x) \qquad \cdots\cdots ①$$

の両辺を x で微分すると，

$$nf'(x)=1\cdot f'(x)+(x+p)f''(x)$$
$$\therefore\quad (n-1)f'(x)=(x+p)f''(x)$$

以下同様に微分することをくり返すと，

$$(n-2)f''(x)=(x+p)f'''(x)$$
$$\vdots$$
$$f^{(n-1)}(x)=(x+p)f^{(n)}(x)$$

よって，これらと①より，

$$\begin{aligned}f(x)&=\frac{1}{n}(x+p)f'(x)\\&=\frac{1}{n}\cdot\frac{1}{n-1}(x+p)^2f''(x)\\&=\frac{1}{n}\cdot\frac{1}{n-1}\cdot\frac{1}{n-2}(x+p)^3f'''(x)\end{aligned}$$

$$\vdots$$

$$=\frac{1}{n}\cdot\frac{1}{n-1}\cdot\frac{1}{n-2}\cdot\cdots\cdot\frac{1}{2}\cdot\frac{1}{1}(x+p)^n f^{(n)}(x)$$

$$=\frac{1}{n!}(x+p)^n f^{(n)}(x) \quad \cdots\cdots②$$

一方，

$$f(x)=a_0x^n+a_1x^{n-1}+\cdots+a_{n-2}x^2+a_{n-1}x+a_0$$

であるから，

$$f'(x)=na_0x^{n-1}+(n-1)a_1x^{n-2}+\cdots+2a_{n-2}x+a_{n-1}$$

$$f''(x)=n(n-1)a_0x^{n-2}+(n-1)(n-2)a_1x^{n-3}+\cdots+2a_{n-2}$$

$$\vdots$$

$$f^{(n)}(x)=n(n-1)(n-2)\cdots 3\cdot 2\cdot 1\cdot a_0$$

$$=n!a_0 \quad \cdots\cdots③$$

よって，②，③より，

$$f(x)=\frac{1}{n!}(x+p)^n\cdot n!a_0=a_0(x+p)^n$$

（証明おわり）

受験計画の立て方

質問です。あなたが受験する阪大の学部や学科の，

受験科目，配点，合格最低点，共通テストのボーダー

を答えてください。

そんなことも知らずに受験勉強の計画なんて立てられませんよ！

大昔の話で申し訳ありませんが，僕が受験した頃の京大工学部の配点です。センター試験（現在の共通テスト）は傾斜配点後です。また，国語は二次試験にありませんでした。

	英語	数学	国語	物理	化学	社会	合計
センター試験	50	50	150	50	×	100	400
二次試験	200	200	×	100	100	×	600

これで合格最低点が700点ちょいでした。さあ，どう攻めますか？

「二次試験の配点が高いから，二次をがんばろう」なんて考えていたらド素人ですよ。センター試験と京大の二次試験では難易度が違いすぎます。たとえば，センターで9割はあり得ますが，京大の二次で9割は怪物だけです。仮にセンターで9割，360点が取れれば，二次は6割，360点で合格ラインです。そう考えるとセンターと二次は五分五分の重要度です。

また，センターの社会と二次の化学が同じ100点です。どっちが勉強が楽そうですか？　この配点だと社会を後回しにはできないはずです。センターの国語だって，おろそかにはできないですよね。

これは僕が大昔に京大を受けたときの話ですので，あなたが，今，阪大に受かるための作戦は，当然変わってきます。学部・学科によっても変わってきますし，あなたの得意不得意によっても変わってきます。赤本にも載っていますし，塾や予備校の配っている資料もいろいろありますから，まずは「敵を知る」です。

次に「己を知る」です。僕は大学に入って，ガンダムが作りたかったので(笑)，コンピュータや工作に興味があって，高校の勉強で好きなものはありませんでした。数学や物理の勉強がもっと進めばロボットとつながってくるんですが，そのころはそういうこともあまりわかっていませんでしたから。ですから僕にとってはどの科目を勉強するのも苦痛だったんです。

ということで，僕のとった戦略は「アベレージヒッター」です。センターと二次が実質五分五分，センターの社会と二次の化学が同点ですから，「全教科同じように点数を上げていく」んです。現代文の小説と古文だけはセンター試験と意見が合わなかったんで(笑)，ダメでしたが，他はほぼ同じ偏差値でした。

一方，うちの弟は京大の理学部なのですが，センターは足切り用でした。800点満点で600点を超えればOK。そこで点数はリセットされて，二次だけの勝負になります。それならあんまりセンターをがんばる必要はないですよね。また，彼は現在生物の学者さん(京大iPS研准教授)でして，高校生のころから生物はメチャクチャ出来ました。ですから，他の科目は「大きくコケなければ大丈夫」ですので，数学は易しい問題がキチンと出来て，あと標準的な問題をいくつか解ければ合格に届きます。

同じ大学でも学部・学科によって戦略はちがいますし，兄弟のように比較的近い人間であっても個々人の特性によって戦略はちがってきます。自分の特性を活かした計画を立ててください。

第5章 平面図形

プロローグ

阪大の理系の数学の頻出ネタとして，数学Ⅲの体積の計算があります。そのときひとつのテーマとなるのが，「立体図形の把握」です。次の第6章で数学Ⅰ・A・Ⅱ・Bまでの立体図形の把握をやってみたいと思いますので，その前段階として，ここでは阪大の「平面図形」について研究してみましょう。

平面・立体を問わず，阪大の図形問題の特徴は

道具を見せないこと

です。座標で解くべき問題があったとして，問題文では座標を与えずに，その図形の特徴や求めようとしているものから，受験生自身に，「これは座標でイケるんちゃう？」を判断させる。そんな問題を出してこられます。図形が得意な人というのは，これを無意識にやっているそうなんですが，ニガ手な人も心配はいりません。

図形問題では，次の4つの視点から問題を見ていけばよいのです。

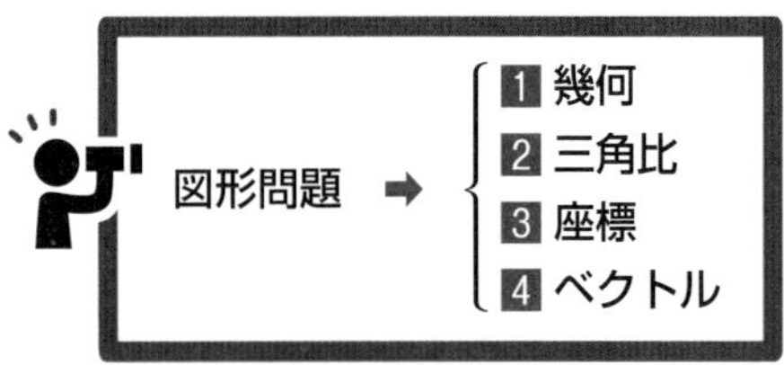

「こんな問題は座標，こんな問題はベクトル」とかいったパターンが欲しくなるかもしれませんが，たぶんムダです。ちょっとした設定のちがい，ちょっとした数値のちがいで，解法はゴロッと変わってしまいますから。1～4を試す順番はテキト～です。最初は直感でいいです。「座標でどうだ?!」と思って座標を入れて式を立てたら……計算バクハツ!!　あるでしょ，そんなこと。じゃあベクトルでもやってみましょう。それでダメなら三角比，それでダメなら幾何，それでダメなら……パス(笑)！　何度もいいますが，阪大入試では考えるための時間が十分あります。問題を見て，数秒で，パッと，反射的に解法を思いつく必要はありません。じっく

り吟味して，よい解法を見つけましょう。

図形問題を同じ主旨で出題しているのが京大です。京大の過去問に手頃なのがありますので，これで試してみましょう。

> AB＝ACである二等辺三角形ABCを考える。辺ABの中点をMとし，辺ABを延長した直線上に点Nを，AN：NB＝2：1となるようにとる。このとき∠BCM＝∠BCNとなることを示せ。ただし，点Nは辺AB上にはないものとする。　(京大・理文共通・08)

まず，図を描いてみましょう。問題文の表現通りに描くと**図1**のようになるでしょうか。でもAB＝ACも考慮して，**図2**のように描いてもわかり易いですよね。こんなふうに，図もいろいろ描き直して見ることです。

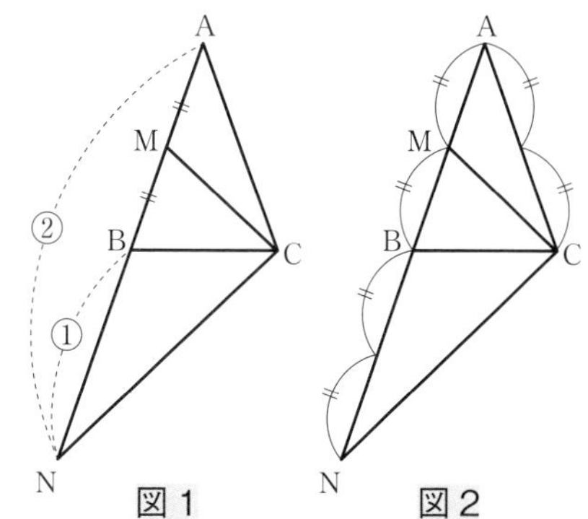

図1　図2

3 座標

じゃあ，まず座標でいってみましょうか。これが一番あっさり解けちゃうんです。あ，今の段階では判断できないですよ，もちろん。

「座標軸を設定しよう」と思って，まさか**図3**のような座標軸は設定しないですよね。**図4**，**図5**のどちらかでしょう。**図4**でいきましょうか。中点を使いますので

$$A(0,\ 2a),\ B(-2b,\ 0)$$

のように座標に2を入れておくと，**図6**のようにキレイにおけますね。

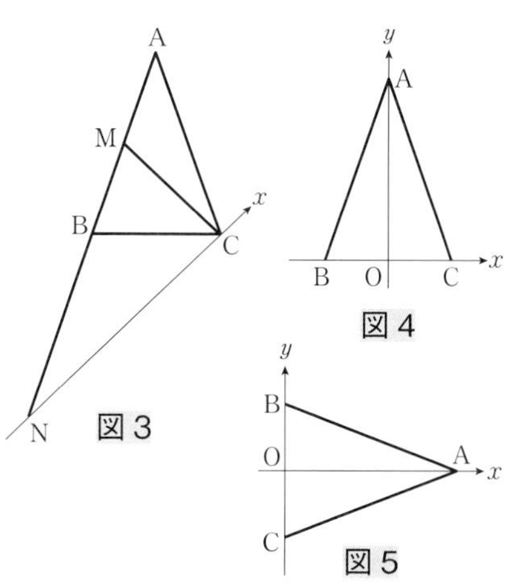

図3　図4　図5

今回，座標をおくときのポイントですが，

●対称性の利用

二等辺三角形の中線に関する対称性を利用して，2点B，Cを1つの文字 b だけで表しています。

●座標軸の利用

Aを y 軸上，BCを x 軸上におくことで，座標に0が出てきます。

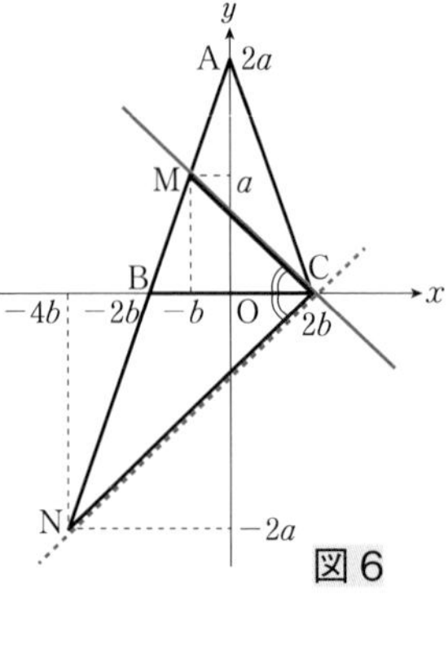

図6

さて，∠BCMと∠BCNを調べたいので，座標では……「傾き」でしょうか。

$$(\text{直線 CM の傾き}) = \frac{0-a}{2b-(-b)} = -\frac{a}{3b}$$

$$(\text{直線 CN の傾き}) = \frac{0-(-2a)}{2b-(-4b)} = \frac{2a}{6b} = \frac{a}{3b}$$

お！

$$(\text{直線 CM の傾き}) = -(\text{直線 CN の傾き})$$

ですね！　直線CMとCNは x 軸に関して対称ということですから

$$\angle \text{BCM} = \angle \text{BCN}$$

です。イケました。

1　幾何

次に幾何をやってみましょう。気づけば一番あざやかです。まず

証明は結果からお迎え

ということで

$$\angle \text{BCM} = \angle \text{BCN}$$

について，図7の赤線部分に着目すると

BCが∠MCNの二等分線

に気づきます。すると，MB : BN = 1 : 2 ですから

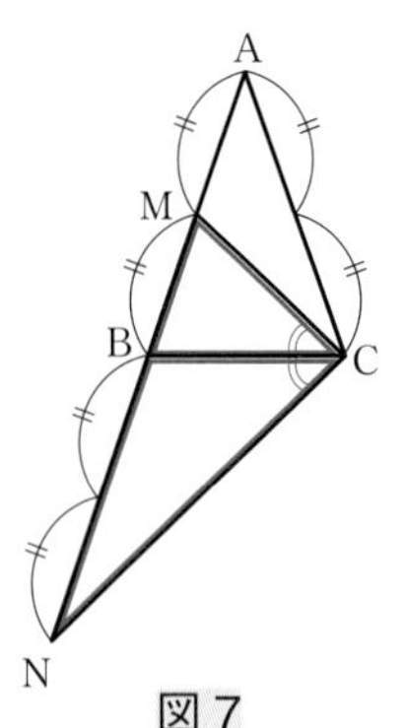

図7

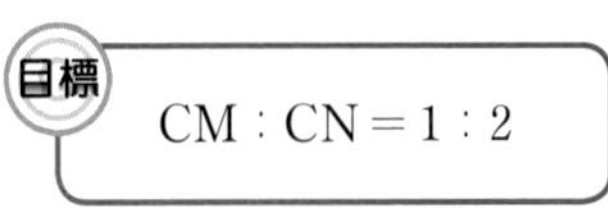

ということになります。

次に，CM，CN を含む

三角形を探す

です。僕らは三角形についてはエキスパートです。正弦定理，余弦定理なんかも使えますしね。でも，四角形や五角形となると平行四辺形や台形，正五角形のような特殊な形についての知識しかないですよね。

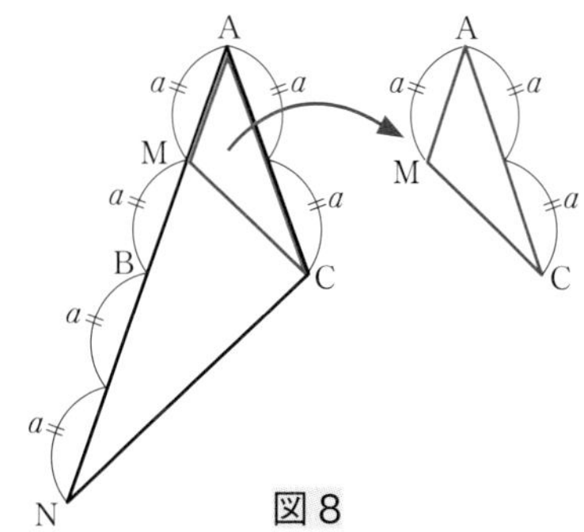

図8

△CMN はあとで使いますからこれ以外で CM：CN を含む三角形というと，たとえば△ACM と△ACN なんかが見つかると思うんです(**図8**)。何か気づきましたか？　僕はあまり幾何が得意ではないので，図形の問題ではこのように

抜き描きする

ようにしています。本書では赤と黒，授業中の板書ではカラーのチョークがありますから，いろいろ塗り分けができるのですが，受験生は試験場では黒鉛筆 1 本です。1 枚の図に何でもかんでも書き込んでしまうと，真っ黒けになって，訳がわからなくなります。ですから，このように，必要な情報だけ抜き出した図をたくさん描くんです。先輩のエライ先生が，そのまた先輩の大先生に，「補助線は引くのではない，減らすのだ」といわれたそうです。いらない線を削るってことでしょうね。哲学的です(笑)。それから

長さや角に文字をおく

ということもヒントになるかもしれません。**図8**の a です。幾何ではわりと「AC＝2AM」とか「∠CAM＝∠CAN」とか，頂点を用いて解答を書きますが, あれ, パッと頭に入らなくないのですか？　いろいろ「え～っと，ココが C で，ココが A で，ココが M だから……，とか指差し確認しません？　ですから，解答で使う使わないは別にして，理解や計画の段階では，**図8**のように文字をおいて図に書き込んでしまうんです。

さて，長くなりましたが

△ACN∽△AMC

は気づきましたか？　**図8**の△ACM を左右ひっくり返すとわかり易いですね。**図9**です。

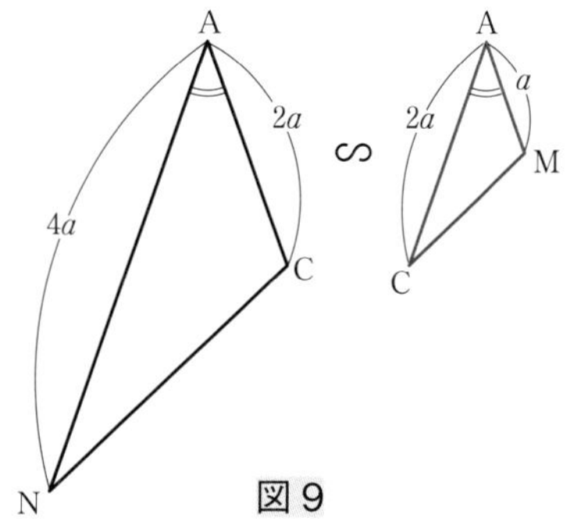

図9

ということで

$$\angle A \text{ 共通},\ AN : AC = AC : AM = 2 : 1$$

より

$$\triangle ACN \backsim \triangle AMC$$

で，相似比が

$$AN : AC = 2 : 1$$

です。よって

$$CN : CM = 2 : 1 \quad \cdots\cdots ①$$

一方，

$$BM = \frac{1}{2}AB,\ BN = AB$$

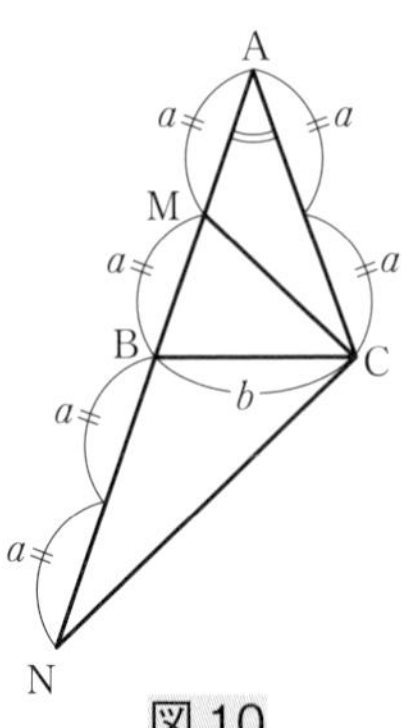

図 10

より

$$BN : BM = 2 : 1 \quad \cdots\cdots ②$$

です。

①，②より

$$CN : CM = BN : BM$$

ですから，CB は∠MCN の二等分線ですので

$$\angle BCM = \angle BCN$$

これで証明おわりです。

2　三角比

さて，上では△ACN∽△AMC に気づきましたが，気づけないこともありますよね。でも

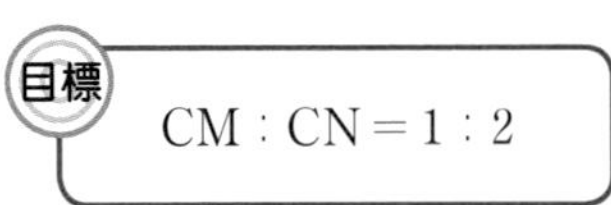

ですから，幾何でなくても，CM と CN の長さを求めてしまうという手もあります。図 10 のように a，b で長さを表しましょうか。

ということがあります。△ACM，△ACN に余弦定理を用いると，CM と CN が求められます。そのためには $\cos A$ が欲しいので，まず△ABC に余弦定理を用いて

$$\cos A=\frac{(2a)^2+(2a)^2-b^2}{2\cdot 2a\cdot 2a}=\frac{8a^2-b^2}{8a^2}$$

次に，△ACM，△ACN に余弦定理を用いて

$$\mathrm{CM}^2=a^2+(2a)^2-2\cdot a\cdot 2a\cos A=5a^2-\frac{8a^2-b^2}{2}=\frac{2a^2+b^2}{2}$$

$$\mathrm{CN}^2=(4a)^2+(2a)^2-2\cdot 4a\cdot 2a\cos A=20a^2-2(8a^2-b^2)=2(2a^2+b^2)$$

よって

$$\mathrm{CM}^2:\mathrm{CN}^2=1:4 \qquad \therefore \quad \mathrm{CM}:\mathrm{CN}=1:2$$

ですから，あとは **1 幾何**のときと同様

$$\underline{\mathrm{CN}:\mathrm{CM}=\mathrm{BN}:\mathrm{BM} \qquad \therefore \quad \angle\mathrm{BCM}=\angle\mathrm{BCN}}$$

です。

さらに，この「角の二等分線」に気づかなかったら？　じゃあ，直接∠BCM と∠BCN を調べましょう。また，余弦定理です。△BCM と△BCN に用いて

$$\cos\angle\mathrm{BCM}=\frac{\mathrm{CM}^2+b^2-a^2}{2\mathrm{CM}\cdot b}=\frac{\left(\dfrac{2a^2+b^2}{2}\right)+b^2-a^2}{2\sqrt{\dfrac{2a^2+b^2}{2}}\cdot b}=\frac{3b}{2\sqrt{4a^2+2b^2}}$$

$$\cos\angle\mathrm{BCN}=\frac{\mathrm{CN}^2+b^2-(2a)^2}{2\mathrm{CN}\cdot b}=\frac{2(2a^2+b^2)+b^2-4a^2}{2\sqrt{2(2a^2+b^2)}\cdot b}=\frac{3b}{2\sqrt{4a^2+2b^2}}$$

よって

$$\cos\angle\mathrm{BCM}=\cos\angle\mathrm{BCN}$$

$0^\circ<\angle\mathrm{BCM}<180^\circ$，$0^\circ<\angle\mathrm{BCN}<180^\circ$ ですから

$$\angle\mathrm{BCM}=\angle\mathrm{BCN}$$

です。余弦定理を 5 回使いましたね(笑)。でも，これなら幾何学的センスがなくてもイケます。

4　ベクトル

最後に「ベクトル」です。ベクトルで一番大切なことは，

1 次独立なベクトルですべてを表す

ことです。平面は x 軸，y 軸ですべて表せます。空間は x 軸，y 軸，z 軸ですべて表せます。ベクトルも，平面ですと

$$\vec{a}\neq\vec{0},\ \vec{b}\neq\vec{0},\ \vec{a}\not\parallel\vec{b}$$

をみたす $\vec{a}$, $\vec{b}$ があれば，これが x 軸，

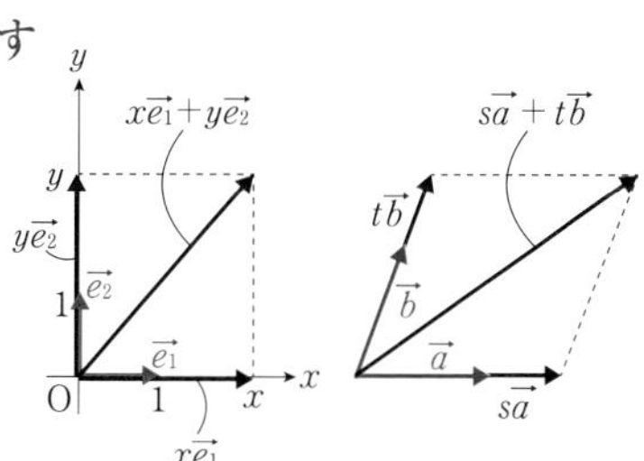

y 軸のかわりをするので，平面全体を表すことができます。

本問ですと，∠BCM，∠BCN が等しいことを証明しますから，$\overrightarrow{\mathrm{CA}}$ と $\overrightarrow{\mathrm{CB}}$ がよいでしょうか。ベクトルで角度を考えますから，これらの大きさや内積がいりますね。

$$\overrightarrow{\mathrm{CA}}=\vec{a},\ \overrightarrow{\mathrm{CB}}=\vec{b}$$

として，図 11 のように

$$\mathrm{AB}=\mathrm{AC}=a,\ \mathrm{BC}=b$$

としますと，余弦定理より

$$\cos\angle\mathrm{ACB}=\frac{a^2+b^2-a^2}{2ab}=\frac{b}{2a}$$

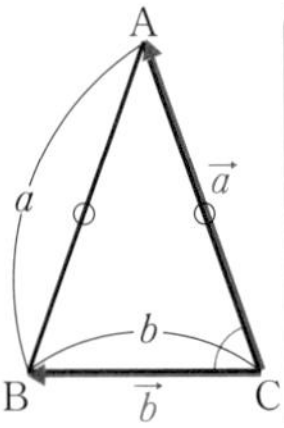

図 11

二等辺三角形ですので中線 AH をひいて，$\cos\angle\mathrm{ACB}=\dfrac{\mathrm{CH}}{\mathrm{CA}}=\dfrac{b}{2a}$ でも OK です。

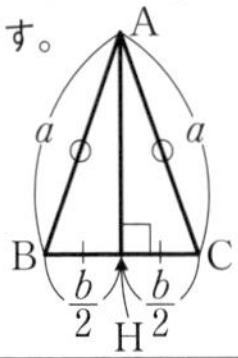

ですから

$$\vec{a}\cdot\vec{b}=|\vec{a}||\vec{b}|\cos\angle\mathrm{ACB}=a\cdot b\cdot\frac{b}{2a}=\frac{1}{2}b^2$$

さて，M は辺 AB の中点ですから

$$\overrightarrow{\mathrm{CM}}=\frac{\vec{a}+\vec{b}}{2}$$

N は辺 AB を 2：1 に外分する点ですから

$$\overrightarrow{\mathrm{CN}}=\frac{(-1)\vec{a}+2\vec{b}}{2-1}=-\vec{a}+2\vec{b}$$

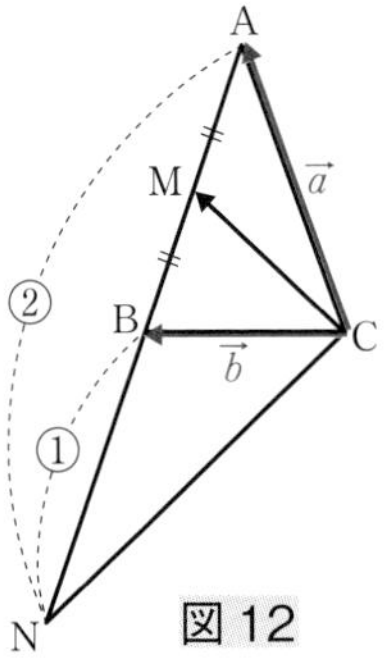

図 12

よって

$$|\overrightarrow{\mathrm{CM}}|^2=\frac{1}{4}|\vec{a}+\vec{b}|^2=\frac{1}{4}(|\vec{a}|^2+2\vec{a}\cdot\vec{b}+|\vec{b}|^2)$$

$$=\frac{1}{4}\left(a^2+2\cdot\frac{1}{2}b^2+b^2\right)=\frac{1}{4}(a^2+2b^2)$$

$$|\overrightarrow{\mathrm{CN}}|^2=|-\vec{a}+2\vec{b}|^2=|\vec{a}|^2-4\vec{a}\cdot\vec{b}+4|\vec{b}|^2$$

$$=a^2-4\cdot\frac{1}{2}b^2+4b^2=a^2+2b^2$$

この段階で $|\overrightarrow{\mathrm{CM}}|^2:|\overrightarrow{\mathrm{CN}}|^2=1:4$，$|\overrightarrow{\mathrm{CM}}|:|\overrightarrow{\mathrm{CN}}|=1:2$ がいえますので，ここから CM：CN＝BM：BN　∴　∠BCM＝∠BCN としても OK です。

$$\overrightarrow{\mathrm{CM}}\cdot\overrightarrow{\mathrm{CB}}=\frac{1}{2}(\vec{a}+\vec{b})\cdot\vec{b}=\frac{1}{2}(\vec{a}\cdot\vec{b}+|\vec{b}|^2)$$

$$=\frac{1}{2}\left(\frac{1}{2}b^2+b^2\right)=\frac{3}{4}b^2$$

$$\overrightarrow{\mathrm{CN}}\cdot\overrightarrow{\mathrm{CB}}=(-\vec{a}+2\vec{b})\cdot\vec{b}=-\vec{a}\cdot\vec{b}+2|\vec{b}|^2$$

$$=-\frac{1}{2}b^2+2b^2=\frac{3}{2}b^2$$

ですから

$$\cos\angle\mathrm{BCM}=\frac{\overrightarrow{\mathrm{CM}}\cdot\overrightarrow{\mathrm{CB}}}{|\overrightarrow{\mathrm{CM}}||\overrightarrow{\mathrm{CB}}|}=\frac{\frac{3}{4}b^2}{\sqrt{\frac{1}{4}(a^2+2b^2)}\cdot b}=\frac{3b}{2\sqrt{a^2+2b^2}}$$

$$\cos\angle\mathrm{BCN}=\frac{\overrightarrow{\mathrm{CN}}\cdot\overrightarrow{\mathrm{CB}}}{|\overrightarrow{\mathrm{CN}}||\overrightarrow{\mathrm{CB}}|}=\frac{\frac{3}{2}b^2}{\sqrt{a^2+2b^2}\cdot b}=\frac{3b}{2\sqrt{a^2+2b^2}}$$

したがって

$$\cos\angle\mathrm{BCM}=\cos\angle\mathrm{BCN}$$

ですから，同様に

$$\angle\mathrm{BCM}=\angle\mathrm{BCN}$$

です。

本問ではベクトルが一番大変でしたね。でも，もちろんこれは扱う図形や，そのちょっとした条件のちがいによって変わってきます。ですから，図形の問題が出てきたら，いろいろと視点を変えてその図形を調べてみましょう。また，**3 座標**といっても，いろいろな座標軸の設定がありますし，**4 ベクトル**も，1 次独立なベクトルとして何を選ぶかによって，解答はかなり変化します。いろいろ試してみましょう。試験場で最短最速の解法を見つける必要はありませんが，見通しのないまま解答を書きはじめて，それが答までたどりつけないような方針だったら，かえって時間の浪費になりますし，点数にもなりません。理解，計画に手間暇をかけましょう。大丈夫，試験時間はたっぷりあります。

テーマ 17 平面図形①

問題 17 ★☆☆ 15分

平面上に，点Oを中心とし点 A_1，A_2，A_3，A_4，A_5，A_6 を頂点とする正六角形がある。Oを通りその平面上にある直線 l を考え，各 A_k と l との距離をそれぞれ d_k とする。このとき

$$D = d_1{}^2 + d_2{}^2 + d_3{}^2 + d_4{}^2 + d_5{}^2 + d_6{}^2$$

は l によらず一定であることを示し，その値を求めよ。ただし，$OA_k = r$ とする。

（阪大・理系・99前）

理解 名作です。まず，図を描いてみましょう。「l によらず一定」とあります。l が動くんですね。ちゃんと動かした図も描きましょう。そうすることによって，どういう道具を使うのか，何を変数に設定するのかが見えてくるんです。そうそう，この問題文，A_1，A_2，…，A_6 が「この順に並んでいる」とは書いていないんですが，$d_1{}^2$，$d_2{}^2$，…，$d_6{}^2$ のすべての和を考えるので，式の対称性からどの順番でもいいんです。A_1，A_2，…，A_6 の順に反時計まわりに並んでいるとして考えますね。

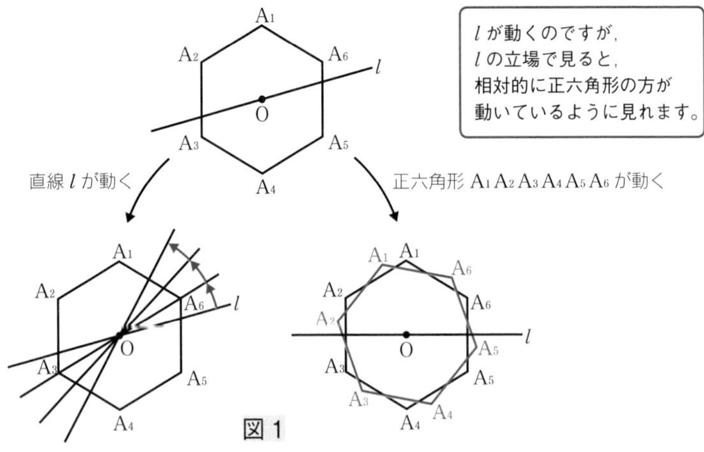

図1

まず気づくことは，「回転」していますよね。とすると，やはり「角度」を変数として，「三角比」ではないでしょうか。また l が辺 A_1A_2 と共有点をもつ間だけを考えればよいこともわかります。右の**図 2** で l が黒線の場合と赤線の場合を比較すると，l は 60° 回転していて

$$d_1 = d_2,\ d_2 = d_3,\ d_3 = d_4,$$
$$d_4 = d_5,\ d_5 = d_6,\ d_6 = d_1$$

であることがわかります。

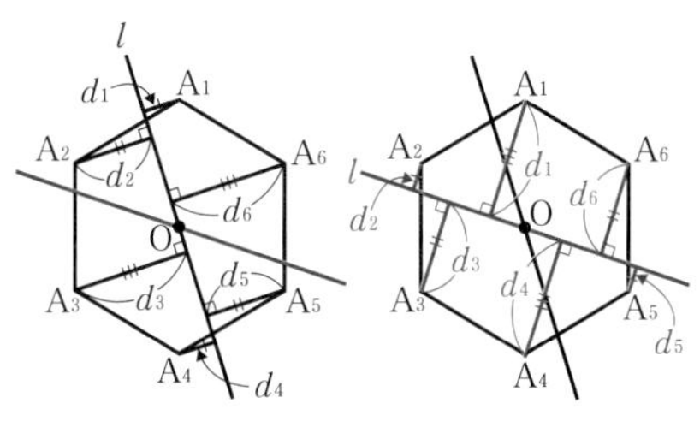

図 2

あと，O に関して点対称になっていますから

$$d_1 = d_4,\ d_2 = d_5,\ d_3 = d_6$$

にも気づきましたか？　これで計算がかなり減りますね。

では，l が辺 A_1A_2 と共有点をもつとき，l と直線 OA_1 のなす角を

$$\theta (0° \leqq \theta \leqq 60°)$$

として考えてみましょうか。

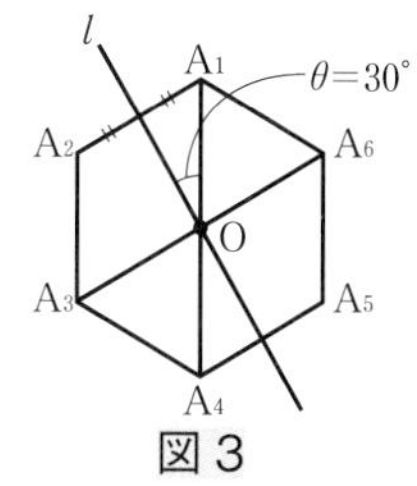

図 3

あ，**図 3** のように，$\theta = 30°$ のとき正六角形は l に関して対称ですね。じゃあ，さらにしぼって

$$0° \leqq \theta \leqq 30°$$

でよいですね。

図 4 のように抜き描きし，図のように H_1，H_2，H_3 をおきますと

$$\angle A_1OH_1 = \theta$$
$$\angle A_2OH_2 = 60° - \theta$$

ですので

$$d_1 = r\sin\theta,\ d_2 = r\sin(60° - \theta)$$

となります。$\angle A_3OH_3$ はわかりますか？

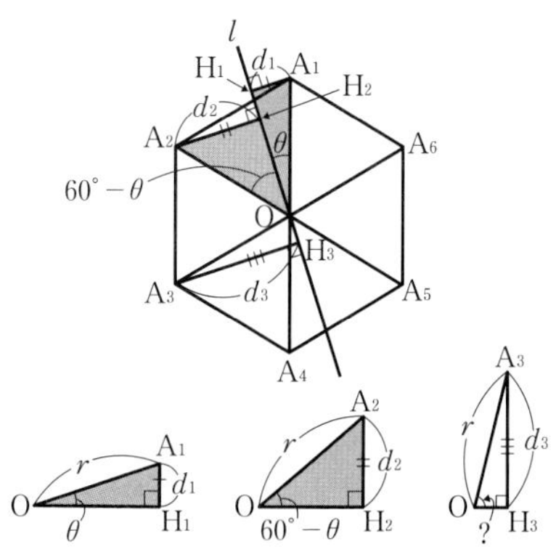

図 4

$$\angle A_3OH_3 = 180^\circ - \angle A_2OH_2 - \angle A_2OA_3$$
$$= 180^\circ - (60^\circ - \theta) - 60^\circ$$
$$= 60^\circ + \theta$$

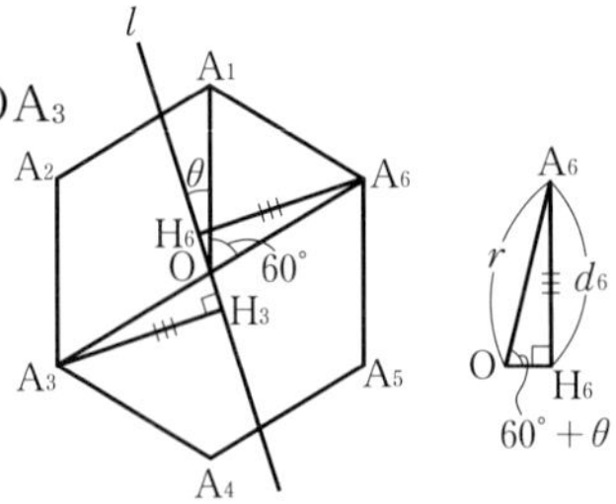

でもよいですが，**図5**のように，$\triangle OA_3H_3$ と合同な $\triangle OA_6H_6$ を考えてもよいですね。

図5

$$\angle A_3OH_3 = \angle A_6OH_6 = 60^\circ + \theta$$

となり

$$d_3 = r\sin(60^\circ + \theta)$$

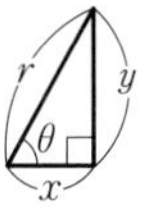

です。

$\begin{cases}\cos\theta = \dfrac{x}{r} \\ \sin\theta = \dfrac{y}{r}\end{cases}$ ですが

$\begin{cases}x = r\cos\theta & (\text{横}) = (\text{斜辺}) \times \cos\theta \\ y = r\sin\theta & (\text{縦}) = (\text{斜辺}) \times \sin\theta\end{cases}$

の形でよく使います。

すると

$$D = d_1{}^2 + d_2{}^2 + d_3{}^2 + d_4{}^2 + d_5{}^2 + d_6{}^2$$
$$= 2(d_1{}^2 + d_2{}^2 + d_3{}^2)$$
$$= 2r^2\{\sin^2\theta + \sin^2(60^\circ - \theta) + \sin^2(60^\circ + \theta)\}$$

$d_1 = d_4$，$d_2 = d_5$，$d_3 = d_6$

となりますので，$\sin(60^\circ - \theta)$，$\sin(60^\circ + \theta)$ で加法定理を用いますと

$$D = 2r^2\{\sin^2\theta + (\sin 60^\circ\cos\theta - \cos 60^\circ\sin\theta)^2 + (\sin 60^\circ\cos\theta + \cos 60^\circ\sin\theta)^2\}$$
$$= 2r^2\left\{\sin^2\theta + \left(\frac{\sqrt{3}}{2}\cos\theta - \frac{1}{2}\sin\theta\right)^2 + \left(\frac{\sqrt{3}}{2}\cos\theta + \frac{1}{2}\sin\theta\right)^2\right\}$$
$$= 2r^2\left\{\sin^2\theta + \left(\frac{3}{4}\cos^2\theta - \frac{\sqrt{3}}{2}\cos\theta\sin\theta + \frac{1}{4}\sin^2\theta\right) + \left(\frac{3}{4}\cos^2\theta + \frac{\sqrt{3}}{2}\cos\theta\sin\theta + \frac{1}{4}\sin^2\theta\right)\right\}$$
$$= 2r^2 \cdot \frac{3}{2}(\sin^2\theta + \cos^2\theta)$$
$$= 3r^2 \text{（一定）}$$

OKです！

実行

A_1, A_2, A_3, A_4, A_5, A_6 はこの順に反時計まわりに並んでいるとして一般性を失わない。O に関して A_1 と A_4, A_2 と A_5, A_3 と A_6 は対称であるから,

$$d_1 = d_4,\ d_2 = d_5,\ d_3 = d_6$$

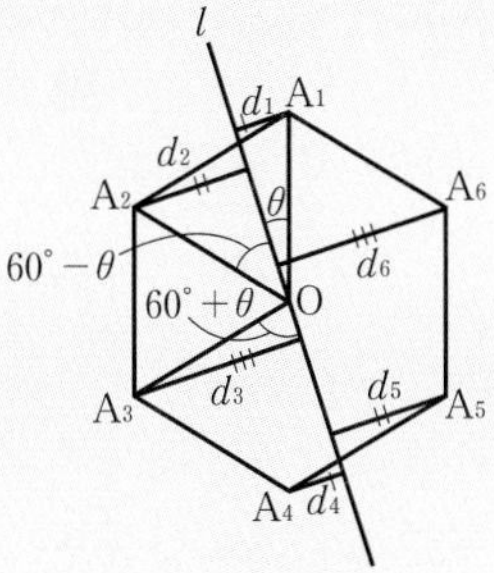

である。また, l を O を中心として反時計まわりに 60° 回転したものを l' とし, 各 A_k と l' の距離をそれぞれ d_k' とすると,

$$d_2' = d_1,\ d_3' = d_2,\ d_4' = d_3,$$
$$d_5' = d_4,\ d_6' = d_5,\ d_1' = d_6,$$

となり, 120° 回転したときも同様であるから, l が辺 A_1A_2 と共有点をもつ範囲で考えればよい。

l と直線 OA_1 のなす角を θ とおくと, $\theta = 30°$ のとき正六角形は l に関して対称であるから,

$$0° \leqq \theta \leqq 30°$$

の範囲で考えればよい。このとき, l と直線 OA_2, OA_3 のなす角はそれぞれ $60° - \theta$, $60° + \theta$ であるから,

$$d_1 = d_4 = r\sin\theta$$

$$d_2 = d_5 = r\sin(60° - \theta) = r\left(\frac{\sqrt{3}}{2}\cos\theta - \frac{1}{2}\sin\theta\right)$$

$$d_3 = d_6 = r\sin(60° + \theta) = r\left(\frac{\sqrt{3}}{2}\cos\theta + \frac{1}{2}\sin\theta\right)$$

よって,

$$\begin{aligned} D &= d_1{}^2 + d_2{}^2 + d_3{}^2 + d_4{}^2 + d_5{}^2 + d_6{}^2 \\ &= 2(d_1{}^2 + d_2{}^2 + d_3{}^2) \\ &= 2r^2\left\{\sin^2\theta + \left(\frac{\sqrt{3}}{2}\cos\theta - \frac{1}{2}\sin\theta\right)^2 \right. \\ &\qquad\qquad \left. + \left(\frac{\sqrt{3}}{2}\cos\theta + \frac{1}{2}\sin\theta\right)^2\right\} \\ &= 2r^2 \cdot \frac{3}{2}(\sin^2\theta + \cos^2\theta) \\ &= 3r^2 \end{aligned}$$

であるから, D は l によらず一定であり, その値は

$$\boldsymbol{D = 3r^2}$$

理解　さて，どうでしたか？「回転」→「角度」はイケましたか？イケた人はOKですが，ダメだった人は別の視点で見てみましょう。上の解答は **2 三角比**でした。**1 幾何**はひょっとすると超ウマい補助線とかがあるかもしれませんが，僕はちょっと思いつきません。**4 ベクトル**は，そういえば正六角形は習いたての頃はよく出てきますね。右の図6のような正六角形ABCDEFがあって，$\vec{a}$，$\vec{b}$ で $\overrightarrow{AO}$ や $\overrightarrow{AC}$，$\overrightarrow{BE}$ なんかを表せってやつです。でも，本問は正六角形＆直線 l で，l がOを中心に回転しますので，あまりベクトルでやったことのない設定です。

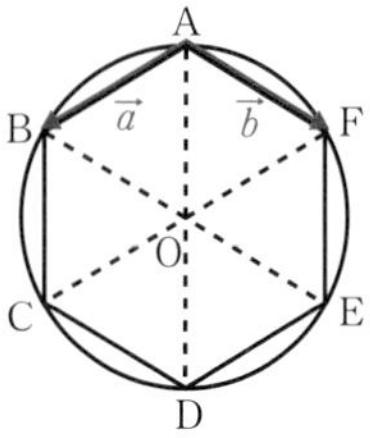

図6

3 座標はどうでしょう。正 n 角形が出てくると，図6のように補助円を書いて，中心と頂点を結び，二等辺三角形（本問では正三角形）を作るのが定番です。これに座標軸をおくわけですから，右の図7のように，A_1A_4 が x 軸にくるようにおきましょうか。

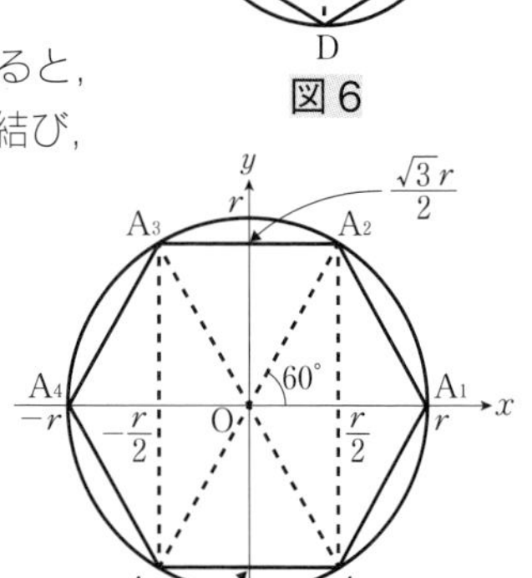

図7

$$A_1(r,\ 0),\ A_2\left(\frac{r}{2},\ \frac{\sqrt{3}r}{2}\right),$$

$$A_3\left(-\frac{r}{2},\ \frac{\sqrt{3}r}{2}\right),\ A_4(-r,\ 0),$$

$$A_5\left(-\frac{r}{2},\ -\frac{\sqrt{3}r}{2}\right),\ A_6\left(\frac{r}{2},\ -\frac{\sqrt{3}r}{2}\right)$$

となります。

l は原点Oを通る直線です。さきほどは，「回転」→「角度」と考えて，**2 三角比**にいったわけですが，**3 座標**ですと，l の動きは「傾き」で表すことができますね。これもまた，l が辺 A_1A_2 と共有点をもつ範囲で考えればよいので，傾きを m とすると

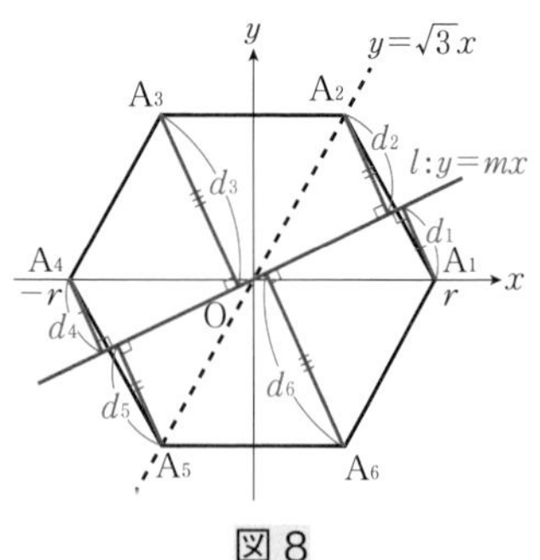

図8

$$l : y = mx$$

とおけ，m の値の範囲は

$$0 \leqq m \leqq \sqrt{3}$$

です。すると，d_1，d_2，d_3 は……そうですね。「点と直線の距離」が使えそうです！

計画 $l : mx - y = 0 \quad (0 \leqq m \leqq \sqrt{3})$，$r > 0$

ですから

$$d_1 = \frac{|mr - 0|}{\sqrt{m^2+1}} = \frac{mr}{\sqrt{m^2+1}}$$

$$d_2 = \frac{\left| m\dfrac{r}{2} - \dfrac{\sqrt{3}\,r}{2} \right|}{\sqrt{m^2+1}} = \frac{(\sqrt{3}-m)r}{2\sqrt{m^2+1}}$$

$$d_3 = \frac{\left| m\left(-\dfrac{r}{2}\right) - \dfrac{\sqrt{3}\,r}{2} \right|}{\sqrt{m^2+1}} = \frac{(\sqrt{3}+m)r}{2\sqrt{m^2+1}}$$

正六角形が直線 $y = \dfrac{1}{\sqrt{3}}x$ に関して対称ですのでさらに $0 \leqq m \leqq \dfrac{1}{\sqrt{3}}$ まで絞れます。でも，あとに出てくる絶対値記号をはずすには，$0 \leqq m \leqq \sqrt{3}$ で十分なので，このままいきます。

絶対値記号は $0 \leqq m \leqq \sqrt{3}$ によってはずせます。分母の $\sqrt{}$ は残ってちょっとイヤな分数の式ですが，大丈夫。$D = 2(d_1{}^2 + d_2{}^2 + d_3{}^2)$ で 2 乗しますので，$\sqrt{}$ もはずれます。

$$\begin{aligned}
D &= 2(d_1{}^2 + d_2{}^2 + d_3{}^2) \\
&= 2\left\{ \frac{m^2r^2}{m^2+1} + \frac{(3 - 2\sqrt{3}\,m + m^2)r^2}{4(m^2+1)} + \frac{(3 + 2\sqrt{3}\,m + m^2)r^2}{4(m^2+1)} \right\} \\
&= 2r^2 \cdot \frac{4m^2 + (3 - 2\sqrt{3}\,m + m^2) + (3 + 2\sqrt{3}\,m + m^2)}{4(m^2+1)} \\
&= 2r^2 \cdot \frac{6(m^2+1)}{4(m^2+1)} \\
&= 3r^2 \quad (\text{一定})
\end{aligned}$$

2 乗しますので，絶対値記号ははずさなくてもよかったですね。でも，せっかくはずせますので，はずして解答しておきましょうか。

イケました。

実行

A_1, A_2, A_3, A_4, A_5, A_6 はこの順に反時計まわりに並んでいるとして一般性を失わないから，O を原点とする座標平面において，

$$A_1(r,\ 0),\ A_2\left(\frac{r}{2},\ \frac{\sqrt{3}\,r}{2}\right),$$

$$A_3\left(-\frac{r}{2},\ \frac{\sqrt{3}\,r}{2}\right),\ A_4(-r,\ 0),$$

$$A_5\left(-\frac{r}{2},\ -\frac{\sqrt{3}\,r}{2}\right),\ A_6\left(\frac{r}{2},\ -\frac{\sqrt{3}\,r}{2}\right)$$

正六角形は 60° 回転すると自分自身と重なりますので，「60° 対称」といいます。教科書にはない表現ですので，受験生には書けないと思います。これで許してもらいましょう。

とおくことができる。正六角形の対称性から，l が辺 A_1A_2 と共有点をもつときを考えればよく，このとき l の方程式は，傾きを m として，

$$l : y = mx \qquad \therefore\ \ mx - y = 0 \quad (0 \leqq m \leqq \sqrt{3})$$

と表せる。

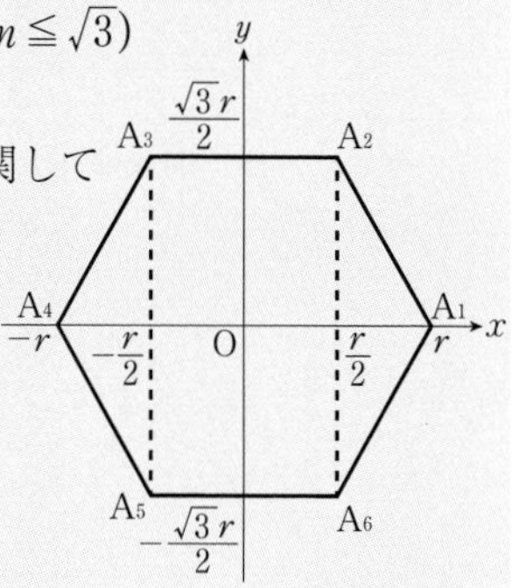

A_1 と A_4, A_2 と A_5, A_3 と A_6 は，O に関して対称であることと，$0 \leqq m \leqq \sqrt{3}$ に注意して，

$$d_1 = d_4 = \frac{|mr - 0|}{\sqrt{m^2+1}} = \frac{mr}{\sqrt{m^2+1}}$$

$$d_2 = d_5 = \frac{\left|m\dfrac{r}{2} - \dfrac{\sqrt{3}\,r}{2}\right|}{\sqrt{m^2+1}} = \frac{(\sqrt{3}-m)r}{2\sqrt{m^2+1}}$$

$$d_3 = d_6 = \frac{\left|m\left(-\dfrac{r}{2}\right) - \dfrac{\sqrt{3}\,r}{2}\right|}{\sqrt{m^2+1}} = \frac{(\sqrt{3}+m)r}{2\sqrt{m^2+1}}$$

よって

$$\begin{aligned} D &= d_1{}^2 + d_2{}^2 + d_3{}^2 + d_4{}^2 + d_5{}^2 + d_6{}^2 \\ &= 2\left\{\left(\frac{mr}{\sqrt{m^2+1}}\right)^2 + \left(\frac{(\sqrt{3}-m)r}{2\sqrt{m^2+1}}\right)^2 + \left(\frac{(\sqrt{3}+m)r}{2\sqrt{m^2+1}}\right)^2\right\} \\ &= 2r^2 \cdot \frac{4m^2 + (\sqrt{3}-m)^2 + (\sqrt{3}+m)^2}{4(m^2+1)} \\ &= \frac{r^2 \cdot 6(m^2+1)}{2(m^2+1)} \\ &= 3r^2 \end{aligned}$$

であるから，D は l によらず一定であり，その値は

$$\boldsymbol{D = 3r^2}$$

3 **座標**はどうでしたか？　さて，今は正六角形を固定して，直線 l を回しましたが，最初の 理解 でやりましたように，自分が l の立場になって見ると

直線 l が固定されていて，正六角形が回る

とも考えられます。すると，たとえば l を x 軸として，A_1，A_2，…，A_6 は O を中心とする半径 r の円周上に 60° ずつ回転して並びますから

$$A_1(r\cos\theta,\ r\sin\theta)$$
$$A_2(r\cos(\theta+60^\circ),\ r\sin(\theta+60^\circ))$$
$$\vdots$$
$$A_6(r\cos(\theta+300^\circ),\ r\sin(\theta+300^\circ))$$

とおけます。すると各点と l（x 軸）との距離は各点の y 座標の絶対値ですから

$$d_1=|r\sin\theta|$$
$$d_2=|r\sin(\theta+60^\circ)|$$
$$\vdots$$
$$d_6=|r\sin(\theta+300^\circ)|$$

$0^\circ\leqq\theta\leqq60^\circ$ で考えればよいので，絶対値記号ははずせますが，$d_1{}^2$，$d_2{}^2$，…，$d_6{}^2$ を考えますので，はずさなくても大丈夫。

$$\begin{aligned}D&=d_1{}^2+d_2{}^2+d_3{}^2+d_4{}^2+d_5{}^2+d_6{}^2\\&=r^2\{\sin^2\theta+\sin^2(\theta+60^\circ)+\sin^2(\theta+120^\circ)\\&\quad+\sin^2(\theta+180^\circ)+\sin^2(\theta+240^\circ)+\sin^2(\theta+300^\circ)\}\\&=r^2\left\{\sin^2\theta+\left(\frac{1}{2}\sin\theta+\frac{\sqrt{3}}{2}\cos\theta\right)^2+\left(-\frac{1}{2}\sin\theta+\frac{\sqrt{3}}{2}\cos\theta\right)^2\right.\\&\quad\left.+(-\sin\theta)^2+\left(-\frac{1}{2}\sin\theta-\frac{\sqrt{3}}{2}\cos\theta\right)^2+\left(\frac{1}{2}\sin\theta-\frac{\sqrt{3}}{2}\cos\theta\right)^2\right\}\\&=r^2(3\sin^2\theta+3\cos^2\theta)\\&=3r^2\end{aligned}$$

これもイケましたね。同じ **3** **座標**によるアプローチでも，

どちらが止まっていて，どちらが動くと見るか

で，全然ちがう解答になりました。これも大切な視点です。

テーマ

18 平面図形②

問題 18 ★☆☆ 25分

点Oで交わる2つの半直線OX，OYがあって∠XOY＝60°とする。2点A，BがOX上にO，A，Bの順に，また，2点C，DがOY上にO，C，Dの順に並んでいるとして，線分ACの中点をM，線分BDの中点をNとする。線分ABの長さをs，線分CDの長さをtとするとき，以下の問いに答えよ。

(1) 線分MNの長さをsとtを用いて表せ。

(2) 点A，BとC，Dが，$s^2+t^2=1$を満たしながら動くとき，線分MNの長さの最大値を求めよ。

（阪大・理文共通・08前）

図1のような図形ですね。AB＝s，CD＝tが与えられていますが，AとCの位置は決まっていませんので，A，Cが動くことにより，M，Nの位置も変化します。**1 幾何**はちょっと思いつきませんし，**2 三角比**も角θをいろいろおいてもらうとわかりますが，どこをθとおいてもMNの動きがうまく表せません。じゃあ，**3 座標**でいってみましょうか。図2か図3ではないでしょうか。図3は半直線OX，OYの角の二等分線をx軸として，上下対称になるようにしています。巧みですね。でも，図2でも大丈夫なので，今回は図2でいきます。図3の設定は，自分でやってみてください。

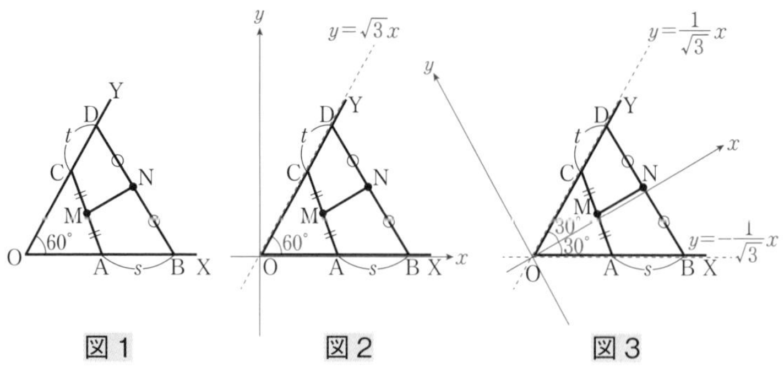

図1　図2　図3

A，Bはx軸上にあって，AB$=s$です。C，Dは直線$y=\sqrt{3}x$上にあって，CD$=t$ですから，AとCの位置が定まれば，BとDの位置も定まります。OA$=a$，OC$=c$とおいてみましょうか。そうすると，**図4**のようになり，A，B，C，Dの座標は

$$\mathrm{A}(a,\ 0),\ \mathrm{B}(a+s,\ 0),$$

$$\mathrm{C}\left(\frac{c}{2},\ \frac{\sqrt{3}\,c}{2}\right),\ \mathrm{D}\left(\frac{c+t}{2},\ \frac{\sqrt{3}\,(c+t)}{2}\right)$$

です。ちょっと心配なのは「線分MNの長さをsとtを用いて表せ」といわれているので，「aとcは使えない」ということです。うまく消えてくれるでしょうか。何も考えずにひたすら突っ走るのではなく，自分のやっている作業の意味や問題点を，つねに意識化しながら進んでいきましょうね。

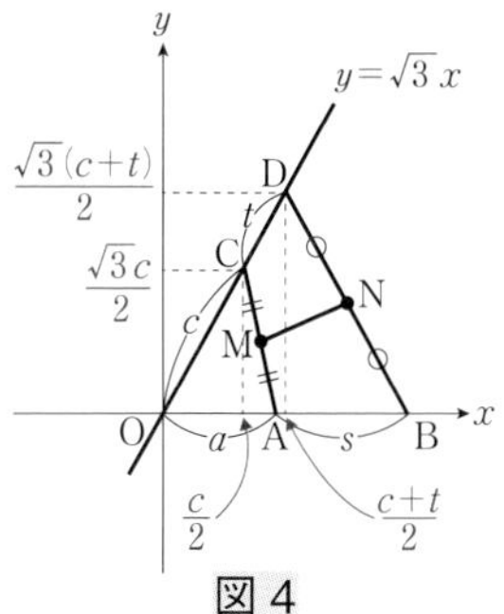

図4

計画　さて，そうしますと，M，Nの座標は

$$\mathrm{M}\left(\frac{a+\frac{c}{2}}{2},\ \frac{0+\frac{\sqrt{3}\,c}{2}}{2}\right)=\left(\frac{2a+c}{4},\ \frac{\sqrt{3}\,c}{4}\right)$$

$$\mathrm{N}\left(\frac{(a+s)+\frac{c+t}{2}}{2},\ \frac{0+\frac{\sqrt{3}\,(c+t)}{2}}{2}\right)$$

$$=\left(\frac{2a+2s+c+t}{4},\ \frac{\sqrt{3}\,(c+t)}{4}\right)$$

となりますから，2点M，Nの距離は

$$\mathrm{MN}=\sqrt{\left(\frac{2a+2s+c+t}{4}-\frac{2a+c}{4}\right)^2+\left(\frac{\sqrt{3}\,(c+t)}{4}-\frac{\sqrt{3}\,c}{4}\right)^2}$$

$$=\sqrt{\left(\frac{2s+t}{4}\right)^2+\left(\frac{\sqrt{3}\,t}{4}\right)^2}$$

$$=\sqrt{\frac{(4s^2+4st+t^2)+3t^2}{4^2}}$$

$$=\sqrt{\frac{s^2+st+t^2}{4}}$$

$$=\frac{1}{2}\sqrt{s^2+st+t^2}\quad\cdots\cdots ⓐ$$

おっ，a，cがキレイに消えましたね。コレでOKです。

続いて，(2)ですが

$$s^2+t^2=1 \qquad \cdots\cdots ⓑ$$

ですから，ⓐは

$$\mathrm{MN}=\frac{1}{2}\sqrt{1+st} \qquad \cdots\cdots ⓒ$$

となります。$s^2+t^2=1$ のとき，st の最大値を求めればよいわけですから

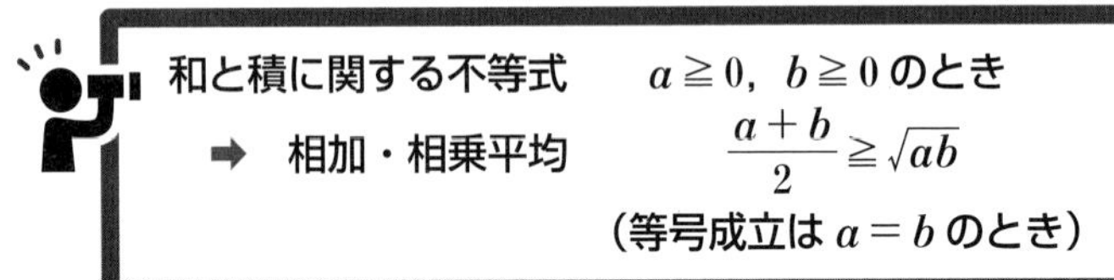

はどうでしょう。$s^2>0$，$t^2>0$ ですから

$$\frac{s^2+t^2}{2} \geqq \sqrt{s^2t^2}$$

左辺にⓑを代入，右辺については $s>0$，$t>0$ ですからルートがはずれて

$$\frac{1}{2} \geqq st$$

等号成立は，$s^2=t^2$ かつⓑのときですから

$$s^2=t^2=\frac{1}{2} \qquad \therefore \quad s=t=\frac{1}{\sqrt{2}}$$

OK ですね。

実行

(1)　$\mathrm{OA}=a$，$\mathrm{OC}=c$ とおくと，O を原点とする座標平面において，

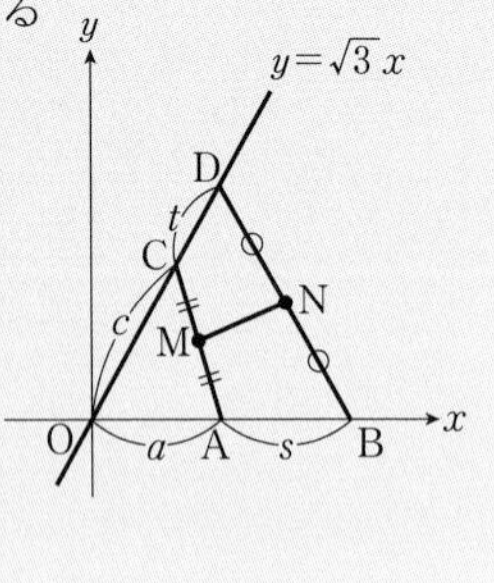

$$\mathrm{A}(a,\ 0),\ \mathrm{B}(a+s,\ 0),$$

$$\mathrm{C}\left(\frac{c}{2},\ \frac{\sqrt{3}\,c}{2}\right),\ \mathrm{D}\left(\frac{c+t}{2},\ \frac{\sqrt{3}\,(c+t)}{2}\right)$$

とおくことができる。このとき，

$$\mathrm{M}\left(\frac{a+\frac{c}{2}}{2},\ \frac{\frac{\sqrt{3}\,c}{2}}{2}\right)$$

$$\mathrm{N}\left(\frac{(a+s)+\frac{c+t}{2}}{2},\ \frac{\frac{\sqrt{3}\,(c+t)}{2}}{2}\right)$$

であるから，

$$\mathrm{MN}=\sqrt{\left\{\frac{(a+s)+\frac{c+t}{2}}{2}-\frac{a+\frac{c}{2}}{2}\right\}^2+\left\{\frac{\frac{\sqrt{3}(c+t)}{2}}{2}-\frac{\frac{\sqrt{3}c}{2}}{2}\right\}^2}$$

$$=\frac{1}{2}\sqrt{\left(s+\frac{t}{2}\right)^2+\left(\frac{\sqrt{3}t}{2}\right)^2}$$

$$=\boldsymbol{\frac{1}{2}\sqrt{s^2+st+t^2}}$$

(2) $s^2+t^2=1$ ……①

$s^2>0$, $t^2>0$ であるから，相加平均と相乗平均の大小関係を用いて，

$$\frac{s^2+t^2}{2} \geqq \sqrt{s^2t^2}$$

であり，①と $s>0$, $t>0$ より，

$$st \leqq \frac{1}{2} \quad \cdots\cdots ②$$

である。また，等号成立は

$$s^2=t^2 \quad \text{かつ} \quad ① \qquad \therefore \quad s=t=\frac{1}{\sqrt{2}}$$

のときである。

①，②より，

$$\mathrm{MN}=\frac{1}{2}\sqrt{s^2+st+t^2} \leqq \frac{1}{2}\sqrt{1+\frac{1}{2}}=\frac{\sqrt{6}}{4}$$

であり，等号は $s=t=\dfrac{1}{\sqrt{2}}$ のとき成り立つから，

MN の最大値は $\dfrac{\sqrt{6}}{4}$

さて，**3 座標**でできてしまいましたが，**4 ベクトル**でもやってみましょう。

1次独立なベクトルですべてを表せですから，そうですね

$$\overrightarrow{\mathrm{OA}}=\vec{x},\ \overrightarrow{\mathrm{OC}}=\vec{y}$$

とでもしましょうか。すると，$\overrightarrow{\mathrm{OB}}$ は $\vec{x}$ を $\overrightarrow{\mathrm{OD}}$ は $\vec{y}$ を延長すればよいので

$$\overrightarrow{\mathrm{OB}}=\frac{\mathrm{OB}}{\mathrm{OA}}\vec{x},\ \overrightarrow{\mathrm{OD}}=\frac{\mathrm{OD}}{\mathrm{OC}}\vec{y}$$

となります。すると

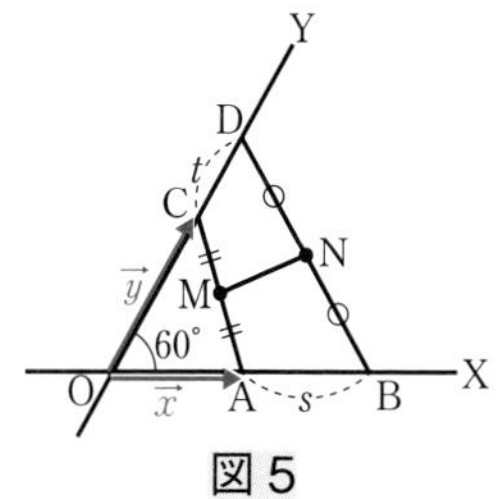

図 5

$$\overrightarrow{\mathrm{OM}}=\frac{\overrightarrow{\mathrm{OA}}+\overrightarrow{\mathrm{OC}}}{2}=\frac{1}{2}(\vec{x}+\vec{y})$$

$$\overrightarrow{\mathrm{ON}}=\frac{\overrightarrow{\mathrm{OB}}+\overrightarrow{\mathrm{OD}}}{2}=\frac{1}{2}\left(\frac{\mathrm{OB}}{\mathrm{OA}}\vec{x}+\frac{\mathrm{OD}}{\mathrm{OC}}\vec{y}\right)$$

ですから

$$\overrightarrow{\mathrm{MN}}=\overrightarrow{\mathrm{ON}}-\overrightarrow{\mathrm{OM}}=\frac{1}{2}\left\{\left(\frac{\mathrm{OB}}{\mathrm{OA}}-1\right)\vec{x}+\left(\frac{\mathrm{OD}}{\mathrm{OC}}-1\right)\vec{y}\right\} \quad \cdots\cdots ⓓ$$

む，何だか変な式になりました。$\vec{x}$ と $\vec{y}$ はなす角が 60° とはわかっているのですが，大きさはわかりません。ちょっと無理かなぁ……という気もします。

でも，もう少しネバって，式の図形的な意味を考えてみましょう。$\left(\frac{\mathrm{OB}}{\mathrm{OA}}-1\right)\vec{x}$ の係数を通分して，分子の図形的な意味を考えると

通分　　OB − OA = AB

$$\left(\frac{\mathrm{OB}}{\mathrm{OA}}-1\right)\vec{x}=\frac{\mathrm{OB}-\mathrm{OA}}{\mathrm{OA}}\vec{x}=\frac{\mathrm{AB}}{\mathrm{OA}}\vec{x}$$

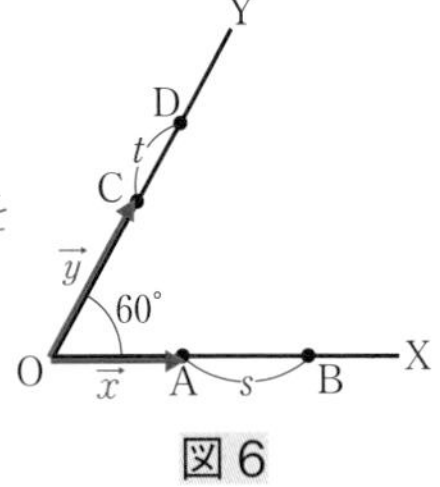

図 6

となります。どうですか？　もう少し図形的な意味をわかり易くするため，$\vec{x}$ を $\overrightarrow{\mathrm{OA}}$ に戻しましょうか。

$$=\frac{\mathrm{AB}}{\mathrm{OA}}\overrightarrow{\mathrm{OA}}$$

となります。これは「$\overrightarrow{\mathrm{OA}}$ を $\frac{\mathrm{AB}}{\mathrm{OA}}$ 倍したもの」

ですから……，そうです！

$$=\overrightarrow{\mathrm{AB}}$$

ですね。すると $\left(\frac{\mathrm{OD}}{\mathrm{OC}}-1\right)\vec{y}$ の方も

$$\left(\frac{\mathrm{OD}}{\mathrm{OC}}-1\right)\vec{y}=\frac{\mathrm{OD}-\mathrm{OC}}{\mathrm{OC}}\vec{y}=\frac{\mathrm{CD}}{\mathrm{OC}}\vec{y}=\frac{\mathrm{CD}}{\mathrm{OC}}\overrightarrow{\mathrm{OC}}=\overrightarrow{\mathrm{CD}}$$

です。つまり，ⓓは

$$\overrightarrow{\mathrm{MN}}=\frac{1}{2}(\overrightarrow{\mathrm{AB}}+\overrightarrow{\mathrm{CD}})$$

となります。$|\overrightarrow{\mathrm{AB}}|=s$，$|\overrightarrow{\mathrm{CD}}|=t$ であり，$\overrightarrow{\mathrm{AB}}$ と $\overrightarrow{\mathrm{CD}}$ のなす角は 60° ですから

$$\overrightarrow{\mathrm{AB}}\cdot\overrightarrow{\mathrm{CD}}=st\cos 60^\circ=\frac{1}{2}st$$

です。これで

$$|\overrightarrow{\mathrm{MN}}|^2=\frac{1}{4}|\overrightarrow{\mathrm{AB}}+\overrightarrow{\mathrm{CD}}|^2$$

を求めることができますね。

すると，$\vec{x}$，$\vec{y}$ とおかなくてもよいことには気づきましたか？

$$\overrightarrow{\mathrm{OM}}=\frac{\overrightarrow{\mathrm{OA}}+\overrightarrow{\mathrm{OC}}}{2},\quad \overrightarrow{\mathrm{ON}}=\frac{\overrightarrow{\mathrm{OB}}+\overrightarrow{\mathrm{OD}}}{2}$$

ですから

$$\overrightarrow{\mathrm{MN}}=\overrightarrow{\mathrm{ON}}-\overrightarrow{\mathrm{OM}}=\frac{\overrightarrow{\mathrm{OB}}+\overrightarrow{\mathrm{OD}}}{2}-\frac{\overrightarrow{\mathrm{OA}}+\overrightarrow{\mathrm{OC}}}{2}$$

$$=\frac{(\overrightarrow{\mathrm{OB}}-\overrightarrow{\mathrm{OA}})+(\overrightarrow{\mathrm{OD}}-\overrightarrow{\mathrm{OC}})}{2}=\frac{\overrightarrow{\mathrm{AB}}+\overrightarrow{\mathrm{CD}}}{2}$$

とイケるんです。コレはいいですね。

さて，(2)なのですが，相加・相乗平均はさっきやったので，ちがう方法でやってみましょう。詳しくは第 11 章**多変数**でやりますが，阪大ではこのように 2 変数の数式を素材にすることが多いです。

今度は

$$s^2+t^2=1$$

の図形的な意味を考えてみましょうか。これは st 平面において単位円を表していますので

$$s=\cos\theta,\quad t=\sin\theta$$

とおくことができます。すると

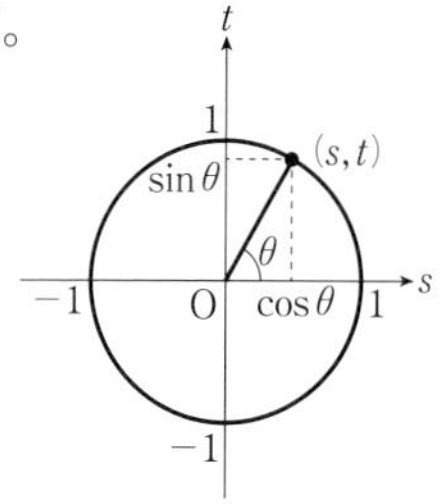

$$\mathrm{MN}=\frac{1}{2}\sqrt{s^2+st+t^2}=\frac{1}{2}\sqrt{1+\sin\theta\cos\theta}$$

2 倍角の公式が思いつけば

$$\mathrm{MN}=\frac{1}{2}\sqrt{1+\frac{1}{2}\sin 2\theta}$$

とできますね。$s>0$，$t>0$ より，$0<\theta<\frac{\pi}{2}$ です。よって，

$0<2\theta<\pi$ ですから，$\sin 2\theta=1$ $\left(2\theta=\frac{\pi}{2}\right)$ のとき最大となり，OK です。

実行

(1) $\overrightarrow{\mathrm{MN}}=\overrightarrow{\mathrm{ON}}-\overrightarrow{\mathrm{OM}}$

$$=\frac{\overrightarrow{\mathrm{OB}}+\overrightarrow{\mathrm{OD}}}{2}-\frac{\overrightarrow{\mathrm{OA}}+\overrightarrow{\mathrm{OC}}}{2}$$

$$=\frac{(\overrightarrow{\mathrm{OB}}-\overrightarrow{\mathrm{OA}})+(\overrightarrow{\mathrm{OD}}-\overrightarrow{\mathrm{OC}})}{2}$$

$$=\frac{1}{2}(\overrightarrow{\mathrm{AB}}+\overrightarrow{\mathrm{CD}})$$

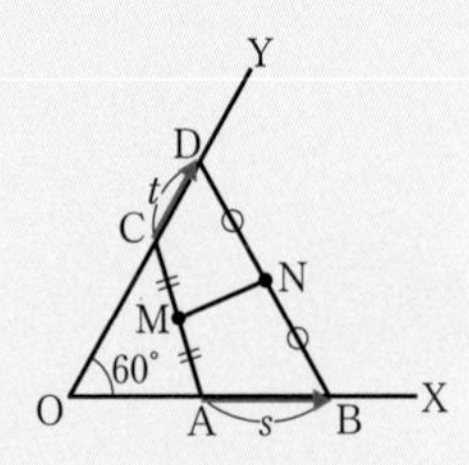

であるから,

$$|\overrightarrow{\mathrm{MN}}|^2=\frac{1}{4}|\overrightarrow{\mathrm{AB}}+\overrightarrow{\mathrm{CD}}|^2$$

$$=\frac{1}{4}(|\overrightarrow{\mathrm{AB}}|^2+2\overrightarrow{\mathrm{AB}}\cdot\overrightarrow{\mathrm{CD}}+|\overrightarrow{\mathrm{CD}}|^2)$$

$$=\frac{1}{4}(s^2+2st\cos 60^\circ+t^2)$$

$$=\frac{1}{4}(s^2+st+t^2)$$

よって,

$$\mathrm{MN}=|\overrightarrow{\mathrm{MN}}|=\boldsymbol{\frac{1}{2}\sqrt{s^2+st+t^2}}$$

(2) $s^2+t^2=1$, $s>0$, $t>0$ であるから,

$$s=\cos\theta,\ t=\sin\theta\ \left(0<\theta<\frac{\pi}{2}\right)$$

とおける。このとき,

$$\mathrm{MN}=\frac{1}{2}\sqrt{\cos^2\theta+\cos\theta\sin\theta+\sin^2\theta}$$

$$=\frac{1}{2}\sqrt{1+\frac{1}{2}\sin 2\theta}$$

$0<2\theta<\pi$ より, $0<\sin 2\theta\leqq 1$ であるから, MN は $\sin 2\theta=1$ のとき最大となり, 最大値は

$$\mathrm{MN}=\frac{1}{2}\sqrt{1+\frac{1}{2}}=\boldsymbol{\frac{\sqrt{6}}{4}}$$

テーマ

19 平面図形③

問題 19 ★★☆ 30分

平面上の三角形 OAB を考え，辺 AB の中点を M とする。

$$\vec{a}=\frac{\overrightarrow{\mathrm{OA}}}{|\overrightarrow{\mathrm{OA}}|},\ \vec{b}=\frac{\overrightarrow{\mathrm{OB}}}{|\overrightarrow{\mathrm{OB}}|}$$

とおき，点 P を $\vec{a}\cdot\overrightarrow{\mathrm{OP}}=-\vec{b}\cdot\overrightarrow{\mathrm{OP}}>0$ であるようにとる。直線 OP に A から下ろした垂線と直線 OP の交点を Q とする。

(1) $\overrightarrow{\mathrm{MQ}}$ と $\vec{b}$ は平行であることを示せ。

(2) $|\overrightarrow{\mathrm{MQ}}|=\dfrac{1}{2}(|\overrightarrow{\mathrm{OA}}|+|\overrightarrow{\mathrm{OB}}|)$ であることを示せ。

（阪大・理系・09 前）

理解 問題17，問題18は問題文に座標やベクトルが一切登場せず，幾何っぽい問題文でした。本問はモロにベクトルですが，これもベクトルで解くとは限ってないんです。阪大の問題の恐いところであり，面白いところでもあります。でも，最初は素直にベクトルで問題の意味を見ていきましょう。

まず

$$\vec{a}=\frac{\overrightarrow{\mathrm{OA}}}{|\overrightarrow{\mathrm{OA}}|},\ \vec{b}=\frac{\overrightarrow{\mathrm{OB}}}{|\overrightarrow{\mathrm{OB}}|}$$

ですが，これはそれぞれ $\overrightarrow{\mathrm{OA}}$，$\overrightarrow{\mathrm{OB}}$ と同じ向きの「単位ベクトル(大きさが 1 のベクトル)」です。ですから

$$|\vec{a}|=|\vec{b}|=1 \quad \cdots\cdots ⓐ$$

ですね。なす角はわかりません。次に

$$\vec{a}\cdot\overrightarrow{\mathrm{OP}}=-\vec{b}\cdot\overrightarrow{\mathrm{OP}}>0$$

ですが

$$\vec{a}\cdot\overrightarrow{\mathrm{OP}}>0 \quad \cdots\cdots ⓑ$$

$$\vec{b}\cdot\overrightarrow{\mathrm{OP}}<0 \quad \cdots\cdots ⓒ$$

$$\vec{a}\cdot\overrightarrow{\mathrm{OP}}=-\vec{b}\cdot\overrightarrow{\mathrm{OP}} \quad \cdots\cdots ⓓ$$

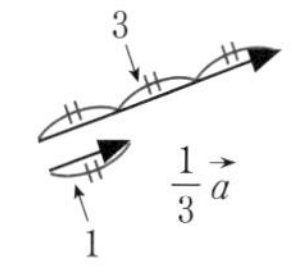

$|\vec{a}|=3$ のとき，$\vec{a}$ の向きの単位ベクトルは $\dfrac{1}{3}\vec{a}$ ですから，一般的には $\dfrac{1}{|\vec{a}|}\vec{a}$ です。でも，なぜか $\dfrac{\vec{a}}{|\vec{a}|}$ と分子にベクトルを乗せる書き方が多いです。

の 3 つの意味がありますね。ⓑで $\vec{a}$ と $\overrightarrow{\mathrm{OP}}$ のなす角を α とすると，$|\vec{a}|=1$ ですから

$$1\cdot|\overrightarrow{\mathrm{OP}}|\cos\alpha>0 \qquad \therefore\ \cos\alpha>0 \qquad \therefore\ 0^\circ<\alpha<90^\circ$$

つまり，「$\vec{a}$ と $\overrightarrow{\mathrm{OP}}$ のなす角は鋭角」とわかります。同様にⓒからは「$\vec{b}$ と $\overrightarrow{\mathrm{OP}}$ のなす角が鈍角」とわかります。**図 1** のような感じですね。ここは角度に関する情報だけで，$\overrightarrow{\mathrm{OP}}$ の大きさは全然わからないですね。

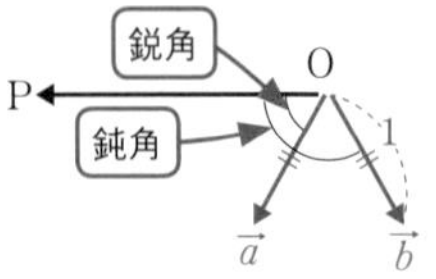

図 1

で，残ったⓓですが，これは……？　少し整理してみましょうか。左右に $\overrightarrow{\mathrm{OP}}$ がありますので，右辺を左辺に移項すると，$\overrightarrow{\mathrm{OP}}$ でくくれます。

$$(\vec{a}+\vec{b})\cdot\overrightarrow{\mathrm{OP}}=0 \quad \cdots\cdots ⓔ$$

> $\vec{a}\cdot\vec{b}=0 \ \underset{○}{\overset{\times}{\rightleftarrows}}\ \vec{a}\perp\vec{b}$
> です。$\vec{a}$ と $\vec{b}$ のなす角を θ とすると
> $\vec{a}\cdot\vec{b}=|\vec{a}||\vec{b}|\cos\theta$
> ですので
> $\vec{a}\cdot\vec{b}=0 \Leftrightarrow \vec{a}=\vec{0}$ または $\vec{b}=\vec{0}$
> または $\vec{a}\perp\vec{b}$

$\vec{a}+\vec{b}$，$\overrightarrow{\mathrm{OP}}$ は $\vec{0}$ ではありません。$\vec{a}+\vec{b}$ が $\vec{0}$ ですと

$$\vec{a}+\vec{b}=\vec{0} \qquad \therefore\ \vec{a}=-\vec{b}$$

ですから，O，A，B が一直線上に並んで三角形になりません。また，ⓑまたはⓒから $\overrightarrow{\mathrm{OP}}\neq\vec{0}$ です。するとⓔは

$$(\vec{a}+\vec{b})\perp\overrightarrow{\mathrm{OP}} \qquad \cdots\cdots ⓔ'$$

という意味を表しています。

さて

$$\vec{a}+\vec{b} \quad (2\text{ つの単位ベクトルの和})$$

って，何を表していますか？　たぶん習ったことはあると思いますが，そんなに頻出でないから，忘れているかも。一般的には $\vec{a}+\vec{b}$ は $\vec{a}$ と $\vec{b}$ が作る平行四辺形の対角線のベクトルを表しますが，今は $|\vec{a}|=|\vec{b}|=1$ ですから，これがひし形の対角線となります（**図 2**）。ですから，$\vec{a}+\vec{b}$ は「∠AOB の二等分線」方向のベクトルを表しています。

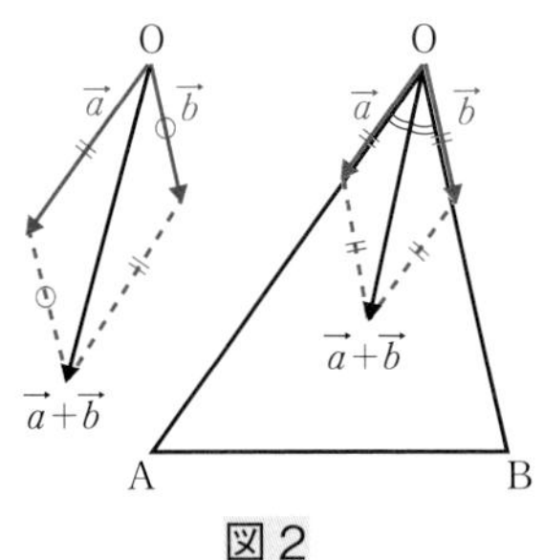

図 2

以上をあわせますと

$\overrightarrow{\mathrm{OP}}$ は∠AOB の二等分線に垂直で
$\vec{a}\,(/\!/\,\overrightarrow{\mathrm{OA}})$ とは鋭角をなし
$\vec{b}\,(/\!/\,\overrightarrow{\mathrm{OB}})$ とは鈍角をなす

ということになり，**図 3** のようになります。

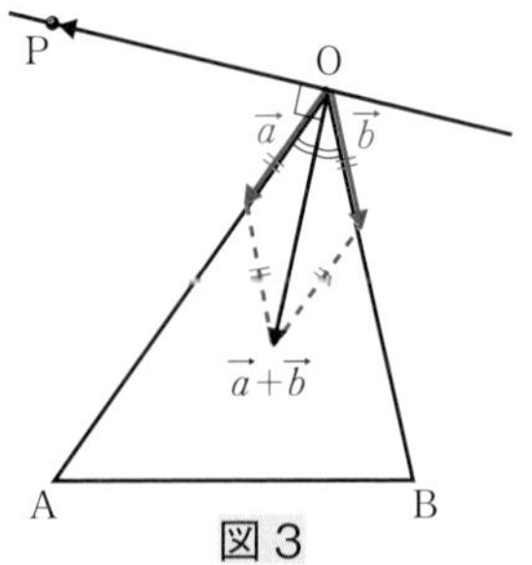

図 3

しかし，$\overrightarrow{\mathrm{OP}}$ の大きさはあいかわらずわかんないですね。

でも，問題文の続きを読むと，$\overrightarrow{\mathrm{OP}}$ の長さはどうでもよいことがわかりますね。「直線 OP に A から下ろした垂線と直線 OP の交点を Q」として，(1)，(2)とも $\overrightarrow{\mathrm{MQ}}$ についての問いであって，P については問われていません。P は Q の方向（$\overrightarrow{\mathrm{OQ}}$ の角度）に関する情報を与えるための点であって，P そのものについては問われていないですね。

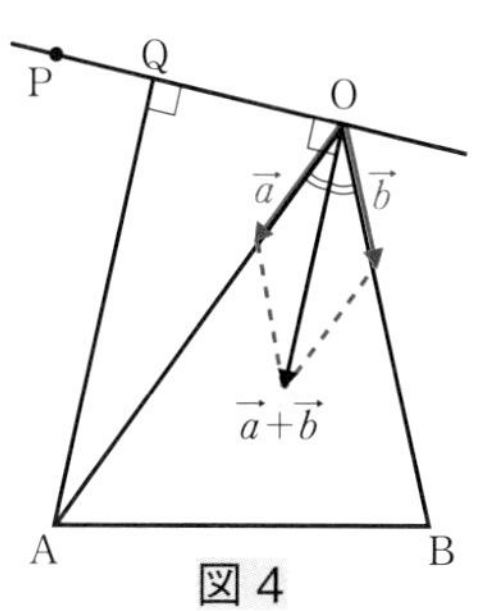

図 4

では頻出ネタの「垂線の足」です。

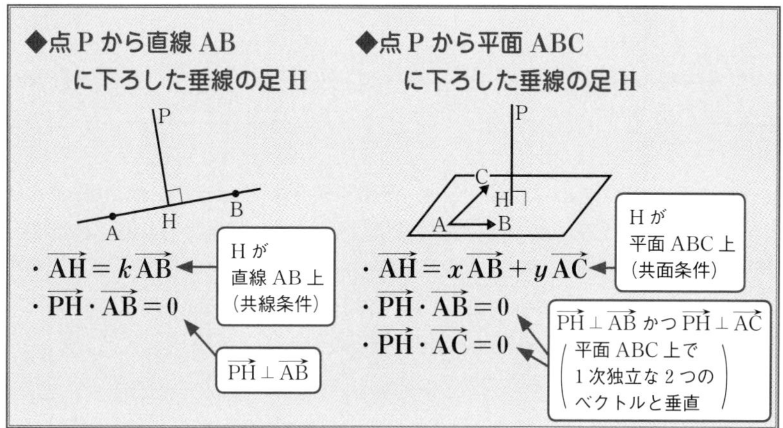

本問は「点 A から直線 OP に下ろした垂線の足 Q」を求めることになり，上のまとめの通りですと

・Q が直線 OP 上　⇨　$\overrightarrow{\mathrm{OQ}} = k\overrightarrow{\mathrm{OP}}$

・$\overrightarrow{\mathrm{AQ}} \perp \overrightarrow{\mathrm{OP}}$　⇨　$\overrightarrow{\mathrm{AQ}} \cdot \overrightarrow{\mathrm{OP}} = 0$

といくわけですが，残念ながら $\overrightarrow{\mathrm{OP}}$ が不明です。そこで，**図 4** を見てみますと

$$\overrightarrow{\mathrm{AQ}} /\!/ (\vec{a} + \vec{b})$$

に気づきますよね。ですから

・$\overrightarrow{\mathrm{AQ}} /\!/ (\vec{a} + \vec{b})$　⇨　$\overrightarrow{\mathrm{AQ}} = k(\vec{a} + \vec{b})$　……ⓕ

・$\overrightarrow{\mathrm{OQ}} \perp (\vec{a} + \vec{b})$　⇨　$\overrightarrow{\mathrm{OQ}} \cdot (\vec{a} + \vec{b}) = 0$　……ⓖ

でイキましょうか。

$\vec{a} \cdot \overrightarrow{\mathrm{OP}} > 0$ より ∠AOP は鋭角であるから，$\mathrm{O} \neq \mathrm{Q}$ ですので，$\overrightarrow{\mathrm{OQ}} \neq \vec{0}$ です。

ⓕより

$$\overrightarrow{OQ}=\overrightarrow{OA}+\overrightarrow{AQ}=|\overrightarrow{OA}|\vec{a}+k(\vec{a}+\vec{b}) \quad \cdots\cdots ⓕ'$$

ですから，ⓖに代入して

$\vec{a}=\dfrac{\overrightarrow{OA}}{|\overrightarrow{OA}|}$ の分母を払って $\overrightarrow{OA}$ を $\vec{a}$ で表しました。

$$\{|\overrightarrow{OA}|\vec{a}+k(\vec{a}+\vec{b})\}\cdot(\vec{a}+\vec{b})=0$$

分配

$$|\overrightarrow{OA}|\vec{a}\cdot(\vec{a}+\vec{b})+k|\vec{a}+\vec{b}|^2=0$$

$$|\overrightarrow{OA}|(|\vec{a}|^2+\vec{a}\cdot\vec{b})+k(|\vec{a}|^2+2\vec{a}\cdot\vec{b}+|\vec{b}|^2)=0$$

ⓐより $|\vec{a}|=|\vec{b}|=1$ ですから

$$|\overrightarrow{OA}|(1+\vec{a}\cdot\vec{b})+k(2+2\vec{a}\cdot\vec{b})=0$$

お，$1+\vec{a}\cdot\vec{b}$ でくくれますね。

$$(|\overrightarrow{OA}|+2k)(1+\vec{a}\cdot\vec{b})=0$$

$$k=-\frac{|\overrightarrow{OA}|}{2} \quad \cdots\cdots ⓗ \quad \text{または} \quad \vec{a}\cdot\vec{b}=-1 \quad \cdots\cdots ⓘ$$

ⓗだと $|\overrightarrow{OA}|$ が何となく大変ですが，一応 k が求まったので，次に進めます。でも，ⓘは困りましたね……。ⓘはあり得ないってわかりますか？ $\vec{a}$，$\vec{b}$ は単位ベクトルですよ。$\vec{a}$，$\vec{b}$ のなす角を θ としましょう。O，A，B が三角形をなすので，$\vec{a}$ と $\vec{b}$ は平行になりません。ですから，$0^\circ<\theta<180^\circ$ ですので

$$-1<\cos\theta<1$$

です。$\vec{a}\cdot\vec{b}=|\vec{a}||\vec{b}|\cos\theta=\cos\theta$ ですから

$$-1<\vec{a}\cdot\vec{b}<1$$

です。ね，ⓘはあり得ないでしょ。

するとⓗをⓕ′に代入して

$$\overrightarrow{OQ}=|\overrightarrow{OA}|\vec{a}+\left(-\frac{|\overrightarrow{OA}|}{2}\right)(\vec{a}+\vec{b})=\frac{|\overrightarrow{OA}|}{2}\vec{a}-\frac{|\overrightarrow{OA}|}{2}\vec{b}$$

です。一方

$\overrightarrow{OM}$ も $\vec{a}$，$\vec{b}$ で表しました。

$$\overrightarrow{OM}=\frac{\overrightarrow{OA}+\overrightarrow{OB}}{2}=\frac{|\overrightarrow{OA}|\vec{a}+|\overrightarrow{OB}|\vec{b}}{2}=\frac{|\overrightarrow{OA}|}{2}\vec{a}+\frac{|\overrightarrow{OB}|}{2}\vec{b}$$

ですから

$$\overrightarrow{MQ}=\overrightarrow{OQ}-\overrightarrow{OM}=\left(\frac{|\overrightarrow{OA}|}{2}\vec{a}-\frac{|\overrightarrow{OA}|}{2}\vec{b}\right)-\left(\frac{|\overrightarrow{OA}|}{2}\vec{a}+\frac{|\overrightarrow{OB}|}{2}\vec{b}\right)$$

$$=-\frac{|\overrightarrow{OA}|+|\overrightarrow{OB}|}{2}\vec{b}$$

となり，

(1)　$\overrightarrow{\mathrm{MQ}} \mathbin{/\!/} \vec{b}$

(2)　$|\overrightarrow{\mathrm{MQ}}| = \left| -\dfrac{|\overrightarrow{\mathrm{OA}}|+|\overrightarrow{\mathrm{OB}}|}{2} \right| \underset{}{\overset{1}{\overset{\|}{|\vec{b}|}}} = \dfrac{|\overrightarrow{\mathrm{OA}}|+|\overrightarrow{\mathrm{OB}}|}{2}$

とイッキに解決です!!

実行

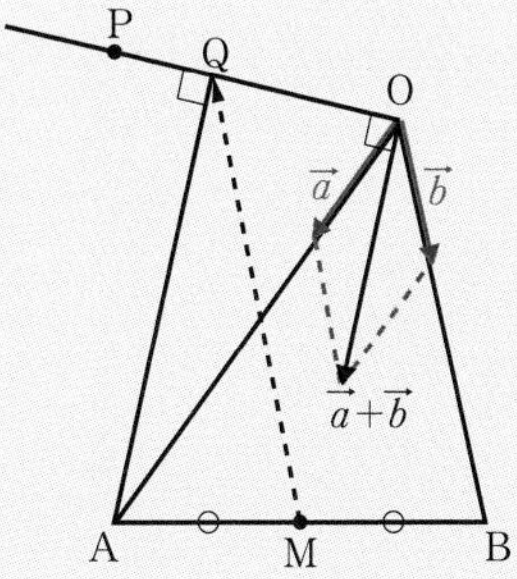

$\vec{a} = \dfrac{\overrightarrow{\mathrm{OA}}}{|\overrightarrow{\mathrm{OA}}|}$，$\vec{b} = \dfrac{\overrightarrow{\mathrm{OB}}}{|\overrightarrow{\mathrm{OB}}|}$ であるから，

$$|\vec{a}| = |\vec{b}| = 1 \quad \cdots\cdots①$$

である。

また，$\vec{a}\cdot\overrightarrow{\mathrm{OP}} = -\vec{b}\cdot\overrightarrow{\mathrm{OP}}$ より，

$$(\vec{a}+\vec{b})\cdot\overrightarrow{\mathrm{OP}} = 0$$

である。O，A，B が三角形をなすことから $\vec{a}+\vec{b} \neq \vec{0}$ であり，$\vec{a}\cdot\overrightarrow{\mathrm{OP}} > 0$ より $\overrightarrow{\mathrm{OP}} \neq \vec{0}$ である。よって，

$$(\vec{a}+\vec{b}) \perp \overrightarrow{\mathrm{OP}}$$

であり，Q は直線 OP 上にあるから，$\vec{a}\cdot\overrightarrow{\mathrm{OP}} > 0$（$\angle\mathrm{AOP}$ は鋭角）にも注意して，

$$(\vec{a}+\vec{b}) \perp \overrightarrow{\mathrm{OQ}} \quad \cdots\cdots②$$

である。

$\overrightarrow{\mathrm{AQ}} \perp \overrightarrow{\mathrm{OQ}}$ であるから，これと②より $\overrightarrow{\mathrm{AQ}} \mathbin{/\!/} (\vec{a}+\vec{b})$ である。よって，k を実数として，

$$\overrightarrow{\mathrm{AQ}} = k(\vec{a}+\vec{b})$$

と表すことができる。このとき，

$$\overrightarrow{\mathrm{OQ}} = \overrightarrow{\mathrm{OA}} + \overrightarrow{\mathrm{AQ}} = |\overrightarrow{\mathrm{OA}}|\vec{a} + k(\vec{a}+\vec{b}) \quad \cdots\cdots③$$

次に，②より $(\vec{a}+\vec{b})\cdot\overrightarrow{\mathrm{OQ}} = 0$ であるから，

$$|\overrightarrow{\mathrm{OA}}|\vec{a}\cdot(a+\vec{b}) + k|\vec{a}+\vec{b}|^2 = 0$$

$$|\overrightarrow{\mathrm{OA}}|(|\vec{a}|^2 + \vec{a}\cdot\vec{b}) + k(|\vec{a}|^2 + 2\vec{a}\cdot\vec{b} + |\vec{b}|^2) = 0$$

①より，

$$|\overrightarrow{\mathrm{OA}}|(1+\vec{a}\cdot\vec{b}) + k(2+2\vec{a}\cdot\vec{b}) = 0$$

$$(|\overrightarrow{\mathrm{OA}}| + 2k)(1+\vec{a}\cdot\vec{b}) = 0 \quad \cdots\cdots④$$

ここで，$\vec{a}$ と $\vec{b}$ のなす角を θ とすると $0^\circ < \theta < 180^\circ$ であり，①より，

$$\vec{a}\cdot\vec{b} = 1\cdot 1\cdot\cos\theta > -1$$

である。よって，④より，

$$k=-\frac{|\overrightarrow{\mathrm{OA}}|}{2}$$

であるから，③に代入して，

$$\overrightarrow{\mathrm{OQ}}=|\overrightarrow{\mathrm{OA}}|\vec{a}-\frac{|\overrightarrow{\mathrm{OA}}|}{2}(\vec{a}+\vec{b})=\frac{|\overrightarrow{\mathrm{OA}}|}{2}\vec{a}-\frac{|\overrightarrow{\mathrm{OA}}|}{2}\vec{b} \quad \cdots\cdots⑤$$

一方，

$$\overrightarrow{\mathrm{OM}}=\frac{\overrightarrow{\mathrm{OA}}+\overrightarrow{\mathrm{OB}}}{2}=\frac{|\overrightarrow{\mathrm{OA}}|}{2}\vec{a}+\frac{|\overrightarrow{\mathrm{OB}}|}{2}\vec{b} \quad \cdots\cdots⑥$$

であるから，⑤，⑥より，

$$\overrightarrow{\mathrm{MQ}}=\overrightarrow{\mathrm{OQ}}-\overrightarrow{\mathrm{OM}}=-\frac{|\overrightarrow{\mathrm{OA}}|+|\overrightarrow{\mathrm{OB}}|}{2}\vec{b} \quad \cdots\cdots⑦$$

(1)　⑦より $\overrightarrow{\mathrm{MQ}} /\!/ \vec{b}$ である。　(証明おわり)

(2)　⑦より，

$$|\overrightarrow{\mathrm{MQ}}|=\frac{|\overrightarrow{\mathrm{OA}}|+|\overrightarrow{\mathrm{OB}}|}{2}|\vec{b}|=\frac{|\overrightarrow{\mathrm{OA}}|+|\overrightarrow{\mathrm{OB}}|}{2}$$

(証明おわり)

検討　さて，いかがだったでしょうか？　パッと見は普通のベクトルの問題に見えたかもしれませんが，しっかり **理解** で設定を把握した上で，さらによくある「垂線の足」とは条件がちがいますので，**計画** の方もなかなかの難しさだったのではないでしょうか。

問題文がベクトルで表現されていますので，**理解** はさっきのようにやらないとしょうがないのですが，**計画** は逃げ道があります。垂直がありますので，**3 座標**はどうでしょう。

O を原点とする座標軸で，OP を x 軸とすると $\vec{a}+\vec{b}$ が y 軸となり，図 5 のようになります。すると，直線 OP(x 軸) に点 A から下ろした垂線の足 Q は x 軸上で

(Q の x 座標) = (A の x 座標)

となります。いい感じですね。

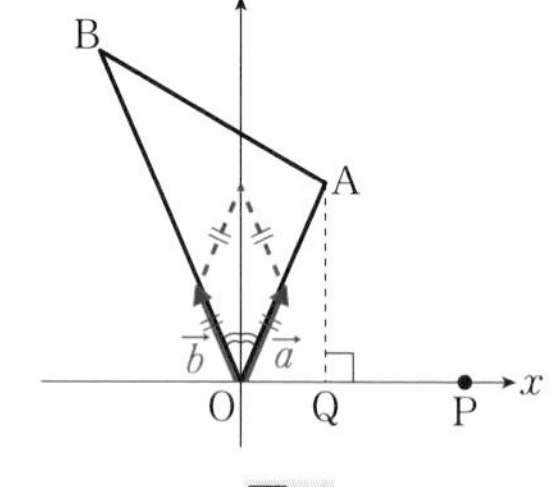

図 5

じゃあ，$\overrightarrow{\mathrm{OA}}$ と x 軸の正方向がなす角と $\overrightarrow{\mathrm{OB}}$ と x 軸の負方向がなす角が同じですから，これを $\theta(0^\circ<\theta<90^\circ)$ として，OA $=a$，OB $=b$ としましょうか。図 6 のようになり

$$\mathrm{A}(a\cos\theta,\ a\sin\theta)$$
$$\mathrm{B}(-b\cos\theta,\ b\sin\theta)$$
$$\mathrm{Q}(a\cos\theta,\ 0)$$
$$\mathrm{M}\left(\frac{a\cos\theta-b\cos\theta}{2},\ \frac{a\sin\theta+b\sin\theta}{2}\right)$$

となります。

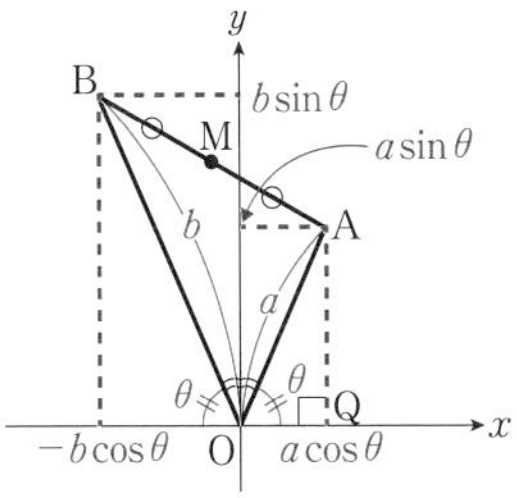

図 6

直線 MQ の傾きは

$$\frac{\dfrac{a\sin\theta+b\sin\theta}{2}-0}{\dfrac{a\cos\theta-b\cos\theta}{2}-a\cos\theta}=\frac{\dfrac{a+b}{2}\sin\theta}{-\dfrac{a+b}{2}\cos\theta}=-\frac{\sin\theta}{\cos\theta}=-\tan\theta$$

OB が x 軸の正方向となす角は $180^\circ-\theta$ ですから直線 OB の傾きは

$$\tan(180^\circ-\theta)=-\tan\theta$$

これで(1)の

$$\mathrm{MQ}\ /\!/\ \mathrm{OB}$$

がいえます。

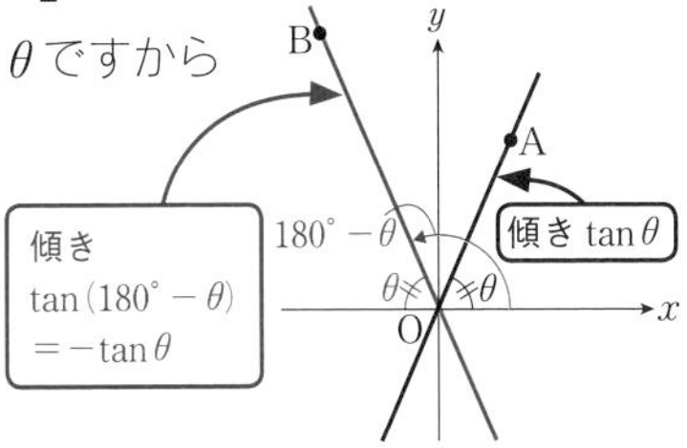

図 7

また，(2)の 2 点間の距離 MQ は

$$\begin{aligned}\mathrm{MQ}&=\sqrt{\left(\frac{a\cos\theta-b\cos\theta}{2}-a\cos\theta\right)^2+\left(\frac{a\sin\theta+b\sin\theta}{2}-0\right)^2}\\&=\sqrt{\left(-\frac{a+b}{2}\cos\theta\right)^2+\left(\frac{a+b}{2}\sin\theta\right)^2}\\&=\sqrt{\left(\frac{a+b}{2}\right)^2(\cos^2\theta+\sin^2\theta)}\\&=\frac{a+b}{2}\\&=\frac{\mathrm{OA}+\mathrm{OB}}{2}\end{aligned}$$

これでイケました。ベクトルの解答よりラクではないでしょうか。問題文の“見た目(ベクトル)”に意識を引っ張られすぎてはイケませんね。阪大の数学で大切なことです。

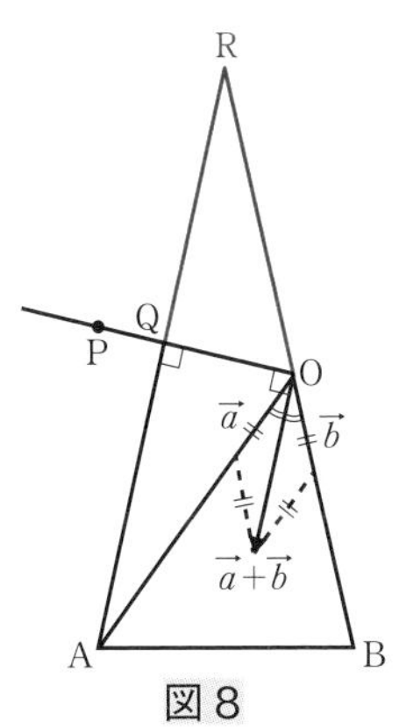

図 8

さらに，**1 幾何**でもできます。幾何ではひとつの方針として，

直線を延長する

というのがあります。いろいろやらないと見つからないのですが，いろいろ線を引いてみて，図8のように

線分 OB と線分 AQ を延長

してみたとしてください。交点をRとして，何か気づきますか？

$\triangle$OAR は二等辺三角形

なんです。気づきましたか？

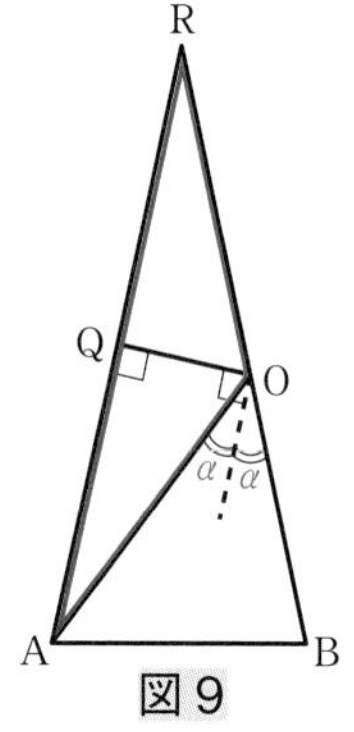

図9

文字をおいておきましょう。図9のように角 α をおくと

$$\angle \mathrm{AOQ} = 90^\circ - \alpha$$
$$\angle \mathrm{ROQ} = 180^\circ - (\alpha + 90^\circ) = 90^\circ - \alpha$$

ですから

$$\angle \mathrm{AOQ} = \angle \mathrm{ROQ} (= 90^\circ - \alpha)$$

ですね。

$$\angle \mathrm{OQA} = \angle \mathrm{OQR} = 90^\circ,\ \mathrm{OQ}\ 共通$$

ですから，2角とその間の辺の長さが等しいので

$\triangle \mathrm{OAQ} \equiv \triangle \mathrm{ORQ}$　（図10）

です。

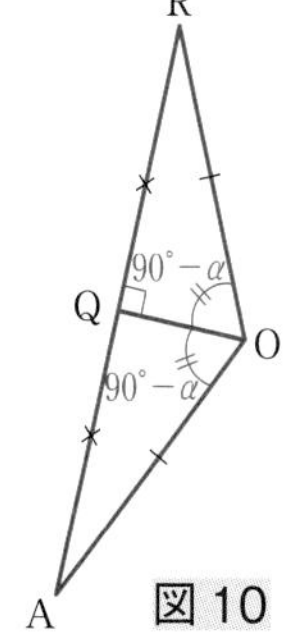

図10

すると

$$\mathrm{AQ} = \mathrm{RQ}$$

ですから…，そうなんです。

中点連結定理

なんです！

$\mathrm{MQ} /\!/ \mathrm{BR}$ より $\overrightarrow{\mathrm{MQ}} /\!/ \vec{b}$

$$\mathrm{MQ} = \frac{1}{2}\mathrm{BR} = \frac{1}{2}(\mathrm{OR} + \mathrm{OB}) = \frac{1}{2}(\mathrm{OA} + \mathrm{OB})$$

で，(1)，(2)とも解決です。カッコいいですね。幾何が得意な人でないと，思いつくのはキビシイと思いますが，阪大の数学の奥行きを味わってもらうために，こちらの解答も載せておきますね。

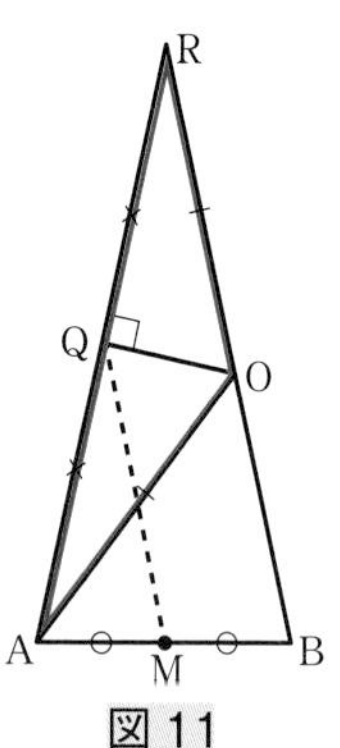

図11

実行

〈別解1――座標〉

$\vec{a}\cdot\overrightarrow{OP}=-\vec{b}\cdot\overrightarrow{OP}$ より,

$$(\vec{a}+\vec{b})\cdot\overrightarrow{OP}=0$$

である。O, A, B が三角形をなすことから, $\vec{a}+\vec{b}\neq\vec{0}$ であり, $\vec{a}\cdot\overrightarrow{OP}>0$ より $\overrightarrow{OP}\neq\vec{0}$ であるから,

$$(\vec{a}+\vec{b})\perp\overrightarrow{OP}$$

である。

$|\vec{a}|=|\vec{b}|=1$ であるから, $\vec{a}+\vec{b}$ は ∠AOB を二等分する。また, $\vec{a}\cdot\overrightarrow{OP}>0$, $\vec{b}\cdot\overrightarrow{OP}<0$ より, $\overrightarrow{OP}$ と $\vec{a}$ のなす角は鋭角, $\overrightarrow{OP}$ と $\vec{b}$ のなす角は鈍角である。

よって, O を原点とする座標平面において, 右の図のように点 A, B, P とおくことができて, $\mathrm{OA}=a$, $\mathrm{OB}=b$, $\angle\mathrm{AOP}=\theta\,(0^\circ<\theta<90^\circ)$ とおくと,

$$\mathrm{A}(a\cos\theta,\ a\sin\theta),\ \mathrm{B}(-b\cos\theta,\ b\sin\theta)$$

と表せる。このとき,

$$\mathrm{Q}(a\cos\theta,\ 0),\ \mathrm{M}\left(\frac{(a-b)\cos\theta}{2},\ \frac{(a+b)\sin\theta}{2}\right)$$

である。

(1) $$\overrightarrow{MQ}=\left(a\cos\theta-\frac{(a-b)\cos\theta}{2},\ 0-\frac{(a+b)\sin\theta}{2}\right)$$
$$=\left(\frac{a+b}{2}\cos\theta,\ -\frac{a+b}{2}\sin\theta\right)$$
$$=-\frac{a+b}{2}(-\cos\theta,\ \sin\theta)$$
$$=-\frac{a+b}{2}\vec{b}\quad\cdots\cdots①$$

であるから,

$$\overrightarrow{MQ}\parallel\vec{b}$$

(証明おわり)

検討 でやりましたように, (1)は直線 MQ, OB の傾き, (2)は 2 点 M, Q の距離で証明できますし, このようにベクトルの成分でやることもできます。

(2) ①より,

$$|\overrightarrow{MQ}|=\frac{a+b}{2}|\vec{b}|=\frac{1}{2}(|\overrightarrow{OA}|+|\overrightarrow{OB}|)$$

(証明おわり)

〈別解 2 ——幾何〉

(1), (2) $\vec{a}\cdot\overrightarrow{\mathrm{OP}}=-\vec{b}\cdot\overrightarrow{\mathrm{OP}}$ より,

$$(\vec{a}+\vec{b})\cdot\overrightarrow{\mathrm{OP}}=\vec{0}$$

である。O, A, B が三角形をなすことから, $\vec{a}+\vec{b}\neq\vec{0}$ であり, $\vec{a}\cdot\overrightarrow{\mathrm{OP}}>0$ より $\overrightarrow{\mathrm{OP}}\neq\vec{0}$ であるから,

$$(\vec{a}+\vec{b})\perp\overrightarrow{\mathrm{OP}}$$

である。

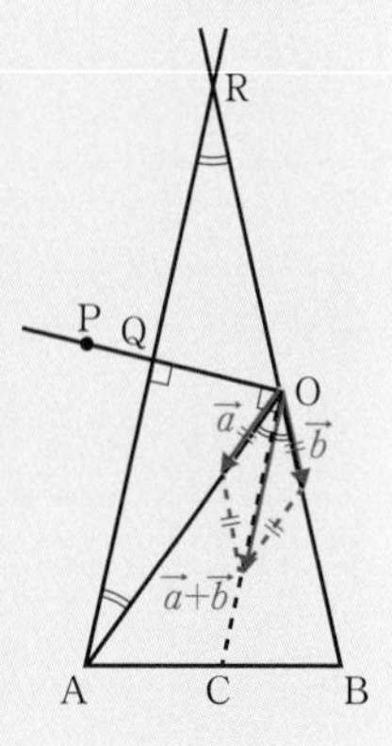

$|\vec{a}|=|\vec{b}|=1$ であるから, $\vec{a}+\vec{b}$ は$\angle$AOB を二等分する。また, $\vec{a}\cdot\overrightarrow{\mathrm{OP}}>0$, $\vec{b}\cdot\overrightarrow{\mathrm{OP}}<0$ より, $\overrightarrow{\mathrm{OP}}$ と $\vec{a}$ のなす角は鋭角, $\overrightarrow{\mathrm{OP}}$ と $\vec{b}$ のなす角は鈍角である。

$\angle$AOB の二等分線と辺 AB の交点を C とおくと, OP $\perp$ OC, OP $\perp$ AQ より,

$$\mathrm{OC}\parallel\mathrm{AQ}$$

である。よって, 直線 OB と直線 AQ の交点を R とおくと,

$$\begin{aligned}\angle\mathrm{OAQ}&=\angle\mathrm{AOC} \quad \longleftarrow \text{錯角}\\&=\angle\mathrm{BOC} \quad \longleftarrow \text{角の二等分}\\&=\angle\mathrm{ORQ} \quad \longleftarrow \text{同位角}\end{aligned}$$

であり, $\angle\mathrm{OQA}=\angle\mathrm{OQR}=90^\circ$, OQ 共通であるから,

$$\triangle\mathrm{OAQ}\equiv\triangle\mathrm{ORQ}$$

である。ゆえに,

$$\mathrm{AQ}=\mathrm{RQ},\ \mathrm{OA}=\mathrm{OR}$$

である。

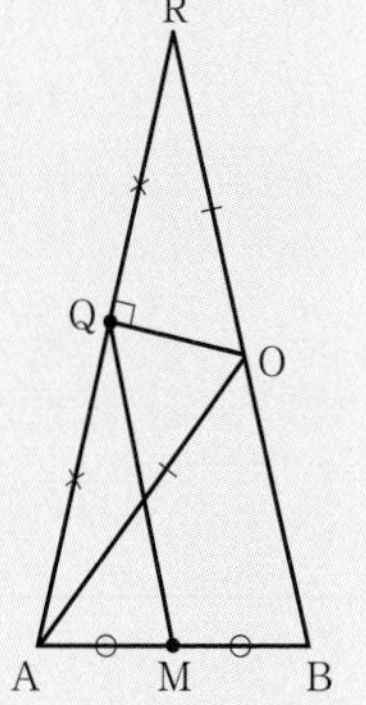

検討 でやりましたように, 角 α をおくと扱い易くなりますが, ここでは α を表に出さずに幾何っぽく解答してみました。

したがって, M は線分 AB の中点, Q は線分 AR の中点であるから, 中点連結定理より,

$$\mathrm{MQ}\parallel\mathrm{BR},\ \mathrm{MQ}=\frac{1}{2}\mathrm{BR}=\frac{1}{2}(\mathrm{OR}+\mathrm{OB})=\frac{1}{2}(\mathrm{OA}+\mathrm{OB})$$

すなわち,

$$\overrightarrow{\mathrm{MQ}}\parallel\vec{b},\ |\overrightarrow{\mathrm{MQ}}|=\frac{1}{2}(|\overrightarrow{\mathrm{OA}}|+|\overrightarrow{\mathrm{OB}}|)$$

(証明おわり)

テーマ

20 平面図形④

問題 20 ★★★ 30分

1辺の長さが1の正方形ABCDの辺BC，CD，DA，AB上に，それぞれ点P，Q，R，Sを

$$\angle APB = \angle QPC,\ \angle PQC = \angle RQD,\ \angle QRD = \angle SRA$$

となるようにとる。ただし，点P，Q，R，Sは，どれも正方形ABCDの頂点とは一致しないものとする。

以下の問いに答えよ。

(1) 線分BPの長さtのとりうる値の範囲を求めよ。

(2) 直線APと直線RSの交点をTとする。四角形PQRTの面積を線分BPの長さtについての関数と考えて$f(t)$で表す。$f(t)$の最大値を求めよ。

（阪大・理系・06前）

理解 とりあえず正方形ABCDを描いてみましょう。P，Q，R，Sの位置に関して条件があるのですが，パッとはわかりません。ですから，まずはテキトーに辺BC，CD，DA，AB上に点P，Q，R，Sを書き込みます。(図1)。ここに

$\angle APB = \angle QPC$ …

$\angle PQC = \angle RQD$ …

$\angle QRD = \angle SRA$ …

を書き込んでみました。どのペアの角も全然等しくないですね(笑)。

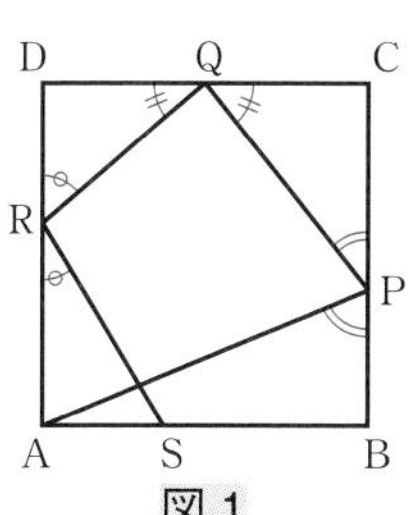

図1

では，やり直してみましょう。図2です。Pを図1と同じところにとり，ちゃんと

$\angle APB = \angle QPC$ …

となるように線をのばすと……あらら？ Qが辺CD上ではなく，CDの延長上に来てしまいましたね。これはマズい。

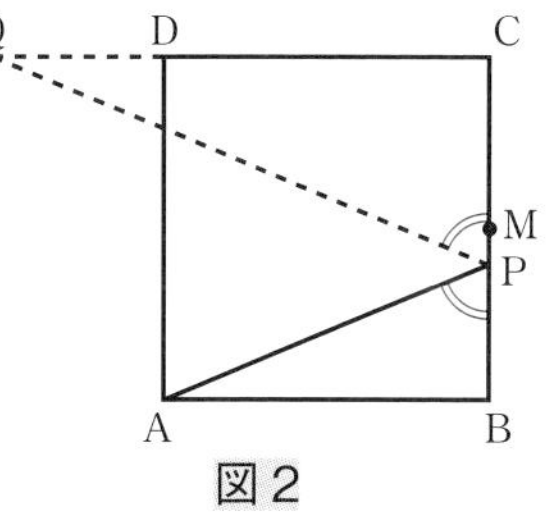

図2

Qが辺CD上にくるためには，辺BCの中点をMとして，線分CM上にPをとらないとダメなようですね。図3のようになります。

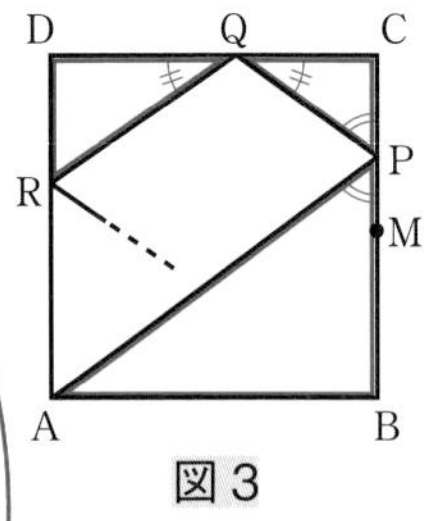

図3

実は，さらにSが辺AB上にくるためには，「線分CM上にPをとる」ではダメで，もっとCに近くとる必要があります。これが(1)の問いなんでしょうね。あとで考えましょう。

これでQが辺CD上にとれて，ついでに

$\angle PQC = \angle RQD$ …

となるようにRをとりますと……

$\triangle ABP \backsim \triangle QCP \backsim \triangle QDR$

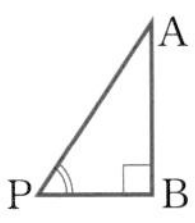

に気づきましたか？

ということで

$\angle APB = \angle QPC = \angle QRD$ …

$\angle PAB = \angle PQC = \angle RQD$ …

となり，さらにSをとると，図4のようになりました。

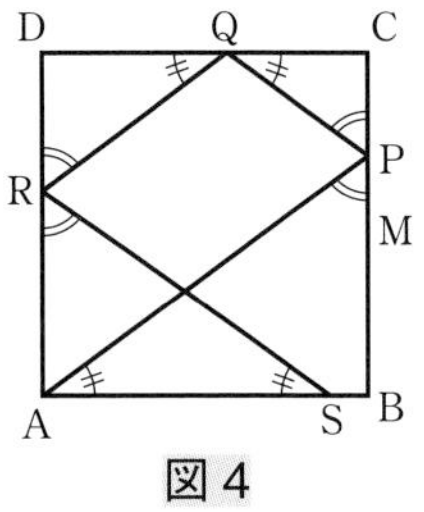

図4

さて，いろいろできそうなのですが，これは阪大でたまに出題される「反射」のネタですので，「反射」の処理の方法を勉強しましょうか。

直線での反射 ➡ 反射面で折り返す
曲線での反射 ➡ 二等辺三角形を作る

というのがあります。たとえば本問で，A → P → Q の折れ線は，光がAから出て，BCで反射して，Qに進むのと同じ動きですよね。そこで，辺BCに関して，正方形ABCDと線分PQを折り返すと

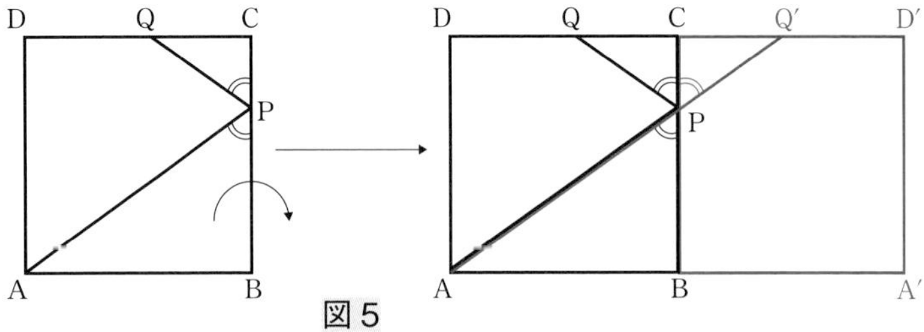

図5

このように光がまっすぐ進むようになります。

$$\angle \mathrm{APB} \underset{\text{反射}}{=} \angle \mathrm{QPC} \underset{\text{折り返し}}{=} \angle \mathrm{Q'PC}$$

ですので,

$$\angle \mathrm{APB} = \angle \mathrm{Q'PC}$$

となり，3点A，P，Q′は一直線上にあることになります。

次に，Q→Rを追加しますと

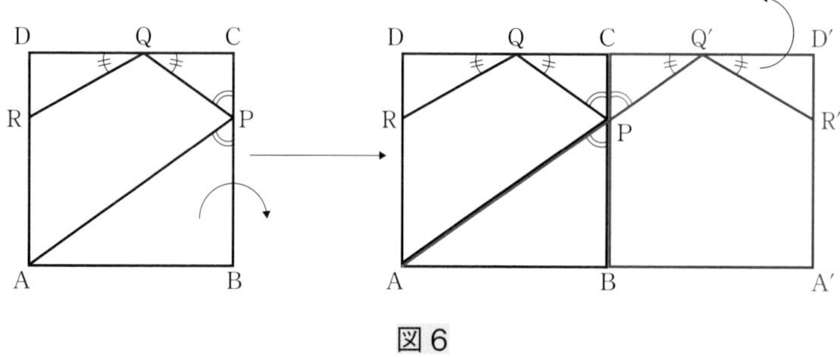

図6

となります。そこで，また辺CD′に関して，正方形A′BCD′と線分Q′R′を折り返すと，図7のように4点A，P，Q′，R″が一直線上になります。

最後に，R→Sを追加して，辺D′A″に関して折り返すと，折れ線APQRSは一直線になります。次のページの図8です。

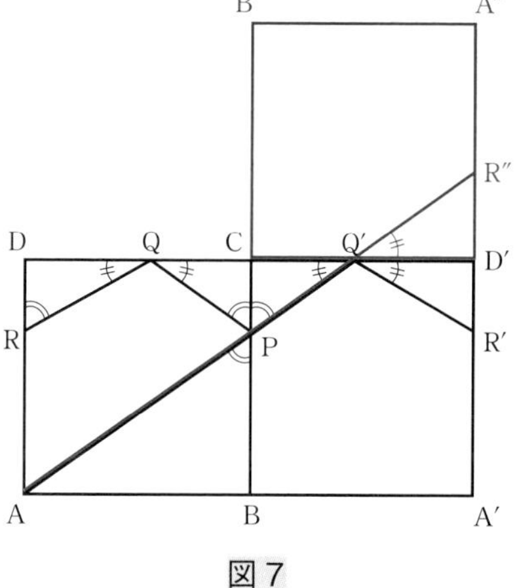

図7

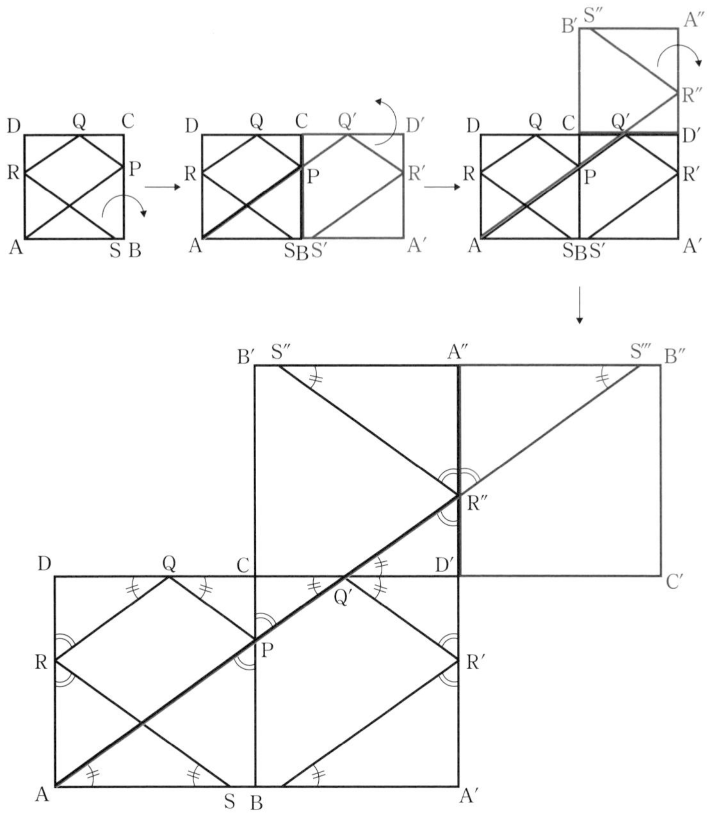

図8

これで完成です。

Pは辺BC上，Qは辺CD上，Rは辺DA上，Sは辺AB上にありますから，この図では

Pは辺BC上，Q′は辺CD′上，

R″は辺D′A″上，S‴は辺A″B″上

……(＊)

にあります。では，直線AS‴を動かしてみましょう。Aは定点ですから，図9のようになります。

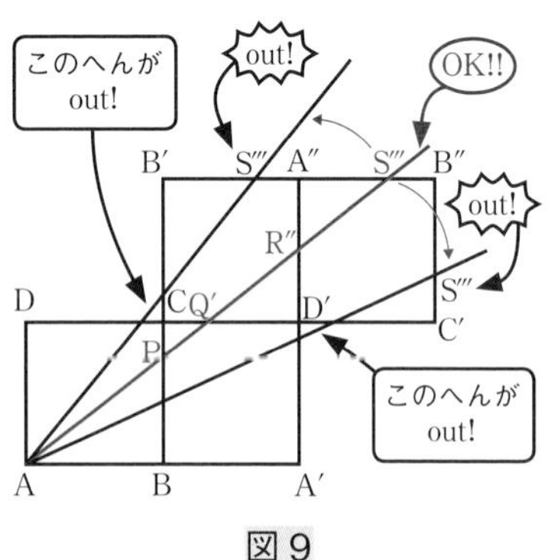

図9

ということで，直線 AS‴ の動ける範囲を考えますと，(1)の BP＝t のとり得る値の範囲は，**図 10** より

$$\frac{2}{3}<t<1$$

となります。下限が $\frac{2}{3}$ は大丈夫ですか？

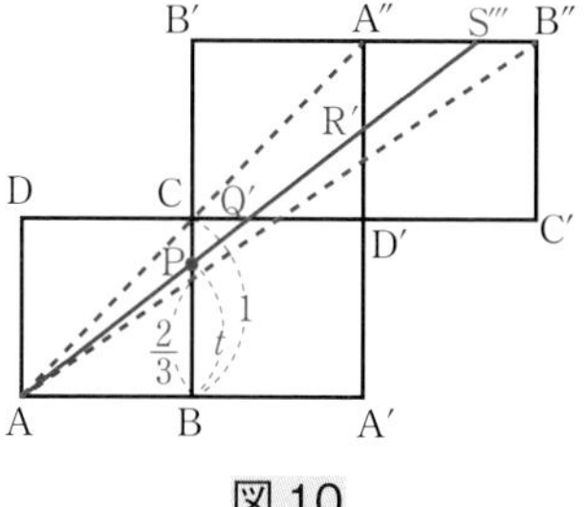

図 10

図 11 であたり前ですね。三角形の相似でイケます。もしくは赤い線のように座標を入れてもよいですね。直線 AB″ の傾きが $\frac{2}{3}$ ですから，$t>\frac{2}{3}$ がわかります。

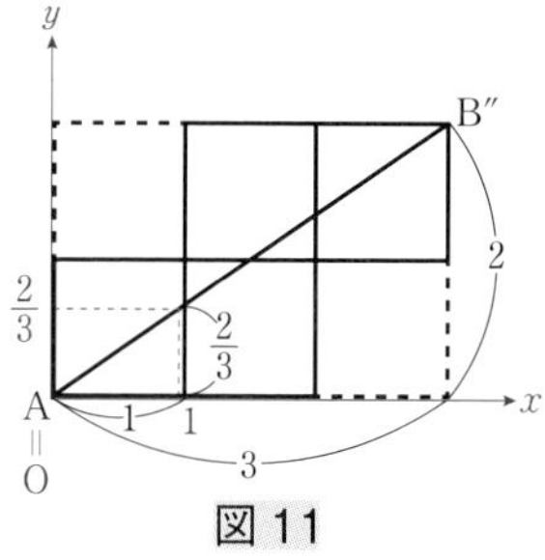

図 11

(1)はできちゃいましたね。次は(2)です。**図 4** を描き直して，直線 AP と直線 RS の交点 T を書き込みますと，**図 12** のようになります。四角形 PQRT は平行四辺形ですね。この面積を BP＝t の式で表したいわけですが，どうしましょう？

まず相似な直角三角形だらけですから，正方形 ABCD の面積から，これらの面積を引いていく手がありますね。こんなふうに

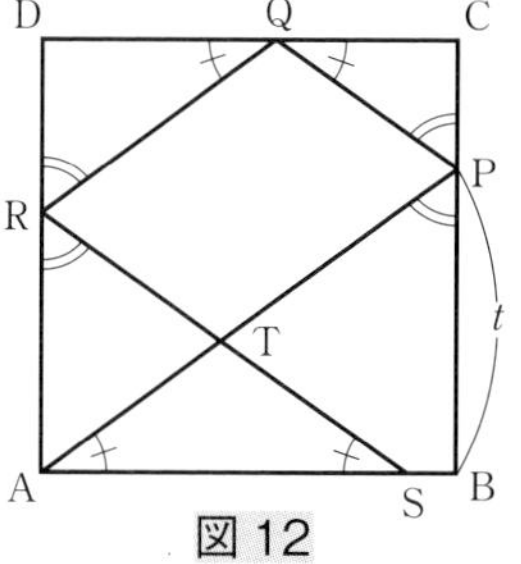

図 12

$f(t)=$ D C 1 A 1 B $-$ P t A 1 B $-$ P C Q $-$ R Q D $-$ R A S $+$ T A S

これらの三角形はすべて ⓣ ①

ですので，**図 13** のように $\mathrm{BP}=t$ から順に長さが決まっていきます。ですから

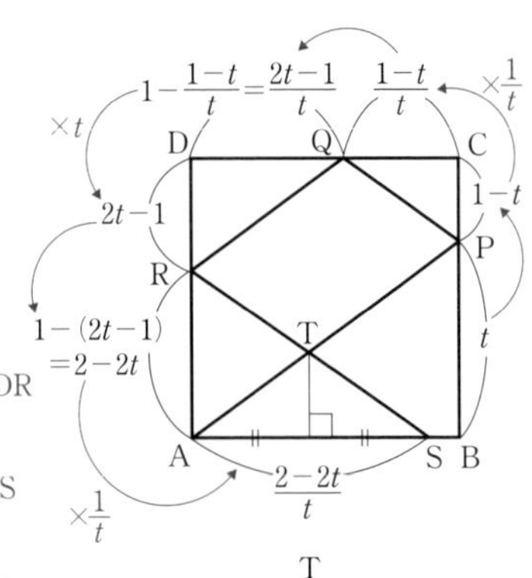

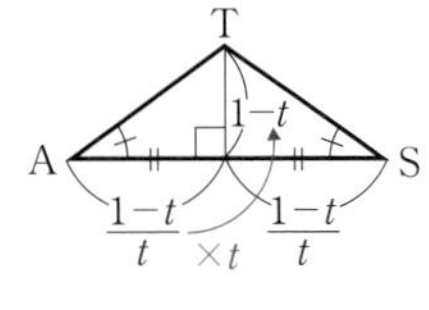

図 13

$$f(t)=1^2-\frac{1}{2}\cdot 1\cdot t \quad \leftarrow \triangle\mathrm{ABP}$$

$$-\frac{1}{2}(1-t)\frac{1-t}{t} \quad \leftarrow \triangle\mathrm{PCQ}$$

$$-\frac{1}{2}\cdot\frac{2t-1}{t}(2t-1) \quad \leftarrow \triangle\mathrm{QDR}$$

$$-\frac{1}{2}(2-2t)\frac{2-2t}{t} \quad \leftarrow \triangle\mathrm{RAS}$$

$$+\frac{1}{2}\cdot\frac{2-2t}{t}(1-t) \quad \leftarrow \triangle\mathrm{TAS}$$

$$=1-\frac{1}{2}t-\left(\frac{1}{2}\cdot\frac{1}{t}-1+\frac{1}{2}t\right)$$

$$-\left(2t-2+\frac{1}{2}\cdot\frac{1}{t}\right)-\left(\frac{2}{t}-4+2t\right)$$

$$+\left(\frac{1}{t}-2+t\right)$$

$$=6-4t-\frac{2}{t}$$

求まりました！　あとは微分でもいいし

$$f(t)=6-2\left(2t+\frac{1}{t}\right)$$

と見ると，$t>0$ ですから「相加・相乗」もイケるかもしれません。$\frac{2}{3}<t<1$ ですので，等号成立条件がこの範囲にあるかどうか，ですね。

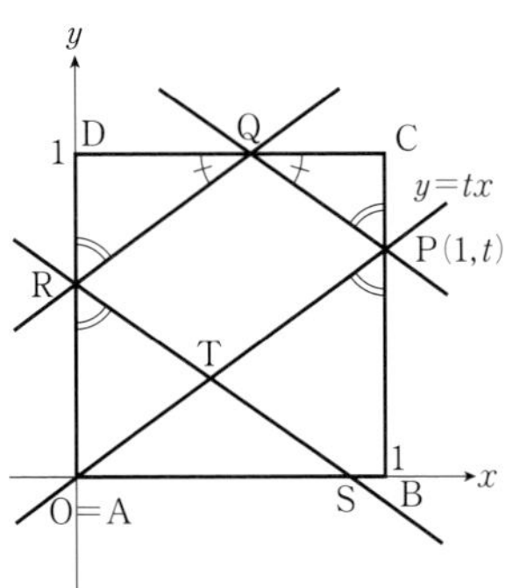

さて，**図 11** でちょっと座標を入れてみましたので，これも試してみましょう。

直線 AP は原点 O と $\mathrm{P}(1,\ t)$ を通る直線ですから，傾きは t で

直線 AP：$y=tx$

ですね。そうしますと，直線 PQ は「反射」ですから傾きが $-t$ で，P を通る直線ですので

直線 PQ：$y=-t(x-1)+t \quad \therefore \quad y=-tx+2t$

これと直線 CD：$y=1$ との交点が Q ですので，$y=1$ として

$$1=-tx+2t \qquad \therefore \quad x=2-\frac{1}{t} \qquad \therefore \quad \mathrm{Q}\left(2-\frac{1}{t},\ 1\right)$$

このようにして，R，S，T の座標を順に求めることができます。

　ということで，平行四辺形 PQRT の 4 つの頂点の座標がわかりますので，

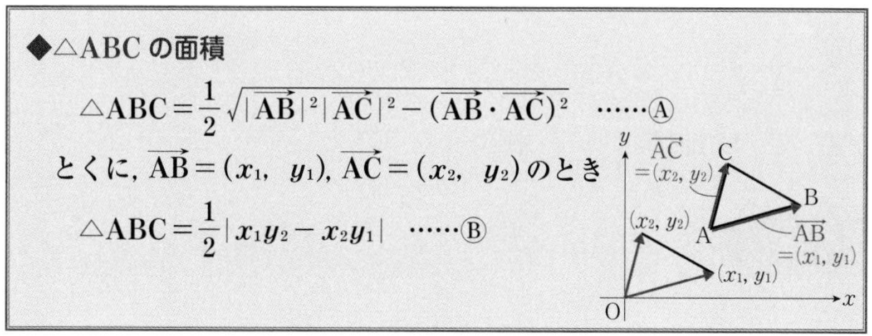

◆△ABC の面積

$$\triangle \mathrm{ABC} = \frac{1}{2}\sqrt{|\overrightarrow{\mathrm{AB}}|^2|\overrightarrow{\mathrm{AC}}|^2 - (\overrightarrow{\mathrm{AB}}\cdot\overrightarrow{\mathrm{AC}})^2} \quad \cdots\cdots Ⓐ$$

とくに，$\overrightarrow{\mathrm{AB}} = (x_1,\ y_1)$，$\overrightarrow{\mathrm{AC}} = (x_2,\ y_2)$ のとき

$$\triangle \mathrm{ABC} = \frac{1}{2}|x_1y_2 - x_2y_1| \quad \cdots\cdots Ⓑ$$

を使いましょうか。そうそう，その前にこの公式の証明は大丈夫ですか？確認しますよ。まず Ⓐ は

$$\triangle \mathrm{ABC} = \frac{1}{2}\mathrm{AB}\cdot\mathrm{AC}\sin A$$

（ベクトルは sin がニガ手なので cos に直します。）

$$= \frac{1}{2}|\overrightarrow{\mathrm{AB}}||\overrightarrow{\mathrm{AC}}|\sqrt{1-\cos^2 A}$$

（$\sqrt{}$ の中に $|\overrightarrow{\mathrm{AB}}|$，$|\overrightarrow{\mathrm{AC}}|$ を入れる）

$$= \frac{1}{2}\sqrt{|\overrightarrow{\mathrm{AB}}|^2|\overrightarrow{\mathrm{AC}}|^2(1-\cos^2 A)}$$

（後ろの項を $(\quad)^2$ でまとめる）

$$= \frac{1}{2}\sqrt{|\overrightarrow{\mathrm{AB}}|^2|\overrightarrow{\mathrm{AC}}|^2 - (|\overrightarrow{\mathrm{AB}}||\overrightarrow{\mathrm{AC}}|\cos A)^2}$$

（$|\overrightarrow{\mathrm{AB}}||\overrightarrow{\mathrm{AC}}|\cos A = \overrightarrow{\mathrm{AB}}\cdot\overrightarrow{\mathrm{AC}}$）

$$= \frac{1}{2}\sqrt{|\overrightarrow{\mathrm{AB}}|^2|\overrightarrow{\mathrm{AC}}|^2 - (\overrightarrow{\mathrm{AB}}\cdot\overrightarrow{\mathrm{AC}})^2}$$

です。少し覚えにくいですが，共通テストでも使うことがありますので覚えておきましょう。また，Ⓑ は「図形と式（座標）」で習う公式

> 3 点 $(0,\ 0)$，$(x_1,\ y_1)$，$(x_2,\ y_2)$ を 3 頂点とする三角形の面積
>
> $$S = \frac{1}{2}|x_1y_2 - x_2y_1| \quad \cdots\cdots Ⓒ$$

（図：y，$(x_2,\ y_2)$，S，$(x_1,\ y_1)$，O，x）

と同じ形になります。ベクトルの成分とは「始点を原点に移動させたときの終点の座標」ですから，「$\overrightarrow{\mathrm{AB}} = (x_1,\ y_1)$，$\overrightarrow{\mathrm{AC}} = (x_2,\ y_2)$」とは「A を原点 O に移動させたときの B の座標が $(x_1,\ y_1)$，C の座標が $(x_2,\ y_2)$」ということになり，この図と設定が一致するわけです。Ⓒ の式のままですと，三角形の頂点の 1 つが原点 O でないと使えませんが，Ⓐ → Ⓑ として理解しておけば，座標平面のどんな三角形に対しても使えますよね。

今回は平行四辺形 PQRT の面積ですから，対角線 PR で 2 つの三角形に分ければ，

$$f(t) = 2\triangle\mathrm{PQR}$$

ですから，$\overrightarrow{\mathrm{RP}}$，$\overrightarrow{\mathrm{RQ}}$ の成分がわかればよい。すなわち，P，Q，R の座標がわかればよいです。T，S の座標はサボれますね。

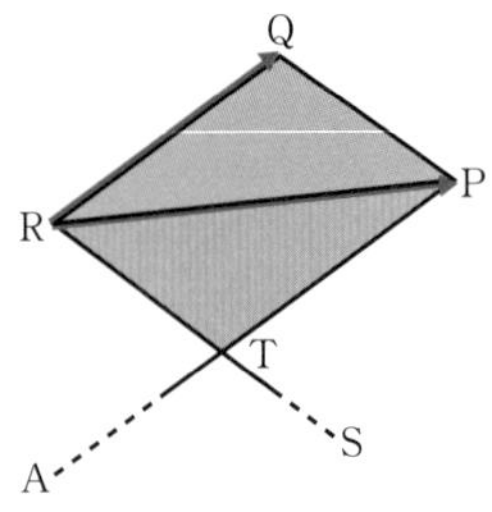

実行

座標平面において，

$$\mathrm{A}(0,\ 0),\ \mathrm{B}(1,\ 0),\ \mathrm{C}(1,\ 1),\ \mathrm{D}(0,\ 1)$$

とおく。

(1) 正方形ABCDを辺BCに関して折り返したものを正方形A′BCD′とし，このとき点Q, R, Sの移った点をそれぞれQ′, R′, S′とする。次に正方形A′BCD′を辺CD′に関して折り返したものを正方形A″B′CD′とし，このとき点R′, S′の移った点をそれぞれR″, S″とする。最後に正方形A″B′CD′を辺A″D′に関して折り返したものを正方形A″B″C′D′とし，このとき点S″の移った点をS‴とする。このとき，

$$\angle\mathrm{APB} = \angle\mathrm{Q'PC},\ \angle\mathrm{PQ'C} = \angle\mathrm{R''Q'D'},\ \angle\mathrm{Q'R''D'} = \angle\mathrm{S'''R''A''}$$

であるから，5 点 A，P，Q′，R″，S‴ は同一直線上にある。

BP$=t$ のとき，P$(1,\ t)$ であるから，

直線 AS‴：$y = tx$

であり，

直線 AA″：$y = x$

直線 AB″：$y = \dfrac{2}{3}x$

である。よって，t のとり得る値の範囲は

点 P が辺 BC 上

点 Q′ が辺 CD′ 上

点 R″ が辺 A″D′ 上

点 S‴ が辺 A″B″ 上

にあることから，

$$\boldsymbol{\frac{2}{3} < t < 1}$$

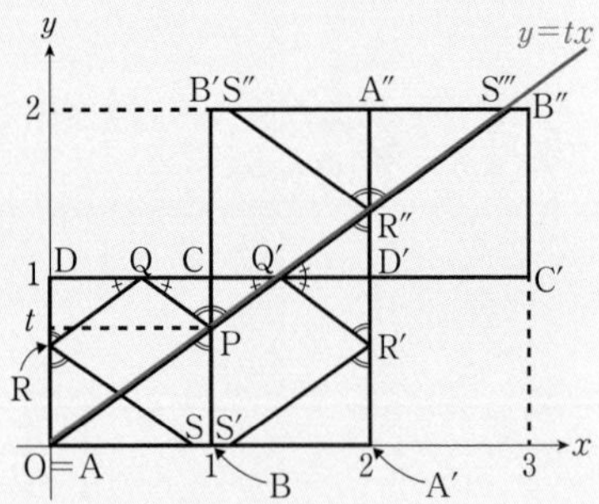

(2)の座標をここで求めて

P$(1,\ t)$，Q$\left(2-\dfrac{1}{t},\ 1\right)$

R$(0,\ -2t+2)$，S$\left(-2+\dfrac{3}{t},\ 0\right)$

から，$0<t<1$，$0<2-\dfrac{1}{t}<1$

$0<-2t+2<1$，$0<-2+\dfrac{2}{t}<1$

としても求まります。

(2) BP$=t$のとき，

$$\mathrm{P}(1,\ t)$$

$\angle\mathrm{APB}=\angle\mathrm{QPC}$より，直線PQの傾きは$-t$であるから，

$$\text{直線PQ}:y=-t(x-1)+t \qquad \therefore\quad y=-tx+2t$$

であり，これと直線CD：$y=1$の交点がQであるから，

$$\mathrm{Q}\left(2-\frac{1}{t},\ 1\right)$$

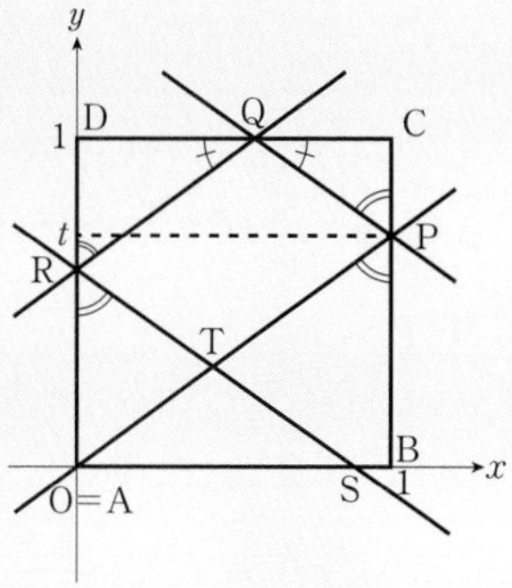

である。さらに$\angle\mathrm{PQC}=\angle\mathrm{RQD}$より，直線QRの傾きは$t$であるから，

$$\text{直線QR}:y=t\left(x-2+\frac{1}{t}\right)+1$$

$$\therefore\quad y=tx-2t+2$$

であり，これと直線AD：$x=0$の交点がRであるから，

$$\mathrm{R}(0,\ -2t+2)$$

である。

$\angle\mathrm{QRD}=\angle\mathrm{SRA}$より直線RSの傾きは$-t$であり，これは直線PQの傾きに等しい。さらに，直線APと直線QRの傾きはともにtであるから，四角形PQRTは平行四辺形である。

$$\overrightarrow{\mathrm{RP}}=(1,\ 3t-2),\ \overrightarrow{\mathrm{RQ}}=\left(2-\frac{1}{t},\ 2t-1\right)$$

であるから，

$$f(t)=2\triangle\mathrm{PQR}=2\cdot\frac{1}{2}\left|1\cdot(2t-1)-(3t-2)\left(2-\frac{1}{t}\right)\right|$$

$$=\left|6-\left(4t+\frac{2}{t}\right)\right|$$

(1)の結果より，$\dfrac{2}{3}<t<1$であるから，

$$6-\left(4t+\frac{2}{t}\right)=\frac{-4t^2+6t-2}{t}=-\frac{2(2t-1)(t-1)}{t}>0$$

である。よって，

$$f(t)=6-\left(4t+\frac{2}{t}\right)$$

$t>0$であるから，相加平均と相乗平均の大小関係を用いて，

$$f(t)=6-\left(4t+\frac{2}{t}\right)\leqq 6-2\sqrt{4t\cdot\frac{2}{t}}=6-4\sqrt{2}$$

等号成立は$4t=\dfrac{2}{t}$すなわち$t=\dfrac{\sqrt{2}}{2}$のときであり，

$$\frac{\sqrt{2}}{2}-\frac{2}{3}=\frac{3\sqrt{2}-4}{6}=\frac{\sqrt{18}-\sqrt{16}}{6}>0 \qquad \therefore \quad \frac{\sqrt{2}}{2}>\frac{2}{3}$$

であるから，これは $\frac{2}{3}<t<1$ をみたしている。したがって，$f(t)$ の最大値は

$\mathbf{6-4\sqrt{2}}$

$\frac{\sqrt{2}}{2}$ と $\frac{2}{3}$ の大小は「パッとはわからないかな？」と思い，一応書きました。$\sqrt{2}=1.4\cdots$ は自明にしてよいので，書かなくても大丈夫。

検討

「反射」は昔の阪大でいくつか出題されていて

直線での反射は 1974 年，1990 年(後)

曲線での反射は 1985 年(文系)，1994 年

でして，本問は久々の出題ということになりますね。東大でも何度か出題があるのですが，この

という発想は一度見たことがないと，試験場で自力で思いつくのは難しいと思い，ここで取り上げました。

曲線での反射は，放物線の性質である

> 軸に平行に入ってきた光は，
> 放物線に反射した後，焦点を通る。

ことの証明が，よく問題集などに載っていますね。たとえば

放物線 $C: y^2=4px \quad (p>0)$

とすると，焦点 $\mathrm{F}(p,\ 0)$ です。$\mathrm{P}(pt^2,\ 2pt)$ における C の接線を計算すると

$ty=x+pt^2$

となり，この直線と x 軸の交点を Q とすると，$\mathrm{Q}(-pt^2,\ 0)$ です。ここで FP の長さと FQ の長さを計算すると

$\mathrm{FP}=\mathrm{FQ} \ (=p(1+t^2))$

が示せます。△FPQ が二等辺三角形ですので，図のように点 S，T をおくと

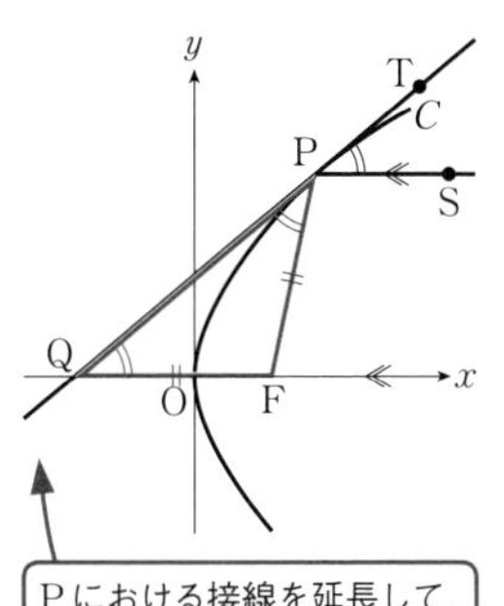

Pにおける接線を延長して，放物線 C の軸（x 軸）との交点 Q をとるところが急所です。

$\angle\mathrm{FPQ}=\angle\mathrm{FQP}=\angle\mathrm{SPT}$

（↑ △FPQ が二等辺三角形　↑ 同位角）

ということで，Sがどこであっても，Sを通りx軸に平行に入った光は放物線Cで反射した後，その焦点Fを通ることが示せました。

このように

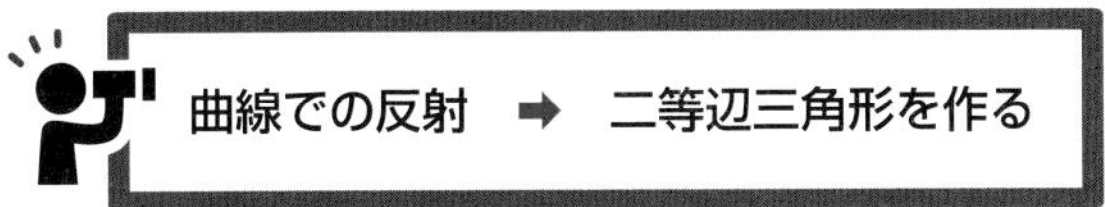

がポイントになります。

阪大の1994年の問題は3次関数が素材になっていて，3次関数のグラフでの反射では，このような一般的な性質は成り立たないので

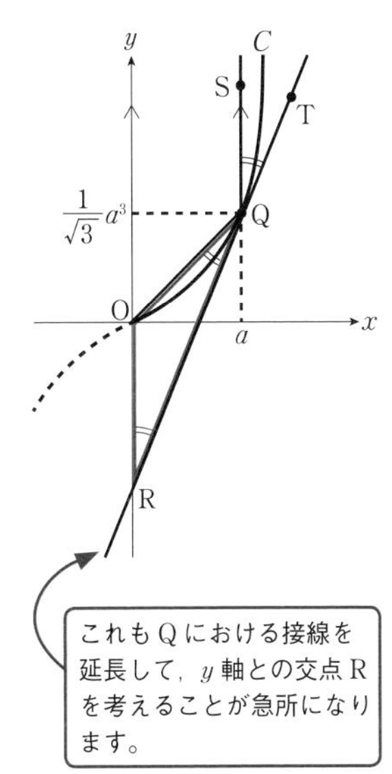

> 曲線C：$y=\dfrac{1}{\sqrt{3}}x^3 \quad (x>0)$
>
> に対し，原点OからC上の点Q$\left(a,\ \dfrac{1}{\sqrt{3}}a^3\right)$に向かって進み，Qで反射したあと，$y$軸に平行に進む

ようなaの値を求めよ，というものでした。

これも，QにおけるCの接線を計算すると

$$y=\sqrt{3}\,a^2x-\frac{2\sqrt{3}}{3}a^3$$

となり，これとy軸との交点をRとすると，R$\left(0,\ -\dfrac{2\sqrt{3}}{3}a^3\right)$です。で，図のようにS，Tをおきますと，条件より

SQ // y軸

ですから

$$\angle \mathrm{OQR} = \angle \mathrm{SQT} = \angle \mathrm{ORQ}$$

（↑反射　↑同位角）

よって，△OQRは二等辺三角形ですので

$$\mathrm{OQ}=\mathrm{OR}$$

からaの値を求めます。ちなみに$a=1$となります。

第6章

立体図形

プロローグ

さて，平面図形に続いて立体図形です。ご存知のように，阪大は数学Ⅲの積分で，立体の体積を求める問題が頻出です。そのとき，かなり難しい立体を扱うことがあります。ここでは，まだ数学Ⅲにはふみこまずに，数学Ⅰ·A · Ⅱ·Bの範囲で出題された阪大の過去問で，立体図形を攻略する方法を修得しましょう。

立体図形というと，「うわーニガ手」とか「全然カタチがわかりません」という人が多いですね。僕も人のことをいえた立場ではなく，工学部機械系で，設計製図を習ったのですが，いまだに立体図形を板書するときに，困っています。たまに模試の答案なんかで，ものすごくキレイな立体図形を描いている人を見て，花マルをあげたくなります(笑)。美術部とかの方なんでしょうか。また，中学受験でも必要なので，「小学生のとき，塾で習った」なんて人もおられるでしょう。その人は得意かもしれませんね。だいたい，ヘタをすると中学受験の方が難しい形の立体が出ているかもしれません。回転体ですと，大学受験では基本的に「1回転」ですが，中学受験だと「半回転」とかあるみたいですもんね。

でも，大学受験ではそんな高度な立体把握能力はいりません。もちろんそういう能力があるに越したことはないですが，ニガ手な人でも大丈夫です。平面図形に比べると，「理解」のための手数が増えるだけでひとつひとつの作業は単純ですので，一手一手進めていくだけです。一番大切なのは，

立体図形ではナナメから見た図(立体図)だけでなく，
まっすぐ見た図(平面図)をたくさん描く。

ことです。問題集や参考書の解答は必要最小限の図が載っていて，あれを見ると「自分もこの程度で立体が把握できないといけないんだ」と思ってしまうかもしれません。実際，図形が得意な人はあれで充分把握できるんでしょうね。でも，僕を含め，ニガ手な人は，いっぱい図を描けばいいんです。解答用紙には最小限の図でよいですが，「理解」の段階を計算用紙で

やっているときは，とにかくその立体をいろいろな方向から見た“まっすぐな図”を描きましょう。あと，自分で勉強しているときは，色鉛筆もよいですよ。本書は2色刷りですし，試験のときは黒一色ですが，自分で勉強しているときは，何枚かの図の共通する線や，共通する面に色を塗っていくと，図と図の関連がよくわかります。ニガ手な人は試してみてください。

あとのコツとしましては，

面対称な図形は対称面で切れ

と，

重ねてから切るな，切ってから重ねろ

でしょうか。これはあとで，実際の問題の中で説明しましょう。

こうして立体が把握できたら，次の「計画」なわけですが，これは平面図形と同じです。ちがいは「平面図形に落とし込める」か「立体のまま扱うしかない」かでアプローチが分かれて

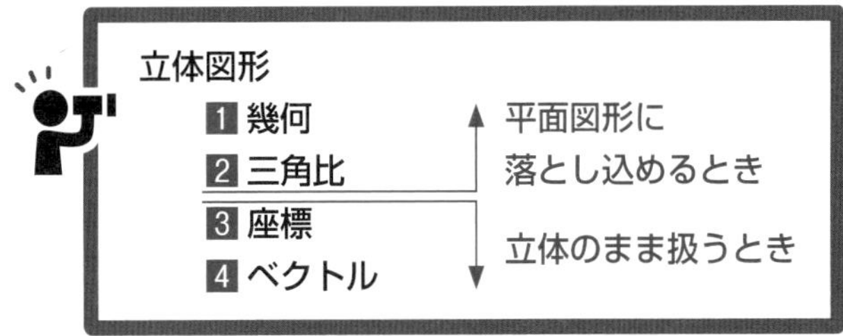

となります。立体図形は平面図形に落とし込めると，円だったり，正三角形，直角三角形といった，基本的な図形の組合せになることが多く，こうなれば，**1 幾何**や**2 三角比**の出番です。逆に平面図形に落とし込めない場合は，**3 座標**か**4 ベクトル**になりますね。といっても，高校数学で習う空間座標では「2点間の距離」，「球面の方程式」，あとは簡単な「平面の方程式($z=1$など)」くらいしか道具がありません。ですから，**3 座標**を使うのは，どこかに垂直な部分があって，それをx軸，y軸にのっけるとか，面対称になっている立体の対称面をyz平面におくとかいった場合になります。一般的な四面体などは，**4 ベクトル**で扱うことになりそうですね。

では，阪大の昔の問題で試してみましょう。

1辺の長さが1の正四面体の内部に互いに外接する2つの球P，Qがある。球Pは正四面体の4面全部に接し，球Qは正四面体の3面に接しているとする。

(1) 球Pの半径を求めよ。

(2) 球Qの半径を求めよ。　　（阪大・理系・83）

正四面体の頂点をO，A，B，Cとして，正四面体は面対称ですから

面対称な図形は対称面で切れ

ですね。

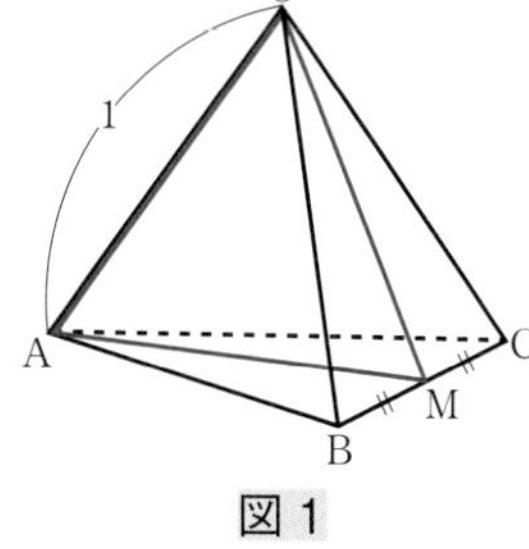

図1

辺BCの中点をMとして，△OAMはどんな形になりますか？　今回はていねいにやりますが，有名な切り口ですからパッとかけるようにしておいてくださいね。

OA＝1

です。AMとOMはともに1辺の長さが1の正三角形である△ABCと△OBCの中線ですから

$$AM = OM = \frac{\sqrt{3}}{2}$$　（図2）

図2

です。ですから△OAMは二等辺三角形ですが，どんな二等辺三角形でしょう？　ものさしで測って，正確に再現してもよいですが，「等脚四面体」ってご存知ですか？

四面体PQRSがPQ＝PR＝PSのとき，Pから平面QRSに下ろした垂線の足は△QRSの外心に一致する。

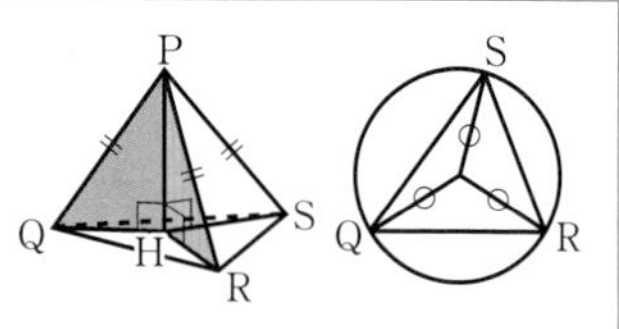

ってネタなんですけど，証明はカンタンで，3つの直角三角形△PQH，△PRH，△PSHが斜辺と他の一辺(PHが共通)がそれぞれ等しく，合同なので，

HQ＝HR＝HS

ですよね。

正四面体も等脚四面体の一種です。OA＝OB＝OCですから，Oから

平面 ABC に下ろした垂線の足は，△ABC の外心に一致します。正四面体の底面は正三角形ですから，これは重心でもありますね。G としましょうか。すると，

$$\mathrm{AG}:\mathrm{GM}=2:1 \quad (\text{図3})$$

ですから，△OAM は図 4 のようになります。思ったより開いて（∠OMA が大きい）ませんか？

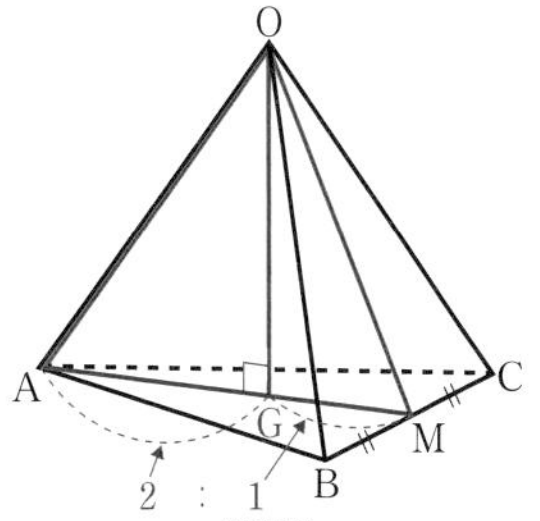

図 3

図 1 ですと正三角形くらいに見えますし，図 3 の AG : GM もどう見ても 2 : 1 には見えません。このように「ナナメから見た図」は情報が不正確です。そもそも 3 次元のものを 2 次元に描いているわけですから，しょうがないですよね。だからこそ，「まっすぐ見た図」を描くわけです。そのときに幾何的な考察をしながら，なるべく正確な図を描いていきましょう。ということで

$$\mathrm{AG}=\frac{2}{3}\mathrm{AM}=\frac{\sqrt{3}}{3},\ \mathrm{GM}=\frac{1}{3}\mathrm{AM}=\frac{\sqrt{3}}{6}$$

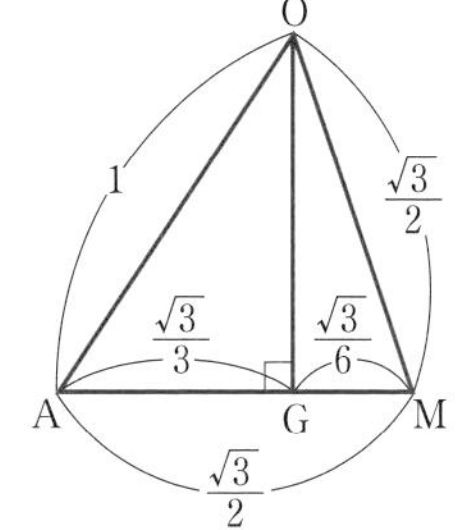

図 4

であり，四面体 OABC の高さ OG が，三平方の定理から

$$\mathrm{OG}=\sqrt{\mathrm{OA}^2-\mathrm{AG}^2}=\sqrt{1-\left(\frac{\sqrt{3}}{3}\right)^2}=\frac{\sqrt{6}}{3}$$

と求まりますので，四面体は OABC の体積などが求められます。

では，次に球 P を書きましょうか。図 4 に球 P の断面を書き込めますか？　ナナメから見た図は図 5 のようになりますね。ま上から見たとき，図 6 みたいになることはないでしょうから（笑），きっと図 7 のようになりますよね。つまり，球 P の中心を $\mathrm{O_P}$ とすると，$\mathrm{O_P}$ は線分 OG 上にあり，球 P は G で△ABC に接しているはずです。図 8 のようになります。

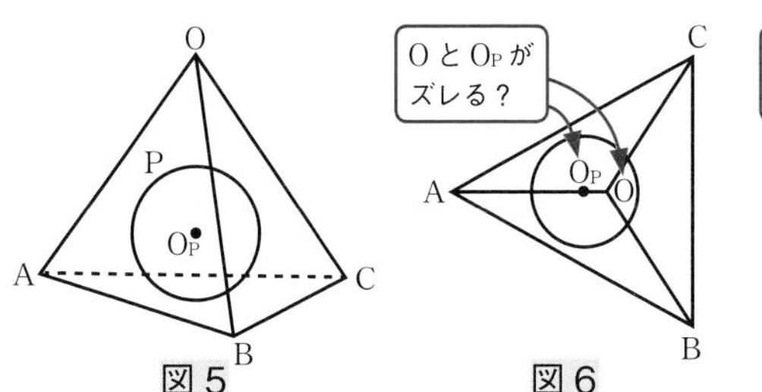

図 5　図 6

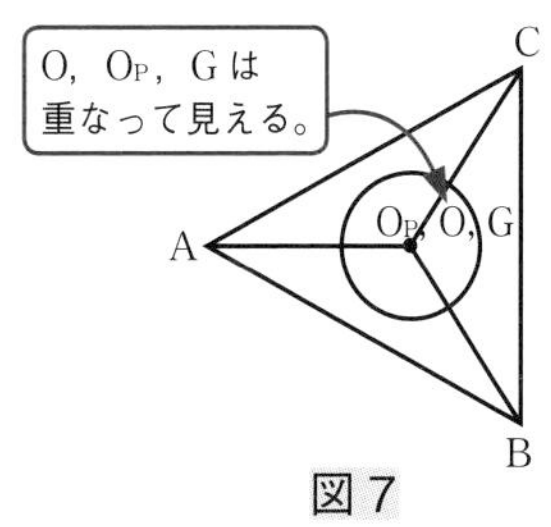

図 7

これは，四面体をAから見ても同じですので，△OBCの重心をHとすると，O_Pは線分AH上にもありますから，結局O_Pは線分OGと線分AHの交点で図9のようになり，対称面OAMでの切り口は図10のようになります。

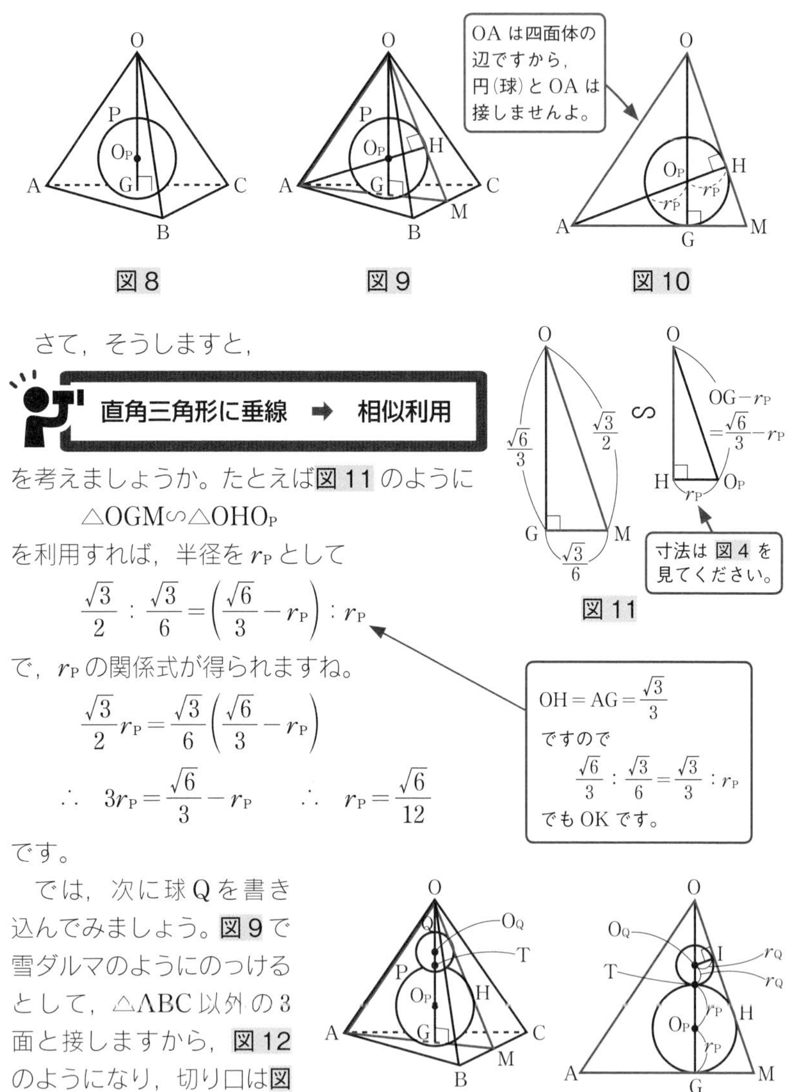

図8　図9　図10

さて，そうしますと，

直角三角形に垂線 ➡ 相似利用

を考えましょうか。たとえば図11のように

$$\triangle \mathrm{OGM} \backsim \triangle \mathrm{OHO_P}$$

を利用すれば，半径をr_Pとして

$$\frac{\sqrt{3}}{2}:\frac{\sqrt{3}}{6}=\left(\frac{\sqrt{6}}{3}-r_P\right):r_P$$

で，r_Pの関係式が得られますね。

$$\frac{\sqrt{3}}{2}r_P=\frac{\sqrt{3}}{6}\left(\frac{\sqrt{6}}{3}-r_P\right)$$

$$\therefore\quad 3r_P=\frac{\sqrt{6}}{3}-r_P\qquad \therefore\quad r_P=\frac{\sqrt{6}}{12}$$

です。

図11

では，次に球Qを書き込んでみましょう。図9で雪ダルマのようにのっけるとして，△ABC以外の3面と接しますから，図12のようになり，切り口は図13のようになりますね。

図12　図13

球 Q の中心を O_Q，球 P との接点を T としました。

これも，球 Q の切り口である円と，線分 OM の接点を I とおきますと，上と同様に，図 14 のように

$$\triangle OGM \backsim \triangle OIO_Q$$

が見つかります。球 Q の半径を r_Q とすると

$$\frac{\sqrt{3}}{2} : \frac{\sqrt{3}}{6} = \left(\frac{\sqrt{6}}{6} - r_Q\right) : r_Q$$

で，r_Q の関係式が得られますので

$$r_Q = \frac{\sqrt{6}}{24}$$

が求められます。

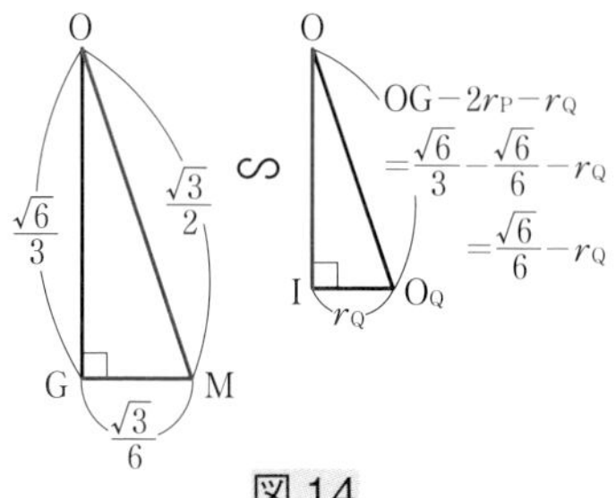

図 14

さて，これで解けたのですが，せっかくですのでプラス α を。この問題は，僕が受験生のときにすでに問題集に載っていて，そのとき感動した解法を。もう一度図 12，図 13 を見てください。何か気づきますか？ 一度見たことがないと思いつかないと思いますが，2 球 P，Q の接点 T を通り平面 ABC に平行な平面で，四面体 OABC を分割しちゃうんです。どうなりますか？ 切り口の正三角形を△A′B′C′ とすると，図 15 のように正四面体 OABC に内接する球 P と正四面体 OA′B′C′ に内接する球 Q で，相似になってるんです！

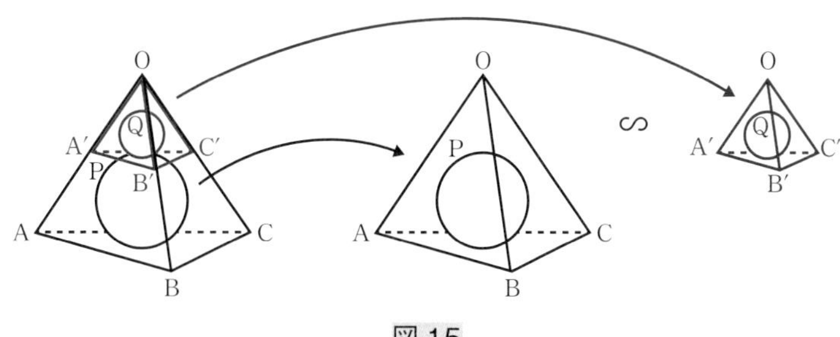

図 15

相似比は，切り口である△OAMで考えて(**図 16**)，

$$\mathrm{OG}:\mathrm{OT}=\frac{\sqrt{6}}{3}:\left(\frac{\sqrt{6}}{3}-2r_{\mathrm{P}}\right)=\frac{\sqrt{6}}{3}:\left(\frac{\sqrt{6}}{3}-\frac{\sqrt{6}}{6}\right)$$

$$=\frac{\sqrt{6}}{3}:\frac{\sqrt{6}}{6}=2:1$$

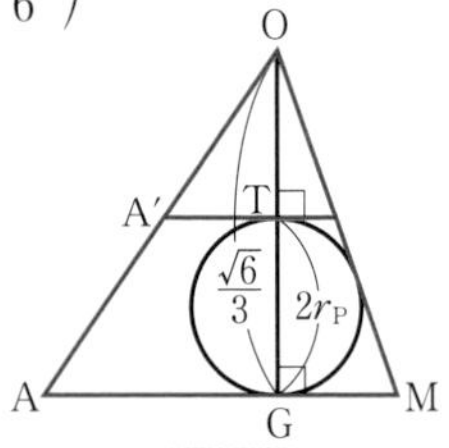

です。たしかに，$r_{\mathrm{P}}=\frac{\sqrt{6}}{12}$，$r_{\mathrm{Q}}=\frac{\sqrt{6}}{24}$ でしたから

$$r_{\mathrm{P}}:r_{\mathrm{Q}}=2:1$$

となっています！

図 16

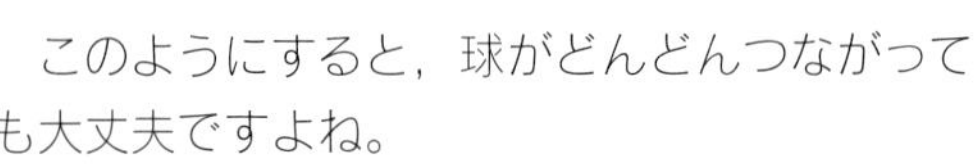

このようにすると，球がどんどんつながっても大丈夫ですよね。

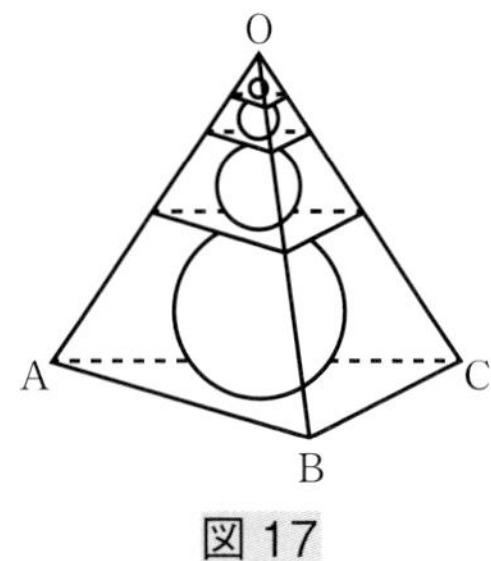

図 17

半径は

$$r_{\mathrm{P}},\ \frac{1}{2}r_{\mathrm{P}}\,(=r_{\mathrm{Q}}),\ \left(\frac{1}{2}\right)^2 r_{\mathrm{P}},\ \cdots$$

となっていきます。実際，阪大ではありませんが，阪大のこの出題の後に，これで無限等比級数の問題が出題されたりもしています。球はすべて相似，正四面体もすべて相似ですから，このように

いくつかの図形をまとめて相似

に気づくとよいですね。

ね，たくさん「まっすぐ見た図」を描いたでしょ。このように立体図形は，平面図形に比べるとたくさん図を描かないといけないので，手数は増えますが，ひとつひとつはカンタンな図形であることがほとんどですから，作業をトバそうとしたり，思考を停止させず，一歩一歩進んでいきましょう。

では，解答です。

正四面体をOABCとし，球QはOを含む3面で接しているとする。

(1)　球Pの中心をO_P，半径をr_Pとする。

図形の対称性から，球Pは△ABC，△OBCと，それぞれの重心G，Hで接している。辺BCの中点をMとし，平面OAMによる切り口を考えると，

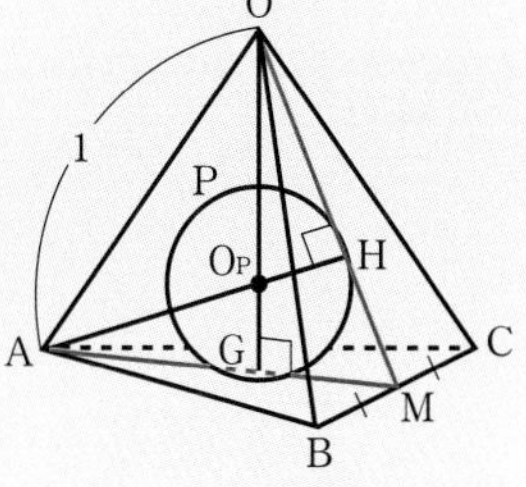

$$OM=AM=\frac{\sqrt{3}}{2}$$

であり，

$$GM=\frac{1}{3}AM=\frac{\sqrt{3}}{6}$$

だから，△OGMに三平方の定理を用いて，

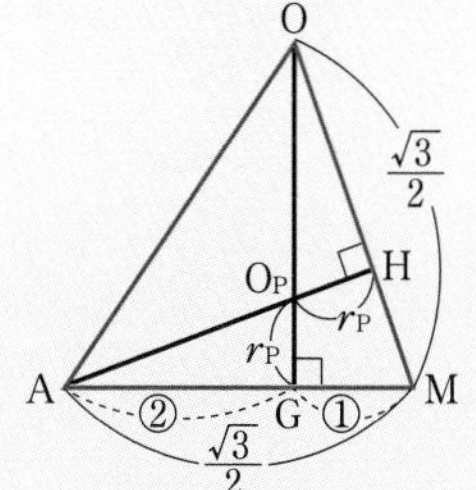

$$OG=\sqrt{OM^2-GM^2}$$
$$=\sqrt{\left(\frac{\sqrt{3}}{2}\right)^2-\left(\frac{\sqrt{3}}{6}\right)^2}=\frac{\sqrt{6}}{3}$$

$\triangle OHO_P \backsim \triangle OGM$であるから

$$r_P : \left(\frac{\sqrt{6}}{3}-r_P\right)=\frac{\sqrt{3}}{6} : \frac{\sqrt{3}}{2}\ (=1:3)$$

$$\therefore\quad 3r_P=\frac{\sqrt{6}}{3}-r_P \qquad \therefore\quad r_P=\frac{\sqrt{6}}{\mathbf{12}}$$

(2)　球Qの半径をr_Qとし，球Pとの接点をTとする。Tを通り，平面ABCと平行な平面と，辺OA，OB，OCとの交点をそれぞれ，A′，B′，C′とすると，球Qは正四面体OA′B′C′の4面すべてに接している。

球P，Qの相似比は正四面体OABCとOA′B′C′の相似比に等しく，$h=OG=\frac{\sqrt{6}}{3}$とすると，

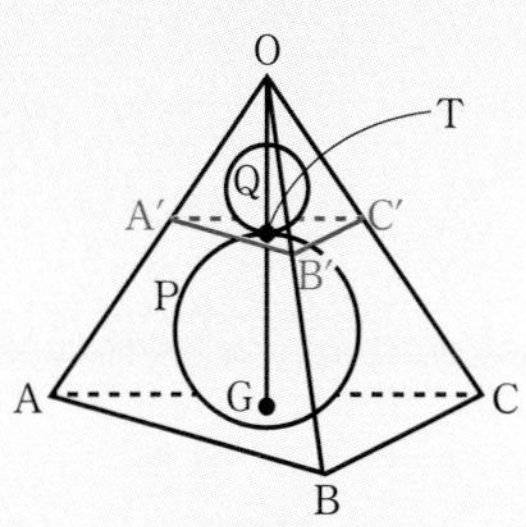

$$OG : OT=h : (h-2r_P)$$
$$=\frac{\sqrt{6}}{3} : \left(\frac{\sqrt{6}}{3}-2\cdot\frac{\sqrt{6}}{12}\right)$$
$$=\frac{\sqrt{6}}{3} : \frac{\sqrt{6}}{6}=2:1$$

である。よって，

$$r_Q=\frac{1}{2}r_P=\frac{\sqrt{6}}{\mathbf{24}}$$

テーマ

21 立体図形①

問題 21 ★★☆ 25分

座標空間内の2つの球面

$$S_1 : (x-1)^2+(y-1)^2+(z-1)^2=7$$

と

$$S_2 : (x-2)^2+(y-3)^2+(z-3)^2=1$$

を考える。S_1 と S_2 の共通部分を C とする。このとき以下の問いに答えよ。

(1) S_1 との共通部分が C となるような球面のうち，半径が最小となる球面の方程式を求めよ。

(2) S_1 との共通部分が C となるような球面のうち，半径が $\sqrt{3}$ となる球面の方程式を求めよ。

（阪大・理文共通・19）

球面 S_1 の中心を A_1，半径を r_1，球面 S_2 の中心を A_2，半径を r_2 としますと

$$A_1(1,\ 1,\ 1),\ r_1=\sqrt{7}=2.6\cdots$$

$$A_2(2,\ 3,\ 3),\ r_2=1$$

で，$A_1A_2=\sqrt{1^2+2^2+2^2}=3$ より

$$|r_1-r_2|<A_1A_2<r_1+r_2$$

が成り立っていますから，S_1 と S_2 には共通部分 C があります。C が円になるのは自明にしてよいでしょう。図1のような感じですね。

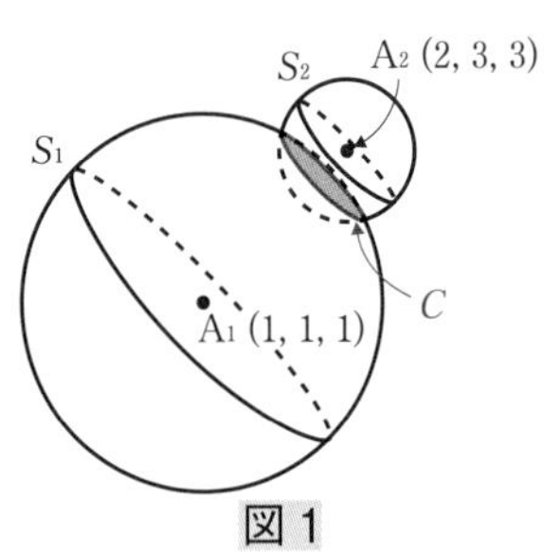

図1

ここで

面対称な図形は対称面で切れ

をやりますと，S_1，S_2 の中心 A_1，A_2 を含む平面で切って，図2のようになります。あ，

立体図形を考えるときは
類似の平面図形を考えろ

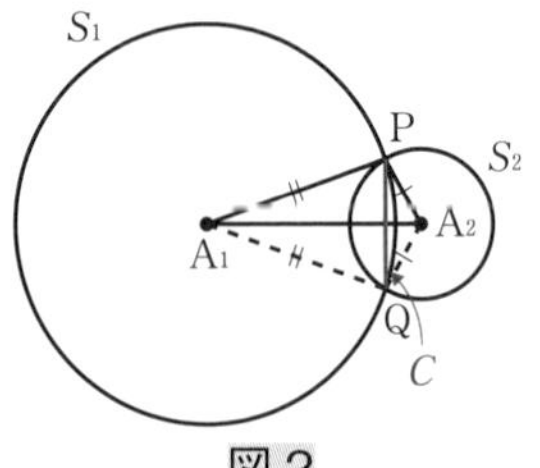

図2

というのもあります。「2球の位置関係」ですので，平面で類似は「2円の位置関係」ですね。**図2**はそのように見ることもできます。

円は中心と半径がわかれば，ただ一つに定まる図形ですから，「中心と半径を描いたら，円はジャマだから消せ！」という先生もいらっしゃいます。(方べきの定理，接弦定理は例外ですね(笑)) **図2**におけるS_1とS_2の切り口の2円の2交点をP, Qとして，$\triangle PA_1A_2$，$\triangle QA_1A_2$に着目すると

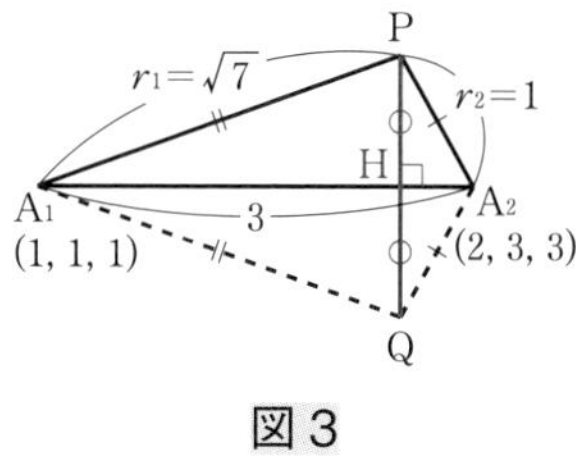

図3

$$A_1P=A_1Q=r_1=\sqrt{7},\quad A_2P=A_2Q=r_2=1$$

であり，さらに

$$A_1A_2=\sqrt{(2-1)^2+(3-1)^2+(3-1)^2}=3$$

ですので，**図3**のようになっています。

$\triangle PA_1A_2$，$\triangle QA_1A_2$は合同で，A_1A_2に関して対称ですから

$$A_1A_2\perp PQ$$

であり，A_1A_2とPQの交点をHとすると

$$PH=QH$$

です。ですから，共通部分である円Cは

Hを中心とする半径PHの円

ということになり，立体(っぽい)図に戻すと**図4**のようになっています。

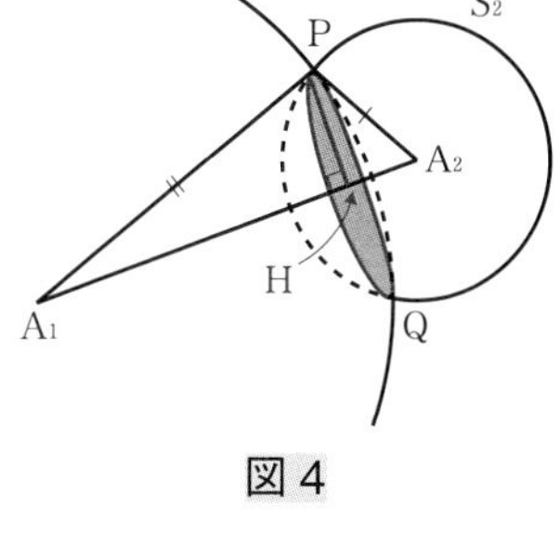

図4

そうしますと，(1)，(2)で扱うことになる

「S_1との共通部分がCとなるような球面」

は，さっきの切り口では

「2点P，Qを通る円」

ということになり，**図5**のようになりますね。これで「立体を平面に落とし込むことができましたので，**1 幾何**や**2 三角比**の出番です。

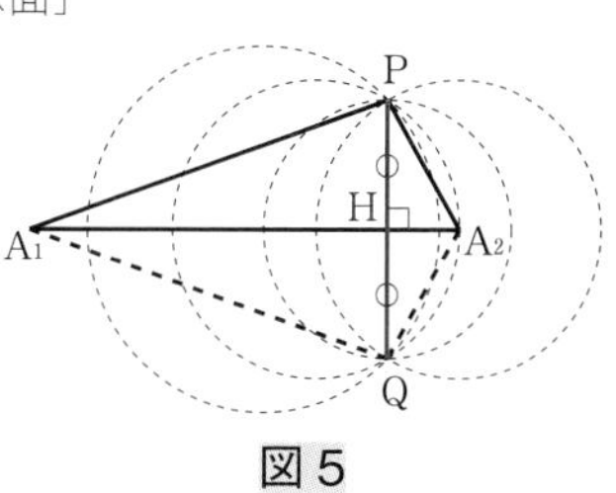

図5

(1)は，このいろいろな球のうち，「半径が最小のもの」ですから，H を中心とする半径 PH の球ですね。そうしますと，H の座標が必要です。A_1，A_2 の座標はわかっていますから，A_1H か A_2H の長さがわかれば，$A_1H : A_2H$ がわかり，H の座標が求められます。

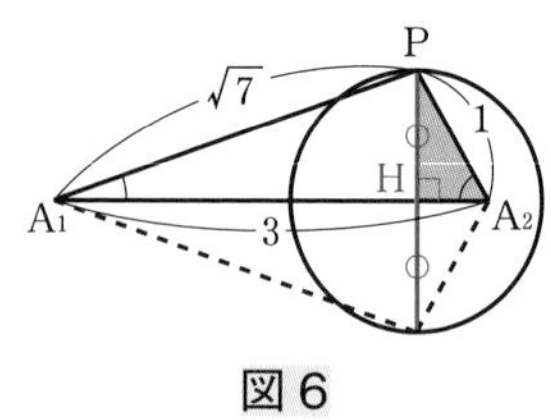

図 6

△PA_1A_2 の 3 辺の長さがわかっていますから，

長さがたくさんわかっているとき ➡ 余弦定理
角度がたくさんわかっているとき ➡ 正弦定理

で，余弦定理を用いて $\cos\angle PA_1A_2$，$\cos\angle PA_2A_1$ を求めてみましょう。$\angle PA_1A_2$ か $\angle PA_2A_1$ のどちらかが有名角だと良いのですが……

$$\cos\angle PA_1A_2 = \frac{7+9-1}{2\cdot\sqrt{7}\cdot 3} = \frac{5}{2\sqrt{7}}$$

$$\cos\angle PA_2A_1 = \frac{9+1-7}{2\cdot 3\cdot 1} = \frac{1}{2} \qquad \therefore \quad \angle PA_2A_1 = 60^\circ$$

お！ いいのが出てきました！ $\angle PA_2A_1 = 60^\circ$ ですね。図 6 の赤網部分の△PHA_2 は $1 : 2 : \sqrt{3}$ の直角三角形ですから

$$A_2H = \frac{1}{2}A_2P = \frac{1}{2} \qquad \therefore \quad A_1H = A_1A_2 - A_2H = 3 - \frac{1}{2} = \frac{5}{2}$$

$$\therefore \quad A_1H : HA_2 = \frac{5}{2} : \frac{1}{2} = 5 : 1$$

これで H の座標が求まります。また，半径 PH は，同じく△PHA_2 に着目して

$$PH = \frac{\sqrt{3}}{2}A_2P = \frac{\sqrt{3}}{2}$$

です。

次に(2)ですが，「半径が $\sqrt{3}$」ですから，図 7 のように 2 通り考えられますね。半径は決まっていますから，中心を求めます。中心は直線 A_1A_2 上にあって，図 7 のように B_1，B_2 とおくと

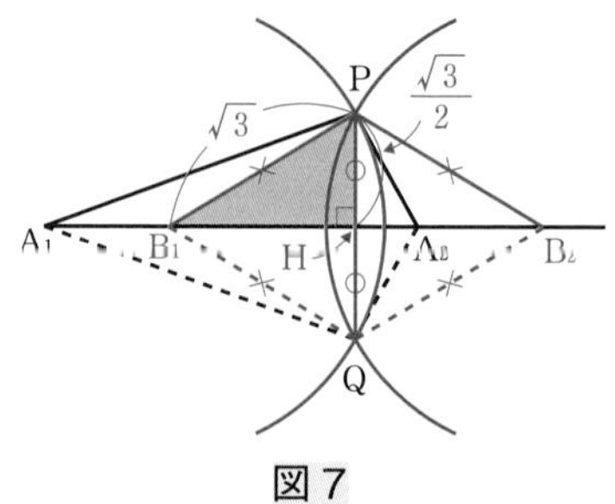

図 7

赤網部分の$\triangle PHB_1$に着目して

$$PB_1 = \sqrt{3},\ PH = \frac{\sqrt{3}}{2},\ \angle PHB_1 = 90^\circ$$

ですから，これも$1:2:\sqrt{3}$ですね。

$$B_1H = \sqrt{3}\,PH = \frac{3}{2} \qquad \therefore\ A_1B_1 = A_1H - B_1H = \frac{5}{2} - \frac{3}{2} = 1$$

$$\therefore\ A_1B_1 : B_1H = 1 : \frac{3}{2} = 2 : 3$$

となり，B_1の位置がわかります。B_2も同様にイケますね。

実行

S_1の中心をA_1，S_2の中心をA_2とすると，

$$A_1(1,\ 1,\ 1),\ A_2(2,\ 3,\ 3)$$

$$\therefore\ A_1A_2 = \sqrt{1^2 + 2^2 + 2^2} = 3$$

である。また，直線A_1A_2を含む平面によるS_1，S_2の切り口の円を，それぞれC_1，C_2とし，C_1，C_2の2交点をP，Qとすると，S_1の半径が$\sqrt{7}$，S_2の半径が1であることから，

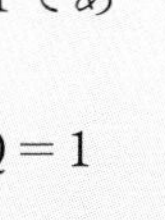

$$A_1P = A_1Q = \sqrt{7},\ A_2P = A_2Q = 1$$

である。

$\triangle PA_1A_2$に余弦定理を用いると，

$$\cos\angle PA_2A_1 = \frac{9 + 1 - 7}{2\cdot 3\cdot 1} = \frac{1}{2}$$

$$\therefore\ \angle PA_2A_1 = 60^\circ$$

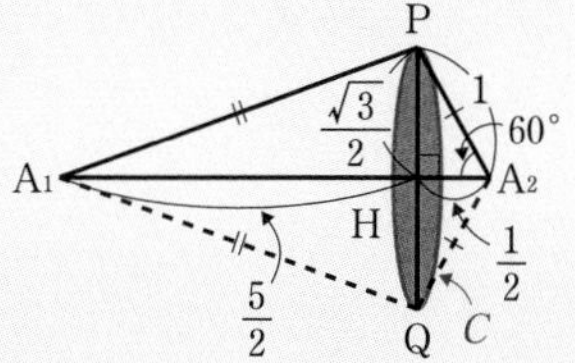

であり，$\triangle PA_1A_2 \equiv \triangle QA_1A_2$より

$A_1A_2 \perp PQ$である。よって，直線PQと直線A_1A_2の交点をHとすると，

$$PH = \frac{\sqrt{3}}{2}A_2P = \frac{\sqrt{3}}{2},\ A_2H = \frac{1}{2}A_2P = \frac{1}{2}$$

であるから，Cは点Hを中心とする半径$PH = \frac{\sqrt{3}}{2}$の円である。また，

$$A_1H = A_1A_2 - A_2H = 3 - \frac{1}{2} = \frac{5}{2} \qquad \therefore\ A_1H : HA_2 = \frac{5}{2} : \frac{1}{2} = 5 : 1$$

であるから,

$$\overrightarrow{\mathrm{OH}}=\frac{\overrightarrow{\mathrm{OA_1}}+5\overrightarrow{\mathrm{OA_2}}}{5+1}=\left(\frac{11}{6},\ \frac{8}{3},\ \frac{8}{3}\right)$$

である。

(1) 題意の球面は，点 H を中心とする半径 $\mathrm{PH}=\frac{\sqrt{3}}{2}$ の球面であるから，その方程式は,

$$\left(\boldsymbol{x}-\frac{11}{6}\right)^2+\left(\boldsymbol{y}-\frac{8}{3}\right)^2+\left(\boldsymbol{z}-\frac{8}{3}\right)^2=\frac{3}{4}$$

(2) 題意の球面は 2 つある。その中心を $\mathrm{B_1}$，$\mathrm{B_2}$ とすると，これらは直線 $\mathrm{A_1A_2}$ 上にあり，半径が $\sqrt{3}$ であることから,

$$\mathrm{B_1P}=\mathrm{B_1Q}=\mathrm{B_2P}=\mathrm{B_2Q}=\sqrt{3}$$

である。よって，三平方の定理より,

$$\mathrm{B_1H}=\mathrm{B_2H}=\sqrt{(\sqrt{3})^2-\left(\frac{\sqrt{3}}{2}\right)^2}=\frac{3}{2}$$

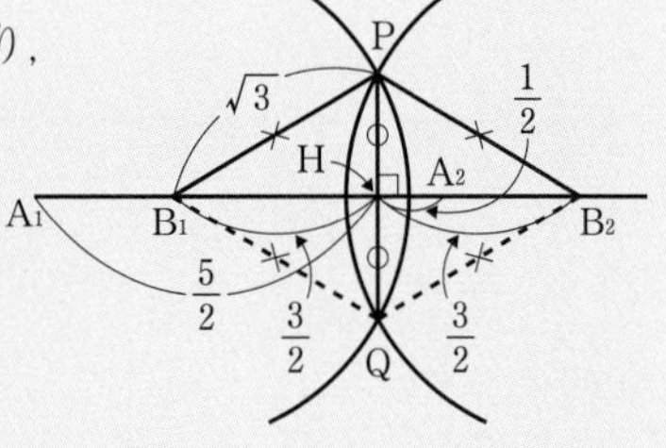

であるから，$\mathrm{B_1}$，$\mathrm{B_2}$ を右の図のように直線 $\mathrm{A_1A_2}$ 上におくと,

$\mathrm{B_1}$ は線分 $\mathrm{A_1A_2}$ を $\left(\frac{5}{2}-\frac{3}{2}\right):\left(\frac{3}{2}+\frac{1}{2}\right)=1:2$ に内分する点

$\mathrm{B_2}$ は線分 $\mathrm{A_1A_2}$ を $\left(\frac{5}{2}+\frac{3}{2}\right):\left(\frac{3}{2}-\frac{1}{2}\right)=4:1$ に外分する点

である。したがって,

$$\overrightarrow{\mathrm{OB_1}}=\frac{2\overrightarrow{\mathrm{OA_1}}+\overrightarrow{\mathrm{OA_2}}}{1+2}=\left(\frac{4}{3},\frac{5}{3},\frac{5}{3}\right)$$

$$\overrightarrow{\mathrm{OB_2}}=\frac{-\overrightarrow{\mathrm{OA_1}}+4\overrightarrow{\mathrm{OA_2}}}{4-1}=\left(\frac{7}{3},\frac{11}{3},\frac{11}{3}\right)$$

> 計画 では，線分 $\mathrm{A_1H}$ を基準に
> $\mathrm{A_1B_1}:\mathrm{B_1H}=2:3$
> としたのですが，H の座標がけっこうイヤな値ですよね。ということで，解答では線分 $\mathrm{A_1A_2}$ を基準にしました。

であるから，求める球面の方程式は,

$$\left(\boldsymbol{x}-\frac{4}{3}\right)^2+\left(\boldsymbol{y}-\frac{5}{3}\right)^2+\left(\boldsymbol{z}-\frac{5}{3}\right)^2=3,\ \left(\boldsymbol{x}-\frac{7}{3}\right)^2+\left(\boldsymbol{y}-\frac{11}{3}\right)^2+\left(\boldsymbol{z}-\frac{11}{3}\right)^2=3$$

テーマ

22 立体図形②

問題 22 ★★★ 30分

1辺の長さ2の正四面体ABCDの表面上にあって$\angle APB > 90^\circ$をみたす点P全体のなす集合をMとする。

(1) △ABC上にあるMの部分を図示し，その面積を求めよ。

(2) Mの面積を求めよ。 (阪大・理系・93前)

理解 古い問題ですが，立体の把握という意味では，阪大過去問史上最強だと思うので，取り上げます。まず最初の「$\angle APB > 90^\circ$をみたす点P全体のなす集合」からして難しいですよね。

> **空間図形がわかりにくいときは**
> **類似の平面図形を考える**

というのがありましたね。これでイキましょうか。それから，**理解**では

> **極端な場合を考える**

というものも手ですので，「$\angle APB = 90^\circ$をみたす点P」を描いてみましょうか。図1のようになりますね。ですから，点Pのえがく図形は，「A，Bを直径の両端とする円周」ということになります。ただし，細かい話をしますと，P＝A，P＝Bのときは$\angle APB$が定義できませんから，円周上の点のうち，AとBは除かれることになります。

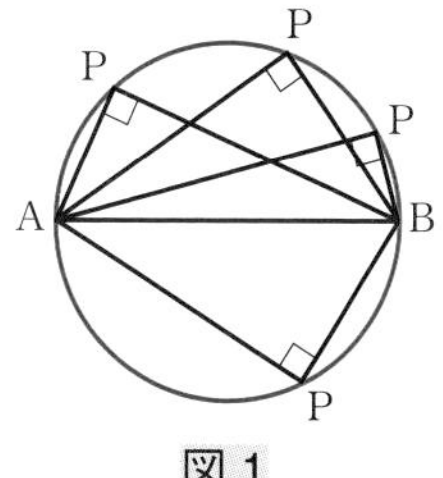

図1

では，「$\angle APB > 90^\circ$をみたす点P」を考えてみましょう。Pは図1の円の内側に入ってきますよね。ですから，点Pのえがく図形は，「A，Bを直径の両端とする円の内部」ということになり，図2の赤網部分ということになります。

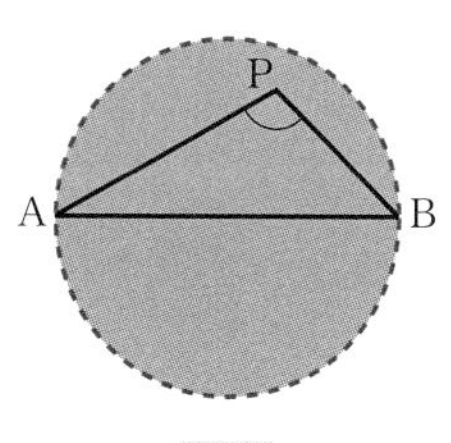

図2

じゃあ，話を空間に戻しますと，
「$\angle APB > 90^\circ$ をみたす点 P 全体のなす集合」は，

A，B を直径の両端とする球の内部

ということになりますね。これに正四面体 ABCD をあわせて，「ナナメから見た図」をかきますと，図 3 のようになります……M がどうなっているのか，全然わかりませんね(笑)。

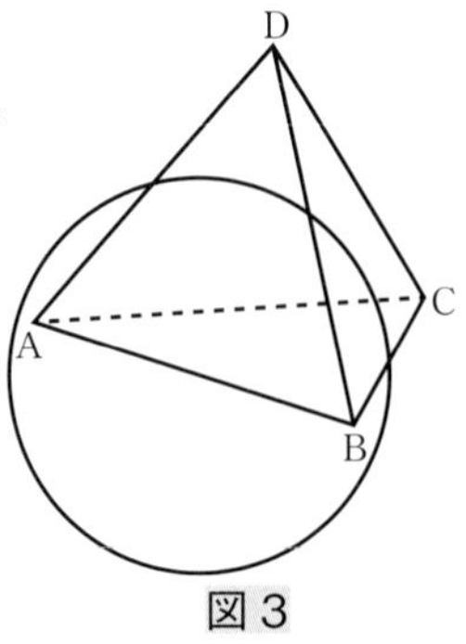

図 3

でも大丈夫です。「まっすぐ見た図」をたくさん描いていきましょう。

まず(1)のこの球（の内部）と△ABC の共通部分を考えます。このとき使うのが，積分で体積を求めるときなどで重要になる考え方

重ねてから切るな
切ってから重ねろ

です。△ABC は正三角形ですよね。それから，この球面の平面 ABC による切り口は，A，B を直径の両端とする円（の内部）です。この 2 つの図形は線分 AB が共通していますので，ここが一致するように重ねますと，図 4 のようになります。

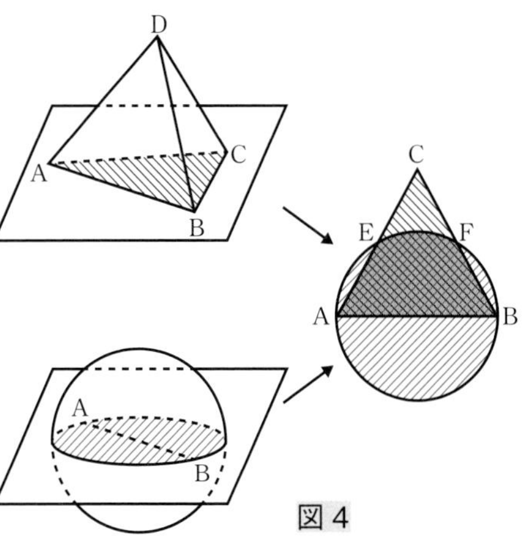

図 4

ですから，「△ABC 上にある M の部分」は図 4 の赤斜線部分になります。境界はちょっとややこしくて，図のように，E，F をおきますと，$\overset{\frown}{EF}$ と頂点 A，B が除かれて，他は含まれているということになります。EA，AB，BF は四面体 ABCD の辺上にありますが $\overset{\frown}{EF}$ や頂点 A，B は球の表面にありますので。

円は中心と半径がポイントですから，切り口の円の中心である辺 AB の中点を O としますと，図 5 のようになります。△OAE と△OBF は正三角形なのですが，わかりますか？

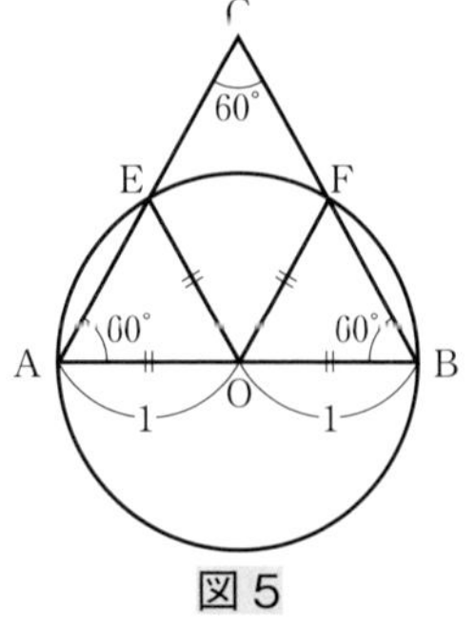

図 5

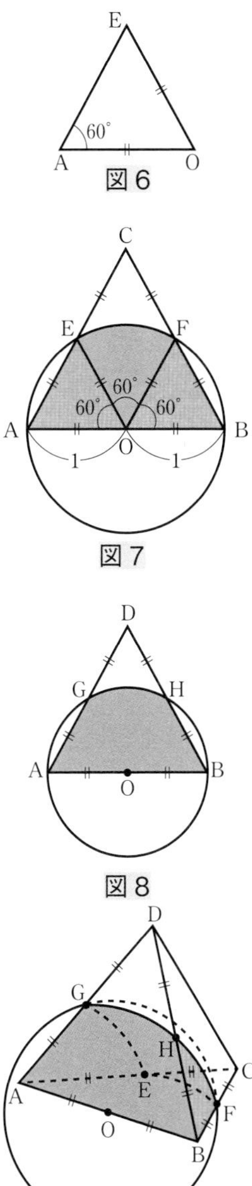

△OAE について見ると，辺 OA，OE は円の半径ですので，OA＝OE(＝1) ですから，二等辺三角形です。そして，底角の 1 つである∠OAE が正三角形 ABC の内角である∠BAC と共通ですので 60° です。ということで，底角が 60° の二等辺三角形，すなわち正三角形である，ということになります(**図 6**)。

そうしますと

$$\angle \mathrm{EOF} = 180^\circ - \angle \mathrm{AOE} - \angle \mathrm{BOF}$$
$$= 180^\circ - 60^\circ - 60^\circ$$
$$= 60^\circ$$

ですから，**図 7** のようになり，求める面積を S_1 としますと

$$S_1 = \triangle\mathrm{OAE} + \triangle\mathrm{OBF} + (\text{扇形 OEF})$$

でイケますね。

次に(2)ですが，この球の内部と△ABD の共通部分は，今の△ABC との共通部分と一致しますよね。正三角形 ABD と A，B を直径の両端とする円を重ねますので，**図 4** とまったく同じです。**図 8** のように G，H をおきますと，ナナメから見た図の**図 3** は**図 9** のようになりますね。面積も同じく S_1 です。

すると，あとはこの球と△BCD，△ACD の共通部分ですね。B は球面上にあり，辺 BC，BD はそれぞれ点 F，H で球と交わりますから，この球と△BCD の共通部分は**図 9** の黒網部分のようになりそうです。F と H を結ぶ曲線はどんな形かわかりませんけどね。

ここの面積を S_2 とすると，この球と△ACD の共通部分の面積も同じく S_2 ですので，求める M の面積は

$$2S_1 + 2S_2$$

となります。

ではこの球と△BCD の共通部分の形や面積はどうなっているんでしょう？　**図 4** でやりましたように，また

> **重ねてから切るな**
> **切ってから重ねろ**

をやりましょう。

図 10

△BCD は形がわかっていますが，問題は球の方です。S_1 を求めるときは，直径 AB を含む平面での切り口でしたので，線分 AB の中点 O を中心とする半径 1 の円とすぐにわかりましたが，今回はちがいます。さて，どうしましょう。

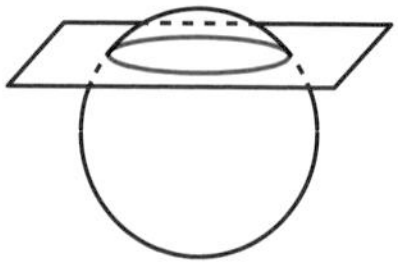

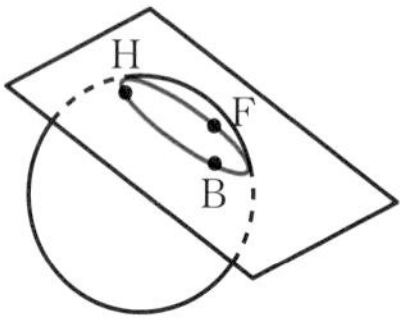

図 11

まず，球面を，何らかの平面で切ると，切り口は円ですよね(図 10)。今回，この円の上にはどんな点がありますか？　図 9 を見てください。B，H，F がありますね。図 11のようになります。

これで，図 9 の黒網部分を作っている 2 つの図形，球の切り口である赤い円 BFH と△BCD が判明しました。これを重ねましょう。

$$\mathrm{BF} = \mathrm{BH} = 1$$

$$\angle \mathrm{FBH} = \angle \mathrm{CBD} = 60^\circ$$

ですから，△BFH は正三角形です。よって，図 12 のようになりました。イケましたか？

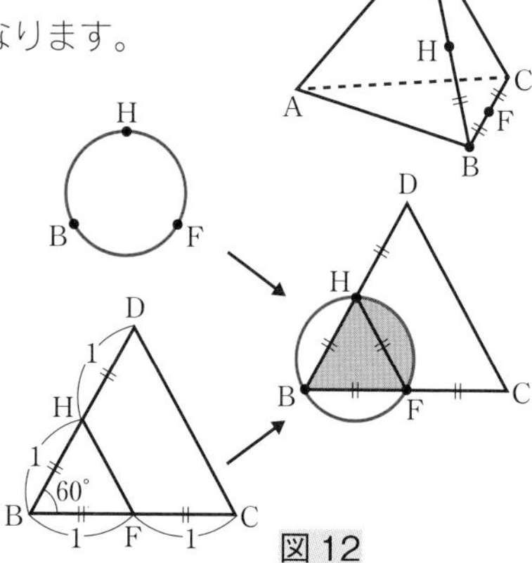

図 12

では，この面積 S_2 を求めましょう。黒網部分の△BFH は正三角形ですので，この面積はよいとして，問題は図 13 の赤網部分です。「弓形（ゆみがた）」とか呼ばれる図形です。これには円の弧が含まれていますので，原則として中心角がわからないと面積が求められません。

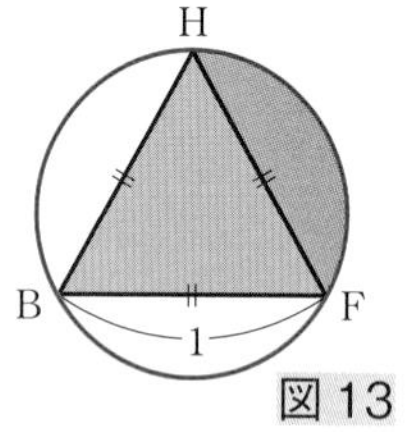

図 13

図 14のように，この円の中心を O′としましょうか。すると，円周角と中心角の関係で

$$\angle \mathrm{FO'H} = 2\angle \mathrm{FBH} = 2\times 60^\circ = 120^\circ$$

ですので，$\overset{\frown}{\mathrm{FH}}$ の中心角がわかりました。

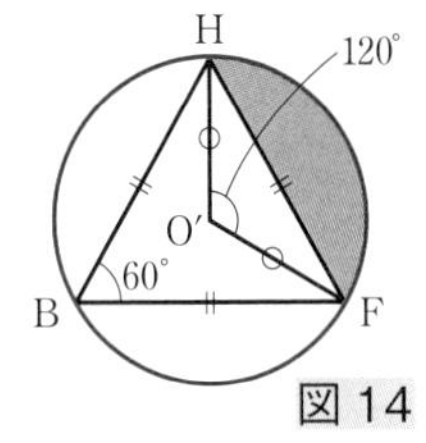

図 14

また，この円の半径を r としますと，△BFH に正弦定理を用いて

$$r = \frac{\mathrm{FH}}{2\sin 60^\circ} = \frac{1}{2\cdot\frac{\sqrt{3}}{2}} = \frac{1}{\sqrt{3}}$$

でもよいですし，△O′FH は二等辺三角形で，辺 FH の中点を N とすると，図 15のようになります。そこで $1:2:\sqrt{3}$ を使って

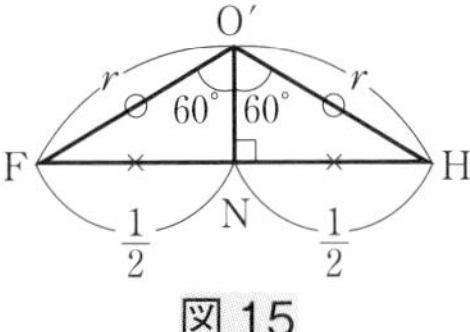

図 15

$$r = \mathrm{O'F} = \frac{2}{\sqrt{3}}\mathrm{FN} = \frac{2}{\sqrt{3}}\cdot\frac{1}{2} = \frac{1}{\sqrt{3}}$$

としてもよいです。

ということで，この弓形の面積は

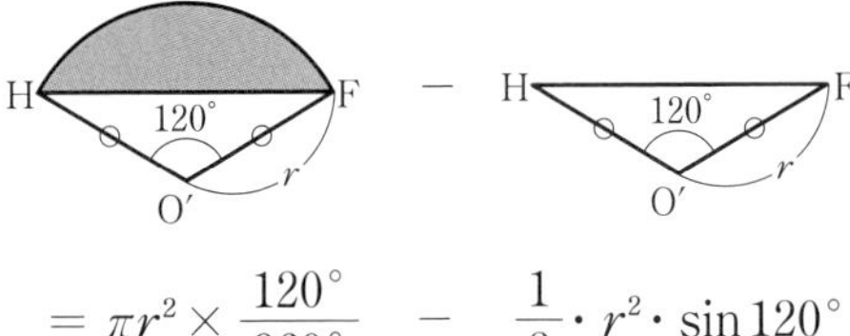

$$= \pi r^2 \times \frac{120^\circ}{360^\circ} \quad - \quad \frac{1}{2}\cdot r^2 \cdot \sin 120^\circ$$

で求まります。よって S_2 はこれに△BFH の面積を加えて

$$S_2 = \left(\pi r^2 \times \frac{120^\circ}{360^\circ} - \frac{1}{2}\cdot r^2\cdot\sin 120^\circ\right) + \frac{1}{2}\cdot 1^2\cdot\sin 60^\circ$$

となり，求める面積は

$$2(S_1 + S_2)$$

これでイケます！　上では「この球」「この球」と呼んでいましたが，解答が書きにくいので，「球面 S」と名前をつけましょうか。M は「S の内部」です。

実行

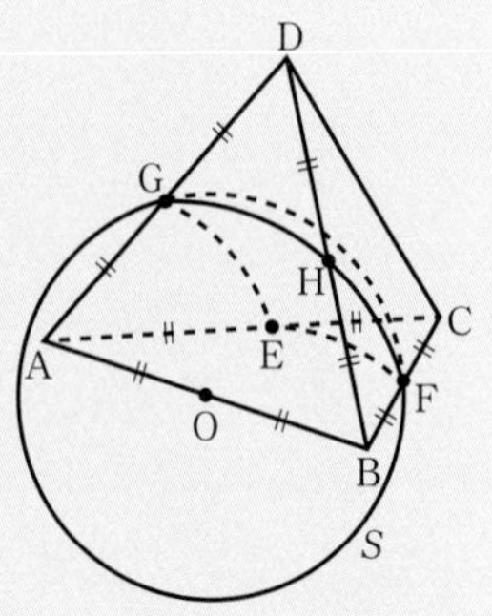

A，Bを直径の両端とする球面を S とする。線分ABの中点をOとすると，S はOを中心とする半径1の球面であり，M はその内部である。また，S は四面体ABCDの辺AC，BC，AD，BDと交わるから，これらの交点を順にE，F，G，Hとする。

(1)　　$OA=OE=OF=OB=1$

　　　$\angle OAE=\angle OBF=60^\circ$

より，△OAE，△OBFは1辺の長さが1の正三角形である。よって，

　　　$AE=EC=BF=FC=1$

　　　$\angle EOF=60^\circ$

であるから，△ABC上にある M の部分を図示すると，右の図の網掛部分のようになる。

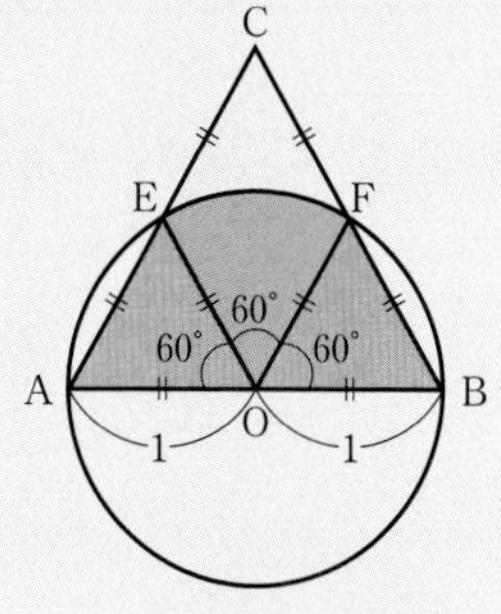

また，この面積を S_1 とすると，

$S_1=$ （E, A, O, 1）＋（F, O, B, 1）＋（E, F, 60°, 1, O）

（境界は $\overset{\frown}{EF}$ と2点A，Bを除き，それ以外を含む。）

$$=\frac{1}{2}\cdot 1^2\sin 60^\circ\times 2+\pi\cdot 1^2\times\frac{60^\circ}{360^\circ}$$

$$=\frac{\sqrt{3}}{2}+\frac{\pi}{6}$$

数学では，線は「幅0」と考え，面積も0となり，境界は含んでいても含んでいなくても，面積は同じです。

(2)　(1)と同様に

　　　$BH=BF=1$

であるから，△BFHは1辺の長さが1の正三角形である。$OB=OF=OH=1$ より，球面 S はB，F，Hを通るから，球面 S と平面BCDとの交わりは△BFHの外接円であり，その中心をO′とすると，

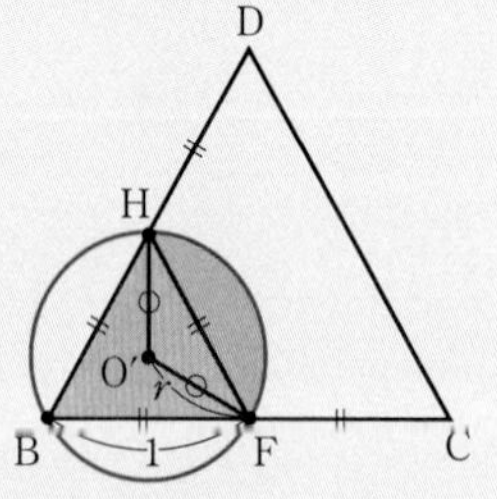

　　　$\angle FO'H=2\angle FBH=120^\circ$

である。また，この円の半径を r とすると正弦定理より，

$$r=\frac{\mathrm{FH}}{2\sin 60^\circ}=\frac{1}{\sqrt{3}}$$

である。

よって，$\triangle$BCD 上にある M の部分は，図の網掛部分のようになり，この面積を S_2 とすると，

$S_2=$ [三角形 HBF（BF$=1$）の図] $+$ [中心 O′，半径 r，中心角 120° の弓形 HF の図]

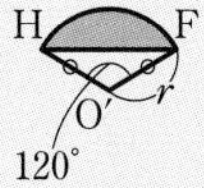

$$=\frac{1}{2}\cdot 1^2\cdot\sin 60^\circ+\left(\pi r^2\times\frac{120^\circ}{360^\circ}-\frac{1}{2}r^2\cdot\sin 120^\circ\right)$$

$$=\frac{\sqrt{3}}{4}+\left(\frac{\pi}{9}-\frac{\sqrt{3}}{12}\right)$$

$$=\frac{\sqrt{3}}{6}+\frac{\pi}{9}$$

図形の対称性より，$\triangle$ABD，$\triangle$ACD 上にある M の部分の面積は，それぞれ S_1，S_2 に等しいから，求める M の面積は

$$2(S_1+S_2)=2\left\{\left(\frac{\sqrt{3}}{2}+\frac{\pi}{6}\right)+\left(\frac{\sqrt{3}}{6}+\frac{\pi}{9}\right)\right\}=\boldsymbol{\frac{4\sqrt{3}}{3}+\frac{5\pi}{9}}$$

テーマ

23 立体図形③

問題 23 ★☆☆ 20分

空間内の4点A, B, C, Dが
AB = 1, AC = 2, AD = 3, ∠BAC = ∠CAD = 60°, ∠DAB = 90°
をみたしている。この4点から等距離にある点をEとする。線分AEの長さを求めよ。

(阪大・理系・05前)

理解 とりあえずテキトーに4点A, B, C, Dを書いて，長さや角度を書き込んでみましょうか。図1のようになりますね。図1では∠BAD = 90°が後ろにまわってしまいましたので，書き込めませんでした。この四面体ABCDについて

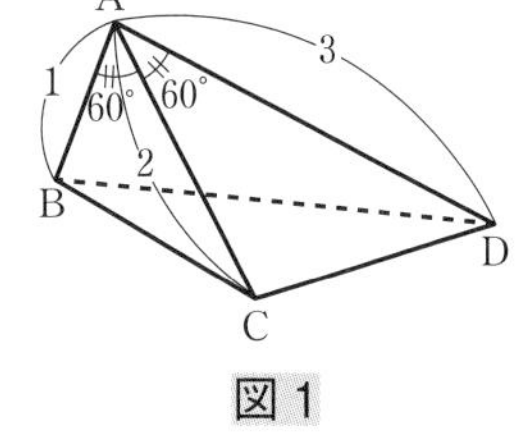

図1

「4頂点A, B, C, Dから等距離にある点E」

ですから，要は「四面体ABCDの外接球の中心が点E」ですね。

さて，正四面体のようなキレイな立体でもなければ，面対称でもなさそうですが……。まずは，「まっすぐ見た図」を描いてみましょうか。△ABC, △ACD, △ABDは2辺とその間の角が定まっているので確定します。図2のようになりますね。

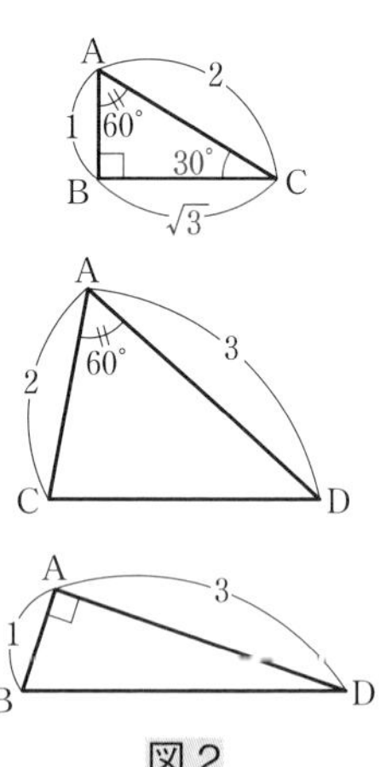

図2

△ABCは1 : 2 : $\sqrt{3}$の直角三角形ですね。
∠ABC = 90°, ∠BCA = 30°やBC = $\sqrt{3}$
がわかります。

△ACDも余弦定理を用いればCDの長さなど求めることができます。△ABDははじめから直角三角形ですね。

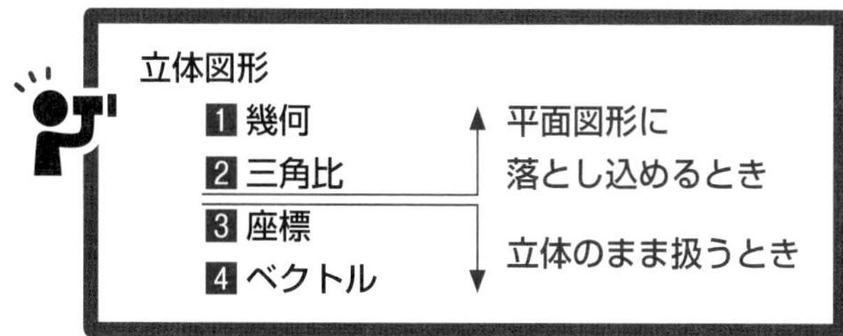

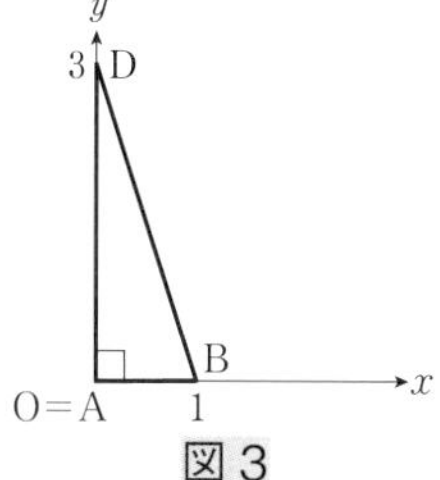

図3

でしたね。やはり，面対称などではないようですし，これ以上，平面図形として考えることはできなさそうです。**3 座標**か **4 ベクトル**にいきましょうか。「直角」がありますので **3 座標**はどうでしょう。∠ABC＝90°もありますが，まずは問題文が与えてくれている∠DAB＝90°を使って，A を原点として，B を x 軸上，D を y 軸上におきましょうか。図3のように

A(0，0，0)，B(1，0，0)，D(0，3，0)

となりますね。

あとはCの座標がわかれば，外接球の中心であるEの座標は

で求められます。

E(x，y，z) とおくと，等式が3つ作れますから，3文字3式ですもんね。

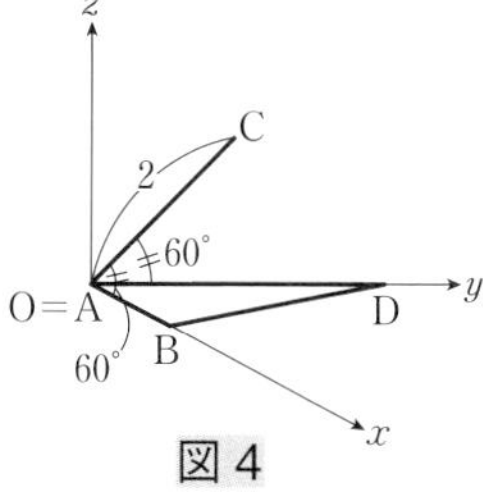

図4

Cは xy 平面より上でも下でもよいのですが，図4のように上にとりましょうか。Cについても

AC＝2，∠BAC＝60°，∠CAD＝60°

と情報が3つあり，∠BAC＝60°は

「$\overrightarrow{AB}\cdot\overrightarrow{AC}=|\overrightarrow{AB}||\overrightarrow{AC}|\cos 60°$」

などとし，C(a，b，c) とおけば等式が3つ作れて，Cの座標を求めることができます。

計画　ということで，$C(a,\ b,\ c)$とおいてa，b，cを求め，$E(x,\ y,\ z)$とおいてx，y，zを求めても解けるのですが，せっかく図形にいろいろと特徴がありましたから，もう少し考察を加えておきましょうか。問題18，問題19などもそうでしたが，阪大の図形の問題では，与えられた設定の理解が深ければ深いほど，より簡単な解法が見つかることがあります。

Cのx座標が1であることは自明ですが，気づきましたか？　△ABCは$1:2:\sqrt{3}$の直角三角形でしたよね。ですから，図5のように，Cからx軸に垂線を下ろしますと，垂線の足がちょうどBとなり，BとCのx座標が一致して1になります。これも「まっすぐ見た図を描く」ってことです。

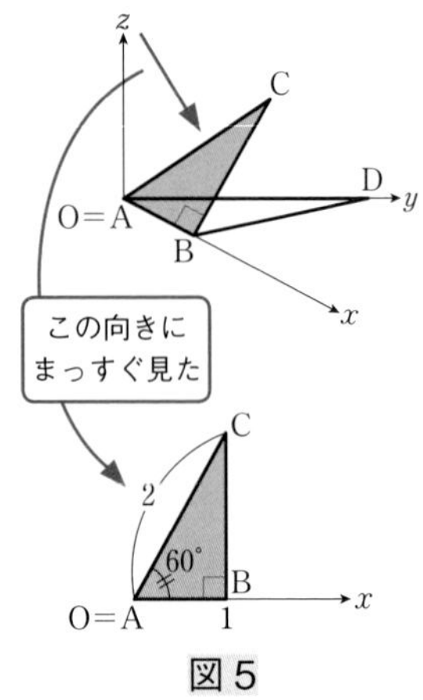

図5

すると，同じようにCのy座標も自明です。Cからy軸に下ろした垂線の足をFとしますと，図6の黒網部分の直角三角形が，図5の赤網部分の直角三角形と合同ですから，Cのy座標も1ですよね。

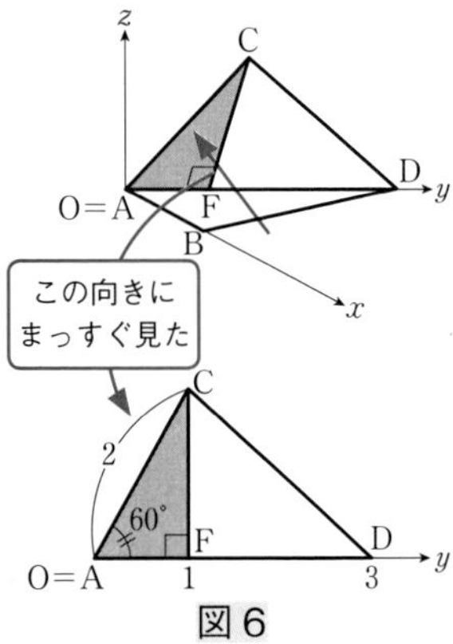

図6

ということで

$$C(1,\ 1,\ c)\quad (c>0)$$

とおくことができて，あとはAC＝2からcが定まります。

ところで，Eのx，y座標も自明ですが気づいていましたか？　プロローグでやりましたが

$$EA=EB=ED$$

ですので，四面体EABDは「等脚四面体」になっています。ですからEから平面ABD（xy平面）に下ろした垂線の足をHとしますと，Hは△ABDの外心ですね。図7のように

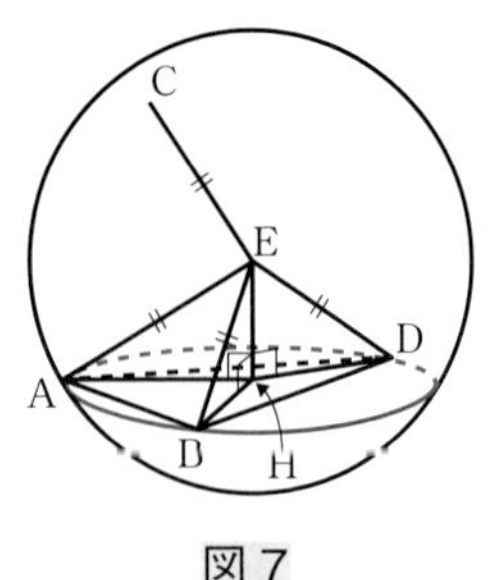

図7

$$\triangle EHA\equiv\triangle EHB\equiv\triangle EHD$$

より

$$\mathrm{HA}=\mathrm{HB}=\mathrm{HD}$$

です。

さて，△ABDは∠BAD＝90°の直角三角形で，Hがこの外心ですから……そうです！　辺BDがこの外接円の直径になりますから，その中点は中心Hで

$$\mathrm{H}\left(\frac{1}{2},\ \frac{3}{2},\ 0\right)$$

です（図8）。EはHのま上ですから

$$\mathrm{E}\left(\frac{1}{2},\ \frac{3}{2},\ z\right)$$

とおくことができます。これでEA＝EB＝EDはクリアしていますから，あとはECがこのどれかに等しいという条件でzが定まります。

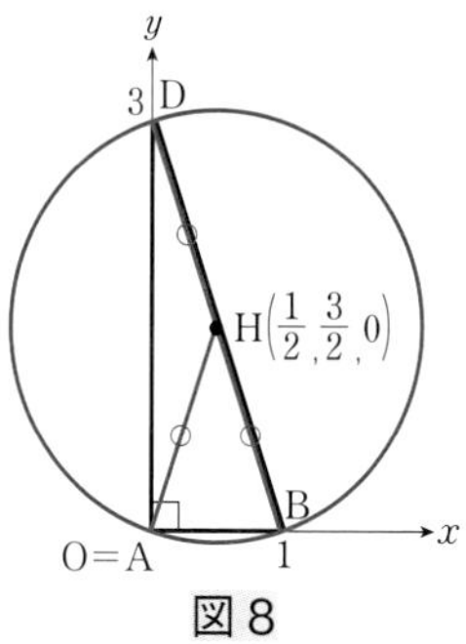

図8

実行

AB＝1，AD＝3，∠DAB＝90° より，xyz空間座標において，

$$\mathrm{A}(0,\ 0,\ 0),\ \mathrm{B}(1,\ 0,\ 0),\ \mathrm{D}(0,\ 3,\ 0)$$

とおける。

点Cを$z>0$の範囲にとると，AC＝2，∠BAC＝∠CAD＝60°より，Cのx，y座標はともに1であるから，

$$\mathrm{C}(1,\ 1,\ c)\quad (c>0)$$

とおける。さらにAC＝2から，

$$1^2+1^2+c^2=2^2$$

$$\therefore\quad c=\sqrt{2}\qquad \therefore\quad \mathrm{C}(1,\ 1,\ \sqrt{2})$$

である。

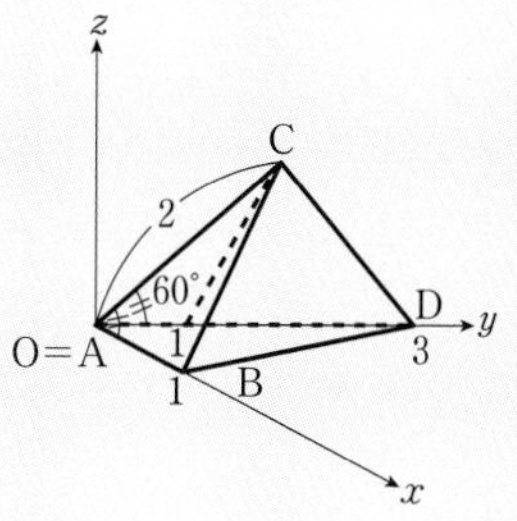

次に点Eからxy平面に下ろした垂線の足をHとおくと，EA＝EB＝EDより，

$$\triangle\mathrm{EHA}\equiv\triangle\mathrm{EHB}\equiv\triangle\mathrm{EHD}$$

$c=\sqrt{2}$も計算ナシに下のように図形的に求めることができます。

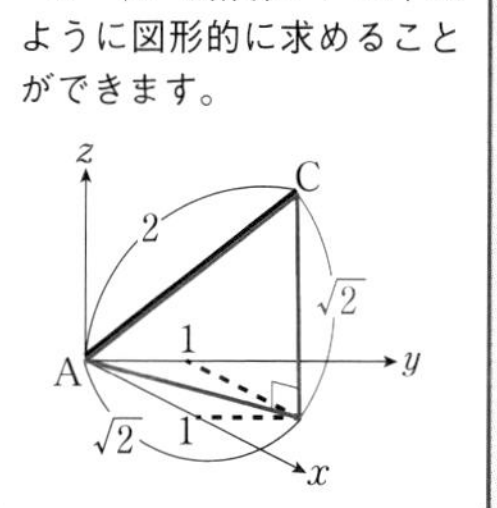

であるから，

$$HA = HB = HD$$

であり，H は△ ABD の外心である。

正四面体などの有名な図形ではないので，一応説明をつけました。

さらに△ABD は

∠DAB = 90°の直角三角形であるから，外心である H は斜辺 BD の中点に一致して，

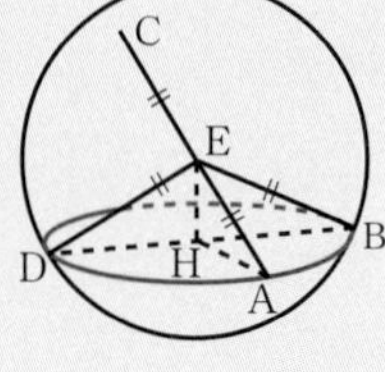

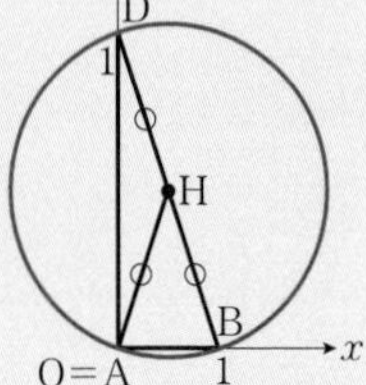

$$H\left(\frac{1}{2},\ \frac{3}{2},\ 0\right)$$

よって，

$$E\left(\frac{1}{2},\ \frac{3}{2},\ z\right)$$

とおけて，EA = EC より，

$$\left(\frac{1}{2}\right)^2 + \left(\frac{3}{2}\right)^2 + z^2 = \left(\frac{1}{2} - 1\right)^2 + \left(\frac{3}{2} - 1\right)^2 + (z - \sqrt{2})^2$$

$$\therefore\quad \frac{5}{2} + z^2 = \frac{1}{2} + z^2 - 2\sqrt{2}z + 2 \qquad \therefore\quad z = 0$$

$$\therefore\quad E\left(\frac{1}{2},\ \frac{3}{2},\ 0\right)$$

なんと！
E = H でした！

したがって，

$$AE = \sqrt{\left(\frac{1}{2}\right)^2 + \left(\frac{3}{2}\right)^2 + 0^2} = \boldsymbol{\frac{\sqrt{10}}{2}}$$

テーマ

24 立体図形④

問題 24

★★★　30分

座標空間に6点

$\mathrm{A}(0,\ 0,\ 1),\ \mathrm{B}(1,\ 0,\ 0),\ \mathrm{C}(0,\ 1,\ 0),$

$\mathrm{D}(-1,\ 0,\ 0),\ \mathrm{E}(0,\ -1,\ 0),\ \mathrm{F}(0,\ 0,\ -1)$

を頂点とする正八面体 ABCDEF がある。s，t を $0<s<1$，$0<t<1$ をみたす実数とする。線分 AB，AC をそれぞれ $1-s : s$ に内分する点を P，Q とし，線分 FD，FE をそれぞれ $1-t : t$ に内分する点を R，S とする。

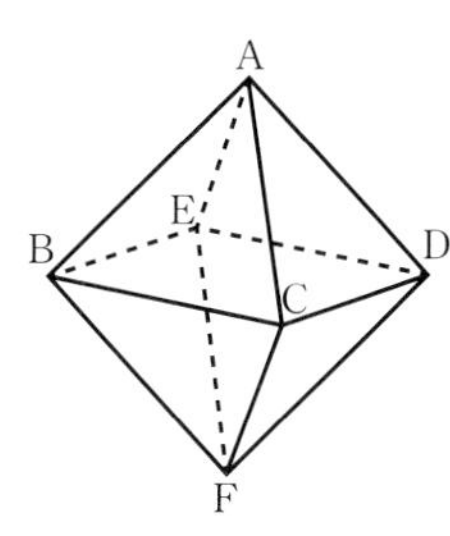

(1)　4点 P，Q，R，S が同一平面上にあることを示せ。

(2)　線分 PQ の中点を L とし，線分 RS の中点を M とする。s，t が $0<s<1$，$0<t<1$ の範囲を動くとき，線分 LM の長さの最小値 m を求めよ。

(3)　正八面体 ABCDEF の4点 P，Q，R，S を通る平面による切り口の面積を X とする。線分 LM の長さが(2)の値 m をとるとき，X を最大とするような s，t の値と，そのときの X の値を求めよ。

（阪大・理文共通・18）

理解　さあ，また難しいです。$1-s : s$，$1-t : t$ などかなり細かく設定されていますし，小問に分かれていますので，(1)，(2)はできた人が多かったようです。問題は(3)ですね。

参考図が与えられていますので，これに座標軸を入れて，P，Q，R，S を書き込むと図1のようになります。

「4点 P，Q，R，S が同一平面上にあることを示せ」といわれますと，一般的によくやるのは，

$$\overrightarrow{\mathrm{PR}} = ●\overrightarrow{\mathrm{PQ}} + ■\overrightarrow{\mathrm{PS}}$$

と表せることを示すことですよね。

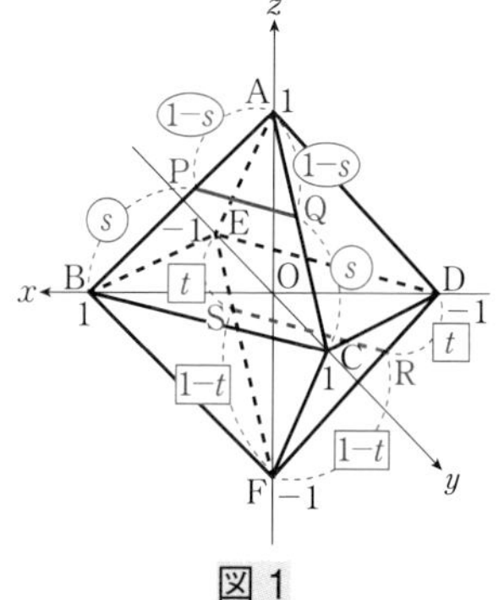

図1

でも，本問では，図を描くと

$$PQ \parallel BC,\ RS \parallel DE$$

がすぐにわかり，四角形 BCDE は正方形で，BC // DE ですから

$$PQ \parallel RS$$

がいえます。4 点 P, Q, R, S は台形をなしますから，同一平面上ですよね。「？」と思った人は，まっすぐ見た図を描いてみましょう。△ABC, △DEF は正三角形ですし，**図 2** のようになります。もしくは，「ま上から見た図」として，xy 平面に正射影して，**図 3** のように見てもよいですね。

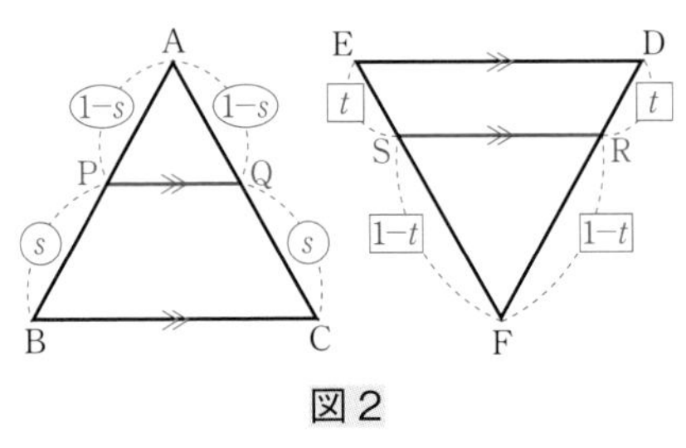

図 2

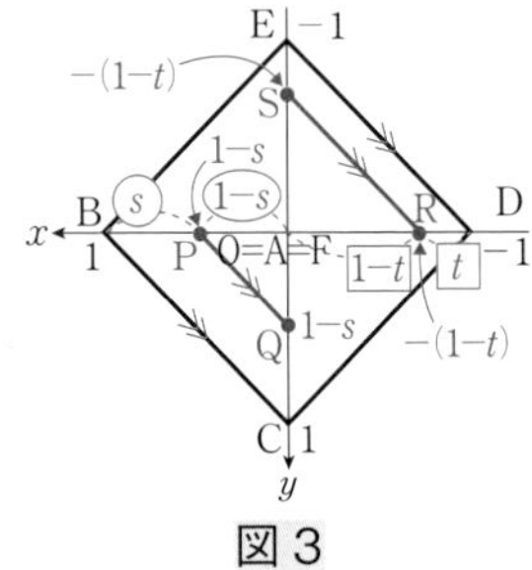

図 3

図 3 ですと，計算しなくても，P，Q，R，S の x，y 座標がわかりますね。R の x 座標，S の y 座標が負であることに注意しましょう。

ついでに**図 4** のように，zx 平面による切り口を考えると，P，R の z 座標もわかりますね。これを計算用紙の方でやってしまって，解答用紙には

$$\overrightarrow{OP} = s\overrightarrow{OA} + (1-s)\overrightarrow{OB}$$

とか書かずに，イキナリ

$$P(1-s,\ 0,\ s)$$

のように書けば OK です。Q と S についても yz 平面の切り口を書いておきますね。**図 5** のようになります。

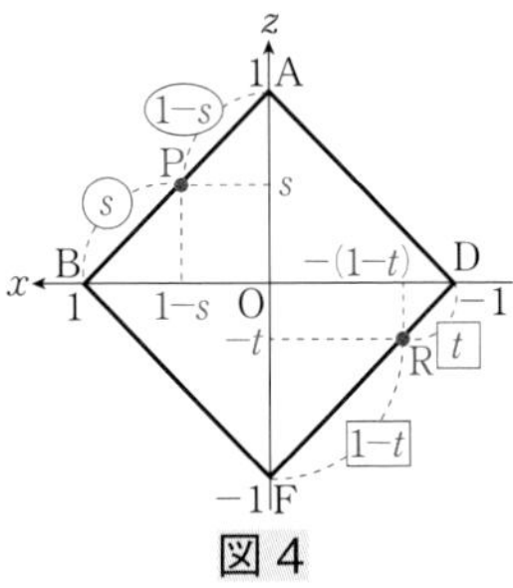

図 4

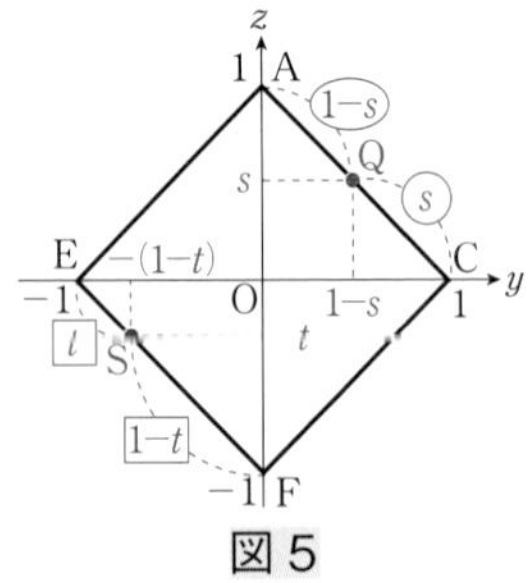

図 5

これで P，Q，R，S の座標は求まりますから，(1)は

$$\overrightarrow{PQ} \parallel \overrightarrow{SR}$$

でイケますね。(2)は

$\overrightarrow{OL}=\dfrac{\overrightarrow{OP}+\overrightarrow{OQ}}{2}$ ←各成分は s の1次式

$\overrightarrow{OM}=\dfrac{\overrightarrow{OR}+\overrightarrow{OS}}{2}$ ←各成分は t の1次式

となり

$\overrightarrow{LM}=\overrightarrow{OM}-\overrightarrow{OL}$ ←各成分は s，t の1次式

となりますから

$|\overrightarrow{LM}|^2=(s,\ t\ の2次式)$

でイケそうです。(3)は(2)のLMの最小値 m が求まってからでないと考えにくそうですから，まずは(1)，(2)を解いてしまいましょうか。

実行

P　L　Q
S　M　R

(1) $P(1-s,\ 0,\ s)$，$Q(0,\ 1-s,\ s)$，
$R(-(1-t),\ 0,\ -t)$，$S(0,\ -(1-t),\ -t)$

であるから，

$\overrightarrow{PQ}=(-(1-s),\ 1-s,\ 0)=(1-s)(-1,\ 1,\ 0)$ ……①

$\overrightarrow{SR}=(-(1-t),\ 1-t,\ 0)=(1-t)(-1,\ 1,\ 0)$ ……②

$0<s<1$，$0<t<1$ より $\overrightarrow{PQ}\neq\vec{0}$，$\overrightarrow{SR}\neq\vec{0}$ であるから，$\overrightarrow{PQ}\parallel\overrightarrow{SR}$ である。よって，4点P，Q，R，Sはこの順に台形をなすから，同一平面上にある。（証明おわり）

(2) $L\left(\dfrac{1-s}{2},\ \dfrac{1-s}{2},\ s\right)$，$M\left(-\dfrac{1-t}{2},\ -\dfrac{1-t}{2},\ -t\right)$

であるから，

$\overrightarrow{LM}=\left(\dfrac{s+t}{2}-1,\ \dfrac{s+t}{2}-1,\ -(s+t)\right)$

$u=\dfrac{s+t}{2}$ とおくと，$0<s<1$，$0<t<1$ より $0<u<1$ であり，

$\overrightarrow{LM}=(u-1,\ u-1,\ -2u)$ ……③

であるから，

$$\begin{aligned}|\overrightarrow{LM}|^2&=(u-1)^2+(u-1)^2+(-2u)^2\\&=6u^2-4u+2\\&=6\left(u-\frac{1}{3}\right)^2+\frac{4}{3}\end{aligned}$$

よって，$|\overrightarrow{\mathrm{LM}}|^2$ は $u=\dfrac{1}{3}$ のとき最小値 $\dfrac{4}{3}$ をとり，このとき LM の長さも最小となるから，求める最小値 m は

$$m=\sqrt{\frac{4}{3}}=\frac{2\sqrt{3}}{3}$$

理解　これで(1)，(2)は解けました。次は(3)ですね。切り口の形状を把握するところが難所ですが，阪大もそれを心配して参考図をつけておられるでしょう。参考図に書き込みながら考えていきましょう。線分 PQ から線分 SR に向かって，この正八面体を包丁かなんかで切っていくと思ってください。いきなり“ズバッ”と切らずに，ちょびっとずつ切っていくイメージで。包丁の刃先である線分 P′Q′ は図 6 のようになり

P′ は平面 ABE 上，Q′ は平面 ACD 上

を進んでいきますよね。切り口は赤網部分のような台形になります。ま上から見た図も同時に描いていきましょう。

このまま切っていくと，図 7 のように包丁の刃先が正方形 BCDE に達します。これを線分 TU としましょうか。

さらに切っていくと，図 8 のように包丁の刃先である線分 P′Q′ は

P′ は平面 FBE 上を T から S に向かって

Q′ は平面 FCD 上を U から R に向かって

進んでいきます。切り口は六角形になりますね。

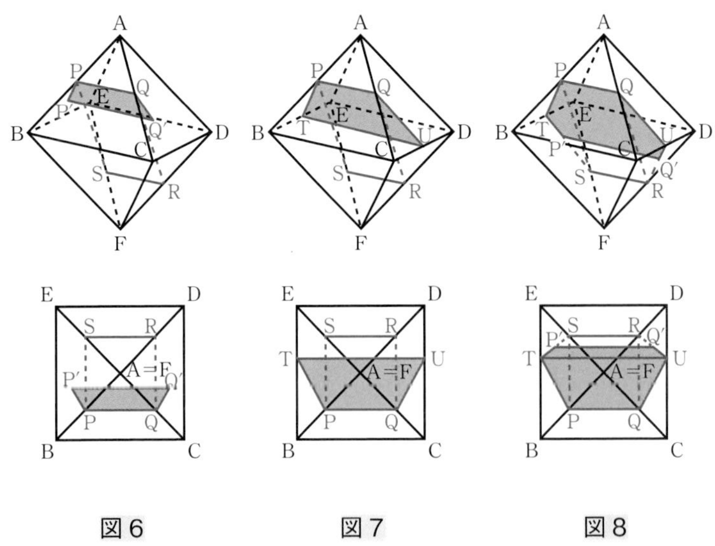

図 6　図 7　図 8

じゃあ，切ってしまいます。包丁を線分SRまで進めますと**図9**のようになり，切り口は六角形PQURSTとなります。これをまっすぐ見たのが**図10**になります。

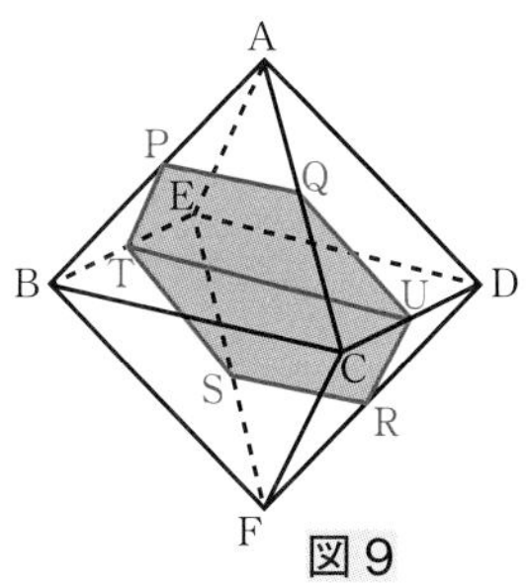

図9

(1)から

$$\overrightarrow{PQ}=(1-s)(-1,\ 1,\ 0)$$
$$\overrightarrow{SR}=(1-t)(-1,\ 1,\ 0)$$

ですから

$$|\overrightarrow{PQ}|=(1-s)\sqrt{(-1)^2+1^2+0^2}=\sqrt{2}\,(1-s)$$
$$|\overrightarrow{SR}|=(1-t)\sqrt{(-1)^2+1^2+0^2}=\sqrt{2}\,(1-t)$$

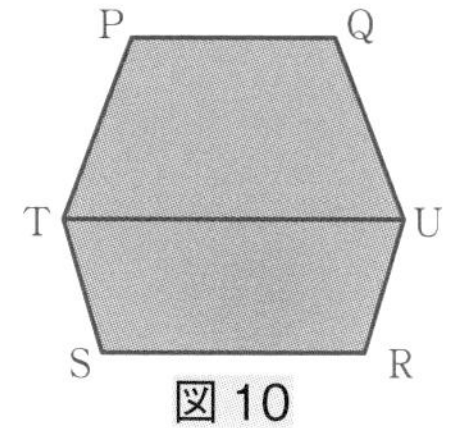

図10

です。**図11**のように，ま上から見た図をかけば，計算ナシでも求まりますね。計算と図，両方でチェックしながら進めば確実です。また，正方形BCDEは対角線BD＝CE＝2ですから，1辺の長さは$\sqrt{2}$です。よって

$$TU=\sqrt{2}$$

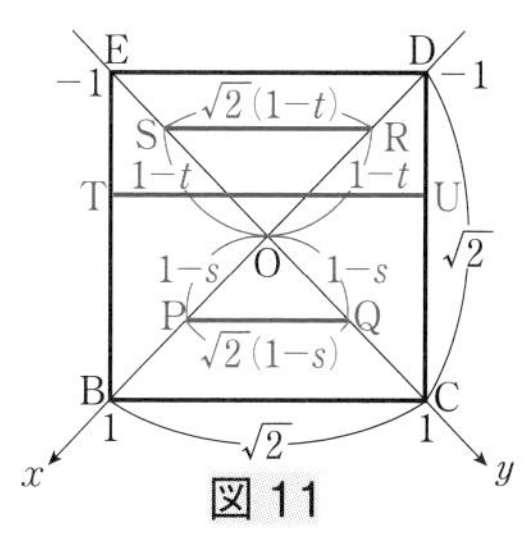

図11

次に(2)で扱った線分PQの中点L，線分RSの中点Mを書き込むと，この六角形は左右対称になっているはずですから

$$\overrightarrow{PQ}\perp\overrightarrow{LM}$$

ですよね。たしかめてみると，(2)の解答から

$$\overrightarrow{LM}=(u-1,\ u-1,\ -2u)$$
$$=\left(-\frac{2}{3},\ -\frac{2}{3},\ -\frac{2}{3}\right)\quad\left(\because\ u=\frac{1}{3}\right)$$

$$\therefore\quad \overrightarrow{PQ}\cdot\overrightarrow{LM}=(1-s)\cdot\left\{(-1)\cdot\left(-\frac{2}{3}\right)+1\cdot\left(-\frac{2}{3}\right)+0\cdot\left(-\frac{2}{3}\right)\right\}=0$$

となり，たしかに垂直になっています。また，LMの長さは最小値mのときを考えますので

$$LM=m=\frac{2\sqrt{3}}{3}$$

です。これらを**図10**に書き込むと，**図12**のようになります。

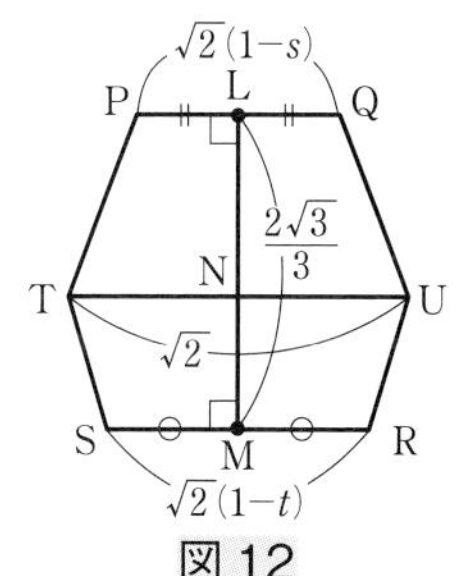

図12

s，t は

$$s+t=2u=\frac{2}{3}$$

をみたしながら変化しますので，s が決まれば t が決まり，実質は 1 変数ですね。s が変化して，六角形 PQURST の面積 X が変化するとき，X の最大値を求めるって問題なわけです。

六角形の面積を求める一般的な公式は知りませんから，面積 X は台形 PQUT と台形 RSTU に分けて求めましょうか。

$$\mathrm{PQ}=\sqrt{2}\,(1-s),\ \mathrm{SR}=\sqrt{2}\,(1-t),\ \mathrm{TU}=\sqrt{2}$$

ですから，いわゆる「上底」や「下底」の長さはわかっていますので，あとは「高さ」ですね。**図 12** のように線分 LM と線分 TU の交点を N とおくと，N は $\mathrm{LM}=\dfrac{2\sqrt{3}}{3}$ をどのように分けるかわかりますか？

また，「まっすぐ見た図」を描きましょう。まず **図 11** に L，M，N を書き込んでみます。**図 13** のようになりますね。次に，これをま横から見た図を描きます。平面 $y=x$ による切り口になります。辺 BC，辺 DE の中点をそれぞれ G，H としますと，$\mathrm{OG}=\mathrm{OH}=\dfrac{\sqrt{2}}{2}$ ですから，切り口の四角形 AGFH は菱形です。L は線分 AG 上で z 座標が s の点，M は線分 FH 上で z 座標が $-t$ の点，N は xy 平面 $(z=0)$上の点ですから

$$\mathrm{LN}:\mathrm{NM}=s:t$$

ですね。

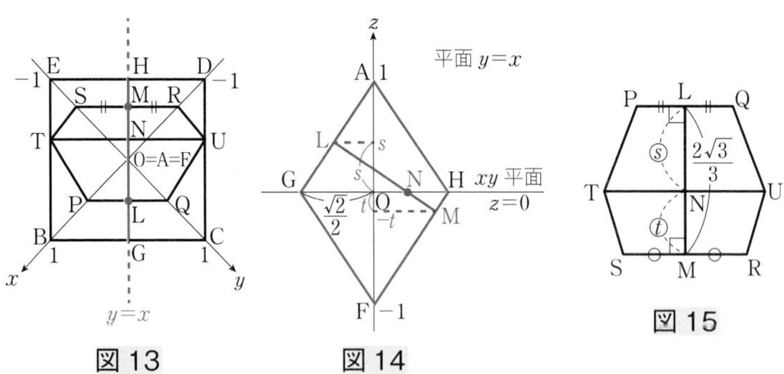

図 13　図 14　図 15

解答としては「z 座標に着目して」とか書けばよさそうですね。**図 15** のようになります。**図 12** の情報とあわせて

$$
\begin{aligned}
X &= (\text{台形 PQUT の面積}) + (\text{台形 RSTU の面積}) \\
&= \frac{1}{2}(\mathrm{PQ}+\mathrm{TU})\cdot\mathrm{LN} + \frac{1}{2}(\mathrm{SR}+\mathrm{TU})\cdot\mathrm{MN} \\
&= \frac{1}{2}\{\sqrt{2}(1-s)+\sqrt{2}\}\cdot\frac{s}{s+t}\cdot\frac{2\sqrt{3}}{3} \\
&\qquad + \frac{1}{2}\{\sqrt{2}(1-t)+\sqrt{2}\}\cdot\frac{t}{s+t}\cdot\frac{2\sqrt{3}}{3} \\
&= \frac{\sqrt{2}}{2}(2-s)\cdot\sqrt{3}s + \frac{\sqrt{2}}{2}(2-t)\cdot\sqrt{3}t
\end{aligned}
$$

$s+t=\frac{2}{3}$ を代入

これで $t=\frac{2}{3}-s$ で t を消去しますと，s の 2 次関数になり，イケますね。

実行

(3)　4 点 P，Q，R，S を通る平面と辺 BE，辺 CD の交点をそれぞれ T，U とすると，正八面体 ABCDEF の 4 点 P，Q，R，S を通る平面による切り口は六角形 PQURST である。

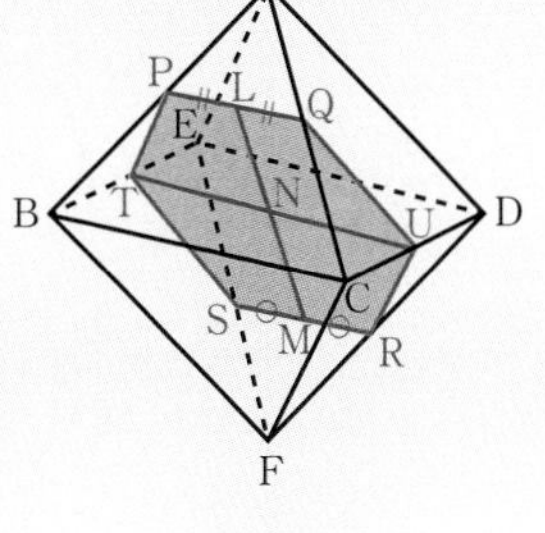

いま，LM の長さが最小値 $m=\frac{2\sqrt{3}}{3}$ をとるから，

$$s+t=2u=\frac{2}{3} \quad \cdots\cdots④$$

であり，③より，

$$\overrightarrow{\mathrm{LM}}=\left(-\frac{2}{3},\ -\frac{2}{3},\ -\frac{2}{3}\right)$$

である。これと①より，

$$\overrightarrow{\mathrm{PQ}}\cdot\overrightarrow{\mathrm{LM}}=(1-s)\left\{(-1)\left(-\frac{2}{3}\right)+1\cdot\left(-\frac{2}{3}\right)+0\cdot\left(-\frac{2}{3}\right)\right\}=0$$

よって，$\overrightarrow{\mathrm{PQ}}\perp\overrightarrow{\mathrm{LM}}$ である。また①，②より，

$$\mathrm{PQ}=\sqrt{2}(1-s),\ \mathrm{SR}=\sqrt{2}(1-t)$$

であり，

$$\mathrm{TU}=\mathrm{BC}=\sqrt{2}$$

である。

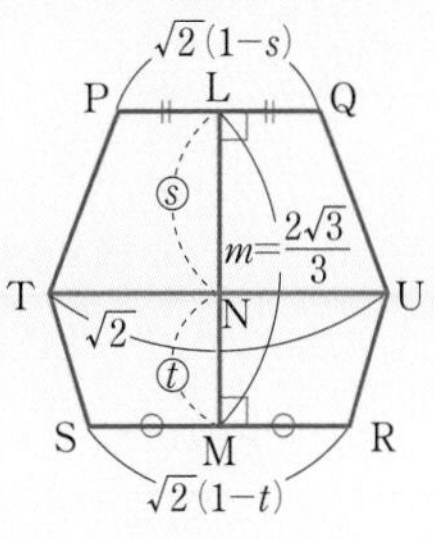

次に，線分 LM と線分 TU の交点を N とおくと，L，M，N の z 座標はそれぞれ s，$-t$，0 であるから，

$$\mathrm{LN}:\mathrm{NM}=s:t$$

である。よって,

$$\mathrm{LN}=\frac{s}{s+t}\mathrm{LM}=\frac{s}{\frac{2}{3}}\cdot\frac{2\sqrt{3}}{3}=\sqrt{3}\,s$$

$$\mathrm{MN}=\frac{t}{s+t}\mathrm{LM}=\frac{t}{\frac{2}{3}}\cdot\frac{2\sqrt{3}}{3}=\sqrt{3}\,t$$

以上より,六角形PQURSTの面積 X は

$$\begin{aligned}X&=\frac{1}{2}(\mathrm{PQ}+\mathrm{TU})\cdot\mathrm{LN}+\frac{1}{2}(\mathrm{SR}+\mathrm{TU})\cdot\mathrm{MN}\\&=\frac{1}{2}\{\sqrt{2}(1-s)+\sqrt{2}\}\cdot\sqrt{3}\,s+\frac{1}{2}\{\sqrt{2}(1-t)+\sqrt{2}\}\cdot\sqrt{3}\,t\\&=\frac{\sqrt{6}}{2}s(2-s)+\frac{\sqrt{6}}{2}t(2-t)\quad\cdots\cdots⑤\\&=\frac{\sqrt{6}}{2}s(2-s)+\frac{\sqrt{6}}{2}\left(\frac{2}{3}-s\right)\left(s+\frac{4}{3}\right)\quad\left(\because\ ④\text{より } t=\frac{2}{3}-s\right)\\&=\frac{\sqrt{6}}{2}\left(-2s^2+\frac{4}{3}s+\frac{8}{9}\right)=\sqrt{6}\left\{-\left(s-\frac{1}{3}\right)^2+\frac{5}{9}\right\}\end{aligned}$$

となる。$s=\frac{1}{3}$ のとき $t=\frac{2}{3}-s=\frac{1}{3}$ であり,確かに $0<s<1$, $0<t<1$ をみたしているから,X は最大値 $\frac{5\sqrt{6}}{9}$ をとる。

したがって,

X を最大にする s,t の値は $s=t=\frac{1}{3}$,このときの X の値は $\frac{5\sqrt{6}}{9}$

$$\begin{aligned}⑤&=\sqrt{6}(s+t)-\frac{\sqrt{6}}{2}(s^2+t^2)\\&=\sqrt{6}(s+t)-\frac{\sqrt{6}}{2}\{(s+t)^2-2st\}\\&=\sqrt{6}\cdot\frac{2}{3}-\frac{\sqrt{6}}{2}\left(\frac{4}{9}-2st\right)\quad(\because\ ④\text{より})\\&=\frac{4\sqrt{6}}{9}+\sqrt{6}\,st\end{aligned}$$

ですので，相加・相乗でもイケますね。$\dfrac{s+t}{2} \geqq \sqrt{st}$ ですから，④より

$$\frac{1}{3} \geqq \sqrt{st} \qquad \therefore \quad st \leqq \frac{1}{9}$$

よって

$$X \leqq \frac{4\sqrt{6}}{9} + \frac{\sqrt{6}}{9} = \frac{5\sqrt{6}}{9}$$

であり，等号成立条件は $s=t$ かつ④より

$$s=t=\frac{1}{3}$$

です。

Column 難問は勉強しなくてよい？

過去問をやり出した学生さんからよくされる質問の1つに，

「難問はやらなくていいですか？」

があります。できるだけラクをしたい気持ちはわかりますが……(笑)

何度も言っていますように，たしかに「やや難」や「難」の問題は，本番の入試ではごく一部の受験生しか解けていませんし，部分点を稼ぐのが精一杯ってことも多いです。したがって，勉強の効率を考えると，やらなくてもよいように思いますよね。

でもね，作問しておられる先生方は，自分の作った問題で，受験生の出来が悪いと寂しいらしいですよ(「それなら簡単にしてくれよ！」というツッコミはおいといて (^_^;))。ですから，「こんな誘導をつけたら手をつけ易いかな？」「数値をこっちにしたら気づくかな？」とか，いろいろ考えるそうなんです。で，何年後かにリベンジ問題(？)が出るんです。僕は2浪していまして，1浪目(1988年)に「水出し(微分方程式)」の問題が出て，コレがけっこう難しかったんです。で，2浪目(1989年)にもまた「水出し」の問題が出たんです。思わず「2年連続かいっ！」って心の中でツッコミましたもん(笑)。

また，あたり前ですけど，ほとんどの先生は自分の大学の過去問を見て問題を作られます。阪大の先生が，「北海道大から琉球大まで，全国津々浦々の国立大学の問題を調べる」なんてことはまずありません。だからこそ，大学ごとに傾向が生まれるんですよね。

ということで，本番の入試では捨てる問題かもしれませんが，考え方や切り口，解くときに必要な技術，また，書いてあればその問題の素材や背景なんかも，読んで「へえ～」と思うだけでもよいので，勉強はしておくべきだと思います。

第7章 確　率

プロローグ

阪大の確率には2つの大きな傾向があります。

・他分野との融合問題

・確率漸化式

で，数学Aの教科書や問題集で勉強するものとは，全然違います。あ，あと，難易度のバラつきがすごいです(笑)。凝りすぎてて，「試験時間中にここまでは気づかないだろうなぁ…」ってレベルの問題もちょいちょいあります。

まず，他分野との融合問題ですが，阪大理系数学全体としての頻出分野である極限や微積分との融合はもちろん，図形問題や整数問題との融合，三角関数や対数関数の問題と融合されたこともあります。他大学ではこういった問題は出るには出ますが，頻出ではありません。そういう意味でも問題集には載りにくいですし，また，阪大の問題ではその融合部分が，そこそこ(かなり？)難しかったりするので，このレベルの問題は，問題集に「数学A」の確率分野の問題として載ることは少ないです。

で，対策ですが，問題25，問題26でこのタイプを扱います。これをやっていただいて，阪大の確率の融合問題のフンイキをとらえてもらったうえで，他の阪大の過去問，実戦的な問題集などで，似たような問題を探してやってみてください。といっても，さっきいいましたように，そんなにたくさんは見つからないと思うので，これから阪大受験までの間に，そういう問題を見つけたら，その都度チャレンジしておくって感じでOKです。どの分野と融合されるかも予想がつかないのですから，このようにして地道に経験を積んでいきましょう。

次に，確率漸化式です。これは京大や名古屋大は昔から頻出だったのですが，阪大では近年，増加傾向です。しかも，以前は

(1)　P_{n+1} を P_n の式で表せ。

(2)　P_n を求めよ。

のように「漸化式を作れ」という誘導の(1)があったのですが，最近は，(1)がなく，イキナリ(2)からで，受験生はこの問題を普通に解くのか，漸化式

を立ててから解くのか，判断しないといけません。できますか？

まず，ざっくりいうと「確率」や「場合の数」など“自然数 n がらみの問題”を，大きく「数列」ととらえますと，数列には 2 つのアプローチがあり，

> **数列（確率・場合の数など）**
>
> ➡ **1** $a_n=$（n の式）　：一般項を考える
>
> 　 **2** $a_{n+1}=$（a_n の式）：漸化式を立てる

です。確率，場合の数はほとんど **1** でアプローチしますよね。ですから，

「a_n を n で表そうと思ったけど，よくワカランなあ。
じゃあ，漸化式を立てたらどうだろう。」

という発想でよいのではないかと思います。

もう少し詳しくいうと，

遷移（せんい）的な構造をもった問題
再帰（さいき）的な構造をもった問題 ｝は漸化式が向いている

といわれています。

遷移的な構造 … いくつかの限られた状態だけを行ったり来たりする。（「推移（すいい）的」ともいいます）

再帰的な構造 … 最初の状態にリセットされる。

なんですが，ちょっと抽象的ですかね。具体例でやってみましょう。

遷移的な構造 type

> 正三角形 ABC と動点 P があり，P ははじめ頂点 A にある。P は 1 秒毎にいまある頂点の隣のいずれかの頂点に等確率で移動するものとする。n 秒後に P が頂点 A にある確率 a_n を求めよ。

右の図のような設定ですね。動点 P は必ず頂点 A，B，C のどれかにありますから，「限られた 3 つの状態だけを行ったり来たりする」つまり「遷移的な構造」になっていますので，漸化式を立ててみましょうか。

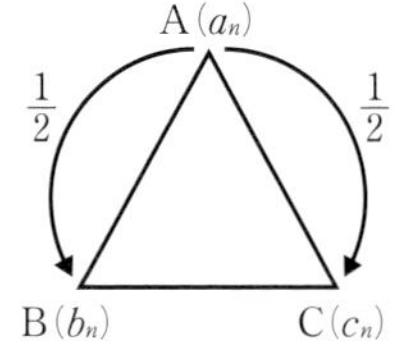

そうしますと，P が頂点 B，C にある確率も必要になってきますので，それぞれ b_n，c_n とおきましょうか。すると，n 秒後と $n+1$ 秒後の状態と確率，遷移する確率は次ページの図のようになりますね。

じゃあ，$n+1$ 秒後にPが頂点Aにある確率 a_{n+1} の漸化式を作ってみましょう。◯部分と→ですね。日本語で説明文を書くと，
「動点Pが $n+1$ 秒後に頂点Aにあるのは，
(i)　n 秒後に頂点Bにあり，次にAに移動。
または
(ii)　n 秒後に頂点Cにあり，次にAに移動。
のいずれか」

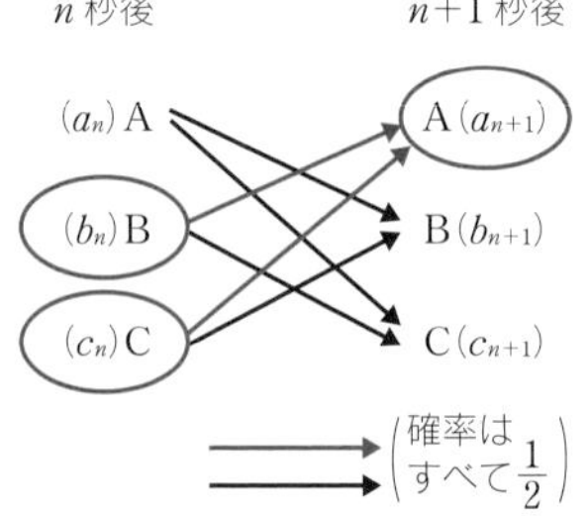

となります。解答を書くときは，こういう日本語も必要になってきますから，ちゃんと書けるようにしておいてください。

ということで

$$a_{n+1} = b_n \times \frac{1}{2} + c_n \times \frac{1}{2}$$

n 秒後Bにあり　Aに移動　n 秒後Cにあり　Aに移動

式の方に説明の日本語をつける人もいます。コレもアリ。

となります。b_{n+1}，c_{n+1} についても同様なので

$$a_{n+1}=\frac{1}{2}(b_n+c_n) \quad \cdots\cdots①$$

$$b_{n+1}=\frac{1}{2}(c_n+a_n)$$

$$c_{n+1}=\frac{1}{2}(a_n+b_n)$$

です。さて，次にこの連立漸化式を解くわけですが，対称性があってキレイな式ではありますが，a_n，b_n，c_n の3つの連立ですので，あまり経験がないのではないでしょうか？

ここで，確率漸化式を解くときに忘れてはいけない式があります。

$$\boldsymbol{a_n+b_n+c_n=1} \quad \cdots\cdots②$$

です。わかります？　当たり前ですよね。n 秒後は頂点A，B，Cのいずれかにありますから，そりゃあ，a_n と b_n と c_n を足したら確率1です。そうしますと，②より

$$b_n+c_n=1-a_n$$

ですから，これを①に代入して

$$a_{n+1}=\frac{1}{2}(1-a_n) \quad \cdots\cdots ③$$

これはよくある漸化式ですよね。

確率漸化式では

P(全事象)$=1$

を忘れないようにしましょう。

さて，③をいつも通り変形してもらうと

$$a_{n+1}-\frac{1}{3}=-\frac{1}{2}\left(a_n-\frac{1}{3}\right)$$

$$\begin{array}{rcl} a_{n+1} & = & \frac{1}{2}(1-a_n) \\ -)\ \alpha & = & \frac{1}{2}(1-\alpha) \quad \therefore\ \alpha=\frac{1}{3} \\ \hline a_{n+1}-\alpha & = & -\frac{1}{2}(a_n-\alpha) \end{array}$$

となり，「数列 $\left\{a_n-\frac{1}{3}\right\}$ は公比 $-\frac{1}{2}$ の等比数列」ということになるのですが，初項はどうでしょう？　普通，数列は $n=1$ からはじまりますが，確率漸化式の場合は $n=0$ をスタートにすると扱い易いことがあります。本問ですと「0 秒後」つまり「最初」ですよね。最初，P は頂点 A にありますから

$$a_0=1,\ b_0=0,\ c_0=0$$

です。$n=0$ のときって，初期状態ですから，確率が 1 か 0 になって，扱い易いんですよね。答案を書くときは，一言ことわりを入れましょう。

ということで，数列 $\left\{a_n-\frac{1}{3}\right\}$ は公比 $-\frac{1}{2}$，初項 $a_0-\frac{1}{3}=1-\frac{1}{3}=\frac{2}{3}$ の等比数列となり

$$a_n-\frac{1}{3}=\frac{2}{3}\left(-\frac{1}{2}\right)^{ⓝ}$$

$$a_n=\frac{1}{3}+\frac{2}{3}\left(-\frac{1}{2}\right)^n$$

$a_1-\frac{1}{3}$ が初項のとき

$a_1-\frac{1}{3},\ a_2-\frac{1}{3},\ \cdots\cdots,\ a_n-\frac{1}{3}$

$\underbrace{\times\left(-\frac{1}{2}\right)\times\left(-\frac{1}{2}\right)\cdots\times\left(-\frac{1}{2}\right)}_{n-1\text{個}}$

$a_0-\frac{1}{3}$ が初項のとき

$a_0-\frac{1}{3},\ a_1-\frac{1}{3},\ a_2-\frac{1}{3},\ \cdots,\ a_n-\frac{1}{3}$

$\underbrace{\times\left(-\frac{1}{2}\right)\times\left(-\frac{1}{2}\right)\times\left(-\frac{1}{2}\right)\cdots\times\left(-\frac{1}{2}\right)}_{n\text{個}}$

となります。ちなみに $n\to\infty$ にしますと

$$\lim_{n\to\infty}a_n=\frac{1}{3}$$

となりますが，これは「n がメッチャ大きくなったら，A，B，C にある確率は各々 $\frac{1}{3}$ になるだろうなぁ」という直観にも合いますよね。検算というわけではないのですが，こういった自分の感覚とのすり合わせによる check も大切です。

再帰的な構造 type 1

階段があり，1 回に 1 段昇るか，または 2 段昇るとする。n 段の階段の昇り方を a_n 通りとするとき，a_n を n の式で表せ。

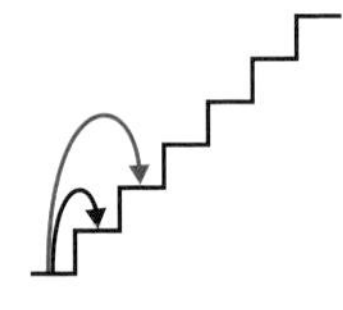

最初に階段を 1 段ないし 2 段昇りますと，再び“階段の一番下”という状態になりますよね。あっ，もちろん階段の段数は減ってますよ。このように，何か操作を行ったとき，最初の状態にリセットされるのが，「再帰的な構造」です。この type では

最初の操作で場合分け　または　最後の操作で場合分け

します。本問はどちらもできますが，問題によってはどちらかでしかやりにくいものもあります。

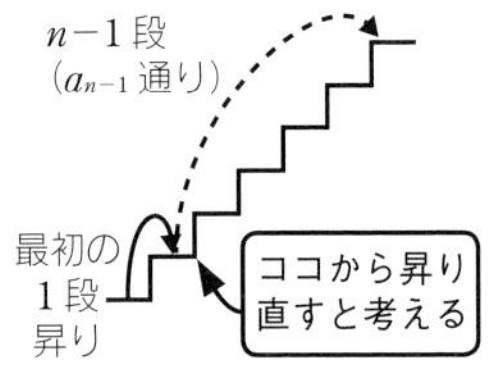

$n \geqq 3$ のとき，最初の 1 回が 1 段昇りか 2 段昇りかで場合分けしてみましょう。最初 1 段昇りとすると，残りは $n-1$ 段です。n 段の昇り方を a_n 通りと表していますので，$n-1$ 段の昇り方は a_{n-1} 通りと表せますね。最初 2 段昇りとすると，残りは $n-2$ 段で昇り方は a_{n-2} 通りです。ですから

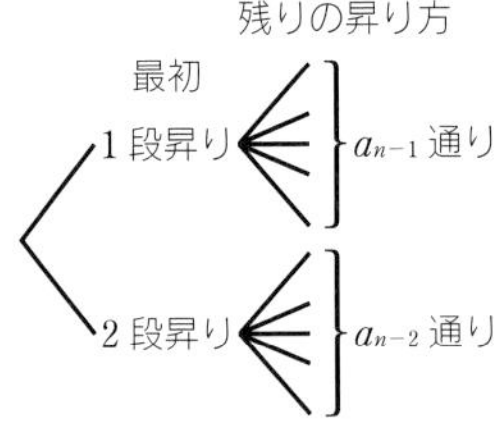

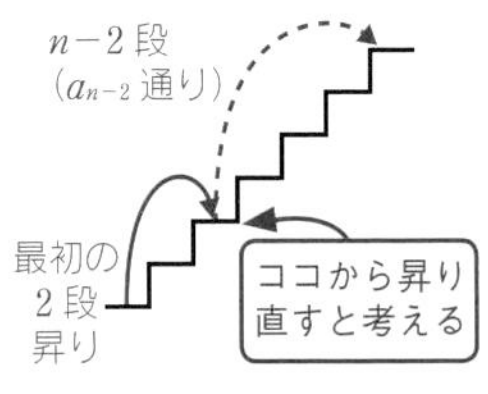

ということで

$$a_n = a_{n-1} + a_{n-2}$$

$$\therefore \quad a_n - a_{n-1} - a_{n-2} = 0$$

という漸化式が立ちました。

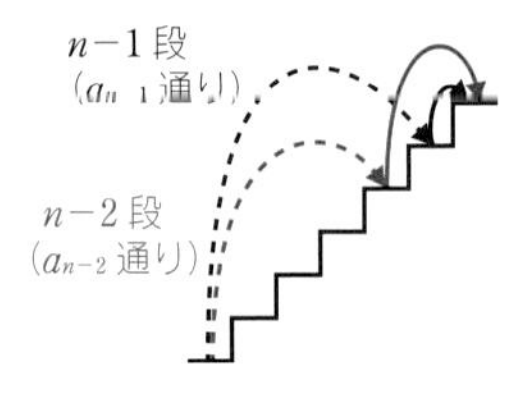

最後の 1 回が 1 段昇りか 2 段昇りかで場合分けしても，右の図のようになりますから，同じ

漸化式になりますね。

ついでに 3 項間漸化式の解法を確認しておきましょう。

$$a_n - a_{n-1} - a_{n-2} = 0 \quad \cdots\cdots①$$

に対して，a_n を x^2，a_{n-1} を x，a_{n-2} を 1 とおきかえた x の 2 次方程式を考え，これを解きます。今回ですと

$$x^2 - x - 1 = 0 \qquad \therefore \quad x = \frac{1 \pm \sqrt{5}}{2}$$

となります。ちょっと値がキタナイので，α，β $(\alpha > \beta)$ とおきましょうか。

$$\alpha = \frac{1+\sqrt{5}}{2},\ \beta = \frac{1-\sqrt{5}}{2}$$

となり，解と係数の関係から

$$\alpha + \beta = 1,\ \alpha\beta = -1$$

です。すると，①が

$$a_n - (\alpha + \beta)a_{n-1} + \alpha\beta a_{n-2} = 0 \quad \cdots\cdots①'$$

となり，a_n と $-\alpha a_{n-1}$ を左辺に残して，それ以外を右辺に移項すると

$$a_n - \alpha a_{n-1} = \beta(a_{n-1} - \alpha a_{n-2})$$

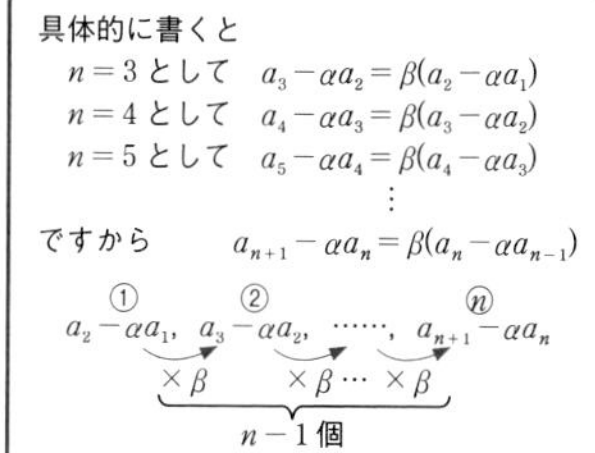

となります。よって，数列 $\{a_{n+1} - \alpha a_n\}$ は初項 $a_2 - \alpha a_1$，公比 β の等比数列ですから

$$a_{n+1} - \alpha a_n = (a_2 - \alpha a_1)\beta^{n-1} \quad \cdots\cdots②$$

1 段の階段の昇り方は 1 通りで

$$a_1 = 1$$

2 段の階段の昇り方は 2 通りで

$$a_2 = 2$$

ですから，②は

$$a_{n+1} - \alpha a_n = (2 - \alpha)\beta^{n-1} \quad \cdots\cdots②'$$

となります。

今度は①′で，a_n と $-\beta a_{n-1}$ を左辺に残して，それ以外を右辺に移項すると

$$a_n - \beta a_{n-1} = \alpha(a_{n-1} - \beta a_{n-2})$$

となり，さっきと α，β が入れかわりますので，②′で α，β を入れかえて

$$a_{n+1} - \beta a_n = (2 - \beta)\alpha^{n-1} \quad \cdots\cdots③$$

③－②′によって a_{n+1} を消去すると

$$(\alpha - \beta)a_n = (2 - \beta)\alpha^{n-1} - (2 - \alpha)\beta^{n-1}$$

となり，$\alpha = \dfrac{1+\sqrt{5}}{2}$，$\beta = \dfrac{1-\sqrt{5}}{2}$ を代入すると

$$\sqrt{5}\,a_n=\frac{3+\sqrt{5}}{2}\left(\frac{1+\sqrt{5}}{2}\right)^{n-1}-\frac{3-\sqrt{5}}{2}\left(\frac{1-\sqrt{5}}{2}\right)^{n-1}$$

$$a_n=\frac{1}{\sqrt{5}}\left\{\frac{3+\sqrt{5}}{2}\left(\frac{1+\sqrt{5}}{2}\right)^{n-1}-\frac{3-\sqrt{5}}{2}\left(\frac{1-\sqrt{5}}{2}\right)^{n-1}\right\}$$

となります。大丈夫でしたか？　さらに

$$\left(\frac{1\pm\sqrt{5}}{2}\right)^2=\frac{1\pm2\sqrt{5}+5}{4}=\frac{3\pm\sqrt{5}}{2}\quad（複号同順）$$

に気づくと

$$a_n=\frac{1}{\sqrt{5}}\left\{\left(\frac{1+\sqrt{5}}{2}\right)^{n+1}-\left(\frac{1-\sqrt{5}}{2}\right)^{n+1}\right\}$$

とまとめることができます。

阪大の確率では「遷移的な構造」をもった問題は出題されていて，「再帰的な構造」をもった問題は今のところあまり出題されていませんので，経験値アップをかねて練習にもう一問。

再帰的な構造 type2

表裏が等確率で出る1枚のコインを投げ，2回連続で表が出たら終わりとする。ちょうど n 回目で終わる確率 p_n を求めよ。

自分でこのゲームをやるつもりで，しかも「2回連続で表が出たら1万円もらえる」と思って考えてみてください。確率はたいがいある種のゲームです。ゲームは真剣にやらないと必勝法は見えてきませんよ。

1回コインを投げて表が出たら，「よっしゃ！　あと1回で1万円！」と思うでしょう。そして，2回目のコインを投げて裏が出たらどうですか？「あ～～，また一からやり直し」と思いませんか？「一からやり直し」すなわちリセットですね。「再帰的な構造」です。

最後の2回は表が連続しないといけませんから，最初の操作で場合分けしましょう。最初に裏が出ると，ここでリセットされ，あとちょうど $n-1$ 回で終わればいいんですよね。確率は p_{n-1} と表せます。最初が表ですと，2回目が表だったら，ここで終わってしまいますので，$n\geqq3$ の場合はダメです。$n=2$ の「表表」で終わる場合は別で扱うことにして，$n\geqq3$ の場合を考えますと，最初が表なら，2回目は裏です。ここでリセットされて，あとちょうど $n-2$ 回で終わればよく，確率は p_{n-2} となります。表を○，裏を×で表すと，次のようになりますね。

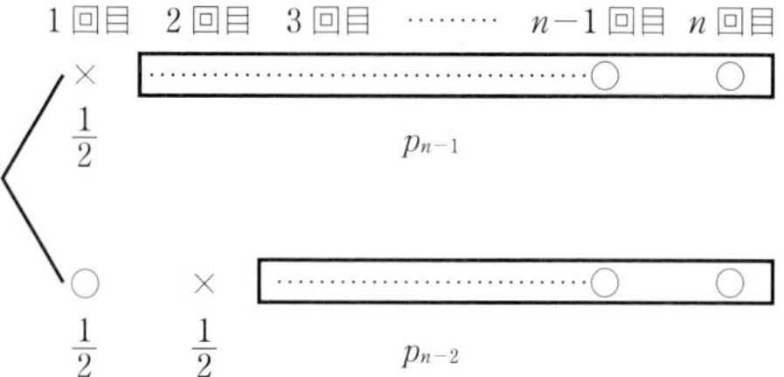

　ということで，漸化式は

$$p_n = \frac{1}{2}p_{n-1} + \frac{1}{2}\cdot\frac{1}{2}p_{n-2} \quad (n \geqq 3)$$

となります。

　1回で終わることはないので　$p_1 = 0$

　2回で終わるのは「○○」のときですから　$p_2 = \left(\frac{1}{2}\right)^2$

ですので，この漸化式を解きますと

$$p_n = \frac{1}{2\sqrt{5}}\left\{\left(\frac{1+\sqrt{5}}{4}\right)^{n-1} - \left(\frac{1-\sqrt{5}}{4}\right)^{n-1}\right\}$$

となります。計算はおまかせしますね。

テーマ

25 確 率 ①

問題 25 ★☆☆ 30分

1個のさいころを3回続けて投げるとき，1回目に出る目を l，2回目に出る目を m，3回目に出る目を n で表すことにする。このとき，以下の問いに答えよ。

(1) 極限値

$$\lim_{x \to -1} \frac{lx^2 + mx + n}{x + 1}$$

が存在する確率を求めよ。

(2) 関数

$$f(x) = \frac{lx^2 + mx + n}{x + 1}$$

が，$x > -1$ の範囲で極値をとる確率を求めよ。

（阪大・理系・12前）

理解 本問は，阪大の確率の2つの大きな傾向の1つ，「他分野との融合問題」であり，また，もう1つ「数Ⅲの極限や微積分との融合問題が多い」という阪大数学の特徴もかねそなえた問題です。それから，これも阪大の確率の特徴ですが「難しいか易しいかのどっちか」です。いわゆる「標準」ってあまりないんです。他分野との融合で，意欲的な新作を作ってこられることが多いので，どうしても難易がブレます。本問は易しい方，次の**問題 26**が難しい方です。

「極限」は次の章で扱いたいと思いますが，(1)の極限は数学Ⅱで扱うネタですので，大丈夫ですよね。

$x \to -1$ のとき(分母)$\to 0$ ですので，(分子)$\to 0$ が必要というやつですね。式で書くと

$$\lim_{x \to a} \frac{f(x)}{g(x)} = \alpha, \ \lim_{x \to a} g(x) = 0 \implies \lim_{x \to a} f(x) = 0$$

ですね。「分母が0に近づいて，分子がたとえば1に近づくと

$$\frac{1}{0.1} = 10, \ \frac{1}{0.01} = 100, \ \frac{1}{0.001} = 1000, \ \cdots\cdots$$

となって，発散してしまうから，分子も0に近づくしかないって感じで，直観的に理解している人が多いように思いますが，どうですか？　数学ではそういった直観も大切ですが，逆にそれをキチンと説明できる(証明できる)ことも大切です。学校の教科書は直観のところがあまり書かれていなくて，キチンとしたことばかり書かれているので，読みにくいのですが，逆に，受験生の答案で論理が破たんしている，直観だけの決めつけ(しかも間違えてる)をちょいちょい見ますから，教科書を作成される先生方のお気持ちもよくわかります(笑)。

話がそれました。これ，証明するのカンタンなんですよ。

$$\lim_{x \to a}\frac{f(x)}{g(x)} = \alpha,\ \lim_{x \to a} g(x) = 0$$

ですから，$g(x) \neq 0$ のもとで，$f(x)$ を $\dfrac{f(x)}{g(x)} \cdot g(x)$ として

$$\lim_{x \to a} f(x) = \lim_{x \to a}\frac{f(x)}{g(x)} \cdot g(x) = \alpha \cdot 0 = 0$$

これでおわりです。直観的に理解して，論理で詰める，という姿勢が大切です。あ，そうそう，「逆」は成り立たないですよね。$\lim_{x \to a} f(x) = 0$ だからといって，$\lim_{x \to a} g(x) = 0$ や $\lim_{x \to a}\frac{f(x)}{g(x)} = \alpha$ になるとは限らないですもんね。

さて，そういうわけで

$$\lim_{x \to -1}(lx^2 + mx + n) = 0$$

$$l - m + n = 0 \quad \cdots\cdots ⓐ$$

が必要です。十分性の check をしますと，このとき，$n = m - l$ ですから

$$\lim_{x \to -1}\frac{lx^2 + mx + n}{x + 1} = \lim_{x \to -1}\frac{lx^2 + mx + (m - l)}{x + 1}$$

（n を消去した（m 消去，l 消去でも OK））

$$= \lim_{x \to -1}\frac{l(x^2 - 1) + m(x + 1)}{x + 1}$$

$$= \lim_{x \to -1}\{l(x - 1) + m\}$$

（$x + 1$ 約分）

$$= -2l + m$$

ということで，極限値が存在して OK ですね。

$l + n$ の値

l ＼ n	1	2	3	4	5	6
1	2	3	4	5	6	7
2	3	4	5	6	7	8
3	4	5	6	7	8	9
4	⋮	⋮	⋮	⋮	⋮	⋮
⋮						

ⓐをみたす l, m, n の組合せを数え上げます。さいころ2回振りですと，$6^2 = 36$ 通りの表を書くのが手っ取り早いのですが，これは3回振

りですね。しかし，ⓐから

$$m = l + n \quad \cdots\cdots ⓐ'$$

$n = m - l$ や $l = m - n$ でもよいのですが，差より和の方がわかりやすいので，こうしました。

ですから，l と n が決まれば m も1つに決まりますね。じゃあ，前ページのような $l + n$ の値の表を書きましょうか。$m \geqq 7$ はムリですから，すぐに数えられそうですね。

次に(2)です。

Ⓐ微分可能な関数 $f(x)$ について
「$f(x)$ が $x = \alpha$ で極値をもつ」$\Longrightarrow f'(\alpha) = 0$

これは大丈夫ですか？　必要十分条件だと思っている人がいますが，これも「逆」は成り立たず，必要条件です。たとえば

$$f(x) = x^3$$

ですと

$$f'(x) = 3x^2$$

となり，$f'(0) = 0$ ではありますが，前後で $f'(x)$ は正→正，$f(x)$ は増加→増加になります。$f(0)$ は極大値でも極小値でもありません。

x	$\cdots$	0	$\cdots$
$f'(x)$	$+$	0	$+$
$f(x)$	↗	0	↗

$y = f(x) = x^3$

極大でも極小でもない。

必要十分条件は右の増減表からわかりますように

x	$\cdots$	α	$\cdots$
$f'(x)$	$+$	0	$-$
$f(x)$	↗	極大	↘

x	$\cdots$	α	$\cdots$
$f'(x)$	$-$	0	$+$
$f(x)$	↘	極小	↗

「極大」は $f(x)$ が増加→減少にきりかわるところ，「極小」は $f(x)$ が減少→増加にきりかわるところ。

Ⓑ微分可能な関数 $f(x)$ について
「$f(x)$ が $x = \alpha$ で極値をもつ」
⇔「$f'(x)$ の符号が $x = \alpha$ の前後で変化する」

⇒が成り立たない関数があるのですが，それは大学でのお楽しみ。

です。

問題にもよりますが，Ⓑだけで解くときもありますし，Ⓐで必要条件を求めて，あとで十分性のcheck（Ⓑの⇐を利用している）をすることもあります。

計画　では，まず $f'(x)$ を求めてみましょう。数学Ⅲの「商の微分法」になります。

$$f'(x)=\frac{(lx^2+mx+n)'(x+1)-(lx^2+mx+n)(x+1)'}{(x+1)^2}$$
$$=\frac{(2lx+m)(x+1)-(lx^2+mx+n)\cdot 1}{(x+1)^2}$$
$$=\frac{lx^2+2lx+m-n}{(x+1)^2}$$

（分子 $=g(x)$，分母 $\oplus$）

$x>-1$ において，分母は $(x+1)^2>0$ ですから，$f'(x)$ の正負は分子で決まります。分子を $g(x)$ とおくと，$g(x)$ は2次関数です。正負を調べたいので，因数分解できるとよいのですが，l，m，n と3文字入っていて，できそうにありません。じゃあ，$y=g(x)$ のグラフを調べるために，平方完成してみましょうか。

$$g(x)=lx^2+2lx+m-n$$
$$=l(x+1)^2-l+m-n$$

因数分解はムリ。平方完成してみる。

$l=0$ のとき，$g(x)$ は2次関数ではありませんが，l は1〜6ですので大丈夫。

お！　放物線 $y=g(x)$ の軸は $x=-1$ ですね。範囲が $x>-1$ ですから，ちょうどこの境界が軸になっています。ですから，$y=g(x)$ のグラフは右のようになり，$g(x)$ の正負が変化するのは，コレが $x>-1$ の範囲で x 軸と交わるとき，すなわち

$$(\text{頂点の } y \text{ 座標})=-l+m-n<0 \quad \cdots\cdots ⓑ$$

のときですね。

あとはⓑをみたす l，m，n の組合せを数え上げるのですが，ⓑを変形すると

$$m<l+n \quad \cdots\cdots ⓑ'$$

になり

$$m=l+n \quad \cdots\cdots ⓐ'$$

の「＝」が「＜」になったものです。ですから，(1)の表が使えますね。これでイケそうです。

実行

(1)　極限値 $\displaystyle\lim_{x\to-1}\frac{lx^2+mx+n}{x+1}$ が存在するとき，この値を α とおくと，$x \neq -1$ のもとで，

$$lx^2+mx+n=\frac{lx^2+mx+n}{x+1}\cdot(x+1) \to \alpha\cdot 0=0 \quad (x\to -1)$$

であり，$\displaystyle\lim_{x\to-1}(lx^2+mx+n)=l-m+n$ であるから，

$$l-m+n=0 \qquad \therefore\quad m=l+n \quad \cdots\cdots①$$

であることが必要である。逆に①のとき

$$\frac{lx^2+mx+n}{x+1}=\frac{lx^2+(l+n)x+n}{x+1}$$

$$=lx+n$$

$$\to -l+n \quad (x\to -1)$$

計画 では最初，n を消去していましたが，結局 $l+n$ を考えることになりましたので，①を使って m を消去しました。

となり，極限値 $\displaystyle\lim_{x\to-1}\frac{lx^2+mx+n}{x+1}$ は存在するから，十分である。

$l+n$ の値は右の表のようになるから，①をみたす m が存在するのは，○をつけた

$$5+4+3+2+1=15 \quad （通り）$$

l ＼ n	1	2	3	4	5	6
1	②	③	④	⑤	⑥	7
2	③	④	⑤	⑥	7	8
3	④	⑤	⑥	7	8	9
4	⑤	⑥	7	8	9	10
5	⑥	7	8	9	10	11
6	7	8	9	10	11	12

l，m，n の組合せは全部で 6^3 通りあるから，求める確率は

$$\frac{15}{6^3}=\mathbf{\frac{5}{72}}$$

(2)

$$f'(x)=\frac{(2lx+m)(x+1)-(lx^2+mx+n)}{(x+1)^2}$$

$$=\frac{lx^2+2lx+m-n}{(x+1)^2}$$

であるから，

$$g(x)=lx^2+2lx+m-n$$

とおくと，$x>-1$ において $(x+1)^2>0$ であるから，$f'(x)$ の符号は $g(x)$ の符号と一致する。

$$g(x)=l(x+1)^2-l+m-n$$

であるから，$g(-1)\geqq 0$ のとき，$x>-1$ において，

$g(x)\geqq 0$ すなわち $f'(x)\geqq 0$ となり，$f(x)$ は極値をもたない。

$g(-1) = -l + m - n < 0$

$\therefore \quad m < l + n \quad \cdots\cdots$②

のとき，$g(\beta) = 0$ かつ $\beta > -1$ をみたす β が存在し，$f(x)$ の増減表は右下のようになるから，$f(x)$ は極値をもつ。

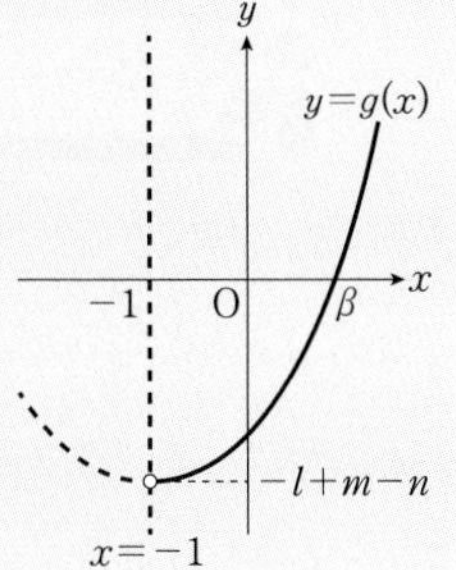

ここで，(1)の表より，

$m \geqq l + n$

余事象を考えることにしました。

をみたす m は，

$l + n \leqq 6$ に注意して，

- $(l,\ n) = (1,\ 1)$ のとき，$m \geqq 2$ より，5通り
- $(l,\ n) = (1,\ 2)$，$(2,\ 1)$ のとき，
  $m \geqq 3$ より，それぞれ4通りずつ
- $(l,\ n) = (1,\ 3)$，$(2,\ 2)$，$(3,\ 1)$ のとき，
  $m \geqq 4$ より，それぞれ3通りずつ
- $(l,\ n) = (1,\ 4)$，$(2,\ 3)$，$(3,\ 2)$，$(4,\ 1)$ のとき，
  $m \geqq 5$ より，それぞれ2通りずつ
- $(l,\ n) = (1,\ 5)$，$(2,\ 4)$，$(3,\ 3)$，$(4,\ 2)$，$(5,\ 1)$ のとき，
  $m \geqq 6$ より，それぞれ1通りずつ

x	(-1)	$\cdots$	β	$\cdots$
$f'(x)$		$-$	0	$+$
$f(x)$		↘	極小	↗

あるから，全部で，

$1 \times 5 + 2 \times 4 + 3 \times 3 + 4 \times 2 + 5 \times 1 = 35$（通り）

よって，求める確率は，余事象を考えて，

$$1 - \frac{35}{6^3} = \boldsymbol{\frac{181}{216}}$$

(2)は 計画 段階では気づいていないですが

$m < l + n \quad \cdots\cdots$②

をみたす m を数えようとすると，かなり多くなってしまいます。

$l + n = 7 \sim 12$ については，$m = 1 \sim 6$

$l + n = 6$ 　　　については，$m = 1 \sim 5$

$\vdots$ 　　　　　　　　　$\vdots$

$l + n = 2$ 　　　については，$m = 1$

のように，$l + n$ のそれぞれの値に対して m がいろいろと存在します。そこで

場合分けが多い，複雑なとき ➡ 否定を考える

という発想を使いました。本問は確率ですので，余事象ですね。余事象というと「少なくとも 1 つ」をキーワードにしている人がいますが，本問のように「少なくとも」が問題文にないときもありますね。ですから，上のように考えてはどうでしょう。「少なくとも 1 つ」は場合分けが多い代表例ですよね。「少なくとも 1 つ」ということは「1 つの場合，2 つの場合，3 つの場合，……」とあって，否定を考えると「1 つもナシ」になるわけです。

p.87 でお話した先輩の先生の格言のひとつ

数学においては
　　肯定から攻めるのか
　　否定から攻めるのか
つねに考えるんだ

あっ，そういえば，これをおっしゃった先生，阪大出身です。

テーマ 26

確率 ②

問題 26 ★★☆ 40分

1以上6以下の2つの整数 a，b に対し，関数 $f_n(x)$ $(n=1,\ 2,\ 3,\ \cdots\cdots)$ を次の条件(ア)，(イ)，(ウ)で定める。

(ア) $f_1(x)=\sin(\pi x)$

(イ) $f_{2n}(x)=f_{2n-1}\left(\dfrac{1}{a}+\dfrac{1}{b}-x\right)$ $(n=1,\ 2,\ 3,\ \cdots\cdots)$

(ウ) $f_{2n+1}(x)=f_{2n}(-x)$ $(n=1,\ 2,\ 3,\ \cdots\cdots)$

以下の問いに答えよ。

(1) $a=2$，$b=3$ のとき，$f_5(0)$ を求めよ。

(2) $a=1$，$b=6$ のとき，$\displaystyle\sum_{k=1}^{100}(-1)^k f_{2k}(0)$ を求めよ。

(3) 1個のさいころを2回投げて，1回目に出る目を a，2回目に出る目を b とするとき，$f_6(0)=0$ となる確率を求めよ。

（阪大・理系・16）

理解 確率を問われるのは(3)だけですので，これを「確率」に分類してよいものかどうか…。ちなみに文系は(2)ナシ，(1)，(3)だけで出題されましたので，作問された先生は「確率の問題」として作られたのではないかと思います。問題25と同じ，阪大の確率の2大傾向の一つである「他分野との融合」で，問題25に比べて分析にかなり手間がかかりますので，勉強しておきましょう。実際の入試では(1)はほぼできていて，(2)で正解答が半分以下，(3)で $\dfrac{1}{3}$ 以下くらいだったようです。ちゃんと解けたらアドバンテージがとれますね。

(1)，(2)は a，b に具体的な値が入るのですが，(3)はちがいます。ですからいったん a，b のままで調べてみましょうか。しかし，$\dfrac{1}{a}+\dfrac{1}{b}$ は扱いにくいので，c で置き直して

(イ) $f_{2n}(x)=f_{2n-1}(c-x)$，$c=\dfrac{1}{a}+\dfrac{1}{b}$

としましょうか。

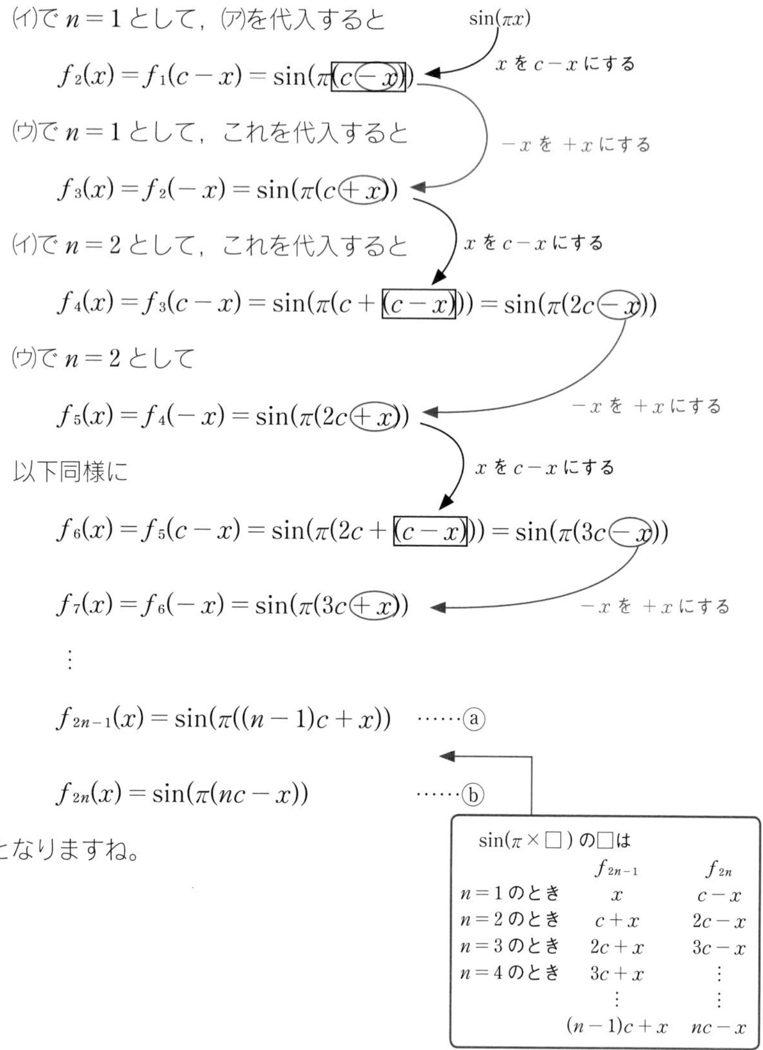

(イ)で $n=1$ として，(ア)を代入すると

$$f_2(x)=f_1(c-x)=\sin(\pi(c-x))$$

(ウ)で $n=1$ として，これを代入すると

$$f_3(x)=f_2(-x)=\sin(\pi(c+x))$$

(イ)で $n=2$ として，これを代入すると

$$f_4(x)=f_3(c-x)=\sin(\pi(c+(c-x)))=\sin(\pi(2c-x))$$

(ウ)で $n=2$ として

$$f_5(x)=f_4(-x)=\sin(\pi(2c+x))$$

以下同様に

$$f_6(x)=f_5(c-x)=\sin(\pi(2c+(c-x)))=\sin(\pi(3c-x))$$

$$f_7(x)=f_6(-x)=\sin(\pi(3c+x))$$

$$\vdots$$

$$f_{2n-1}(x)=\sin(\pi((n-1)c+x)) \quad \cdots\cdots ⓐ$$

$$f_{2n}(x)=\sin(\pi(nc-x)) \quad \cdots\cdots ⓑ$$

となりますね。

sin(π×□) の□は

	f_{2n-1}	f_{2n}
$n=1$ のとき	x	$c-x$
$n=2$ のとき	$c+x$	$2c-x$
$n=3$ のとき	$2c+x$	$3c-x$
$n=4$ のとき	$3c+x$	$\vdots$
	$\vdots$	$\vdots$
	$(n-1)c+x$	$nc-x$

(1)は $f_5(x)$，(3)は $f_6(x)$ を扱いますので，ここまでやらなくてもよいのですが，(2)は $f_{2k}(0)$ ですから，この説明が必要になりますね。(1)の前に済ませておきましょうか。一般式の説明は，キチンとやると数学的帰納法になりますが，この程度ですと，「以下同様に」とか，「(イ)，(ウ)を繰り返し用いて」とかで軽く済ませてもよいと思います。一応，安全のため（減点されないため），キチンと数学的帰納法で証明しましょうか。

(1)はⓐで $n=3$ として，$a=2$，$b=3$ ですから

$$f_5(x)=\sin(\pi(2c+x)),\quad c=\frac{1}{a}+\frac{1}{b}=\frac{1}{2}+\frac{1}{3}=\frac{5}{6}$$

$x=0$ ですから

$$f_5(0)=\sin\left(\pi\left(\frac{5}{3}+0\right)\right)=\sin\frac{5\pi}{3}=-\frac{\sqrt{3}}{2}$$

これでおわりですね。

(2)はⓑで $n=k$ として，$a=1$，$b=6$ ですから

$$f_{2k}(x)=\sin(\pi(kc-x)),\quad c=\frac{1}{a}+\frac{1}{b}=1+\frac{1}{6}=\frac{7}{6}$$

$x=0$ ですから

$$f_{2k}(0)=\sin\left(\pi\left(k\cdot\frac{7}{6}-0\right)\right)=\sin\frac{7k\pi}{6}\quad\cdots\cdots ⓒ$$

このままやりますと

$k=1$ で　$f_2(0)=\sin\dfrac{7\pi}{6}=-\dfrac{1}{2}$

$k=2$ で　$f_4(0)=\sin\dfrac{14\pi}{6}=\dfrac{\sqrt{3}}{2}$

$k=3$ で　$f_6(0)=\sin\dfrac{21\pi}{6}=-1$

$k=4$ で　$f_8(0)=\sin\dfrac{28\pi}{6}=\dfrac{\sqrt{3}}{2}$

⋮

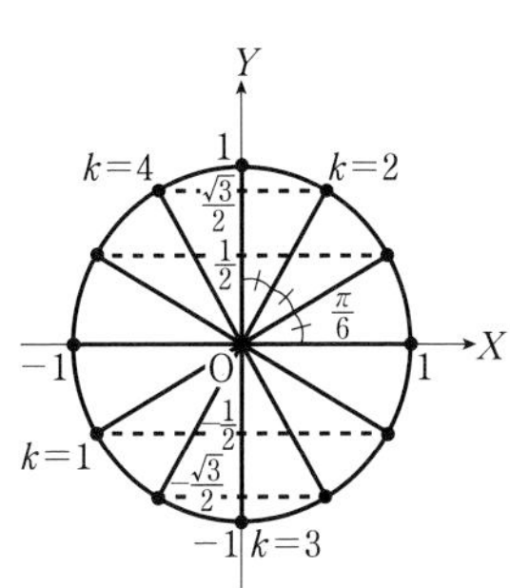

ですから，XY 平面の単位円で考えると，このように $\dfrac{7\pi}{6}$ ずつ回転していって，その Y 座標を足していくことになりますが，……ちょっとややこしいですね。ていねいにやれば周期 12 になっていることに気づくかもしれませんが，なかなか大変です。

そこで，もう一度求める式をよく見ますと，$f_{2k}(0)$ の前に $(-1)^k$ がついています。これは？　もう一度やってみましょう。

$k=1$ で　$(-1)f_2(0)=\dfrac{1}{2}$

$k=2$ で　$(-1)^2 f_4(0)=\dfrac{\sqrt{3}}{2}$

$k=3$ で　$(-1)^3 f_6(0)=1$

$k=4$ で　$(-1)^4 f_8(0)=\dfrac{\sqrt{3}}{2}$

$\vdots$

お?!　なんか ＋ － がキレイになりましたね。$(-1)^k f_{2k}(0)$ でまとめて考えた方がよいのかもしれません。

さて，では©に戻りまして，これは何がよくないでしょう？　扱いにくい原因はどこでしょう？　そりゃあ，$\dfrac{7\pi}{6}\times k$ で $\dfrac{7\pi}{6}$ なんて中途ハンパな角で回転していくからですよね。ココ，もう少しカンタンにできませんかね？

n を整数として

$$\sin(\theta+2n\pi)=\sin\theta$$

はよいですよね。

$$\boxed{\sin(\theta+n\pi)=(-1)^n\sin\theta}$$

加法定理で

$\sin(\theta+n\pi)$

$=\sin\theta\cos n\pi+\cos\theta\sin n\pi$

として

$\cos n\pi=(-1)^n$

$\sin n\pi=0$

より

$\sin(\theta+n\pi)$

$=(-1)^n\sin\theta$

もイケますね。

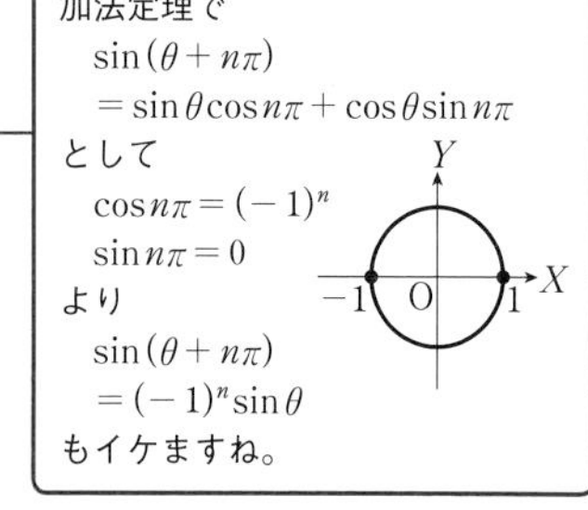

はイケますか？　下の図のように単位円で考えて

$$\sin(\theta+n\pi)=\begin{cases}\sin\theta & (n\text{ は偶数})\\ -\sin\theta & (n\text{ は奇数})\end{cases}$$

ですから，$(-1)^n$ が n が偶数のとき 1，奇数のとき -1 になることを利用しています。

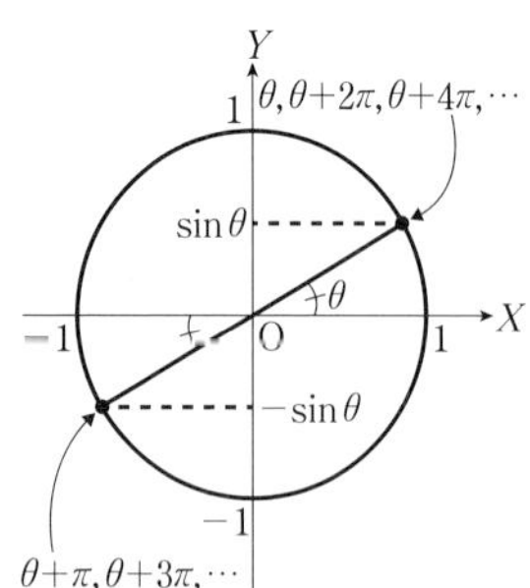

ⓒにコレを使ってみましょう。

$$f_{2k}(0)=\sin\frac{7k\pi}{6}=\sin\left(\frac{k\pi}{6}+k\pi\right)=(-1)^k\sin\frac{k\pi}{6}$$

となりますから

$$(-1)^k f_{2k}(0)=(-1)^k(-1)^k\sin\frac{k\pi}{6}=\sin\frac{k\pi}{6}=\sin\frac{2\pi\times k}{12}$$

となり，これだったら，下の図のように周期 12 になっていることがわかりますね。

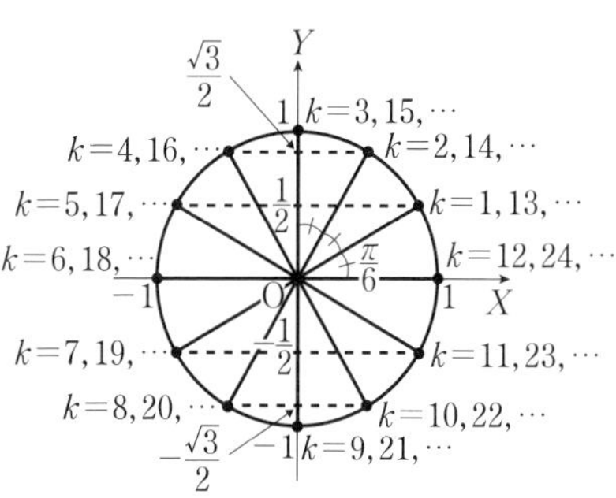

そうしますと，12 個セットを作らないといけませんね。見やすくするため

$$a_k=(-1)^k f_{2k}(0)$$

とおきますと

$$\begin{aligned}
&a_1+a_2+a_3+\quad\cdots\quad+a_{12}\\
&=a_{13}+a_{14}+a_{15}+\quad\cdots\quad+a_{24}\\
&=a_{25}+a_{26}+a_{27}+\quad\cdots\quad+a_{36}\\
&=\quad\cdots\\
&=a_{85}+a_{86}+a_{87}+\quad\cdots\quad+a_{96}\\
&=\sin\frac{\pi}{6}+\sin\frac{2\pi}{6}+\sin\frac{3\pi}{6}+\sin\frac{4\pi}{6}+\sin\frac{5\pi}{6}+\sin\frac{6\pi}{6}\\
&\quad+\sin\frac{7\pi}{6}+\sin\frac{8\pi}{6}+\sin\frac{9\pi}{6}+\sin\frac{10\pi}{6}+\sin\frac{11\pi}{6}+\sin\frac{12\pi}{6}
\end{aligned}$$

$a_1\sim a_{100}$ を足しますので，周期 12 ですと，$12\times8=96$ で，$a_1\sim a_{96}$ まではセットで扱って，$a_{97}\sim a_{100}$ は別扱いになります。

$$
\begin{aligned}
&=\frac{1}{2}+\frac{\sqrt{3}}{2}+1+\frac{\sqrt{3}}{2}+\frac{1}{2}+0\\
&\quad+\left(-\frac{1}{2}\right)+\left(-\frac{\sqrt{3}}{2}\right)+(-1)+\left(-\frac{\sqrt{3}}{2}\right)+\left(-\frac{1}{2}\right)+0\\
&=0
\end{aligned}
$$

ですので，まともに計算するのは

$$
\begin{aligned}
&\quad a_{97}+a_{98}+a_{99}+a_{100}\\
&=a_1+a_2+a_3+a_4\\
&=\frac{1}{2}+\frac{\sqrt{3}}{2}+1+\frac{\sqrt{3}}{2}
\end{aligned}
$$

だけです。気づいてしまえばって感じですね。これは理解に時間をかけないといけませんね。

では(3)です。$n=3$ ですから

$$f_6(x)=\sin(\pi(3c-x))$$

で，$x=0$ ですから

$$f_6(0)=\sin(3\pi c)=\sin\left(3\pi\left(\frac{1}{a}+\frac{1}{b}\right)\right)=\sin\left(\pi\left(\frac{3}{a}+\frac{3}{b}\right)\right)$$

です。$f_6(0)=0$ になるのは，$\pi\left(\dfrac{3}{a}+\dfrac{3}{b}\right)$ が π の整数倍になるとき，つまり

「$\dfrac{3}{a}+\dfrac{3}{b}$ が整数になるとき」

です。

ということで

$$\frac{3}{a}+\frac{3}{b}=m \quad \text{（整数）}$$

とおいて，「不定方程式の整数解」を求める要領でやればよいのではないでしょうか。$1\leqq a\leqq 6$，$1\leqq b\leqq 6$ ですから

$$\frac{1}{2}\leqq\frac{3}{a}\leqq 3,\quad \frac{1}{2}\leqq\frac{3}{b}\leqq 3$$

であり，辺々を加えて

$$1 \leqq m \leqq 6$$

ですから，$m=1$，2，3，4，5，6 を順に調べていくわけです。たとえば $m=1$ なら

$$\frac{3}{a}+\frac{3}{b}=1$$

$\times ab$

$$3b+3a=ab$$

$(a$ の式$)\times(b$ の式$)=($整数$)$

$$(a-3)(b-3)=9$$

といった具合にです。

しかし，本問は確率で，さいころ 2 個振りです。全部で $6^2=36$ 通りしかありません。それなら**問題 25**のときと同様，右のような表を作って，書き上げてしまった方が速いですね。

a \ b	$\frac{3}{a}$ \ $\frac{3}{b}$	1	2	3	4	5	6
		3	$\frac{3}{2}$	1	$\frac{3}{4}$	$\frac{3}{5}$	$\frac{1}{2}$
1	3	○	×	○	×	×	×
2	$\frac{3}{2}$	×	○	…………			
3	1						
4	$\frac{3}{4}$						
5	$\frac{3}{5}$						
6	$\frac{1}{2}$						

実行

$$c=\frac{1}{a}+\frac{1}{b}$$

とおいて，すべての自然数 n に対して，

$$\begin{cases} f_{2n-1}(x)=\sin(\pi((n-1)c+x)) \\ f_{2n}(x)=\sin(\pi(nc-x)) \end{cases} \quad \cdots\cdots(*)$$

が成り立つことを，数学的帰納法により示す。

［Ⅰ］ $n=1$ のとき

条件(ア)より，

$$f_1(x)=\sin(\pi x)$$

であり，これと条件(イ)より，

$$f_2(x)=f_1(c-x)=\sin(\pi(c-x))$$

であるから，$(*)$ が成り立つ。

［Ⅱ］ $n=k$ のとき，$(*)$ が成り立つと仮定すると，条件(ウ)より，

$$f_{2k+1}(x)=f_{2k}(-x)=\sin(\pi(kc+x))$$

であり，これと条件(イ)より，

$$f_{2k+2}(x)=f_{2k+1}(c-x)=\sin(\pi(kc+(c-x)))$$
$$=\sin(\pi((k+1)c-x))$$

であるから，(∗) は $n=k+1$ のときも成り立つ。

以上［Ⅰ］,［Ⅱ］より，すべての自然数 n に対して (∗) が成り立つ。

(1)　$a=2$, $b=3$ のとき $c=\dfrac{1}{2}+\dfrac{1}{3}=\dfrac{5}{6}$ であるから，

(∗) の上側の式で $n=3$, $x=0$ として，

$$f_5(0)=\sin\left(\pi\left(2\cdot\frac{5}{6}+0\right)\right)=\sin\frac{5\pi}{3}=-\frac{\sqrt{3}}{2}$$

(2)　$a=1$, $b=6$ のとき $c=1+\dfrac{1}{6}=\dfrac{7}{6}$ であるから，

(∗) の下側の式で $n=k$, $x=0$ として，

$$f_{2k}(0)=\sin\left(\pi\left(k\cdot\frac{7}{6}-0\right)\right)=\sin\frac{7k\pi}{6}=\sin\left(\frac{k\pi}{6}+k\pi\right)$$
$$=(-1)^k\sin\frac{k\pi}{6}$$

である。よって，

$$(-1)^kf_{2k}(0)=\{(-1)^k\}^2\sin\frac{k\pi}{6}=\sin\frac{k\pi}{6}$$

である。

$a_k=(-1)^kf_{2k}(0)=\sin\dfrac{k\pi}{6}$ とおくと，$a_{k+12}=a_k\,(k\geqq1)$ より数列 $\{a_k\}$ は周期 12 の数列であり，

$$\sum_{k=1}^{12}a_k=\sum_{k=1}^{12}\sin\frac{k\pi}{6}$$
$$=\sin\frac{\pi}{6}+\sin\frac{2\pi}{6}+\sin\frac{3\pi}{6}+\ \cdots\ +\sin\frac{12\pi}{6}$$
$$=\frac{1}{2}+\frac{\sqrt{3}}{2}+1+\frac{\sqrt{3}}{2}+\frac{1}{2}+0$$
$$+\left(-\frac{1}{2}\right)+\left(-\frac{\sqrt{3}}{2}\right)+(-1)+\left(-\frac{\sqrt{3}}{2}\right)+\left(-\frac{1}{2}\right)+0$$
$$=0$$

である。$100=12\times8+4$ であるから，

$$\sum_{k=1}^{100}(-1)^kf_{2k}(0)=\sum_{k=1}^{100}a_k$$
$$=\sum_{k=1}^{12}a_k+\sum_{k=13}^{24}a_k+\sum_{k=25}^{36}a_k+\ \cdots\ +\sum_{k=85}^{96}a_k+\sum_{k=97}^{100}a_k$$
$$=0+0+0+\ \cdots\ +0+(a_{97}+a_{98}+a_{99}+a_{100})$$

$$= a_1 + a_2 + a_3 + a_4$$

$$= \frac{1}{2} + \frac{\sqrt{3}}{2} + 1 + \frac{\sqrt{3}}{2}$$

$$= \mathbf{\frac{3}{2} + \sqrt{3}}$$

(3) (＊) の下側の式で $n=3$，$x=0$ として，

$$f_6(0) = \sin(\pi(3c-0)) = \sin\left(\pi\left(\frac{3}{a} + \frac{3}{b}\right)\right)$$

であるから，$f_6(0)=0$ となる条件は

$\frac{3}{a} + \frac{3}{b}$ が整数である

ことである。このような $(a,\ b)$ の組は，下の表より 8 通りあるから，求める確率は

$$\frac{8}{6^2} = \mathbf{\frac{2}{9}}$$

a \ b	$\frac{3}{a}$ \ $\frac{3}{b}$	1 3	2 $\frac{3}{2}$	3 1	4 $\frac{3}{4}$	5 $\frac{3}{5}$	6 $\frac{1}{2}$
1	3	○	×	○	×	×	×
2	$\frac{3}{2}$	×	○	×	×	×	○
3	1	○	×	○	×	×	×
4	$\frac{3}{4}$	×	×	×	×	×	×
5	$\frac{3}{5}$	×	×	×	×	×	×
6	$\frac{1}{2}$	×	○	×	×	×	○

おぼえてますか？　この問題のテーマは「確率」でした（笑）。最後の $\frac{8}{6^2}$ だけでしたね。このように阪大では「一つの素材について，いろんな角度から問題を作ってくる」ことがあります。普通ですと(1)がヒントになって(2)を考え，(2)がヒントになって(3)を考え……といった，誘導的な小問になっていることが多いですが，本問のように(2)，(3)が無関係ということもあります。確率の融合問題ではとくに多いように思います。(1)は受験生に手を動かして，式の構造を理解してもらうためと，得点サービスのための問題なんです。

おそらく，問題を作成される会議なんかで，「これ面白い式やなあ」「あ，こんなことできますよ」，「あ，それも問いたいですね」とか盛り上がって，「じゃあ，全部やっちゃいますか」ってお話をされているんではないでしょうか。

ですから，受験生としては「(1)は(2)のヒントのハズだ」なんて変な思い込みはせずに，「(1)が使えるかもしれないし，使えないかもしれない」という意識でいてください。また，(1)→(2)→(3)の順に解く必要もありません。本問も(2)は一般の $f_{2n}(0)$ の式を求め，式変形しないといけませんが，(3)は $f_6(0)$ だけでよいので，(1)で $f_5(x)$ まで求めていれば，その次です。

理解でもお話しましたように，(3)の正解者は受験生の $\frac{1}{3}$ 以下だったようなんですが，(1)，(3)，(2)の順に出題されていたら，もう少し正解者が多くなったのではないでしょうか。

また，よく聞かれるのですが，「(1)を解いてないのに(2)を解いてもいいんですか？」と。いいです！　基本的に(1)と(2)は独立に採点されます。そんなこといい出したら，自分は解けてると思ってた(1)が間違ってたら，ちゃんと合ってる(2)も×(ペケ)になっちゃうじゃないですか(笑)。ですから，本問のように誘導的でない小問構成はもちろん，誘導的な小問構成であったとしても

(1) ができなくても，(1) を利用して (2) を解いてよい

です。(1)，(2)の関連性によっては多少減点されるかもしれませんが，1点，2点を争うのが入試です。もし，あとで(1)の解き方を思いついたら，こんな感じで(2)の下に書いて，矢印でもつけておきましょう。ちょっと見にくくて，採点される先生には申し訳ないですが，キチンと書かれた解答は，キチンと見てくださいますから，大丈夫です。

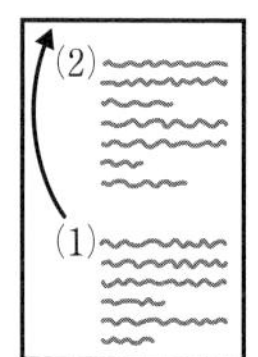

テーマ

27 確 率 ③

問題 27 ★★☆ 30分

1枚の硬貨を繰り返し投げる反復試行を行い，表が500回続けて出たときに終わるものとする。n を500以上の自然数とするとき，この反復試行が n 回目で終わる確率を $p(n)$ とする。

(1) $501 \leqq n \leqq 1000$ のとき，$p(n)$ は n に関係なく一定の値になることを示し，またその値を求めよ。

(2) $p(1002)-p(1001)$ の値を求めよ。

(3) $1002 \leqq n \leqq 1500$ のとき，$p(n+1)-p(n)$ の値を求めよ。

（阪大・理系・08前）

500回とはまたハデですね(笑)。具体的に考えにくいので

「表が5回続けて出たときに終わる」

「n を5以上の自然数」

として，具体的に書き出してみましょう。ある大学の先生がおっしゃっていたのですが，確率や場合の数の問題で「n 回」や「n 個」が出題されたとき，出題者は受験生にイキナリ n でやってほしいのではなく，

$n=1$，2，3，…と実験していって，規則性を発見し
次に n の場合に一般化する力

が見たいんだそうです。自然科学全般に通じる考え方の一つですよね。本問の「500回」もそうで，回数が多すぎて，実際問題として「n 回」みたいなモンですもんね。

さて，そうすると，(1)は

(1) $6 \leqq n \leqq 10$ のとき，
$p(n)$ は n に関係なく一定の値になることを示し，
またその値を求めよ。

> 501が500＋1なので5＋1で6，
> 1000が500×2なので5×2で10
> と考えてみました。

というところでしょうか。試してみましょう。

○…表，×…裏

として，6回目で終わるのは，2～6回目で○が5連続するので，1回目は×で

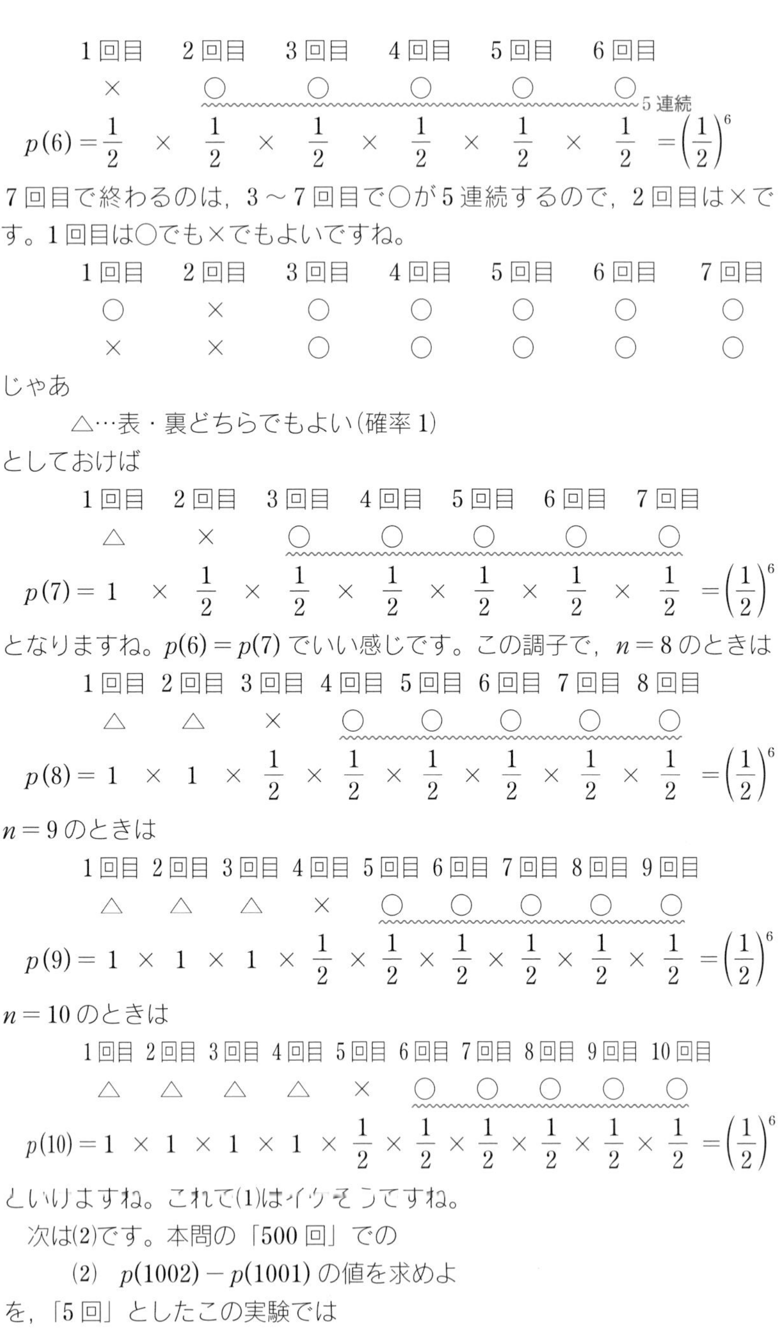

1回目	2回目	3回目	4回目	5回目	6回目
×	○	○	○	○	○

（2回目〜6回目：5連続）

$$p(6)=\frac{1}{2}\times\frac{1}{2}\times\frac{1}{2}\times\frac{1}{2}\times\frac{1}{2}\times\frac{1}{2}=\left(\frac{1}{2}\right)^6$$

7回目で終わるのは，3～7回目で○が5連続するので，2回目は×です。1回目は○でも×でもよいですね。

1回目	2回目	3回目	4回目	5回目	6回目	7回目
○	×	○	○	○	○	○
×	×	○	○	○	○	○

じゃあ

△…表・裏どちらでもよい(確率1)

としておけば

1回目	2回目	3回目	4回目	5回目	6回目	7回目
△	×	○	○	○	○	○

$$p(7)=1\times\frac{1}{2}\times\frac{1}{2}\times\frac{1}{2}\times\frac{1}{2}\times\frac{1}{2}\times\frac{1}{2}=\left(\frac{1}{2}\right)^6$$

となりますね。$p(6)=p(7)$ でいい感じです。この調子で，$n=8$ のときは

1回目	2回目	3回目	4回目	5回目	6回目	7回目	8回目
△	△	×	○	○	○	○	○

$$p(8)=1\times1\times\frac{1}{2}\times\frac{1}{2}\times\frac{1}{2}\times\frac{1}{2}\times\frac{1}{2}\times\frac{1}{2}=\left(\frac{1}{2}\right)^6$$

$n=9$ のときは

1回目	2回目	3回目	4回目	5回目	6回目	7回目	8回目	9回目
△	△	△	×	○	○	○	○	○

$$p(9)=1\times1\times1\times\frac{1}{2}\times\frac{1}{2}\times\frac{1}{2}\times\frac{1}{2}\times\frac{1}{2}\times\frac{1}{2}=\left(\frac{1}{2}\right)^6$$

$n=10$ のときは

1回目	2回目	3回目	4回目	5回目	6回目	7回目	8回目	9回目	10回目
△	△	△	△	×	○	○	○	○	○

$$p(10)=1\times1\times1\times1\times\frac{1}{2}\times\frac{1}{2}\times\frac{1}{2}\times\frac{1}{2}\times\frac{1}{2}\times\frac{1}{2}=\left(\frac{1}{2}\right)^6$$

といけますね。これで(1)はイケそうですね。

次は(2)です。本問の「500回」での

(2)　$p(1002)-p(1001)$ の値を求めよ

を，「5回」としたこの実験では

(2)　$p(12)-p(11)$ の値を求めよ

となります。しかし，$n=11$ のときは「n に関係なく一定」が崩れるのわかりますか？

は11回目以外で終わってしまう可能性がありますね？　そうです！　ココです！　ココは○が5連続で入ると，5回目で終わってしまうんです。

ですから

1 2 3 4 5 6 7 8 9 10 11
△△△△△×○○○○○
（ただし ○○○○○ を除く）

となりますから

$$p(11)=\underbrace{\left\{1-\left(\frac{1}{2}\right)^5\right\}}_{1〜5回目}\times\underbrace{\frac{1}{2}}_{6回目\ \times}\times\underbrace{\left(\frac{1}{2}\right)^5}_{7〜11回目\ ○}\quad\cdots\cdots ⓐ$$

となりますね。

そうしますと，$n=12$ のときは

1 2 3 4 5 6 7 8 9 10 11 12
△△△△△△×○○○○○
（○○○○○○
○○○○○×
×○○○○○ を除く）

となりますね。×○○○○○は最初にやりました「6回目で終わる」ってヤツですね。確率は $p(6)$ です。すると，残りの○○○○○○と○○○○○×は…

○○○○○（○／×）＞○○○○○(△)
$\left(\frac{1}{2}\right)^5\times1$

このように見ることができます。これⓐでも出てきましたね。「5回目で終わる」確率

$$p(5)=\left(\frac{1}{2}\right)^5$$

です。ですから，$n=12$ は

1	2	3	4	5	6	7	8	9	10	11	12
△	△	△	△	△	△	×	○	○	○	○	○

（○○○○○△　×○○○○○　を除く）

として

$$p(12)=\{\underset{\sim\sim\sim}{1-p(5)-p(6)}\}\times\frac{1}{2}\times\left(\frac{1}{2}\right)^5$$

1〜6回目（5, 6回目で終わる場合を除く）　7回目 ×　8〜12回目 ○

とすることができます。また，$n=11$ のときはⓐを

$$p(11)=\{1-p(5)\}\times\frac{1}{2}\times\left(\frac{1}{2}\right)^5$$

と見ることができますから

$$\begin{aligned}p(12)-p(11)&=\{1-p(5)-p(6)\}\times\left(\frac{1}{2}\right)^6-\{1-p(5)\}\times\left(\frac{1}{2}\right)^6\\&=-p(6)\times\left(\frac{1}{2}\right)^6\\&=-\left(\frac{1}{2}\right)^6\times\left(\frac{1}{2}\right)^6\\&=-\left(\frac{1}{2}\right)^{12}\end{aligned}$$

となりそうです。

では，「500回」に戻しましょう。

(1)の $501\leqq n\leqq 1000$ では，最後が○の500連続，その1つ前が×，残り $(n-501)$ 回が△となりますから

$1\sim(n-501)$ 回目	$(n-500)$ 回目	$(n-499)\sim n$ 回目
△△ … △	×	○○ … ○

$$p(n)=1^{n-501}\times\frac{1}{2}\times\left(\frac{1}{2}\right)^{500}=\left(\frac{1}{2}\right)^{501}$$

$501\leqq n\leqq 1000$ のとき，$0\leqq n-501\leqq 499$ ですから，この△△…△に○が500回連続することはありません。ちょっと気になるのは，$n=501$ のとき $n-501=0$ ですから，「$1\sim(n-501)$ 回目」が「1〜0回目」となってしまいオカシイですね。でも，数式の方は

$$p(501)=1^0\times\frac{1}{2}\times\left(\frac{1}{2}\right)^{500}=\left(\frac{1}{2}\right)^{501}$$

となって，成立します。いったん「$n\geqq 502$」として日本語の説明と式を書き，そのあとに「これは $n=501$ のときも成り立つ」と書きましょうか。確率の解答を書くとき，たまにありますね。式としては大丈夫なんだけど日本語としてオカシイので，いったん n の特殊な値をハズしておいて，あとで「これは $n=$ ● のときも成り立つ」と書くことになります。

次に(2)ですが，$n=1001$ のときは，最後が○の 500 回連続，その 1 つ前が×，残り 500 回で△で，ただし「500 回目に終わる」場合を除きますので

1 ～ 500 回目	501 回目	502 ～ 1001 回目
△△ … △	×	○○ … ○
(○○…○除く)		

$$p(1001)=\{1-p(500)\}\times\frac{1}{2}\times\left(\frac{1}{2}\right)^{500}$$

また，$n=1002$ のときは

1 ～ 501 回目	502 回目	503 ～ 1002 回目
△△ … △	×	○○ … ○
(○○…○△ ×○…○○ 除く)		

$$p(1002)=\{1-p(500)-p(501)\}\times\frac{1}{2}\times\left(\frac{1}{2}\right)^{500}$$

となりますので

$$p(1002)-p(1001)$$

は大丈夫ですね。

では(3)ですが，このまま続けて，$n=1003$ のとき

1 ～ 502 回目	503 回目	504 ～ 1003 回目
△△ … △	×	○○ … ○
(500，501，502 回目 に終わる場合を除く)		

$$p(1003)=\{1-p(500)-p(501)-p(502)\}\times\frac{1}{2}\times\left(\frac{1}{2}\right)^{500}$$

$n=1004$ のとき

1 〜 503 回目　　504 回目　　505 〜 1004 回目

△△　…　△　　　×　　　○○　…　○

$\begin{pmatrix}500 \sim 503 \text{回目} \\ \text{に終わる場合を除く}\end{pmatrix}$

$$p(1004)=\{1-p(500)-p(501)-p(502)-p(503)\}\times\frac{1}{2}\times\left(\frac{1}{2}\right)^{500}$$

となりますから，一般に $n(1002 \leqq n \leqq 1500)$ のとき

1 〜 $(n-501)$ 回目　$(n-500)$ 回目　$(n-499)$ 〜 n 回目

△△　…　△　　　×　　　○○　…　○

$\begin{pmatrix}500 \sim (n-501) \text{回目} \\ \text{に終わる場合を除く}\end{pmatrix}$

n 回中○ 500 回，× 1 回を除くので△は $(n-501)$ 回。

$$p(n)=\left\{1-\sum_{k=500}^{n-501}p(k)\right\}\times\frac{1}{2}\times\left(\frac{1}{2}\right)^{500}$$

ですね。これで

$$p(n+1)-p(n)$$

も求められます。

実行

1 回硬貨を投げて表が出ることを○，裏が出ることを×，表または裏が出ることを△で表すことにする。

(1)　$501 \leqq n \leqq 1000$ のとき，n 回目で終わるのは

「$(n-499)$ 〜 n 回目に 500 回続けて○」

が起こる場合である。$1 \leqq n-500 \leqq 500$ であるから，

「$(n-500)$ 回目は×」

さらに，$502 \leqq n \leqq 1000$ のとき，$1 \leqq n-501 \leqq 499$ であるから，1〜 $(n-501)$ 回目で○が 500 回続くことはない。ゆえに，

「1 〜 $(n-501)$ 回目は△」

である。

よって，$502 \leqq n \leqq 1000$ のとき，

$$p(n) = \underset{\substack{1\sim(n-501)\text{回目} \\ \triangle}}{1^{n-501}} \times \underset{\substack{(n-500)\text{回目} \\ \times}}{\frac{1}{2}} \times \underset{\substack{(n-499)\sim n\text{回目} \\ \bigcirc}}{\left(\frac{1}{2}\right)^{500}} = \left(\frac{1}{2}\right)^{501}$$

であり，これは $n=501$ のときも成り立つから，

$501 \leqq n \leqq 1000$ のとき，$p(n)$ は n に関係なく $p(n) = \left(\frac{1}{2}\right)^{501}$（一定）

（証明おわり）

(2)　1001 回目で終わるのは

「1〜500 回目に△(ただし，500 回目で終わる場合を除く)，
501 回目に×，502 〜 1001 回目に○」

が起こる場合である。500 回目で終わるのは，1〜500 回目が○のときで，その確率は $p(500) = \left(\frac{1}{2}\right)^{500}$ であり，

$p(500)$ は(1)で求めていないので，ここで確認しておきました。

$$p(1001) = \underset{1\sim500\text{回目}}{\{1-p(500)\}} \times \underset{501\text{回目}}{\frac{1}{2}} \times \underset{502\sim1001\text{回目}}{\left(\frac{1}{2}\right)^{500}}$$

である。

1002 回目で終わるのは

「1 〜 501 回目に△
(ただし，500 回目，501 回目で終わる場合を除く)，
502 回目に×，503 〜 1002 回目に○」

が起こる場合であるから，

$$p(1002) = \underset{1\sim501\text{回目}}{\{1-p(500)-p(501)\}} \times \underset{502\text{回目}}{\frac{1}{2}} \times \underset{503\sim1002\text{回目}}{\left(\frac{1}{2}\right)^{500}}$$

である。

よって，

$$\begin{aligned} p(1002)-p(1001) &= -p(501) \times \frac{1}{2} \times \left(\frac{1}{2}\right)^{500} \\ &= -\left(\frac{1}{2}\right)^{501} \times \frac{1}{2} \times \left(\frac{1}{2}\right)^{500} \quad (\because\ (1)\text{の結果より}) \\ &= -\left(\frac{1}{2}\right)^{1002} \end{aligned}$$

(3) (2)と同様に，$1002 \leqq n \leqq 1500$ のとき，n 回目で終わるのは

「$1 \sim (n-501)$ 回目に△

（ただし，$500 \sim (n-501)$ 回目で終わる場合を除く），

$(n-500)$ 回目に×，$(n-499) \sim n$ 回目に○」

が起こる場合であるから，

$$p(n)=\underbrace{\left\{1-\sum_{k=500}^{n-501}p(k)\right\}}_{1\sim(n-501)\text{回目}}\times\underbrace{\frac{1}{2}}_{(n-500)\text{回目}}\times\underbrace{\left(\frac{1}{2}\right)^{500}}_{(n-499)\sim n\text{回目}}$$

である。

よって，

$$p(n+1)=\left\{1-\sum_{k=500}^{n-500}p(k)\right\}\times\frac{1}{2}\times\left(\frac{1}{2}\right)^{500}$$

であるから，

$$p(n+1)-p(n)=\left\{\sum_{k=500}^{n-501}p(k)-\sum_{k=500}^{n-500}p(k)\right\}\times\frac{1}{2}\times\left(\frac{1}{2}\right)^{500}$$

$$=-p(n-500)\times\frac{1}{2}\times\left(\frac{1}{2}\right)^{500}$$

$$\sum_{k=500}^{n-501}p(k)-\sum_{k=500}^{n-500}p(k)$$
$$=\{p(500)+\cdots+p(n-501)\}$$
$$-\{p(500)+\cdots+p(n-501)+p(n-500)\}$$
$$=-p(n-500)$$

$1002 \leqq n \leqq 1500$ のとき，

$502 \leqq n-500 \leqq 1000$

であるから，(1)の結果より，

$$p(n+1)-p(n)=-\left(\frac{1}{2}\right)^{501}\times\frac{1}{2}\times\left(\frac{1}{2}\right)^{500}$$

$$=-\left(\frac{1}{2}\right)^{1002}$$

検討 **プロローグ**でお話ししました確率漸化式で出題され易い2つの構造に「遷移的な構造」と「再帰的な構造」がありましたが，本問は表が500回連続で出るまでに，1回でも裏が出たら，また最初からやり直しになります。「リセット」ですね。「再帰的な構造」です。

他大学ですと**プロローグ**でやったように，「表が2回続けて出たときに終わるものとする」という設定が多いですね。$n \geqq 3$ として，1回目が○か×かで場合分けしますと

1回目　2回目　3回目　……　n回目

× ……………… ○ ○
ココでリセット　$(n-1)$回で終わる

○　× ……………… ○ ○
ココでリセット　$(n-2)$回で終わる

ですから，n回目で終わる確率をp_nとして次の漸化式が立ちましたね。

$$p_n=\frac{1}{2}p_{n-1}+\frac{1}{2}\cdot\frac{1}{2}p_{n-2}$$

×　　○　×

これを「2回」ではなく「500回」とするところが阪大っぽいですよね。

解答用紙は埋めないと損？

ある大学の先生が，次にように嘆いておられました。

「昔は難問が出題されると，だいたいの受験生は何も書かずに白紙で出したものだが，今の受験生はとにかくいっぱい書く。よくこれだけウソが書けるな……というほど書いてくる。受験生に対して“とにかく何でもいいから書いてこい！”という指導はやめていただきたい！」

誰もそんな指導しとりませんがな……(^_^;)

でも，学生さんの中には「白紙で出していいんですか？」とか「学校の先生に“何でもいいから書け！”と指導されました」とかいう人もいるんです。学校の先生がおっしゃる「何でもいい」は意味が違うと思いますよ……。

そういえば，確かに予備校の模試でも，いっぱい書いてある答案が増えたように思います。自分がわかったことを書くのはかまいませんが，わかってもいないのにグチャグチャ書いても0点です。むしろ，採点する先生が「？」となって，正しい部分まで疑われてしまうかもしれません。

白紙答案恐怖症の人は，試しに今までの受けた模試とかで，粘って書いたところが何点あるか調べてみてください。ある程度の点数が取れている人は，これからも粘ればよいと思います。でも，ほとんど点数がない人は，粘るだけ時間の無駄ですし，逆に粘った分，他の問題の解答が中途半端になっていて，そっちの点数を落としている可能性があります。それも調べてみてください。

阪大に限らずですが，満点なんていらないのですから，その無駄な時間を，解ける問題を確実に取る時間にあててください。

そうそう！　ある，先輩の先生が生徒さんに

「美しい0点(白紙)を目指そう！」

と指導しておられました。

テーマ

28 確 率 ④

問題 28 ★★☆ 30分

さいころを繰り返し投げ，n 回目に出た目を X_n とする。n 回目までに出た目の積 $X_1X_2\cdots X_n$ を T_n で表す。T_n を5で割った余りが1である確率を p_n とし，余りが2，3，4のいずれかである確率を q_n とする。

(1) p_n+q_n を求めよ。

(2) p_{n+1} を p_n と n を用いて表せ。

(3) $r_n=\left(\dfrac{6}{5}\right)^n p_n$ とおいて r_n を求めることにより，p_n を n の式で表せ。

（阪大・理系・14）

ではまず実験です。単純に，さいころの目が順に1，2，3，4，5，6と出たときを考えてみましょうか。

		T_n を5で割った余り
$X_1=1$	$T_1=1$	1
$X_2=2$	$T_2=1\cdot 2=2$	2
$X_3=3$	$T_3=1\cdot 2\cdot 3=6$	1
$X_4=4$	$T_4=1\cdot 2\cdot 3\cdot 4=24$	4
$X_5=⑤$	$T_5=1\cdot 2\cdot 3\cdot 4\cdot ⑤=120$	0
$X_6=6$	$T_6=1\cdot 2\cdot 3\cdot 4\cdot ⑤\cdot 6=720$	0

あ，なるほど！　ですね。$X_5=$⑤のように1度5の目が出ると，そこで T_5 が5で割り切れるようになり，そのあとの T_6 も，さらに，書いていませんが T_7 も T_8 も5で割り切れることになりますね。ですから

「T_n が5で割り切れる」⇔「少なくとも1回5の目が出る」

ですので，この確率，つまり T_n が5で割り切れる確率は

$$1-\left(\frac{5}{6}\right)^n$$

です。

それにしても，変な確率のおき方ですよね。T_n を5で割った余りが1である確率だけを p_n として，余りが2，3，4のいずれかである確率はまとめて q_n にしちゃうんですね。そういえば今求めた，5で割り切れる確率は設定されていないんですね。s_n とでもしましょうか。そうすると

$$s_n = 1 - \left(\frac{5}{6}\right)^n$$

であり，確率漸化式で忘れちゃいけない「**P(全事象)$=1$**」より

$$p_n + q_n + s_n = 1$$

ですね。あら？ (1)は解けちゃいましたね。

$$p_n + q_n = 1 - s_n = 1 - \left\{1 - \left(\frac{5}{6}\right)^n\right\} = \left(\frac{5}{6}\right)^n \quad \cdots\cdots ⓐ$$

そりゃあそうです。5の目が1回も出なければ，$T_n = X_1X_2\cdots X_n$ は5では割り切れず，余りは1，2，3，4のいずれかになりますよね。

じゃあ，(2)ですね。n 回目と $n+1$ 回目の状態の遷移は，右のようになりますね。「p_{n+1} を p_n と n を用いて表せ」といわれていますから，q_{n+1} は不要ですし，q_n はⓐより

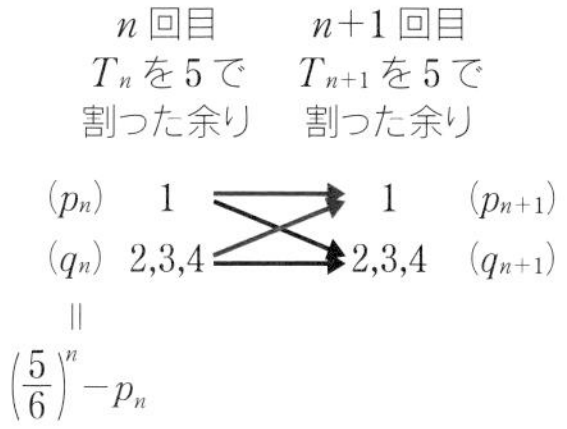

$$q_n = \left(\frac{5}{6}\right)^n - p_n$$

と，p_n の式で表せます。ですから，赤い矢印の確率がわかればよいわけですが，5で割った余りが2，3，4の確率をまとめて q_n とおいているので，わかりにくいですね。いったん，5で割った余りが2，3，4である確率を，それぞれ a_n，b_n，c_n とおきましょう。

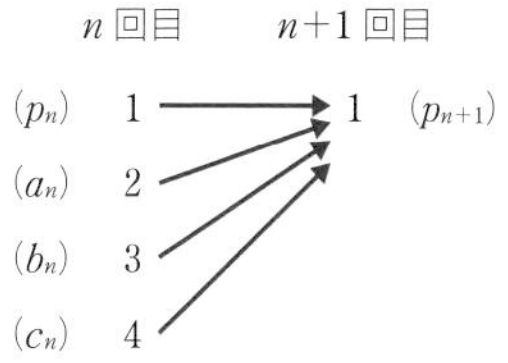

n 回目 T_n を5で割った余り　$n+1$ 回目 T_{n+1} を5で割った余り
(p_n) 1 → 1 (p_{n+1})
(q_n) 2,3,4 → 2,3,4 (q_{n+1})
$\left(\frac{5}{6}\right)^n - p_n$

n 回目　$n+1$ 回目
(p_n) 1 → 1 (p_{n+1})
(a_n) 2
(b_n) 3
(c_n) 4

$$a_n + b_n + c_n = q_n = \left(\frac{5}{6}\right)^n - p_n \quad \cdots\cdots ⓑ$$

であり，状態の遷移は右のようになりますね。⟶の確率を1つずつ考えていきましょう。

T_n を5で割った余りが1のとき，N を整数として

$$T_n = 5N + 1$$

と表せますね。次に $X_{n+1} = 1$，2，3，4，5，6をかけて，T_{n+1} を5で割った余りを調べていきますと

$X_{n+1}=1$ のとき　$T_{n+1}=T_n\times X_{n+1}=(5N+1)\times 1=5N+1$　余り 1
$X_{n+1}=2$ のとき　$T_{n+1}=T_n\times X_{n+1}=(5N+1)\times 2=5\times 2N+2$　余り 2
$X_{n+1}=3$ のとき　$T_{n+1}=T_n\times X_{n+1}=(5N+1)\times 3=5\times 3N+3$　余り 3
$X_{n+1}=4$ のとき　$T_{n+1}=T_n\times X_{n+1}=(5N+1)\times 4=5\times 4N+4$　余り 4
$X_{n+1}=5$ のとき　$T_{n+1}=T_n\times X_{n+1}=(5N+1)\times 5$　余り 0
$X_{n+1}=6$ のとき　$T_{n+1}=T_n\times X_{n+1}=(5N+1)\times 6=5\times 6N+6$
$=5\times(6N+1)+1$　余り 1

ですから，T_{n+1} を 5 で割った余りが 1 になるのは，$X_{n+1}=1$，6 のときで，確率は $\frac{2}{6}$ になりますね。

次に

$$T_n=5N+2$$

の場合を調べていきますと，

$X_{n+1}=1$ のとき　$T_{n+1}=(5N+2)\times 1=5N+2$　余り 2
$X_{n+1}=2$ のとき　$T_{n+1}=(5N+2)\times 2=5\times 2N+4$　余り 4
$X_{n+1}=3$ のとき　$T_{n+1}=(5N+2)\times 3=5\times 3N+6$
$=5\times(3N+1)+1$　余り 1
$X_{n+1}=4$ のとき　$T_{n+1}=(5N+2)\times 4=5\times 4N+8$
$=5\times(4N+1)+3$　余り 3
$X_{n+1}=5$ のとき　$T_{n+1}=(5N+2)\times 5$　余り 0
$X_{n+1}=6$ のとき　$T_{n+1}=(5N+2)\times 6=5\times 6N+12$
$=5\times(6N+2)+2$　余り 2

ですから，T_{n+1} を 5 で割った余りが 1 となるのは，$X_{n+1}=3$ のときだけで，確率は $\frac{1}{6}$ になりますね。

もう気づきましたか？　余りが 1 の場合だけ別にして，余りが 2，3，4 の場合をまとめている理由が。そうなんです，

$T_n=5N+3$ のとき，余りが 1 となるのは $X_{n+1}=2$ のときだけで

$$T_{n+1}=(5N+3)\times 2=5\times 2N+6=5\times(2N+1)+1$$

$T_n=5N+4$ のとき，余りが 1 となるのは $X_{n+1}=4$ のときだけで

$$T_{n+1}=(5N+4)\times 4=5\times 4N+16=5\times(4N+3)+1$$

となっていて，余りが 1 の場合だけが確率 $\frac{2}{6}$ で，余りが 2，3，4 の場合はいずれも確率 $\frac{1}{6}$ で，余りが 1 の状態に遷移するんですね。

計画　なるほど〜でしたね。そうしますと，n 回目から $n+1$ 回目の状態遷移は右下のようになり

$$p_{n+1}=p_n\times\frac{2}{6}+a_n\times\frac{1}{6}+b_n\times\frac{1}{6}+c_n\times\frac{1}{6}$$

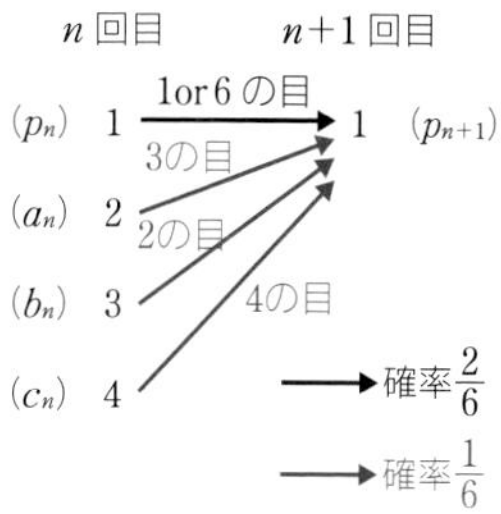

となります。ですから，a_n，b_n，c_n は分ける必要はなくて，$\frac{1}{6}$ でくくると

$$p_{n+1}=p_n\times\frac{2}{6}+(a_n+b_n+c_n)\times\frac{1}{6}$$

となり，ここにⓑの

$a_n+b_n+c_n=q_n=\left(\frac{5}{6}\right)^n-p_n$ を代入すると

$$p_{n+1}=p_n\times\frac{2}{6}+\left\{\left(\frac{5}{6}\right)^n-p_n\right\}\times\frac{1}{6}$$

$$=\frac{1}{6}p_n+\frac{1}{6}\left(\frac{5}{6}\right)^n \quad\cdots\cdots ⓒ$$

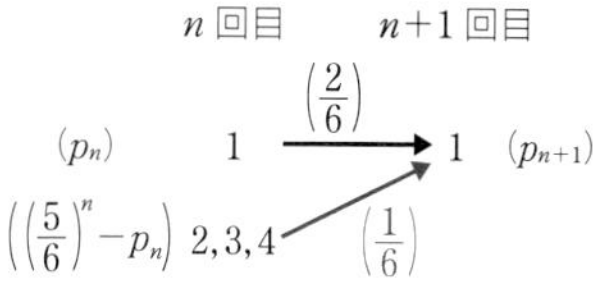

これで(2)ができました。

本問のようにいくつかの状態をひとまとめにして確率が設定されている場合，このように，いったん各々に確率を設定し直して考えると，わかり易くなると思います。

ⓒは $a_{n+1}=pa_n+q\cdot r^n$ type の漸化式で，解き方はいくつかあるのですが，有名なのは，「r^{n+1} で割る」でしょうか。

ⓒの両辺を $\left(\frac{5}{6}\right)^{n+1}$ で割る，つまり $\left(\frac{6}{5}\right)^{n+1}$ を掛けますと

$$\left(\frac{6}{5}\right)^{n+1}p_{n+1}=\left(\frac{6}{5}\right)^{n+1}\frac{1}{6}p_n+\frac{1}{5}$$

〰〰部の $\left(\frac{6}{5}\right)^{n+1}$ を $\left(\frac{6}{5}\right)\left(\frac{6}{5}\right)^n$ に分けると

$$\left(\frac{6}{5}\right)^{n+1}p_{n+1}=\frac{1}{6}\cdot\frac{6}{5}\left(\frac{6}{5}\right)^n p_n+\frac{1}{5}$$

◯を新しい数列としておき直すのですが，ナント!?　阪大とは思えない甘い誘導「$r_n=\left(\frac{6}{5}\right)^n p_n$ とおいて」って，ヒントがあります。

$$r_{n+1}=\frac{1}{5}r_n+\frac{1}{5}$$

となって，解ける漸化式ですね。

何回も「T_nを5で割った余り」と書くのもジャマくさいので，ココで文字を設定しておきましょう。

T_nを5で割った余りをR_nとおく。

(1)　p_n+q_nは$R_n=1,\ 2,\ 3,\ 4$すなわち$R_n\neq0$である確率である。

$R_n\neq0$となるのは，$X_1,\ X_2,\ \cdots,\ X_n$に5が含まれていない場合であるから，

$$p_n+q_n=\left(\frac{5}{6}\right)^n \quad \cdots\cdots①$$

(2)　$R_{n+1}=1$となるのは，

$R_n=1$で$X_{n+1}=1,\ 6$
$R_n=2$で$X_{n+1}=3$
$R_n=3$で$X_{n+1}=2$
$R_n=4$で$X_{n+1}=4$

のいずれかの場合であるから，

n回目　$n+1$回目
(p_n)　$R_n=1$ $\xrightarrow{\left(\frac{2}{6}\right)}$ $R_{n+1}=1$　(p_{n+1})
(q_n)　$R_n=2,3,4$ $\xrightarrow{\left(\frac{1}{6}\right)}$ $R_{n+1}=1$

$$p_{n+1}=p_n\times\frac{2}{6}+q_n\times\frac{1}{6}$$

よって，①より，

$$p_{n+1}=\frac{2}{6}p_n+\frac{1}{6}\left\{\left(\frac{5}{6}\right)^n-p_n\right\}$$

$$\boldsymbol{p_{n+1}=\frac{1}{6}p_n+\frac{1}{6}\left(\frac{5}{6}\right)^n} \quad \cdots\cdots②$$

(3)　②の両辺に$\left(\frac{6}{5}\right)^{n+1}$を掛けて，

$$\left(\frac{6}{5}\right)^{n+1}p_{n+1}=\frac{1}{5}\left(\frac{6}{5}\right)^n p_n+\frac{1}{5}$$

よって，$r_n=\left(\frac{6}{5}\right)^n p_n$とおくと，

$$r_{n+1}=\frac{1}{5}r_n+\frac{1}{5}$$

$$r_{n+1}-\frac{1}{4}=\frac{1}{5}\left(r_n-\frac{1}{4}\right)$$

$$\begin{array}{rl} & r_{n+1}=\frac{1}{5}r_n+\frac{1}{5} \\ -) & \alpha=\frac{1}{5}\alpha+\frac{1}{5} \quad \therefore\ \alpha=\frac{1}{4} \\ \hline & r_{n+1}-\alpha=\frac{1}{5}(r_n-\alpha) \end{array}$$

であるから，数列$\left\{r_n-\frac{1}{4}\right\}$は公比$\frac{1}{5}$の等比数列である。

ここで，$R_1=1$となるのは，$T_1=X_1$が1または6の場合であるから，

$$p_1=\frac{2}{6}=\frac{1}{3} \qquad \therefore\ r_1=\frac{6}{5}p_1=\frac{6}{5}\cdot\frac{1}{3}=\frac{2}{5}$$

$$\therefore\ r_1-\frac{1}{4}=\frac{2}{5}-\frac{1}{4}=\frac{3}{20}$$

である。よって，

$$r_n-\frac{1}{4}=\frac{3}{20}\left(\frac{1}{5}\right)^{n-1}=\frac{3}{4}\left(\frac{1}{5}\right)^n \qquad \therefore \quad r_n=\frac{3}{4}\left(\frac{1}{5}\right)^n+\frac{1}{4}$$

であるから，

$$p_n=\left(\frac{5}{6}\right)^n r_n=\left(\frac{5}{6}\right)^n\left\{\frac{3}{4}\left(\frac{1}{5}\right)^n+\frac{1}{4}\right\}=\boldsymbol{\frac{3}{4}\left(\frac{1}{6}\right)^n+\frac{1}{4}\left(\frac{5}{6}\right)^n}$$

さて，今回は

$$a_{n+1}=pa_n+q\cdot r^n$$

という，かなり有名な type の漸化式に誘導がつきましたが，本来はもっと複雑な，受験生が解いたことのないような漸化式のときに誘導がつくものだと思います。上の 実行 では「$\div r^{n+1}$」を知っている前提で解答を作りましたが，知らない漸化式ならどうでしょう。

もちろん，あーでもないこーでもないと，頭をヒネってもよいですが，大学がせっかく誘導しているんだから，ちゃんと乗らないと。その方法は

p_n，p_{n+1} を消去

です。

$$p_{n+1}=\frac{1}{6}p_n+\frac{1}{6}\left(\frac{5}{6}\right)^n \quad \cdots\cdots②$$

に対して，$r_n=\left(\frac{6}{5}\right)^n p_n$ とおいてくれてるんですから

$$p_n=\left(\frac{5}{6}\right)^n r_n \qquad \therefore \quad p_{n+1}=\left(\frac{5}{6}\right)^{n+1} r_{n+1}$$

を②に代入して，p_n，p_{n+1} を消去するんです。すると

$$\left(\frac{5}{6}\right)^{n+1} r_{n+1}=\frac{1}{6}\left(\frac{5}{6}\right)^n r_n+\frac{1}{6}\left(\frac{5}{6}\right)^n$$

になりますから，「両辺を $\left(\frac{5}{6}\right)^{n+1}$ で割ろう」つまり「$\left(\frac{6}{5}\right)^{n+1}$ を掛けよう」と思いつきますよね。そうすれば

$$r_{n+1}=\frac{1}{5}r_n+\frac{1}{5}$$

が得られます。この方法は共通テストでも使います。共通テストはちょっと複雑な漸化式を誘導にしたがって解かせるのがお好きですからね。

テーマ

29 確 率 ⑤

問題 29 ★★★ 40分

n を 0 以上の整数とする。立方体 ABCD－EFGH の頂点を，以下のように移動する 2 つの動点 P，Q を考える。時刻 0 には P は頂点 A に位置し，Q は頂点 C に位置している。時刻 n において，P と Q が異なる頂点に位置していれば，時刻 $n+1$ には，P は時刻 n に位置していた頂点から，それに隣接する 3 頂点のいずれかに等しい確率で移り，Q も時刻 n に位置していた頂点から，それに隣接する 3 頂点のいずれかに等しい確率で移る。一方，時刻 n において，P と Q が同じ頂点に位置していれば，時刻 $n+1$ には P も Q も時刻 n の位置からは移動しない。

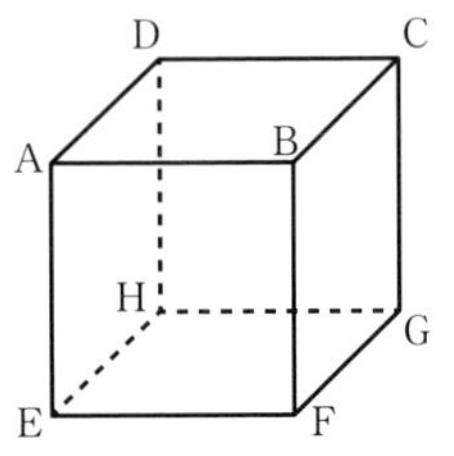

(1) 時刻 1 において，P と Q が異なる頂点に位置するとき，P と Q はどの頂点にあるか。可能な組み合わせをすべて挙げよ。

(2) 時刻 n において，P と Q が異なる頂点に位置する確率 r_n を求めよ。

(3) 時刻 n において，P と Q がともに上面 ABCD の異なる頂点に位置するか，またはともに下面 EFGH の異なる頂点に位置するかのいずれかである確率を p_n とする。また，時刻 n において，P と Q のいずれか一方が上面 ABCD，他方が下面 EFGH にある確率を q_n とする。p_{n+1} を，p_n と q_n を用いて表せ。

(4) $\displaystyle\lim_{n\to\infty}\frac{q_n}{p_n}$ を求めよ。

(阪大・理系・10 前)

理解

(1)は時刻 1 のときの P と Q の位置関係をすべて調べることになりますが，阪大がこんなカンタンな問題を，サービスで出すとは思えないので，おそらく何かのヒントになっていると思われます。ていねいに調べておきましょう。

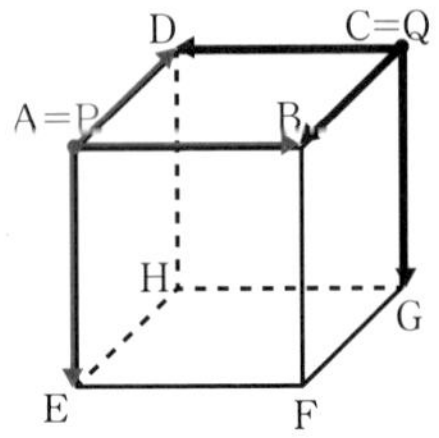

Pは最初Aに位置していますので，時刻1ではB，D，Eのいずれかに位置します。Qは最初Cに位置していますので，時刻1ではB，D，Gのいずれかに位置します。全部で $3 \times 3 = 9$ 通りの位置関係がありますね。

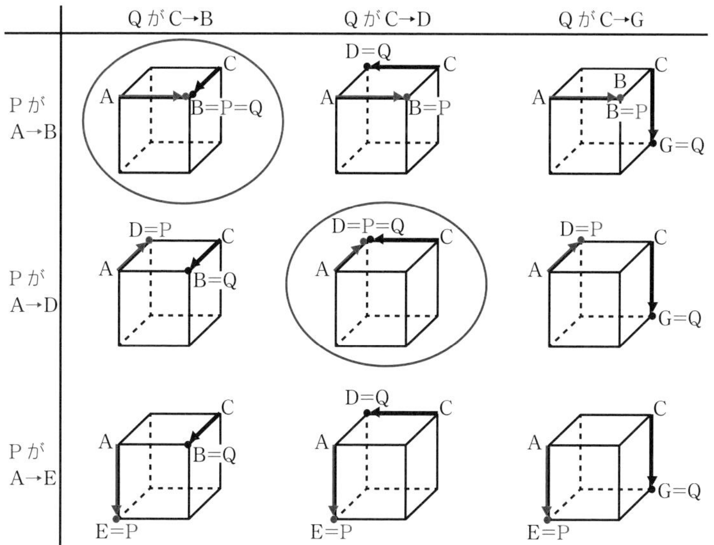

◯をつけた2通りがPとQが同じ頂点に位置して，このあと移動しなくなるんですね。ですから，PとQが異なる頂点に位置しているのは7通りで，(Pの位置，Qの位置)のように表すことにしますと

(B，B)，(B，D)，(B，G)，　コレを除く

(D，B)，(D，D)，(D，G)，

(E，B)，(E，D)，(E，G)

となります。さて，次は(2)なのですが，(1)の一般化ですね。どれでもいいんですが，上の $n=1$ の状態から続けて $n=2，3，4，\cdots$ とテキトーにP，Qを動かし続けてみてください。何か気づきますか？　って，ナカナカ難しいですよね。

P，Qが同じ頂点に位置しないときは
必ずどこかの正方形の対角線の両端に位置している

んです。右の図のように隣り合う頂点に位置したり，立方体の対角線の両端に位置したりすることは起こらないんですよね。

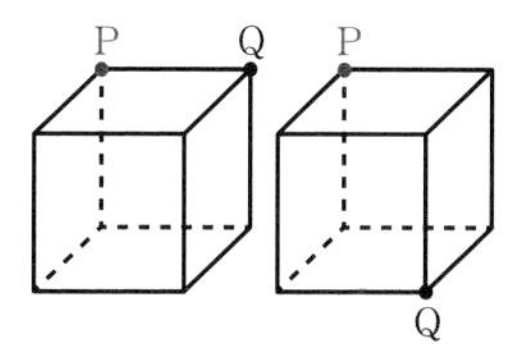

さきほどの$n=1$のときの表で確認しますと，P＝Q＝BまたはP＝Q＝Dとなる2通りを除いて，7通りすべて網掛部の正方形の対角線の両端にP，Qが位置していますよね。赤網と黒網のちがいは，あとの(3)を考えるときに気づくことなので，いったんスルーしておいてください。

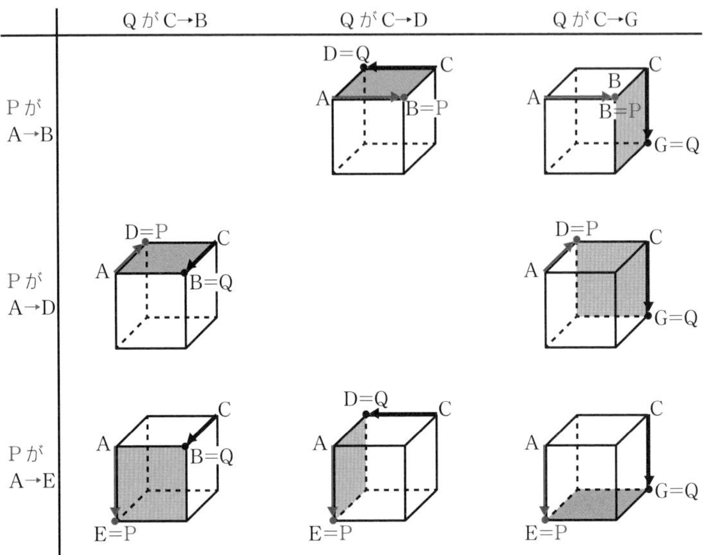

ということで，本問の設定では，P，Qの位置関係は帰納的に

一致　または　ある正方形の対角線の両端

の2つの状態しかなく，状態遷移は右のようになることがわかりました。

時刻 n　　時刻 $n+1$

一致 —(1)→ 一致

(r_n) 対角 —$\left(\frac{2}{9}\right)$→ 一致

(r_n) 対角 —$\left(\frac{7}{9}\right)$→ 対角 (r_{n+1})

ですから

$$r_{n+1}=\frac{7}{9}r_n$$

という漸化式が立ち，数列$\{r_n\}$は$r_0=1$（時刻0でP，Qは対角線上），公比$\frac{7}{9}$の等比数列で

$$r_n=\left(\frac{7}{9}\right)^{ⓝ}$$

$r_0,\ r_1,\ r_2,\ \cdots\cdots,\ r_n$

$\times\frac{7}{9}\quad\times\frac{7}{9}\quad\times\frac{7}{9}\quad\cdots\quad\times\frac{7}{9}$

$n-1$個

n個

(2)が解けました。

なるほど～，ですね。阪大らしい上手い設定です。しかし，ここで終わらないのも阪大らしいところで，さらに細かく状態を分けて問題のレベルを上げてきます。(3)です。立方体を上面 ABCD と下面 EFGH に分けてきましたね。状態が 3 つになりました。

事象 S：「P と Q がともに上面の異なる頂点に位置するか，
　　　　またはともに下面の異なる頂点に位置する。」

事象 T：「P と Q のいずれか一方が上面，他方が下面にある。」

とおきましょうか。S は same からとりました。T はアルファベット順で S の次です。

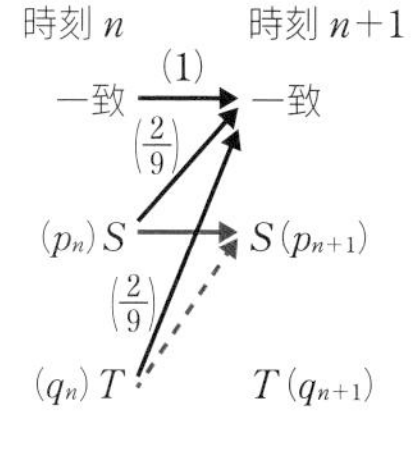

状態遷移は右のようになり

$$p_n + q_n = r_n = \left(\frac{7}{9}\right)^n \quad \cdots\cdots ⓐ$$

はすぐに思いつきます。(2)はこのヒントだったんですね。あと，(1)から，同じ頂点にないとき，次で一致になる確率が $\frac{2}{9}$ であることもわかります。「p_{n+1} を p_n と q_n で表せ」ですから，あとは赤い矢印の確率がわかれば OK ですね。

S は時刻 $n=0$ の状態と同様です。そこで前ページの赤網，黒網なんですが，A＝P，C＝Q 以外であっても，時刻 $n \to n+1$ で $S \to S$ となるのは，赤網の 3 通りですよね。

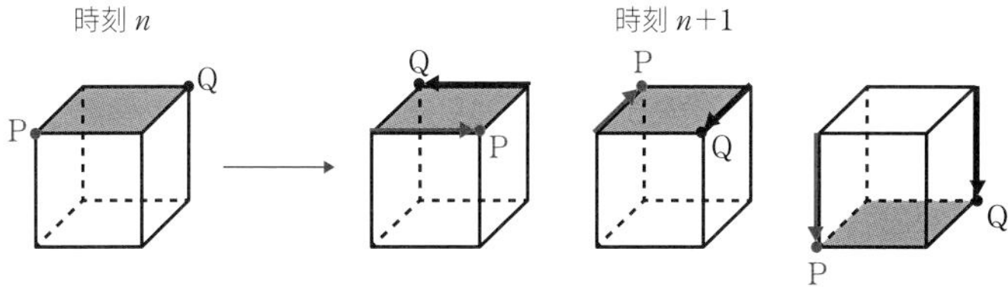

ですから

$$S \xrightarrow{\left(\frac{3}{9}\right)} S$$

です。

じゃあ，$T \dashrightarrow S$ を考えてみましょう。今と同じように A，B，C，……とは記入せず，立方体の上面と下面にそれぞれ P，Q があるとします。あ，上面と下面にそれぞれ P，Q がありますが，それでも「同じ正方形の対角線上の両端に位置している場合のみ考えればよい」ってのは変わりませんよ。時刻 $n \to n+1$ で $T \dashrightarrow S$ となるのは，どんな移動パターンがあるでしょう？

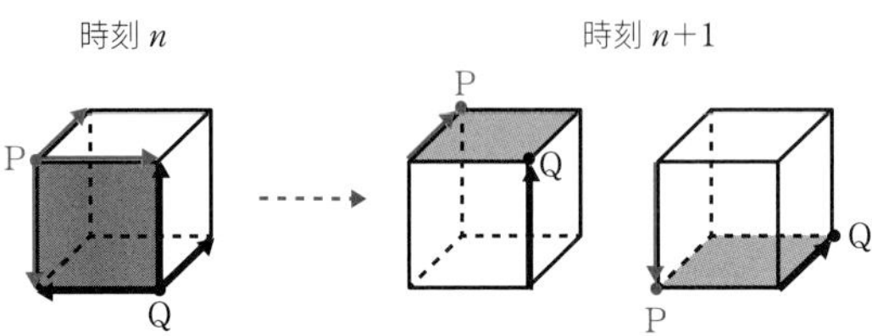

この 2 通りですね。あ，「一致」はダメですよ。ということで

$$T \overset{\left(\frac{2}{9}\right)}{\dashrightarrow} S$$

です。状態遷移は右のようになり，漸化式は

$$p_{n+1} = p_n \times \frac{3}{9} + q_n \times \frac{2}{9} \quad \cdots\cdots ⓑ$$

時刻 n　　時刻 $n+1$

(p_n) $S \xrightarrow{\left(\frac{3}{9}\right)} S$ (p_{n+1})

(q_n) $T \dashrightarrow_{\left(\frac{2}{9}\right)} S$　　T

となります。これで(3)もできました。

ⓐから

$$q_n = \left(\frac{7}{9}\right)^n - p_n \quad \cdots\cdots ⓐ'$$

ですから，これをⓑに代入すると

$$\begin{aligned} p_{n+1} &= \frac{3}{9}p_n + \frac{2}{9}\left\{\left(\frac{7}{9}\right)^n - p_n\right\} \\ &= \frac{1}{9}p_n + \frac{2}{9}\left(\frac{7}{9}\right)^n \end{aligned}$$

となり，**問題28**と同じく $a_{n+1} = pa_n + q \cdot r^n$ type の漸化式ですね。両辺を $\left(\frac{7}{9}\right)^{n+1}$ で割る，すなわち両辺に $\left(\frac{9}{7}\right)^{n+1}$ を掛けて，$a_n = \left(\frac{9}{7}\right)^n p_n$ とおけば解けて，p_n が求まれば，ⓐ′ から q_n も求まりますので，(4)の $\lim_{n\to\infty} \frac{q_n}{p_n}$ もイケそうです。

実行

(1) 時刻1において，PはB，D，Eのいずれか，QはB，D，Gのいずれかにあるから，$3\times3=9$通りが考えられる。このうち，PとQが異なる頂点に位置するのは，(Pの位置，Qの位置)のように表すことにすると，

(B，D)，(B，G)，(D，B)，(D，G)，(E，B)，(E，D)，(E，G)

(2) (1)より，P，Qは時刻0において正方形ABCDの対角線の両端A，Cにあり，時刻1において，「同じ頂点に位置する」または「同じ正方形の対角線の両端に位置する」のいずれかの状態になり，それぞれが起こる確率は$\frac{2}{9}$，$\frac{7}{9}$である。

この後も同様にP，Qは時刻1において上の2つの状態のいずれかになる。「PとQが異なる頂点に位置する」のは，P，Qが「同じ正方形の対角線の両端に位置する」場合であり，時刻$n\to n+1$のとき，「異なる頂点」→「異なる頂点」となる確率は$\frac{7}{9}$である。

よって，$n=0,\ 1,\ 2,\ \cdots$に対して$r_{n+1}=\frac{7}{9}r_n$が成り立ち，数列$\{r_n\}$は初項$r_0=1$，公比$\frac{7}{9}$の等比数列であるから，

$$r_n=\left(\frac{7}{9}\right)^n \quad \cdots\cdots①$$

(3) 事象S:「PとQがともに上面の異なる頂点に位置するか，またはともに下面の異なる頂点に位置する。」

事象T:「PとQのいずれか一方が上面，他方が下面にある。」

とおく。S，TいずれのときもP，Qは同じ正方形の対角線上の頂点に位置している。

時刻$n\to n+1$のとき，$S\to S$となるのは，右の3通りであり，その確率は

$$\frac{3}{9}=\frac{1}{3}$$

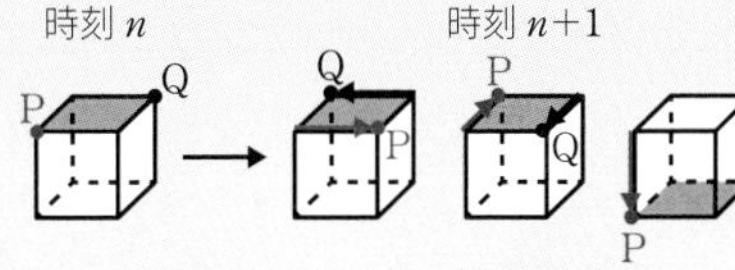

である。時刻$n\to n+1$のとき，$T\to S$となるのは，右の2通りであり，その確率は

$$\frac{2}{9}$$

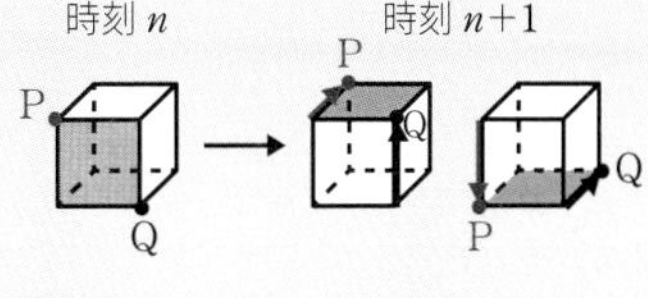

よって，$n=0,\ 1,\ 2,\ \cdots$に対して，時刻$n+1$のときSが起こる確率p_{n+1}を，p_n，q_nで表すと，

時刻n　　時刻$n+1$

$(p_n)\ S \xrightarrow{\left(\frac{1}{3}\right)} S\ (p_{n+1})$

$(q_n)\ T \xrightarrow{\left(\frac{2}{9}\right)} S$

$$p_{n+1}=\boldsymbol{\frac{1}{3}p_n+\frac{2}{9}q_n}\quad\cdots\cdots②$$

(4)　$p_n+q_n=r_n$であるから，①より，

$$p_n+q_n=\left(\frac{7}{9}\right)^n\qquad\therefore\quad q_n=\left(\frac{7}{9}\right)^n-p_n\quad\cdots\cdots③$$

これを②に代入して，

$$p_{n+1}=\frac{1}{3}p_n+\frac{2}{9}\left\{\left(\frac{7}{9}\right)^n-p_n\right\}=\frac{1}{9}p_n+\frac{2}{9}\left(\frac{7}{9}\right)^n$$

両辺に$\left(\dfrac{9}{7}\right)^{n+1}$をかけて，

$$\left(\frac{9}{7}\right)^{n+1}p_{n+1}=\frac{1}{7}\left(\frac{9}{7}\right)^n p_n+\frac{2}{7}$$

$$\left(\frac{9}{7}\right)^{n+1}p_{n+1}-\frac{1}{3}=\frac{1}{7}\left\{\left(\frac{9}{7}\right)^n p_n-\frac{1}{3}\right\}$$

> $a_n=\left(\frac{9}{7}\right)^n p_n$とおくと
>
> $a_{n+1}=\frac{1}{7}a_n+\frac{2}{7}$
>
> $-)\quad \alpha=\frac{1}{7}\alpha+\frac{2}{7}\quad\therefore\quad \alpha=\frac{1}{3}$
>
> $a_{n+1}-\frac{1}{3}=\frac{1}{7}\left(a_n-\frac{1}{3}\right)$
>
> ですが，おき直さずにやりました。

であるから，数列$\left\{\left(\dfrac{9}{7}\right)^n p_n-\dfrac{1}{3}\right\}$は公比$\dfrac{1}{7}$の等比数列である。また，時刻0においてPは頂点A，Qは頂点Cにあるから，$p_0=1$（$q_0=0$）であり，初項は$\left(\dfrac{9}{7}\right)^0 p_0-\dfrac{1}{3}=1\cdot1-\dfrac{1}{3}=\dfrac{2}{3}$である。よって，

$$\left(\frac{9}{7}\right)^n p_n-\frac{1}{3}=\frac{2}{3}\left(\frac{1}{7}\right)^n\qquad\therefore\quad p_n=\frac{1}{3}\left(\frac{7}{9}\right)^n+\frac{2}{3}\left(\frac{1}{9}\right)^n$$

であり，③より，

$$q_n=\frac{2}{3}\left(\frac{7}{9}\right)^n-\frac{2}{3}\left(\frac{1}{9}\right)^n$$

であるから，

> 分母の主要項$\left(\frac{7}{9}\right)^n$で分子，分母を割りました。

$$\lim_{n\to\infty}\frac{q_n}{p_n}=\lim_{n\to\infty}\frac{\frac{2}{3}\left(\frac{7}{9}\right)^n-\frac{2}{3}\left(\frac{1}{9}\right)^n}{\frac{1}{3}\left(\frac{7}{9}\right)^n+\frac{2}{3}\left(\frac{1}{9}\right)^n}=\lim_{n\to\infty}\frac{\frac{2}{3}-\frac{2}{3}\left(\frac{1}{7}\right)^n}{\frac{1}{3}+\frac{2}{3}\left(\frac{1}{7}\right)^n}$$

$$=\frac{\frac{2}{3}-\frac{2}{3}\cdot0}{\frac{1}{3}+\frac{2}{3}\cdot0}=\boldsymbol{2}$$

テーマ

30 確 率 ⑥

問題 30 ★★☆ 40分

p, q を $0<p<1$, $0<q<1$ をみたす実数とし，n を2以上の整数とする。2つのチーム A，B が野球の試合を n 回行う。1試合目に A が勝つ確率は p であるとする。また，A が勝った試合の次の試合に A が勝つ確率は p であり，B が勝った試合の次の試合に A が勝つ確率は q であるとする。なお，試合結果に引き分けはなく，勝敗が決まるとする。

(1) n 試合目に A が勝つ確率 a_n を求めよ。

(2) $n \geqq 3$ とする。B が連勝せずにちょうど2試合に勝つ確率 b_n を求めよ。

（阪大・理系・18）

1度勝つと勝つ確率が変わったりするんですね。上がるのかな？　下がるのかな？　まあ，それはいいとして

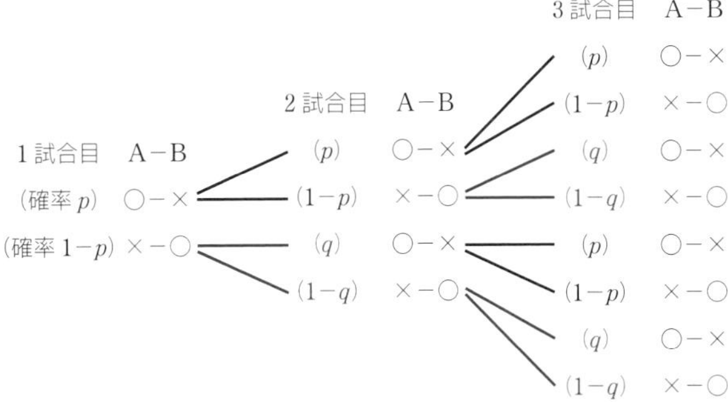

こんな感じですね。

(1)の「n 試合目に A が勝つ確率 a_n」はどうしましょう。これは1つ前の試合で A が勝っているか負けているかで変化しますよね。さらにそのもう1つ前の試合で A が勝っているか負けているかで変化もしますし……。$a_n=$(n の式)を直接求めるのは難しそうです。そうしますと……，$a_{n+1}=$(a_n の式)，漸化式を立ててみましょうか。そう見ますと，n 試合目

の状態はA－Bが○－×か×－○の2つだけです。2つの状態を行ったり来たりする「遷移的な構造」ですね。

状態遷移は右のようになりますから

$$a_{n+1} = a_n \times p + (1 - a_n) \times q$$

（a_n：n 試合目に A が勝って，p：$n+1$ 試合目も A が勝つ，$1-a_n$：n 試合目に A が負けて，q：$n+1$ 試合目に A が勝つ）

$$= (p-q)a_n + q$$

n 試合目		$n+1$ 試合目
A－B		A－B
(a_n) ○－×	p →	○－× (a_{n+1})
($1-a_n$) ×－○	q ↗	

これは $\alpha = (p-q)\alpha + q$ とおいて，解ける漸化式ですね。OKです。

プロローグでお話しましたが，近年の阪大では，確率漸化式の問題で，問題28，問題29にあった

a_{n+1} を a_n の式で表せ。

のような，漸化式を立てることを誘導する小問がないことがあり，受験生が

直接，一般項 $a_n = (n$ の式) が求められるのか。

それとも，いったん漸化式 $a_{n+1} = (a_n$ の式) を立てるのか

を判断しないといけない問題が出題されています。本問の(1)は比較的易しいのですが，最初に誘導ナシで出た2015年の問題はかなりの難題で，ほとんど受験生は手つかずのようでした。受験生としては

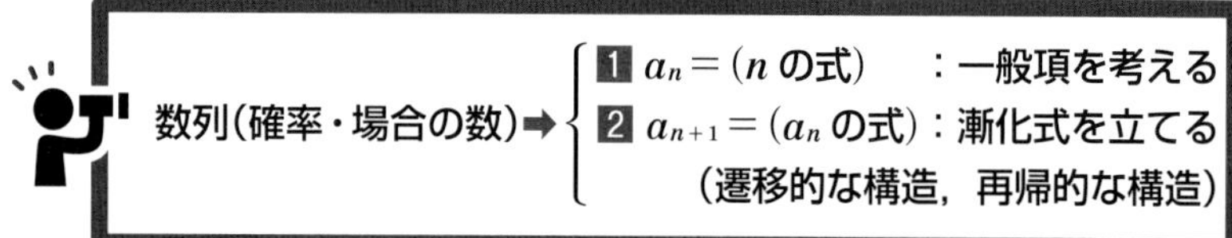

という2つの視点で，問題を分析していかないといけませんね。そうそう，なぜか東大も同じ頃から誘導がなくなったんです。流行でしょうか（笑）？　確率漸化式が頻出の大学としては京大と名大があるのですが，京大は昔から誘導のないことが多いです。あ，名大も最近誘導ナシで出題されました！　やっぱり流行？

では(2)に移りましょう。いつも通り，具体的な n の値で実験してみます。$n \geqq 3$ ですから，$n=5$ くらいでやってみましょうか。Aが勝つことをAで表し，Bが勝つことをBで表すと，5試合中，Aが3勝，Bが2勝で，Bの連勝はナシということですので，1試合目から

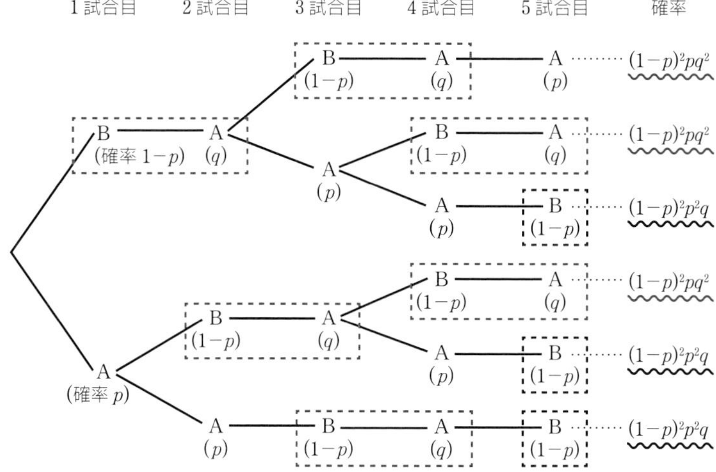

B－Bはありませんから，Bの次は必ずAです。また，このBは1試合前で，Aが勝った次ですから，確率は$1-p$となります。ですから

B —— A
$(1-p)$　　(q)

というカタマリができます。Bは全部で2勝しますので，コレが2個あるのかと思いきや，ないところがありますね。そうです。Bが5試合目に勝つと，次に$A(q)$が起こらないんですね。上の樹形図の

B
$(1-p)$

のところです。確率の方も

　　□が2個ある場合はすべて $(1-p)^2pq^2$

　　□1個と□1個の場合はすべて $(1-p)^2p^2q$

のように異なっていますので，これで分けて考えればよさそうですね。

計画　(1)は漸化式を立てて解けばよいですね。係数に文字が入るので，ちょっと心配です。解答を書く前に問題がないかcheckしておきましょう。

$$a_{n+1}=(p-q)a_n+q \quad \cdots\cdots ⓐ$$

でしたから

$$\alpha=(p-q)\alpha+q \quad \cdots\cdots ⓑ$$

とおくと

$$(1-p+q)\alpha=q$$

ですから，両辺を $1-p+q$ で割れば，α が求まります。しかし，割って大丈夫でしょうか？　そうです，文字で割り算するときは，$\neq 0$ をcheck しないといけませんね。$0<p<1$，$0<q<1$ ですから，$1-p>0$，$q>0$ で $1-p+q>0$ です。大丈夫でした。ということで

$$\alpha=\frac{q}{1-p+q}$$

として，ⓐ－ⓑより

$$a_{n+1}-\alpha=(p-q)(a_n-\alpha)$$

となり，数列 $\{a_n-\alpha\}$ は初項 $a_1-\alpha=p-\alpha$（1 試合目に A が勝つ確率は p），公比 $p-q$ の等比数列で OK です。あ，ちょっと気持ち悪いかもしれませんが，「公比 0 の等比数列」はアリです。

$$1,\ \underset{\times 0}{\frown}\ 0,\ \underset{\times 0}{\frown}\ 0,\ \underset{\times 0}{\frown}\ 0,\ \underset{\times 0}{\frown}\ 0,\ \underset{\times 0}{\frown}\ \cdots$$

みたいな。ですから，「$p\neq q$ と $p=q$ で場合分け」とかはしなくてよいですよ。

　次に(2)です。

　　(i)　A が n 試合目に勝つ

　　(ii)　B が n 試合目に勝つ

で場合分けすればよさそうですね。

　(i)の場合は A が $n-2$ 個と B が 2 個を B が 2 連続しないように，また B が最後にこないように並べればよいですから，よくあるヤツですね。男子○人と女子□人を一列に並べる。女子が隣り合わないのは……ってヤツです。まず A を $n-2$ 個並べ（1 通り）

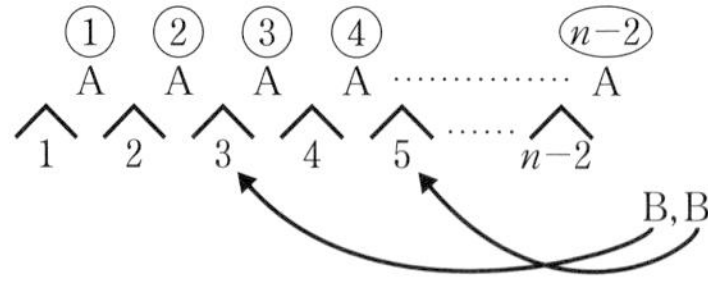

左端か間の $n-2$ カ所（右端はダメ）から 2 カ所を選んで B を入れればよいですから，入れ方は

$${}_{n-2}\mathrm{C}_2 \text{ 通り}$$

ですね。

また，各々の確率は

B ── A
$(1-p)$ (q)

が2個あり，それ以外のAは$(n-4)$個あって，確率pで起こりますから

$$\{(1-p)q\}^2 \times p^{n-4} = (1-p)^2 p^{n-4} q^2$$

理解 の$n=5$で実験したときの$(1-p)^2pq^2$と一致しますね。

あ，ちょっと注意です。問題文で「$n \geqq 3$」となっていますので，$n=3$のときは「p^{n-4}」はマズいです。$n=3$の場合は

B ── A	B
$(1-p)$ (q)	$(1-p)$

実は ${}_{n-2}C_2$ も $n=3$ のとき ${}_1C_2$(1個から2個取り出す)となりダメですよね。

で，(ii)のパターンしか起こらないですね。これは$n=3$の場合をいったん除外して解答を書かないとしょうがないですね。

では，(ii)の場合です。こちらは2個のBのうち1個の場所が一番最後と決まっています。もう1回のBはその直前をさけないといけないので，

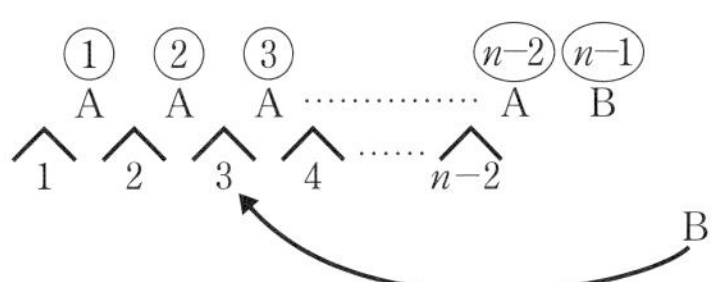

このようになり

${}_{n-2}C_1$ 通り

です。各々の確率は

B ── A	が1個，	B	が1個
$(1-p)$ (q)		$(1-p)$	

あって，あとはAが$n-3$個あり，その確率はpですから

$$(1-p)q \times (1-p) \times p^{n-3} = (1-p)^2 p^{n-3} q$$

これも，理解 の$n=5$で実験したときの$(1-p)^2p^2q$と一致します。
これでイケそうです。

実行

Aが勝つことをA，Bが勝つことをBで表す。

(1) $n+1$ 試合目にAが勝つのは

「n 試合目がA(確率 a_n)で，$n+1$ 試合目がA(確率 p)」

または，

「n 試合目がB(確率 $1-a_n$)で，$n+1$ 試合目がA(確率 q)」

のいずれかの場合であるから，

n 試合目　$n+1$ 試合目

(a_n) A $\xrightarrow{(p)}$ A (a_{n+1})

$(1-a_n)$ B $\xrightarrow{(q)}$ A

$$a_{n+1}=a_n\times p+(1-a_n)\times q$$
$$=(p-q)a_n+q \quad \cdots\cdots①$$

$0<p<1$，$0<q<1$ より，

$1-p+q\neq 0$ であるから，

$$\alpha=\frac{q}{1-p+q}$$

とおくと，①は

$$a_{n+1}-\alpha=(p-q)(a_n-\alpha)$$

と変形できる。よって，数列 $\{a_n-\alpha\}$ は初項 $a_1-\alpha=p-\alpha$，公比 $p-q$ の等比数列であるから，

$$a_n-\alpha=(p-\alpha)(p-q)^{n-1}$$

$$a_n=\left(p-\frac{q}{1-p+q}\right)(p-q)^{n-1}+\frac{q}{1-p+q}$$

$$=\boldsymbol{\frac{1-p}{1-p+q}(p-q)^{n}+\frac{q}{1-p+q}}$$

$\dfrac{p(1-p+q)-q}{1-p+q}$
$=\dfrac{(p-q)-p(p-q)}{1-p+q}$
$=\dfrac{(p-q)(1-p)}{1-p+q}$
で $(p-q)$ がくくり出せます。

(2) まず $n\geqq 4$ で考える。

(i) n 試合目にAが勝つとき，Bは n 試合目以外で2勝し，連勝はしないから，このようなA，Bの並べ方は，$n-2$ 個のAを並べ，その間または左端の $n-2$ カ所から2カ所を選んでBを入れると考えて，

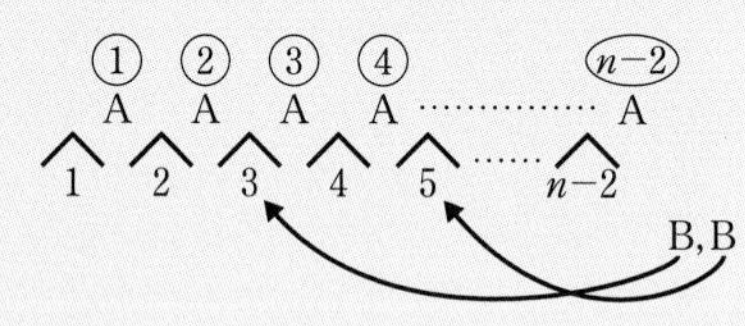

${}_{n-2}\mathrm{C}_2$ 通り

ある。

また，各々の起こる確率は，BAが起こる確率が $(1-p)q$，これ以外のAは $n-4$ 個あり，起こる確率は p であるから，

$$\{(1-p)q\}^2\times p^{n-4}=(1-p)^2p^{n-4}q^2$$

(ii)　n 試合目にBが勝つとき，Bは $n-1$ 試合目に勝つことはないから，$1\sim n-2$ 試合目で1勝する。このようなA，Bの並べ方は，

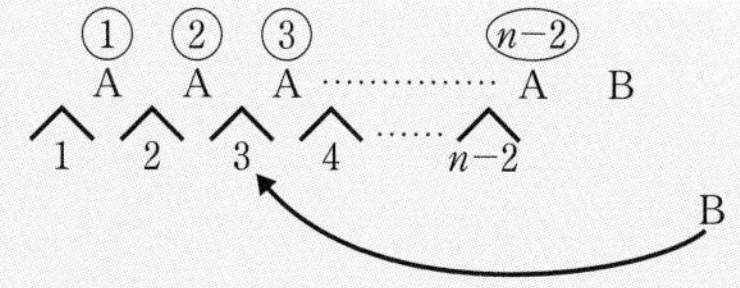

$n-2$ 個のAを並べ，その間または左端の $n-2$ カ所から1カ所を選んでBを1つ入れ，右端にもう1つのBを並べると考えて，

$${}_{n-2}C_1 \text{ 通り}$$

ある。

また，各々の起こる確率は(i)と同様に考えて，

$$(1-p)q\times(1-p)\times p^{n-3}=(1-p)^2p^{n-3}q$$

以上(i)，(ii)より $n\geqq 4$ のとき

$$b_n={}_{n-2}C_2(1-p)^2p^{n-4}q^2+{}_{n-2}C_1(1-p)^2p^{n-3}q$$

$$=\frac{(n-2)(n-3)}{2}(1-p)^2p^{n-4}q^2+(n-2)(1-p)^2p^{n-3}q$$

$$=\frac{n-2}{2}(1-p)^2p^{n-4}q\{(n-3)q+2p\}\quad\cdots\cdots②$$

$n=3$ のときは(ii)しか起こらず，

$$b_3=(1-p)\times q\times(1-p)=(1-p)^2q$$

であるから，②は $n=3$ のときも成り立つ。

1試合目	2試合目	3試合目
B	A	B
$(1-p)$	(q)	$(1-p)$

以上より，

$$\boldsymbol{b_n=\frac{n-2}{2}(1-p)^2p^{n-4}q\{(n-3)q+2p\}}$$

第8章

数列の極限

プロローグ

いよいよ阪大の超頻出分野。数学Ⅲの微積分に突入です。「いよいよ」といいながら，すでにチョロチョロ出てましたけどね(笑)。何度もお話ししていますように

阪大は融合問題が頻出　　阪大は数学Ⅲの微積分が頻出

というのが有名ですが，これは「かつ」でして

阪大は，数学Ⅲの微積分との融合問題が頻出

なんです。多いときですと5題中4題に何らかの形で数学Ⅲの微積分がからんでいた年もあります。問題29のように確率で最後に $n\to\infty$ としたり，面積の問題でパラメータ a を入れておいて，最後に $a\to+0$ としたり，といった感じで，いろいろなところにもぐり込んできます。

さて，ここでは「数列の極限」を扱うのですが，

$$\lim_{n\to\infty}\frac{1}{n}=0$$

等比数列 $\{r^n\}$ について

$r>1$ のとき　$\lim_{n\to\infty} r^n=\infty$ … $\{r^n\}$ は発散

$r=1$ のとき　$\lim_{n\to\infty} r^n=1$ ⎫

$-1<r<1$ のとき　$\lim_{n\to\infty} r^n=0$ ⎭ … $\{r^n\}$ は収束

$r\leqq -1$ のとき　$\{r^n\}$ は発散(振動)

は大丈夫ですよね。問題29でも使ってましたし，難しいのは「無限級数の和」の方だと思いますので，本章ではコレを扱います。

無限級数が出題されるときの表現は，次の4つがあります。

$$a_1+a_2+a_3+\cdots\cdots+a_n+\cdots$$

$$\lim_{n\to\infty}(a_1+a_2+a_3\cdots\cdots+a_n)$$

$$\lim_{n\to\infty}\sum_{k=1}^{n}a_k$$

$$\sum_{n=1}^{\infty}a_n$$

どれも同じ「無限級数」です。

しかし，「無限に足す」というのは，実際にはできないですよね。人間，生きてる時間は有限ですし。ですから，「無限に足す」ってどういうことなのか，定義が必要になります。たとえば，初項1，公比 −1の等比数列で

$$1+(-1)+1+(-1)+1+(-1)+\cdots$$

という級数を考えたとき，

$$\underbrace{1+(-1)}_{0}+\underbrace{1+(-1)}_{0}+\underbrace{1+(-1)}_{0}+\cdots \qquad \cdots\cdots Ⓐ$$

「こう見ると，$0+0+0+\cdots$ だから，コレは0だ！」と主張する人もいれば，「いや，ちょっと待ていっ！」

$$①+\underbrace{(-1)+1}_{0}+\underbrace{(-1)+1}_{0}+\underbrace{(-1)+1}_{0}+\cdots \qquad \cdots\cdots Ⓑ$$

「こう見たら，最初の①が残るから，コレは1だ！」と主張する人もいて，モメるわけです。

で，定義はこうなったんです。

◆無限級数

無限級数 $a_1+a_2+a_2+\cdots+a_n+\cdots$ ……①において

Step1　部分和　$S_n=\sum_{k=1}^{n}a_k$ を求め

Step2　$\lim_{n\to\infty}S_n=S$（有限確定値）のとき，

①は収束するといい，S を①の和という。

$\lim_{n\to\infty}S_n$ が定まらないときは，①は発散するという。

まずは部分和を求めるんですね。ですから，上の例ですと，部分和 S_n は

$$S_n=1+(-1)+1+(-1)+\cdots+(-1)^{n-1}$$
$$=\frac{1-(-1)^n}{1-(-1)}=\frac{1}{2}\{1-(-1)^n\} \qquad \cdots\cdots Ⓒ$$

となり，数列 $\{S_n\}$ は収束しません。よって「発散」なんですね。ちなみに受験生がよくやるミスですが，無限級数ではⒶ，Ⓑのように，勝手に項をまとめてはいけません。上の例ですと，Ⓐは2個ずつペアにしていっているので，n が偶数のときの和になっているんですね。$n=2m$ として，

$$S_{2m}=0$$

Ⓑは最初の1をはずして，あとを2個ずつペアで消していっているので，

n が奇数のときの和になっていて，$n=2m-1$ として

$$S_{2m-1}=1$$

これらを1つの式で表すとⒸになりますね。

$$S_{2m}=0,\ S_{2m-1}=1$$

ですから，これは発散です。あ，「振動」は発散の一種ですよ。

さて，無限級数にはこの定義にしたがった処理の他に，公式化されているものが2つあります。わかりますか？　1つは

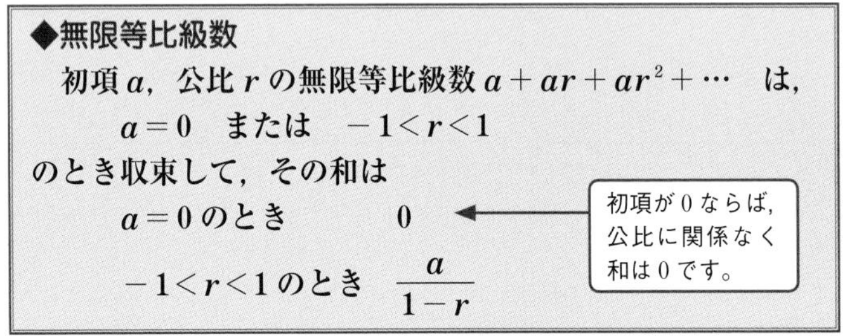

◆無限等比級数

初項 a，公比 r の無限等比級数 $a+ar+ar^2+\cdots$ 　は，

$$a=0 \quad \text{または} \quad -1<r<1$$

のとき収束して，その和は

$a=0$ **のとき**　　0

$-1<r<1$ **のとき**　$\dfrac{a}{1-r}$

です。部分和を S_n としますと，$r \neq 1$ のとき

$$S_n=\frac{a(1-r^n)}{1-r}$$

ですから，$-1<r<1$ であれば $\lim_{n\to\infty} r^n=0$ で収束し

$$\lim_{n\to\infty} S_n=\frac{a}{1-r}$$

となります。ちょっと特殊ですが $a=0$ のとき，

$$S_n=0 \qquad \therefore \quad \lim_{n\to\infty} S_n=0$$

となり，これも収束していますね。

$a \neq 0$ で $r \leqq -1$ や $r>1$ のとき，数列 $\{S_n\}$ は発散しますし，
$a \neq 0$ で $r=1$ のときは

$$S_n=a+a+\cdots+a=na$$

で，このときも発散しますね。

蛇足ですが，「無限等比級数」と「無限等比数列」を読み間違う人がいます。コレは「無限等比級数の和」の方ですよ。収束条件は

$$a=0 \quad \text{または} \quad -1<r<1$$

となります。「無限等比数列」の方は「一般項」のお話でp.290のように，収束条件は

$$-1<r \textcircled{\leqq} 1$$

になり，こちらは $r=1$ が入ります。

$-1<r<1$ のとき　$\lim_{n\to\infty} r^n=0$
$r=1$ のとき　$\lim_{n\to\infty} r^n=1$

さて，あと1つ公式化されている無限級数はわかりますか？　あ，数学Ⅲの積分は習い終わりましたか？　まだ習っていないなら，初めてだと思いますが，連続関数 $f(x)$ に対して次の式が成り立ちます。

◆区分求積法の公式と定積分

$$\lim_{n\to\infty}\frac{1}{n}\sum_{k=1}^{n}f\left(\frac{k}{n}\right)=\int_0^1 f(x)\,dx \quad \cdots(*)$$

です。習っていない人にもわかるように説明してみますね。阪大では頻出ですので，習っている人もここで確認しておいてください。

区分求積法はニガ手とする受験生が多いのですが，その理由の一つが

区分求積法の公式が使えると気づかない

ことです。積分の後半に登場するので，数列の極限のところで登場する無限級数と習う場所が離れているためでしょうね。ここで整理しておいてください。区分求積法と無限等比級数はかなり特殊ですから，まずコレらをcheckして，ちがうなら部分和を求める。それでダメなら，「はさみうち」を考えますが，コレは第10章 **評価**でやりましょう。

もう一つ受験生がニガ手とする理由が，公式の丸暗記です。
ここでしっかり理解しましょう。理解すれば覚えるところは全然ないんです。

以下，$f(x)$ は連続関数とします。$f(x)>0$ の場合で考えてみます。すると，$(*)$ の右辺の $\int_0^1 f(x)\,dx$ は**図1**の網掛部分の面積ですよね。$(*)$ の左辺の $\lim_{n\to\infty}\frac{1}{n}\sum_{k=1}^{n}f\left(\frac{k}{n}\right)$ もコレを表しているんです。

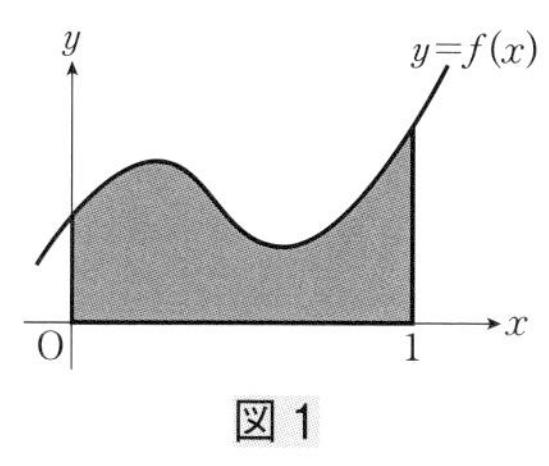

図1

まず $0 \leqq x \leqq 1$ を n 等分しますと，**図2**のようになります。この「小さい部分に分割する」って，微積分でよくやる考え方ですよね。

で，$x=\dfrac{k}{n}$ のところで $y=f\left(\dfrac{k}{n}\right)$ になりますが，ここから，右(黒い長方形)でも，左(赤い長方形)でもよいので，長方形を作ります。高さ $f\left(\dfrac{k}{n}\right)$，幅 $\dfrac{1}{n}$ になりますので，面積は

$$\frac{1}{n}f\left(\frac{k}{n}\right)$$

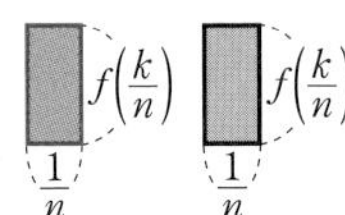

になりますね。

まず，赤い長方形で考えてみましょう。そうしますと，$k=1, 2, 3, \cdots, n$ としてこの面積を足していきますと，**図3**のような階段状の図形の面積が求められますね。式は

$$\sum_{k=1}^{n}\frac{1}{n}f\left(\frac{k}{n}\right)$$

となります。

あとは $n \to \infty$ とすれば，このガタガタした形がなめらかになって，**図1**の面積になる。というわけです。ですから

$$\lim_{n\to\infty}\sum_{k=1}^{n}\frac{1}{n}f\left(\frac{k}{n}\right)=\int_0^1 f(x)\,dx \quad \cdots(*)'$$

なんですね。Σ の中は k が変数で，n は定数ですので，$\dfrac{1}{n}$ を Σ の外に出して

$$\lim_{n\to\infty}\frac{1}{n}\sum_{k=1}^{n}f\left(\frac{k}{n}\right)=\int_0^1 f(x)\,dx \quad \cdots(*)$$

と書かれていることが多いですが，もちろん $(*)'$ でも OK です。

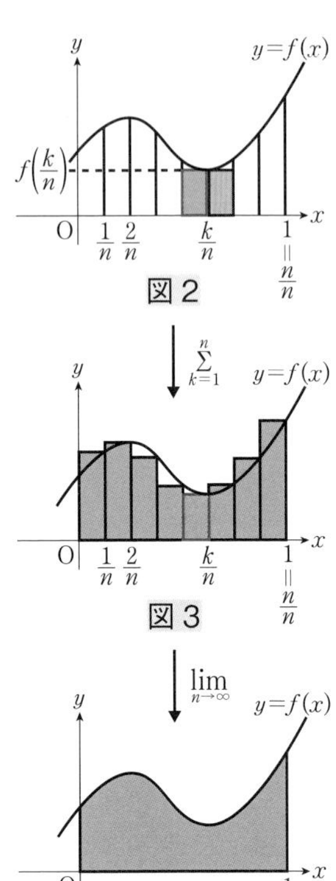

図2

図3

図1

次に黒い長方形で考えてみます。今度は $k=0, 1, 2, \cdots, n-1$ とすれば，**図4**のような階段状の図形の面積が求められ，式は

$$\sum_{k=0}^{n-1}\frac{1}{n}f\left(\frac{k}{n}\right)$$

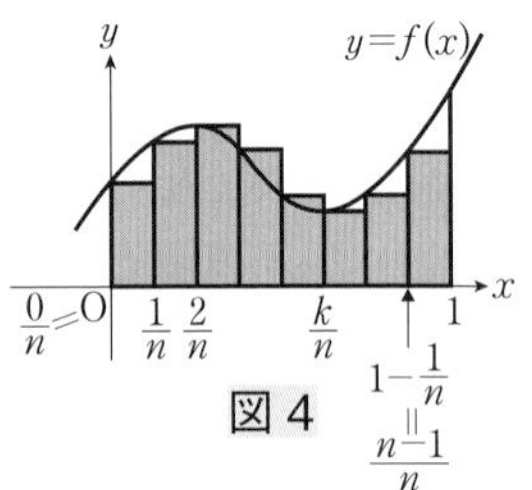

図4

これも $n \to \infty$ とすれば図 1 のようになりますね。ですから

$$\lim_{n \to \infty} \frac{1}{n} \sum_{k=0}^{n-1} f\left(\frac{k}{n}\right) = \int_0^1 f(x)\,dx$$

という式も成り立つわけです。わかりましたか？

あ，イメージしやすいので，$f(x) > 0$ でやりましたが，$f(x) < 0$ でももちろんこの式は成り立ちます。「求積」と書いてあるので，「正」と思い込んでいる人もいますが，$f(x)$ の正負によって，「負」になることも「0」になることもあります。

公式や定理は丸暗記しない

高校生のときに通っていた塾の先生に，

「1 分以内に導ける公式は覚えんな！」

と言われました。「大学入試は 1 問あたり 25 ～ 30 分あるから，公式を作るのに 1 分くらいかかっても何も支障はない。逆に丸暗記してて，ド忘れしたらどうにもならん」と。それまでは，「まず公式や定理は覚えて，その使い方を練習するもの」という感じでとらえていたので，「へえ～，そうなんや」と思ったのですが，先生の教えを守らず丸暗記し続けたので結局 2 浪です。

中学校や，高 1 くらいまでは公式丸暗記でも何とかクリアできるので，僕のような人も多いのではないでしょうか。また，ごくまれに大学入試まで押し切れる人もいますので，そんな印象をもっても仕方がないと思います。

でも，阪大で 2013 年に「$\sin x/x \to 1$」の証明が出題されましたことからもわかるように，丸暗記はダメなんですね。高校で出てくる公式や定理は，一部，導くのが難しいものもありますが，定義をしっかり覚えておけばすぐに導けるものが多いですから，

公式や定理は丸暗記せず，導けるようにしておいて，
何度も導いているうちに覚えちゃった

というのが理想です。

テーマ 31

数列の極限①

問題 31　★☆☆　30分

p を与えられた自然数とし，数列 $\{a_n\}$ を以下のように定める。

(イ) $a_1=\dfrac{1}{p(p+1)}-\dfrac{1}{2}$

(ロ) a_n が有理数のとき，$a_{n+1}=\dfrac{\sqrt{2}}{2}a_n$

(ハ) a_n が無理数のとき，

$$a_{n+1}=\sqrt{2}\,a_n+\frac{16}{n(n+2)(n+4)}$$

次の問に答えよ。ただし，$\sqrt{2}$ が無理数であることは証明なしに用いてよい。

(1) $b_m=a_{2m-1}$ とするとき，$m=1,\ 2,\ \cdots\cdots,\ p$ に対し

$b_m=\dfrac{1}{p(p+1)}-\dfrac{1}{m(m+1)}$ であることを示せ。

(2) $\displaystyle\sum_{n=1}^{\infty}a_n$ を求めよ。

（阪大・理系・94 後）

阪大に後期入試があった時代の問題です。ちょっと面白い無限級数の問題なので取り上げてみました。

数列 $\{a_n\}$ はどんな数列なんでしょう？ (1)で a_{2m-1} については式を教えてくれていますが，自分でも調べてみましょう。

(イ)より

$$a_1=\frac{1}{p(p+1)}-\frac{1}{2}$$

です。p は自然数ですので，a_1 は有理数ですね。すると，(ロ)を使うことになり

$$a_2=\frac{\sqrt{2}}{2}a_1=\frac{\sqrt{2}}{2}\left\{\frac{1}{p(p+1)}-\frac{1}{2}\right\}$$

正確には「0 でない有理数」

です。「$\sqrt{2}$ が無理数」は使ってよいので，a_2 は $\sqrt{2}$ ×(有理数) で無理数

です。ということは(ハ)を使って

$$a_3=\sqrt{2}\,a_2+\frac{16}{2\cdot4\cdot6}=\sqrt{2}\cdot\frac{\sqrt{2}}{2}\left\{\frac{1}{p(p+1)}-\frac{1}{2}\right\}+\frac{1}{3}$$

$$=\frac{1}{p(p+1)}-\frac{1}{6}=\frac{1}{p(p+1)}-\frac{1}{2\cdot3}$$

$b_2=a_3$ ですから，たしかに，$b_m=\dfrac{1}{p(p+1)}-\dfrac{1}{m(m+1)}$ の形になっていますね。で，また(ロ)を使って

$$a_4=\frac{\sqrt{2}}{2}a_3=\frac{\sqrt{2}}{2}\left\{\frac{1}{p(p+1)}-\frac{1}{6}\right\}$$

(ハ)を使って

$$a_5=\sqrt{2}\cdot\frac{\sqrt{2}}{2}\left\{\frac{1}{p(p+1)}-\frac{1}{6}\right\}+\frac{16}{4\cdot6\cdot8}=\frac{1}{p(p+1)}-\frac{1}{6}+\frac{1}{12}$$

$$=\frac{1}{p(p+1)}-\frac{1}{12}=\frac{1}{p(p+1)}-\frac{1}{3\cdot4}$$

これも，$b_3=a_5$ ですから OK ですね。

そうしますと

$$b_1=a_1=\frac{1}{p(p+1)}-\frac{1}{1\cdot2}$$

$$\downarrow \times\frac{\sqrt{2}}{2}$$

$$a_2=\frac{\sqrt{2}}{2}\left\{\frac{1}{p(p+1)}-\frac{1}{1\cdot2}\right\}$$

$$b_2=a_3=\frac{1}{p(p+1)}-\frac{1}{2\cdot3}$$

$$\downarrow \times\frac{\sqrt{2}}{2}$$

$$a_4=\frac{\sqrt{2}}{2}\left\{\frac{1}{p(p+1)}-\frac{1}{2\cdot3}\right\}$$

$$b_3=a_5=\frac{1}{p(p+1)}-\frac{1}{3\cdot4}$$

$$\downarrow \times\frac{\sqrt{2}}{2}$$

$$a_6=\frac{\sqrt{2}}{2}\left\{\frac{1}{p(p+1)}-\frac{1}{3\cdot4}\right\}$$

$$b_4=a_7=\frac{1}{p(p+1)}-\frac{1}{4\cdot5}$$

$$\downarrow \times\frac{\sqrt{2}}{2}$$

$$a_8=\frac{\sqrt{2}}{2}\left\{\frac{1}{p(p+1)}-\frac{1}{4\cdot5}\right\}$$

$$b_5=a_9=\frac{1}{p(p+1)}-\frac{1}{5\cdot6}$$

$$\vdots$$

と続いていくみたいですね。$a_1\to a_2\to a_3\to\cdots$ と順番に決まっていきますので，帰納法で証明すればよさそうです。

ところで，コレ，どこまでも続くんでしょうか？　p に具体的な値を代入して調べてみますよ。$p=5$ とすると，b_5 は

$$b_5=a_9=\frac{1}{5\cdot 6}-\frac{1}{5\cdot 6}=0$$

となってしまいますね！　すると，次は(ロ)を使って

$$a_{10}=\frac{\sqrt{2}}{2}a_9=0$$

0 は有理数ですから，あとはずっと(ロ)を使うことになり

$$a_{11}=a_{12}=a_{13}=\cdots\cdots\cdots=0$$

です。だから(1)の設問は「$m=1, 2, \cdots, p$ に対し」となっていたんですね。

計画　(1)は帰納法で大丈夫そうですね。(2)の無限級数 $\sum_{n=1}^{\infty}a_n$ ですが数列 $\{a_n\}$ は　$1\leqq m\leqq p-1$ のとき

$p-1\geqq 1$ より $p\geqq 2$ で考えることになります。$p=1$ の場合は別に扱うことになりますね。

$$a_{2m-1}=b_m=\frac{1}{p(p+1)}-\frac{1}{m(m+1)}$$

$\times\frac{\sqrt{2}}{2}$

$$a_{2m}=\frac{\sqrt{2}}{2}a_{2m-1}=\frac{\sqrt{2}}{2}b_m$$

であり，$m\geqq p$ のときは

$$a_{2m-1}=a_{2m}=0$$

つまり，$n\geqq 2p-1$ のときは

$a_{2p-1}=a_{2p}=a_{2p+1}=a_{2p+2}=\cdots\cdots\cdots=0$

$$a_n=0$$

ですから

$$\begin{aligned}\sum_{n=1}^{\infty}a_n&=a_1+a_2+a_3+a_4+\cdots\cdots\cdots+a_n+\cdots\cdots\cdots\\&=a_1+a_2+a_3+a_4+\cdots+a_{2p-3}+a_{2p-2}\\&=b_1+\frac{\sqrt{2}}{2}b_1+b_2+\frac{\sqrt{2}}{2}b_2+\cdots+b_{p-1}+\frac{\sqrt{2}}{2}b_{p-1}\\&=\left(1+\frac{\sqrt{2}}{2}\right)(b_1+b_2+\cdots+b_{p-1})\\&=\left(1+\frac{\sqrt{2}}{2}\right)\sum_{m=1}^{p-1}b_m\end{aligned}$$

Σ で表現すると
$=\sum_{n=1}^{2p-2}a_n$
$=\sum_{m=1}^{p-1}\left(b_m+\frac{\sqrt{2}}{2}b_m\right)$

となります。「無限級数」なんですけど，「有限個の和」になっちゃうんですね。

あとは $\sum_{m=1}^{p-1}b_m$ の計算ですが

$$\sum_{m=1}^{p-1} b_m = \sum_{m=1}^{p-1}\left\{\underset{\sim\sim\sim}{\frac{1}{p(p+1)}}-\underset{\sim\sim\sim}{\frac{1}{m(m+1)}}\right\}$$

$$=\left\{\frac{1}{p(p+1)}-\frac{1}{1\cdot 2}\right\}$$
$$+\left\{\frac{1}{p(p+1)}-\frac{1}{2\cdot 3}\right\}$$
$$+\left\{\frac{1}{p(p+1)}-\frac{1}{3\cdot 4}\right\}$$
$$\vdots$$
$$+\left\{\frac{1}{p(p+1)}-\frac{1}{(p-1)p}\right\}$$

> 前のページの計算や，このあたりは具体的な値を書き並べた方がわかりやすいのではないでしょうか。解答はΣでコンパクトに書きたいところですが，理解や計画ではこのようにΣを“書き下す”とわかり易いです。

～～部は $\frac{1}{p(p+1)}$ が $p-1$ 個ありますから，和は

$$\frac{1}{p(p+1)}\times(p-1)$$

～～部は，教科書によく載ってるヤツですね。部分分数分解して

$$\sum_{m=1}^{p-1}\frac{1}{m(m+1)}=\sum_{m=1}^{p-1}\left(\frac{1}{m}-\frac{1}{m+1}\right)$$
$$=\left(1-\frac{1}{2}\right)+\left(\frac{1}{2}-\frac{1}{3}\right)+\left(\frac{1}{3}-\frac{1}{4}\right)+\cdots\cdots+\left(\frac{1}{p-1}-\frac{1}{p}\right)$$
$$=1-\frac{1}{p}$$

で OK です。

実行

> 数学的帰納法の［Ⅱ］で「［Ⅱ］ $m=k(1\leqq k\leqq p-1)$ のとき」とするので，$p=1$ を別で調べています。

(1) m を自然数として，

$$b_m=a_{2m-1}=\frac{1}{p(p+1)}-\frac{1}{m(m+1)}\quad\cdots\cdots(*)$$

とする。

$p=1$ のとき，(イ)より $a_1=0$ であるから，$m=p=1$ に対して，

$$b_m=b_1=a_1=0\left(=\frac{1}{p(p+1)}-\frac{1}{m(m+1)}\right)$$

であり，(＊)が成り立つ。

次に，$p\geqq 2$ のとき，$m=1,\ 2,\ \cdots,\ p$ に対して，(＊)が成り立つことを，数学的帰納法により示す。

［Ⅰ］$m=1$ のとき

(イ)より，$b_1=a_1=\dfrac{1}{p(p+1)}-\dfrac{1}{2}$ であるから，(＊)は成り立つ。

［Ⅱ］$m=k$ $(1\leqq k\leqq p-1)$ のとき，(＊)が成り立つと仮定すると，

$$b_k=a_{2k-1}=\frac{1}{p(p+1)}-\frac{1}{k(k+1)}$$

であり，p，k は自然数であるから，$b_k=a_{2k-1}$ は有理数である。
よって，(ロ)より，

$$a_{2k}=\frac{\sqrt{2}}{2}a_{2k-1}=\frac{\sqrt{2}}{2}\left\{\frac{1}{p(p+1)}-\frac{1}{k(k+1)}\right\}$$

であり，$\sqrt{2}$ は無理数，$\dfrac{1}{2}a_{2k-1}$ は有理数で

0ではないから，a_{2k} は無理数である。

設問で「$m=1$，2，…，p に対し」となっていますので，「$1\leqq k\leqq p-1$」としています。$k=p-1$ のとき $b_{k+1}=b_p$ が最後になります。$k=p$ もOKにしてしまうと，ココで $a_{2k}=a_{2p}=0$(有理数) となってしまい，ダメです。

よって，(ハ)より，

$$\begin{aligned}b_{k+1}&=a_{2k+1}\\&=\sqrt{2}\,a_{2k}+\frac{16}{2k(2k+2)(2k+4)}\\&=\sqrt{2}\cdot\frac{\sqrt{2}}{2}\left\{\frac{1}{p(p+1)}-\frac{1}{k(k+1)}\right\}+\frac{2}{k(k+1)(k+2)}\\&=\frac{1}{p(p+1)}-\frac{(k+2)-2}{k(k+1)(k+2)}\\&=\frac{1}{p(p+1)}-\frac{k}{k(k+1)(k+2)}\\&=\frac{1}{p(p+1)}-\frac{1}{(k+1)(k+2)}\end{aligned}$$

となり，(＊)は $m=k+1$ のときも成り立つ。

以上［Ⅰ］,［Ⅱ］より，$p\geqq 2$ のとき，$m=1$，2，…，p に対して(＊)は成り立つ。

したがって，題意が示された。　（証明おわり）

(2)　(1)の結果より，$m=1$，2，…，p に対して，

$$a_{2m-1}=b_m=\frac{1}{p(p+1)}-\frac{1}{m(m+1)}\quad\cdots\cdots①$$

であり，これは有理数であるから，(ロ)より，

$$a_{2m}=\frac{\sqrt{2}}{2}a_{2m-1}=\frac{\sqrt{2}}{2}b_m$$

である。

また，①で $m=p$ とすると，

$$a_{2p-1}=b_p=\frac{1}{p(p+1)}-\frac{1}{p(p+1)}=0$$

である。これは有理数であるから，(ロ)より，

$$a_{2p}=\frac{\sqrt{2}}{2}a_{2p-1}=0$$

以下同様にして，

$$a_n=0 \quad (n=2p-1,\ 2p,\ 2p+1,\ \cdots)$$

である。

この変形がわかりにくい人は，もう一度 計画 を check!

したがって

$$\sum_{n=1}^{\infty}a_n=\sum_{n=1}^{2p-2}a_n=\sum_{m=1}^{p-1}(a_{2m-1}+a_{2m})=\sum_{m=1}^{p-1}\left(1+\frac{\sqrt{2}}{2}\right)b_m$$

$$=\left(1+\frac{\sqrt{2}}{2}\right)\sum_{m=1}^{p-1}\left\{\frac{1}{p(p+1)}-\frac{1}{m(m+1)}\right\}$$

$$=\left(1+\frac{\sqrt{2}}{2}\right)\left\{\frac{1}{p(p+1)}\times(p-1)-\sum_{m=1}^{p-1}\left(\frac{1}{m}-\frac{1}{m+1}\right)\right\}$$

$$=\left(1+\frac{\sqrt{2}}{2}\right)\left\{\frac{p-1}{p(p+1)}-\left(1-\frac{1}{p}\right)\right\}$$

$$=\left(\frac{2+\sqrt{2}}{2}\right)\frac{(p-1)\{1-(p+1)\}}{p(p+1)}$$

$$=\boldsymbol{\frac{2+\sqrt{2}}{2}\,\frac{1-p}{1+p}}$$

検討 阪大の数列では，本問のように“受験生があまり見たことがない数列”を扱う問題がよく出ています。しかし，数列ですから，$n=1$ を代入して，$n=2$ を代入して，…と順に調べていくことは可能ですよね。本問もそうでしたが，阪大の数列では

実験していくと構造が見えてくる

ことが多いです。そういえば，整数でも同じことを言いましたよね。図形もそうでした。阪大の数学は，ひとつの特徴として，

複雑な条件から，その本質的な構造を見抜く力

を求めているようですね。やはり 理解 に時間をかけて，紙に書いて考えてください。

テーマ

32 数列の極限②

問題 32 ★★☆ 30分

正の整数 n に対して

$$x_n = r^n \sin n\theta \quad \left(ただし\quad r>0,\ 0<\theta<\frac{\pi}{2}\right)$$

とおく。$x_1=\dfrac{\sqrt{3}}{4}$，$x_2=\dfrac{\sqrt{3}}{8}$ であるとき $\displaystyle\sum_{n=1}^{\infty} x_n$ の値を求めよ。

（阪大・理系・89 前）

これまた古くてすいません。でも，受験生が解けてるつもりで，解けていない問題ですので，取り上げました。

まず　$x_1=\dfrac{\sqrt{3}}{4}$，$x_2=\dfrac{\sqrt{3}}{8}$ から

$$x_1 = r\sin\theta = \frac{\sqrt{3}}{4} \qquad \cdots\cdots ⓐ$$

$$x_2 = r^2\sin 2\theta = \frac{\sqrt{3}}{8} \qquad \cdots\cdots ⓑ$$

です。r と θ の 2 文字で 2 式ですから，r と θ が求まりますね。ⓑに 2 倍角の公式を用いて

$$2r^2\sin\theta\cos\theta = \frac{\sqrt{3}}{8}$$

ですから，ⓐで割りましょうか。

$$\frac{2r^2\sin\theta\cos\theta}{r\sin\theta} = \frac{\dfrac{\sqrt{3}}{8}}{\dfrac{\sqrt{3}}{4}}$$

$$\therefore \quad r\cos\theta = \frac{1}{4} \qquad \cdots\cdots ⓒ$$

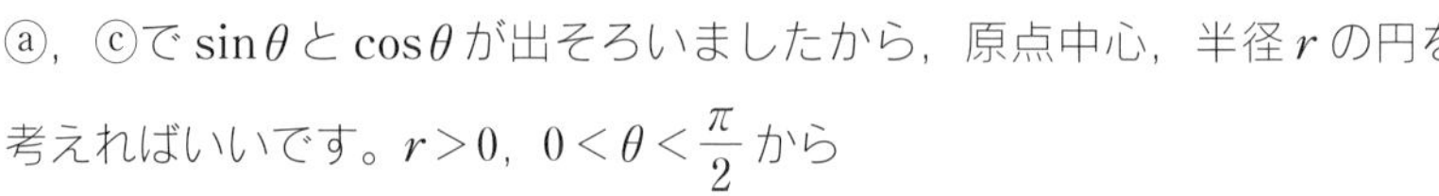

ⓐ，ⓒで $\sin\theta$ と $\cos\theta$ が出そろいましたから，原点中心，半径 r の円を考えればいいです。$r>0$，$0<\theta<\dfrac{\pi}{2}$ から

$$r=\frac{1}{2},\ \theta=\frac{\pi}{3}$$

ですね。ちょっと直観的すぎますかね？　解答は計算でやりましょうか。たとえば　ⓐ^{2}＋ⓒ^{2} で θ を消去して

$$r^2(\sin^2\theta+\cos^2\theta)=\frac{3}{16}+\frac{1}{16}\qquad\therefore\quad r^2=\frac{1}{4}\qquad\therefore\quad r=\frac{1}{2}$$

てな具合です。でも，図形的に考えるというのも数学では大切です。

さて，そうしますと

$$x_n=\left(\frac{1}{2}\right)^n\sin\frac{n\pi}{3}$$

となりますので，無限級数 $\sum_{n=1}^{\infty}x_n$ はどうなるんでしょう。書き下してみましょう。

$$\sum_{n=1}^{\infty}x_n=\frac{1}{2}\sin\frac{\pi}{3}+\left(\frac{1}{2}\right)^2\sin\frac{2\pi}{3}+\left(\frac{1}{2}\right)^3\sin\frac{3\pi}{3}+\left(\frac{1}{2}\right)^4\sin\frac{4\pi}{3}+\cdots$$

ですね。$\sin\frac{n\pi}{3}$ の部分が周期 6 になるのは気づきましたか？　右下の図のようになっていますので，n が

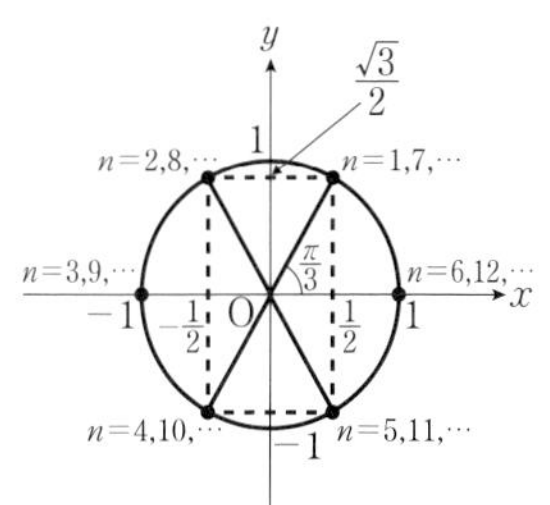

6 で割って 1 余るとき　$\sin\frac{n\pi}{3}=\frac{\sqrt{3}}{2}$

6 で割って 2 余るとき　$\sin\frac{n\pi}{3}=\frac{\sqrt{3}}{2}$

6 で割って 3 余るとき　$\sin\frac{n\pi}{3}=0$

6 で割って 4 余るとき　$\sin\frac{n\pi}{3}=-\frac{\sqrt{3}}{2}$

6 で割って 5 余るとき　$\sin\frac{n\pi}{3}=-\frac{\sqrt{3}}{2}$

6 で割り切れるとき　$\sin\frac{n\pi}{3}=0$

です。

そうしますと，部分和を S_n として，n が 6 の倍数のときが扱い易いですね。$n=6m$ として，6 項ずつで改行して書くと

$$
\begin{aligned}
S_{6m}=&\left(\frac{1}{2}\cdot\frac{\sqrt{3}}{2}+\left(\frac{1}{2}\right)^2\frac{\sqrt{3}}{2}+\left(\frac{1}{2}\right)^3\cdot 0+\left(\frac{1}{2}\right)^4\left(-\frac{\sqrt{3}}{2}\right)+\left(\frac{1}{2}\right)^5\left(-\frac{\sqrt{3}}{2}\right)+\left(\frac{1}{2}\right)^6\cdot 0\right) \quad \times\left(\frac{1}{2}\right)^6\\
&+\left(\frac{1}{2}\right)^7\frac{\sqrt{3}}{2}+\left(\frac{1}{2}\right)^8\frac{\sqrt{3}}{2}+\left(\frac{1}{2}\right)^9\cdot 0+\left(\frac{1}{2}\right)^{10}\left(-\frac{\sqrt{3}}{2}\right)+\left(\frac{1}{2}\right)^{11}\left(-\frac{\sqrt{3}}{2}\right)+\left(\frac{1}{2}\right)^{12}\cdot 0 \quad \times\left(\frac{1}{2}\right)^6\\
&+\left(\frac{1}{2}\right)^{13}\frac{\sqrt{3}}{2}+\left(\frac{1}{2}\right)^{14}\frac{\sqrt{3}}{2}+\left(\frac{1}{2}\right)^{15}\cdot 0+\left(\frac{1}{2}\right)^{16}\left(-\frac{\sqrt{3}}{2}\right)+\left(\frac{1}{2}\right)^{17}\left(-\frac{\sqrt{3}}{2}\right)+\left(\frac{1}{2}\right)^{18}\cdot 0 \quad \times\left(\frac{1}{2}\right)^6\\
&+\cdots\cdots\cdots \qquad \vdots \quad \times\left(\frac{1}{2}\right)^6\\
&+\cdots\cdots\cdots\cdots\cdots\cdots+\left(\frac{1}{2}\right)^{6m-1}\left(-\frac{\sqrt{3}}{2}\right)+\left(\frac{1}{2}\right)^{6m}\cdot 0
\end{aligned}
$$

こんなふうになります。最初の 6 項（　　）をひとカタマリと見れば，あとは 6 項ずつ $\times\left(\frac{1}{2}\right)^6$，$\times\left(\frac{1}{2}\right)^6$，…となり，等比数列の和になりますね。

ここで注意しないといけないのが

$\lim_{m\to\infty}S_{6m}$ を求めただけでは，$\sum_{n=1}^{\infty}x_n$ は決まらない。

ということです。わかりますか？　たとえば

$S_{6m}\to 2$

でも

$S_{6m+1}\to 3$

だったら，$\sum_{n=1}^{\infty}x_n$ は収束していませんよ。**プロローグ**でやった

$1+(-1)+1+(-1)+1+(-1)+\cdots$

を思い出してください。あれは

$S_{2m}=0$，$S_{2m-1}=1$　　　$\therefore$　発散

でしたよね。同じことです。ということは本問の場合，S_{6m} 以外に

S_{6m+1}，S_{6m+2}，S_{6m+3}，S_{6m+4}，S_{6m+5}

も調べないといけません。場合分けが 6 つかぁ…阪大ならあり得ないこともないですが，ちょっと大変です。でも，思いつかなければしょうがありません。人生がかかってるんですから，6 通りがんばりましょう。

さて，ここでは勉強のため，もう少し粘りますね。もう一度右の単位円を見て，6 周期より短い周期はありませんか？　といっても，もともと 6 周期ですから，あるとすれば 6 の約数で 2 周期か 3 周期しかありませんが…。n が

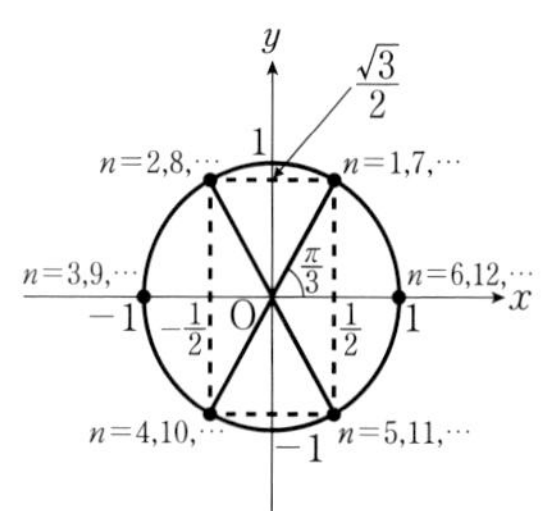

6 で割って 1 余るとき　$\sin\dfrac{n\pi}{3}=\dfrac{\sqrt{3}}{2}$

6 で割って 2 余るとき　$\sin\dfrac{n\pi}{3}=\dfrac{\sqrt{3}}{2}$

6 で割って 3 余るとき　$\sin\dfrac{n\pi}{3}=0$

6 で割って 4 余るとき　$\sin\dfrac{n\pi}{3}=-\dfrac{\sqrt{3}}{2}$

6 で割って 5 余るとき　$\sin\dfrac{n\pi}{3}=-\dfrac{\sqrt{3}}{2}$

6 で割り切れるとき　$\sin\dfrac{n\pi}{3}=0$

×(−1)
×(−1)
×(−1)

になっています。ですから，$\left(\dfrac{1}{2}\right)^n$ の部分について，マイナスもあわせて考えると，周期 3 と見ることができます。さきほどの S_{6m} でやってみますと

$$\begin{aligned}S_{6m}=&\frac{1}{2}\cdot\frac{\sqrt{3}}{2}+\left(\frac{1}{2}\right)^2\frac{\sqrt{3}}{2}+\left(\frac{1}{2}\right)^3\cdot 0\\&-\left(\frac{1}{2}\right)^4\frac{\sqrt{3}}{2}-\left(\frac{1}{2}\right)^5\frac{\sqrt{3}}{2}-\left(\frac{1}{2}\right)^6\cdot 0\\&+\left(\frac{1}{2}\right)^7\frac{\sqrt{3}}{2}+\left(\frac{1}{2}\right)^8\frac{\sqrt{3}}{2}+\left(\frac{1}{2}\right)^9\cdot 0\\&-\left(\frac{1}{2}\right)^{10}\frac{\sqrt{3}}{2}-\left(\frac{1}{2}\right)^{11}\frac{\sqrt{3}}{2}-\left(\frac{1}{2}\right)^{12}\cdot 0\\&\qquad\vdots\end{aligned}$$

$\times\left\{-\left(\dfrac{1}{2}\right)^3\right\}$
$\times\left\{-\left(\dfrac{1}{2}\right)^3\right\}$
$\times\left\{-\left(\dfrac{1}{2}\right)^3\right\}$
$\times\left\{-\left(\dfrac{1}{2}\right)^3\right\}$

という感じですね。これなら

S_{3m}，S_{3m+1}，S_{3m+2}

の 3 通りを調べれば済みますから，労力は半減しました。

じゃあ，まとめますと，まず

$$r \text{ と } \theta \text{ を求めて } x_n = \left(\frac{1}{2}\right)^n \sin\frac{n\pi}{3}$$

を示しましょう。次に，数列 $\{x_n\}$ が周期 3 であることを示すため

$$x_{n+3} = \cdots = x_n \times \left\{-\left(\frac{1}{2}\right)^3\right\} = -\frac{1}{8}x_n$$

を示します。で

$$S_{3m} = (x_1 + x_2 + x_3) + (x_4 + x_5 + x_6) + \cdots\cdots + (x_{3m-2} + x_{3m-1} + x_{3m})$$

$\times\left(-\frac{1}{8}\right)$　$\times\left(-\frac{1}{8}\right)$　$\cdots\times\left(-\frac{1}{8}\right)$

を求めて

$$\lim_{m\to\infty} S_{3m} = \cdots$$

を求めます。あとは

$+\,x_{3m+1}$

$$S_{3m+1} = S_{3m} + x_{3m+1}$$

$+\,x_{3m+2}$

$$S_{3m+2} = S_{3m+1} + x_{3m+2}$$

です。

$$x_{3m+1} = x_1\left(-\frac{1}{8}\right)^m$$

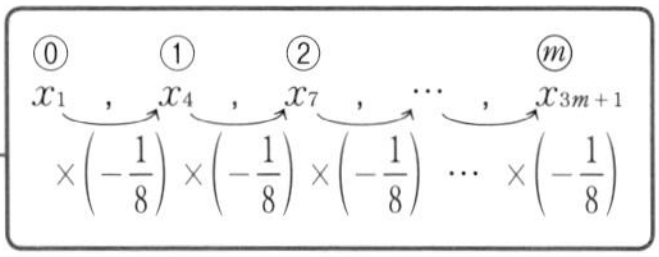

⓪ x_1 ，① x_4 ，② x_7 ，$\cdots$ ，ⓜ x_{3m+1}

$\times\left(-\frac{1}{8}\right)$ $\times\left(-\frac{1}{8}\right)$ $\times\left(-\frac{1}{8}\right)$ $\cdots$ $\times\left(-\frac{1}{8}\right)$

$$x_{3m+2} = x_2\left(-\frac{1}{8}\right)^m$$

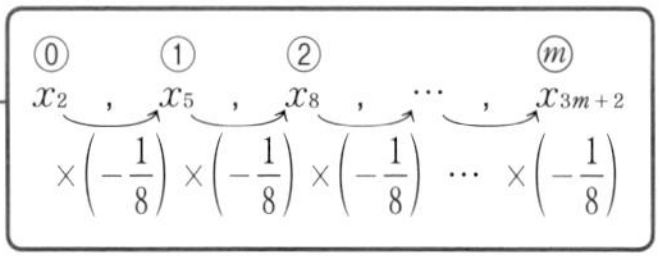

⓪ x_2 ，① x_5 ，② x_8 ，$\cdots$ ，ⓜ x_{3m+2}

$\times\left(-\frac{1}{8}\right)$ $\times\left(-\frac{1}{8}\right)$ $\times\left(-\frac{1}{8}\right)$ $\cdots$ $\times\left(-\frac{1}{8}\right)$

ですから，

$$\lim_{m\to\infty} x_{3m+1} = 0$$

$$\lim_{m\to\infty} x_{3m+2} = 0$$

ですので，楽勝です。

実行

$$x_1 = r\sin\theta = \frac{\sqrt{3}}{4} \quad \cdots\cdots ① \qquad x_2 = r^2\sin 2\theta = \frac{\sqrt{3}}{8} \quad \cdots\cdots ②$$

②より，

$$2r^2\sin\theta\cos\theta = \frac{\sqrt{3}}{8}$$

であるから，①を代入して，

$$2\cdot\frac{\sqrt{3}}{4}\cdot r\cos\theta=\frac{\sqrt{3}}{8} \qquad \therefore\quad r\cos\theta=\frac{1}{4} \quad \cdots\cdots③$$

①^2＋③^2 より，

$$r^2(\sin^2\theta+\cos^2\theta)=\frac{3}{16}+\frac{1}{16} \qquad \therefore\quad r^2=\frac{1}{4}$$

$r>0$ より，

$$r=\frac{1}{2}$$

である。このとき，①，③より，

$$\sin\theta=\frac{\sqrt{3}}{2},\ \cos\theta=\frac{1}{2}$$

であり，$0<\theta<\frac{\pi}{2}$ であるから，

$$\theta=\frac{\pi}{3}$$

である。よって，

$$x_n=\left(\frac{1}{2}\right)^n\sin\frac{n\pi}{3}$$

ここで，

$$\begin{aligned}x_{n+3}&=\left(\frac{1}{2}\right)^{n+3}\sin\frac{n+3}{3}\pi=\left(\frac{1}{2}\right)^n\left(\frac{1}{2}\right)^3\sin\left(\frac{n\pi}{3}+\pi\right)\\&=-\frac{1}{8}\left(\frac{1}{2}\right)^n\sin\frac{n\pi}{3}=-\frac{1}{8}x_n\end{aligned}$$

であるから，$k=1,\ 2,\ 3,\ \cdots$ として，

数列 $\{x_{3k-2}\}$ は初項 $x_1=\frac{\sqrt{3}}{4}$，公比 $-\frac{1}{8}$

数列 $\{x_{3k-1}\}$ は初項 $x_2=\frac{\sqrt{3}}{8}$，公比 $-\frac{1}{8}$

数列 $\{x_{3k}\}$ は初項 $x_3=\left(\frac{1}{2}\right)^3\sin\pi=0$，公比 $-\frac{1}{8}$

の等比数列である。

よって，求める無限級数の第 n 項までの部分和を S_n とおくと，$m=1,\ 2,\ 3,\ \cdots$ として，

$$S_{3m}=\sum_{k=1}^{m}(x_{3k-2}+x_{3k-1}+x_{3k})$$
$$=\sum_{k=1}^{m}(x_1+x_2+x_3)\left(-\frac{1}{8}\right)^{k-1}$$
$$=\left(\frac{\sqrt{3}}{4}+\frac{\sqrt{3}}{8}+0\right)\frac{1-\left(-\frac{1}{8}\right)^m}{1-\left(-\frac{1}{8}\right)}$$
$$=\frac{\sqrt{3}}{3}\left\{1-\left(-\frac{1}{8}\right)^m\right\}$$

$$(x_1+x_2+x_3)\times\left(-\frac{1}{8}\right)$$
$$+(x_4+x_5+x_6)\times\left(-\frac{1}{8}\right)$$
$$+(x_7+x_8+x_9)\times\left(-\frac{1}{8}\right)$$
$$\vdots$$
$$+(x_{3m-2}+x_{3m-1}+x_{3m})\times\left(-\frac{1}{8}\right)$$

であるから

$$\lim_{m\to\infty}S_{3m}=\frac{\sqrt{3}}{3}$$

また,

$$\lim_{m\to\infty}S_{3m+1}=\lim_{m\to\infty}(S_{3m}+x_{3m+1})=\lim_{m\to\infty}\left\{S_{3m}+\frac{\sqrt{3}}{4}\left(-\frac{1}{8}\right)^m\right\}=\frac{\sqrt{3}}{3}$$
$$\lim_{m\to\infty}S_{3m+2}=\lim_{m\to\infty}(S_{3m+1}+x_{3m+2})=\lim_{m\to\infty}\left\{S_{3m}+\frac{\sqrt{3}}{8}\left(-\frac{1}{8}\right)^m\right\}=\frac{\sqrt{3}}{3}$$

であるから,

$$\lim_{m\to\infty}S_{3m}=\lim_{m\to\infty}S_{3m+1}=\lim_{m\to\infty}S_{3m+2}=\frac{\sqrt{3}}{3}$$

したがって,

$$\sum_{n=1}^{\infty}x_n=\lim_{n\to\infty}S_n=\frac{\sqrt{3}}{3}$$

上では

n が 3 で割って 1 余るとき, $S_{3m+1}=S_{3m}+x_{3m+1}$

n が 3 で割って 2 余るとき, $S_{3m+2}=S_{3m+1}+x_{3m+2}$

としましたが,

n が 3 で割って 2 余るとき, $S_{3m-1}=S_{3m}-x_{3m}=S_{3m}-0$

n が 3 で割って 1 余るとき, $S_{3m-2}=S_{3m-1}-x_{3m-1}$

$$=S_{3m-1}-\frac{\sqrt{3}}{8}\left(-\frac{1}{8}\right)^{m-1}$$

を調べてもよいです。

S_{3m+1}，S_{3m+2} ですと，S_1，S_2 は調べていないことになるのですが，$m\to\infty$ の場合を考えているので，S_1，S_2 は調べてなくても大丈夫です。

おまけです。本問は高校数学で「複素数平面」を習わなかった頃の出題だったので，このように解答しましたが，複素数平面を利用すると，n を 6 で割った余りや，3 で割った余りで場合分けしなくて済むんです。複素数平面を習ってない人はいったん読みとばしていただいて，あとで読んでください。

$r^n\sin n\theta$ または $r^n\cos n\theta$ ➡ $z=r(\cos\theta+i\sin\theta)$ として z^n で考える。

というのがありまして，本問はモロですよね。

$$z=r(\cos\theta+i\sin\theta)\quad\left(r=\frac{1}{2},\ \theta=\frac{\pi}{3}\right)$$

とおくと，ド・モアブルの定理より

$$z^n=r^n(\cos n\theta+i\sin n\theta)$$

ですから

$$x_n=r^n\sin n\theta=(z^n\text{ の虚部})$$

ということになります。そうしますと，さっき解答でおいた部分和

$$S_n=\sum_{k=1}^{n}x_k=\sum_{k=1}^{n}r^k\sin k\theta$$

は，等比数列 $\{z^n\}$ の和が

$$\sum_{k=1}^{n}z^k=\sum_{k=1}^{n}r^k(\cos k\theta+i\sin k\theta)$$
$$=\sum_{k=1}^{n}r^k\cos k\theta+i\sum_{k=1}^{n}r^k\sin k\theta$$

となりますから

$$S_n=\left(\sum_{k=1}^{n}z^k\text{ の虚部}\right)$$

となります。

$\sum_{k=1}^{n}z^k$ は初項 z，公比 z の等比数列の初項から第 n 項までの和ですからカンタンに求められて

$$\sum_{k=1}^{n} z^k = z \cdot \frac{1-z^n}{1-z}$$

$\times \dfrac{1-\bar{z}}{1-\bar{z}}$ で分母を実数化，

z^n はド・モアブル

$$= \frac{z-|z|^2}{|1-z|^2}\{1-r^n(\cos n\theta + i\sin n\theta)\}$$

$z=\dfrac{1}{2}\left(\cos\dfrac{\pi}{3}+i\sin\dfrac{\pi}{3}\right)$

$=\dfrac{1}{4}+\dfrac{\sqrt{3}}{4}i$

$$= \frac{\left(\frac{1}{4}+\frac{\sqrt{3}}{4}i\right)-\frac{1}{4}}{\frac{3}{4}}\{1-r^n(\cos n\theta + i\sin n\theta)\}$$

{　}内を（実部）＋（虚部）i の形に整理

$$= \frac{\sqrt{3}}{3}i\{(1-r^n\cos n\theta) + i\sin n\theta\}$$

（実部）＋（虚部）i の形に整理

$$= -\frac{\sqrt{3}}{3}\sin n\theta + \frac{\sqrt{3}}{3}(1-r^n\cos n\theta)i$$

ということで

$$S_n = \left(\sum_{k=1}^{n} z^k \text{ の虚部}\right) = \frac{\sqrt{3}}{3}(1-r^n\cos n\theta)$$

となります。なかなかカッコイイでしょ（笑）。

あとは「はさみうち」で，$|\cos n\theta| \leqq 1$ より

$$0 \leqq |r^n\cos n\theta| \leqq r^n = \left(\frac{1}{2}\right)^n \to 0 \quad (n\to\infty)$$

$$\therefore \quad \lim_{n\to\infty} r^n\cos n\theta = 0$$

ですから

$$\sum_{n=1}^{\infty} x_n = \lim_{n\to\infty} S_n = \lim_{n\to\infty}\frac{\sqrt{3}}{3}(1-r^n\cos n\theta) = \frac{\sqrt{3}}{3}$$

となり，答が出ます。

テーマ

33 数列の極限③

問題 33 ★☆☆ 20分

数列 $\{a_n\}$ を

$$a_1=1,\ a_{n+1}=\frac{na_n}{2+n(a_n+1)}\quad (n=1,\ 2,\ 3,\ \cdots\cdots)$$

によって定める。

(1) a_2, a_3, a_4 を求めよ。

(2) 一般項 a_n を n を用いて表せ。

(3) $\displaystyle\lim_{m\to\infty} m\sum_{n=m+1}^{2m} a_n$ を求めよ。 (阪大・理系・12 後)

理解 (1), (2)は「a_1, a_2, a_3, a_4 から一般項 a_n を推定し，帰納法で証明」の流れっぽいですね。a_2, a_3, a_4 がわからないとはじまりませんから，まずは(1)をやりましょうか。あとで一般項 a_n について証明することになりますから，ていねいめに計算の履歴を残しておきましょう。

実行

$$a_{n+1}=\frac{na_n}{2+n(a_n+1)}\quad\cdots\cdots①$$

(1) $a_1=1$ と①より，

$$a_2=\frac{1\cdot a_1}{2+1\cdot(a_1+1)}=\frac{1\cdot 1}{2+1\cdot(1+1)}=\frac{1}{2+2}=\mathbf{\frac{1}{4}}$$

$$a_3=\frac{2a_2}{2+2(a_2+1)}=\frac{2\cdot\frac{1}{4}}{2+2\left(\frac{1}{4}+1\right)}\overset{\times\frac{2}{2}}{=}\frac{1}{4+4\left(\frac{1}{4}+1\right)}=\frac{1}{4+5}=\mathbf{\frac{1}{9}}$$

$$a_4=\frac{3a_3}{2+3(a_3+1)}=\frac{3\cdot\frac{1}{9}}{2+3\left(\frac{1}{9}+1\right)}\overset{\times\frac{3}{3}}{=}\frac{1}{6+9\left(\frac{1}{9}+1\right)}=\frac{1}{6+10}=\mathbf{\frac{1}{16}}$$

推定はどうですか？　たぶん

$$a_n=\frac{1}{n^2}$$

っぽいですね。$n=k \longrightarrow n=k+1$ で確認してみましょう。

$$a_k=\frac{1}{k^2}$$

と仮定して，①より

$$a_{k+1}=\frac{ka_k}{2+k(a_k+1)}=\frac{k\cdot\frac{1}{k^2}}{2+k\left(\frac{1}{k^2}+1\right)}\overset{\times\frac{k}{k}}{=}\frac{1}{2k+k^2\left(\frac{1}{k^2}+1\right)}$$

$$=\frac{1}{2k+(1+k^2)}=\frac{1}{(k+1)^2}$$

イケました！

さて，そうすると(3)は

$$\lim_{m\to\infty}m\sum_{n=m+1}^{2m}a_n=\lim_{m\to\infty}m\sum_{n=m+1}^{2m}\frac{1}{n^2}$$

となりますね。Σが $n=m+1\sim 2m$ と変な範囲ですし，そもそも m や n の文字の使い方がいつもとちがって（普通は $\sum_{k=n+1}^{2n}a_k$ とかですよね）わかりにくいので，例によって「書き下し」てみましょう。

$$=\lim_{m\to\infty}m\left\{\frac{1}{(m+1)^2}+\frac{1}{(m+2)^2}+\frac{1}{(m+3)^2}+\cdots+\frac{1}{(2m)^2}\right\}$$

{　}の外に m がありますが，m を{　}の中に入れれば

$$=\lim_{m\to\infty}\left\{\frac{m}{(m+1)^2}+\frac{m}{(m+2)^2}+\frac{m}{(m+3)^2}+\cdots+\frac{m}{(m+m)^2}\right\}$$

となり，無限級数ですね。おさらいです。

無限級数の和 ➡ **1 無限等比級数，区分求積法 check**
2 部分和を求めて　$n\to\infty$
3 はさみうち

でしたね。無限等比級数ではないですね。区分求積法はどうですか？

$$\lim_{n\to\infty}\frac{1}{n}\sum_{k=1}^{n}f\left(\frac{k}{n}\right)=\int_0^1 f(x)dx$$

でしたから，まずはΣの外に $\frac{1}{n}$ をくくり出してみましょう。本問ですと，{　}の外に $\frac{1}{m}$ をつけることになるので，$\frac{m}{m}$ を掛けて，$\frac{1}{m}$ を{　}の外，分子の m を{　}の中に入れましょうか。

$$=\lim_{m\to\infty}\frac{m}{m}\left\{\frac{m}{(m+1)^2}+\frac{m}{(m+2)^2}+\frac{m}{(m+3)^2}+\cdots+\frac{m}{(m+m)^2}\right\}$$

中へ

$$=\lim_{m\to\infty}\frac{1}{m}\left\{\frac{m^2}{(m+1)^2}+\frac{m^2}{(m+2)^2}+\frac{m^2}{(m+3)^2}+\cdots+\frac{m^2}{(m+m)^2}\right\}$$

次にΣの中を $\frac{k}{n}$ の式にします。本問ですと{　}の中を $\frac{k}{m}$ の式にするんですね。どうですか？　なりますか？　……そうです！　{　}の中の各項の分子・分母を m^2 で割ればOKですね！

$$=\lim_{m\to\infty}\frac{1}{m}\left\{\frac{1}{\left(1+\frac{1}{m}\right)^2}+\frac{1}{\left(1+\frac{2}{m}\right)^2}+\frac{1}{\left(1+\frac{3}{m}\right)^2}+\cdots+\frac{1}{\left(1+\frac{m}{m}\right)^2}\right\}$$

$$=\lim_{m\to\infty}\frac{1}{m}\sum_{k=1}^{m}\frac{1}{\left(1+\frac{k}{m}\right)^2}$$

イケました。

$$=\int_0^1\frac{1}{(1+x)^2}dx$$

$$=\left[-\frac{1}{1+x}\right]_0^1$$

$$=\left(-\frac{1}{2}\right)-(-1)$$

$$=\frac{1}{2}$$

でOKです。

数学Ⅲの積分が未習の人も，数学Ⅱの

$$\int(x+\alpha)^n dx=\frac{1}{n+1}(x+\alpha)^{n+1}+C$$

は知ってますよね。これは $n\neq-1$ であれば n が負の整数でも使えて，

$$\int\frac{1}{(x+1)^2}dx=\int(x+1)^{-2}dx$$

$$=\frac{1}{-2+1}(x+1)^{-2+1}+C$$

$$=-\frac{1}{x+1}+C$$ （C は積分定数）

実行

(2) (1)の結果より，数列 $\{a_n\}$ の一般項は

$$a_n=\frac{1}{n^2} \quad \cdots\cdots(*)$$

であると推定される。$(*)$ がすべての自然数 n に対して成り立つことを，数学的帰納法により示す。

［Ⅰ］ $n=1$ のとき，$a_1=1$ であるから，$(*)$ は成り立つ。

［Ⅱ］ $n=k$ のとき $(*)$ が成り立つと仮定すると，

$$a_k=\frac{1}{k^2}$$

であるから，①より，

$$a_{k+1}=\frac{ka_k}{2+k(a_k+1)}=\frac{k\cdot\frac{1}{k^2}}{2+k\left(\frac{1}{k^2}+1\right)}$$

$$=\frac{1}{2k+(1+k^2)}=\frac{1}{(k+1)^2}$$

となり，$(*)$ は $n=k+1$ のときも成り立つ。

以上［Ⅰ］,［Ⅱ］より，$(*)$ はすべての自然数 n に対して成り立つから，一般項 a_n は

$$\boldsymbol{a_n=\frac{1}{n^2}}$$

(3)

$$\lim_{m\to\infty}m\sum_{n=m+1}^{2m}a_n=\lim_{m\to\infty}m\sum_{n=m+1}^{2m}\frac{1}{n^2}$$

Σを $n=m+1\sim 2m$ から $k=1\sim m$ に直した

$$=\lim_{m\to\infty}m\sum_{k=1}^{m}\frac{1}{(m+k)^2}$$

Σの外に $\frac{1}{m}$ を作る

$$=\lim_{m\to\infty}\frac{1}{m}\sum_{k=1}^{m}\frac{m^2}{(m+k)^2}$$

Σの中を $\frac{k}{m}$ の式にする

$$=\lim_{m\to\infty}\frac{1}{m}\sum_{k=1}^{m}\frac{1}{\left(1+\frac{k}{m}\right)^2}$$

$\frac{k}{m}$ を x とみなして区分求積法

$$=\int_0^1\frac{1}{(1+x)^2}dx$$

$$=\left[-\frac{1}{1+x}\right]_0^1$$

$$=-\frac{1}{2}+1$$

$$=\frac{1}{2}$$

問題の見切り 1

試験でペース配分はどうしていますか？　阪大理系ですと，150 分で 5 題ですので，単純計算で「1 問 30 分ペースで進んでいく」という戦略が考えられます。この戦略で気をつけないといけないのは「30 分経ったら，たとえ途中でも次の問題に進む」という鉄則です。多少の誤差はよいのですが，「30 分のつもりが 50 分くらいかかってしまった！」となると，あとの問題を解く時間が減り，焦ってサービス問題を落としたりして，受かるものも受からなくなってしまいます。

ペース配分について，高校生時代の塾の先生に「試験開始 15 分は問題を解くな！」と言われました。15 分は個人や大学によって違うと思いますが，要は

試験が始まっても，すぐには解答用紙に書き出さず，
試験時間の 10 ～ 15%を使って全問下書き(理解と計画)をして，
その年，一番易しい問題を見つけろ！

ってことです。これを「問題の見切り」と仰ってました。

もちろん，受験生は皆さん「一番易しい問題から手をつける」なんてことはあたり前で，そうしているつもりだと思うんですが，その先生や僕から言わせると「早過ぎ」です。試験が開始して 5 分もしないうちに解答用紙に書き出していませんか？　それで毎回ちゃんと易しい問題，標準的な問題を取りこぼしなく取れてますか？　もし，模試のたびに取れたはずの問題を落としているなら，「下書き」を試してみてはどうでしょう。

僕は予備校の授業で，黒板に一度下書きをやって見せて，それから改めて解答を板書します。生徒さんの中にはそれを真似して，普段から問題を解くときに下書きをしてくれて「問題に取り組みや易くなりました」「成績が伸びました」と言ってくれることがあります。(p.326 に続く)

テーマ

34 数列の極限④

問題 34 ★★☆ 30分

nを自然数とする。関数 $y=\sqrt{x}$ のグラフを C とし，C 上の2点 $(n,\ \sqrt{n})$ と $(n+1,\ \sqrt{n+1})$ を通る直線を l とする。C と l で囲まれた部分を x 軸のまわりに1回転させてできる回転体の体積を V とする。このとき $\displaystyle\lim_{n\to\infty} n^a V=b$ をみたす正の数 $a,\ b$ を求めよ。

（阪大・理系・07 前）

〈回転体の体積〉

半径 $|f(x)|$　$y=f(x)$

α　x　β

断面積 $\pi\{f(x)\}^2$

$$V=\int_\alpha^\beta \pi\{f(x)\}^2dx$$

理解 「回転体の体積」は大丈夫ですか？未習の人は，「線分の長さを積分すると面積」になったように，「断面積を積分すると体積」になると理解しておいてください。x 軸まわりの回転体ですと，右のようになります。

さて，$C：y=\sqrt{x}$ は無理関数のグラフですが

$$y=\sqrt{x} \iff y^2=x \quad \text{かつ} \quad y \geqq 0$$

ですから，要するに横向きの放物線の上半分ですよね。で，直線 l が

$$y=\frac{\sqrt{n+1}-\sqrt{n}}{(n+1)-n}(x-n)+\sqrt{n}$$
$$=(\sqrt{n+1}-\sqrt{n})(x-n)+\sqrt{n} \quad \cdots\cdots ⓐ$$

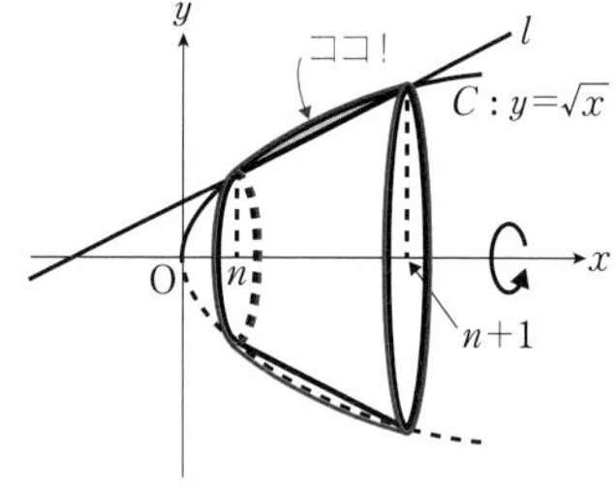

ですから，C と l で囲まれた部分は右上の図の細～い網掛部分になり，体積 V は赤い太線で描かれた回転体の体積から，黒い太線で描かれた回転体の体積を引けばよいですよね。赤い回転体の体積は，右下の図でさきほどの公式を用いて

$$\int_n^{n+1} \pi(\sqrt{x})^2dx$$

として求められます。楽勝ですね。

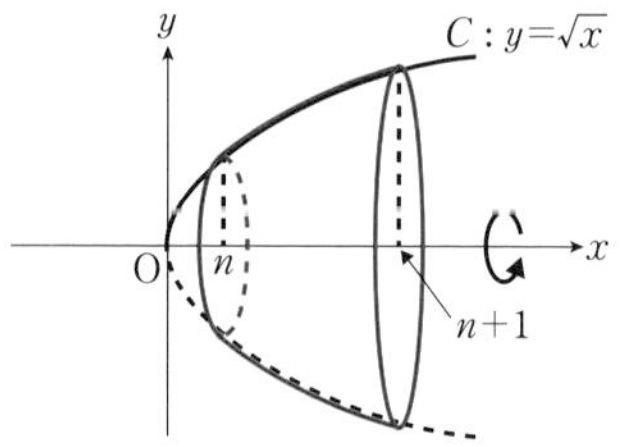

黒い回転体の体積も同様に求めることができるのですが，

直線で囲まれた部分の回転体の体積は円錐・円柱として求める

という方法もあります。黒い回転体は直線 l の一部である線分を x 軸のまわりに1回転させているわけですから，その体積は右下の図のような2つの円錐の体積の差です。問題にもよりますが，本問では積分で計算するよりもラクです。

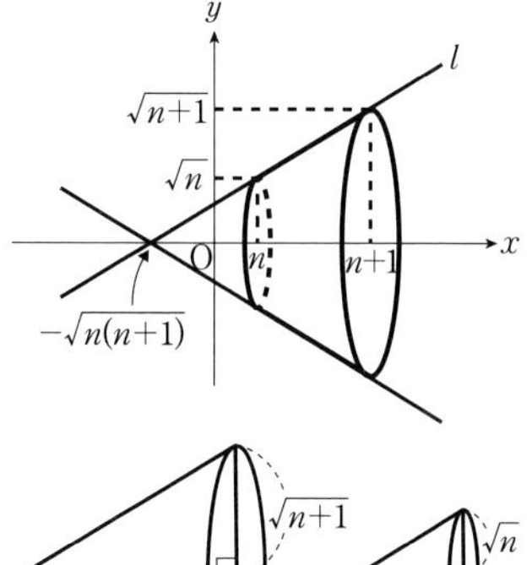

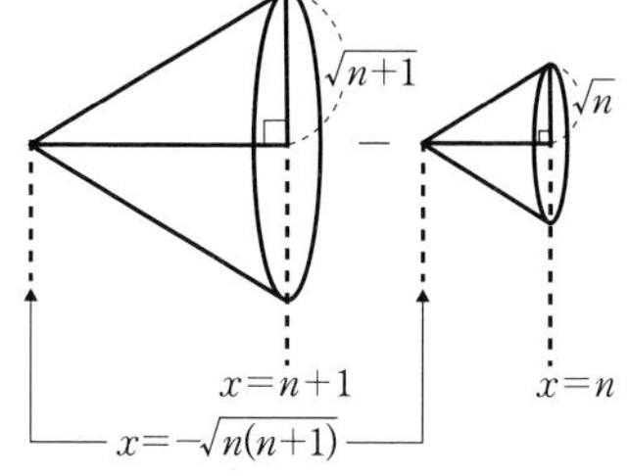

底面の円の半径は $\sqrt{n}$ と $\sqrt{n+1}$ ですし，高さの方は，l と x 軸の交点の x 座標を，ⓐで $y=0$ として

$$(\sqrt{n+1}-\sqrt{n})(x-n)=-\sqrt{n}$$

$$\therefore\quad x-n=-\frac{\sqrt{n}}{\sqrt{n+1}-\sqrt{n}}\overset{\text{有理化}}{=}-\frac{\sqrt{n}\,(\sqrt{n+1}+\sqrt{n})}{(n+1)-n}=-\sqrt{n(n+1)}-n$$

$$\therefore\quad x=-\sqrt{n(n+1)}$$

ですから，高さも大丈夫ですね。

まず V を求めてしまいましょうか。式が出てこないと $\lim\limits_{n\to\infty}n^aV$ が難しいのか易しいのか全然わかりませんから。

実行

〈前半―V を求めるところまで〉

$$l:y=(\sqrt{n+1}-\sqrt{n})(x-n)+\sqrt{n}$$

であるから，l と x 軸の交点の x 座標は

$$x=-\sqrt{n(n+1)}$$

である。よって，C と l で囲まれた部分は右の図の網掛部分のようになるから，これを x 軸のまわりに1回転させてできる回転体の体積 V は

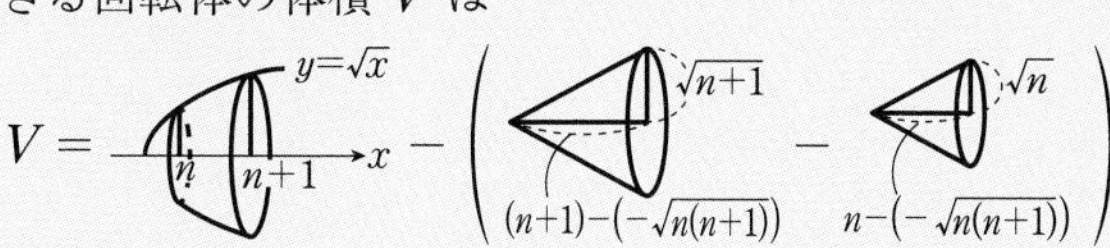

式の意味の説明として書きましたが，答案にはこの行はなくても大丈夫です。もちろん書いてもOK。

$$= \int_n^{n+1} \pi(\sqrt{x})^2 dx - \frac{1}{3} \times \pi(\sqrt{n+1})^2 \times \{\overset{(\sqrt{n+1})^2}{n+1} + \sqrt{n(n+1)}\}$$

$$+ \frac{1}{3} \times \pi(\sqrt{n})^2 \times \{\overset{(\sqrt{n})^2}{n} + \sqrt{n(n+1)}\}$$

$$= \frac{\pi}{2}\Big[x^2\Big]_n^{n+1} - \frac{\pi}{3}\{(n+1)^2 + (n+1)\sqrt{n(n+1)}\}$$

$$+ \frac{\pi}{3}\{n^2 + n\sqrt{n(n+1)}\}$$

$$= \frac{\pi}{2}\{(n+1)^2 - n^2\} - \frac{\pi}{3}\{(n+1)^2 - n^2\} - \frac{\pi}{3}\sqrt{n(n+1)}$$

$$= \frac{\pi}{6}\{(2n+1) - 2\sqrt{n(n+1)}\} \quad \cdots\cdots①$$

$$= \frac{\pi}{6} \frac{(2n+1)^2 - 4n(n+1)}{(2n+1) + 2\sqrt{n}\sqrt{n+1}}$$

$$= \frac{\pi}{6} \frac{1}{2n+1+2\sqrt{n}\sqrt{n+1}} \quad \cdots\cdots②$$

$n \to \infty$ のとき
$\infty - \infty$ の不定形
なので，有理化

理解 思ったより大変な計算でしたね。でも，けっこうまとまりました。V を求めるだけなら①の形で OK なのですが，$n \to \infty$ にすると，このままでは $\infty - \infty$ の不定形です。そこで有理化して，②の形にしました。

さて，そうしますと，このまま $n \to \infty$ とすると

$$\lim_{n\to\infty} V = \lim_{n\to\infty} \frac{\pi}{6} \frac{1}{2n+1+2\sqrt{n}\sqrt{n+1}} = 0$$

ですので，$a>0$ のとき

$$\lim_{n\to\infty} n^a = \infty$$

とあわせて

$$\lim_{n\to\infty} n^a V = \infty \cdot 0 = 0 ?$$

形式的にこのような書き方をしましたが，「∞」は値を表すものではないので，計算はできません。ですから，$\infty \cdot 0$ や $\infty - \infty$ は解答中に書いてはいけません。あくまで，自分で考える用のメモだと思ってください。

として，「$\lim\limits_{n\to\infty} n^a V$ が正にならん!?」と言い出す人がいるんですが，大丈夫ですか？　$\infty \cdot 0$ は不定形の一種ですよ。たとえば $\lim\limits_{n\to\infty} n \cdot \frac{1}{n}$ は形式的に計算しますと，$\lim\limits_{n\to\infty} n = \infty$，$\lim\limits_{n\to\infty} \frac{1}{n} = 0$ で

$$\lim_{n\to\infty} n\cdot\frac{1}{n}=\infty\cdot 0$$

となってしまいます。しかし，$n\to\infty$ とする前の，$n\cdot\dfrac{1}{n}$ の段階で

$n\cdot\dfrac{1}{n}=1$ですから

$$\lim_{n\to\infty} \underset{\infty\cdot 0}{n\cdot\frac{1}{n}}=\lim_{n\to\infty} 1=1$$

です。また

$$\lim_{n\to\infty} \underset{\infty\cdot 0}{n^2\cdot\frac{1}{n}}=\lim_{n\to\infty} n=\infty \quad \text{あるいは} \quad \lim_{n\to\infty} \underset{\infty\cdot 0}{n\cdot\frac{1}{n^2}}=\lim_{n\to\infty}\frac{1}{n}=0$$

なんかも，形式的に計算しますと $\infty\cdot 0$ となりますが，発散したり，収束したり，バラバラです。

　ということで，もう一度やり直しますと

$$\lim_{n\to\infty} n^a V=\lim_{n\to\infty}\frac{\pi}{6}\cdot\frac{n^a}{2n+1+2\sqrt{n}\sqrt{n+1}}$$

となります。すぐに気づくこととしては，分母の

$2n+1$ は1次式

$2\sqrt{n}\sqrt{n+1}=2\sqrt{n^2+n}$ は $\sqrt{2\text{次式}}$ で，1次式みたいなもん

ということです。すると $a=1$ のとき，$\dfrac{(1\text{次式})}{(1\text{次式})}$ で，0以外の有限確定値に収束しそうですよね。

$$\begin{aligned}\lim_{n\to\infty} n^1 V&=\lim_{n\to\infty}\frac{\pi}{6}\cdot\frac{n}{2n+1+2\sqrt{n}\sqrt{n+1}}\\&=\lim_{n\to\infty}\frac{\pi}{6}\cdot\frac{1}{2+\dfrac{1}{n}+2\sqrt{1+\dfrac{1}{n}}}\\&=\frac{\pi}{6}\cdot\frac{1}{2+2}=\frac{\pi}{24}\end{aligned}$$

分子・分母を分母の主要項 n で割った。

$$\frac{\sqrt{n}\sqrt{n+1}}{n}=\frac{\sqrt{n}}{\sqrt{n}}\,\frac{\sqrt{n+1}}{\sqrt{n}}=1\cdot\sqrt{\frac{n+1}{n}}=\sqrt{1+\frac{1}{n}}$$

です。

また，$a>1$ や $0<a<1$ のときは，n^a から n を分けて

$$n^a = n \times n^{a-1}$$

として，n^{a-1} について考えればいいですよね。

$$\lim_{n\to\infty} n^a V = \lim_{n\to\infty} \frac{\pi}{6} \frac{n}{2n+1+2\sqrt{n}\sqrt{n+1}} \times n^{a-1}$$

$\to \frac{\pi}{24}$　　$\to ?$

となって，

$a>1$ のときは，$\lim_{n\to\infty} n^{a-1} = \infty$ ですから，$\lim_{n\to\infty} n^a V = \infty$ です。

$0<a<1$ のときは，$\lim_{n\to\infty} n^{a-1} = 0$ ですから，$\lim_{n\to\infty} n^a V = 0$ です。

$\frac{\pi}{24} \cdot 0 = 0$

$\frac{\pi}{24} \cdot \infty$ は不定形ではありません。

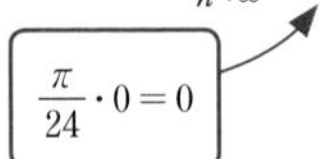

〈後半― $\lim_{n\to\infty} n^a V$ の計算から〉

よって，

$$n^a V = \frac{\pi}{6} \frac{n \cdot n^{a-1}}{2n+1+2\sqrt{n}\sqrt{n+1}}$$

$$= \frac{\pi}{6} \frac{1}{2+\frac{1}{n}+2\sqrt{1+\frac{1}{n}}} \times n^{a-1}$$

であるから，

(i)　$a=1$ のとき

$$\lim_{n\to\infty} n^a V = \lim_{n\to\infty} \frac{\pi}{6} \cdot \frac{1}{2+\frac{1}{n}+2\sqrt{1+\frac{1}{n}}} = \frac{\pi}{6} \cdot \frac{1}{2+2} = \frac{\pi}{24}$$

(ii)　$a>1$ のとき，$a-1>0$ であるから，

$$\lim_{n\to\infty} n^a V = \lim_{n\to\infty} \left(\frac{\pi}{6} \cdot \frac{1}{2+\frac{1}{n}+2\sqrt{1+\frac{1}{n}}} \times n^{a-1} \right) = \infty$$

(iii)　$0<a<1$ のとき，$1-a>0$ であるから，

$$\lim_{n\to\infty} n^a V = \lim_{n\to\infty} \left(\frac{\pi}{6} \cdot \frac{1}{2+\frac{1}{n}+2\sqrt{1+\frac{1}{n}}} \times \frac{1}{n^{1-a}} \right) = 0$$

$-1<a-1<0$ で n^{a-1} のままでもよいのですが，指数部分が正の方がわかりやすいと思い，こう変形しました。

よって，$\lim_{n\to\infty} n^a V = b$ を満たす正の数 a，b が存在するのは(i)の場合だけで，求める a，b は

$$\boldsymbol{a = 1,\ b = \frac{\pi}{24}}$$

第**9**章

関数の極限

プロローグ

さて，「数列の極限」に続きまして，「関数の極限」です。こちらもいろんなネタと融合されて，阪大では超頻出分野です。まずここで，基本となる公式を確認しておこうと思うのですが，その前に，極限の計算で最も大切なことは何でしょう？　それは

とりあえず値を代入してみる

ということです。たとえば

$$\lim_{\theta\to\infty}\frac{\sin\theta}{\theta}=?$$

は求められますか？「1」と思った人！　ちがいますよ～(笑)。よく見てください，$\theta\to 0$ じゃなくて $\theta\to\infty$ ですよ。$\theta\to 0$ なら $\displaystyle\lim_{\theta\to 0}\frac{\sin\theta}{\theta}=1$ ですが，これはちがいます。同じ関数 $\dfrac{\sin\theta}{\theta}$ でも，$\theta\to 0$ のときと，$\theta\to\infty$ のときでは，近づく値がちがうのが普通ですよね。

じゃあ，「とりあえず値を代入して」みますよ。あ，∞ は値ではなく，単に「めちゃデカイ」という記号ですので，正確には「値」ではないのですが，形式的に代入してみます。

　　分母は θ ですから，$\theta\to\infty$ です。ど～んと大きくなります。

　　分子は $\sin\theta$ ですから，$-1\sim 1$ の間をフラフラしています。

分母がど～んと大きくなって，分子が $-1\sim 1$ の間をフラフラしていますので，そりゃあ

$$\lim_{\theta\to\infty}\frac{\sin\theta}{\theta}=0$$

ですよね。

でも，コレで解答は書けないじゃないですか。「分母がど～んと…」なんて書いても「説明不十分」で減点もしくは×です(笑)。ということで，「分子がフラフラ」が「はさみうち」になるわけです。これを式で表すと

$$-1\leqq\sin\theta\leqq 1$$

ですよね。$\theta\to\infty$ を考えるので $\theta>0$ としてよく，辺々を θ で割ると

$$-\frac{1}{\theta} \leqq \frac{\sin\theta}{\theta} \leqq \frac{1}{\theta}$$

$\displaystyle\lim_{\theta\to\infty}\frac{1}{\theta}=0$ですから，はさみうちの原理より

$$\lim_{\theta\to\infty}\frac{\sin\theta}{\theta}=0$$

というワケです。「どうして“はさみうち”が思いつくんですか？」と聞いてくる人がいますが，この「とりあえず値を代入して，関数の様子を調べる」という作業をしていないから思いつかないんですね。

あと，阪大の極限でもう一つ大切なことは，融合問題が多いので

不定形と，不定形でない部分を分ける

ということです。教科書や問題集に載っている「極限のための極限の問題」ではないので，式の全部が全部，美しい不定形になっているわけではないんです。上の例のように不定形でない式に，不定形を解消する処理をしてもムダですよね。よけいに訳のわからない式になってしまいます。ですから，やはり，「とりあえず値を代入して」みて

$$\frac{\infty}{\infty},\ \infty-\infty,\ \frac{0}{0},\ 0\cdot\infty,\ 1^{\infty}$$

などの不定形と，そのまま代入しちゃって大丈夫なところを分けて，それから不定形解消の処理に入らないといけません。

具体的な問題は，あとで阪大の過去問でやるとして，まずは基本となる公式を check しておきましょう。

$$\lim_{x\to\infty}\frac{1}{x}=0 \quad \cdots\cdots①$$

これは，数列の極限のときの $\displaystyle\lim_{n\to\infty}\frac{1}{n}=0$ とほぼ同じですね。

$$\lim_{x\to\infty}a^x=\begin{cases}\infty & (a>1)\\ 1 & (a=1)\\ 0 & (0<a<1)\end{cases} \quad \cdots\cdots②$$

等比数列 $\{r^n\}$ について

$r>1$ のとき　$\displaystyle\lim_{n\to\infty}r^n=\infty$

$r=1$ のとき　$\displaystyle\lim_{n\to\infty}r^n=1$

$-1<r<1$ のとき　$\displaystyle\lim_{n\to\infty}r^n=0$

$r\leqq-1$ のとき　振動

これは右の「無限等比数列の極限」とちょっとちがうのですが，大丈夫ですか？　②は「指数関数の極限」と呼ばれますが，指数関数では底 a は

「$a>0$, $a \neq 1$」の範囲でしか考えません。というのは a^x の指数部分の x は実数ですので，$a<0$ のとき，たとえば $a=-2$ として，$x=\dfrac{1}{2}$ とすると

$$(-2)^{\frac{1}{2}}$$

となってしまいます。ムリヤリ計算すると

$$(-2)^{\frac{1}{2}}=\sqrt{-2}=\sqrt{2}\,i$$

となり虚数が出ますが，高校の数学では実数を代入して実数が出てくる「実数関数」しか扱いません。そもそも虚数って，実数と連続してつながってるんですかね……なんて疑問が噴出します。

ということで，「指数関数」として，$a>0$, $a \neq 1$ のときしか考えません。ただ，たまたま a の部分が 1 になって，$1^x=1$ となることはあるので，②には $a=1$ を含めておきました。しかし，等比数列のとき，r^n の指数部分の n は自然数ですので，$r=0$ や $r<0$ も計算可能です。「指数関数の極限」で $a<0$ の場合を計算しようとしたり，「等比数列の極限」で $r<0$ の場合を忘れたりする人がいるので気をつけてください。

では次です。三角関数に関する極限です。

$$\lim_{x\to 0}\frac{\sin x}{x}=1 \quad \cdots\cdots ③$$

$$\lim_{x\to 0}\frac{\tan x}{x}=1 \quad \cdots\cdots ④$$

$$\lim_{x\to 0}\frac{1-\cos x}{x^2}=\frac{1}{2} \quad \cdots\cdots ⑤$$

阪大受験生は③にはピクッと反応しちゃいますよね。そうです，2013 年にこれを示して，$(\sin x)'=\cos x$ を示せという問題が出題されていますもんね。証明を確認しておきましょう。

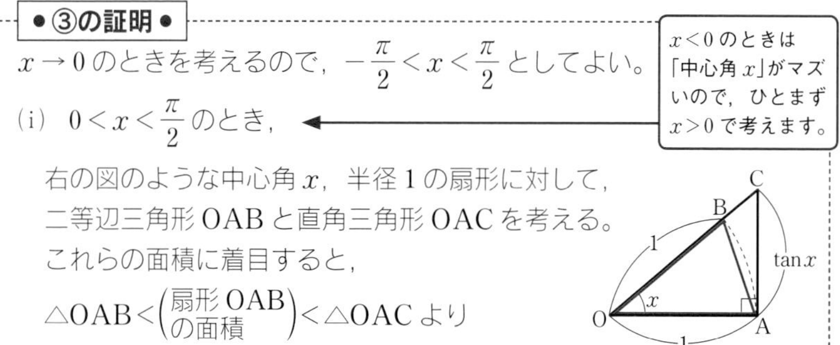

$$\frac{1}{2}\cdot 1\cdot 1\cdot \sin x < \frac{1}{2}\cdot 1^2\cdot x < \frac{1}{2}\cdot 1\cdot \tan x$$

$$\sin x < x < \frac{\sin x}{\cos x}$$

$0 < x < \dfrac{\pi}{2}$ より $\cos x > 0$ であるから

$$\cos x < \frac{\sin x}{x} < 1$$

$\dfrac{\sin x}{x}$ をまん中にもっていきます。

$\displaystyle\lim_{x\to+0}\cos x = 1$ であるから，はさみうちの原理より

$$\lim_{x\to+0}\frac{\sin x}{x} = 1$$

(ii) $-\dfrac{\pi}{2} < x < 0$ のとき

$x<0$ のときは
$x=-\theta$ とおいて
$\theta(>0)$ を使います。

$x=-\theta$ とおくと

$$\lim_{x\to-0}\frac{\sin x}{x} = \lim_{\theta\to+0}\frac{\sin(-\theta)}{-\theta} = \lim_{\theta\to+0}\frac{\sin\theta}{\theta} = 1$$

以上(i)，(ii)より

$$\lim_{x\to0}\frac{\sin x}{x} = 1$$

（証明おわり）

④，⑤はどうしましょう。大学入試ではけっこうよく使うので，「公式」として自明にする人もおられますが，阪大は1990年(後)に

(1) $\displaystyle\lim_{x\to0}\frac{1-\cos x}{x^2} = \frac{1}{2}$ を証明せよ。

という小問をつけられていたことがあるので，証明してから使った方が安全かと思います。

● ④，⑤の証明 ●

$\tan x = \dfrac{\sin x}{\cos x}$

分子・分母に $1+\cos x$ をかける

$$\lim_{x\to0}\frac{\tan x}{x} = \lim_{x\to0}\frac{\sin x}{x}\cdot\frac{1}{\cos x} = 1\cdot\frac{1}{1} = 1$$

$$\lim_{x\to0}\frac{1-\cos x}{x^2} = \lim_{x\to0}\frac{1-\cos^2 x}{x^2(1+\cos x)} = \lim_{x\to0}\left(\frac{\sin x}{x}\right)^2\frac{1}{1+\cos x}$$

$$= 1^2\cdot\frac{1}{1+1} = \frac{1}{2}$$

〈別解〉

$$\lim_{x\to0}\frac{1-\cos x}{x^2} = \lim_{x\to0}\frac{1-\left(1-2\sin^2\dfrac{x}{2}\right)}{x^2} = \lim_{x\to0}\left(\frac{\sin\dfrac{x}{2}}{\dfrac{x}{2}}\right)^2\frac{1}{2} = \frac{1}{2}$$

$2\cdot\dfrac{x}{2}$ と見て2倍角

いずれにしても $\dfrac{\sin x}{x}$ にもちこんでいますよね。極端にいうと，三角関数の極限で $\dfrac{0}{0}$ の不定形が出てくると，$\dfrac{\sin x}{x}$ しかないってことです。

最後に受験生のニガ手な 1^{∞} の不定形と指数・対数の極限です。

$$\lim_{x \to 0}(1+x)^{\frac{1}{x}} = e \quad \cdots\cdots⑥$$

$$\lim_{x \to 0}\frac{\log(1+x)}{x} = 1 \quad \cdots\cdots⑦$$

$$\lim_{x \to 0}\frac{e^x - 1}{x} = 1 \quad \cdots\cdots⑧$$

⑥は，模試なんかを採点していると

$x \to 0$ のとき

$(1+x) \to 1$

$\dfrac{1}{x} \quad \to \infty$

1は何乗しても1だから…

$\therefore \quad (1+x)^{\frac{1}{x}} \to 1^{\infty} = 1$

というミスが多発する極限です。⑥のままなら大丈夫かもしれませんが，ちょっと式が複雑になると，本当にミスが多発します。

「1^{∞} 不定形」と呼ばれますが，「1の無限大乗」ではないんですね。「1に**近づく数**の無限大乗」で，具体的にやると

$x = 0.1$ のとき，$1.1^{10} \qquad = 2.59374\cdots$

$x = 0.01$ のとき，$1.01^{100} \quad = 2.70481\cdots$

$x = 0.001$ のとき，$1.001^{1000} = 2.71692\cdots$

$\vdots$

となっていき，学校の教科書には「一定の値に近づくことが予測される」って書いてあります(笑)。高校の範囲では説明できないんです。で，実際に極限値は存在して

「この値を e で表す」

としています。ですから

⑥は説明不可能なので，覚えるしかない

です。教科書は「e は無理数で，その値は $2.71828\cdots$ であることが知られている」と書いています。思わず「誰が知っとんねん！」とツッコミたくなりますよね(笑)。

さて，⑦，⑧はどうしましょう。これも阪大の過去問を check しますと，「証明せよ」はなくて，「ただし，$\lim_{x\to 0}\frac{\log(1+x)}{x}=1$ を用いてよい」と書いてある年もあれば，書いていないけど計算の途中で使う年もあります。この 2 つについては，暗記して自明で使うけど，「証明しろ」といわれたら証明できるようにしておきましょうか。

● ⑦，⑧の証明 ●

$\left(\frac{1}{x}\right)\log(1+x)$ ◯

$$\lim_{x\to 0}\frac{\log(1+x)}{x}=\lim_{x\to 0}\log(1+x)^{\frac{1}{x}}=\log e=1$$

$e^x-1=t$ とおくと，$x=\log(1+t)$ であり，

コレを知ってないとムリですね。

$x\to 0$ のとき $t\to 0$ であるから

$$\lim_{x\to 0}\frac{e^x-1}{x}=\lim_{t\to 0}\frac{t}{\log(1+t)}=\lim_{t\to 0}\frac{1}{\frac{\log(1+t)}{t}}=\frac{1}{1}=1$$

Column 問題の見切り 2 （p.315 から続く）

ただ，中には「模試で下書きをすると，時間かかり過ぎて…」と相談に来る人もいます。「どれくらい？」って聞くと，150 分テストで「1 時間くらい…」って。それは時間かけ過ぎ（笑）。

気をつけないといけないのは，ある 1 問を解くときの下書きと，試験で何問かのセットを「見切る」ときの下書きは，ちょっと違うってことです。

「見切り」はその年，一番易しい問題を見つけるため

です。すべての問題について最後まで下書きをする必要はありません。まず，サービス問題を見つけて，それを完璧に仕上げるんです。それから，また残りの問題について再度下書きを続ければいいんです。1 問解けて気持ちが落ち着いていますし，いったん全問頭に入っていますから，解答作成中も別の問題について脳が勝手に処理をしてくれるので，試験開始直後より，いろんなことに気づくはずです。

普段から下書きをしていると，思考過程が意識化されて，下書きが速くなると思います。将棋なんかで，初心者のうちは 1 手先も読めないけれど，プロの将棋棋士は何十手も先を読むっていうじゃないですか。あんな感じです。

あ，そうそう，「下書きを丁寧に書くとミスが減るし，焦らないです」と生徒さんが教えてくれました。これも試してみるとよいかもしれませんね。僕はかなり字が汚くて，僕のメモは僕しか読めないので…反省を込めて。

テーマ

35 関数の極限①

問題 35 ★☆☆ 30分

中心O，半径1の円の円周上の2点をP，Qとし，$\angle \mathrm{POQ}=\theta$ $\left(0<\theta<\dfrac{\pi}{2}\right)$とする。Pにおける円の接線と直線OQとの交点をR，PからOQに下ろした垂線の足をHとし，弧$\overset{\frown}{\mathrm{PQ}}$と線分PH，HQで囲まれる部分を$D$とする。次の問いに答えよ。

(1) △OPRの面積S_1とDの面積S_2に対して

$$\lim_{\theta \to 0}\frac{S_2}{S_1}$$

を求めよ。

(2) ORを軸として△OPRを回転させてできる立体の体積V_1とDを回転させてできる立体の体積V_2に対して

$$\lim_{\theta \to 0}\frac{V_2}{\theta^2 V_1}$$

を求めよ。 （阪大・理系・96前）

右の図1のようになりますね。

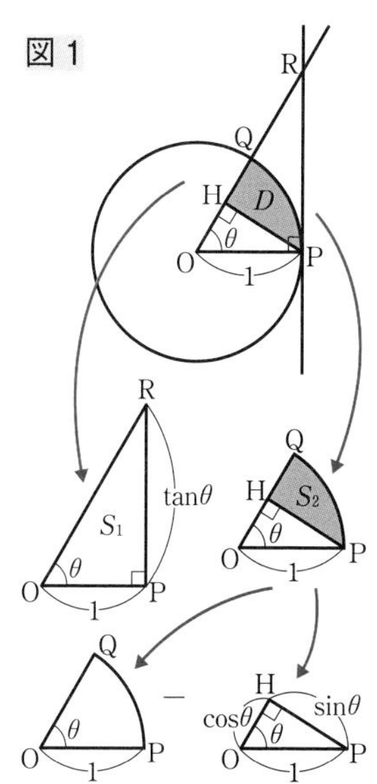

△OPRは直角三角形で

$$\mathrm{OP}=1,\ \angle \mathrm{POR}=\theta$$

だから

$$\mathrm{PR}=\mathrm{OP}\tan\theta=\tan\theta$$

になり，面積S_1は

$$S_1=\frac{1}{2}\cdot 1\cdot \tan\theta=\frac{1}{2}\tan\theta$$

です。

Dは図1の網掛部分ですね。扇形OPQから直角三角形OPHを除いた形です。

△OPHは

$$\mathrm{OP}=1,\ \angle \mathrm{POH}=\theta$$

より

$$\mathrm{OH}=\cos\theta,\ \mathrm{PH}=\sin\theta$$

ですから

$$S_2 = (\text{扇形 OPQ の面積}) - \triangle\text{OPH}$$
$$= \frac{1}{2}\cdot 1^2 \cdot \theta - \frac{1}{2}\cos\theta\cdot\sin\theta$$
$$= \frac{1}{2}(\theta - \cos\theta\sin\theta)$$

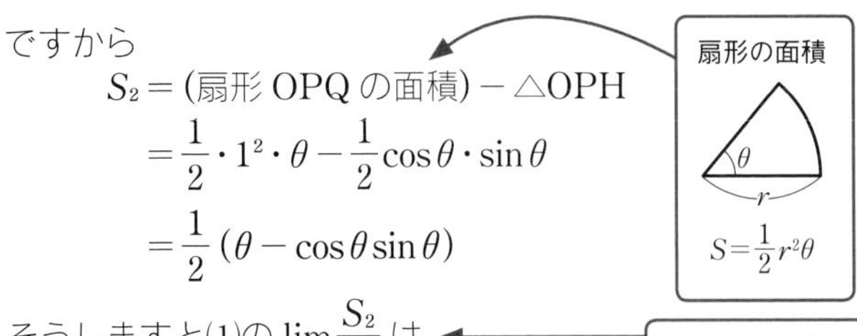

そうしますと(1)の $\lim_{\theta\to 0}\frac{S_2}{S_1}$ は

原題通りに「$\theta\to 0$」のまま問題文に載せましたが，$0<\theta<\frac{\pi}{2}$ ですので，本来は「$\theta\to +0$」です。

$$\lim_{\theta\to 0}\frac{S_2}{S_1} = \lim_{\theta\to 0}\frac{\frac{1}{2}(\theta-\cos\theta\sin\theta)}{\frac{1}{2}\tan\theta} \quad \left(\tan\theta = \frac{\sin\theta}{\cos\theta}\right)$$
$$= \lim_{\theta\to 0}(\theta - \cos\theta\sin\theta)\frac{\cos\theta}{\sin\theta}$$
$$= \lim_{\theta\to 0}\left(\frac{\theta\cos\theta}{\sin\theta} - \cos^2\theta\right)$$

不定形 $\lim_{\theta\to 0}\frac{\theta}{\sin\theta} = 1$ がかくれてますね。ココは不定形ではなく，$\lim_{\theta\to 0}\cos\theta = \cos 0 = 1$ ですから，何も悪さはしません。よって

$$= \lim_{\theta\to 0}\left(\frac{\cos\theta}{\frac{\sin\theta}{\theta}} - \cos^2\theta\right) = \frac{1}{1} - 1^2 = 0$$

で OK です。

さて，(2)はどうでしょう。OR を軸として△OPR を回転させると，これは図 2 のように赤い円錐と黒い円錐をあわせた形になりますので，その体積 V_1 は

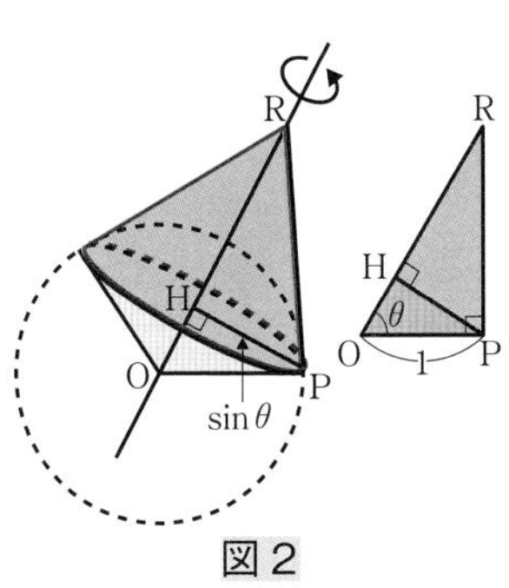

図 2

$$V_1 = \frac{1}{3}\times\pi\text{PH}^2\times\text{RH} + \frac{1}{3}\pi\text{PH}^2\times\text{OH}$$
$$= \frac{1}{3}\times\pi\text{PH}^2\times(\text{RH}+\text{OH})$$
$$= \frac{1}{3}\times\pi\sin^2\theta\times\text{OR}$$

$\frac{\text{OP}}{\text{OR}} = \cos\theta$ より $\text{OR} = \frac{\text{OP}}{\cos\theta} = \frac{1}{\cos\theta}$ ですから

$$V_1 = \frac{\pi}{3}\cdot\frac{\sin^2\theta}{\cos\theta}$$

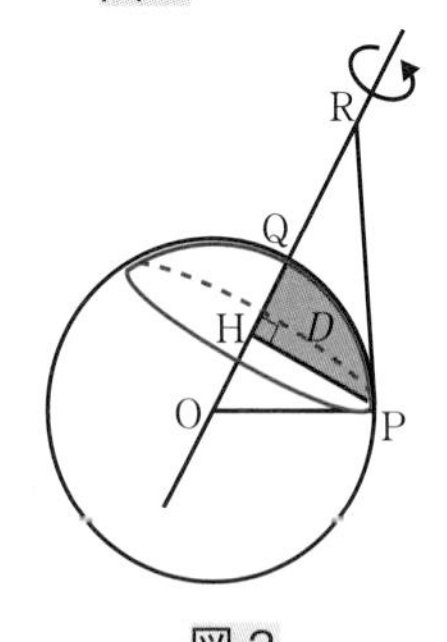

図 3

となりました。V_1 はすぐに出せますね。

あとは V_2 ですが，OR を軸として D を回転させます。これは球の一部になり，球全部や半球の体積ならすぐに求められますが，これはそうはい

きませんね。ちゃんと座標を設定して，回転体の体積として，積分して求める必要がありそうです。

では，ORをx軸にしましょうか。領域Dは図4のようになります。Pが第1象限にくるようにして

半円：$y=\sqrt{1-x^2}$

をx軸のまわりに1回転したと考えましょう。

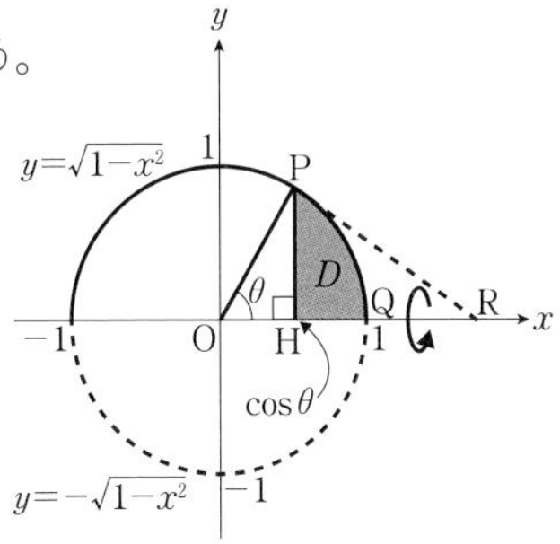

$\mathrm{OH}=\cos\theta$より

$\mathrm{H}(\cos\theta,\ 0)$

になりますから

$$V_2=\int_{\cos\theta}^{1}\pi(\sqrt{1-x^2})^2dx$$
$$=\int_{\cos\theta}^{1}\pi(1-x^2)dx$$
$$=\pi\left[x-\frac{1}{3}x^3\right]_{\cos\theta}^{1}$$
$$=\pi\left\{\left(1-\frac{1}{3}\right)-\left(\cos\theta-\frac{1}{3}\cos^3\theta\right)\right\} \quad \cdots\cdots \text{ⓐ}$$
$$=\frac{\pi}{3}(\cos^3\theta-3\cos\theta+2) \quad \cdots\cdots \text{ⓑ}$$

図4

では，$\displaystyle\lim_{\theta\to0}\frac{V_2}{\theta^2V_1}$ですが，普通，ⓑを$V_2$に代入しますよね。

$$\frac{V_2}{\theta^2V_1}=\frac{\frac{\pi}{3}(\cos^3\theta-3\cos\theta+2)}{\theta^2\cdot\frac{\pi}{3}\frac{\sin^2\theta}{\cos\theta}}=\frac{\cos\theta(\cos^3\theta-3\cos\theta+2)}{\theta^2\sin^2\theta}$$

となります。とりあえず$\theta\to0$をやってみますと，$\sin\theta\to0$，$\cos\theta\to1$ですから

$$\to\frac{1\cdot(1^3-3\cdot1+2)}{0^2\cdot0^2}=\frac{0}{0}$$

となり，$\dfrac{0}{0}$の不定形です。ということで，$\dfrac{\sin\theta}{\theta}$や$1-\cos\theta$を作ろうと思うのですが，イケますか？　もちろん，分子の$\cos^3\theta-3\cos\theta+2$を$x^3-3x+2$とか置き直して，因数定理を使って因数分解をしてもよいのですが，「$1-\cos\theta$を作らんとアカンやろな～」と思ってⓐを見てください。何か見えませんか？

$$V_2=\pi\left\{\left(1-\frac{1}{3}\right)-\left(\cos\theta-\frac{1}{3}\cos^3\theta\right)\right\} \quad \cdots\cdots \text{ⓐ}$$

～～ ～～ をセットにする

$$=\pi\left\{(1-\cos\theta)-\frac{1}{3}(1-\cos^3\theta)\right\}$$

$a^3-b^3=(a-b)(a^2+ab+b^2)$

$$=\frac{\pi}{3}\{3(1-\cos\theta)-(1-\cos\theta)(1+\cos\theta+\cos^2\theta)\}$$

$$=\frac{\pi}{3}(1-\cos\theta)\{3-(1+\cos\theta+\cos^2\theta)\}$$

$$=\frac{\pi}{3}(1-\cos\theta)(2-\cos\theta-\cos^2\theta)$$

$$=\frac{\pi}{3}(1-\cos\theta)(1-\cos\theta)(\cos\theta+2)$$

$$=\frac{\pi}{3}(1-\cos\theta)^2(2+\cos\theta)$$

$$\begin{aligned}&2-x-x^2\\&=-(x^2+x-2)\\&=-(x-1)(x+2)\\&=(1-x)(x+2)\end{aligned}$$

となりますね。僕らはどうしても，一番最後の式（今回はⓑ）だけを見てしまいがちですが，別の何かを求める計算においては，途中の式の方が使い易いこともあります。視野を広くもちましょうね。

では，$\displaystyle\lim_{\theta\to0}\frac{V_2}{\theta^2V_1}$ をやり直して

$$\frac{V_2}{\theta^2V_1}=\frac{\frac{\pi}{3}(1-\cos\theta)^2(2+\cos\theta)}{\theta^2\cdot\frac{\pi}{3}\frac{\sin^2\theta}{\cos\theta}}$$

分子・分母に $(1+\cos\theta)^2$ と $\cos\theta$ をかけた

$$=\frac{(1-\cos^2\theta)^2(2+\cos\theta)\cos\theta}{\theta^2\cdot\sin^2\theta(1+\cos\theta)^2}$$

$1-\cos^2\theta=\sin^2\theta$

$$=\frac{(\sin^2\theta)^2(2+\cos\theta)\cos\theta}{\theta^2\cdot\sin^2\theta(1+\cos\theta)^2}$$

$\sin^2\theta$ を約分して $\dfrac{\sin\theta}{\theta}$ を作る

$$=\left(\frac{\sin\theta}{\theta}\right)^2\frac{(2+\cos\theta)\cos\theta}{(1+\cos\theta)^2}$$

$$\to1^2\cdot\frac{(2+1)\cdot1}{(1+1)^2}\quad(\theta\to0)$$

$$=\frac{3}{4}$$

実行

(1)　$\mathrm{OP}=1$，$\angle\mathrm{POQ}=\theta$ より，

$$\mathrm{PR}=\tan\theta,\ \mathrm{OH}=\cos\theta,\ \mathrm{PH}=\sin\theta$$

であるから，

$$S_1=\frac{1}{2}\cdot\mathrm{OP}\cdot\mathrm{PR}=\frac{1}{2}\tan\theta=\frac{1}{2}\cdot\frac{\sin\theta}{\cos\theta}$$

$$S_2=\frac{1}{2}\cdot1^2\cdot\theta-\frac{1}{2}\mathrm{OH}\cdot\mathrm{PH}$$

$$=\frac{1}{2}(\theta-\cos\theta\sin\theta)$$

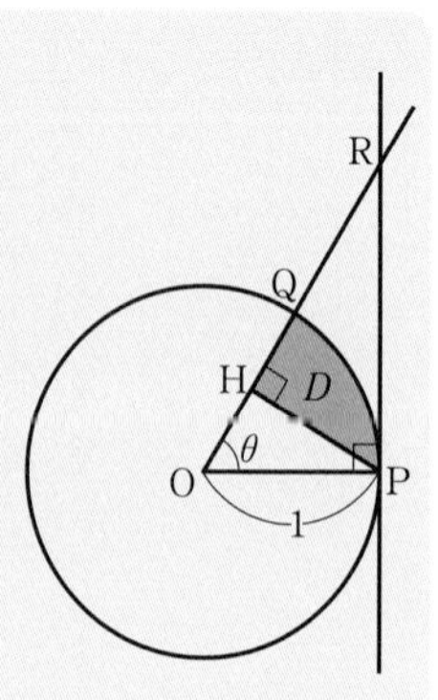

よって，

$$\lim_{\theta\to 0}\frac{S_2}{S_1}=\lim_{\theta\to 0}\frac{\frac{1}{2}(\theta-\cos\theta\sin\theta)}{\frac{1}{2}\frac{\sin\theta}{\cos\theta}}=\lim_{\theta\to 0}\left(\frac{\cos\theta}{\frac{\sin\theta}{\theta}}-\cos^2\theta\right)$$

$$=\frac{1}{1}-1^2=\mathbf{0}$$

(2) $\mathrm{OR}=\dfrac{1}{\cos\theta}$ であるから,

$$V_1=\frac{1}{3}\times\pi\mathrm{PH}^2\times(\mathrm{HR}+\mathrm{OH})$$

$$=\frac{1}{3}\times\pi\mathrm{PH}^2\times\mathrm{OR}$$

$$=\frac{\pi}{3}\cdot\frac{\sin^2\theta}{\cos\theta}$$

また，Oを原点とし，Rがx軸の正の部分にあるような座標平面を考えると，右の図のようにおけて，

$$V_2=\int_{\cos\theta}^{1}\pi(1-x^2)\,dx=\pi\left[x-\frac{1}{3}x^3\right]_{\cos\theta}^{1}$$

$$=\pi\left\{(1-\cos\theta)-\frac{1}{3}(1-\cos^3\theta)\right\}$$

$$=\frac{\pi}{3}(1-\cos\theta)\{3-(1+\cos\theta+\cos^2\theta)\}$$

$$=\frac{\pi}{3}(1-\cos\theta)^2(2+\cos\theta)$$

よって，

$$\lim_{\theta\to 0}\frac{V_2}{\theta^2V_1}=\lim_{\theta\to 0}\frac{\frac{\pi}{3}(1-\cos\theta)^2(2+\cos\theta)}{\theta^2\cdot\frac{\pi}{3}\frac{\sin^2\theta}{\cos\theta}}$$

$$=\lim_{\theta\to 0}\frac{(1-\cos^2\theta)^2(2+\cos\theta)\cos\theta}{\theta^2\cdot\sin^2\theta(1+\cos\theta)^2}$$

$$=\lim_{\theta\to 0}\left(\frac{\sin\theta}{\theta}\right)^2\frac{(2+\cos\theta)\cos\theta}{(1+\cos\theta)^2}$$

$$=1^2\cdot\frac{(2+1)\cdot 1}{(1+1)^2}$$

$$=\frac{\mathbf{3}}{\mathbf{4}}$$

テーマ

36 関数の極限②

問題 36 ★★☆ 40分

原点Oを中心とし，$a>1$ を半径とする円 $C: x^2+y^2=a^2$ 上に相異なる4点P，Q，P′，Q′がある。$\mathrm{Q}(a\cos\varphi,\ a\sin\varphi)$ は曲線

$$D: x^2-y^2=1 \quad (x \geqq 0,\ y \geqq 0)$$

上にあり，QとQ′はOに関して対称である。またPとP′は $x>0$ の部分にあって条件

$$\overline{\mathrm{QP}}\cdot\overline{\mathrm{Q'P}}=\overline{\mathrm{QP'}}\cdot\overline{\mathrm{Q'P'}}=a^2$$

をみたしている。

(1) ∠POQを求めよ。

(2) $\mathrm{R}(a,\ 0)$ に対して極限値 $\displaystyle\lim_{a\to\infty}\frac{\overline{\mathrm{PR}}^2+\overline{\mathrm{P'R}}^2}{\overline{\mathrm{OR}}^2}$ を求めよ。

（阪大・理系・00後）

理解 D は双曲線の $x\geqq 0, y\geqq 0$ の部分ですね。これと円 C の交点がQで，Q′はQのOに関する対称点です。

$$\mathrm{Q}(a\cos\varphi,\ a\sin\varphi)$$

ですので，$\overrightarrow{\mathrm{OQ}}$ と x 軸の正方向のなす角を x 軸の正方向からはかると φ ということです。複素数平面が既習の人は「偏角」といった方がわかり易いですね。Qは $x\geqq 0$，$y\geqq 0$ の範囲にありますから，このことだけで考えると

$$a\cos\varphi \geqq 0,\ a\sin\varphi \geqq 0$$

$$\therefore \quad 0 \leqq \varphi \leqq \frac{\pi}{2}$$

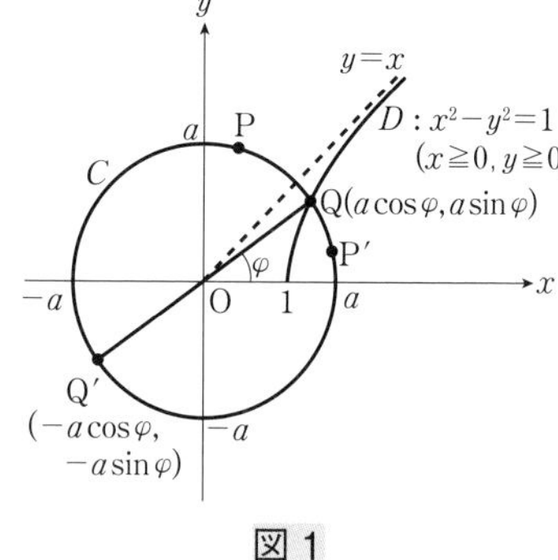

図1

の範囲で考えればよいです。しかし，正確にはQは D 上ですので $\varphi=0$ はあり得ませんし，さらに D の漸近線 $y=x$ より下側にありますから

$$0<\varphi<\frac{\pi}{4} \quad \cdots\cdots ⓐ$$

となりますね。

さて，次は P と P′ なのですが，まずは「円 C 上にある」んですよね。それから，条件

$$\overline{\mathrm{QP}}\cdot\overline{\mathrm{Q'P}}=\overline{\mathrm{QP'}}\cdot\overline{\mathrm{Q'P'}}=a^2 \quad \cdots\cdots ⓑ$$

をみたしているそうなんですが，これから P，P′ の位置はすぐにはわかりませんねぇ……。だから「(1)　∠POQ を求めよ。」なんでしょうね。

「$\overline{\mathrm{QP}}$」は直線や線分，線分の長さなど，色々な意味をもっているので，特に“長さ”を「$\overline{\mathrm{QP}}$」と書くことがあります。阪大は 2016 年に文系で，「$\mathrm{P_1P_2}$ の長さ」を「$|\overrightarrow{\mathrm{P_1P_2}}|$」という表現で出されたことがあります。

∠POQ＝θ とおきますと，ⓑの $\overline{\mathrm{QP}}$ を含んでいる図形として，**図 2** の赤網部分の△OPQ に気づきます。そうしますと

二等辺三角形 ➡ 中線を引いて 2 つの直角三角形に分ける

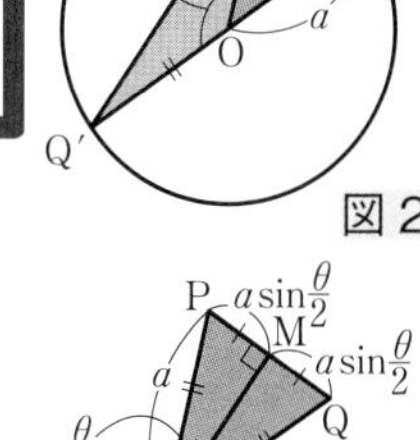

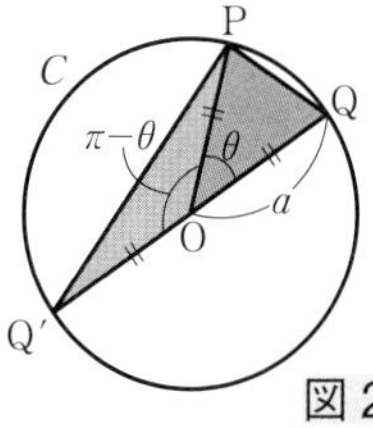

図 2
図 3

が有名です。線分 PQ の中点を M とすると，**図 3** のようになり

$$\overline{\mathrm{PM}}=\overline{\mathrm{QM}}=\overline{\mathrm{OP}}\sin\frac{\theta}{2}=a\sin\frac{\theta}{2}$$

$$\therefore\quad \overline{\mathrm{QP}}=2\overline{\mathrm{PM}}=2a\sin\frac{\theta}{2} \quad \cdots\cdots ⓒ$$

となります。

ところで今回，P は $x>0$ の部分にありますので，**図 4** より

$$0<\theta<\frac{3\pi}{4} \qquad \cdots\cdots ⓓ$$

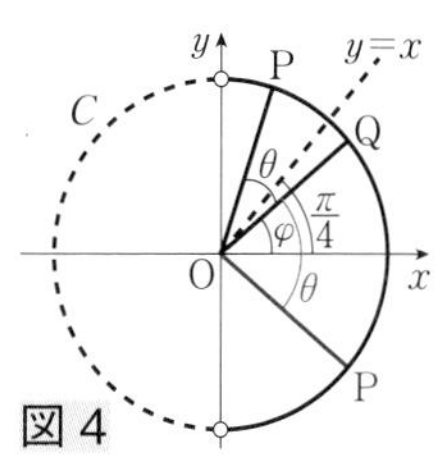

図 4

で大丈夫なのですが，$\theta \geqq \pi$ の可能性がある場合は注意が必要です。たとえば θ が「OQ から OP に向かって反時計まわりにはかった角」だったりすると，$\theta=\pi$ のときは三角形ができませんし，$\theta>\pi$ のときは**図 5** のようになります。

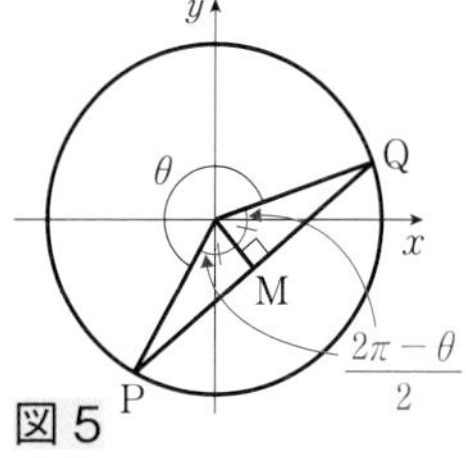

図 5

$$\overline{\mathrm{PM}}=\overline{\mathrm{QM}}=\overline{\mathrm{OP}}\sin\frac{2\pi-\theta}{2}$$

$$=a\sin\left(\pi-\frac{\theta}{2}\right)=a\sin\frac{\theta}{2}$$

となるので，結局同じになるのですが，説明としては場合分けが必要です。

次に，ⓑの $\overline{\mathrm{Q'P}}$ については，黒網部分の二等辺三角形 OPQ′ に気づきます。辺 PQ′ の中点を M′ とすると，図 6 のようになり

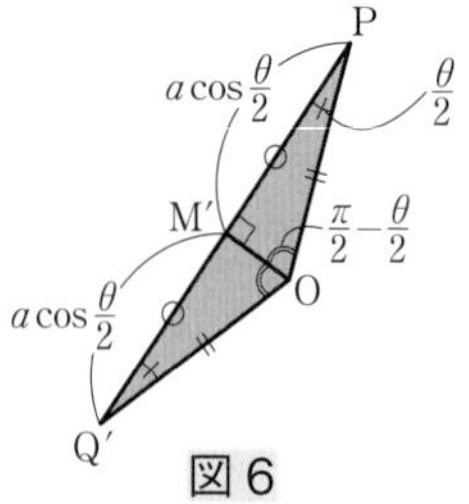

$$\angle\mathrm{POM'}=\frac{\pi-\theta}{2}=\frac{\pi}{2}-\frac{\theta}{2}$$

より

$$\angle\mathrm{OPM'}=\frac{\theta}{2}$$

ですから

$$\overline{\mathrm{PM'}}=\overline{\mathrm{Q'M'}}=\overline{\mathrm{OP}}\cos\frac{\theta}{2}=a\cos\frac{\theta}{2}$$

$$\therefore\quad \overline{\mathrm{Q'P}}=2\,\overline{\mathrm{PM'}}=2a\cos\frac{\theta}{2}\quad\cdots\cdots ⓔ$$

図 6

ⓑ，ⓒ，ⓔより

$$2a\sin\frac{\theta}{2}\times 2a\cos\frac{\theta}{2}=a^2$$

a^2 で割って

$$4\sin\frac{\theta}{2}\cos\frac{\theta}{2}=1$$

2 倍角の公式を利用して，まとめてあげると

$$2\sin\theta=1\qquad\therefore\quad \sin\theta=\frac{1}{2}$$

ⓓより

$$\theta=\frac{\pi}{6}$$

あぶなかったですね。ⓐやⓓで φ や θ の範囲を甘く見積もっていたら，$\theta=\dfrac{5\pi}{6}$ も答になってしまうところでした。やはり設定をひとつひとつていねいに吟味していくことが大切です。

そうしますと(1)はできました。P と P′ は条件に対称性がありますから

$$\angle\mathrm{P'OQ}=\angle\mathrm{POQ}=\frac{\pi}{6}$$

は OK ですね。でも P ≒ P′ ですから，図 7 のようになります。P と P′ は逆でも $\dfrac{\overline{\mathrm{PR}}^2+\overline{\mathrm{P'R}}^2}{\overline{\mathrm{OR}}^2}$ は同じ式になりますから，この位置で考えても OK です。

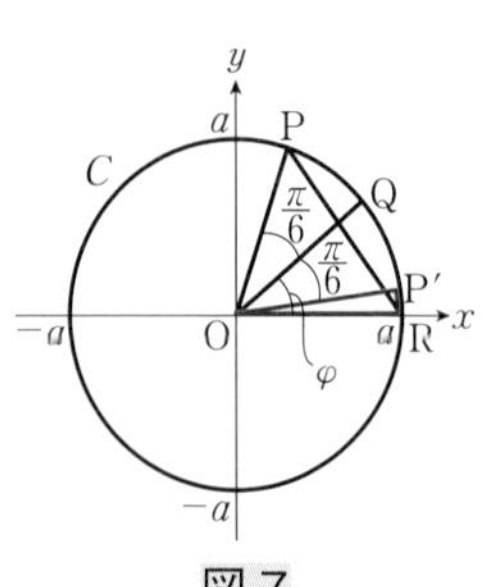

図 7

さて，$\overline{\mathrm{OR}}=a$ ですから，それはよいとして $\overline{\mathrm{PR}}$ と $\overline{\mathrm{P'R}}$ ですが，これもまた二等辺三角形でイケそうです……か？　$\overline{\mathrm{PR}}$ の方は図8のようになるので大丈夫なのですが，$\overline{\mathrm{P'R}}$ の方は，$\dfrac{\pi}{6}$ と φ の大小で図9のように2通り考えないといけませんね。ちょっとジャマくさいです。

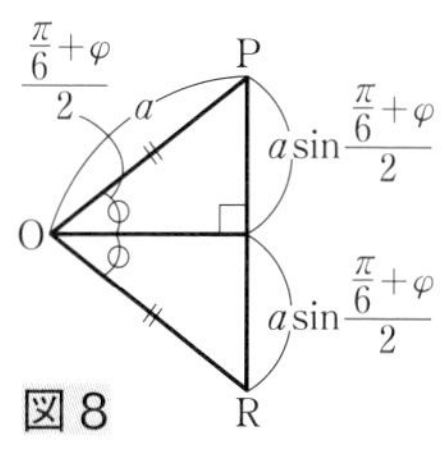

図8

実は $\overline{\mathrm{P'R}}$ ではなく $\overline{\mathrm{P'R}}^2$ ですので，結果は一致するんですが，せっかくですので二等辺三角形じゃない方法をやってみますね。「図形へのアプローチ」を思い出してください。**1 幾何**，**2 三角比**，**3 座標**，**4 ベクトル**でしたね。そもそも本問は座標ですしね。座標でいってみましょう。

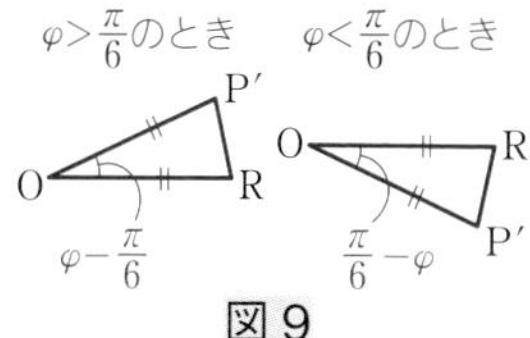

図9

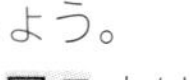
図7より

$$\mathrm{P'}\left(a\cos\left(\varphi-\frac{\pi}{6}\right),\ a\sin\left(\varphi-\frac{\pi}{6}\right)\right)$$

です。図10のように $\varphi-\dfrac{\pi}{6}<0$ でもOKですよね。

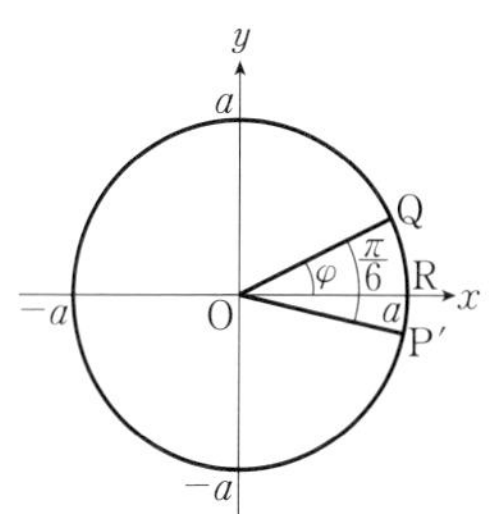

図10

$$\mathrm{R}(a,\ 0)$$

ですから，「2点間の距離」の公式を用いて

$$\begin{aligned}\overline{\mathrm{P'R}}^2&=\left\{a\cos\left(\varphi-\frac{\pi}{6}\right)-a\right\}^2+\left\{a\sin\left(\varphi-\frac{\pi}{6}\right)-0\right\}^2\\&=a^2\left\{\cos^2\left(\varphi-\frac{\pi}{6}\right)+\sin^2\left(\varphi-\frac{\pi}{6}\right)\right\}-2a^2\cos\left(\varphi-\frac{\pi}{6}\right)+a^2\\&=2a^2\left\{1-\cos\left(\varphi-\frac{\pi}{6}\right)\right\}\quad\cdots\cdots\text{ⓕ}\end{aligned}$$

(2)では $\overline{\mathrm{P'R}}^2$（2乗）を扱うのでこのままいきますが，(1)のように $\overline{\mathrm{P'R}}$（1乗）を扱うなら，$\varphi-\dfrac{\pi}{6}=2\cdot\dfrac{\varphi-\frac{\pi}{6}}{2}$ として2倍角の公式を利用することになります。

$$\overline{\mathrm{P'R}}^2 = 2a^2\left\{1-\cos\left(2\cdot\frac{\varphi-\frac{\pi}{6}}{2}\right)\right\}$$

$\cos 2\theta = 1 - 2\sin^2\theta$で1を消去する

$$= 2a^2\left[\cancel{1}-\left\{\cancel{1}-2\sin^2\left(\frac{\varphi-\frac{\pi}{6}}{2}\right)\right\}\right]$$

$$= 4a^2\sin^2\left(\frac{\varphi-\frac{\pi}{6}}{2}\right)$$

$\sqrt{A^2} = |A|$

$$\therefore\quad \overline{\mathrm{P'R}} = 2a\left|\sin\frac{\varphi-\frac{\pi}{6}}{2}\right|$$

あとは $\sin\frac{\varphi-\frac{\pi}{6}}{2}$ の正負によって場合分けして絶対値をはずします。

ということで，次のようにまとめられます。

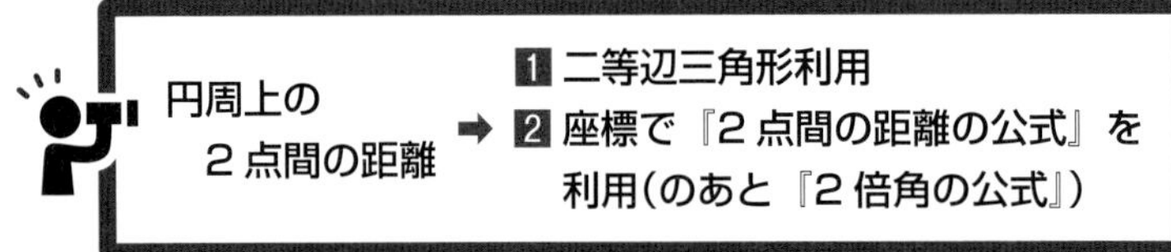

同様に

$$\mathrm{P}\left(a\cos\left(\varphi+\frac{\pi}{6}\right),\ a\sin\left(\varphi+\frac{\pi}{6}\right)\right)$$

ですから

$$\overline{\mathrm{PR}}^2 = 2a^2\left\{1-\cos\left(\varphi+\frac{\pi}{6}\right)\right\} \quad \cdots\cdots \text{ⓖ}$$

となります。あ，これも2倍角で処理すると

$$\overline{\mathrm{PR}} = 2a\sin\frac{\varphi+\frac{\pi}{6}}{2}$$

$\sin\frac{\varphi+\frac{\pi}{6}}{2}$ は正なので絶対値をはずしてあります。

となり，二等辺三角形で考えた図8と一致しますよね。

ⓕ，ⓖから

$$\frac{\overline{\mathrm{PR}}^2+\overline{\mathrm{P'R}}^2}{\overline{\mathrm{OR}}^2} = \frac{2a^2\left\{1-\cos\left(\varphi+\frac{\pi}{6}\right)\right\}+2a^2\left\{1-\cos\left(\varphi-\frac{\pi}{6}\right)\right\}}{a^2}$$

$$= 4-2\left\{\cos\left(\varphi+\frac{\pi}{6}\right)+\cos\left(\varphi-\frac{\pi}{6}\right)\right\}$$

となりますね。cos＋cos ですから和積の公式でもよいですし，$\varphi\pm\frac{\pi}{6}$ ですから加法定理でもよいです。加法定理でいきますと

$$=4-2\left(\cos\varphi\cos\frac{\pi}{6}-\sin\varphi\sin\frac{\pi}{6}+\cos\varphi\cos\frac{\pi}{6}+\sin\varphi\sin\frac{\pi}{6}\right)$$

（$\cos\frac{\pi}{6}=\frac{\sqrt{3}}{2}$）

$$=4-2\sqrt{3}\cos\varphi \qquad \cdots\cdots (h)$$

おー，美しくなりました。で，$a\to\infty$ なんですが…アレ？　a がないですね。φ の式になっちゃってます。

$a\to\infty$ のとき，φ はどうなってるんでしょう？　ちょっと図を描いてみますと，**図 11** のようになりますから

$$\varphi\to\frac{\pi}{4}$$

っぽいですよね。でも，これではダメです。基本的に極限を図形的に説明するのは御法度（ごはっと）です！　このように図形的に考えることは，もちろん大切ですが，$a\to\infty$ のときの図を描くことはできないわけですから，解答としてはキチンと式で示さないといけません。

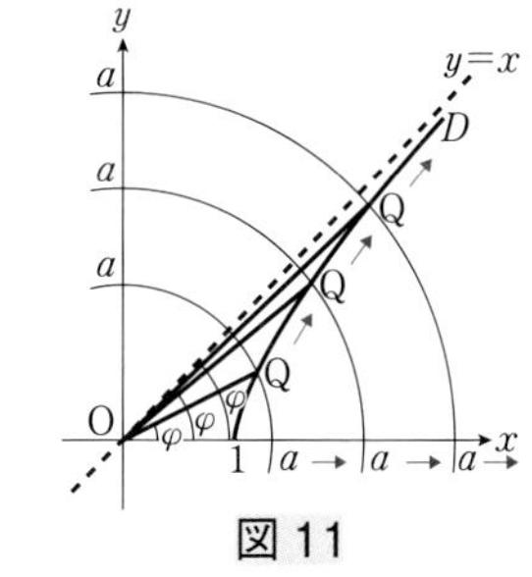

図 11

で，これまで出てきた a と φ の関係式を探しますと……あれ？　ないですね……。じゃあ，もう一度問題文を読んで，使っていない条件を探しますと……ありました！

$$\mathrm{Q}(a\cos\varphi,\ a\sin\varphi)$$

は

$$D:x^2-y^2=1$$

上にありますから

$$a^2\cos^2\varphi-a^2\sin^2\varphi=1$$

です。a^2 でくくると 2 倍角の公式が使えて

$$a^2(\cos^2\varphi-\sin^2\varphi)=1 \qquad \therefore\ \cos 2\varphi=\frac{1}{a^2}$$

となりました。$a\to\infty$ とすると

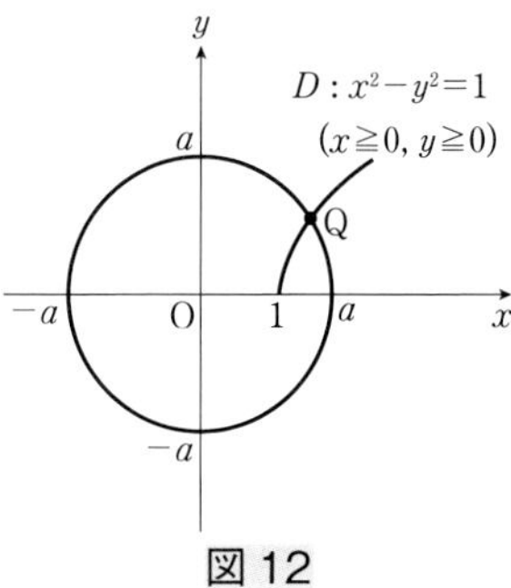

図 12

$$\cos 2\varphi = \frac{1}{a^2} \to +0$$

で，$\cos 2\varphi = 0$ となる 2φ は $\frac{\pi}{2}$，$\frac{3\pi}{2}$，$\frac{5\pi}{2}$，…など無数にあるのですが，一番最初にやりましたⓐより

$$0 < \varphi < \frac{\pi}{4} \qquad \therefore \quad 0 < 2\varphi < \frac{\pi}{2}$$

ですから

$$2\varphi \to \frac{\pi}{2} - 0 \quad \therefore \quad \varphi \to \frac{\pi}{4} - 0$$

です。

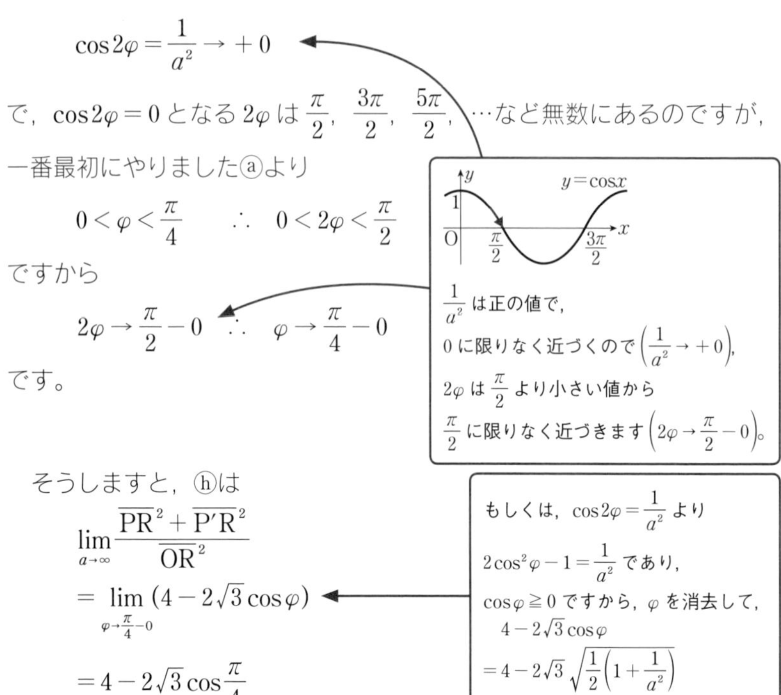

$\frac{1}{a^2}$ は正の値で，
0 に限りなく近づくので $\left(\frac{1}{a^2} \to +0\right)$，
2φ は $\frac{\pi}{2}$ より小さい値から
$\frac{\pi}{2}$ に限りなく近づきます $\left(2\varphi \to \frac{\pi}{2} - 0\right)$。

そうしますと，ⓗは

$$\lim_{a \to \infty} \frac{\overline{\mathrm{PR}}^2 + \overline{\mathrm{P'R}}^2}{\overline{\mathrm{OR}}^2}$$

$$= \lim_{\varphi \to \frac{\pi}{4} - 0} (4 - 2\sqrt{3}\cos\varphi)$$

$$= 4 - 2\sqrt{3}\cos\frac{\pi}{4}$$

$$= 4 - 2\sqrt{3} \cdot \frac{\sqrt{2}}{2}$$

$$= 4 - \sqrt{6}$$

となります。不定形を解消する作業は不要でしたね。

もしくは，$\cos 2\varphi = \frac{1}{a^2}$ より
$2\cos^2\varphi - 1 = \frac{1}{a^2}$ であり，
$\cos\varphi \geqq 0$ ですから，φ を消去して，

$$4 - 2\sqrt{3}\cos\varphi$$
$$= 4 - 2\sqrt{3}\sqrt{\frac{1}{2}\left(1 + \frac{1}{a^2}\right)}$$
$$\to 4 - 2\sqrt{3}\sqrt{\frac{1}{2}} \quad (a \to \infty)$$
$$= 4 - \sqrt{6}$$

ともできます。

実行

(1)　曲線 $x^2 - y^2 = 1$ は双曲線であり，その漸近線は $y = \pm x$ である。
$\mathrm{Q}(a\cos\varphi,\ a\sin\varphi)$ は $D : x^2 - y^2 = 1\ (x \geqq 0,\ y \geqq 0)$ 上にあり，
$a > 1$ であるから，

$$0 < \varphi < \frac{\pi}{4} \qquad \cdots\cdots ①$$

であり，

$$a^2\cos^2\varphi - a^2\sin^2\varphi = 1$$

$$\therefore \quad \cos 2\varphi = \frac{1}{a^2} \qquad \cdots\cdots ②$$

が成り立つ。

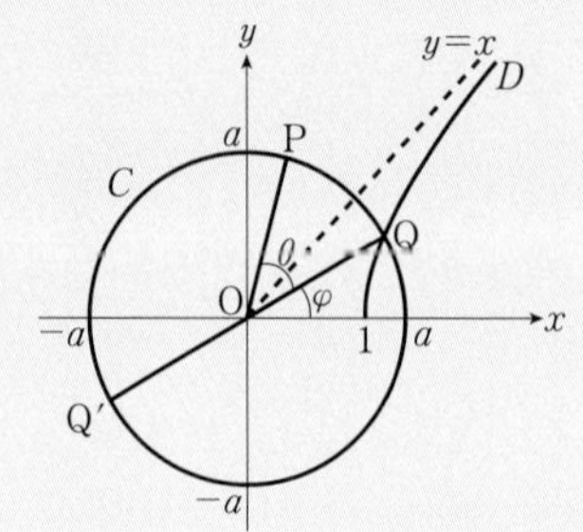

P，Q は円 C 上の $x>0$ の部分にあるから，$\angle \mathrm{POQ}=\theta$ とおくと，

$$0<\theta<\frac{3\pi}{4} \qquad \cdots\cdots③$$

である。$\triangle$OPQ は $\mathrm{OP}=\mathrm{OQ}=a$ の二等辺三角形であるから，辺 PQ の中点を M とすると，

$$\overline{\mathrm{QP}}=2\,\overline{\mathrm{PM}}=2a\sin\frac{\theta}{2}$$

同様に$\triangle$OPQ′ に着目して，

$$\overline{\mathrm{Q'P}}=2a\sin\left(\frac{\pi}{2}-\frac{\theta}{2}\right)=2a\cos\frac{\theta}{2}$$

よって，$\overline{\mathrm{QP}}\cdot\overline{\mathrm{Q'P}}=a^2$ より，

$$4a^2\sin\frac{\theta}{2}\cos\frac{\theta}{2}=a^2 \qquad \therefore\quad \sin\theta=\frac{1}{2} \quad (\because\quad a\neq 0)$$

であるから，③より，

$$\angle \mathrm{POQ}=\theta=\boldsymbol{\frac{\pi}{6}}$$

(2)　条件の対称性より，

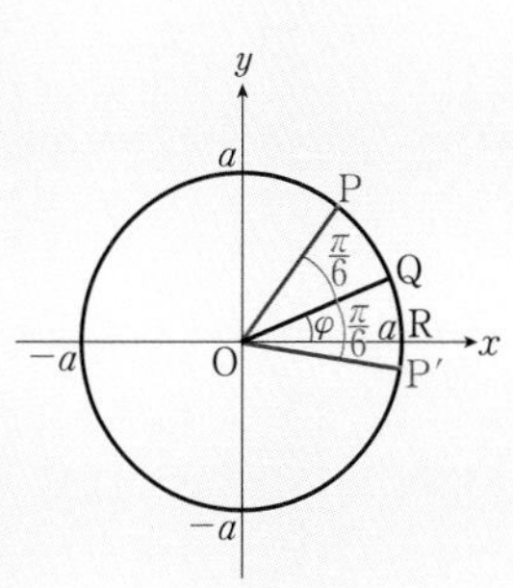

$$\angle \mathrm{P'OQ}=\angle \mathrm{POQ}=\frac{\pi}{6}$$

であり，

$$\mathrm{P}\left(a\cos\left(\varphi+\frac{\pi}{6}\right),\ a\sin\left(\varphi+\frac{\pi}{6}\right)\right)$$

$$\mathrm{P'}\left(a\cos\left(\varphi-\frac{\pi}{6}\right),\ a\sin\left(\varphi-\frac{\pi}{6}\right)\right)$$

とおける。$\mathrm{R}(a,\ 0)$ であるから，

$$\overline{\mathrm{PR}}^2=a^2\left\{\cos\left(\varphi+\frac{\pi}{6}\right)-1\right\}^2+a^2\sin^2\left(\varphi+\frac{\pi}{6}\right)$$

$$=2a^2\left\{1-\cos\left(\varphi+\frac{\pi}{6}\right)\right\}$$

$$\overline{\mathrm{P'R}}^2=a^2\left\{\cos\left(\varphi-\frac{\pi}{6}\right)-1\right\}^2+a^2\sin^2\left(\varphi-\frac{\pi}{6}\right)$$

$$=2a^2\left\{1-\cos\left(\varphi-\frac{\pi}{6}\right)\right\}$$

であり，

$$\frac{\overline{\mathrm{PR}}^2+\overline{\mathrm{P'R}}^2}{\mathrm{OR}^2}=\frac{2a^2\left\{2-\cos\left(\varphi+\frac{\pi}{6}\right)-\cos\left(\varphi-\frac{\pi}{6}\right)\right\}}{a^2}$$

$$=2\left(2-2\cos\varphi\cos\frac{\pi}{6}\right)$$

$$=4-2\sqrt{3}\cos\varphi \quad \cdots\cdots④$$

である。

> 計画 では加法定理を使ったので，ここでは和積の公式を使いました。検討 で確認します。

ここで，②より，$a\to\infty$ のとき，

$$\cos 2\varphi=\frac{1}{a^2}\to 0$$

であり，①より，$0<2\varphi<\frac{\pi}{2}$ であるから，$a\to\infty$ のとき，

$$2\varphi\to\frac{\pi}{2}-0 \qquad \therefore \quad \varphi\to\frac{\pi}{4}-0$$

したがって，④より，

$$\lim_{a\to\infty}\frac{\overline{\mathrm{PR}}^2+\overline{\mathrm{P'R}}^2}{\overline{\mathrm{OR}}^2}=\lim_{\varphi\to\frac{\pi}{4}-0}(4-2\sqrt{3}\cos\varphi)=4-2\sqrt{3}\cos\frac{\pi}{4}$$

$$=\mathbf{4-\sqrt{6}}$$

検討 まずは解答で使いました「和積の公式」の確認です。丸暗記できている人もいると思いますが，導いてみましょう。学校の教科書ですと「加法定理」→「積和の公式」→「和積の公式」の順に導くのですが，これは時間がかかるので，「加法定理」→「和積の公式」で導いてみます。

> 実はこれも，下の図を見れば覚えなくても大丈夫です。
>
> （数直線：B，$\frac{A+B}{2}$，A；間隔はそれぞれ $\frac{A-B}{2}$，$\frac{A-B}{2}$）

$\frac{A+B}{2}$ と $\frac{A-B}{2}$ だけ覚えてもらえますか？

A と B をこの 2 つに分解して，加法定理を用います。今回，解答で使った式は

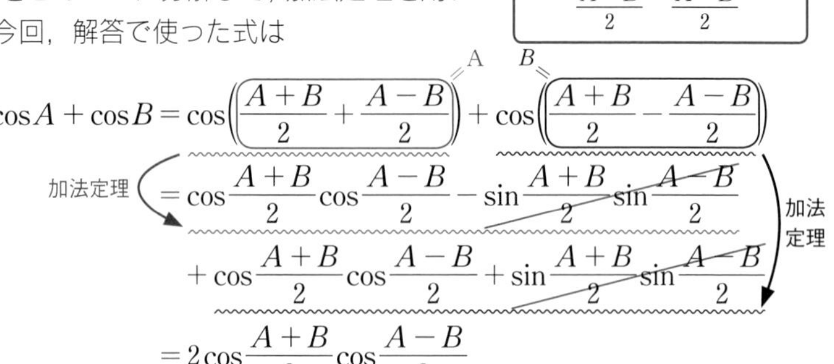

$$\cos A+\cos B=\cos\left(\frac{A+B}{2}+\frac{A-B}{2}\right)+\cos\left(\frac{A+B}{2}-\frac{A-B}{2}\right)$$

$$=\cos\frac{A+B}{2}\cos\frac{A-B}{2}-\sin\frac{A+B}{2}\sin\frac{A-B}{2}$$

$$+\cos\frac{A+B}{2}\cos\frac{A-B}{2}+\sin\frac{A+B}{2}\sin\frac{A-B}{2}$$

$$=2\cos\frac{A+B}{2}\cos\frac{A-B}{2}$$

です。他も同様に導けて

$$\sin A + \sin B = 2\sin\frac{A+B}{2}\cos\frac{A-B}{2}$$

$$\sin A - \sin B = 2\cos\frac{A+B}{2}\sin\frac{A-B}{2}$$

$$\cos A - \cos B = -2\sin\frac{A+B}{2}\sin\frac{A-B}{2}$$

です。

それから，「極限を図形的に説明してはイケない」という有名な小ネタを一つ。

1 辺の長さが 1 の正三角形の 2 辺を考えます。長さの和は 2 ですよね。これを各辺の中点で折り曲げた折れ線を考えます。この折れ線(次ページの図の赤い線)の長さは，やはり 2 のままですよね。

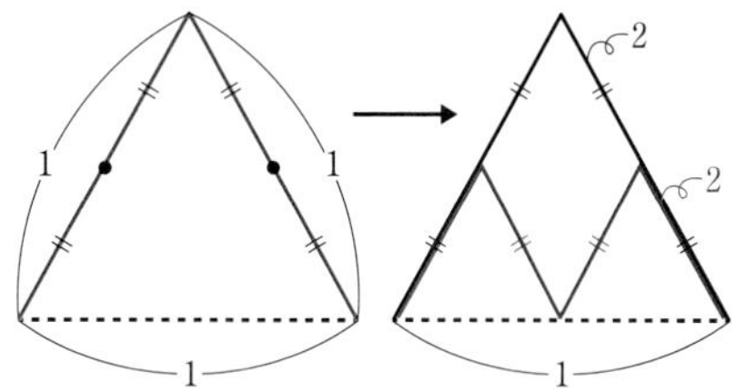

これをくり返していきますと

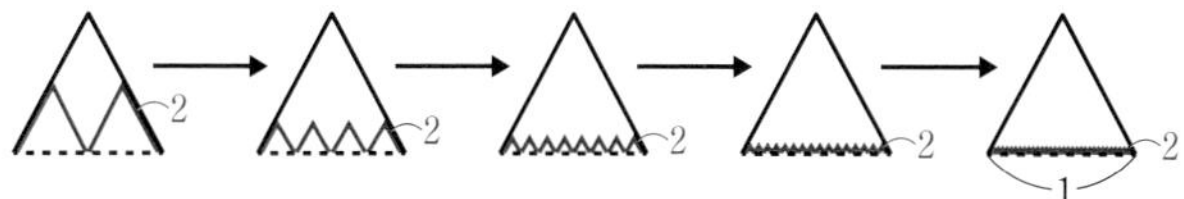

てな感じで，赤い折れ線は長さ 2 をたもったまま，だんだん底辺(点線部分)に近づいて(？)いきますよね。で，底辺の長さって，1 じゃないですか。じゃあ

$$2 \to 1$$

となるんですか？　ね，おかしいでしょ。折れ線はずっと折れ線なので，見た目は直線に近づいて(？)も，直線にはならないんです。

ということで，図形的な考察はもちろん大切ですし，図形的に説明しないと説明しづらいこともありますが，解答はなるべく数式でキチンと示しましょう。

テーマ

37 関数の極限③

問題 37　★★☆　35 分

曲線 $C : y=e^x$ と直線 $l : y=ax+b$ $(a>0,\ b>0)$ が2点 $\mathrm{P}(x_1,\ y_1)$ と $\mathrm{Q}(x_2,\ y_2)$ で交わっている。ただし，$x_1<x_2$ とする。

(1) $x_2-x_1=c$ とおくとき，y_1 と y_2 を a と c を用いて表せ。

(2) PとQの距離が1であるとする。曲線 C と x 軸および2直線 $x=x_1$，$x=x_2$ とで囲まれた図形を x 軸のまわりに1回転させて得られる回転体の体積を $V(a)$ とおくとき，

$$\lim_{a\to\infty}\frac{V(a)}{a}$$

を求めよ。　(阪大・理系・99 前)

理解　問題36での失敗をふまえて，まずは「P，Qが C 上」，「P，Qが l 上」の式を作っておきましょう。さっきは最初に「Qが D 上」の式を作っていなかったので，あとであわてましたね(笑)。

$$y_1=e^{x_1}=ax_1+b \quad \cdots\cdots ⓐ$$

$$y_2=e^{x_2}=ax_2+b \quad \cdots\cdots ⓑ$$

C と l から y を消去した x の方程式

$$e^x=ax+b$$

が解ければ問題ないのですが，解けないので，x_1，y_1，x_2，y_2 の関係式を用意しておきます。

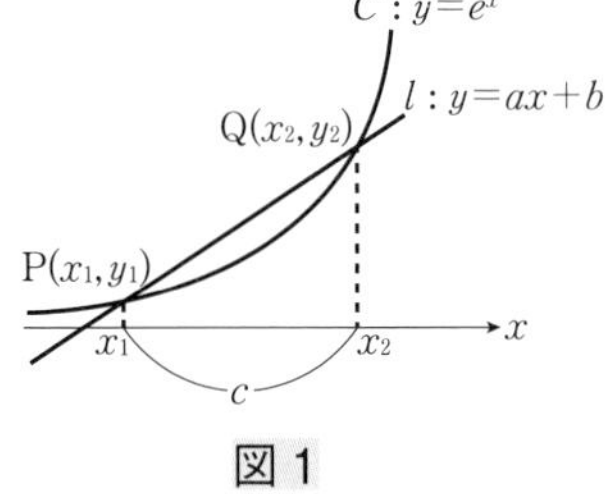

図1

(1)では

$$x_2-x_1=c \quad \cdots\cdots ⓒ$$

という x_1 と x_2 の間に関係式が与えられました。ⓐ，ⓑ，ⓒから「y_1 と y_2 を a と c を用いて表せ」つまり，「x_1，x_2 を消去せよ」ってことですね。まずはⓒから

$$x_2=x_1+c$$

として，ⓑに代入して，x_2 を消去しましょうか。右側の等式より

$$y_2=e^{x_1+c}=a(x_1+c)+b \quad \cdots\cdots ⓓ$$

$$e^{x_1}\cdot e^c=(ax_1+b)+ac$$

$a^{x+y}=a^x\cdot a^y$

お，ⓐの右側の等式が使えそうです。

e^{x_1} でくくる

$$e^{x_1}e^c=e^{x_1}+ac \quad \therefore \quad (e^c-1)e^{x_1}=ac$$

$x_1<x_2$ より $c=x_2-x_1>0$ ですから $e^c>1$ です。よって

$$e^{x_1}=\frac{ac}{e^c-1}$$

log をとれば x_1 が求まりますが，(1)は「y_1 を a，c で表せ」ですので，このままⓐの左側の等式に代入して

$$y_1=e^{x_1}=\frac{ac}{e^c-1} \quad \cdots\cdots ⓔ$$

できました！　y_2 はⓓの左側の等式より

$$y_2=e^{x_1+c}=e^{x_1}\cdot e^c=\frac{ace^c}{e^c-1} \quad \cdots\cdots ⓕ$$

これまたできました。

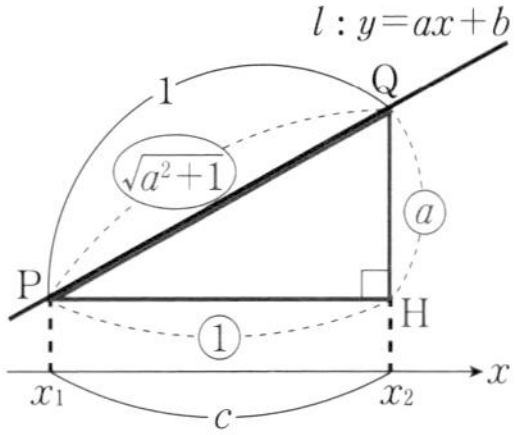

図2

次に(2)です。まず「P と Q の距離が 1」という条件です。「2 点間の距離の公式」で

$$\mathrm{PQ}=\sqrt{(x_1-x_2)^2+(y_1-y_2)^2}=1$$

ということなのですが，本問のように 2 点 P，Q が直線上の 2 点の場合，直線の傾きを利用した方がラクなことがあります。**図 2** の赤い直角三角形 PQH を考えると，l の傾きが a ですから，辺の比は $1:a:\sqrt{a^2+1}$ となります。$\mathrm{PH}=x_2-x_1=c$ であり，$\mathrm{PQ}=1$ ですから

$$c:1=1:\sqrt{a^2+1} \quad \therefore \quad c\sqrt{a^2+1}=1$$

$$\therefore \quad c=\frac{1}{\sqrt{a^2+1}} \quad \cdots\cdots ⓖ$$

です。

$\displaystyle\lim_{a\to\infty}\frac{V(a)}{a}$ を求めるので，ⓔやⓕなどを，ⓖを使って a の式に直すのですが，

$$y_1=\frac{\frac{a}{\sqrt{a^2+1}}}{e^{\frac{1}{\sqrt{a^2+1}}}-1},\ y_2=\cdots$$

おっと，なかなかエグい式になりますね。

とりあえず，いったん $V(a)$ を求めてみましょうか。右の**図 3** の赤網部分を x 軸のまわりに 1 回転させますから

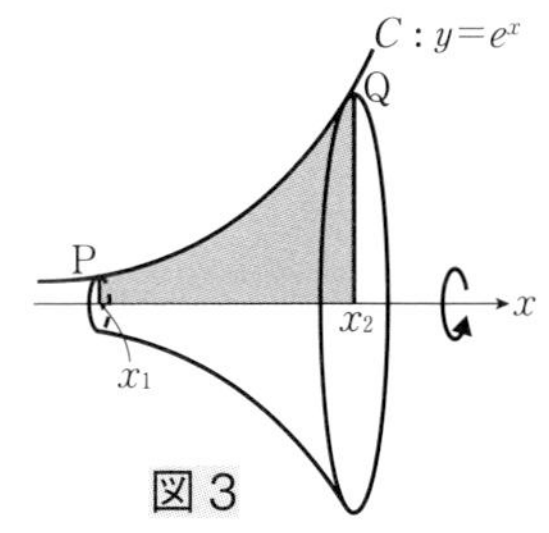

図3

$$V(a)=\int_{x_1}^{x_2}\pi(e^x)^2dx=\pi\int_{x_1}^{x_2}e^{2x}dx=\pi\left[\frac{1}{2}e^{2x}\right]_{x_1}^{x_2}=\frac{\pi}{2}(e^{2x_2}-e^{2x_1})$$

ⓐ，ⓑより $e^{x_1}=y_1$，$e^{x_2}=y_2$ で，y_1，y_2 は(1)で a，c で表してありますから

$$V(a)=\frac{\pi}{2}\{(e^{x_2})^2-(e^{x_1})^2\}=\frac{\pi}{2}(y_2{}^2-y_1{}^2)=\frac{\pi}{2}(y_2+y_1)(y_2-y_1)$$

として，(1)の結果ⓔ，ⓕを代入しましょう。

$$\begin{aligned}V(a)&=\frac{\pi}{2}\left(\frac{ace^c}{e^c-1}+\frac{ac}{e^c-1}\right)\left(\frac{ace^c}{e^c-1}-\frac{ac}{e^c-1}\right)\\&=\frac{\pi}{2}\frac{ac(e^c+1)}{e^c-1}\cdot\frac{ac\cancel{(e^c-1)}}{\cancel{e^c-1}}\\&=\frac{\pi}{2}\frac{a^2c^2(e^c+1)}{e^c-1}\quad\cdots\cdots\text{ⓗ}\end{aligned}$$

う〜ん，やはり，c を消去して a だけの式にするのは大変ですね。どうしましょう？ 問題36もそうでしたが，c の式にしてしまいません？問題36では $a\to\infty$ にするのですが，式は $4-2\sqrt{3}\cos\varphi$ のように φ の式でした。そこで，a と φ の関係式 $\cos2\varphi=\dfrac{1}{a^2}$ から $a\to\infty$ のとき $\varphi\to\dfrac{\pi}{4}-0$ を導いて，φ で処理しましたよね。アレと同じです。

本問も先ほど導いた

$$c=\frac{1}{\sqrt{a^2+1}}\quad\cdots\cdots\text{ⓖ}$$

という，a と c の関係式がありますから，$a\to\infty$ のとき $c\to+0$ ですね。また，これより

$$c^2=\frac{1}{a^2+1}\qquad\therefore\quad a^2+1=\frac{1}{c^2}\qquad\therefore\quad a^2=\frac{1}{c^2}-1=\frac{1-c^2}{c^2}$$

$a>0$ であり，これとⓖより $0<c<1$ ですから

$$a=\frac{\sqrt{1-c^2}}{c}$$

となります。よってⓗは

$$V(a)=\frac{\pi}{2}\frac{1-c^2}{\cancel{c^2}}\frac{\cancel{c^2}(e^c+1)}{e^c-1}=\frac{\pi}{2}\frac{(1-c^2)(e^c+1)}{e^c-1}$$

のように c だけの式になり

$$\frac{V(a)}{a}=\frac{c}{\sqrt{1-c^2}}\cdot\frac{\pi}{2}\cdot\frac{\underbrace{(1-c^2)}_{=(\sqrt{1-c^2})^2}(e^c+1)}{e^c-1}=\frac{\pi}{2}\frac{c\sqrt{1-c^2}(e^c+1)}{e^c-1}$$

も c だけの式になります。

ということで，例の「とりあえずそのまま代入」をやりますと，$a\to\infty$ のとき，$c\to+0$ で

$$\frac{V(a)}{a}=\frac{\pi}{2}\cdot\frac{c\underbrace{\sqrt{1-c^2}}_{\to\sqrt{1-0}=1}\underbrace{(e^c+1)}_{\to e^0+1=2}}{\underbrace{e^c-1}_{\to e^0-1=0}}\to\frac{\pi}{2}\cdot\frac{0\cdot1\cdot2}{0}$$

お，$\dfrac{0}{0}$ の不定形がありますね。$\dfrac{c}{e^c-1}$ の部分です。これは公式

$$\boldsymbol{\lim_{x\to0}\frac{e^x-1}{x}=1}$$

を使うところですね。

$$\lim_{a\to\infty}\frac{V(a)}{a}=\lim_{c\to+0}\frac{\pi}{2}\frac{\sqrt{1-c^2}\,(e^c+1)}{\dfrac{e^c-1}{c}}=\frac{\pi}{2}\cdot\frac{1\cdot(1+1)}{1}=\pi$$

イケました！

(1)　$\mathrm{P}(x_1,\ y_1)$，$\mathrm{Q}(x_2,\ y_2)$ はともに $C:y=e^x$，$l:y=ax+b$ 上の点であるから，

$$y_1=e^{x_1}=ax_1+b\quad\cdots\cdots①$$

$$y_2=e^{x_2}=ax_2+b\quad\cdots\cdots②$$

である。

$$x_2-x_1=c\qquad\therefore\quad x_2=x_1+c\quad\cdots\cdots③$$

とおくと，②より，

$$e^{x_1+c}=a(x_1+c)+b$$

$$e^{x_1}\cdot e^c=(ax_1+b)+ac$$

であるから，①より，

$$e^{x_1}\cdot e^c=e^{x_1}+ac\qquad\therefore\quad e^{x_1}(e^c-1)=ac$$

$x_1<x_2$ より $c>0$ であるから，$e^c>1$ である。よって，

$$e^{x_1}=\frac{ac}{e^c-1}$$

であるから，①より，

$$y_1=e^{x_1}=\boldsymbol{\frac{ac}{e^c-1}}\quad\cdots\cdots④$$

であり，②，③，④より，

$$y_2=e^{x_2}=e^{x_1+c}=e^{x_1}\cdot e^c=\frac{\boldsymbol{ace^c}}{\boldsymbol{e^c-1}} \quad \cdots\cdots⑤$$

(2)　PQ＝1 のとき，③と直線 l の傾きが a であることから，右の図の直角三角形 PQH に着目すると，

$$c : 1=1 : \sqrt{a^2+1}$$

$$\therefore \quad c=\frac{1}{\sqrt{a^2+1}} \quad \cdots\cdots⑥$$

よって，

$$c^2=\frac{1}{a^2+1} \qquad \therefore \quad a^2=\frac{1}{c^2}-1=\frac{1-c^2}{c^2}$$

$a>0$ と⑥より $0<c<1$ であるから，

$$a=\frac{\sqrt{1-c^2}}{c} \quad \cdots\cdots⑦$$

次に，曲線 C と x 軸および 2 直線 $x=x_1$，$x=x_2$ とで囲まれた図形は右上の図の赤網部分のようになるから，これを x 軸のまわりに 1 回転させて得られる回転体の体積 $V(a)$ は

$$V(a)=\int_{x_1}^{x_2}\pi(e^x)^2dx=\pi\left[\frac{1}{2}e^{2x}\right]_{x_1}^{x_2}$$

$$=\frac{\pi}{2}(e^{2x_2}-e^{2x_1})=\frac{\pi}{2}(y_2{}^2-y_1{}^2)$$

$$=\frac{\pi}{2}(y_2+y_1)(y_2-y_1)=\frac{\pi}{2}\frac{ac(e^c+1)}{e^c-1}\frac{ac(e^c-1)}{e^c-1}$$

（∵　④，⑤より）

$$=\frac{\pi}{2}\frac{a^2c^2(e^c+1)}{e^c-1} \quad \cdots\cdots⑧$$

⑥より $a\to\infty$ のとき，$c\to+0$ であるから，⑦，⑧より，

$$\lim_{a\to\infty}\frac{V(a)}{a}=\lim_{c\to+0}\frac{1}{a}\frac{\pi}{2}\frac{a^2c^2(e^c+1)}{e^c-1}=\lim_{c\to+0}\frac{\pi}{2}\frac{c\sqrt{1-c^2}(e^c+1)}{e^c-1}$$

$$=\lim_{c\to+0}\frac{\pi}{2}\cdot\frac{\sqrt{1-c^2}(e^c+1)}{\frac{e^c-1}{c}}=\frac{\pi}{2}\cdot\frac{1\cdot(1+1)}{1}=\boldsymbol{\pi}$$

テーマ

38 関数の極限④

問題 38 ★★★ 40分

$a>0$ とする。直線 l が曲線

$C_1: y=\log x$ と $C_2: y=\log(x-a)+a$

のどちらにも接している。

(1) l の方程式を求めよ。

(2) l, C_1, C_2 により囲まれる部分の面積 $S(a)$ を求めよ。

(3) 極限値 $\displaystyle\lim_{a\to\infty}\frac{S(a)}{a^2}$ を求めよ。ただし $\displaystyle\lim_{x\to\infty}\frac{\log x}{x}=0$ は用いてよい。

(阪大・理系・00後)

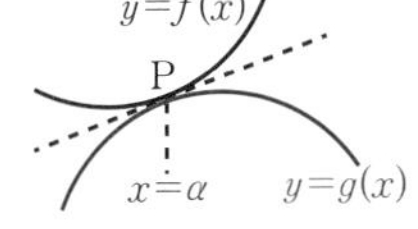

問題文をよく読まずに，もしくは図を描かずに，「2曲線が接する条件」

$$\begin{cases} f(\alpha)=g(\alpha) \\ f'(\alpha)=g'(\alpha) \end{cases}$$

を使って失敗する人がいるんですが，大丈夫でしたか？ l は C_1, C_2 と接しますが，「同じ点で接する」とは書いていないんですよ。本問の l は C_1 と C_2 の単なる「共通接線」であって「共有点で共通の接線をもつ(つまり接する)」のではありません。

ですから，l と C_1, l と C_2 の接点は基本的には異なります(たまたま一致することはあるかもしれません)。C_1, C_2 の接線の方程式は微分を利用しないと立てられませんし，そのためには接点の x 座標が必要ですので，それぞれ t_1, t_2 とおきましょうか。$y=\log x$ について $y'=\dfrac{1}{x}$ ですから，C_1 上の点 $(t_1, \log t_1)$ における C_1 の接線の方程式は

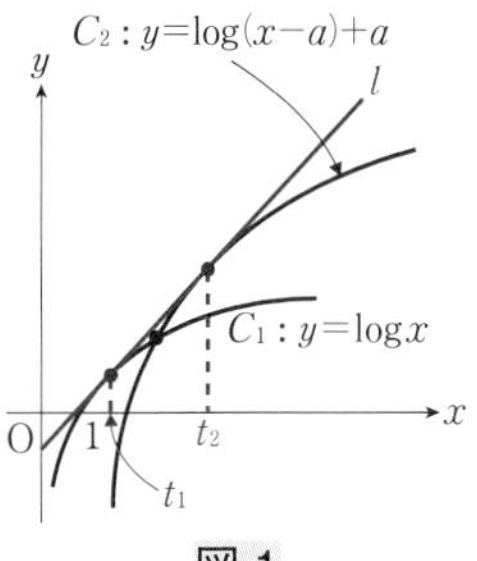

図1

$$y=\frac{1}{t_1}(x-t_1)+\log t_1 \qquad \therefore\quad y=\frac{1}{t_1}x+\log t_1-1 \quad \cdots\cdots ⓐ$$

$y=\log(x-a)+a$ について $y'=\dfrac{1}{x-a}$ ですから，C_2 上の点 $(t_2, \log(t_2-a)+a)$ における C_2 の接線の方程式は

$$y=\frac{1}{t_2-a}(x-t_2)+\log(t_2-a)+a$$

$$\therefore\quad y=\frac{1}{t_2-a}x+\log(t_2-a)+a-\frac{t_2}{t_2-a}\quad\cdots\cdots ⓑ$$

ⓐ，ⓑが一致したときが l ですから，x の係数と定数項を比べて

$$\begin{cases}\dfrac{1}{t_1}=\dfrac{1}{t_2-a} & \cdots\cdots ⓒ\\ \log t_1-1=\log(t_2-a)+a-\dfrac{t_2}{t_2-a} & \cdots\cdots ⓓ\end{cases}$$

ⓒより

$$t_1=t_2-a\qquad\therefore\quad t_2=t_1+a\qquad\cdots\cdots ⓒ'$$

ですから，ⓓで t_2 を消してみましょうか。

$$\cancel{\log t_1}-1=\cancel{\log t_1}+a-\frac{t_1+a}{t_1}\qquad\therefore\quad -1=a-1-\frac{a}{t_1}$$

$$\therefore\quad a=\frac{a}{t_1}$$

$a>0$ ですから

$$t_1=1\qquad\therefore\quad t_2=1+a\quad(\because\ ⓒ'\text{ より})$$

おー，t_1 は a の値によらない定数です。ということで，図 1 は修正しないといけませんね。

ⓐで $t_1=1$ とすると l の方程式が得られて

$$l：y=x-1$$

となります。

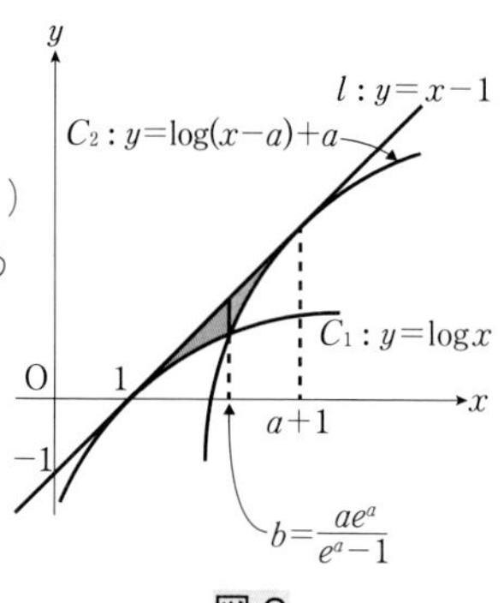

図 2

C_1 と C_2 の交点の x 座標は，y を消去して

$$\log x=\log(x-a)+a$$

右の a を log の中にとりこまないと，log がはずせませんから，$a=a\log_e e=\log e^a$ を利用して

$$\log x=\log(x-a)+\log e^a$$

$$\therefore\quad \log x=\log(x-a)e^a$$

$\log_a P+\log_a Q=\log_a PQ$

これで log がはずれて

$$x=(x-a)e^a\qquad\therefore\quad (e^a-1)x=ae^a$$

$a>0$ より $e^a>1$ ですから

$$x=\frac{ae^a}{e^a-1}$$

うーん，ちょっと複雑ですね。いったん

$$b=\frac{ae^a}{e^a-1} \quad \cdots ⓔ$$

とおいて，あとで代入しましょうか。これで l，C_1，C_2 により囲まれる部分は**図 2** の網掛部分ですね。

計画　さて，そうしますと，この面積 $S(a)$ ですが

$S(a)=$ （l，C_1，$x=1$，$x=b$ の図）$+$（l，C_2，$x=b$，$x=a+1$ の図）

$$=\int_1^b \{(x-1)-\log x\}dx+\int_b^{a+1}\{(x-1)-\log(x-a)-a\}dx$$

となりますね。　　　　　　　　　　　　$(x-a-1)$ とまとめる

$$\boxed{\int \log x\,dx = x\log x - x + C \quad (C\text{ は積分定数})}$$

は，よく使うので，自明にしますよ。

$$=\left[\frac{1}{2}(x-1)^2-x\log x+x\right]_1^b$$

$$+\left[\frac{1}{2}(x-a-1)^2-(x-a)\log(x-a)+(x-a)\right]_b^{a+1}$$

$$=\left\{\frac{1}{2}(b-1)^2-b\log b+b\right\}-1+1$$

$$-\left\{\frac{1}{2}(b-a-1)^2-(b-a)\log(b-a)+(b-a)\right\}$$

$$=\frac{1}{2}\{(b-1)^2-((b-1)-a)^2\}-b\log b+(b-a)\log(b-a)+a$$

$$=\frac{1}{2}\{2a(b-1)+a^2\}-b\log b+(b-a)\log(b-a)+a$$

$$=\frac{1}{2}a(2b-a)-b\log b+(b-a)\log(b-a) \quad \cdots\cdots ⓕ$$

いや〜キビシイですね，ココで間違えたら，あとの極限はやるだけムダです。だって問題と違う式の極限を求めたって，点数はもらえませんもんね。人生のかかった計算です，ていねいにいきましょう。もちろん

$$b=\frac{ae^a}{e^a-1} \quad \cdots\cdots ⓔ$$

を代入しますが，$b-a$ のカタマリが見えますから，先に処理しましょう。

$$b-a=\frac{ae^a-a(e^a-1)}{e^a-1}=\frac{a}{e^a-1}$$

ですね。ついでに $2b-a$ も処理します。

$$2b-a=\frac{2ae^a-a(e^a-1)}{e^a-1}=\frac{a(e^a+1)}{e^a-1}$$

これらをⓕに代入して，$S(a)$ を a だけの式にしますよ。

$$S(a)=\frac{1}{2}a\cdot\frac{a(e^a+1)}{e^a-1}-\frac{ae^a}{e^a-1}\log\frac{a\boxed{e^a}}{e^a-1}+\frac{a}{e^a-1}\log\frac{a}{e^a-1}$$

う～ん，まだかなり複雑ですね。もう少しキレイにしたいところです。log の中身がオシイ形ですね。2 項目の log の真数の分子の $\boxed{e^a}$ がなければ，3 項目の log の真数と同じ式になりますね。$\log PQ=\log P+\log Q$ でバラしてみましょうか。

$$S(a)=\frac{a^2(e^a+1)}{2(e^a-1)}-\frac{ae^a}{e^a-1}\left(\log\frac{a}{e^a-1}+\boxed{\log e^a}\right)+\frac{a}{e^a-1}\log\frac{a}{e^a-1}$$

（$\log e^a=a$）

$$=\frac{a^2(e^a+1)}{2(e^a-1)}-\frac{ae^a}{e^a-1}\log\frac{a}{e^a-1}-\frac{a^2e^a}{e^a-1}+\frac{a}{e^a-1}\log\frac{a}{e^a-1}$$

$$=\frac{a^2\{\boxed{(e^a+1)-2e^a}\}}{2(e^a-1)}-\frac{a(e^a-1)}{e^a-1}\log\frac{a}{e^a-1}$$

（$(e^a+1)-2e^a=1-e^a$）

$$=-\frac{a^2}{2}-a\log\frac{a}{e^a-1}$$

おー，イイ感じです!!　$\displaystyle\lim_{a\to\infty}\frac{S(a)}{a^2}$ を求めますから

$$\frac{S(a)}{a^2}=-\frac{1}{2}-\frac{1}{a}\log\frac{a}{e^a-1}$$

このまま $a\to\infty$ にしますと $\dfrac{a}{e^a-1}\to\dfrac{\infty}{\infty}$ ですので，

$\log\dfrac{P}{Q}=\log P-\log Q$ でバラしましょうか。

$$\frac{S(a)}{a^2}=-\frac{1}{2}-\frac{1}{a}\{\log a-\log(e^a-1)\}$$

$$=-\frac{1}{2}-\boxed{\frac{\log a}{a}}+\boxed{\frac{\log(e^a-1)}{a}}$$

問題文から $\displaystyle\lim_{x\to\infty}\frac{\log x}{x}=0$ は使ってよいので，$\boxed{}$ は x を a として

$$\lim_{a\to\infty}\boxed{\frac{\log a}{a}}=0$$

でOKですよね。◯はどうしましょう？　真数部分を比較して，$x=e^a-1$としたいので，分母もe^a-1にしないといけませんね。

$$\lim_{a\to\infty}\frac{\log(e^a-1)}{a}=\lim_{a\to\infty}\left(\frac{\log(e^a-1)}{e^a-1}\times\frac{e^a-1}{a}\right)$$

「イケた！」と思いましたか？　失敗ですよ〜。$e^a-1=x$とおくと

$$\lim_{a\to\infty}\frac{\log(e^a-1)}{e^a-1}=\lim_{x\to\infty}\frac{\log x}{x}=0$$

ですが

$$\lim_{a\to\infty}\frac{e^a-1}{a}\to\frac{\infty}{\infty}\text{ 不定形}$$

です。$\displaystyle\lim_{a\to 0}\frac{e^a-1}{a}=1$とはちがいますよ！

さて，困りました。もう1回◯にもどります。そして，極限の超原則

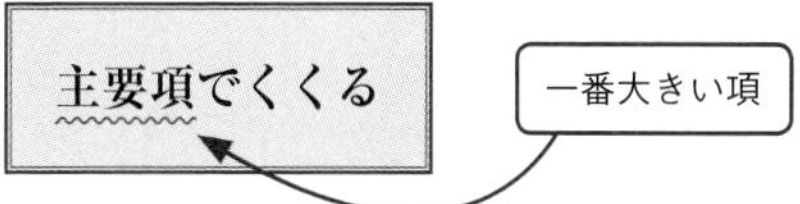

に戻ります。

$$\lim_{a\to\infty}\frac{\log(e^a-1)}{a}$$

（主要項e^aでくくる）

$$=\lim_{a\to\infty}\frac{\log e^a\left(1-\frac{1}{e^a}\right)}{a}$$

（$\log PQ=\log P+\log Q$でバラす）

$$=\lim_{a\to\infty}\frac{\log e^a+\log\left(1-\frac{1}{e^a}\right)}{a}$$

$$=\lim_{a\to\infty}\left\{1+\frac{1}{a}\log\left(1-\frac{1}{e^a}\right)\right\}$$

（$\frac{1}{a}\to 0$，$\log\left(1-\frac{1}{e^a}\right)\to\log 1=0$）

$$=1+0$$

$$=1$$

今度こそOKです！

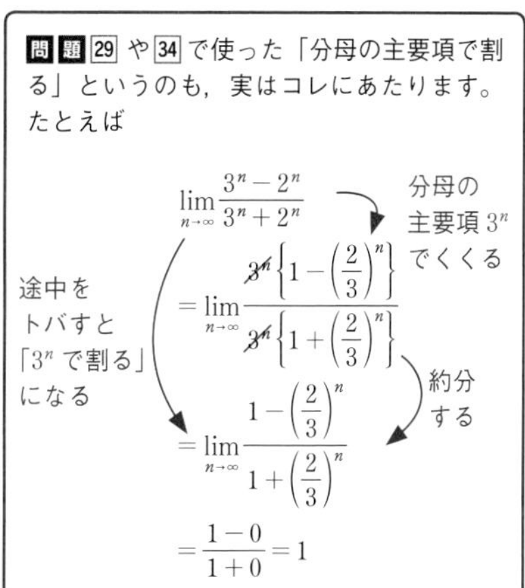
問題29や34で使った「分母の主要項で割る」というのも，実はコレにあたります。たとえば

$$\lim_{n\to\infty}\frac{3^n-2^n}{3^n+2^n}$$

（分母の主要項3^nでくくる）

$$=\lim_{n\to\infty}\frac{3^n\left\{1-\left(\frac{2}{3}\right)^n\right\}}{3^n\left\{1+\left(\frac{2}{3}\right)^n\right\}}$$

（約分する）

$$=\lim_{n\to\infty}\frac{1-\left(\frac{2}{3}\right)^n}{1+\left(\frac{2}{3}\right)^n}$$

（途中をトバすと「3^nで割る」になる）

$$=\frac{1-0}{1+0}=1$$

実行

(1) $C_1 : y=\log x,\ y'=\dfrac{1}{x}$

$C_2 : y=\log(x-a)+a,\ y'=\dfrac{1}{x-a}$

C_1 の $x=t_1$ における接線の方程式は

$$y=\frac{1}{t_1}(x-t_1)+\log t_1 \qquad \therefore\quad y=\frac{1}{t_1}x+\log t_1-1 \quad \cdots\cdots①$$

C_2 の $x=t_2$ における接線の方程式は

$$y=\frac{1}{t_2-a}(x-t_2)+\log(t_2-a)+a$$

$$\therefore\quad y=\frac{1}{t_2-a}x+\log(t_2-a)-\frac{t_2}{t_2-a}+a \quad \cdots\cdots②$$

①，②が一致するとき，

$$\begin{cases}\dfrac{1}{t_1}=\dfrac{1}{t_2-a} \qquad \therefore\quad t_1=t_2-a & \cdots\cdots③\\[2ex] \log t_1-1=\log(t_2-a)-\dfrac{t_2}{t_2-a}+a & \cdots\cdots④\end{cases}$$

であるから，③，④から t_2 を消去すると，

$$\log t_1-1=\log t_1-\frac{t_1+a}{t_1}+a \qquad \therefore\quad \frac{a}{t_1}=a$$

$a>0$ より，

$t_1=1 \qquad \therefore\quad t_2=a+1$ （$\because$ ③より）

よって，l の方程式は，①より，

$l : y=x-1$

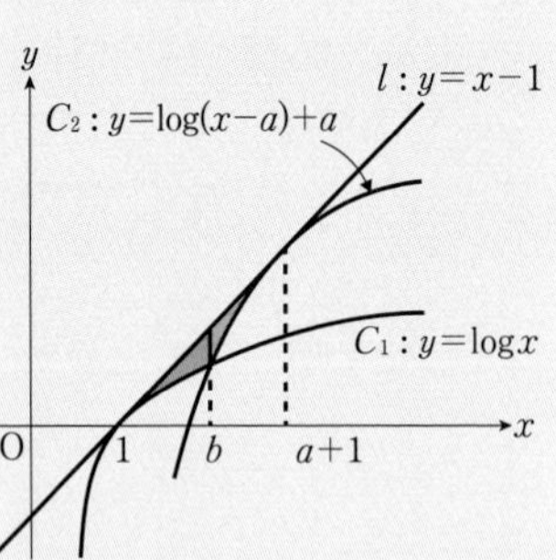

(2) (1)より l，C_1，C_2 により囲まれる部分は，右の図の網掛部分のようになる。C_1 と C_2 の交点の x 座標を b とすると，

$\log b=\log(b-a)+a$ （a に $\log e^a$ と書き込み）

$\log b=\log(b-a)e^a$

$b=(b-a)e^a$

$$b=\frac{ae^a}{e^a-1} \quad (\because\ a>0 \text{ より } e^a-1>0) \quad \cdots\cdots⑤$$

であるから，

$$S(a)=\int_1^b\{(x-1)-\log x\}dx+\int_b^{a+1}\{(x-1)-\log(x-a)-a\}dx$$

$$=\left[\frac{1}{2}(x-1)^2-x\log x+x\right]_1^b$$

$$+\left[\frac{1}{2}(x-a-1)^2-(x-a)\log(x-a)+(x-a)\right]_b^{a+1}$$

$$=\left\{\frac{1}{2}(b-1)^2-b\log b+b\right\}-1+1$$

$$-\left\{\frac{1}{2}(b-a-1)^2-(b-a)\log(b-a)+(b-a)\right\}$$

$$=\frac{1}{2}a(2b-a)-b\log b+(b-a)\log(b-a)$$

ここで，⑤より，

$$b-a=\frac{ae^a}{e^a-1}-a=\frac{a}{e^a-1},\ 2b-a=\frac{2ae^a}{e^a-1}-a=\frac{a(e^a+1)}{e^a-1}$$

であり，

$$\log b=\log\frac{ae^a}{e^a-1}=\log\frac{a}{e^a-1}+a$$

$\log e^a$

であるから，

$$S(a)=\frac{1}{2}a\cdot\frac{a(e^a+1)}{e^a-1}-\frac{ae^a}{e^a-1}\left(\log\frac{a}{e^a-1}+a\right)+\frac{a}{e^a-1}\log\frac{a}{e^a-1}$$

$$=\frac{a^2\{(e^a+1)-2e^a\}}{2(e^a-1)}-\frac{a(e^a-1)}{e^a-1}\log\frac{a}{e^a-1}$$

$$=-\frac{a^2}{2}-a\{\log a-\log(e^a-1)\}$$

主要項 e^a でくくる

$$=-\frac{a^2}{2}-a\log a+a\log e^a\left(1-\frac{1}{e^a}\right)$$

$\log PQ$
$=\log P+\log Q$

$$=-\frac{a^2}{2}-a\log a+a\left\{a+\log\left(1-\frac{1}{e^a}\right)\right\}$$

$\log e^a$

$$=\frac{a^2}{2}-a\log a+a\log\left(1-\frac{1}{e^a}\right)$$

したがって，

$$\lim_{a\to\infty}\frac{S(a)}{a^2}=\lim_{a\to\infty}\left\{\frac{1}{2}-\frac{\log a}{a}+\frac{1}{a}\log\left(1-\frac{1}{e^a}\right)\right\}$$

$$=\frac{1}{2}-0+0\cdot\log 1$$

$$=\boldsymbol{\frac{1}{2}}$$

$C_2: y=\log(x-a)+a$ は $C_1: y=\log x$ を x 軸方向に a, y 軸方向に a だけ平行移動したものだというのは気づいてましたか？　それに気づいていたなら，ちょっとだけ計算を楽にする工夫がありました。気づきましたか？

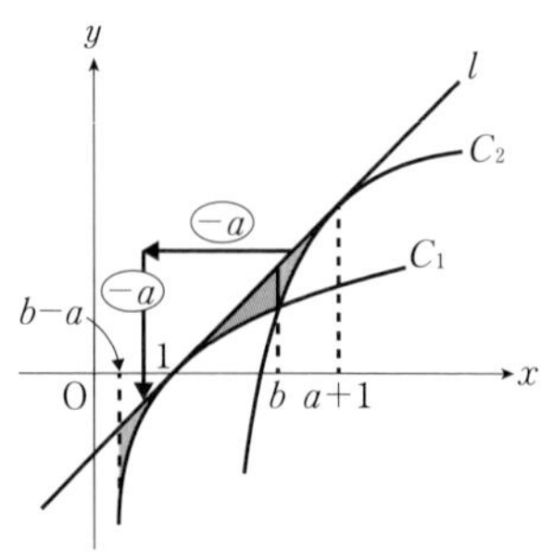

黒網部分を x 軸方向に $-a$, y 軸方向に $-a$ だけ平行移動すると，C_1 と l にはさまれた部分の面積に直せるんです。そうしますと

$$
\begin{aligned}
S(a) &= \int_{b-a}^{b} \{(x-1)-\log x\}dx \\
&= \left[\frac{1}{2}(x-1)^2 - x\log x + x\right]_{b-a}^{b} \\
&= \left\{\frac{1}{2}(b-1)^2 - b\log b + b\right\} \\
&\quad -\left\{\frac{1}{2}(b-a-1)^2 - (b-a)\log(b-a) + (b-a)\right\} \\
&= \frac{1}{2}a(2b-a) - b\log b + (b-a)\log(b-a)
\end{aligned}
$$

となり，不定積分の計算が少しラクになります。

阪大はヘビーな計算が多いですから，「式ができたら，即計算」ではなく，計算の前に

グラフや図を移動させて，計算をラクにできないか？

と，ちょっと考えるようにしましょう。

第10章 評　価

プロローグ

聞き慣れない言葉かもしれません。ある数式に対する不等式を作ることを「評価する」といういい方をしたりします。受験生がイメージし易いのは，関数 $f(x)$ に対して

$$g(x) < f(x) < h(x)$$

などのような不等式を証明しておいて，$\lim_{x \to a} f(x)$ を「はさみうちの原理」で求めるような問題でしょうか。問題集などでやったことがあると思います。普通の大学入試ですと

(1)　$x > 0$ において，$g(x) < f(x) < h(x)$ が成り立つことを示せ。

のような小問があって，不等式は与えられていると思います。もちろん阪大でも与えられることが多いですが，受験生が自分で作らないといけないこともあります。問題43の検討 (p.394) で扱いますが

> $\displaystyle\sum_{n=1}^{40000} \frac{1}{\sqrt{n}}$ の整数部分を求めよ。　　（阪大・理系・14）

なんて問題も出てますよ。ね，ノーヒントでしょ。でも，阪大では頻出の評価の方法を使いますので，阪大受験生ならできてほしいところです。では，研究していきましょう。

テーマ

39 評価①

問題 39 ★☆☆ 25分

$n=1,\ 2,\ 3,\ \cdots$に対して，$y=\log(nx)$と$\left(x-\dfrac{1}{n}\right)^2+y^2=1$の交点のうち第1象限にある点を$(p_n,\ q_n)$とする。

(1) 不等式$1-{q_n}^2 \leqq \dfrac{(e-1)^2}{n^2}$を示すことにより，$\displaystyle\lim_{n\to\infty} q_n=1$を証明せよ。ただし，$e$は自然対数の底である。

(2) $S_n=\displaystyle\int_{\frac{1}{n}}^{p_n}\log(nx)\,dx$を$p_n$で表せ。

(3) $\displaystyle\lim_{n\to\infty} nS_n$を求めよ。

（阪大・理系・09前）

理解 $\left(x-\dfrac{1}{n}\right)^2+y^2=1$は，点$\left(\dfrac{1}{n},\ 0\right)$を中心とする半径1の円ですね。$y=\log(nx)$は，$n>0$ですから，真数条件より$x>0$で

$$y=\log(nx)=\log n+\log x$$

と変形できますので，このグラフは$y=\log x$のグラフをy軸方向に$\log n$だけ平行移動したものです。また，$y=0$とすると

$$nx=1 \qquad \therefore \quad x=\frac{1}{n}$$

ですから，x軸との交点は$\left(\dfrac{1}{n},\ 0\right)$で，ちょうど，上の円の中心に一致しますね。右の図1のようになっています。$n=3$くらいで描いてみました。

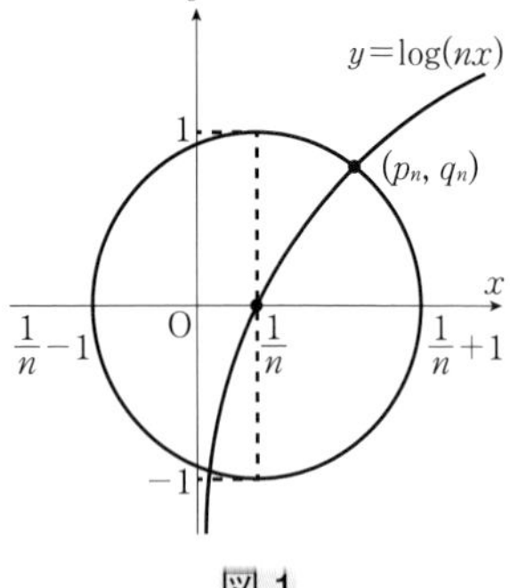

図1

そうしますと，点$(p_n,\ q_n)$は

$y=\log(nx)$上の点ということで，$q_n=\log(np_n)$ ……ⓐ

$\left(x-\dfrac{1}{n}\right)^2+y^2=1$ 上の点ということで，$\left(p_n-\dfrac{1}{n}\right)^2+q_n{}^2=1$ ……ⓑ

第１象限の点ということで，$p_n>0$，$q_n>0$ ……ⓒ

が成り立ちますね。

(1)の第１目標は

目標 $1-q_n{}^2 \leqq \dfrac{(e-1)^2}{n^2}$

ですね。そうしますと，ⓑの式から $1-q_n{}^2$ が作れることに気づきます。

$$1-q_n{}^2=\left(p_n-\frac{1}{n}\right)^2$$

右辺を通分すると，**目標**の右辺の分母 n^2 も出てきて，いいカンジです。

$$1-q_n{}^2=\frac{(np_n-1)^2}{n^2} \quad \cdots\cdots ⓓ$$

さて，そうしますと，この右辺の分子の np_n と，**目標**の右辺の分子の e の大小関係がほしいですね。np_n というと，ⓐに入ってます。

$$q_n=\log(np_n) \quad \cdots\cdots ⓐ$$

でした。じゃあ q_n についての不等式がどっかで作れませんかね？ **図１**を見ていただくと，点 $(p_n,\ q_n)$ は第１象限で円上ですから

$$0<q_n \leqq 1 \quad \cdots\cdots ⓔ$$

は気づきますよね。そうしますとⓐを代入したら

$$0<\log(np_n) \leqq 1$$

$$\log 1<\log(np_n) \leqq \log e$$

$$1<np_n \leqq e$$

あ，出ました！　右の**図２**のように $y=(x-1)^2$ のグラフを考えると

$$(np_n-1)^2 \leqq (e-1)^2$$

ですから，ⓓより

$$1-q_n{}^2=\frac{(np_n-1)^2}{n^2} \leqq \frac{(e-1)^2}{n^2}$$

で**目標**が出ました。

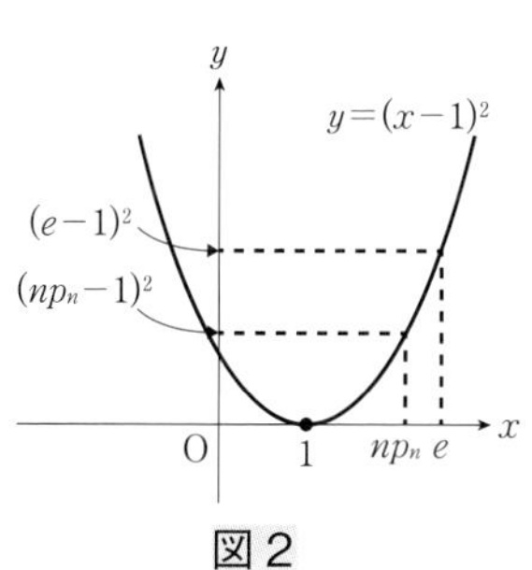

図２

(1)の第２目標

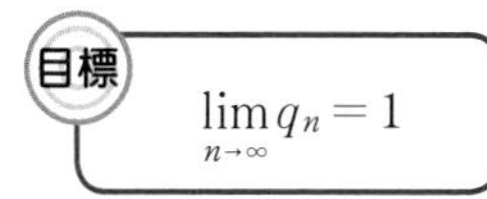

$$\lim_{n\to\infty} q_n=1$$

は，ⓔより $1-q_n{}^2 \geqq 0$ ですから，今の不等式とあわせて

$$0 \leqq 1-q_n{}^2 \leqq \frac{(e-1)^2}{n^2}$$

で，はさんでOKですね。

(2)は計算だけです。**問題38**でもやりましたが

$$\int \log x\,dx = x\log x - x + C$$

は自明にしますよ。本問は $\log(nx)$ ですが，$\log(nx)=\log n+\log x$ とすれば

$$\int \log(nx)\,dx = \int(\log n + \log x)\,dx$$

$\log n$ は定数

$$= x\log n + x\log x - x + C$$

$$= x\log(nx) - x + C$$

とできます。

$$S_n = \int_{\frac{1}{n}}^{p_n} \log(nx)\,dx$$

$$\vdots$$

$$= p_n\log(np_n) - p_n + \frac{1}{n}$$

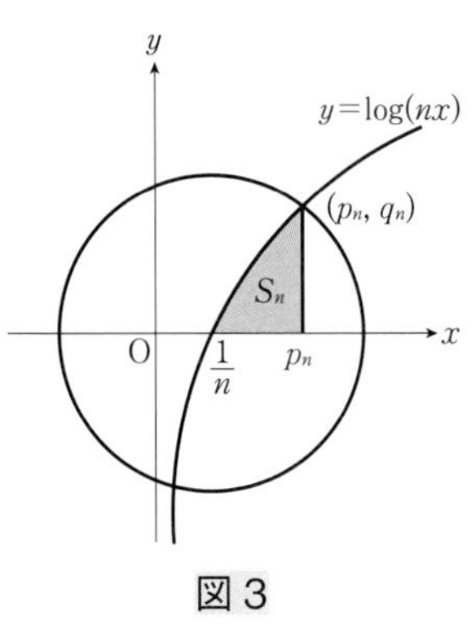

図3

になります。これは右の図3の赤網部分の面積ですよね。「$y=\log(nx)$，x 軸，直線 $x=p_n$ で囲まれた部分の面積を S_n とする」と書いてもよいと思うのですが，円も登場するので，受験生がカンちがいしないようにとの配慮でしょうか。

さて，そうしますと(3)なのですが，(1)で $\lim_{n\to\infty} q_n = 1$ を示していますので，S_n を q_n の式にしましょうか。ⓐで

$$\log(np_n) = q_n \quad \cdots\cdots ⓐ$$

でしたから，

$$np_n = e^{q_n}$$

$$\therefore \quad p_n = \frac{e^{q_n}}{n}$$

ですね。そうしますと

> $q_n = q_n\log e = \log e^{q_n}$
> としてⓐから log をはずして
> $np_n = e^{q_n}$
> としてもよいのですが，できれば log の定義から，直接導いてほしいところです。検討 でお話ししますね。

$$nS_n = n\left(\frac{e^{q_n}}{n}\cdot q_n - \frac{e^{q_n}}{n} + \frac{1}{n}\right)$$

$$= e^{q_n}(q_n - 1) + 1$$

$n \to \infty$ にすると，$q_n \to 1$ ですから

$$nS_n = \underbrace{e^{q_n}}_{\to e^1}\underbrace{(q_n - 1)}_{\to 1-1=0} + 1 \quad \to \quad e \cdot 0 + 1 = 1$$

あ，何の問題もないですね。(1)の誘導が効いてます。

実行

(1) 点 $(p_n,\ q_n)$ は $y = \log(nx)$ と $\left(x - \dfrac{1}{n}\right)^2 + y^2 = 1$ の交点のうち，第1象限にあるものなので，

$$\begin{cases} q_n = \log(np_n) & \cdots\cdots① \\ \left(p_n - \dfrac{1}{n}\right)^2 + {q_n}^2 = 1 & \cdots\cdots② \\ p_n > 0,\ q_n > 0 & \cdots\cdots③ \end{cases}$$

が成り立つ。

②，③より，

$$0 < q_n \leqq 1 \quad \cdots\cdots④$$

であるから，①を代入して，

$$0 < \log(np_n) \leqq 1$$

$$1 < np_n \leqq e$$

$$0 < np_n - 1 \leqq e - 1$$

これと②より，

$$1 - {q_n}^2 = \frac{(np_n - 1)^2}{n^2} \leqq \frac{(e-1)^2}{n^2} \quad \cdots\cdots⑤$$

次に，④，⑤より，

$$0 \leqq 1 - {q_n}^2 \leqq \frac{(e-1)^2}{n^2}$$

であり，$\displaystyle\lim_{n\to\infty}\frac{(e-1)^2}{n^2} = 0$ であるから，はさみうちの原理より，

$$\lim_{n\to\infty}(1 - {q_n}^2) = 0 \qquad \therefore \quad \lim_{n\to\infty}{q_n}^2 = 1$$

これと④より，

$$\lim_{n\to\infty} q_n = 1 \quad \cdots\cdots⑥$$

（証明おわり）

(2) $S_n=\int_{\frac{1}{n}}^{p_n}\log(nx)\,dx$

$$=\Big[x\log(nx)-x\Big]_{\frac{1}{n}}^{p_n}$$

$$=\{p_n\log(np_n)-p_n\}-\left(\frac{1}{n}\log 1-\frac{1}{n}\right)$$

$$=\boldsymbol{p_n\log(np_n)-p_n+\frac{1}{n}}$$

(3) ①より,

$$np_n=e^{q_n} \qquad \therefore \quad p_n=\frac{e^{q_n}}{n}$$

であるから，(2)の結果より，

$$nS_n=n\left(\frac{e^{q_n}}{n}\cdot q_n-\frac{e^{q_n}}{n}+\frac{1}{n}\right)=e^{q_n}(q_n-1)+1$$

よって，⑥より，

$$\lim_{n\to\infty}nS_n=\lim_{q_n\to 1}\{e^{q_n}(q_n-1)+1\}=e^1(1-1)+1=\boldsymbol{1}$$

検討 log の定義は大丈夫ですか？ 「$\log_2 9$ の意味は？」と聞くと，答えられない人が多いんですけど，どうですか？ 「$\sin 60^\circ$ の意味は？」って聞かれたら答えられますよね。右の図のような直角三角形の $\dfrac{(\text{高さ})}{(\text{斜辺の長さ})}$ で，なんなら値も $\dfrac{\sqrt{3}}{2}$ って答えられますよね。$\log_2 9$ はどうですか？

◆ log の定義

$$\boldsymbol{a^r=R \iff \log_a R=r} \quad \cdots\cdots(*)$$

です。でも，これではお腹の底からわかった感じはしませんよね。具体例でいきます。

$$10^2=100 \iff \log_{10}100=2$$

となります。つまり，この例では log は "2" なんです。"2" って何をしてますか？ 10 を 100 にするとき 2 乗してるんですよね。そうなんです

$\log_a R=$(a を何乗したら R になるかの答え)

ってことなんです。

$$\log_{10} 100 = (10\text{を何乗したら}100\text{になる？}) = 2(\text{乗})$$
$$\log_2 8 = (2\text{を何乗したら}8\text{になる？}) = 3(\text{乗})$$
$$\log_2 9 = (2\text{を何乗したら}9\text{になる？}) = 3\text{よりちょい大きい値}(\text{乗})$$

というわけです。

ですから，解答の

$$q_n = \log_e (np_n) \quad \cdots\cdots ①$$

は

e を q_n 乗すると np_n になる

という意味ですから，(3)で

$$e^{q_n} = np_n$$

とすぐに log をはずすことができるんです。

ついでに(＊)で R を消去しますと

$$\boldsymbol{\log_a a^r = r}$$

という公式ができます。さっきの例でやりますと

$$\log_{10} 100 = \log_{10} 10^2 = 2$$
$$\log_2 8 = \log_2 2^3 = 3$$

アタリ前ですね。

次に(＊)で r を消去しますと

$$\boldsymbol{a^{\log_a R} = R}$$

という受験生のニガ手な公式ができます。大丈夫ですか？　さっきの例だと

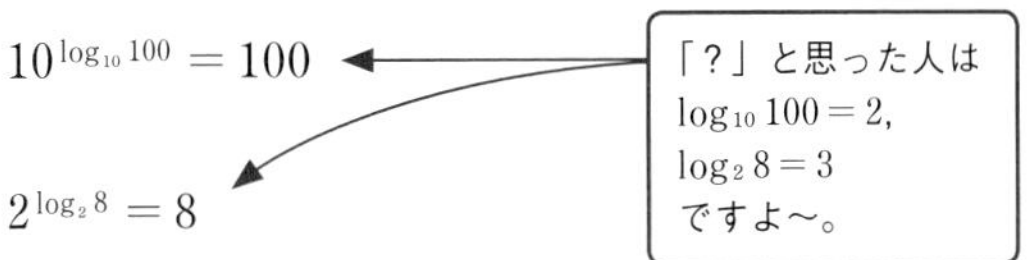

となります。「2を8にする指数」である $\log_2 8\,(=3)$ が，2の指数部分にあるんですから，そりゃあ8になりますよね。同じく

$$2^{\log_2 9} = 9$$

になります。「2を9にする指数」である $\log_2 9$ が指数部分にあるんですから，そりゃあ9になりますよ。よく噛んで，消化＋吸収しておいてください。

テーマ

40 評価②

問題 40 ★☆☆ 20分

実数 x に対して，x を超えない最大の整数を $[x]$ で表す。n を正の整数とし

$$a_n=\sum_{k=1}^{n}\frac{[\sqrt{2n^2-k^2}]}{n^2}$$

とおく。このとき，$\lim_{n\to\infty}a_n$ を求めよ。

（阪大・理系・00 前）

「ガウス記号」がはずせるかどうか，ですね。ガウス記号の定義は，問題文にありますように，「x を超えない最大の整数」なのですが，意味は

$[x]=$（**x の整数部分**）

です。たとえば

$[3.7]=3$

$[4.5]=4$

$[5]=5$

> 5は5を超えられませんよね。「自分自身は超えられない」というあまり教育的にはよくない記号です（笑）。若者は自分自身を超えていきませんとね！

ですから，$[x]=$（x の整数部分）になってますよね。ただ，こう表現すると

$[-1.2]=-2$

で混乱する人がいます。数直線を書くとわかり易いと思いますが，「-1.2 を超えない最大の整数」は -2 ですよね。実は，「整数部分」，「小数部分」といったとき，「小数部分」は0以上1未満で考えることになっていて

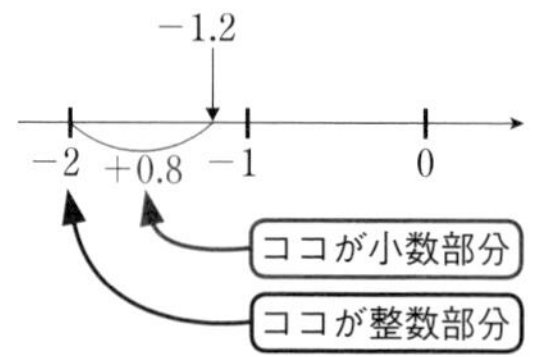

-1.2 の整数部分は -2，小数部分は 0.8

ということになるんです。だから，$[x]=$（x の整数部分）であってるんです。

じゃあ，一般化しましょうか。x を超えない最大の整数が $[x]$，それより1だけ大きい整数が $[x]+1$ ですから，数直線上で右のようになります。x が整数のとき

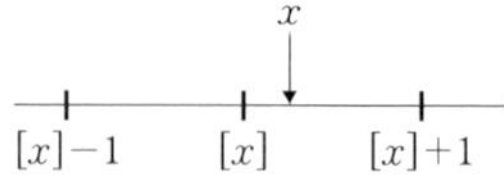

$[x]=x$

が成立することに注意して

$$[x] \leqq x < [x]+1 \quad \cdots\cdots (*)$$

という不等式が得られますね。

ただ，$[x]$ をまん中にもってきて，$[x]$ を評価する式として使う，すなわち“ガウス記号をはずす”ときに使うことが多いので，

～～～部から　$[x] \leqq x$

～～～部から　$x-1 < [x]$

ですから

$$x-1 < [x] \leqq x \quad \cdots\cdots (**)$$

とした式が参考書などによく載っていますね。丸暗記しなくても，数直線をかけば $(*)$ はすぐに作れますし，それを変形して $(**)$ を作ればよいです。もしくは，数直線で $(*)$ は△のおむすびの関係式になっていて，$(**)$ は，▽の逆おむすびの関係式になっていますので，この図が作れたら，イッパツで $(**)$ が作れます。

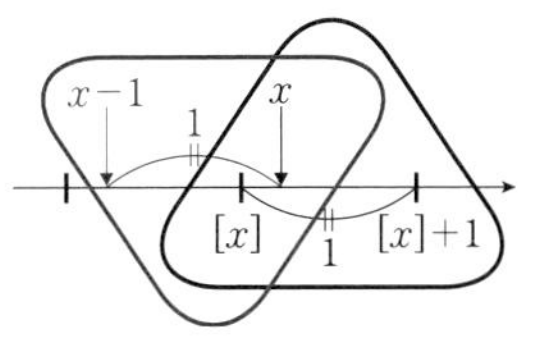

計画　さて，$(**)$ を使いますと

$$\sqrt{2n^2-k^2}-1 < [\sqrt{2n^2-k^2}] \leqq \sqrt{2n^2-k^2}$$

と，ガウス記号をはずせます。辺々を n^2 で割ります。$n^2>0$ ですから不等号の向きはそのままで大丈夫ですね。

$$\frac{\sqrt{2n^2-k^2}}{n^2}-\frac{1}{n^2} < \frac{[\sqrt{2n^2-k^2}]}{n^2} \leqq \frac{\sqrt{2n^2-k^2}}{n^2}$$

となり，$k=1,\ 2,\ 3,\ \cdots,\ n$ として辺々を加えると

$$\sum_{k=1}^{n}\frac{\sqrt{2n^2-k^2}}{n^2}-\frac{1}{n^2}\times n < \sum_{k=1}^{n}\frac{[\sqrt{2n^2-k^2}]}{n^2} \leqq \sum_{k=1}^{n}\frac{\sqrt{2n^2-k^2}}{n^2}$$

$n\to\infty$ のとき $\frac{1}{n^2}\times n=\frac{1}{n}\to 0$ ですから，ここはOKです。問題は

$$\lim_{n\to\infty}\sum_{k=1}^{n}\frac{\sqrt{2n^2-k^2}}{n^2}$$

ですね。どうしましょう？　そろそろしつこいですが(笑)。

無限級数の和 ➡ **1** 無限等比級数，区分求積法 check　**2** 部分和を求めて　$n\to\infty$　**3** はさみうち

でしたね。はい！　区分求積法です。

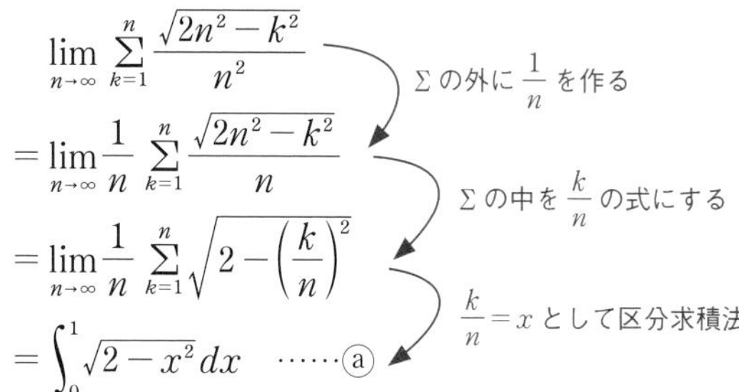

$$\lim_{n\to\infty}\sum_{k=1}^{n}\frac{\sqrt{2n^2-k^2}}{n^2}$$

$$=\lim_{n\to\infty}\frac{1}{n}\sum_{k=1}^{n}\frac{\sqrt{2n^2-k^2}}{n}$$

$$=\lim_{n\to\infty}\frac{1}{n}\sum_{k=1}^{n}\sqrt{2-\left(\frac{k}{n}\right)^2}$$

$$=\int_0^1\sqrt{2-x^2}\,dx\quad\cdots\cdots ⓐ$$

この積分計算は大丈夫ですか？

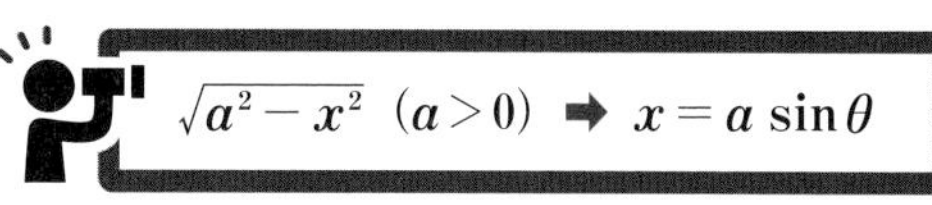

$\sqrt{a^2-x^2}$ $(a>0)$ ➡ $x=a\sin\theta$

上の置換は $\frac{2}{\sqrt{2-x^2}}$ などのとき使います。$\sqrt{a^2-x^2}$ のみの積分は下の半円の面積がラク。

が基本ですが，例外が 2 つあります。1 つは

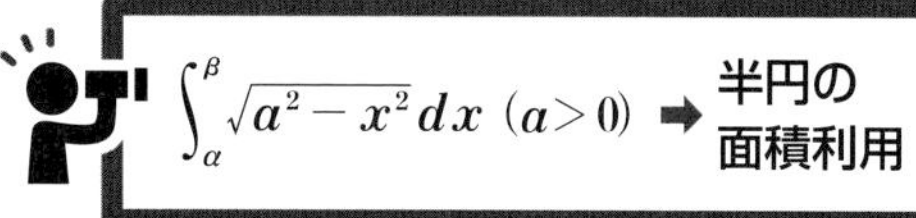

$\int_\alpha^\beta\sqrt{a^2-x^2}\,dx$ $(a>0)$ ➡ 半円の面積利用

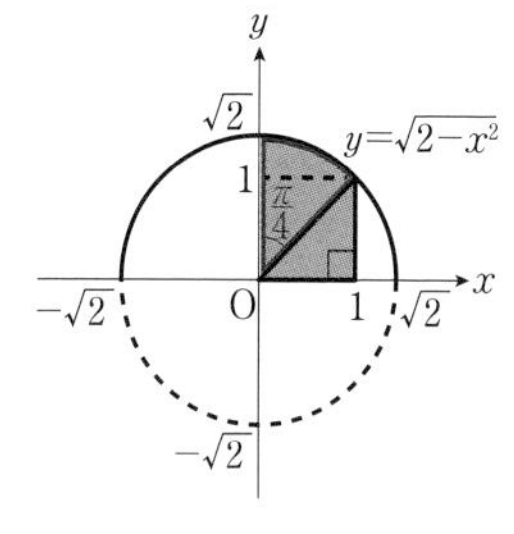

で，ⓐはコレです。

$$y=\sqrt{2-x^2}\iff y^2=2-x^2 \text{ かつ } y\geqq 0$$

$$\iff x^2+y^2=2\ (y\geqq 0)$$

ですから，これは xy 平面で原点中心，半径 $\sqrt{2}$ の円の上半分を表します。そうすると，ⓐは右上の図の網掛部分の面積を表していますから

$$\int_0^1\sqrt{2-x^2}\,dx=\text{（扇形：中心角 }\tfrac{\pi}{4}\text{，半径 }\sqrt{2}\text{）}+\text{（直角三角形：}1,\ 1\text{）}=\frac{1}{2}\cdot(\sqrt{2})^2\cdot\frac{\pi}{4}+\frac{1}{2}\cdot 1\cdot 1=\frac{\pi}{4}+\frac{1}{2}$$

となります。

もう１つは，今回は使いませんが

$$\int x\sqrt{a^2-x^2}\,dx \quad (a>0)$$

$$\Rightarrow \int\{g(x)\}^{\alpha}g'(x)\,dx=\begin{cases}\dfrac{1}{\alpha+1}\{g(x)\}^{\alpha+1}+C & (\alpha\neq-1)\\ \log|g(x)|+C & (\alpha=-1)\end{cases}$$

（C は積分定数）

$\alpha=-1$ のときは超有名

$$\int\frac{g'(x)}{g(x)}dx=\log|g(x)|+C \quad (C\text{ は積分定数})$$

です。この場合も，$\alpha\neq-1$ の場合も，右辺を微分すれば正しいことはすぐ確認できますね。ちゃんと積分計算で確認するなら

$$t=g(x)$$

の置換で，このとき

$$\frac{dt}{dx}=g'(x)$$

ですから

$$\int\{g(x)\}^{\alpha}g'(x)\,dx=\int t^{\alpha}dt=\begin{cases}\dfrac{1}{\alpha+1}t^{\alpha+1}+C & (\alpha\neq-1)\\ \log|t|+C & (\alpha=-1)\end{cases}$$

となります。たとえば

$$\int x\sqrt{2-x^2}\,dx$$

ですと，$\sqrt{\quad}$ の中の $2-x^2$ を微分すると $-2x$ になります。$\sqrt{\quad}$ の外に x がありますから

$$\int x\sqrt{2-x^2}\,dx=\int(-x^2+2)^{\frac{1}{2}}(-x^2+2)'\left(-\frac{1}{2}\right)dx$$

これで上の が使えます。$\alpha=\dfrac{1}{2}$ のケースですから

$$=\frac{1}{\frac{1}{2}+1}(-x^2+2)^{\frac{1}{2}+1}\left(-\frac{1}{2}\right)+C$$

$$=-\frac{1}{3}(2-x^2)^{\frac{3}{2}}+C$$

となります。微分して，$x\sqrt{2-x^2}$ に戻るかどうか check してみてください。間違った不定積分に値を代入しても 0 点です。要所要所で check して，ミスを防ぎましょうね。

実行

一般に $x-1<[x]\leqq x$ が成り立つから，

$$\sqrt{2n^2-k^2}-1<[\sqrt{2n^2-k^2}]\leqq\sqrt{2n^2-k^2}$$

であり，$n^2>0$ より，

$$\frac{\sqrt{2n^2-k^2}}{n^2}-\frac{1}{n^2}<\frac{[\sqrt{2n^2-k^2}]}{n^2}\leqq\frac{\sqrt{2n^2-k^2}}{n^2}$$

であるから，$k=1,\ 2,\ 3,\ \cdots,\ n$ として辺々を加えると，

$$\sum_{k=1}^{n}\frac{\sqrt{2n^2-k^2}}{n^2}-\frac{1}{n}<\sum_{k=1}^{n}\frac{[\sqrt{2n^2-k^2}]}{n^2}\leqq\sum_{k=1}^{n}\frac{\sqrt{2n^2-k^2}}{n^2}\quad\cdots\cdots①$$

ここで，

$$\lim_{n\to\infty}\sum_{k=1}^{n}\frac{\sqrt{2n^2-k^2}}{n^2}=\lim_{n\to\infty}\frac{1}{n}\sum_{k=1}^{n}\sqrt{2-\left(\frac{k}{n}\right)^2}$$

$$=\int_0^1\sqrt{2-x^2}\,dx$$

$$=\frac{1}{2}\cdot(\sqrt{2})^2\cdot\frac{\pi}{4}+\frac{1}{2}\cdot1\cdot1$$

$$=\frac{\pi}{4}+\frac{1}{2}$$

（∵　右の図の網掛部分の面積より）

$$\lim_{n\to\infty}\frac{1}{n}=0$$

であるから，①にはさみうちの原理を用いて，

$$\lim_{n\to\infty}a_n=\lim_{n\to\infty}\sum_{k=1}^{n}\frac{[\sqrt{2n^2-k^2}]}{n^2}=\frac{\pi}{4}+\frac{1}{2}$$

阪大で「ガウス記号が頻出」というわけではないのですが，たとえば次のような問題が出ています。

aを正の実数とし，mを正の整数とする。

(1)　$0<y<am$をみたす整数yの個数を$Y(m)$とする。このとき，極限値$\displaystyle\lim_{m\to\infty}\frac{Y(m)}{m}$を求めよ。

(2)　3本の直線$y=0$，$y=ax$，$x=m$によって定まる三角形$T(m)$を考える。$T(m)$の内部に含まれる点$(p,\ q)$であって，pとqが整数であるようなものの個数を$N(m)$とする。ただし$T(m)$の周上の点は数えない。このとき，極限値$\displaystyle\lim_{m\to\infty}\frac{N(m)}{m^2}$を求めよ。

（阪大・理系・92後）

いわゆる「格子点」の問題で，(1)がヒントになります。数直線を書いてみましょうか。

たとえば

・$a=\dfrac{1}{2}$，$m=8$のとき，$am=4$で

$0<y<4$　　$\therefore$　$y=1,\ 2,\ 3$

$\therefore$　$Y(m)=3$

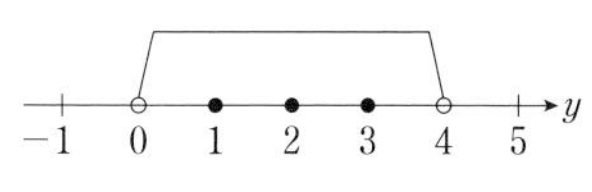

・$a=\dfrac{1}{2}$，$m=9$のとき，$am=4.5$で

$0<y<4.5$　　$\therefore$　$y=1,\ 2,\ 3,\ 4$

$\therefore$　$Y(m)=4$

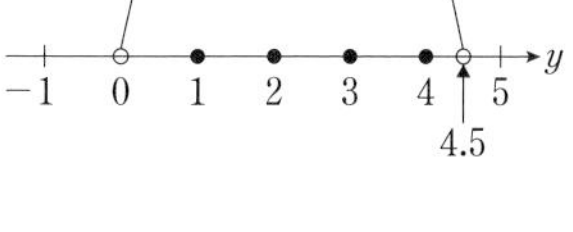

・$a=\sqrt{2}$，$m=3$のとき，

$am=3\sqrt{2}=4.24\cdots$で

$0<y<4.24\cdots$　$\therefore$　$y=1,\ 2,\ 3,\ 4$

$\therefore$　$Y(m)=4$

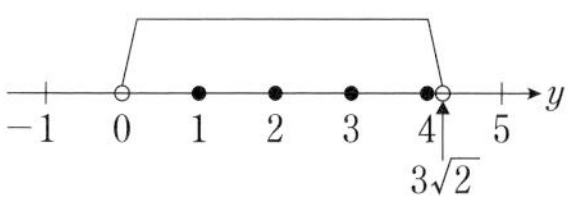

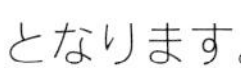

となります。

ですから

・amが整数のとき，$Y(m)=am-1$

となり

・amが整数でないとき，$Y(m)=[am]$

$\therefore$　$am-1<Y(m)<am$

ここでガウス記号がわかっていると，この不等式が作り易いですよね！

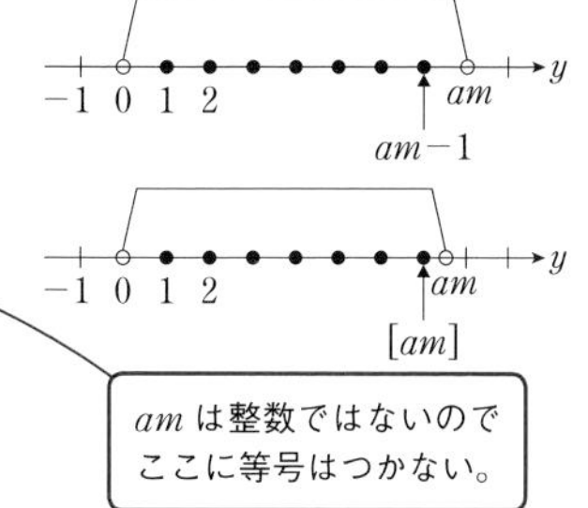

この 2 つの場合をあわせて

$$am-1 \leqq Y(m) < am \quad \cdots\cdots ㋐$$

という不等式が作れます。ガウス記号の一般式

$$x-1 < [x] \leqq x$$

とは等号の場所がちがいますね。このへんも，ちゃんと記号の意味を理解していないと間違いそうです。

ということで，㋐の辺々を m で割って

$$a-\frac{1}{m} \leqq \frac{Y(m)}{m} < a$$

となり，$\displaystyle\lim_{m\to\infty}\left(a-\frac{1}{m}\right)=a$ ですから，はさみうちの原理より

$$\lim_{m\to\infty}\frac{Y(m)}{m}=a$$

です。

(2)の $T(m)$ は右の図のようになり，この内部にある格子点を数えることになります。格子点を数えるときの基本は

タテ $(x=k)$　で数えるか

ヨコ $(y=k)$　で数えるか

です。(1)がヒントですから，タテですね。

直線 $x=k$　$(k=1,\ 2,\ 3,\ \cdots,\ m-1)$

$m\to\infty$ を考えるので，$m\geqq 2$ として OK です。

上の格子点の個数が $Y(k)$ と表せて，㋐より

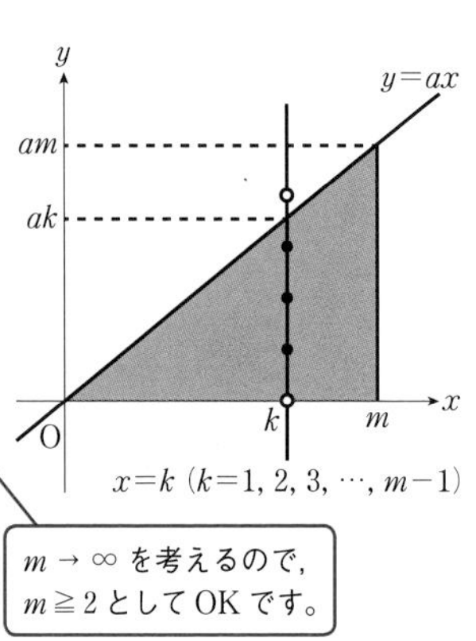

$$ak-1 \leqq Y(k) < ak$$

となります。$k=1,\ 2,\ \cdots,\ m-1$ として辺々を加えて

$$\sum_{k=1}^{m-1}(ak-1) \leqq \sum_{k=1}^{m-1}Y(k) < \sum_{k=1}^{m-1}ak \quad \cdots\cdots ㋑$$

$\displaystyle\sum_{k=1}^{m-1}Y(k)=N(m)$ であり

$$\sum_{k=1}^{m-1}ak=\frac{a}{2}m(m-1)$$

$\displaystyle\sum_{k=1}^{n}k=\frac{1}{2}n(n+1)$ で，$n=m-1$ としたやつです。

$$\sum_{k=1}^{m-1}(ak-1)=\frac{a}{2}m(m-1)-(m-1)$$

ですから，㋑は

$$\frac{a}{2}m(m-1)-(m-1) \leqq N(m) < \frac{a}{2}m(m-1)$$

となり，辺々を m^2 で割ると

$$\frac{a}{2}\left(1-\frac{1}{m}\right)-\frac{1}{m}+\frac{1}{m^2} \leqq \frac{N(m)}{m^2} < \frac{a}{2}\left(1-\frac{1}{m}\right)$$

あとは

$$\lim_{m\to\infty}\left\{\frac{a}{2}\left(1-\frac{1}{m}\right)-\frac{1}{m}+\frac{1}{m^2}\right\}=\frac{a}{2}$$

$$\lim_{m\to\infty}\frac{a}{2}\left(1-\frac{1}{m}\right)=\frac{a}{2}$$

で，はさみうちの原理より

$$\lim_{m\to\infty}\frac{N(m)}{m^2}=\frac{a}{2}$$

です。

ガウス記号は $[x]=(x$ の整数部分$)$ という意味があり，「x の小数部分を切り捨てる」という作用があります。ですから，こういう格子点の問題で境界が格子点か否かの判断がしにくい素材のとき

ガウス記号で表す→不等式を作る→はさみうち

という流れで出題されます。こういう使い方も経験しておきましょう。

テーマ

41 評価③

問題 41 ★★★ 40分

自然数 n に対して関数 $f_n(x)$ を

$$f_n(x)=\frac{x}{n(1+x)}\log\left(1+\frac{x}{n}\right)\quad(x\geqq 0)$$

で定める。以下の問いに答えよ。

(1) $\displaystyle\int_0^n f_n(x)\,dx\leqq\int_0^1\log(1+x)\,dx$ を示せ。

(2) 数列 $\{I_n\}$ を

$$I_n=\int_0^n f_n(x)\,dx$$

で定める。$0\leqq x\leqq 1$ のとき $\log(1+x)\leqq\log 2$ であることを用いて数列 $\{I_n\}$ が収束することを示し，その極限値を求めよ。ただし，$\displaystyle\lim_{x\to\infty}\frac{\log x}{x}=0$ であることは用いてよい。（阪大・理系・15）

理解

(1)を見て，まず思いつくのは

◆定積分と不等式
$f(x)$，$g(x)$ は連続関数とする。
区間 $[a,\ b]$ で $f(x)\geqq g(x)$ ならば $\displaystyle\int_a^b f(x)\,dx\geqq\int_a^b g(x)\,dx$

という定理です。右の図でイメージするとわかり易いと思いますが，$y=f(x)$ のグラフと，$y=g(x)$ のグラフの上下関係がこうなっていれば，赤網部分と黒網部分の面積の大小から

$$\int_a^b f(x)\,dx\geqq\int_a^b g(x)\,dx\quad\cdots\cdots(*)$$

ですよね。あ，もちろん $a<b$ です。

定積分の評価がほしければ，
被積分関数の評価を考える

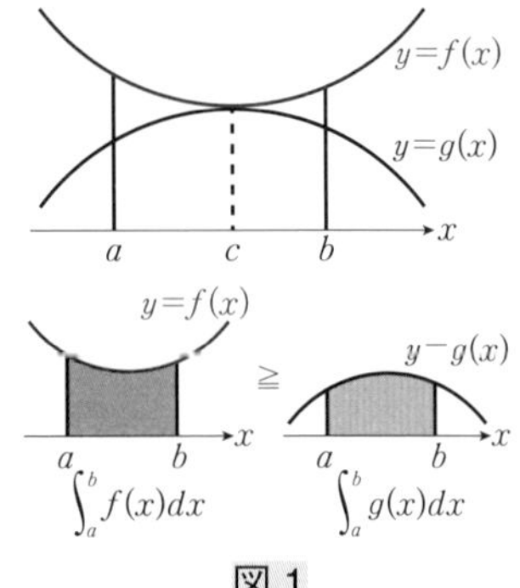

図 1

という基本方針になります。

ところで，$f(x) \geqq g(x)$ の等号は，**図1** であれば $x=c$ のところで成立しますが，(＊)の等号は，ほとんどの場合，成立しません。するとすれば $a \leqq x \leqq b$ で $y=f(x)$ のグラフと $y=g(x)$ のグラフが完全に一致しているときですが，まあ，こういうことが起こる出題はあまりありません。ですから，問題文の方が等号をつけていたら，そのままつけてよいですし，問題文の方が等号ナシになっていたら，「$f(x) \geqq g(x)$ の等号は $x=c$ でのみ成立するから」とことわって

$$\int_a^b f(x)\,dx > \int_a^b g(x)\,dx$$

のように等号をとってあげるとよいです。

さてさて，(1)の 目標 は

$$\int_0^n f_n(x)\,dx \leqq \int_0^1 \log(1+x)\,dx$$

$f_n(x)$ を具体的に書くと

目標
$$\int_0^n \frac{x}{n(1+x)}\log\left(1+\frac{x}{n}\right)dx \leqq \int_0^1 \log(1+x)\,dx$$

です。さっきの「定積分と不等式」を利用しようと思ったんですが，両辺の積分区間がちがうんですよ!?　左辺は $\int_0^{ⓝ}$ なのに，右辺は $\int_0^{①}$ なんです。どうしましょう？

左辺の log の中身の $\dfrac{x}{n}$ が目につきませんか？　これ

$$x \text{が}\quad 0 \to n$$

のとき

$$\frac{x}{n} \text{は}\quad 0 \to 1$$

になって，目標 の右辺の積分区間に一致しますよね。「置換」でしょうか!?

$$t=\frac{x}{n} \qquad \therefore\quad x=nt$$

とおくと

$$\frac{dt}{dx}=\frac{1}{n}$$

x	$0 \to n$
t	$0 \to 1$

ですから，目標の左辺は

$$\int_0^n \frac{x}{n(1+x)}\log\left(1+\frac{x}{n}\right)dx$$

$$=\int_0^1 \frac{nt}{n(1+nt)}\log(1+t)\cdot n\,dt$$

$$=\int_0^1 \frac{nt}{1+nt}\log(1+t)\,dt$$

$$=\int_0^1 \frac{nx}{1+nx}\log(1+x)\,dx$$

置換　整理　$t \to x$

目標の右辺の積分変数は x ですので，最後にこちらも積分変数を t から x にかえました。

$\int_a^b f(t)\,dt=\int_a^b f(x)\,dx$ です。不定積分は，積分変数がちがうと

$$\int t^2dt=\frac{1}{3}t^3+C_1$$

$$\int x^2dx=\frac{1}{3}x^3+C_2$$

のように一致しませんが，定積分は

$$\int_0^1 t^2dt=\left[\frac{1}{3}t^3\right]_0^1=\frac{1}{3}$$

$$\int_0^1 x^2dx=\left[\frac{1}{3}x^3\right]_0^1=\frac{1}{3}$$

で，積分変数がちがっても，式と区間が同じなら，一致します。

ということで，目標は

目標

$$\int_0^1 \frac{nx}{1+nx}\log(1+x)\,dx \leqq \int_0^1 \log(1+x)\,dx$$

となりました。「定積分と不等式」が使えるとすれば，被積分関数について，$0 \leqq x \leqq 1$ において

$$\frac{nx}{1+nx}\log(1+x) \leqq \log(1+x)$$

が成り立てばよいんですよね。さらに，$x \geqq 0$ より $\log(1+x) \geqq 0$ です。

$\log(1+x)=0$ のときはマズいですが，「証明問題は結果からお迎え」の最中ですので，とりあえず $\log(1+x)>0$ で考えて，両辺を $\log(1+x)$ で割ると

$$\frac{nx}{1+nx} \leqq 1$$

これは自明ですね。分子 nx が分母 $nx+1$ より小さいですからね。あ，だから

$$\frac{nx}{1+nx} < 1$$

等号ナシ

$\times\log(1+x)$ $(\geqq 0)$

ココで等号がつく。等号成立は $x=0$ のとき。

$$\frac{nx}{1+nx}\log(1+x) \leqq \log(1+x)$$

$0 \leqq x \leqq 1$ で定積分

$$\int_0^1 \frac{nx}{1+nx}\log(1+x)\,dx \leqq \int_0^1 \log(1+x)\,dx$$

こんなふうに等号がつくんですね。(1)はできました！

そうしますと，(2)は「$\log(1+x) \leqq \log 2$ を使え」とありますので，

$$I_n = \int_0^n f_n(x)\,dx \underset{\text{(1)の結果}}{\leqq} \int_0^1 \log(1+x)\,dx \underset{\log(1+x) \leqq \log 2}{\leqq} \int_0^1 \log 2\,dx = \Big[(\log 2)x\Big]_0^1 = \log 2$$

となり，I_n の上がおさえられました……と言いたいとこなんですが，実はこの不等式，甘いんです。

$$● \leqq I_n \leqq \log 2$$

となるような●を見つけて，はさみうちで

$$\lim_{n \to \infty} I_n = \log 2$$

になりそうでしょ？　ならないんですよ……。

このあと 3 つくらい山がありますので，まずは(1)を解答にしてしまいますね。

実行

(1)　$n>0$，$x \geqq 0$ より，

$$\frac{nx}{1+nx} < 1$$

であり，$0 \leqq x \leqq 1$ において，$\log(1+x) \geqq 0$ であるから，

$$\frac{nx}{1+nx}\log(1+x) \leqq \log(1+x)$$

よって，

$$\int_0^1 \frac{nx}{1+nx}\log(1+x)\,dx \leqq \int_0^1 \log(1+x)\,dx \quad ……①$$

一方，$t = \dfrac{x}{n}$ とおくと，

$$\frac{dt}{dx} = \frac{1}{n}$$

x	$0 \to n$
t	$0 \to 1$

であるから，

$$\int_0^n f_n(x)\,dx = \int_0^n \frac{x}{n(1+x)}\log\left(1+\frac{x}{n}\right)dx$$

$$= \int_0^1 \frac{nt}{1+nt}\log(1+t)\,dt$$

$$=\int_0^1 \frac{nx}{1+nx}\log(1+x)\,dx \quad \cdots\cdots②$$

である。

①，②より，

$$\int_0^n f_n(x)\,dx \leqq \int_0^1 \log(1+x)\,dx \quad \cdots\cdots③$$

（証明おわり）

理解 さっき **理解** で僕がやったような失敗を含め，阪大の実際の入試では，ほとんど解けた人がいなかったようです。ですから，阪大に合格するためだけでしたら，本問はパスでよいのですが，いくつも大切な考え方が出てきますので，勉強のためと思ってつきあってください。

まず1つ目の山です。(1)の結果である③の右辺の積分は計算できますね。ちょっとやってみましょう。log 単品の積分ですので，部分積分ですね。

◆部分積分

$$\int f'(x)g(x)\,dx = f(x)g(x) - \int f(x)g'(x)\,dx$$

㋝↓ $f(x)$　↓㋞ $g'(x)$

僕はこんなふうに書くことにしていますので，この書き方でつきあってください。$\int \log(1+x)\,dx$ を普通（？）にやりますと $1\times\log(1+x)$ と見て

$$\int 1\cdot\log(1+x)\,dx = x\log(1+x) - \int\frac{x}{1+x}\,dx$$

㋝↓ x　↓㋞ $\dfrac{1}{1+x}$

となりますが，あとの $\displaystyle\int\frac{x}{1+x}\,dx$ が少々メンドーです。ここで一工夫。

$$\int 1\cdot\log(1+x)\,dx = (x+1)\log(1+x) - \int\frac{x+1}{1+x}\,dx$$

（$\dfrac{x+1}{1+x}=1$）

$$=(x+1)\log(1+x) - x + C$$

㋝↓ $x+1$　↓㋞ $\dfrac{1}{1+x}$

とすると，あとがラクですね。「x を勝手に $x+1$ にしていいんですか？」

と聞かれることがありますが，x でも $x+1$ でも微分すれば

$$x \overset{㋪}{\to} 1$$

$$x+1 \overset{㋪}{\to} 1$$

どっちも1で，大丈夫ですね。何度か出てきましたが

$$\int \log x\,dx = x\log x - x + C$$

は公式として使ってよいですし，本問のように x が $x+a$ になった

$$\int \log(x+a)\,dx = (x+a)\log(x+a) - x + C$$

も公式として使ってよいでしょう。でも，不安になったときはすぐにcheckできるように，部分積分のやり方をちゃんと理解しておいてください。

さて，そうしますと，③は

$$I_n = \int_0^n f_n(x)\,dx \leqq \int_0^1 \log(1+x)\,dx = \Big[(1+x)\log(1+x) - x\Big]_0^1$$
$$= 2\log 2 - 1 \qquad \cdots\cdots ⓐ$$

となります。$2\log 2 - 1 = \log 2^2 - \log e = \log\frac{4}{e} < \log\frac{4}{2} = \log 2$ ですから，最初の 理解 でやった，$I_n \leqq \log 2$ という不等式は甘かったことがわかりますね。

次に2つ目の山で，(1)の結果である③の左辺は積分できませんか？まぁ，できるならワザワザ不等式をヒントにしないですよね。②を使って

$$I_n = \int_0^n f_n(x)\,dx = \int_0^1 \frac{nx}{1+nx}\log(1+x)\,dx$$

です。この $\dfrac{nx}{1+nx}$ って $\dfrac{1\text{次式}}{1\text{次式}}$ の形で，これまで何回か登場しましたよね。扱い易くするため，割り算していたと思います。ここでやってみましょう。

$$\frac{nx}{1+nx} = \frac{(1+nx)-1}{1+nx} = 1 - \frac{1}{1+nx}$$

となり

$$I_n = \int_0^1 \left(1 - \frac{1}{1+nx}\right)\log(1+x)\,dx$$
$$= \underset{\sim\sim\sim\sim\sim\sim\sim\sim}{\int_0^1 \log(1+x)\,dx} - \underset{\sim\sim\sim\sim\sim\sim\sim\sim}{\int_0^1 \frac{\log(1+x)}{1+nx}\,dx} \qquad \cdots\cdots ⓑ$$

お！ 〰〰部はさっきⓐの右側で積分済みですね。$2\log 2-1$ になります。〰〰部はどうですか？

計画 ここでヒント登場です。「定積分と不等式」を使うのは，だいたいその定積分の計算が難しい，もしくは不可能なときに，他の積分計算が可能なもので評価してあげるという場合です。この"積分計算が難しい"もだいたい2パターンで，「積」か「商」です。つまり

$$\underset{\text{積}}{\int_a^b f(x)\cdot g(x)\,dx} \qquad \underset{\text{商}}{\int_a^b \frac{f(x)}{g(x)}\,dx}$$

の形になっていて，積分がしんどいです。こういうときは

$a \leqq x \leqq b$ における $f(x)$ または $g(x)$ の不等式を作る

ことを考えます。本問には「$0 \leqq x \leqq 1$ のとき，$\log(1+x) \leqq \log 2$ であることを用いて」ってのがありますから，ⓑの〰〰部分の分子について不等式を作ればよさそうです。$0 \leqq x \leqq 1$ のとき，$1 \leqq 1+x \leqq 2$ ですから

$$\overset{0=}{\log 1} \leqq \log(1+x) \leqq \log 2$$

$\dfrac{1}{1+nx}$ (>0) を辺々に掛けて

$$0 \leqq \frac{\log(1+x)}{1+nx} \leqq \frac{\log 2}{1+nx}$$

$0 \leqq x \leqq 1$ で積分して

$$0 \leqq \int_0^1 \frac{\log(1+x)}{1+nx}\,dx \leqq \int_0^1 \frac{\log 2}{1+nx}\,dx$$

ⓑの〰〰部の評価ができました。最右辺を計算しますと，$\log 2$ は定数ですから

$$\int_0^1 \frac{\log 2}{1+nx}\,dx = \frac{\log 2}{n}\Big[\log|1+nx|\Big]_0^1 = \frac{\log 2}{n}\log(1+n)$$

$$= \frac{\log(n+1)}{n}\log 2$$

で，結局

$$0 \leqq \int_0^1 \frac{\log(1+x)}{1+nx}\,dx \leqq \frac{\log(n+1)}{n}\log 2 \quad \cdots\cdots ⓒ$$

が得られました。

最後の山，3つ目です。ⓒの最右辺の極限計算です。問題文が与えてくれているヒントは「$\displaystyle\lim_{x\to\infty}\frac{\log x}{x}=0$」ですが，ちょっと形が違いますね。ど

うしましょう。ということで，また登場

主要項をくくる

です。$n+1$ の主要項は n ですので

$$\log(n+1)=\log n\left(1+\frac{1}{n}\right)=\log n+\log\left(1+\frac{1}{n}\right)$$

とできますから

$$\lim_{n\to\infty}\frac{\log(n+1)}{n}=\lim_{n\to\infty}\frac{\log n+\log\left(1+\frac{1}{n}\right)}{n}$$

$$=\lim_{n\to\infty}\left\{\underbrace{\frac{\log n}{n}}_{\to 0}+\underbrace{\frac{1}{n}}_{\to 0}\underbrace{\log\left(1+\frac{1}{n}\right)}_{\to \log 1=0}\right\}=0$$

0・0 は不定形じゃないですよ。

となります。この log の変形はできない人が多いので，ここで必ずマスターしておいてください。

ただ，本問の場合は，$\log(n+1)$ の真数 $n+1$ に分母の n を合わせることもできて

$$\lim_{n\to\infty}\frac{\log(n+1)}{n}=\lim_{n\to\infty}\frac{\log(n+1)}{n+1}\cdot\frac{n+1}{n}$$

形をあわせる　調整

$$=\lim_{n\to\infty}\underbrace{\frac{\log(n+1)}{n+1}}_{\to 0}\underbrace{\left(1+\frac{1}{n}\right)}_{\to 1}=0\cdot 1=0$$

ともできます。

まずⓐの不等式で I_n を上からおさえましょうか。次に I_n をⓑのように分解して，ⓒの不等式で I_n を下からおさえましょう。最後ははさみうちで完成です。

実行

(2) $\displaystyle\int_0^1\log(1+x)\,dx=\Big[(1+x)\log(1+x)-x\Big]_0^1=2\log 2-1$ ……④

であるから，③より，

$I_n\leqq 2\log 2-1$ ……⑤

ⓐを作りました。

次に，②より，

$$I_n=\int_0^n f_n(x)\,dx=\int_0^1\frac{nx}{1+nx}\log(1+x)\,dx$$

$$= \int_0^1 \left(1 - \frac{1}{1+nx}\right) \log(1+x)\,dx$$

ⓑを作りました。

$$= \int_0^1 \log(1+x)\,dx - \int_0^1 \frac{\log(1+x)}{1+nx}\,dx \quad \cdots\cdots ⑥$$

である。$0 \leqq x \leqq 1$ において，$0 \leqq \log(1+x) \leqq \log 2$ であるから，

$$\frac{\log(1+x)}{1+nx} \leqq \frac{\log 2}{1+nx}$$

$$\therefore \quad \int_0^1 \frac{\log(1+x)}{1+nx}\,dx \leqq \int_0^1 \frac{\log 2}{1+nx}\,dx$$

ⓒを作りました。

これと，④，⑥より，

$$I_n \geqq (2\log 2 - 1) - \int_0^1 \frac{\log 2}{1+nx}\,dx$$

$$= (2\log 2 - 1) - \log 2 \left[\frac{1}{n}\log|1+nx|\right]_0^1$$

$$= (2\log 2 - 1) - \log 2 \cdot \frac{\log(n+1)}{n} \quad \cdots\cdots ⑦$$

⑤，⑦より，

$$(2\log 2 - 1) - \log 2 \cdot \frac{\log(n+1)}{n} \leqq I_n \leqq 2\log 2 - 1$$

であり，

$$\lim_{n\to\infty} \frac{\log(n+1)}{n} = \lim_{n\to\infty} \frac{\log n\left(1+\frac{1}{n}\right)}{n}$$

$$= \lim_{n\to\infty} \left\{\frac{\log n}{n} + \frac{1}{n}\log\left(1+\frac{1}{n}\right)\right\} = 0$$

であるから，はさみうちの原理より，数列 $\{I_n\}$ は収束し，その極限値は

$$\lim_{n\to\infty} I_n = \mathbf{2\log 2 - 1}$$

テーマ

42 評価④

問題 42 ★★☆ 35分

n を自然数とし，t を $t \geqq 1$ をみたす実数とする。

(1) $x \geqq t$ のとき，不等式

$$-\frac{(x-t)^2}{2} \leqq \log x - \log t - \frac{1}{t}(x-t) \leqq 0$$

が成り立つことを示せ。

(2) 不等式

$$-\frac{1}{6n^3} \leqq \int_t^{t+\frac{1}{n}} \log x\,dx - \frac{1}{n}\log t - \frac{1}{2tn^2} \leqq 0$$

が成り立つことを示せ。

(3) $a_n = \sum_{k=0}^{n-1} \log\left(1+\frac{k}{n}\right)$ とおく。$\lim_{n\to\infty}(a_n - pn) = q$ をみたすような実数 p，q の値を求めよ。 (阪大・理系・21)

まず(1)ですが，2 つの不等式の証明ですね。

$$\boxed{-\frac{(x-t)^2}{2} \leqq \log x - \log t - \frac{1}{t}(x-t)} \leqq 0$$

□ は右辺が 0 ですから，そのままでよいですが，□ は左辺も右辺も式ですので，左辺を移項して

$$\log x - \log t - \frac{1}{t}(x-t) + \frac{(x-t)^2}{2} \geqq 0$$

を示しましょうか。log もありますから，微分ですよね。で，

どっちの文字を変数と見ていますか？

この不等式は「t の式」と見ることもできますし，「x の式」と見ることもできますよ。**問題 4** でも出てきましたし，次の**第 11 章 多変数**でも出てきますが，

複数の文字 ➡ どの文字に着目するか

です。

□ で考えてみましょう。まず，t を変数と見ると，

$$f_1(t)=\log x-\log t-\frac{1}{t}(x-t)$$

$$=\log x-\log t-\frac{x}{t}+1$$

注意 ← t が変数 x は定数

とおいて

$$f_1{}'(t)=-\frac{1}{t}+\frac{x}{t^2}=\frac{-t+x}{t^2}>0$$

$$(\because\ \ t<x)$$

定義域は $t\leqq x$ ですが，微分は $t<x$ で考えます。「$t>x$ における $f_1(t)$ が定義されていないので，$t=x$ での微分係数は求められない」と考えてのことです。$f_2(x)$ についても同様です。

x を変数と見ると

$$f_2(x)=\log x-\log t-\frac{1}{t}(x-t)$$

x が変数 t は定数

$$f_2{}'(x)=\frac{1}{x}-\frac{1}{t}=\frac{t-x}{xt}<0$$

$$(\because\ \ x>t)$$

$f_1{}'(t)>0$，$f_2{}'(x)<0$ と符号がわかりますから，どちらでも大丈夫ですね。□ の方も大丈夫そうです。t を変数と見ると，分数式 $\frac{x}{t}$ の微分がありますから，x を変数と見た方が，ほんの少しだけラクですかね。

そうしますと，$f_2{}'(x)<0$ より $f_2(x)$ は $x\geqq t$ で減少関数になりますから，この範囲で

$$f_2(x)\leqq f_2(t)=\log t-\log t-\frac{1}{t}(t-t)=0$$

これで □ がイケます。□ もイケそうです。

次に(2)です。やることがパッと思いついたときはOKですが，こういう誘導的な小問の並びで，どうしたらいいかわからないときは

上下に並べて，式を書き写してみる

と良いですよ。あ，不等式ですので，不等号の向きを合わせましょう。たまに(1)，(2)で不等号の向きが逆になっている問題もありますので

(1)　証明済み　$-\dfrac{(x-t)^2}{2} \leqq \log x - \log t - \dfrac{1}{t}(x-t) \leqq 0$

(2)　今から証明　$-\dfrac{1}{6n^3} \leqq \displaystyle\int_t^{t+\frac{1}{n}} \log x\,dx - \dfrac{1}{n}\log t - \dfrac{1}{2tn^2} \leqq 0$

向きを合わせる　　向きを合わせる

他は形が違いすぎていて，何をどうしていいのかわかりませんが，上と下を見比べると＿＿部から

$t \leqq x \leqq t+\dfrac{1}{n}$ の範囲で定積分すれば良いのでは？

と気づきます。残りの部分を計算してみると，

$$\int_t^{t+\frac{1}{n}}\left\{-\frac{(x-t)^2}{2}\right\}dx=\left[-\frac{(x-t)^3}{6}\right]_t^{t+\frac{1}{n}}=-\frac{1}{6n^3}$$

$$\int_t^{t+\frac{1}{n}}\left\{-\log t-\frac{1}{t}(x-t)\right\}dx=-\left[x\log t+\frac{1}{2t}(x-t)^2\right]_t^{t+\frac{1}{n}}$$

$$=-\left\{\left(t+\frac{1}{n}\right)\log t-t\log t+\frac{1}{2t}\frac{1}{n^2}\right\}$$

$$=-\frac{1}{n}\log t-\frac{1}{2tn^2}$$

"t は定数"に注意

OK です！　目標の式になりました。

では，最後の(3)です。例によって

Σは書き下す

をやりますと

$$a_n=\sum_{k=0}^{n-1}\log\left(1+\frac{k}{n}\right)$$

$$=\log 1+\log\left(1+\frac{1}{n}\right)+\log\left(1+\frac{2}{n}\right)+\cdots+\log\left(1+\frac{n-1}{n}\right)$$

これと(2)の結果

$$-\frac{1}{6n^3}\leqq\int_t^{t+\frac{1}{n}}\log x\,dx-\frac{1}{n}\log t-\frac{1}{2tn^2}\leqq 0 \quad \cdots\cdots ⓐ$$

を上と見比べると，a_n が作れそうなのは＿＿部ですね。ⓐで

$t=1,\ 1+\dfrac{1}{n},\ 1+\dfrac{2}{n},\ \cdots,\ 1+\dfrac{n-1}{n}$ として，辺々を加えてみますと

$$-\frac{1}{6n^3} \leqq \int_1^{1+\frac{1}{n}} \log x\,dx \quad -\frac{1}{n}\underline{\underline{\log 1}} \qquad\qquad -\frac{1}{2n^2} \qquad\qquad \leqq 0$$

$$-\frac{1}{6n^3} \leqq \int_{1+\frac{1}{n}}^{1+\frac{2}{n}} \log x\,dx \quad -\frac{1}{n}\underline{\underline{\log\left(1+\frac{1}{n}\right)}} \quad -\frac{1}{2n^2}\frac{1}{1+\frac{1}{n}} \quad \leqq 0$$

$$-\frac{1}{6n^3} \leqq \int_{1+\frac{2}{n}}^{1+\frac{3}{n}} \log x\,dx \quad -\frac{1}{n}\underline{\underline{\log\left(1+\frac{2}{n}\right)}} \quad -\frac{1}{2n^2}\frac{1}{1+\frac{2}{n}} \quad \leqq 0$$

$$\vdots$$

$$+\Big)\ -\frac{1}{6n^3} \leqq \int_{1+\frac{n-1}{n}}^{2} \log x\,dx - \frac{1}{n}\underline{\underline{\log\left(1+\frac{n-1}{n}\right)}} - \frac{1}{2n^2}\frac{1}{1+\frac{n-1}{n}} \leqq 0$$

$$-\frac{1}{6n^3}\times n \leqq \int_1^2 \log x\,dx \quad -\frac{1}{n}\underline{\underline{a_n}} \qquad -\frac{1}{2n^2}\sum_{k=0}^{n-1}\frac{1}{1+\frac{k}{n}} \leqq 0$$

……ⓑ

$\frac{1}{n}a_n$ が作れましたね。辺々に n を掛けて，a_n の前の $\frac{1}{n}$ をとりましょう。

それから $\int_1^2 \log x\,dx$ は計算できますね。

$$\begin{aligned}\int_1^2 \log x\,dx &= \Big[x\log x - x\Big]_1^2 \\ &= (2\log 2-2)-(\log 1-1) \\ &= 2\log 2-1 \quad \cdots\cdots ⓒ\end{aligned}$$

ということで

$$-\frac{1}{6n} \leqq \underset{\sim\sim\sim}{(2\log 2-1)n-a_n} - \frac{1}{2n}\sum_{k=0}^{n-1}\frac{1}{1+\frac{k}{n}} \leqq 0$$

辺々に $+\frac{1}{2n}\sum_{k=0}^{n-1}\frac{1}{1+\frac{k}{n}}$

お！　$\underset{\sim\sim\sim}{a_n-pn}$ の形が出てきましたよ！

a_n-pn の形に整理していきましょう。

$$-\frac{1}{6n}+\frac{1}{2n}\sum_{k=0}^{n-1}\frac{1}{1+\frac{k}{n}} \leqq \underset{\sim\sim\sim}{(2\log 2-1)n-a_n} \leqq \frac{1}{2n}\sum_{k=0}^{n-1}\frac{1}{1+\frac{k}{n}}$$

$\times(-1)$

$$\underline{\underline{\frac{1}{6n}}} - \underset{\sim\sim\sim}{\frac{1}{2n}\sum_{k=0}^{n-1}\frac{1}{1+\frac{k}{n}}} \geqq \underset{\sim\sim\sim}{a_n-(2\log 2-1)n} \geqq \underset{\sim\sim\sim}{-\frac{1}{2n}\sum_{k=0}^{n-1}\frac{1}{1+\frac{k}{n}}}$$

$\lim_{n\to\infty}\frac{1}{6n}=0$ですし，〰〰部は“区分求積”の形ですね。第 8 章の

プロローグ でやりました。

1 無限等比級数，区分求積法 check
2 部分和を求めて，$n\to\infty$
3 はさみうち

ですよ。

$$\lim_{n\to\infty}\frac{1}{2n}\sum_{k=0}^{n-1}\frac{1}{1+\frac{k}{n}}=\frac{1}{2}\int_0^1\frac{1}{1+x}dx=\frac{1}{2}\Big[\log(1+x)\Big]_0^1=\frac{1}{2}\log 2$$

となりますから，はさみうちの原理から

$$\lim_{n\to\infty}\{a_n-(2\log 2-1)n\}=-\frac{1}{2}\log 2 \qquad \cdots\cdots ⓓ$$

となりました。

さて，実は，ここからが問題でして，本問の(3)は

$$\lim_{n\to\infty}(a_n-pn)=q \qquad \cdots\cdots ⓔ$$

を満たす実数 p，q を求めるんですよね。ⓓ，ⓔを単純に比較して

$$p=2\log 2-1,\ \ q=-\frac{1}{2}\log 2$$

としちゃって良いんでしょうか？

マズいですよね。

コレ以外に条件を満たす p，q があるかもしれない

です。言い方を変えると，ⓓを示せた段階では

$$(p,\ q)=\left(2\log 2-1,\ \ -\frac{1}{2}\log 2\right)\ \underset{?}{\overset{\bigcirc}{\rightleftarrows}}\ \lim_{n\to\infty}(a_n-np)=q \qquad \cdots\cdots ⓔ$$

という状態ですので，$(p,\ q)=\left(2\log 2-1,\ -\frac{1}{2}\log 2\right)$はⓔが成り立つための十分条件であって，必要条件かどうかはわかりません。どうしましょう？

もう一度 a_n の式に戻ってみましょう。

$$a_n=\sum_{k=0}^{n-1}\log\left(1+\frac{k}{n}\right)$$

ここから $n\to\infty$ としますから，「無限級数の和」です。でも，**2 部分和**は求められませんし，もちろん **1 無限等比級数，区分求積**もちがいます。でも，惜しい形をしていませんか？　そうです，$\dfrac{1}{n}$ が前についていれば“区分求積”の形になって

$$\lim_{n\to\infty}\frac{1}{n}a_n=\lim_{n\to\infty}\frac{1}{n}\sum_{k=0}^{n-1}\log\left(1+\frac{k}{n}\right)=\int_0^1\log(1+x)\,dx$$

となります。さらに，ⓒを思い出してもらうと，$1+x=t$ の置換が思いつくと思います。すると

$$\lim_{n\to\infty}\frac{1}{n}a_n=\int_1^2\log t\,dt=2\log 2-1$$

となります。$\displaystyle\lim_{n\to\infty}\frac{1}{n}a_n$ は求めることができるんですね。

そうしますと，ⓔを見て，何か気づきませんか？　$\dfrac{1}{n}a_n$ を作るために n でくくると

$$\lim_{n\to\infty}n\left(\frac{1}{n}a_n-p\right)=q$$

となりますね。$n\to\infty$ のとき，$\dfrac{1}{n}a_n-p$ が $\to 1$ や $\to -2$ や $\to\infty$ だとこれは有限確定値 q にならないです。そうです，ⓔが成り立つためには

$$\lim_{n\to\infty}\left(\frac{1}{n}a_n-p\right)=0\quad\text{が必要}$$

なんです。言い方を変えるとこんな風になります。

ⓔが成り立つならば

$$\lim_{n\to\infty}\left(\frac{1}{n}a_n-p\right)=\lim_{n\to\infty}\frac{1}{n}(a_n-pn)=0\cdot q=0\quad\cdots\cdots ⓕ$$

（$a_n-pn\to q$：ⓔ）

ここで注意です。十分ではありません。ⓕが成り立ったとしても

$$\lim_{n\to\infty}\underset{\to\infty}{n}\underset{\to 0}{\left(\frac{1}{n}a_n-p\right)}$$

ですから，$\infty\cdot 0$ の不定形になっています。たまに $\infty\cdot 0\to 0$ としてしまう人がいるのですがダメです。前にも言いましたけど，たとえば

$$\lim_{n\to\infty} \underset{\to\,\infty\cdot 0}{\left(n\cdot\frac{1}{n}\right)} = \lim_{n\to\infty} 1 = 1$$

$$\lim_{n\to\infty} \underset{\to\,\infty\cdot 0}{\left(n\cdot\frac{1}{n^2}\right)} = \lim_{n\to\infty} \frac{1}{n} = 0$$

$$\lim_{n\to\infty} \underset{\to\,\infty\cdot 0}{\left(n^2\cdot\frac{1}{n}\right)} = \lim_{n\to\infty} n = \infty$$

これらはすべて $\infty\cdot 0$ の不定形ですが，1 に収束したり，0 に収束したり，正の無限大に発散したり…と，いろいろですよね。

では，整理しましょう。まず

$\lim_{n\to\infty}(a_n - pn) = q$ となるためには，$\lim_{n\to\infty}\left(\frac{1}{n}a_n - p\right) = 0$ が必要

で，p を求めましょう。次に

(2)の結果で，$t = 1,\ 1+\frac{1}{n},\ 1+\frac{2}{n},\ \cdots,\ 1+\frac{n-1}{n}$ として辺々を

加える

これでⓑが得られますので，$a_n - (2\log 2 - 1)n$ の不等式を作って

はさみうちの原理でⓓにより q を求める

こんな段取りでイキましょう。これで q が求まります。つまりⓔを満たす p，q が存在したので，十分性は明らかですよね。

実行

(1) $$f(x) = \log x - \log t - \frac{1}{t}(x-t)$$

$$g(x) = -\frac{(x-t)^2}{2} - f(x)$$

$(x \geqq t\,(\geqq 1))$

とおく。$x > t$ で，

$$f'(x) = \frac{1}{x} - \frac{1}{t} = \frac{t-x}{xt} < 0$$

であるから，$x \geqq t$ において $f(x)$ は減少関数である。

よって，$x \geqq t$ で，

$$f(x) \leqq f(t) = 0$$

また，$x > t$ で，

$$g'(x) = -(x-t) - f'(x) = -(x-t) - \frac{t-x}{xt}$$

$$=\left(1-\frac{1}{xt}\right)(t-x)<0 \quad (\because \quad x>t\geqq 1 \text{ より } xt>1)$$

であるから，$x\geqq t$ において $g(x)$ は減少関数である。

よって，$x\geqq t$ で，

$$g(x)\leqq g(t)=0$$

以上より，$x\geqq t$ のとき，

$$-\frac{(x-t)^2}{2}\leqq \log x-\log t-\frac{1}{t}(x-t)\leqq 0 \qquad \cdots\cdots①$$

が成り立つ。　　（証明おわり）

(2)　①の辺々を，$t\leqq x\leqq t+\dfrac{1}{n}$ の範囲で積分すると，

$$-\int_t^{t+\frac{1}{n}}\frac{(x-t)^2}{2}dx\leqq \int_t^{t+\frac{1}{n}}\log x\,dx-\int_t^{t+\frac{1}{n}}\left\{\log t+\frac{1}{t}(x-t)\right\}dx\leqq 0 \qquad \cdots\cdots②$$

ここで，

$$\int_t^{t+\frac{1}{n}}\frac{(x-t)^2}{2}dx=\left[\frac{(x-t)^3}{6}\right]_t^{t+\frac{1}{n}}=\frac{1}{6n^3}$$

$$\begin{aligned}\int_t^{t+\frac{1}{n}}\left\{\log t+\frac{1}{t}(x-t)\right\}dx&=\left[x\log t+\frac{1}{2t}(x-t)^2\right]_t^{t+\frac{1}{n}}\\&=\left\{\left(t+\frac{1}{n}\right)\log t-t\log t\right\}+\frac{1}{2t}\frac{1}{n^2}\\&=\frac{1}{n}\log t+\frac{1}{2tn^2}\end{aligned}$$

であるから，②より，

$$-\frac{1}{6n^3}\leqq \int_t^{t+\frac{1}{n}}\log x\,dx-\frac{1}{n}\log t-\frac{1}{2tn^2}\leqq 0 \qquad \cdots\cdots②'$$

が成り立つ。　　（証明おわり）

(3)　$$\lim_{n\to\infty}(a_n-pn)=q \qquad \cdots\cdots③$$

を満たす実数 p，q が存在するならば

$$\lim_{n\to\infty}\left(\frac{1}{n}a_n-p\right)=\lim_{n\to\infty}\frac{1}{n}(a_n-pn)=0\cdot q=0$$

$$\therefore \quad \lim_{n\to\infty}\frac{1}{n}a_n=p$$

が成り立ち，これが必要である。ここで，

$$\lim_{n\to\infty}\frac{1}{n}a_n=\lim_{n\to\infty}\frac{1}{n}\sum_{k=0}^{n-1}\log\left(1+\frac{k}{n}\right)=\int_0^1\log(1+x)\,dx$$

$$=\int_1^2\log t\,dt=\Big[t\log t-t\Big]_1^2=2\log 2-1$$

であるから,

$$p=2\log 2-1$$

が必要である。

一方，②′において，$t=1,\ 1+\frac{1}{n},\ 1+\frac{2}{n},\ \cdots,\ 1+\frac{n-1}{n}$ として,辺々を加えると,

$$-\frac{1}{6n^3}\times n\leqq\int_1^2\log x\,dx-\frac{1}{n}a_n-\frac{1}{2n^2}\sum_{k=0}^{n-1}\frac{1}{1+\frac{k}{n}}\leqq 0$$

$\int_1^2\log x\,dx=2\log 2-1=p$ に注意すると,

×n

$$-\frac{1}{6n}\leqq(pn-a_n)-\frac{1}{2n}\sum_{k=0}^{n-1}\frac{1}{1+\frac{k}{n}}\leqq 0$$

a_n-pn をはさむ。

$$\therefore\quad -\frac{1}{2n}\sum_{k=0}^{n-1}\frac{1}{1+\frac{k}{n}}\leqq a_n-pn\leqq-\frac{1}{2n}\sum_{k=0}^{n-1}\frac{1}{1+\frac{k}{n}}+\frac{1}{6n}\cdots\cdots④$$

となる。ここで,

$$\lim_{n\to\infty}\left(-\frac{1}{2n}\sum_{k=0}^{n-1}\frac{1}{1+\frac{k}{n}}\right)=-\frac{1}{2}\int_0^1\frac{1}{1+x}dx$$

$$=-\frac{1}{2}\Big[\log(1+x)\Big]_0^1=-\frac{1}{2}\log 2$$

$$\lim_{n\to\infty}\frac{1}{6n}=0$$

であるから，④にはさみうちの原理を用いて,

$$\lim_{n\to\infty}(a_n-pn)=-\frac{1}{2}\log 2$$

計画で見ましたように
十分性は明らかなので
「十分である」は省略します。

以上より,

$$\boldsymbol{p=2\log 2-1}$$

であり，③より

$$\boldsymbol{q=-\frac{1}{2}\log 2}$$

おまけです。(1)の不等式なのですが

$$-\underline{\underline{\frac{(x-t)^2}{2}}} \leqq \underline{\underline{\log x - \log t}} - \underset{\sim\sim\sim}{\frac{1}{t}(x-t)} \leqq 0 \quad \cdots\cdots (あ)$$

＝＝部に“同じ関数の差”がありますよね。それから＝＝と〰〰部に$x-t$があります。

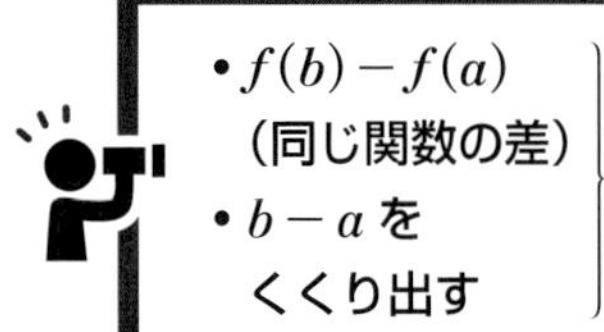

- $f(b)-f(a)$（同じ関数の差）
- $b-a$ をくくり出す

➡ 〈平均値の定理〉

$$\frac{f(b)-f(a)}{b-a} = f'(c),\ a<c<b$$

を満たす c が存在

というのがありまして，〰〰を辺々に加えると

$$-\frac{(x-t)^2}{2} + \underset{\sim\sim\sim}{\frac{1}{t}(x-t)} \leqq \underline{\underline{\log x - \log t}} \leqq \underset{\sim\sim\sim}{\frac{1}{t}(x-t)} \quad \cdots\cdots (い)$$

$x=t$ のときはダメですが，$x>t$ のとき，辺々を $x-t$ (>0) で割ると

$$-\frac{x-t}{2} + \frac{1}{t} \leqq \frac{\log x - \log t}{x-t} \leqq \frac{1}{t} \quad \cdots\cdots (う)$$

となりますから，まん中が「平均値の定理」の形になりますね。

そこで

$$F(x) = \log x \quad (x>t)$$

とおくと

$$F'(x) = \frac{1}{x}$$

ですから，平均値の定理より

$$\frac{F(x)-F(t)}{x-t} = F'(c),\ \ t<c<x$$

すなわち

$$\frac{\log x - \log t}{x-t} = \frac{1}{c},\ \ t<c<x$$

を満たす c が存在します。$(1 \leqq)\, t<c<x$ より $\frac{1}{x} < \frac{1}{c} < \frac{1}{t}$ ですから

$$\frac{1}{x} < \frac{\log x - \log t}{x-t} < \frac{1}{t}$$

となり，(う)の右側の不等式が示せました。あ，(う)の等号は成立しませんが(い)に戻して考えると，$x=t$ のときに成立しています。

残念ながら，㋒の左側の不等式はこれでは示せませんが，式の形から，

平均値の定理が使えるんじゃないか？

という発想はもっておいてください。

“式の形から”と言えば，㋑の右側の不等式，“図形的にあたり前”なんですけど，わかりますか？　$F(x)=\log x$ とおいて $F'(x)=\dfrac{1}{x}$ になったところで気づいたかなあ……。$y=\log x$ の $x=t$ における接線の方程式は

$$y=\frac{1}{t}(x-t)+\log t$$

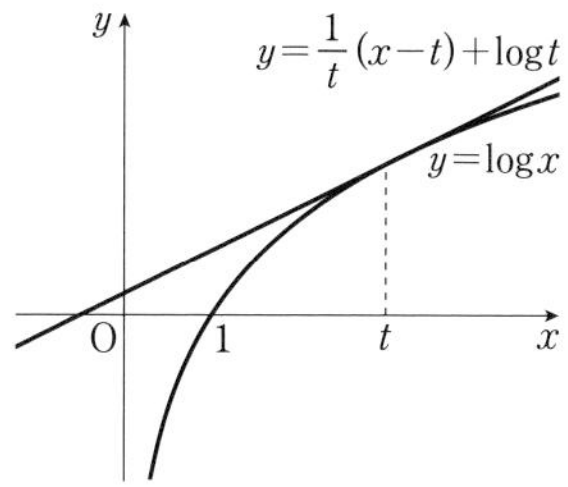

ですよね。$y=\log x$ のグラフは上に凸ですから，右のようになっています。ですから，

$$\frac{1}{t}(x-t)+\log t \geqq \log x$$

$x>0$ でつねに成り立ちます。これを整理すると

$$\log x-\log t-\frac{1}{t}(x-t) \leqq 0 \quad \cdots\cdots ㋐$$

になります。実はグラフの凸性を使って作られた不等式だったんですね。

テーマ

43 評価⑤

問題43 ★★☆ 30分

n を2以上の自然数とする。次の問いに答えよ。

(1) 不等式

$$n\log n-n+1<\sum_{k=1}^{n}\log k<(n+1)\log n-n+1$$

が成り立つことを示せ。

(2) 極限値

$$\lim_{n\to\infty}(n!)^{\frac{1}{n\log n}}$$

を求めよ。

（阪大・理系・96前）

さあ，「評価」も大詰め，阪大の一番お好きな

です。(1)の不等式のまん中の式

$$\sum_{k=1}^{n}\log k=\log 1+\log 2+\log 3+\cdots\cdots$$
$$\cdots\cdots+\log n$$

という数列の和についての不等式を作るわけですが，そのとき，右の図1のように $y=\log x$ のグラフを考えると，$x=k$ のところで $y=\log k$ になりますよね。そこで左でも(赤い長方形)，右でも(黒い長方形)よいので，横幅1の長方形を作りますと，これの面積が $\log k$ になります。

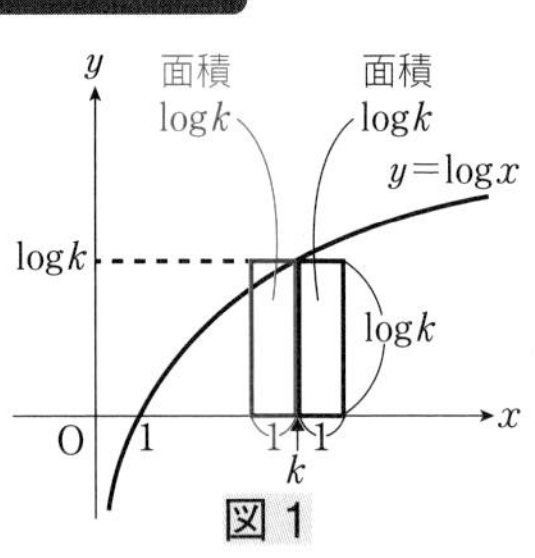

図1

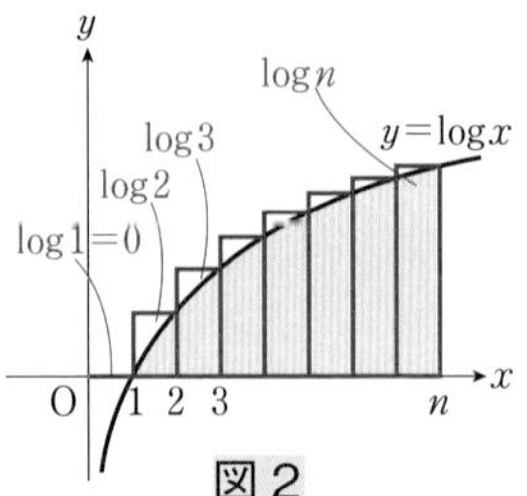

図2

まずは“赤い長方形”でいきましょうか。これを $k=1,\ 2,\ 3,\ \cdots,\ n$ として並べていきますと，右の図2の赤い階段状の図形にな

り，この面積が $\sum_{k=1}^{n}\log k$ になりますよね。これと黒網部分の面積を比較すると，赤い階段状の図形の面積の方が大きいです。$y=\log x$ は単調に増加しますから。そうしますと，$\sum_{k=1}^{n}\log k$ が下からおさえられて

$$\sum_{k=1}^{n}\log k>\int_{1}^{n}\log x\,dx$$

となります。右辺の計算を進めると

$$=\Big[x\log x-x\Big]_{1}^{n}$$
$$=(n\log n-n)-(0-1)$$
$$=n\log n-n+1\quad\cdots\cdots\text{ⓐ}$$

区分求積法と似ていますね。でも区分求積法は「$a\leqq x\leqq b$ の区間を n 等分」しています。階段は「横幅1の長方形」ですので，混同しないようにしてください。

お，お目当ての式の左側が出てきましたよ。

目標

$$n\log n-n+1<\sum_{k=1}^{n}\log k<(n+1)\log n-n+1$$

こっちが出てきた！（$n\log n-n+1$）　次はこっち（$\sum_{k=1}^{n}\log k<(n+1)\log n-n+1$）

では，次は $\sum_{k=1}^{n}\log k$ を上からおさえたいですね。どうしましょう。$y=\log x$ のグラフが赤い階段状の図形の上にくればいいんですから……気付きましたか？　右へ1だけズラせばいいんですよね！　**図1**の“黒い長方形”で考えたことになります。そうしますと，今度は**図3**の赤網部分の面積と階段状の面積を比較することにより

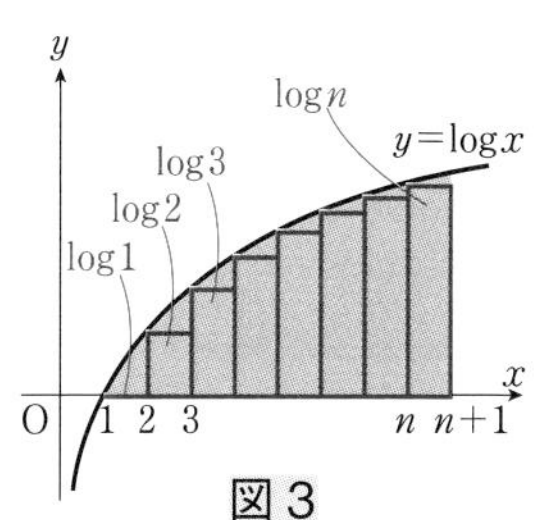

図3

$$\sum_{k=1}^{n}\log k<\int_{1}^{n+1}\log x\,dx$$
$$=\Big[x\log x-x\Big]_{1}^{n+1}$$
$$=(n+1)\log(n+1)-(n+1)-(0-1)$$
$$=(n+1)\log(n+1)-n$$

あれ？　目標の最右辺と違う式が出ちゃいましたよ……どうしましょう？

この「階段のネタ」ではちょいちょいあることで，等式ではなく不等式を作っているので，いろんな式ができちゃうんですよね。おそらく(2)で使い易い形の式をヒントとして出題してくれているんだと思います。形を合わせにいきましょう。

目標の最右辺と，今出てきた式の一番の違いは，log の真数 $n+1$ です。目標では log の真数は n ですから，この $n+1$ を n にしたいですね。すると積分区間の $\int_1^{n+1}$ が原因ですから，これを $\int_1^{n}$ にするしかありません。$\int_1^n \log x\,dx$ はさきほど目標の左側の不等式～～～部を作ったときの式と同じで，図 2 の黒網部分の面積を表しています。ということは……

右端の長方形だけ別にすれば OK！

そうですね。やってみましょう。図 4 のように黒網部分と，赤網部分（右端の長方形）に分けて，$\sum_{k=1}^{n} \log k$ を上からおさえて

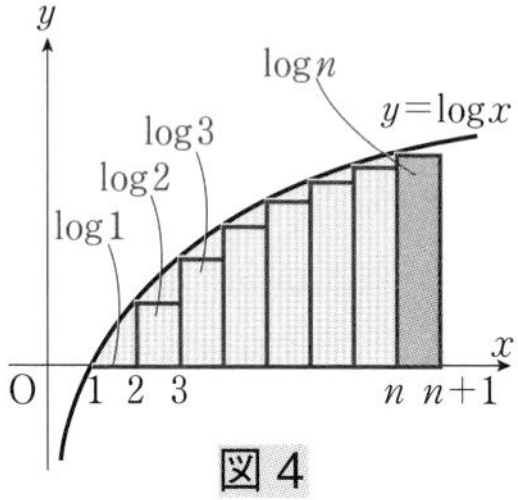

$$\sum_{k=1}^{n} \log k < \int_1^n \log x\,dx + \log n$$

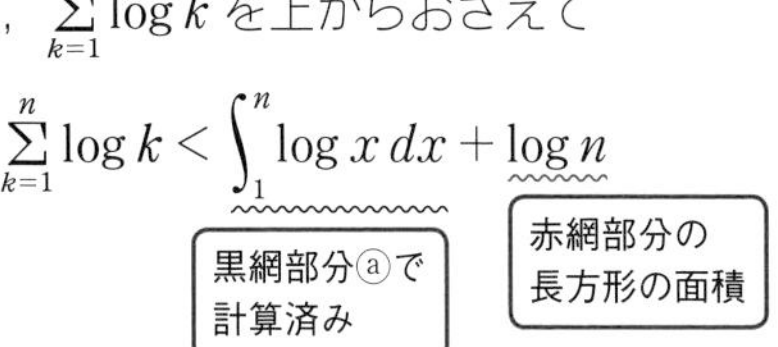

$$= (n\log n - n + 1) + \log n$$
$$= (n+1)\log n - n + 1$$

図 4

これで目標の右側の不等式～～～部が作れました。

さきほどもいいましたが，この「階段」のネタではあとのネタ（だいたい「はさみうち」）のために不等式が工夫されていて，パッと思いついた面積とは違うことがあります。だいたい

左端の長方形か右端の長方形の面積の分がズレている

ので，上でやりましたように目標の式を見比べながら，調整してみてください。

計画　では，(2)ですが，おそらく(1)を利用しての「はさみうち」だと思われます。そこから「$(n!)^{\frac{1}{n\log n}}$ の対数をとろう」と思いつけば OK です。もしくは，問題 39 の 検討 でもやりましたように，指数と対数は表現の表と裏みたいなもんなので

> **指数がややこしいときは対数をとる**
> **対数が扱いにくいときは指数に戻す**

という基本方針があります。やってみましょう。

$$\log(n!)^{\frac{1}{n\log n}}=\frac{1}{n\log n}\log(n!)$$
$$=\frac{1}{n\log n}\log(1\cdot2\cdot3\cdot\cdots\cdot n)$$
$$=\frac{1}{n\log n}(\log 1+\log 2+\log 3+\cdots+\log n)$$

出ました！

$$\log(n!)^{\frac{1}{n\log n}}=\frac{1}{n\log n}\sum_{k=1}^{n}\log k \quad \cdots\cdots ⓑ$$

$n\to\infty$ を考えるので，$n\geqq 2$ としてOKで，このとき $n\log n>0$ です。

です！　すると，(1)で証明した式の辺々を $n\log n$（>0）で割って

$$\frac{n\log n-n+1}{n\log n}<\frac{1}{n\log n}\sum_{k=1}^{n}\log k<\frac{(n+1)\log n-n+1}{n\log n}$$

まん中の式にⓑを代入して

$$1-\frac{1}{\log n}+\frac{1}{n\log n}<\log(n!)^{\frac{1}{n\log n}}<\left(1+\frac{1}{n}\right)-\frac{1}{\log n}+\frac{1}{n\log n}$$

$n\to\infty$ とすると $\frac{1}{\log n}$，$\frac{1}{n\log n}$，$\frac{1}{n}$ はすべて$\to 0$ですから，はさみうちの原理より

$$\lim_{n\to\infty}\log(n!)^{\frac{1}{n\log n}}=1$$

$1=\log e$ ですから，log をはずして

$$\lim_{n\to\infty}(n!)^{\frac{1}{n\log n}}=e$$

実行

(1)　$y=\log x$ は単調に増加するから，右の図の階段状の図形の面積と，網掛部分の面積を比較することにより，

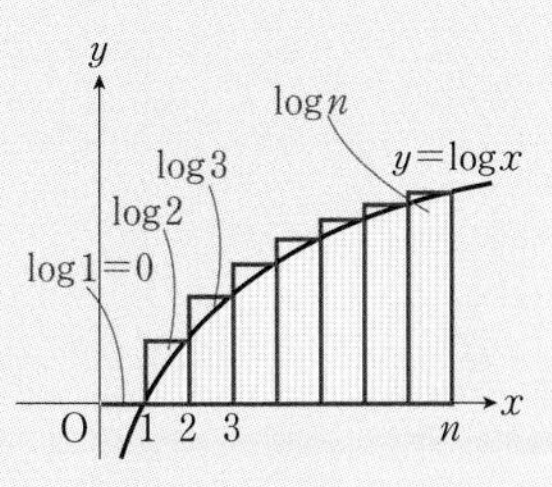

$$\sum_{k=1}^{n}\log k>\int_1^n\log x\,dx$$
$$=\Big[x\log x-x\Big]_1^n$$
$$=n\log n-n+1 \quad \cdots\cdots ①$$

また，右の図の階段状の図形の面積と網掛部分の面積を比較することにより，

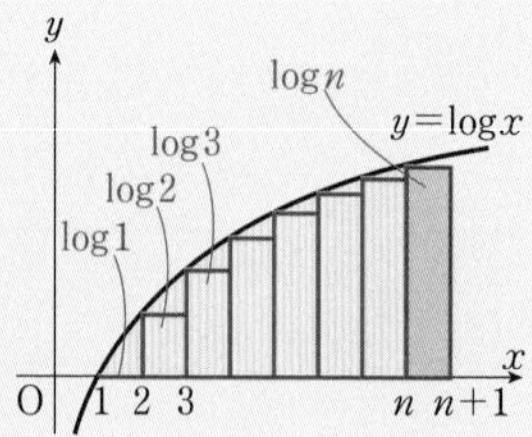

$$\sum_{k=1}^{n}\log k<\int_1^n \log x\,dx+\log n$$
$$=(n\log n-n+1)+\log n$$
$$=(n+1)\log n-n+1 \quad \cdots\cdots②$$

①，②より，

$$n\log n-n+1<\sum_{k=1}^{n}\log k<(n+1)\log n-n+1$$

（証明おわり）

(2) $$\sum_{k=1}^{n}\log k=\log 1+\log 2+\log 3+\cdots+\log n$$
$$=\log(1\cdot 2\cdot 3\cdot\cdots\cdot n)$$
$$=\log(n!)$$

であるから，(1)の結果より，

$$n\log n-n+1<\log(n!)<(n+1)\log n-n+1$$

$n\to\infty$ とするので $n\geqq 2$ としてよく，このとき各辺を $n\log n$ (>0) で割ると，

$$1-\frac{1}{\log n}+\frac{1}{n\log n}<\log(n!)^{\frac{1}{n\log n}}<\left(1+\frac{1}{n}\right)-\frac{1}{\log n}+\frac{1}{n\log n}$$

であり，

$$\lim_{n\to\infty}\left(1-\frac{1}{\log n}+\frac{1}{n\log n}\right)=1,\ \lim_{n\to\infty}\left\{\left(1+\frac{1}{n}\right)-\frac{1}{\log n}+\frac{1}{n\log n}\right\}=1$$

であるから，はさみうちの原理より，

$$\lim_{n\to\infty}\log(n!)^{\frac{1}{n\log n}}=1$$

よって，

$$\lim_{n\to\infty}(n!)^{\frac{1}{n\log n}}=\boldsymbol{e}$$

プロローグ でもいいましたが

> $\displaystyle\sum_{n=1}^{40000}\frac{1}{\sqrt{n}}$ の整数部分を求めよ。　（阪大・理系・14）

という問題が出題されています。また

> 2以上の自然数 n に対して，不等式
> $$\frac{1}{2^3}+\frac{1}{3^3}+\frac{1}{4^3}+\cdots\cdots+\frac{1}{n^3}<\frac{1}{4}$$
> が成り立つことを示せ。　　　　（阪大・理系・92前）

という問題もありました。

1番目の問題は**図1**より

$$\sum_{n=1}^{40000}\frac{1}{\sqrt{n}}>\int_1^{40001}\frac{1}{\sqrt{x}}dx=\Big[2\sqrt{x}\Big]_1^{40001}$$
$$=2\sqrt{40001}-2$$
$$>2\sqrt{40000}-2$$
$$=398$$

$\sqrt{40001}$ は計算できないので，$\sqrt{40000}$ にします。$>\int_1^{40000}\frac{1}{\sqrt{x}}dx$ でもOK。

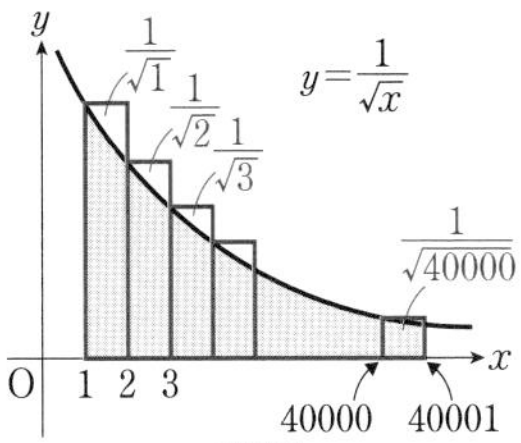

図1

図2より

$$\sum_{n=1}^{40000}\frac{1}{\sqrt{n}}<1+\int_1^{40000}\frac{1}{\sqrt{x}}dx$$
$$=1+\Big[2\sqrt{x}\Big]_1^{40000}$$
$$=1+2\sqrt{40000}-2$$
$$=399$$

$\int_{⓪}^{40000}\frac{1}{\sqrt{x}}dx$ は計算できないので左端の赤い長方形をはずしました。

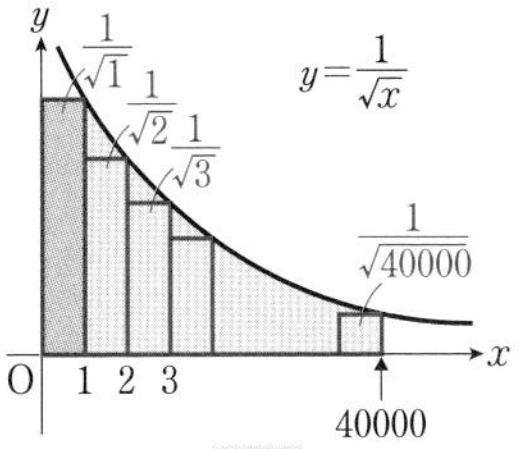

図2

ですから，$\sum_{n=1}^{40000}\frac{1}{\sqrt{n}}$ の整数部分は **398**

2番目の問題は**図3**より

$$\frac{1}{2^3}+\frac{1}{3^3}+\frac{1}{4^3}+\cdots+\frac{1}{n^3}$$
$$<\frac{1}{2^3}+\int_2^n\frac{1}{x^3}dx=\frac{1}{8}+\left[-\frac{1}{2x^2}\right]_2^n$$
$$=\frac{1}{4}-\frac{1}{2n^2}<\frac{1}{4}$$

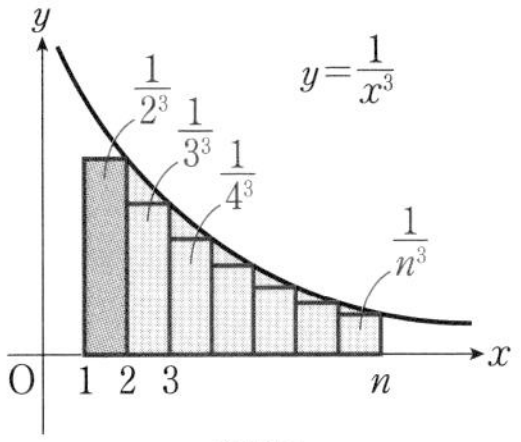

$\int_1^n$ では「$<\frac{1}{4}$」になりません。左端の赤い長方形をはずしました。

図3

となります。

ところで，**問題43**はなんの誘導もなかったので，イキナリ「階段」を作ったのですが，ここに

> $k=1,\ 2,\ 3,\ \cdots$ に対して，
> $\log k < \displaystyle\int_k^{k+1} \log x\,dx < \log(k+1)$ を示せ。

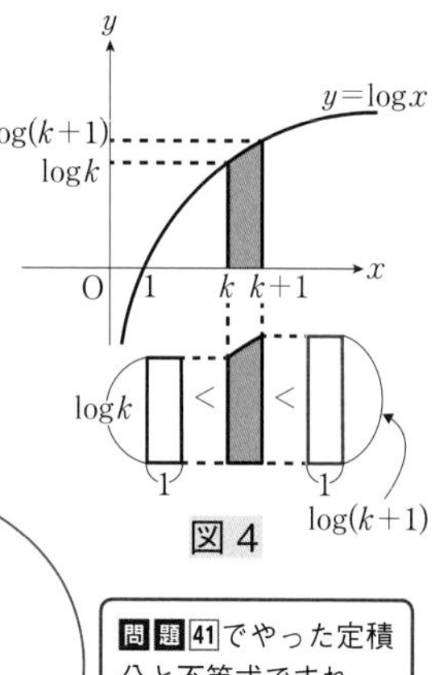

図 4

という誘導的な小問がつくことがあります。これは図形的には右の図 4 のような意味です。この図で説明しても OK ですが，数式で処理する人もいます。

$k \leqq x \leqq k+1\ (k=1,\ 2,\ 3,\ \cdots)$ において

$$\log k \leqq \log x \leqq \log(k+1)$$

が成り立ち，左の等号は $x=k$ のときのみ，右の等号は $x=k+1$ のときのみ成立するから

$$\int_k^{k+1} \log k\,dx < \int_k^{k+1} \log x\,dx < \int_k^{k+1} \log(k+1)\,dx$$

$$\therefore\quad \log k < \int_k^{k+1} \log x\,dx < \log(k+1)$$

問題41でやった定積分と不等式ですね。

$\displaystyle\int_k^{k+1} \log k\,dx = \Big[x\log k\Big]_k^{k+1} = \log k$ ($\log k$ は定数)。

左側の不等式で $k=1,\ 2,\ \cdots,\ n$ として和をとりますと，$\displaystyle\sum_{k=1}^{n} \log k$ が作れるのですが，

$$\log 1 < \int_1^2 \log x\,dx$$

$$\log 2 < \int_2^3 \log x\,dx$$

$$\vdots$$

$$\log(n-1) < \int_{n-1}^{n} \log x\,dx$$

$$+)\quad \boxed{\log n < \int_n^{n+1} \log x\,dx}$$

$$\sum_{k=1}^{n} \log k < \int_1^{n+1} \log x\,dx$$

となり，コレは 目標 の式とはちがってましたね。$\boxed{}$ の式を

$$\boxed{\log n - \log n}$$

に変えて和をとりますと

$$\sum_{k=1}^{n} \log k < \int_1^{n} \log x\,dx + \log n$$

となり OK です。

右側の不等式で，$\log 1$ を作ろうとして $k=0$ とすると $\displaystyle\int_0^1 \log x\,dx$ となりマズいですね($\log 0$ が出る)。$k=1,\ 2,\ \cdots,\ n-1$ として和をとります。

$$\int_1^2 \log x\,dx < \log 2$$

$$\int_2^3 \log x\,dx < \log 3$$

$$\vdots$$

$$+)\quad \int_{n-1}^{n} \log x\,dx < \log n$$

$$\int_1^{n} \log x\,dx < \sum_{k=2}^{n} \log k$$

$\log 1 = 0$ ですから，右辺は $\displaystyle\sum_{k-1}^{n} \log k$ とできて

$$\int_1^{n} \log x\,dx < \sum_{k=1}^{n} \log k$$

となり OK です。

さて，実は，もっと精度の高い評価もできるんですが，ご存知？　右の**図5**のように台形にすると，より正確になりますよね。上に凸の場合，

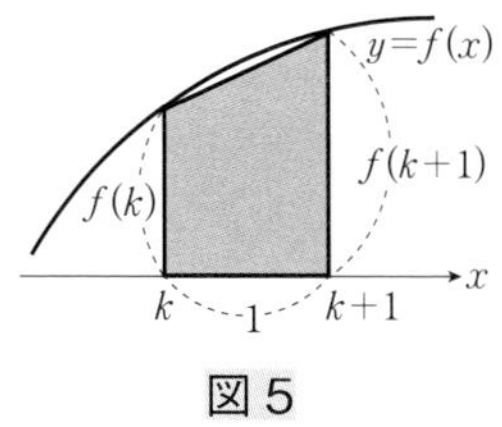

図5

$$\int_k^{k+1} f(x)\,dx > \frac{1}{2}\times\{f(k)+f(k+1)\}\times 1 \quad \cdots\cdots ㋐$$

となりますね。

逆に$\displaystyle\int_k^{k+1} f(x)\,dx <$ ●をみたす●は見つけられますか？　これは一度見たことがあって，「へぇ～なるほどなあ」と思ったことがないと無理だと思います。k と $k+1$ のまん中，

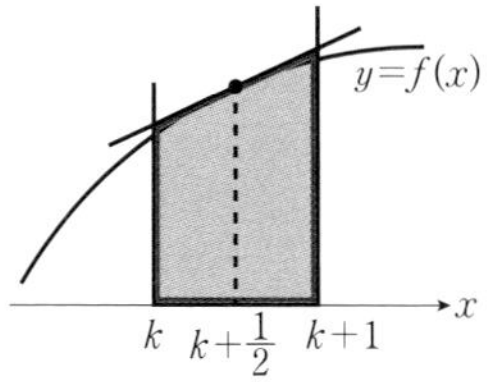

$x=k+\dfrac{1}{2}$ における接線を引いて台形を作るんです。**図6**です。しかし，接線の方程式を求めて，台形の上底と下底の長さを求めて……と，かなり大変な気がしますよね。でも，ここで魔法の補助線です。**図7**の赤い台形と黒い長方形は面積が等しいですよね。中学校でやる「等積変形」ってやつです。ということで

図6

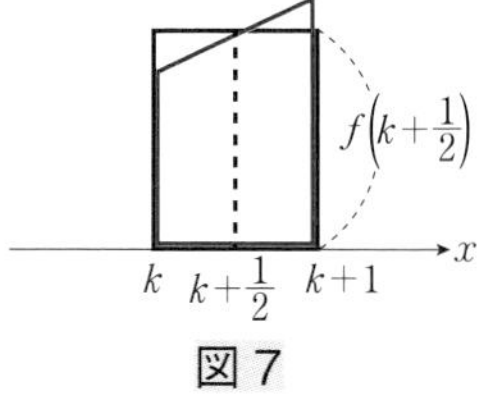

図7

$$\int_k^{k+1} f(x)\,dx < f\left(k+\frac{1}{2}\right)\times 1 \quad \cdots\cdots ㋑$$

㋐，㋑をあわせまして

$$\frac{1}{2}\{f(k)+f(k+1)\} < \int_k^{k+1} f(x)\,dx < f\left(k+\frac{1}{2}\right)$$

という不等式が作れました。阪大では1982年に右の不等式を小問で誘導して，数列の和を評価する問題が出題されています。あ，そうそう，2015年の理(数)挑戦枠でも，これを使う問題が出題されています。挑戦枠でしたので，もちろんノーヒントでしたが(笑)。

第11章 多変数

プロローグ

「評価」に続いて，少し変わった章です。これは最近の阪大の傾向なのですが，2 変数や 3 変数の数式や関数を扱う問題がよく出題されています。多変数の扱いは，高校数学でもいろいろやるのですが，教科書ではいろんな分野にバラけているので，ニガ手とする受験生が多いです。そうですね，「図形問題」が教科書では「幾何」，「三角比」，「座標」，「ベクトル」に分かれて習うけれど，阪大の入試では「図形」として出題され，どの手法を選ぶかは受験生が判断するという，アレと似ています。

まずここで，「多変数」の代表的な扱い方を整理しておきましょう。

多変数 ➡
- **1 文字消去**
- **2 存在条件に帰着**
  - **図形➡共有点の存在**
  - **方程式・不等式➡実数解の存在**
- **3 予選決勝法**
- **4 有名不等式の利用**

例題 1

実数 x，y が

$$x^2+y^2=1 \quad \cdots\cdots①$$

をみたしているとき，$x+y$ の最大値・最小値を求めよ。

〈**1 文字消去**〉

まずは **1 文字消去**からいきましょうか。**問題 18**でも使いましたが，

$$\boldsymbol{x^2+y^2=a^2 \Rightarrow x=a\cos\theta,\ \ y=a\sin\theta}$$

です。これは「文字消去」というより「変数変換」ですけど，x，y の 2 文字が θ だけの 1 文字になりますので，ここに入れちゃいますね。この問題ですと，①より

$$x=\cos\theta,\ y=\sin\theta \quad (\theta\text{は任意の実数})$$
とおけて
$$x+y=\cos\theta+\sin\theta=\sqrt{2}\sin\left(\theta+\frac{\pi}{4}\right)$$
$-1\leqq\sin\left(\theta+\dfrac{\pi}{4}\right)\leqq 1$ ですから

$x+y$ の**最大値 $\sqrt{2}$，最小値 $-\sqrt{2}$**

です。

このように，条件に等式の関係式があるときは 1 文字消去ができる可能性があります。2 変数の式で 1 変数消去できれば，式は 1 変数になり，僕らは 1 変数でしたら使える道具をいっぱいもっています。

文字を消去するとき注意しないといけないのは

文字を消去 ➡ 範囲を check

です。例題 1 はカンタンのため①の“円全体”としましたが，たとえば，
$$x^2+y^2=1 \quad \text{かつ} \quad y\geqq 0$$
のように“半円”になりますと，
$$x=\cos\theta,\ y=\sin\theta \quad (0\leqq\theta\leqq\pi)$$
と θ の値の範囲がかわってきます。すると
$$\frac{\pi}{4}\leqq\theta+\frac{\pi}{4}\leqq\frac{5\pi}{4}$$
ですから，右の図 2 のような単位円を考えて
$$-\frac{1}{\sqrt{2}}\leqq\sin\left(\theta+\frac{\pi}{4}\right)\leqq 1$$
となり，最大値はそのままですが，最小値がかわって

$x+y$ の最大値 $\sqrt{2}$，最小値 -1

となります。

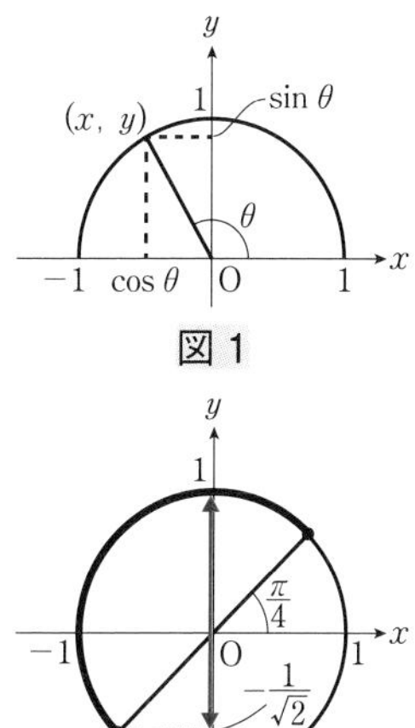

図 1

図 2

〈2 存在条件 ― 共有点の存在条件に帰着〉

上でいってしまいましたが，①は円です。そこで，最大・最小を調べたい式を $=k$ とおくと

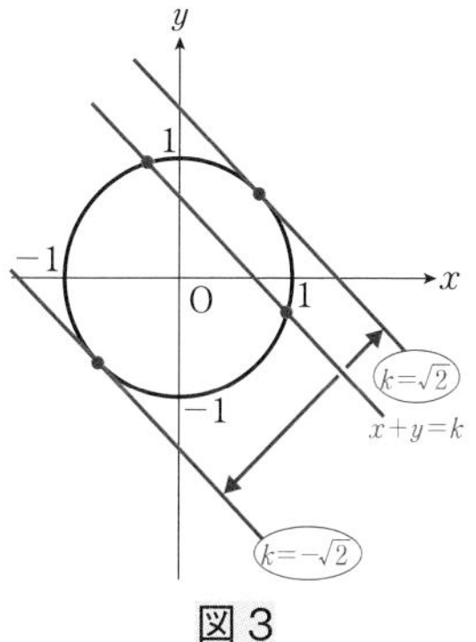

図 3

$$x+y=k \quad \therefore \quad y=-x+k \quad \cdots\cdots②$$

となり，これは xy 平面において，傾き -1，y 切片 k の直線を表しますね。ということで

円①と直線②が共有点をもつような k の値の範囲

のように求めるという解法があります。教科書では

$$x^2+y^2 \leqq 1$$

と円の周および内部になっていたりして，「領域と最大・最小」と呼ばれる分野です。

①，②から y を消去して

$$x^2+(-x+k)^2=1 \quad \therefore \quad 2x^2-2kx+k^2-1=0$$

であり，この x の 2 次方程式が実数解をもてばよいので，判別式を D として

$$\frac{D}{4}=k^2-2(k^2-1) \geqq 0 \quad \therefore \quad k^2-2 \leqq 0 \quad \therefore \quad -\sqrt{2} \leqq k \leqq \sqrt{2}$$

よって，k すなわち

$x+y$ の最大値 $\sqrt{2}$，最小値 $-\sqrt{2}$

本問は円ですので，図形的に

(円①の中心 O と直線②の距離) ≦ (円①の半径)

でやってももちろん OK です。

例題 2

実数 x，y が

$$x^2+xy+y^2=1 \quad \cdots\cdots①$$

をみたしているとき，$x+y$ の最大値・最小値を求めよ。

〈**2** 存在条件 ― 実数解の存在条件に帰着〉

例題 1 の「共有点の存在条件に帰着」した解答は，図形的な意味を無視しますと，x，y の連立方程式

$$\begin{cases} x^2+y^2=1 \\ x+y=k \end{cases}$$

が，「実数解をもつ条件」を求めていると見ることができます。この例題でも同様に，x，y の連立方程式

$$\begin{cases} x^2+xy+y^2=1 & \cdots\cdots① \\ x+y=k & \cdots\cdots② \end{cases}$$

が実数解をもつような k の値の範囲を求めることにより，$x+y$ の最大値

と最小値を求めることができます。

①，②から y を消去して

$$x^2+x(k-x)+(k-x)^2=1 \qquad \therefore \quad x^2-kx+k^2-1=0$$

であり，この x の 2 次方程式が実数解をもてばよいので，判別式を D として

$$D=k^2-4(k^2-1)\geqq 0 \qquad \therefore \quad k^2\leqq\frac{4}{3} \qquad \therefore \quad -\frac{2}{\sqrt{3}}\leqq k\leqq\frac{2}{\sqrt{3}}$$

よって，k すなわち

$x+y$ の最大値 $\dfrac{2}{\sqrt{3}}$，最小値 $-\dfrac{2}{\sqrt{3}}$

実は①の方程式は xy 平面において，45°傾いた楕円を表しています。このように，x，y の方程式や不等式は僕らが形を知っているか知らないかは別として，xy 平面において何らかの図形を表しています。ですから，

形がわかれば，共有点の存在条件

として考えることができ，

形がわからなければ，実数解の存在条件

として考えればよい。というだけで，基本的には同じ解法です。

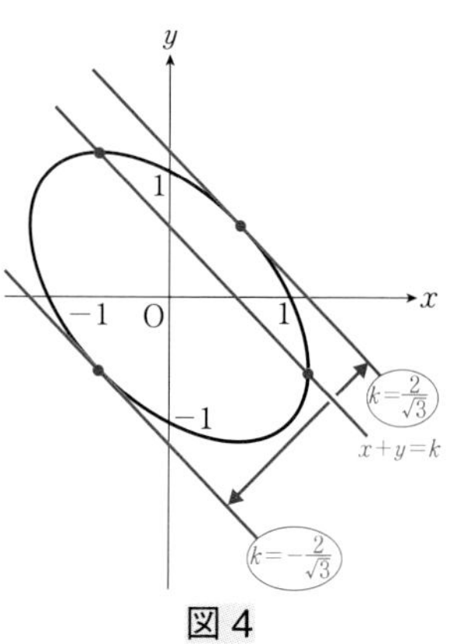

図 4

〈**2 存在条件 ― 実数解の存在条件に帰着**〉

もう一つ，別の「実数解の存在条件」をやっておきましょう。

$$\begin{cases} x^2+xy+y^2=1 & \cdots\cdots ① \\ x+y \end{cases}$$

を見て，何か式の特徴は思いつきますか？

そうです，「対称式」ですね。対称式は基本対称式のみで表すことができました。本問は x，y の 2 文字の対称式ですから，基本対称式は和と積です。よって

$$\overset{㊒}{u=x+y},\ \overset{㊕}{v=xy} \qquad \cdots\cdots ②$$

とおきましょうか。そうすると①は

$$(x+y)^2-xy=1$$

と変形できますので，②より

$$u^2-v=1 \qquad \therefore \quad v=u^2-1 \quad \cdots\cdots ③$$

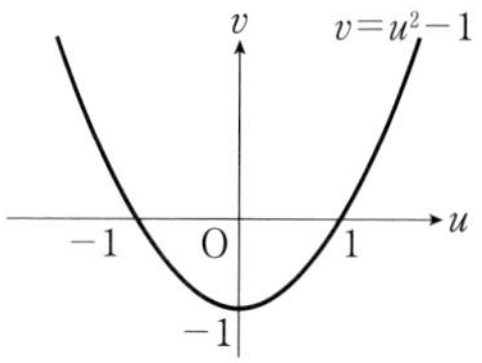

図 5

となり，このときの $u=x+y$ の値の範囲を求めることになります。あれ？でも，これだと u はとくに無制限に実数全体をとれそうですよね？

ここで，大事なポイントです。対称式が出てきたら，「基本対称式で表す」で止めないで

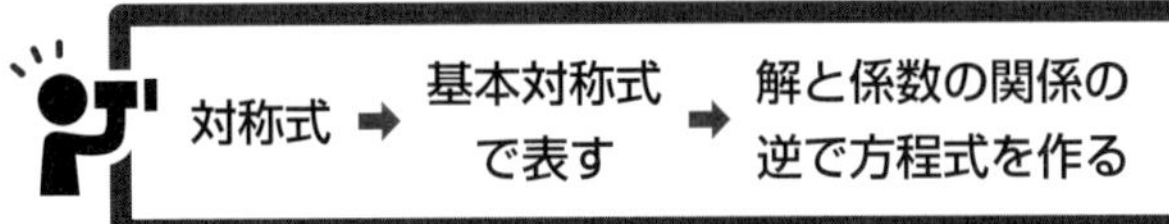

までいくようにしてください。本問ですと，②より x，y は t の 2 次方程式

$$t^2-ut+v=0 \quad \cdots\cdots④$$

x，y を 2 解にもつ t の 2 次方程式の 1 つは

$$(t-x)(t-y)=0$$

より

$$t^2-\underset{u}{(x+y)}t+\underset{v}{xy}=0$$

の 2 解ですよね。対称式の問題が出てきたら，十中八九使いますから，とりあえずこの方程式を作っておいてください。

それから，**例題 1** でもありましたが

文字を消去 ➡ 範囲を check

$t=x^2$ とおくと
x は任意の実数 $\Longleftrightarrow t\geqq 0$
$x=\sin\theta$ とおくと
θ は任意の実数 $\Longleftrightarrow -1\leqq x\leqq 1$

は，つねにつきまといます。今回ですと

$$x,\ y\text{ は実数} \ \underset{\times}{\overset{\bigcirc}{\rightleftarrows}}\ u,\ v\text{ は実数}$$

なんです。たとえば $u=v=1$ としますと，④は

$$t^2-t+1=0 \qquad \therefore\quad t=\frac{1\pm\sqrt{3}\,i}{2}$$

となり，u，v は実数なのに，x，y は虚数になります。ダメですよね。x，y は実数ですから，④が実数解をもてばよく

$$(\text{判別式})=u^2-4v\geqq 0$$

$$\therefore\quad v\leqq\frac{1}{4}u^2$$

となります。

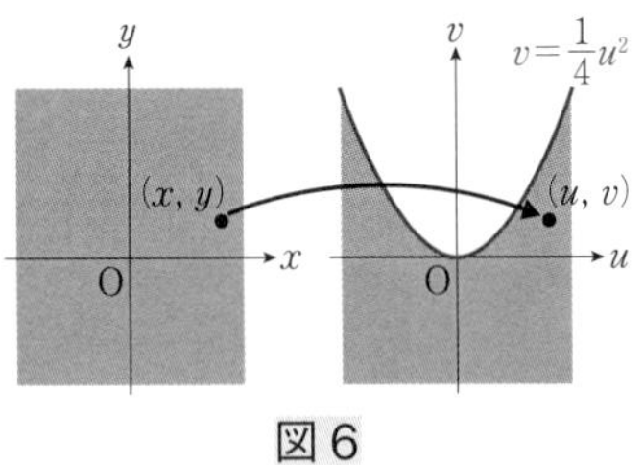

図 6

$$x,\ y\text{ は実数} \ \underset{\bigcirc}{\overset{\bigcirc}{\rightleftarrows}}\ \begin{cases} u,\ v\text{ は実数} \\ v\leqq\dfrac{1}{4}u^2 \end{cases}$$

となり，仮に，x，y に何の条件もなくすべての実数をとれたとしても，u，v には $v\leqq\frac{1}{4}u^2$ という条件がくっついてきます。対称式のおきかえではコレを忘れないようにしてください。

では，**例題 2** を対称式と見て，x，y の存在条件で解いてみます。

$$x+y=u,\ xy=v \quad \cdots\cdots ②$$

とおくと，①より

$$(x+y)^2-xy=1 \qquad \therefore\ u^2-v=1 \qquad \therefore\ v=u^2-1 \quad \cdots\cdots ③$$

一方，②より x，y は t の 2 次方程式

$$t^2-ut+v=0 \quad \cdots\cdots ④$$

の 2 解であり，x，y が実数であることから判別式を D として

$$D=u^2-4v \geqq 0$$

$$\therefore\ v \leqq \frac{1}{4}u^2 \quad \cdots\cdots ⑤$$

対称式でおきかえのとき，忘れないこと！

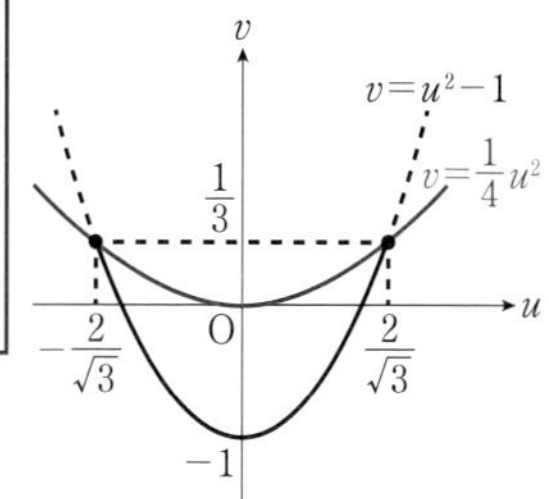

図 7

③，⑤より v を消去すると

$$u^2-1 \leqq \frac{1}{4}u^2 \qquad \therefore\ u^2 \leqq \frac{4}{3}$$

$$\therefore\ -\frac{2}{\sqrt{3}} \leqq u \leqq \frac{2}{\sqrt{3}}$$

③かつ⑤をみたす実数 u，v が存在することと，①をみたす実数 x，y が存在することが同値。

であるから，u すなわち

$$x+y \text{ の最大値 } \frac{2}{\sqrt{3}}，\text{最小値 } -\frac{2}{\sqrt{3}}$$

例題 3

x，y が任意の実数をとるとき，

$$z=x^2+2xy+3y^2+4y+5$$

の最小値を求めよ。

〈3 予選決勝法〉

次に「予選決勝法」とか「変数固定」とか呼ばれる手法です。2 変数ですと

◆予選決勝法

Step1 一方を固定して(定数とみなして)，
もう一方を変化させ，仮の最小値を求める。**予選**

Step2 次に固定していた変数を変化させて，
「仮の最小値」の最小値(King オブ 最小値)を求める。**決勝**

です。数学Ⅰの2次関数のところで応用問題として習ったりしますが。経験はありますか？

本問ですと，**Step1** で，たとえば y を固定し，x を変化させるとします。y のままでもいいんですが，$y=a$ とかに書きかえましょうか。

$$z=x^2+2ax+3a^2+4a+5$$

こんな文字定数入りの2次関数の最小値を求める問題，数学Ⅰでよくやったでしょ。2次関数ですので，平方完成です。3次関数や，他の関数でしたら微分とか，各種の関数の処理を行います。

$$z=(x+a)^2+2a^2+4a+5$$

そうしますと，仮の最小値を m として，$x=-a$ のとき

$$m=2a^2+4a+5$$

となります。これが「予選」です。次に **Step2** で y を変化させます。a を y にもどすと

$$m=2y^2+4y+5$$

また2次関数ですから，平方完成して

$$m=2(y+1)^2+3$$

ということで，「m の最小値」すなわち「King オブ 最小値」は，$y=-1$ のとき

$$(m\text{ の最小値})=3$$

ということになります。これが「決勝」です。

これくらいだと，解答は続けて書いた方が見易いですかね。

$$\begin{aligned} z&=x^2+2xy+3y^2+4y+5\\ &=(x+y)^2+2y^2+4y+5 \\ &\geqq 2y^2+4y+5 \quad\cdots\cdots① \quad (\text{予選})\\ &=2(y+1)^2+3 \\ &\geqq 3 \quad\cdots\cdots② \quad (\text{決勝})\end{aligned}$$

Step1 y 固定，x 変化
x の2次関数なので平方完成

Step2 y 変化
y の2次関数なので平方完成

で，

$$z\geqq 3$$

となり，等号が成立するのは，①，②の等号がともに成立するとき，すなわち

$$x=-y \quad かつ \quad y=-1 \qquad \therefore\ (x,\ y)=(1,\ -1)$$

のときである。よって

z の最小値は3

「予選決勝法」は，図形の最大・最小でもよく使われて，たとえば，右の**図 8** のような円 C と直線 l があり，点 P が C 上，点 Q が l 上を自由に動けるときの，2 点 P，Q の距離の最小値を求めるときです。

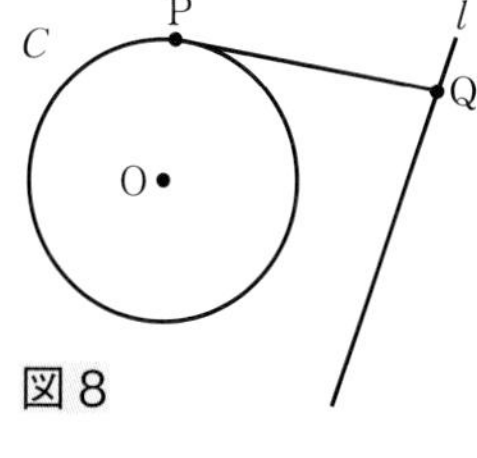

図 8

Step1 として，まず Q を固定し，P を動かします。円の中心を O としますと，PQ が最小になるのは，P が円 C と線分 OQ の交点のときですよね。**図 9** のように $\mathrm{PQ}=\mathrm{OQ}-r$ となります。

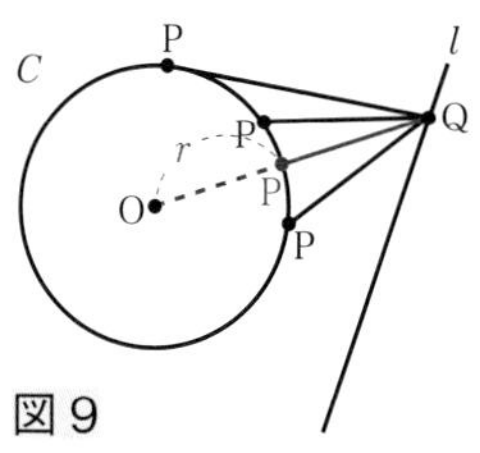

図 9

Step2 で Q を動かしますと，OQ が最小になるのは，$\mathrm{OQ}\perp l$ のときですね。O から l に下ろした垂線の足を H とすると，**図 10** のようになります。

円 C の半径を r とすると

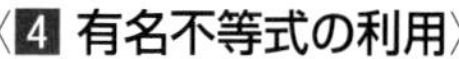

$$\mathrm{PQ} \underset{\text{予選}}{\geqq} \mathrm{OQ}-r \underset{\text{決勝}}{\geqq} \mathrm{OH}-r$$

となります。$\mathrm{PQ}=\mathrm{OH}-r$（最小）となるのは**図 10** の赤い線のときですね。

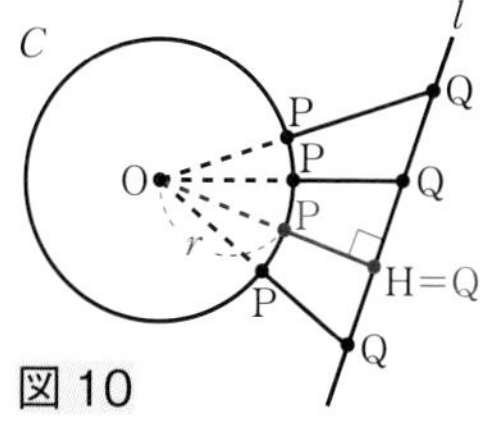

図 10

〈**4** 有名不等式の利用〉

最後にコレです。高校の教科書に出てくる有名不等式といえば，まずコレでしょう。

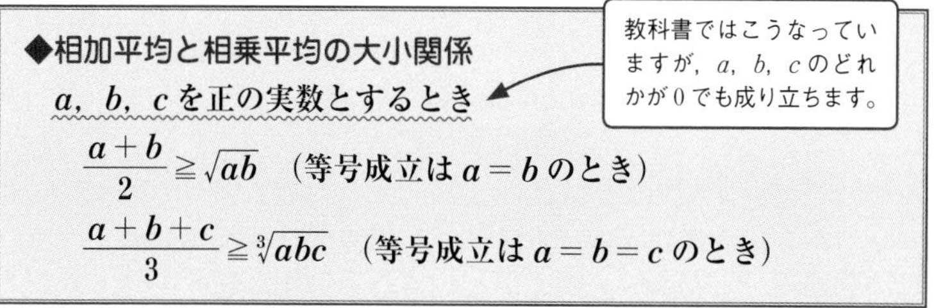

◆相加平均と相乗平均の大小関係

a，b，c を正の実数とするとき

教科書ではこうなっていますが，a，b，c のどれかが 0 でも成り立ちます。

$$\frac{a+b}{2} \geqq \sqrt{ab} \quad (\text{等号成立は } a=b \text{ のとき})$$

$$\frac{a+b+c}{3} \geqq \sqrt[3]{abc} \quad (\text{等号成立は } a=b=c \text{ のとき})$$

一般に n 文字でも成立するのですが，n 文字の場合の証明は，それだけで入試 1 問分になりますから，自明としては使えないです。2 文字の場合は教科書に載っていますので OK。3 文字の場合は載ってないのですが，入試では自明として使って OK といわれています。

証明は大丈夫ですか？　2 文字の場合は

$$\frac{a+b}{2}-\sqrt{ab}=\frac{1}{2}\{(\sqrt{a})^2+(\sqrt{b})^2-2\sqrt{a}\sqrt{b}\}=\frac{1}{2}(\sqrt{a}-\sqrt{b})^2 \geqq 0$$

のように $\sqrt{a}$，$\sqrt{b}$ の式に直して，平方完成です。3 文字の場合も同様なのですが，ちょっと見にくいので，$\sqrt[3]{a}=A$，$\sqrt[3]{b}=B$，$\sqrt[3]{c}=C$ とおきますと

$$\frac{a+b+c}{3}-\sqrt[3]{abc}$$
$$=\frac{1}{3}(A^3+B^3+C^3-3ABC)$$
$$=\frac{1}{3}(A+B+C)(A^2+B^2+C^2-AB-BC-CA)$$
$$=\frac{1}{3}(A+B+C)\cdot\frac{1}{2}\{(A-B)^2+(B-C)^2+(C-A)^2\}$$
$$\geqq 0$$

$x^3+y^3+z^3-3xyz$
$=(x+y+z)(x^2+y^2+z^2-xy-yz-zx)$
は有名な因数分解ですね。
覚えてないと苦しいです。

ココも有名な変形です。大丈夫ですか？
$A^2+B^2+C^2-AB-BC-CA$
$=\frac{1}{2}(2A^2+2B^2+2C^2-2AB-2BC-2CA)$
$=\frac{1}{2}\{(A^2-2AB+B^2)+(B^2-2BC+C^2)+(C^2-2CA+A^2)\}$
$=\frac{1}{2}\{(A-B)^2+(B-C)^2+(C-A)^2\}$

となります。

あ，そうそう

不等式を利用して
最大・最小を求めるときは
等号成立条件を確認してから
最小値・最大値を答えないとダメ！

は大丈夫ですか？　不等式って，いくつかの意味があるんですが，これをゴチャゴチャに使ってるんですよね。代表的なのは

① （単なる）大小関係　　② とり得る値の範囲

です。たとえば

「$\dfrac{1}{x}+\dfrac{1}{y}+\dfrac{1}{z}=1$ かつ $x\geqq y\geqq z$

をみたす自然数 x，y，z の値をすべて求めよ。」

p.17 でやった
不定方程式です。

という問題の「$x\geqq y\geqq z$」は単に x，y，z の大小関係を表しているだけで，①の方の意味です。でも

「2 次関数 $y=x^2$ の $0\leqq x\leqq 1$ における最大値と最小値を求めよ。」

という問題の「$0\leqq x\leqq 1$」は x のとり得る値の範囲を表していて，「x は 0 以上 1 以下のすべての値をとる」と解釈しますよね。②の方の意味です。で，

$3\geqq 2$

って不等式，気持ち悪くないですか？　でも，①の意味で OK なんです。「≧」って，「>（大なり）または =（イコール）」なんで，「>」と「=」のどっちかが成立していればよいんです。だから，その意味でも OK です。

「相加・相乗」って呼んでますけど，正式には「相加平均と相乗平均の大小関係」っていうんで，コレ，①の意味なんですよ。

「相加平均 $\dfrac{a+b}{2}$ と 相乗平均 $\sqrt{ab}$ の大小関係が

つねに $\dfrac{a+b}{2} \geqq \sqrt{ab}$ になっている」

という意味であって

「$\dfrac{a+b}{2}$ が $\sqrt{ab}$ 以上のすべての値をとり得る」

という意味ではないんです。ですから，**不等式を利用して最大・最小を求めるときは，等号成立条件を確認しないとダメ！**なんです。

もう1つ，有名な不等式を確認しておきましょう。教科書には名前は出ていませんが，不等式の証明の練習問題として載っていることが多く，名前もご存知ではないでしょうか。

◆コーシー・シュワルツの不等式

a，b，c，x，y，z を実数とするとき

$(ax+by)^2 \leqq (a^2+b^2)(x^2+y^2)$（等号成立は $ay=bx$ のとき）

$(ax+by+cz)^2 \leqq (a^2+b^2+c^2)(x^2+y^2+z^2)$

（等号成立は $ay=bx$ かつ $bz=cy$ かつ $cx=az$ のとき）

教科書的な証明は次のようになります。

$$
\begin{aligned}
&(a^2+b^2)(x^2+y^2)-(ax+by)^2\\
&=(\cancel{a^2x^2}+a^2y^2+b^2x^2+\cancel{b^2y^2})-(\cancel{a^2x^2}+2abxy+\cancel{b^2y^2})\\
&=(ay)^2+(bx)^2-2ay\cdot bx\\
&=(ay-bx)^2\\
&\geqq 0
\end{aligned}
$$

$$
\begin{aligned}
&(a^2+b^2+c^2)(x^2+y^2+z^2)-(ax+by+cz)^2\\
&=(\cancel{a^2x^2}+a^2y^2+a^2z^2+b^2x^2+\cancel{b^2y^2}+b^2z^2+c^2x^2+c^2y^2+\cancel{c^2z^2})\\
&\quad -(\cancel{a^2x^2}+\cancel{b^2y^2}+\cancel{c^2z^2}+2abxy+2bcyz+2cazx)\\
&=\{(ay)^2+(bx)^2-2ay\cdot bx\}+\{(bz)^2+(cy)^2-2bz\cdot cy\}\\
&\quad +\{(cx)^2+(az)^2-2cx\cdot az\}\\
&=(ay-bx)^2+(bz-cy)^2+(cx-az)^2\\
&\geqq 0
\end{aligned}
$$

これでもよいのですが，「ベクトル」で理解しておくと，式や等号成立条件の意味がわかり易いですし，使える場面も発見し易くなりますので，やっておきましょう。

$\vec{a}$ と $\vec{b}$ を $\vec{0}$ でないベクトルとして，なす角を θ $(0 \leqq \theta \leqq \pi)$ としますと

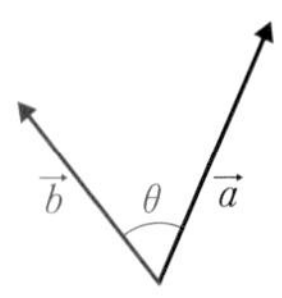

$$\vec{a}\cdot\vec{b} = |\vec{a}||\vec{b}|\cos\theta$$

ですから，両辺を 2 乗すると

$$(\vec{a}\cdot\vec{b})^2 = |\vec{a}|^2|\vec{b}|^2\cos^2\theta$$

$\cos^2\theta \leqq 1$ ですから

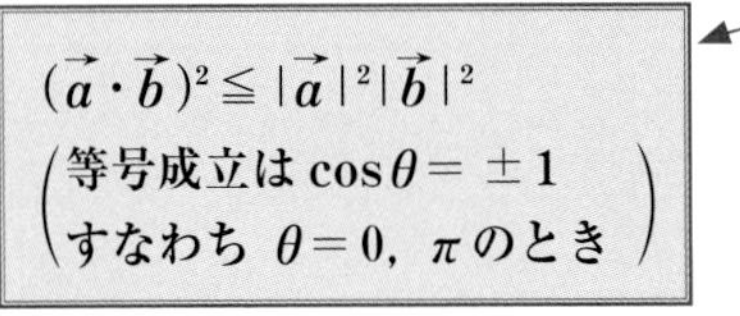

$$(\vec{a}\cdot\vec{b})^2 \leqq |\vec{a}|^2|\vec{b}|^2$$

（等号成立は $\cos\theta = \pm 1$ すなわち $\theta = 0,\ \pi$ のとき）

実はこの不等式は
$\vec{a} = \vec{0}$，$\vec{b} = \vec{0}$
のときでも成立しますので
この場合の等号成立条件は
「$\theta = 0$，π または
$\vec{a} = \vec{0}$ または $\vec{b} = \vec{0}$」
となります。

という不等式が得られます。

この式において，$\vec{a} = (a,\ b)$，$\vec{b} = (x,\ y)$ とおくと

$$(ax + by)^2 \leqq (a^2 + b^2)(x^2 + y^2)$$

となり，コーシー・シュワルツの不等式の 4 文字の方が得られます。等号成立条件は $\theta = 0$，π つまり

$\vec{a}$ と $\vec{b}$ が同じ向き または 逆向き

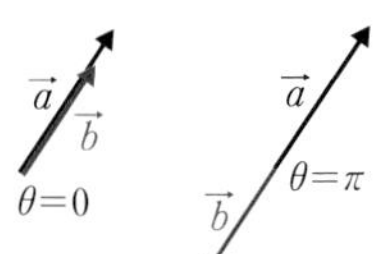

ってことですよね。だから

$$a : b = x : y \qquad \therefore \quad ay = bx$$

なわけです。

$\vec{a} = \vec{0}$ や $\vec{b} = \vec{0}$ の
場合もこの式に含
まれますね。

また，$\vec{a} = (a,\ b,\ c)$，$\vec{b} = (x,\ y,\ z)$ とおくと，

$$(ax + by + cz)^2 \leqq (a^2 + b^2 + c^2)(x^2 + y^2 + z^2)$$

ですね。

このように，「ベクトル」と見ておきますと，コーシー・シュワルツの不等式を使う場面の発見法として

式の中に
内積 $ax + by$
大きさ $\sqrt{a^2 + b^2}$ **｝を発見 ➡ コーシー・シュワルツの不等式**

ができます。

テーマ

44 多変数①

問題 44 ★★☆ 30分

次の問いに答えよ。

(1) c の正の定数とする。正の実数 x, y が $x+y=c$ をみたすとき,

$$\left(1+\frac{1}{x}\right)\left(1+\frac{1}{y}\right)$$

の最小値を c を用いて表せ。

(2) 正の実数 x, y, z が $x+y+z=1$ をみたすとき,

$$\left(1+\frac{1}{x}\right)\left(1+\frac{1}{y}\right)\left(1-\frac{4}{3z}\right)$$

の最大値を求めよ。

(阪大・理系・16)

まず(1)です。

$$x+y=c \quad \cdots\cdots ⓐ$$

が成り立っていて,このときの $\left(1+\frac{1}{x}\right)\left(1+\frac{1}{y}\right)$ の最小値です。

この式,展開したら $x+y$ が出てきそうですよね。

$$\left(1+\frac{1}{x}\right)\left(1+\frac{1}{y}\right)=1+\frac{1}{x}+\frac{1}{y}+\frac{1}{xy}$$

通分

$$=1+\frac{y+x}{xy}+\frac{1}{xy}$$

$x+y$ が出たので ⓐ代入

$$=1+\frac{c+1}{xy}$$

そうしますと,ⓐのもとで $\frac{c+1}{xy}$ の最小値,つまり xy の最大値を求めますから,「相加・相乗」でもよいですし,「y 消去」か「x 消去」でもよいです。

y 消去でやりますと,

$$\left(1+\frac{1}{x}\right)\left(1+\frac{1}{y}\right)=1+\frac{c+1}{x(c-x)}=1+\frac{c+1}{-x^2+cx}=1+\frac{c+1}{-\left(x-\frac{c}{2}\right)^2+\frac{c^2}{4}}$$

$x>0$，$y>0$ と ⓐより $0<x<c$ ですから，

これは $x=\dfrac{c}{2}$ のとき最小となり，最小値は

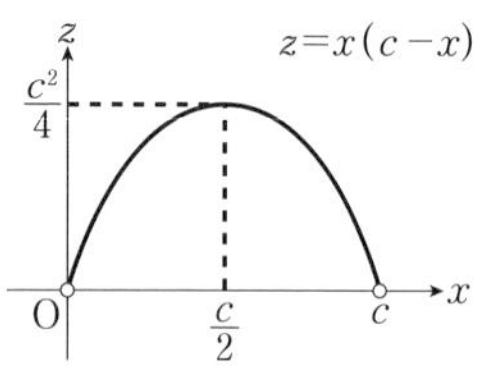

$$1+\frac{c+1}{\frac{c^2}{4}}=\frac{c^2+4(c+1)}{c^2}=\frac{(c+2)^2}{c^2}$$

となります。このとき y の値は

$$y=c-x=\frac{c}{2}$$

ですね。(2)に備えて不等式にしておきますと

$$\left(1+\frac{1}{x}\right)\left(1+\frac{1}{y}\right)\geqq\frac{(c+2)^2}{c^2}\ \cdots\cdots ⓑ\text{（等号成立は }x=y=\frac{c}{2}\text{ のとき）}$$

です。

次は(2)です。(1)，(2)を見比べるとやることは一目瞭然ですよね。

(1)　$x+y=c$ のとき　$\left(1+\dfrac{1}{x}\right)\left(1+\dfrac{1}{y}\right)$ の最小値

(2)　$x+y+z=1$ のとき　$\left(1+\dfrac{1}{x}\right)\left(1+\dfrac{1}{y}\right)\left(1-\dfrac{4}{3z}\right)$ の最大値

ですから，(2)では

z を固定して，x，y を変化させる

3 予選決勝法ですよね！　(2)では

$$x+y+z=1\quad\cdots\cdots ⓒ$$

ですから

$$x+y=1-z$$

としてコレを c とおけばよさそうです。$x>0$，$y>0$ とⓒより，$z<1$ ですから，$1-z>0$ となり，$c>0$ の条件も clear ですね。そうしますと，ⓑで $c=1-z$ として

$$\left(1+\frac{1}{x}\right)\left(1+\frac{1}{y}\right)\geqq\frac{(3-z)^2}{(1-z)^2}\ \cdots\cdots ⓓ\text{（等号成立は }x=y=\frac{1-z}{2}\text{ のとき）}$$

です。この両辺に $1-\dfrac{4}{3z}$ をかければ，問題となっている式が作れますが，

ここで注意しないといけないのが $1\quad\dfrac{4}{3z}$ の正負です。

$$0<z<1 \text{ より}\quad \frac{1}{z}>1 \qquad \therefore\quad \frac{4}{3z}>\frac{4}{3}>1$$

ですので，$1-\dfrac{4}{3z}$ は負です。ですから，ⓓの両辺に $1-\dfrac{4}{3z}$ を掛けると，不等号が逆向きになり

$$\left(1+\frac{1}{x}\right)\left(1+\frac{1}{y}\right)\left(1-\frac{4}{3z}\right) \leqq \frac{(3-z)^2}{(1-z)^2}\left(1-\frac{4}{3z}\right)$$

となります。だから(1)では「最小値」，(2)では「最大値」だったんですね。そうしますと，z を固定したときの最大値が右辺ですから，次に z を変化させて，「最大値の最大値」「King オブ 最大値」を求めにいきましょう。

$\dfrac{3\text{次式}}{3\text{次式}}$ ですので，微分しないとしょうがないのですが，分母の $1-z$ が計算しにくそうなので

$$1-z=c$$

にもどしましょうか。

$$\frac{(3-z)^2}{(1-z)^2}\left(1-\frac{4}{3z}\right)=\frac{(2+c)^2}{c^2}\cdot\left\{1-\frac{4}{3(1-c)}\right\}$$

$$=\underbrace{\left(1+\frac{2}{c}\right)^2}\underbrace{\left\{1+\frac{4}{3(c-1)}\right\}}$$

分母を $3(1-c)$ から $3(c-1)$ にしたので前の $-$ が $+$

こっちの方が若干ですが計算しやすそうです。これを $f(c)$ とおくと，積の微分法で

$$f'(c)=\underbrace{2\left(1+\frac{2}{c}\right)\left(-\frac{2}{c^2}\right)}_{ⓑ}\underbrace{\left\{1+\frac{4}{3(c-1)}\right\}}_{\text{そのまま}}+\underbrace{\left(1+\frac{2}{c}\right)^2}_{\text{そのまま}}\underbrace{\left\{\frac{-4}{3(c-1)^2}\right\}}_{ⓑ}$$

$$=-4\left(1+\frac{2}{c}\right)\left\{\frac{1}{c^2}\cdot\frac{3c+1}{3(c-1)}+\frac{c+2}{c}\cdot\frac{1}{3(c-1)^2}\right\}$$

$-4\left(1+\dfrac{2}{c}\right)$ でくくる

$$=-4\left(1+\frac{2}{c}\right)\frac{(3c+1)(c-1)+(c+2)c}{3c^2(c-1)^2}$$

通分

$$=-4\,\frac{c+2}{c}\,\frac{4c^2-1}{3c^2(c-1)^2}$$

分子整理

$$=\frac{-4(c+2)(2c+1)(2c-1)}{3c^3(c-1)^2}$$

因数分解

（囲み部分は ⊕）

ということで，$f'(c)$ の符号は $-(2c-1)$ と一致して，カンタンに符号変化がわかりますね。イキましょうか。

$y=-(2c-1)$

⊕　0　$\frac{1}{2}$　⊖　1　c

実行

(1) $x+y=c$ ……①

より

$$A=\left(1+\frac{1}{x}\right)\left(1+\frac{1}{y}\right)$$

とおくと,

$$A=1+\frac{1}{x}+\frac{1}{y}+\frac{1}{xy}=1+\frac{y+x+1}{xy}=1+\frac{c+1}{xy}$$

ここで, $x>0$, $y>0$ であるから, 相加平均と相乗平均の大小関係より,

$$\frac{x+y}{2}\geqq\sqrt{xy}$$

理解 では y 消去して 2 次関数として処理しましたので, ここでは相加・相乗でやります。

であり, ①より,

$$\frac{c}{2}\geqq\sqrt{xy} \qquad \therefore \quad xy\leqq\frac{c^2}{4}$$

$c+1>0$ であるから,

$$A=1+\frac{c+1}{xy}\geqq1+\frac{4(c+1)}{c^2}=\frac{(c+2)^2}{c^2}=\left(1+\frac{2}{c}\right)^2 \quad ……②$$

であり, 等号が成立するのは

$$x=y \text{ かつ } ① \qquad \therefore \quad x=y=\frac{c}{2}$$

のときである。したがって,

A の最小値は $\boldsymbol{\left(1+\frac{2}{c}\right)^2}$

(2) $x+y+z=1$ ……③

であり,

$$B=\left(1+\frac{1}{x}\right)\left(1+\frac{1}{y}\right)\left(1-\frac{4}{3z}\right)$$

とおくと,

$$B=A\left(1-\frac{4}{3z}\right)$$

である。

予選

まず, z を固定し, x, y を変化させる。③と $x>0$, $y>0$, $z>0$ より,

$$0<z<1 \qquad \cdots\cdots④$$

であるから，

$$x+y=1-z=c \qquad \cdots\cdots⑤$$

とおくと，$c>0$ であり，②が成り立つ。さらに④より，

$$1-\frac{4}{3z}<1-\frac{4}{3}<0$$

であるから，②の両辺に $1-\dfrac{4}{3z}=1-\dfrac{4}{3(1-c)}$ を掛けると，

$$B \leqq \left(1+\frac{2}{c}\right)^2\left\{1-\frac{4}{3(1-c)}\right\} \qquad \cdots\cdots⑥$$

（等号成立は $x=y=\dfrac{c}{2}=\dfrac{1-z}{2}$ のとき）

が成り立つ。

次に，④，⑤より，

$$0<c<1$$

であるから⑥の右辺を $f(c)$ として，この範囲で c を変化させ，$f(c)$ の最大値を求める。

$$f(c)=\left(1+\frac{2}{c}\right)^2\left\{1+\frac{4}{3(c-1)}\right\}$$

$$\begin{aligned}
&f'(c)\\
&=2\left(1+\frac{2}{c}\right)\left(-\frac{2}{c^2}\right)\left\{1+\frac{4}{3(c-1)}\right\}+\left(1+\frac{2}{c}\right)^2\left\{\frac{-4}{3(c-1)^2}\right\}\\
&=-4\left(1+\frac{2}{c}\right)\left\{\frac{1}{c^2}\cdot\frac{3c+1}{3(c-1)}+\frac{c+2}{c}\cdot\frac{1}{3(c-1)^2}\right\}\\
&=-4\,\frac{c+2}{c}\,\frac{4c^2-1}{3c^2(c-1)^2}\\
&=\frac{-(2c-1)\times 4(2c+1)(c+2)}{3c^3(c-1)^2}
\end{aligned}$$

（$4(2c+1)(c+2)$ と $3c^3(c-1)^2$ を囲んで ⊕）

c	(0)	$\cdots$	$\frac{1}{2}$	$\cdots$	(1)
$f'(c)$		$+$	0	$-$	
$f(c)$		↗	極大	↘	

であるから，$0<c<1$ における $f(c)$ の増減表は右のようになる。

よって，$f(c)$ は $c=\dfrac{1}{2}$ のとき最大となり，最大値は

$$f\left(\frac{1}{2}\right)=(1+4)^2\left(1-\frac{8}{3}\right)=-\frac{125}{3}$$

ゆえに，

$$f(c) \leqq -\frac{125}{3} \quad （等号成立は\ c=\frac{1}{2}\ のとき）$$

であるから，これと⑥より，

$$B \leqq f(c) \leqq -\frac{125}{3}$$

であり，2つの等号がともに成り立つのは，

$$x=y=\frac{c}{2}\ かつ\ c=\frac{1}{2} \qquad \therefore\quad x=y=\frac{1}{4},\ z=1-c=\frac{1}{2}$$

のときである。したがって，

$$B\ の最大値は\ -\frac{125}{3}$$

Column 裏技？

「包絡線」や「ロピタルの定理」はご存知ですか？　知らなくてかまいません，高校数学の範囲では習いませんから。こういう大学で習う範囲の定理や公式を知っている学生さんに，「入試で使ってよいですか？」と聞かれることがあります。

ダメでしょう。ちょっと考えてみてください。大学入試の問題は高校で習う数学の範囲で解けるように作られているんです。採点基準もそう作られているはずです。それを裏技的な知識で解くっていうのはどうでしょう？　サッカーで突然ボールをつかんで走り出したような感じでないでしょうか。

だた逆に，数学が好きな人が大学の範囲まで勉強していたって，文句を言われるのはヘンですよね。また，一回大学を出て再受験って人もおられますから，そういう人たちは高校の範囲がどこまでで，どこからは大学の範囲なのか，区別はつかないですよね。

要は，「あなたがちゃんとわかっているかどうか」が試されているんですから，ちゃんとわかっていて，ちゃんと書けば，ちゃんと見てくださいます。相手はプロの数学者ですので，こちらがちゃんと理解しているのか，生半可な知識をふりまわしているのかはカンタンに見抜かれてしまいます。ですから，

なるべく高校の数学の範囲で解答をキチンと書く。

他に思いつかないとき，時間がないときは減点覚悟で使う。

というスタンスがよいのではないでしょうか。

テーマ 45 多変数②

問題 45 ★★★ 30分

実数 x, y が $|x| \leqq 1$ と $|y| \leqq 1$ をみたすとき，不等式

$$0 \leqq x^2 + y^2 - 2x^2y^2 + 2xy\sqrt{1-x^2}\sqrt{1-y^2} \leqq 1$$

が成り立つことを示せ。

（阪大・理文共通・15）

文系と共通なので，易しいのかと思いきや，思いつくか思いつかないかで，満点か 0 点かだった問題です。

まず，

$|x| \leqq 1$, $|y| \leqq 1$

という条件があり，文字が x, y ですから，「xy 平面に図示してみよう」という気になります。右の図 1 です。図示できましたから，「**3 共有点の存在条件**か!?」と思ったのですが，$=k$ とおくと

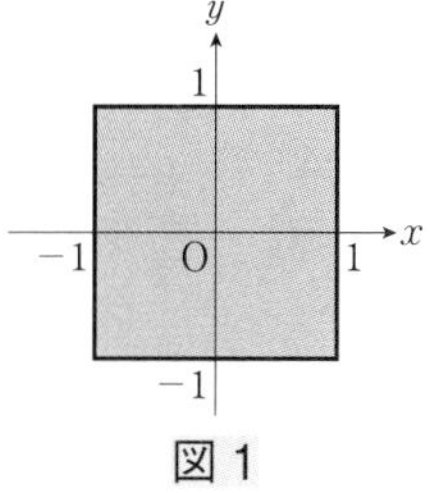

図 1

$$x^2 + y^2 - 2x^2y^2 + 2xy\sqrt{1-x^2}\sqrt{1-y^2} = k$$

となり，どんな図形かまったくわかりません。

で，次に数式の特徴を見ますと，「x と y の対称式だ！」ということに気づきます。気づきましたか？　予備校の授業でもさんざん扱うんですけど，いざ入試本番になると気づかない受験生が多いんです。与えられた図形や式をよく観察するのは，数学の基本中の基本です。

さて，そうしますと

$x + y = u$, $xy = v$

とおきましょうか。プロローグでやった，x, y が実数である条件

x, y を 2 解にもつ 2 次方程式 $t^2 - ut + v = 0$

の判別式を D として

$$D = u^2 - 4v \geqq 0 \qquad \therefore \quad v \leqq \frac{1}{4}u^2$$

は忘れないように注意しましょうね。で，扱う式は

$$
\begin{array}{ll}
\underset{\sim\sim\sim}{x^2+y^2}-2x^2y^2+2xy & \underset{\sim\sim\sim}{\sqrt{1-x^2}\sqrt{1-y^2}} \\
\| & \| \\
(x+y)^2-2xy & \sqrt{(1-x^2)(1-y^2)} \\
\| & \| \\
u^2-2v & \sqrt{1-(x^2+y^2)+x^2y^2} \\
 & \| \\
 & \sqrt{1-(u^2-2v)+v^2}
\end{array}
$$

$$=(u^2-2v)-2v^2+2v\sqrt{1-u^2+2v+v^2}$$

ぐちゃぐちゃです（笑）。

さぁて，どうしましょう？

多変数 ➡ ❶ 消去 ❷ 存在条件 ❸ 予選決勝法 ❹ 不等式

で，❷ **存在条件**は図形的にもムリですし，方程式としてもよくわかりません。❸ **予選決勝法**はどうでしょう。たとえば y を固定して，x の式と見て

$$f(x)=(1-2y^2)x^2+2y\sqrt{1-y^2}\,x\sqrt{1-x^2}+y^2$$

$$f'(x)=2(1-2y^2)x+2y\sqrt{1-y^2}\left(1\cdot\sqrt{1-x^2}+x\cdot\frac{-2x}{2\sqrt{1-x^2}}\right)$$

$$=2(1-2y^2)x+2y\sqrt{1-y^2}\,\frac{1-2x^2}{\sqrt{1-x^2}}$$

となりますから，「む〜ん」です。

どこが扱いにくいですか？　数学では“困る”ことが大切です。もしくは“じゃまくさいなぁ”と思うこと。そう思うから工夫が生まれるんであって，多くの受験生は困る前に工夫を知ってしまうので，工夫の意味やありがたさが身体に染みてないんですよね。どんどん困りましょう（笑）。おそらく $\sqrt{1-x^2}$，$\sqrt{1-y^2}$ がキタナイので扱いにくいと思うんです。じゃあ

$$\sqrt{1-x^2}=A,\ \sqrt{1-y^2}=B$$

とおき直してみましょうか。$-1\leqq x\leqq 1$，$-1\leqq y\leqq 1$ ですから

$$0\leqq A\leqq 1,\ 0\leqq B\leqq 1$$

です。文字をおき直したら範囲の確認をしませんとね。すると

$$x^2=1-A^2,\ y^2=1-B^2$$

で，

$$x^2+y^2-2x^2y^2+2xy\underbrace{\sqrt{1-x^2}\,\sqrt{1-y^2}}_{AB}$$

の〰〰部に $1-x^2$，$1-y^2$ を作ろうと思うと……，

$2x^2y^2=x^2y^2+x^2y^2$ に分けて

$$x^2+y^2-2x^2y^2+2xy\sqrt{1-x^2}\sqrt{1-y^2}$$
$$=x^2(1-y^2)+y^2(1-x^2)+2xyAB \quad \cdots\cdots ⓐ$$

は思いつきますか？　そうすると

$$=x^2B^2 \qquad +y^2A^2 \qquad +2xyAB$$
$$=(xB+yA)^2 \geqq 0$$

となって，「$\geqq 0$」は示せるんです！　でも，このままでは「$\leqq 1$」は無理ですね。A，B をもとにもどして…，

$$=(x\sqrt{1-y^2}+y\sqrt{1-x^2})^2$$

うーん，$-1 \leqq x \leqq 1$，$-1 \leqq y \leqq 1$ ですが，パッと「$\leqq 1$」はわからないですね。どうしましょう？

ところで

$$\sqrt{1-x^2}=A \longrightarrow x^2=1-A^2$$

の途中で何か気づきませんでしたか？

$$\sqrt{1-x^2}=A \longrightarrow 1-x^2=A^2 \longrightarrow x^2=1-A^2$$

（かつ $A \geqq 0$）

ですよね。コレ

半円：$x^2+A^2=1 \quad (A \geqq 0)$

でしたよね。**問題40**で $\int\sqrt{2-x^2}\,dx$ のとき出てきました。ということは，右の**図2**から

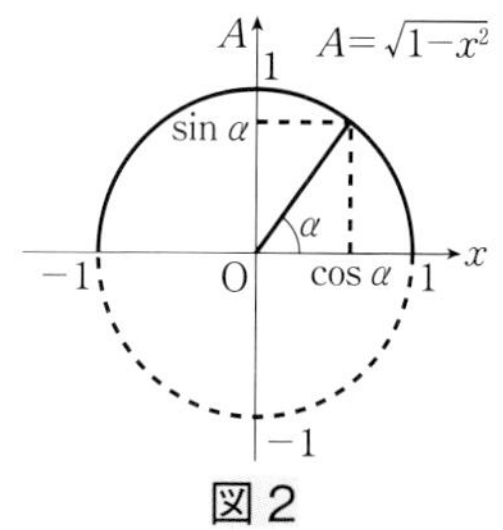

図2

$$x=\cos\alpha \quad (0 \leqq \alpha \leqq \pi)$$

とおけて，このとき

$$A=\sin\alpha$$

です。同じく

$$y=\cos\beta \quad (0 \leqq \beta \leqq \pi)$$

とおくと

$$B=\sin\beta$$

ですので，与式は

$$x^2+y^2-2x^2y^2+2xy\sqrt{1-x^2}\sqrt{1-y^2}$$
$$=\cos^2\alpha+\cos^2\beta-2\cos^2\alpha\cos^2\beta+2\cos\alpha\cos\beta\sin\alpha\sin\beta \quad \cdots\cdots ⓑ$$

となりました。

まだ複雑で，パッと因数分解などの変形は思いつかないですね。次に，これもまた積分のときによくやりますが，「次数下げ」をやりましょうか。2 倍角の公式を変形した

$$\cos 2\alpha = 2\cos^2\alpha - 1 \qquad \therefore \quad \cos^2\alpha = \frac{1+\cos 2\alpha}{2}$$

$$\sin 2\alpha = 2\sin\alpha\cos\alpha \qquad \therefore \quad \sin\alpha\cos\alpha = \frac{1}{2}\sin 2\alpha$$

ですね。β も同様です。続けますと

$$= \frac{1+\cos 2\alpha}{2} + \frac{1+\cos 2\beta}{2} - 2\frac{1+\cos 2\alpha}{2}\cdot\frac{1+\cos 2\beta}{2} + 2\cdot\frac{1}{2}\sin 2\alpha\cdot\frac{1}{2}\sin 2\beta$$

$$= 1 + \cancel{\frac{1}{2}\cos 2\alpha} + \cancel{\frac{1}{2}\cos 2\beta} - \frac{1}{2}(1 + \cancel{\cos 2\alpha} + \cancel{\cos 2\beta} + \cos 2\alpha\cos 2\beta) + \frac{1}{2}\sin 2\alpha\sin 2\beta$$

$$= \frac{1}{2} - \frac{1}{2}(\cos 2\alpha\cos 2\beta - \sin 2\alpha\sin 2\beta)$$

おっ，かなりキレイになりました。もう大丈夫ですか？　cos の加法定理ですね。

$$= \frac{1}{2} - \frac{1}{2}\cos(2\alpha + 2\beta) \quad \cdots\cdots ⓒ$$

$0 \leqq \alpha \leqq \pi$，$0 \leqq \beta \leqq \pi$ より $0 \leqq 2\alpha + 2\beta \leqq 4\pi$ ですから，
$-1 \leqq \cos(2\alpha + 2\beta) \leqq 1$ です。よって

$$0 \leqq \frac{1}{2} - \frac{1}{2}\cos(2\alpha + 2\beta) \leqq 1$$

で，できました！

実は，ⓐでやった変形が，ⓑで思いついていれば，ⓑの続きは

$$= \cos^2\alpha(1 - \cos^2\beta) + \cos^2\beta(1 - \cos^2\alpha) + 2\cos\alpha\cos\beta\sin\alpha\sin\beta$$

$$= \cos^2\alpha\sin^2\beta + \cos^2\beta\sin^2\alpha + 2\cos\alpha\sin\beta\cdot\cos\beta\sin\alpha$$

$$= (\cos\alpha\sin\beta + \cos\beta\sin\alpha)^2$$

これがⓐのあとの $(xB + yA)^2$ で $x = \cos\alpha$，$y = \cos\beta$，$A = \sin\alpha$，$B = \sin\beta$ とした式ですね。

$$= \{\sin(\alpha + \beta)\}^2 \quad \cdots\cdots ⓓ$$

とできて，やはり

$$0 \leqq \{\sin(\alpha + \beta)\}^2 \leqq 1$$

がいえます。ⓒに 2 倍角の公式を使うとⓓに一致します。三角関数はいろんな公式がありますから，いろいろ試すしかないですね。

$|x| \leqq 1$, $|y| \leqq 1$ より,

$$x = \cos\alpha,\ y = \cos\beta \quad (0 \leqq \alpha \leqq \pi,\ 0 \leqq \beta \leqq \pi \quad \cdots\cdots①)$$

とおくと,

$$\sqrt{1-x^2} = \sqrt{1-\cos^2\alpha} = \sqrt{\sin^2\alpha} = |\sin\alpha| = \sin\alpha$$

$$(\because \quad ①\text{より } \sin\alpha \geqq 0)$$

同様に,

$$\sqrt{1-y^2} = \sin\beta$$

であるから,

$$x^2 + y^2 - 2x^2y^2 + 2xy\sqrt{1-x^2}\sqrt{1-y^2}$$

$$= \cos^2\alpha + \cos^2\beta - 2\cos^2\alpha\cos^2\beta + 2\cos\alpha\cos\beta\sin\alpha\sin\beta$$

$$= \frac{1+\cos 2\alpha}{2} + \frac{1+\cos 2\beta}{2} - 2\frac{1+\cos 2\alpha}{2}\cdot\frac{1+\cos 2\beta}{2} + 2\cdot\frac{1}{2}\sin 2\alpha\cdot\frac{1}{2}\sin 2\beta$$

$$= \frac{1}{2} - \frac{1}{2}(\cos 2\alpha\cos 2\beta - \sin 2\alpha\sin 2\beta)$$

$$= \frac{1}{2} - \frac{1}{2}\cos 2(\alpha+\beta)$$

$$= \sin^2(\alpha+\beta)$$

①より, $0 \leqq \alpha + \beta \leqq 2\pi$ であるから,

$$-1 \leqq \sin(\alpha+\beta) \leqq 1 \qquad \therefore \quad 0 \leqq \sin^2(\alpha+\beta) \leqq 1$$

したがって,

$$0 \leqq x^2 + y^2 - 2x^2y^2 + 2xy\sqrt{1-x^2}\sqrt{1-y^2} \leqq 1$$

（証明おわり）

検討 強烈な別解をやってみましょうか。$\sqrt{1-x^2}$ や $\sqrt{1-y^2}$ が2乗するとキレイになることから，ベクトルの大きさ $\sqrt{a^2+b^2}$ が頭に浮かんで,「コーシー・シュワルツの不等式」

$$(ax+by)^2 \leqq (a^2+b^2)(x^2+y^2)$$

を思いついたとします。すると,

$$\vec{a} = (x,\ \sqrt{1-x^2}),\ \vec{b} = (y,\ \sqrt{1-y^2})$$

とでもおけばよいでしょうか。$|\vec{a}|^2$ や $|\vec{b}|^2$ はキレイになります。これをコーシー・シュワルツの不等式の元の式

$$(0 \leqq)\ (\vec{a}\cdot\vec{b})^2 \leqq |\vec{a}|^2|\vec{b}|^2$$

に代入してみますと

$$0 \leqq (xy + \sqrt{1-x^2}\sqrt{1-y^2})^2 \leqq \{x^2+(1-x^2)\}\{y^2+(1-y^2)\}$$
$$0 \leqq x^2y^2 + 2xy\sqrt{1-x^2}\sqrt{1-y^2} + (1-x^2)(1-y^2) \leqq 1 \cdot 1$$
$$0 \leqq -x^2 - y^2 + 2x^2y^2 + 2xy\sqrt{1-x^2}\sqrt{1-y^2} + 1 \leqq 1$$
$$0 \geqq x^2 + y^2 - 2x^2y^2 - 2xy\sqrt{1-x^2}\sqrt{1-y^2} - 1 \geqq -1$$
$$1 \geqq x^2 + y^2 - 2x^2y^2 - 2xy\sqrt{1-x^2}\sqrt{1-y^2} \geqq 0$$

$\times(-1)$

$+1$

おしいっ！　ここの符号が逆ですね。どうすればいいかわかります？　さかのぼってもらうと

$$\vec{a} = (x,\ \sqrt{1-x^2}),\ \vec{b} = (y,\ -\sqrt{1-y^2})$$

$\vec{a} = (x,\ -\sqrt{1-x^2})$
$\vec{b} = (y,\ \sqrt{1-y^2})$
でもよいです。

にすればよいとわかります。

コーシー・シュワルツの不等式，ナカナカ強力でしょ？　本番ではできないかもしれませんが，参考に別解として載せておきます。解答は「コーシー・シュワルツの不等式より」でよいのですが，一応「内積」で書きますね。

実行

〈コーシー・シュワルツの不等式による別解〉

$$\vec{a} = (x,\ \sqrt{1-x^2}),\ \vec{b} = (y,\ -\sqrt{1-y^2})$$

とおくと，$\vec{a} \neq \vec{0}$，$\vec{b} \neq \vec{0}$ である。よって，$\vec{a}$ と $\vec{b}$ のなす角を $\theta(0 \leqq \theta \leqq \pi)$ とおくと，

$$0 \leqq (\vec{a}\cdot\vec{b})^2 = |\vec{a}|^2|\vec{b}|^2\cos^2\theta \leqq |\vec{a}|^2|\vec{b}|^2$$

であるから

$$0 \leqq (xy - \sqrt{1-x^2}\sqrt{1-y^2})^2 \leqq \{x^2+(1-x^2)\}\{y^2+(1-y^2)\}$$
$$0 \leqq x^2y^2 - 2xy\sqrt{1-x^2}\sqrt{1-y^2} + (1-x^2)(1-y^2) \leqq 1 \cdot 1$$
$$0 \leqq x^2 + y^2 - 2x^2y^2 + 2xy\sqrt{1-x^2}\sqrt{1-y^2} \leqq 1$$

（証明おわり）

テーマ 46 多変数③

問題 46 ★★★ 35分

次の問いに答えよ。

(1) x が正の数のとき $|\log x| \leqq \dfrac{|x-1|}{\sqrt{x}}$ を示せ。

(2) $p,\ q,\ r$ が $p+q+r=1$ をみたす正の数のとき

$$p^2+q^2+r^2 \geqq \frac{1}{3}$$

を示せ。

(3) $a,\ b,\ c$ が相異なる正の数で，$\sqrt{a}+\sqrt{b}+\sqrt{c}=1$ をみたすとき

$$\frac{ab}{b-a}\log\frac{b}{a}+\frac{bc}{c-b}\log\frac{c}{b}+\frac{ca}{a-c}\log\frac{a}{c} \leqq \frac{1}{3}$$

を示せ。（阪大・理系・07 前）

(1)で，まず絶対値をはずそうと思います。$|\log x|$ も $|x-1|$ も，$x \gtrless 1$ で場合分けですね。x は正の数なので，

$x \geqq 1$ のとき　$\log x \leqq \dfrac{x-1}{\sqrt{x}}$

$0<x \leqq 1$ のとき　$-\log x \leqq \dfrac{-(x-1)}{\sqrt{x}}$

$\therefore\ \log x \geqq \dfrac{x-1}{\sqrt{x}}$　$\times(-1)$

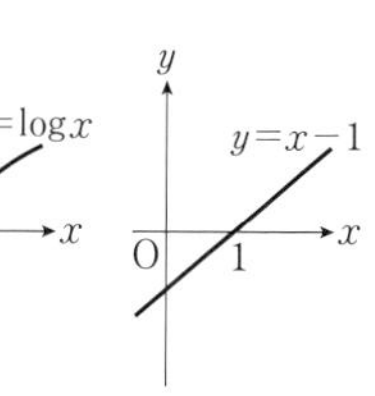

ですから

$$f(x)=\log x-\frac{x-1}{\sqrt{x}}$$

とおいて

目標

$x \geqq 1$ のとき　$f(x) \leqq 0$

$0<x \leqq 1$ のとき　$f(x) \geqq 0$

を示せばよいですね。

計画　そうしますと

$$f'(x)=\frac{1}{x}-\frac{1\cdot\sqrt{x}-(x-1)\cdot\dfrac{1}{2\sqrt{x}}}{(\sqrt{x})^2}=\frac{1}{x}-\frac{2x-(x-1)}{2x\sqrt{x}}$$

（$\times\dfrac{2\sqrt{x}}{2\sqrt{x}}$）

$$=\frac{1}{x}-\frac{x+1}{2x\sqrt{x}}=\frac{2\sqrt{x}-x-1}{2x\sqrt{x}}$$

$$=\frac{-\{(\sqrt{x})^2-2\sqrt{x}+1\}}{2x\sqrt{x}}=-\frac{(\sqrt{x}-1)^2}{2x\sqrt{x}}$$

お，$f'(x)\leqq 0$ であり，等号は $x=1$ のときのみ成立ですから，$f(x)$ は単調減少ですね。イケます。

実行

(1)　　$f(x)=\log x-\dfrac{x-1}{\sqrt{x}}\quad(x>0)$

とおくと，

$$f'(x)=\frac{1}{x}-\frac{1\cdot\sqrt{x}-(x-1)\cdot\dfrac{1}{2\sqrt{x}}}{(\sqrt{x})^2}=\frac{2\sqrt{x}-x-1}{2x\sqrt{x}}$$

$$=-\frac{(\sqrt{x}-1)^2}{2x\sqrt{x}}\leqq 0$$

であり，等号は $x=1$ のときのみ成立するから，$f(x)$ は単調に減少する。さらに，

$f(1)=0$

（図：$y=f(x)$，$x=1$ の左で ⊕，右で ⊖）

より，$0<x\leqq 1$ のとき，$f(x)\geqq 0$ であるから，

$$\log x\geqq\frac{x-1}{\sqrt{x}}$$

$$-\log x\leqq\frac{-(x-1)}{\sqrt{x}}$$

$$|\log x|\leqq\frac{|x-1|}{\sqrt{x}}\quad\left(\because\ 0<x\leqq 1 \text{のとき} \ \log x\leqq 0,\ x-1\leqq 0\right)$$

$x\geqq 1$ のとき，$f(x)\leqq 0$ であるから，

$$\log x\leqq\frac{x-1}{\sqrt{x}}$$

$$|\log x|\leqq\frac{|x-1|}{\sqrt{x}}\quad\left(\because\ x\geqq 1 \text{のとき} \ \log x\geqq 0,\ x-1\geqq 0\right)$$

以上より，$x>0$ のとき

$$|\log x| \leqq \frac{|x-1|}{\sqrt{x}} \quad \cdots\cdots①$$

（証明おわり）

次に(2)です。

目標 $p^2+q^2+r^2 \geqq \dfrac{1}{3}$

で，「$p^2+q^2+r^2$」って，「ベクトルの大きさの２乗」と見ることができますから，ここはコーシー・シュワルツの不等式でしょうかね。

そうしますと，$\vec{a}=(p,\ q,\ r)$ とおくと

$$p^2+q^2+r^2=|\vec{a}|^2$$

ですから，条件の「$p+q+r=1$」を

$$p\cdot 1+q\cdot 1+r\cdot 1=1$$

と見て，$\vec{b}=(1,\ 1,\ 1)$ とおけば

$$\vec{a}\cdot\vec{b}=p\cdot 1+q\cdot 1+r\cdot 1=1$$

ですね。

$$(\vec{a}\cdot\vec{b})^2=|\vec{a}|^2|\vec{b}|^2\cos^2\theta \leqq |\vec{a}|^2|\vec{b}|^2$$

がコーシー・シュワルツの不等式のベクトルとしての意味でしたから，ここへ代入して

$$(p\cdot 1+q\cdot 1+r\cdot 1)^2 \leqq (p^2+q^2+r^2)(1^2+1^2+1^2)$$

$p+q+r=1$ より

$$1^2 \leqq 3(p^2+q^2+r^2) \qquad \therefore\ \ p^2+q^2+r^2 \geqq \frac{1}{3}$$

ですね。

問題 45の別解はかなり複雑な式だったので，ベクトルで証明しましたが，コレくらいなら「コーシー・シュワルツの不等式より」と直接書けばよいでしょう。

実行

(2) コーシー・シュワルツの不等式より，

$$(p\cdot 1+q\cdot 1+r\cdot 1)^2 \leqq (p^2+q^2+r^2)(1^2+1^2+1^2)$$

$p+q+r=1$ であるから，

$$1^2 \leqq 3(p^2+q^2+r^2)$$

$$\therefore\ \ p^2+q^2+r^2 \geqq \frac{1}{3} \quad \cdots\cdots②$$

（証明おわり）

検討 これは別解がいっぱいできます。これは3文字の対称式となっていて，3文字の対称式の変形で覚えておかないといけないのは，次の3つです。

Ⓐ $(a+b+c)^2=a^2+b^2+c^2+2ab+2bc+2ca$

Ⓑ $a^3+b^3+c^3-3abc=(a+b+c)(a^2+b^2+c^2-ab-bc-ca)$

Ⓒ $a^2+b^2+c^2-ab-bc-ca=\dfrac{1}{2}\{(a-b)^2+(b-c)^2+(c-a)^2\}$

2文字の対称式の変形はその場で考えても思いつきますが，3文字の対称式の変形は，Ⓐはいいとして，Ⓑ，Ⓒをその場で思いつくのはキビシイでしょう。Ⓑは丸暗記でOKです。Ⓒはプロローグの相加・相乗の3文字の場合の証明で使いました。p.406です。

不等式を扱うので，以下 a，b，c は実数とします。さて，
(Ⓒの右辺) $\geqq 0$ (等号成立は $a=b=c$ のとき)ですから

Ⓒ′ $a^2+b^2+c^2\geqq ab+bc+ca$

という不等式が作れます。ここにⒶを用いて，$ab+bc+ca$ を消去すると

$$a^2+b^2+c^2\geqq\frac{1}{2}\{(a+b+c)^2-(a^2+b^2+c^2)\}$$

Ⓒ″ $3(a^2+b^2+c^2)\geqq(a+b+c)^2$

という不等式も作れます。本問はコレでもOKですよね。あと，Ⓒ′にⒶを用いて，$a^2+b^2+c^2$ を消去すると

$$(a+b+c)^2-2(ab+bc+ca)\geqq ab+bc+ca$$

Ⓒ‴ $(a+b+c)^2\geqq 3(ab+bc+ca)$

という不等式も作れます。Ⓒ′，Ⓒ″，Ⓒ‴は覚える必要はなくて，Ⓒだけ覚えておいて，その場で作ればよいですね。

〈(2)の別解1〉

(2) $3(p^2+q^2+r^2)-(p+q+r)^2$

$$\begin{aligned}&=2p^2+2q^2+2r^2-2pq-2qr-2rp\\&=(p-q)^2+(q-r)^2+(r-p)^2\\&\geqq 0\end{aligned}$$

であるから，

$$p^2+q^2+r^2 \geqq \frac{1}{3}(p+q+r)^2$$

いま，$p+q+r=1$ であるから，

$$p^2+q^2+r^2 \geqq \frac{1}{3} \quad \cdots\cdots②$$

（証明おわり）

検討 本問に対して，Ⓐもいいカンジなの，わかりますか？ a，b，c を p，q，r に直して

$$(\underbrace{(p+q+r)}_{1})^2=(\underbrace{(p^2+q^2+r^2)}_{\geqq \frac{1}{3}\text{を示したい}})+2pq+2qr+2rp$$

こんなふうに見ると，「$2pq$，$2qr$，$2rp$ についての不等式がほしい！」ってなるんじゃないですか。そうすると……，「相加・相乗」が使えますね。「p，q，r は正の数」としてあるので助かります。

〈(2)の別解 2〉

$p>0$，$q>0$，$r>0$ であるから，相加平均と相乗平均の大小関係より，

$$\frac{p^2+q^2}{2} \geqq \sqrt{p^2q^2} \qquad \therefore \quad p^2+q^2 \geqq 2pq$$

同様に，

$$q^2+r^2 \geqq 2qr,\ \ r^2+p^2 \geqq 2rp$$

であるから，$p+q+r=1$ のとき，

$$\begin{aligned} 1^2=(p+q+r)^2&=(p^2+q^2+r^2)+2pq+2qr+2rp \\ &\leqq (p^2+q^2+r^2)+(p^2+q^2)+(q^2+r^2)+(r^2+p^2) \\ &=3(p^2+q^2+r^2) \end{aligned}$$

よって，

$$p^2+q^2+r^2 \geqq \frac{1}{3} \quad \cdots\cdots②$$

（証明おわり）

検討 しつこいですが，もう1つ。これ，等号成立するときの p，q，r の値，わかりますか？ あ，本問の解答には「等号成立条件」は書かなくてよいですよ。「不等式を証明したら，必ず等号成立条件を書かないといけない」ってカンちがいしている人がおられますが，**プロローグ** の p.406 でいいましたよね。

不等式を利用して，最大・最小を求めるときには
等号成立条件を確認しないとダメ！

です。最大・最小のときだけですよ。単に不等式を証明するだけなら，等号成立条件は書かなくても OK です。もちろん書いても OK ですけどね。

話を戻しますと，「相加・相乗」に気づかなかったとしても，対称式ですから，等号成立はおそらく $p=q=r$ のときだろうと予想できます。
$p+q+r=1$ より

$$p=q=r=\frac{1}{3} \text{ のとき}$$

です。実際，このとき

$$p^2+q^2+r^2=\frac{1}{9}+\frac{1}{9}+\frac{1}{9}=\frac{1}{3}$$

で等号成立です。

そうしますと

$$\left(p-\frac{1}{3}\right)^2\geqq 0,\ \left(q-\frac{1}{3}\right)^2\geqq 0,\ \left(r-\frac{1}{3}\right)^2\geqq 0$$

という 2 次不等式を利用すると，こんな別解もできます。

〈(2)の別解 3〉

$$\left(p-\frac{1}{3}\right)^2+\left(q-\frac{1}{3}\right)^2+\left(r-\frac{1}{3}\right)^2\geqq 0$$

であるから，

$$(p^2+q^2+r^2)-\frac{2}{3}(p+q+r)+\frac{1}{3}\geqq 0$$

$p+q+r=1$ のとき，

$$p^2+q^2+r^2-\frac{2}{3}\cdot 1+\frac{1}{3}\geqq 0$$

$$\therefore\quad p^2+q^2+r^2\geqq\frac{1}{3}\quad\cdots\cdots②$$

（証明おわり）

では(3)です。

(1)で証明した　$|\log x|\leqq\dfrac{|x-1|}{\sqrt{x}}$　$\cdots\cdots①$

(2)で証明した　$p+q+r=1$　のとき　$p^2+q^2+r^2\geqq\dfrac{1}{3}$　$\cdots\cdots②$

を利用して

目標

$$\frac{ab}{b-a}\log\frac{b}{a}+\frac{bc}{c-b}\log\frac{c}{b}+\frac{ca}{a-c}\log\frac{a}{c}\leqq\frac{1}{3}$$

を示すんですね。

まずは①の $\log x$ と 目標 の $\log\dfrac{b}{a}$ から

$$x=\frac{b}{a}$$

が思いつきます。もちろん，「$\log\dfrac{b}{a}=\log b-\log a$ として…」とか，いろいろ考えられますが，まずは一番素朴な発想から試していきましょう。そうしますと，①から

$$\left|\log\frac{b}{a}\right|\leqq\frac{\left|\frac{b}{a}-1\right|}{\sqrt{\frac{b}{a}}}=\frac{|b-a|}{\sqrt{ab}}$$

$\times\dfrac{a}{a}$

となります。お，両辺を $|b-a|$ で割ると 目標 に近づきますね。a，b は相異なるので，$|b-a|>0$ ですから

$$\left|\frac{1}{b-a}\log\frac{b}{a}\right|\leqq\frac{1}{\sqrt{ab}}$$

$ab(>0)$ を掛けたら

$$\left|\frac{ab}{b-a}\log\frac{b}{a}\right|\leqq\sqrt{ab}$$

となり，絶対値記号つきで，目標 の左辺の 1 項目が作れました！

しかし，絶対値記号がジャマですね。はずしたいんですけど，何か思いつきますか？　けっこう知らない人が多いんですが，こんな不等式があります。

> **$|x|\geqq x$　（等号成立は $x\geqq 0$ のとき）**

$x\geqq 0$ のときは $|x|=x$，$x<0$ のときは $|x|>0>x$ で，アタリ前でしょ。これを使いますと

$$\frac{ab}{b-a}\log\frac{b}{a}\leqq\left|\frac{ab}{b-a}\log\frac{b}{a}\right|\leqq\sqrt{ab}\quad\cdots\cdots ⓐ$$

$0<a<b$ のとき　$b-a>0$，$\log\dfrac{b}{a}>0$

$0<b<a$ のとき　$b-a<0$，$\log\dfrac{b}{a}<0$

より，いずれにせよ　$\dfrac{ab}{b-a}\log\dfrac{b}{a}>0$

ですから，実は

$\dfrac{ab}{b-a}\log\dfrac{b}{a}=\left|\dfrac{ab}{b-a}\log\dfrac{b}{a}\right|$ です。

同様に

$$\frac{bc}{c-b}\log\frac{c}{b}\leqq\sqrt{bc}\quad\cdots\cdots ⓑ$$

$$\frac{ca}{a-c}\log\frac{a}{c}\leqq\sqrt{ca}\quad\cdots\cdots ⓒ$$

ですから，辺々を加えて

$$\frac{ab}{b-a}\log\frac{b}{a}+\frac{bc}{c-b}\log\frac{c}{b}+\frac{ca}{a-c}\log\frac{a}{c}$$
$$\leqq\sqrt{ab}+\sqrt{bc}+\sqrt{ca}\quad\cdots\cdots ⓓ$$

です。これで  の左辺が作れました。

そうしますと，あとは

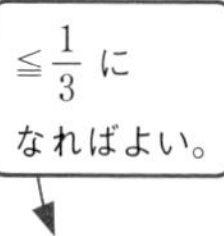

目標 $\sqrt{a}+\sqrt{b}+\sqrt{c}=1$ のとき，$\sqrt{ab}+\sqrt{bc}+\sqrt{ca}\leqq\dfrac{1}{3}$

が示せたらよいですね。おそらく(2)を利用しますから

$$p+q+r=1\quad\text{のとき}\quad p^2+q^2+r^2\geqq\frac{1}{3}\quad\cdots\cdots②$$

で，$p=\sqrt{a}$，$q=\sqrt{b}$，$r=\sqrt{c}$ としますと

$$\sqrt{a}+\sqrt{b}+\sqrt{c}=1\text{ のとき，}a+b+c\geqq\frac{1}{3}\quad\cdots\cdots ⓔ$$

となりました。これを **目標** にもっていきたいので……。〈**(2)の別解1**〉でお話ししました，3文字対称式の有名な変形

Ⓐ $(\boldsymbol{a}+\boldsymbol{b}+\boldsymbol{c})^2=\boldsymbol{a}^2+\boldsymbol{b}^2+\boldsymbol{c}^2+2\boldsymbol{ab}+2\boldsymbol{bc}+2\boldsymbol{ca}$

Ⓒ $\boldsymbol{a}^2+\boldsymbol{b}^2+\boldsymbol{c}^2-\boldsymbol{ab}-\boldsymbol{bc}-\boldsymbol{ca}=\dfrac{1}{2}\{(\boldsymbol{a}-\boldsymbol{b})^2+(\boldsymbol{b}-\boldsymbol{c})^2+(\boldsymbol{c}-\boldsymbol{a})^2\}$

は思い出してもらえましたか？　Ⓐを使いますと

$$(\sqrt{a}+\sqrt{b}+\sqrt{c})^2=(a+b+c)+2(\sqrt{ab}+\sqrt{bc}+\sqrt{ca})$$

ですから

$$\begin{aligned}\sqrt{ab}+\sqrt{bc}+\sqrt{ca}&=\frac{1}{2}\{(\sqrt{a}+\sqrt{b}+\sqrt{c})^2-(a+b+c)\}\\&=\frac{1}{2}\{1-(a+b+c)\}\\&\leqq\frac{1}{2}\left(1-\frac{1}{3}\right)\quad \text{ⓔを用いた}\\&=\frac{1}{3}\quad\cdots\cdots ⓕ\end{aligned}$$

OK です！

では，まず(1)の結果の①と $|x| \geqq x$ で

$$\frac{x}{x-1}\log x \leqq \left|\frac{x}{x-1}\log x\right| \leqq \sqrt{x}$$

を示して，$x=\dfrac{b}{a}$，$\dfrac{c}{b}$，$\dfrac{a}{c}$ を代入してⓐ，ⓑ，ⓒを作り，辺々を足してⓓを作りましょうか。

次に，(2)の結果の②からⓔを示して，ⓕを作ります。

ⓓ，ⓕをあわせて証明おわりですね。

実行

(3)　①において，$x \neq 1$ のとき，

$$\left|\frac{1}{x-1}\log x\right| \leqq \frac{1}{\sqrt{x}}$$

であり，一般に実数 A に対して $|A| \geqq A$ が成り立つから，$x>0$，$x \neq 1$ のとき，

$$\frac{1}{x-1}\log x \leqq \frac{1}{\sqrt{x}} \quad \cdots\cdots ③$$

である。

a，b は異なる正の数であるから，$\dfrac{b}{a}>0$，$\dfrac{b}{a} \neq 1$ である。よって，③で $x=\dfrac{b}{a}$ とすると，

$$\frac{1}{\dfrac{b}{a}-1}\log\frac{b}{a} \leqq \sqrt{\frac{a}{b}}$$

両辺に $b\,(>0)$ を掛けて，

$$\frac{ab}{b-a}\log\frac{b}{a} \leqq \sqrt{ab}$$

同様に，

$$\frac{bc}{c-b}\log\frac{c}{b} \leqq \sqrt{bc}$$

$$\frac{ca}{a-c}\log\frac{a}{c} \leqq \sqrt{ca}$$

であるから，これらの辺々を加えて，

$$\frac{ab}{b-a}\log\frac{b}{a}+\frac{bc}{c-b}\log\frac{c}{b}+\frac{ca}{a-c}\log\frac{a}{c}$$

$$\leqq\sqrt{ab}+\sqrt{bc}+\sqrt{ca} \quad \cdots\cdots④$$

一方，$\sqrt{a}+\sqrt{b}+\sqrt{c}=1$ であるから，②より，

$$a+b+c\geqq\frac{1}{3} \quad \cdots\cdots⑤$$

である。よって，

$$\sqrt{ab}+\sqrt{bc}+\sqrt{ca}=\frac{1}{2}\{(\sqrt{a}+\sqrt{b}+\sqrt{c})^2-(a+b+c)\}$$

$$=\frac{1}{2}\{1-(a+b+c)\}$$

$$\leqq\frac{1}{2}\left(1-\frac{1}{3}\right) \quad (\because\ ⑤より)$$

$$=\frac{1}{3} \quad \cdots\cdots⑥$$

したがって，④，⑥より，

$$\frac{ab}{b-a}\log\frac{b}{a}+\frac{bc}{c-b}\log\frac{c}{b}+\frac{ca}{a-c}\log\frac{a}{c}\leqq\frac{1}{3}$$

（証明おわり）

テーマ

47 多変数④

問題 47 ★★☆ 30分

xy 平面上で考える。
不等式 $y < -x^2 + 16$ の表す領域を D とし，
不等式 $|x-1| + |y| \leqq 1$ の表す領域を E とする。
このとき，以下の問いに答えよ。

(1) 領域 D と領域 E をそれぞれ図示せよ。
(2) $\mathrm{A}(a,\ b)$ を領域 D に属する点とする。点 $\mathrm{A}(a,\ b)$ を通り傾きが $-2a$ の直線と放物線 $y = -x^2 + 16$ で囲まれた部分の面積を $S(a, b)$ とする。$S(a,\ b)$ を a，b を用いて表せ。
(3) 点 $\mathrm{A}(a,\ b)$ が領域 E を動くとき，$S(a,\ b)$ の最大値を求めよ。

（阪大・文系・12 前）

本書で唯一の阪大文系オンリーの問題です。阪大理系では「領域と最大・最小がしばらく出てなくって。でも，良問ですよ。

(1)の領域 D はすぐ図示できるとして，領域 E も大丈夫ですか？　これは

領域 E'：$|x| + |y| \leqq 1$ ……ⓐ

を x 軸方向に 1 だけ平行移動したものになりますが，領域 E' も $x \gtrless 0$，$y \gtrless 0$ で 4 通りに場合分けするのではなく，x 軸，y 軸に関する対称性を上手く使いましょう。

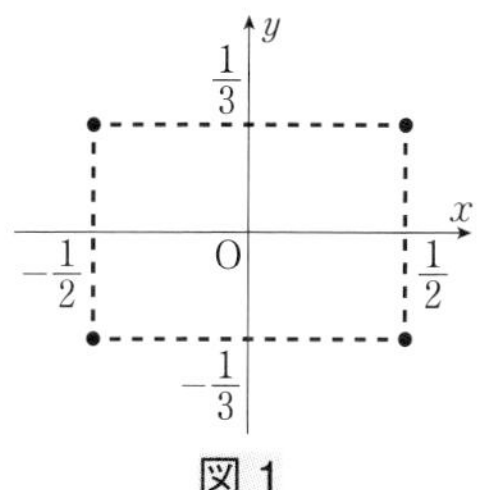

図 1

$$(x,\ y) = \left(\frac{1}{2},\ \frac{1}{3}\right)$$

は，ⓐの不等式をみたしますが，そうしますと

$$(x,\ y) = \left(\frac{1}{2},\ -\frac{1}{3}\right),\ \left(-\frac{1}{2},\ \frac{1}{3}\right),\ \left(-\frac{1}{2},\ -\frac{1}{3}\right)$$

もⓐの不等式をみたしますよね。この 4 点は**図 1** のような位置関係です。一般的に書くと

$$|x| + |y| \leqq 1 \quad ならば \quad |\pm x| + |\pm y| \leqq 1 \quad （複号任意）$$

「複号同順」と違い $+$ と $+$，$-$ と $-$，$+$ と $-$，$-$ と $+$ の 4 通りの組合せどれでも OK。

ですから，領域 E' は x 軸および y 軸(および原点)に関して対称です。

ということで，$x \geqq 0$，$y \geqq 0$ で考えると，ⓐは

$$x+y \leqq 1$$

となり，これは図２の赤網部分になります。そうしますと，x 軸と y 軸に関する対称性から，領域 E' は図２の網掛部分全体となります。これを x 軸方向に 1 だけ平行移動して，領域 E です。

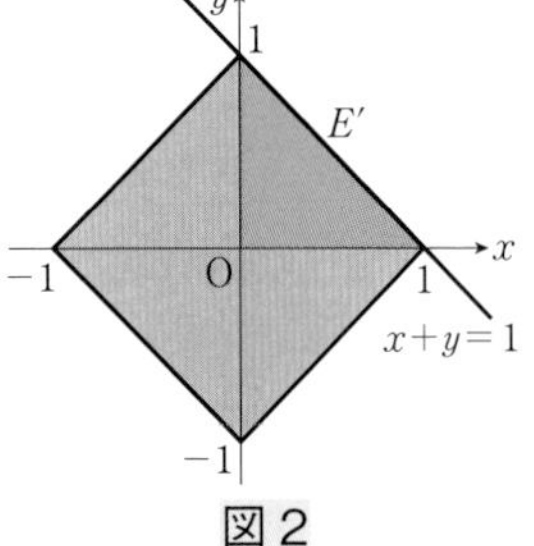

図２

と説明しましたが，この程度の領域でしたら，説明ナシで図示だけでよいでしょう。

では，(2)ですが，これは“放物線と直線で囲まれた部分の面積”で，よくやりますよね。A$(a,\ b)$ は領域 D 内にありますから，a，b は

$$b < -a^2+16 \qquad \cdots\cdots ⓑ$$

をみたしています。

題意の直線は点 A$(a,\ b)$ を通り，傾き $-2a$ ですから，その方程式は

$$y=-2a(x-a)+b$$

これと放物線 $y=-x^2+16$ の交点の x 座標は

$$-x^2+16=-2a(x-a)+b$$

$$x^2-2ax+2a^2+b-16=0 \qquad \cdots\cdots ⓒ$$

の解ですが，これを解くと解の公式から

$$x=a \pm \sqrt{a^2-(2a^2+b-16)}=a \pm \sqrt{16-a^2-b}$$

となります。ⓑより，$16-a^2-b>0$ ですから，これは必ず異なる 2 つの実数です。ちょっとキタナイので，α，β でおき直しましょうか。

$$\alpha=a-\sqrt{16-a^2-b}\ ,\ \beta=a+\sqrt{16-a^2-b}$$

として，ⓒの左辺が

$$x^2-2ax+2a^2+b-16=(x-\alpha)(x-\beta)$$

と因数分解できます。で，例の $\displaystyle\int_\alpha^\beta (x-\alpha)(x-\beta)dx=-\frac{1}{6}(\beta-\alpha)^3$ ですね。

$$S(a,\ b)=\frac{1}{6}(\beta-\alpha)^3=\frac{1}{6}(2\sqrt{16-a^2-b})^3=\frac{4}{3}(16-a^2-b)^{\frac{3}{2}}$$

となるハズです。まずはここまで解答を書いてしまいましょう。

実行

(1) 領域 D, E はそれぞれ右の図の網掛部分のようになる。ただし領域 D は境界を含まず，領域 E は境界を含む。

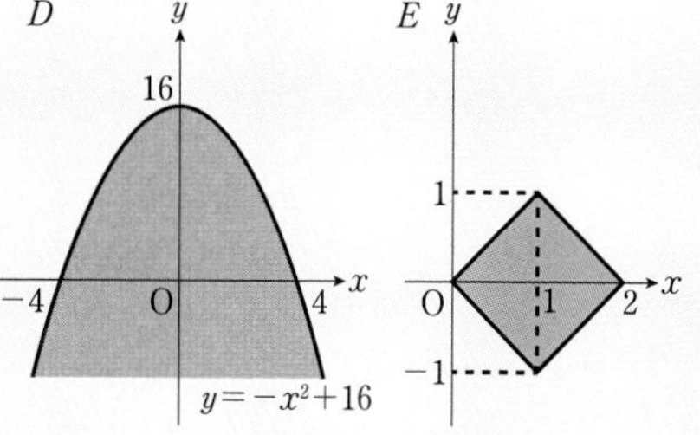

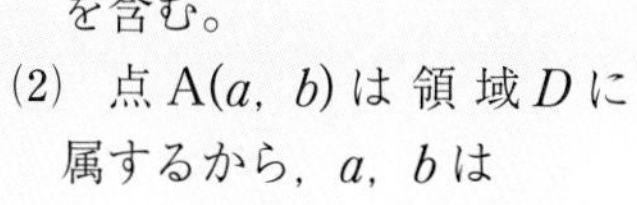

(2) 点 $\mathrm{A}(a,\ b)$ は領域 D に属するから，a, b は

$$b < -a^2+16$$

$$\therefore\quad 16-a^2-b>0 \quad \cdots\cdots①$$

をみたす。

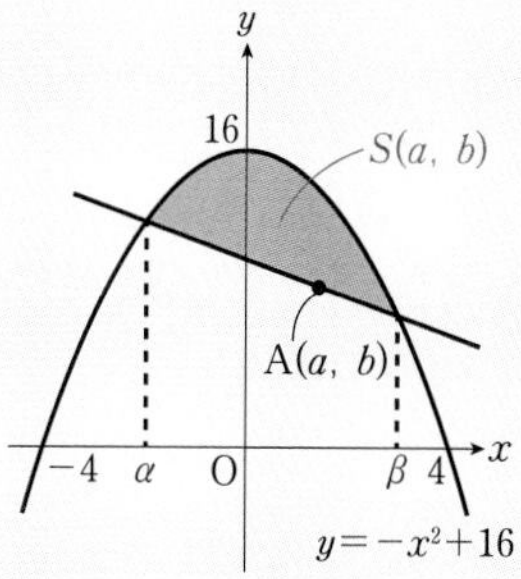

点Aを通り，傾きが $-2a$ の直線の方程式は

$$y=-2a(x-a)+b$$

であり，これと $y=-x^2+16$ から y を消去して，

$$-x^2+16=-2a(x-a)+b$$

$$\therefore\quad x^2-2ax+2a^2+b-16=0 \quad \cdots\cdots②$$

x の2次方程式②の判別式を D' とすると，①より，

$$\frac{D'}{4}=a^2-(2a^2+b-16)=16-a^2-b>0 \quad \cdots\cdots③$$

であるから，②はつねに異なる2つの実数解をもつ。これを

$$\alpha=a-\sqrt{\frac{D'}{4}},\ \beta=a+\sqrt{\frac{D'}{4}} \quad \cdots\cdots④$$

とおくと，②の左辺は

$$x^2-2ax+2a^2+b-16=(x-\alpha)(x-\beta) \quad \cdots\cdots⑤$$

と因数分解できる。

題意の部分は右上の図の網掛部分のようになるから，その面積 $S(a,\ b)$ は

$$S(a,\ b)=\int_\alpha^\beta [(-x^2+16)-\{-2a(x-a)+b\}]dx$$

$$=-\int_\alpha^\beta (x^2-2ax+2a^2+b-16)dx$$

$$=-\int_\alpha^\beta (x-\alpha)(x-\beta)dx \quad (\because\ ⑤より)$$

$$= \frac{1}{6}(\beta - \alpha)^3$$

$$= \frac{1}{6}\left(2\sqrt{\frac{D'}{4}}\right)^3 \quad (\because \ ④より)$$

$$= \boldsymbol{\frac{4}{3}(16 - a^2 - b)^{\frac{3}{2}}} \quad (\because \ ③より)$$

では(3)です。点 A$(a,\ b)$ が領域 E を動くときの

$$S(a,\ b) = \frac{4}{3}(16 - a^2 - b)^{\frac{3}{2}}$$

の最大値です。(1)で領域 E を図示していますので，ここは，**❷ 共有点の存在条件に帰着(領域と最大・最小，線形計画法)**でしょう。

(1)のまま xy 平面で考えてもよいですし $S(a, b)$ が a, b の式ですから，x, y に直さず，ab 平面で考えてもよいですね。ab 平面にしましょうか。$S(a,\ b)$ をそのまま $=k$ とおくと

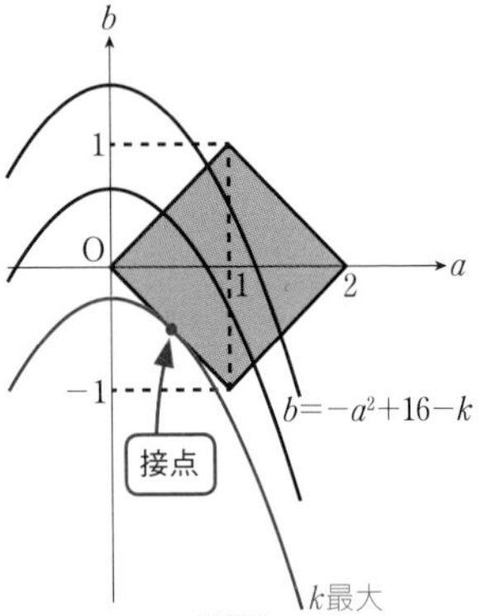

$$\frac{4}{3}(16 - a^2 - b)^{\frac{3}{2}} = k$$

このおき方でも，

$$16 - a^2 - b = \left(\frac{3k}{4}\right)^{\frac{2}{3}}$$

$$\therefore \quad b = -a^2 + 16 - \left(\frac{3k}{4}\right)^{\frac{2}{3}}$$

とすれば大丈夫です。

図3

となって，わかりにくいので，$(\quad)^{\frac{3}{2}}$ の中身を

$$16 - a^2 - b = k$$

とおきましょうか。そうしますと

$$b = -a^2 + 16 - k \quad \cdots\cdots ⓓ$$

となって，これは ab 平面において

上に凸，軸：$a=0$，頂点 $(0,\ 16-k)$

の放物線を表しています。

では，ⓓを動かしてみましょう。図3のようになりますね。k は放物線ⓓの頂点の y 座標に $16-k$ として表れますから，頂点が低ければ低いほど，k は大きくなります。ⓓが E と共有点をもつ範囲で，限界まで低くすると，図3の赤い線のように

ⓓが線分 $b = -a$ $(0 \leqq a \leqq 1)$ と接するとき，k は最大

となりそうです。

計画　「なりそう」といったのは，僕らは放物線の正確な図がかけないからです。たとえば**図3**でかいたより，放物線のカーブが，もっとユルかったらどうでしょう？　**図4**のように接点が領域 E の外にあるかもしれません。これでは，

$$|a-1|+|b| \leqq 1 \quad \text{かつ} \quad b=-a^2+16-k$$

をみたす点 $(a,\ b)$ は存在しませんよね。この場合でしたら，k が最大になるのは赤い実線のとき，つまり，ⓓが点 $(1,\ -1)$ を通るときになります。

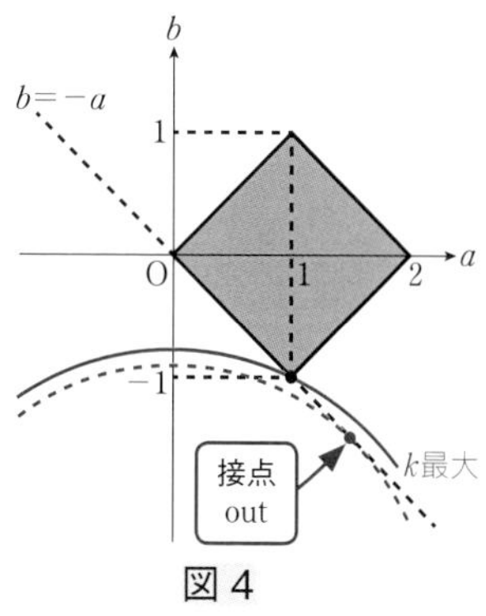

図4

2 共有点の存在条件では，直線だけだったり，円くらいまでなら図から自明にしてよいのですが，このように放物線などの問題が出てきたら，

カーブをいろいろ変えてみて

本当にその状態しかあり得ないかをcheckしてください。で，今回のように接点が領域にinかoutか簡単に判断できないときは

共有点(接点)を計算で求めてcheck

してください。

なのですが，今回は接点の座標がほしいので，**2 微分**でしょうか。

$$b=-a^2+16-k \quad \text{より} \quad \frac{db}{da}=-2a$$

ですから，接線の傾きが -1(直線 $b=-a$ の傾き)となるとき

$$-2a=-1 \qquad \therefore \quad a=\frac{1}{2}$$

接点の a 座標は $a=\frac{1}{2}$ で，$0 \leqq a \leqq 1$ の範囲に入っています。**図4**ではなく**図3**で正しかったんですね。

実行

(3) 点 $\mathrm{A}(a,\ b)$ は領域 E を動くので，a，b は

$$|a-1|+|b| \leqq 1 \qquad \cdots\cdots ⑥$$

をみたす。これを ab 平面に図示すると，右の図の網掛部分(境界を含む)のようになる。

ここで，

$$16-a^2-b=k$$

$$\therefore \quad b=-a^2+16-k \qquad \cdots\cdots ⑦$$

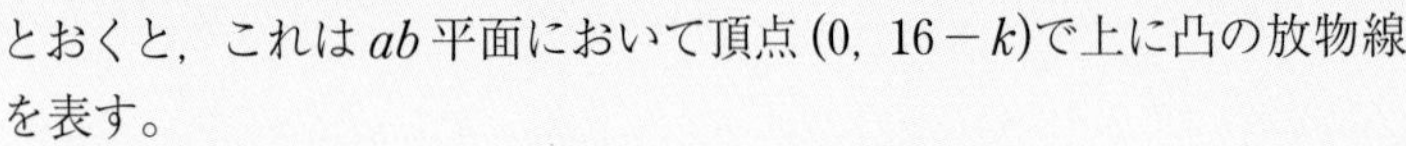

とおくと，これは ab 平面において頂点 $(0,\ 16-k)$ で上に凸の放物線を表す。

また，このとき，

$$S(a,\ b)=\frac{4}{3}k^{\frac{3}{2}}$$

であるから，⑥，⑦が共有点をもつような k の最大値を求めればよい。

⑦より，$\dfrac{db}{da}=-2a$ であるから，$b=-a$ と⑦の接点の a 座標は

$$-2a=-1 \qquad \therefore \quad a=\frac{1}{2}$$

よって，その接点は $\left(\dfrac{1}{2},\ -\dfrac{1}{2}\right)$ であり，

これは⑥をみたしている。

よって，k が最大となるのは，⑦が⑥の境界である線分 $b=-a$ $(0 \leqq a \leqq 1)$ と，点 $\left(\dfrac{1}{2},\ -\dfrac{1}{2}\right)$ で接するときで，このとき，

$$k=16-\left(\frac{1}{2}\right)^2-\left(-\frac{1}{2}\right)=\frac{65}{4}$$

であるから，$S(a,\ b)$ の最大値は

$$S\left(\frac{1}{2},\ -\frac{1}{2}\right)=\frac{4}{3}\left(\frac{65}{4}\right)^{\frac{3}{2}}=\boldsymbol{\frac{65\sqrt{65}}{6}}$$

検討 さて，本問が文系オンリーの問題であったにも関らず，本書で取り上げた理由は，もう一つあります。(3)って

3 予選決勝法でも解ける

んですよ。**2 共有点の存在条件**で解ける問題で，条件となる領域の形によるんですが，本問は，たとえば a を固定すると

$0 \leqq a \leqq 1$ のとき　$-a \leqq b \leqq a$

$1 \leqq a \leqq 2$ のとき　$a-2 \leqq b \leqq -a+2$

となり，b の範囲がキレイです。

問題の設定によるのですが，次のようにしてください。

2 共有点の存在条件で解ける問題では

3 予選決勝法も試してみて，ラクな方を選ぶ

〈(3)の予選決勝法による別解〉

(3)　点 $(a,\ b)$ は領域 E を動くので，a のとり得る値の範囲は $0 \leqq a \leqq 2$。$a\,(0 \leqq a \leqq 2)$ を固定すると，b のとり得る値の範囲は，

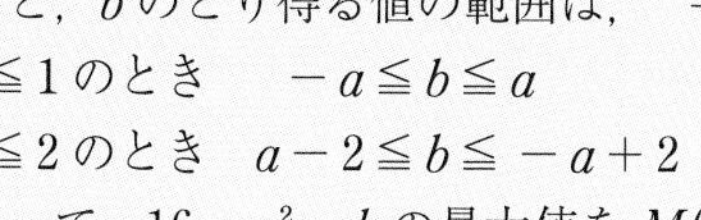

$0 \leqq a \leqq 1$ のとき　$-a \leqq b \leqq a$

$1 \leqq a \leqq 2$ のとき　$a-2 \leqq b \leqq -a+2$

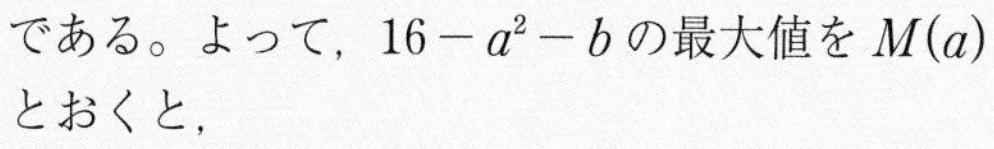

である。よって，$16-a^2-b$ の最大値を $M(a)$ とおくと，

(i)　$0 \leqq a \leqq 1$ のとき

$$M(a)=16-a^2-(-a)$$
$$=-\left(a-\frac{1}{2}\right)^2+\frac{65}{4}$$

(ii)　$1 \leqq a \leqq 2$ のとき

$$M(a)=16-a^2-(a-2)$$
$$=-\left(a+\frac{1}{2}\right)^2+\frac{73}{4}$$

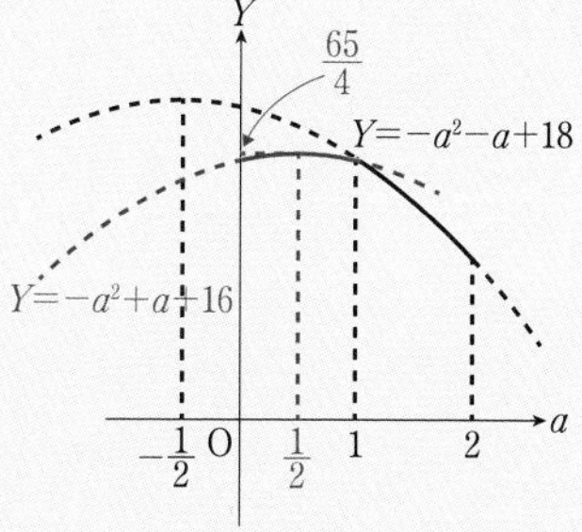

次に a を変化させると，$Y=M(a)$ のグラフは右のようになるから，$M(a)$ は

$a=\dfrac{1}{2}\left(b=-a=-\dfrac{1}{2}\right)$ のとき最大値 $\dfrac{65}{4}$ をとる。$S(a,\ b)$ もこのとき最大となり，求める最大値は

$$\frac{4}{3}\left(\frac{65}{4}\right)^{\frac{3}{2}}=\frac{65\sqrt{65}}{6}$$

テーマ

48 多変数⑤

問題 48 ★☆☆ 25分

正の実数 t に対し，座標平面上の 2 点 $\mathrm{P}(0,\ t)$ と $\mathrm{Q}\left(\dfrac{1}{t},\ 0\right)$ を考える。t が $1 \leqq t \leqq 2$ の範囲を動くとき，座標平面内で線分 PQ が通過する部分を図示せよ。

（阪大・理系・22）

理解 ちょっと典型題すぎますが，実際に阪大で出題された問題です。いつもの阪大でしたら，このあと面積とか，回して体積とか問うてきそうですよね(笑)。コロナ禍の年度ですので，受験生に配慮されたのかもしれません。

それはさておき，阪大は『曲線の通過範囲』の出題が比較的多い大学です。本問でしっかりとマスターしてしまいましょう。『曲線の通過範囲』の解法は大きく 2 通りあって，あと“裏ワザ”的な解法が 1 つあります。この 3 通りの解法のうちの 1 つが**多変数**の扱いの **3 予選決勝法(変数固定)**を使うものなので，ここで取り上げたいと思います。ただ，本問はどれでも解けますので，せっかくですから 3 つともやっておきましょう。

左下の公式は知っていますか？　これを使うと本問の直線 PQ の方程式は右下のようになりますね。

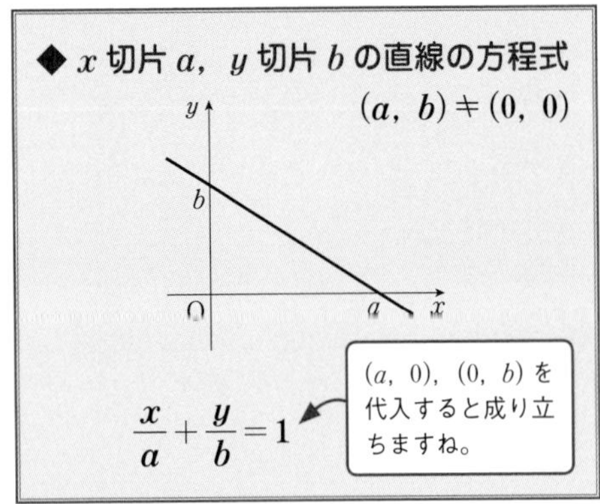

$$\frac{x}{\frac{1}{t}}+\frac{y}{t}=1$$

$$\therefore\quad y=-t^2x+t \quad \cdots\cdots ⓐ$$

さて，では『曲線の通過範囲』には次の $2(+1)$ の解法があります。

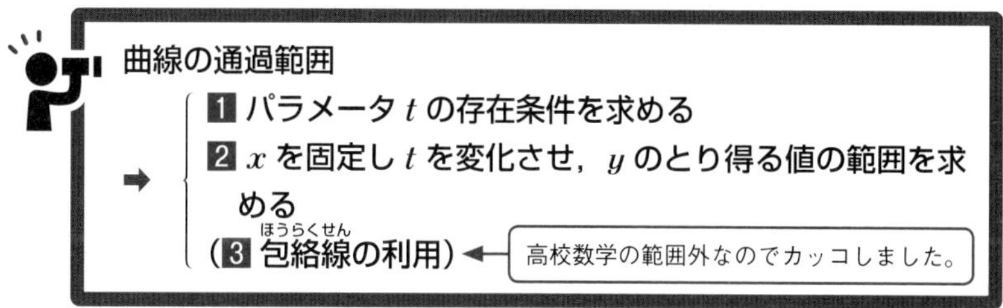

ⓐの通過する範囲を求めたいとき，何が困るのかというと

t の変化に対する，ⓐの動きの規則性がわからないこと

です。たとえば「$y=-tx+t$」ですと「$y=-t(x-1)$」と変形できて，「点 $(1,\ 0)$ を通る，傾き $-t$ の直線」とわかります。これですと，定点 $(1,\ 0)$ を通って，傾きだけが変化しますので，左下の図のように，$1 \leqq t \leqq 2$ のときの通過範囲（網掛部）図が描けます。しかし，ⓐを

$$y=-t^2\left(x-\frac{1}{t}\right)$$

と変形して「点 $\left(\frac{1}{t},\ 0\right)$ を通る，傾き $-t^2$ の直線」と見ても，通る点も動けば傾きも変わりますので，よくわからないんですよね。

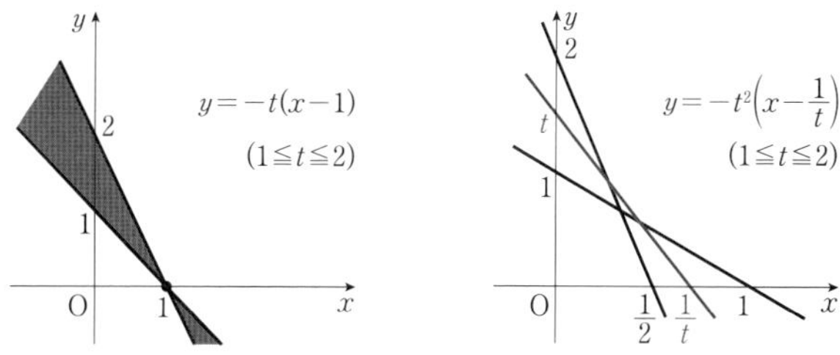

では，どうしましょうか？　t が動いて，さらに x も動いているから難しいんですよね。そうです。2 つ動いているから難しいんですから

一方を固定してみよう

と考えてみましょう。「**多変数**」へのアプローチ **3 予選決勝法（変数固定）** ですね。

計画　「t **を固定**」すると，さきほどの $y=-t^2\left(x-\dfrac{1}{t}\right)$ となり，次に t を動かしてもよくわかりませんでしたから，「x **を固定**」してみましょう。x を定数とすると，ⓐは

$$y=-xt^2+t$$

となり，$x \neq 0$ のときは「**y は t の2次関数**」と見ることができます。

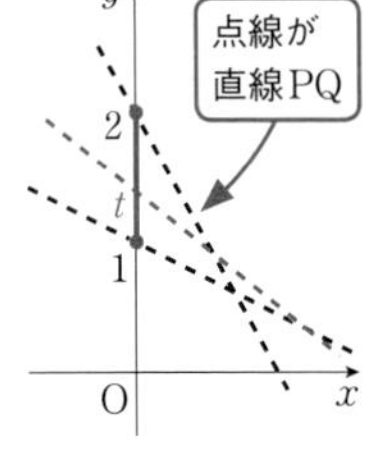

$x=0$ のときはちょっと特別で

$$y=t$$

となり，$1 \leqq t \leqq 2$ のとき，$1 \leqq y \leqq 2$ となりますから，直線PQの動く範囲は

線分 $x=0$，$1 \leqq y \leqq 2$

となりますね。

同じように，$x=1$ のときは

$$y=-t^2+t=-t(t-1)$$

となり，$1 \leqq t \leqq 2$ のとき

$$-2 \leqq y \leqq 0$$

となりますから，直線PQの動く範囲は

線分 $x=1$，$-2 \leqq y \leqq 0$

となります。

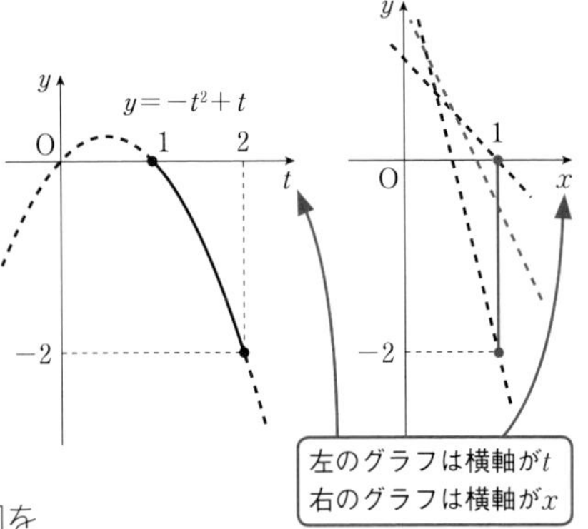

では，$x=X$ のとき

$$y=-Xt^2+t=f(t)$$

とおいて，$f(t)$ のとり得る値の範囲を求めましょう。$X \neq 0$ のときは

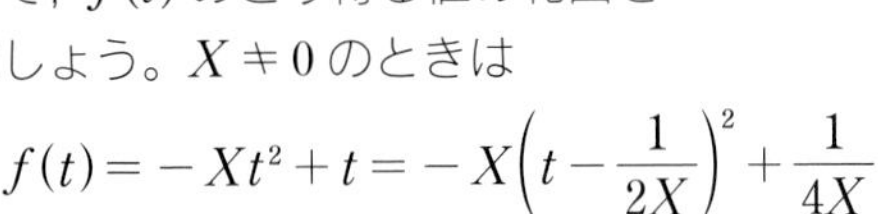

$$f(t)=-Xt^2+t=-X\left(t-\frac{1}{2X}\right)^2+\frac{1}{4X}$$

ですから，$1 \leqq t \leqq 2$ において

(i) $\dfrac{1}{2X} \leqq 1$　　(ii) $1 \leqq \dfrac{1}{2X} \leqq \dfrac{3}{2}$

(iii) $\dfrac{3}{2} \leqq \dfrac{1}{2X} \leqq 2$　　(iv) $2 \leqq \dfrac{1}{2X}$

の4つに分けて調べればよいですよね。

あ，大切なことを忘れていました。この問題，線分PQが「両端を含む」のか「両端を含まない」のかが書いていないんです。これは困りましたね。でも，入試本番では，こういうことがたまにあります。「え？　こ

れ，どっちだろう…」そういう場合は，「自分はこう解釈して解きます」と答案で宣言しておきましょう。おそらく他の受験生も迷っているハズで，採点のときに2通りの答案が出てくることになります。数学的な不備がなければ，もちろんどっちも“正解”ですから，採点の先生が読み易いように，自分がどちらの立場で解いたのかを明記しておきましょう。

実行

$t>0$ より，直線 PQ の方程式は

$$\frac{x}{\frac{1}{t}}+\frac{y}{t}=1 \qquad \therefore \quad y=-t^2x+t$$

であるから，線分 PQ の方程式は，両端を含むと考えて，

$$y=-t^2x+t,\ x\geqq 0,\ y\geqq 0$$

両端を含めて考えることにしました。

である。よって，x を $x=X\ (X\geqq 0)$ と固定したとき，

$$f(t)=-Xt^2+t \quad (1\leqq t\leqq 2)$$

のとり得る値の範囲を考える。

(I) $X=0$ のとき，$f(t)=t$ であるから，

$$1\leqq f(t)\leqq 2 \qquad \therefore \quad 1\leqq y\leqq 2$$

(II) $X>0$ のとき

$$f(t)=-X\left(t-\frac{1}{2X}\right)^2+\frac{1}{4X}$$

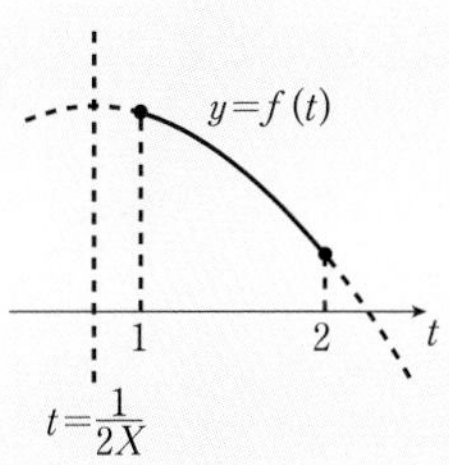

(i) $\frac{1}{2X}\leqq 1$ すなわち $X\geqq\frac{1}{2}$ のとき，

とり得る値の範囲として，

$$f(2)\leqq f(t)\leqq f(1)$$

$$\therefore \quad -4X+2\leqq y\leqq -X+1$$

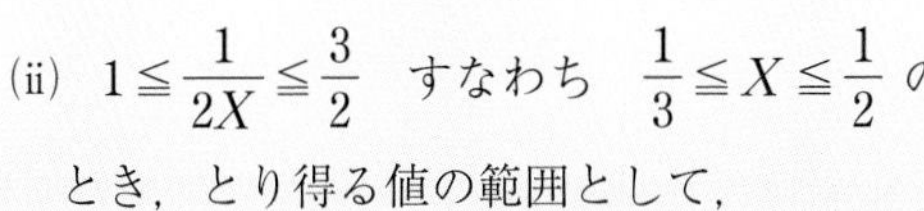

(ii) $1\leqq\frac{1}{2X}\leqq\frac{3}{2}$ すなわち $\frac{1}{3}\leqq X\leqq\frac{1}{2}$ のとき，とり得る値の範囲として，

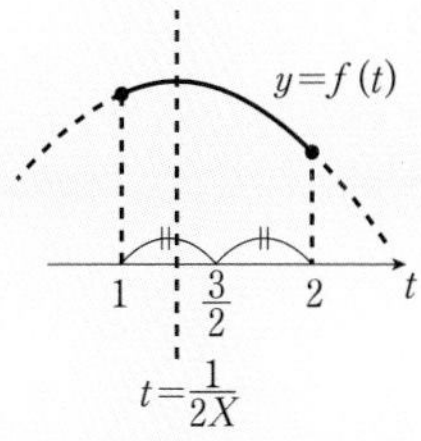

$$f(2)\leqq f(t)\leqq f\left(\frac{1}{2X}\right)$$

$$\therefore \quad -4X+2\leqq y\leqq\frac{1}{4X}$$

(iii) $\dfrac{3}{2} \leqq \dfrac{1}{2X} \leqq 2$ すなわち $\dfrac{1}{4} \leqq X \leqq \dfrac{1}{3}$ のとき,

とり得る値の範囲として,

$$f(1) \leqq f(t) \leqq f\left(\frac{1}{2X}\right)$$

$$\therefore \quad -X+1 \leqq y \leqq \frac{1}{4X}$$

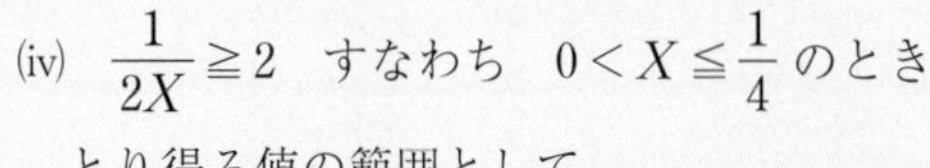

(iv) $\dfrac{1}{2X} \geqq 2$ すなわち $0 < X \leqq \dfrac{1}{4}$ のとき

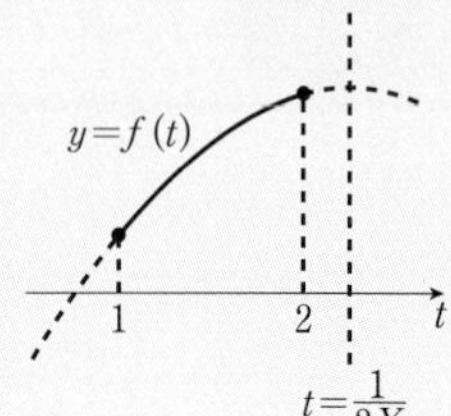

とり得る値の範囲として,

$$f(1) \leqq f(t) \leqq f(2)$$

$$\therefore \quad -X+1 \leqq y \leqq -4X+2$$

以上より，線分 PQ(両端を含む)が通過する部分は，$x \geqq 0$，$y \geqq 0$ に注意して，次の図の網掛部分(境界を含む)のようになる。

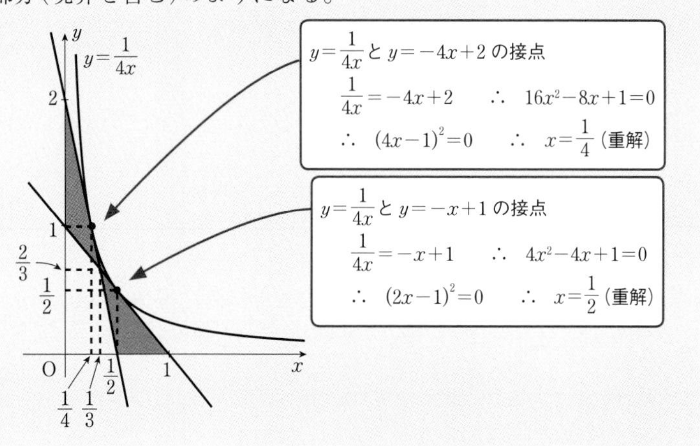

では,『曲線の通過範囲』もう一つの解法

1 パラメータ t の存在条件を求める

もやってみましょう。これは発想の転換が必要で

「線分 PQ が点 $(x,\ y)$ を通るかどうか」

を考えていきます。たとえば，線分 PQ は点 $\left(\dfrac{1}{3},\ \dfrac{2}{3}\right)$ を通るでしょうか？

これは $y=-t^2x+t$ に $(x,\ y)=\left(\dfrac{1}{3},\ \dfrac{2}{3}\right)$ を代入して，t を求めてみれば

よいですよね。

$$\frac{2}{3}=-\frac{1}{3}t^2+t \qquad \therefore \quad t^2-3t+2=0$$

$$\therefore \quad (t-1)(t-2)=0 \qquad \therefore \quad t=1,\ 2$$

> t は $y=-t^2x+t$ の y 切片になっていますから，t の値と線分 PQ は 1 対 1 に対応します。

これは $1 \leqq t \leqq 2$ を満たしていますから，OK です。つまり

線分 PQ は 2 回($t=1$ と $t=2$ のとき)，点 $\left(\frac{1}{3},\ \frac{2}{3}\right)$ を通る

ことがわかります。

次に，点 $(1,\ 0)$ はどうでしょう？　これも $y=-t^2x+t$ に代入してみて

$$0=-t^2+t \qquad \therefore \quad t(t-1)=0 \qquad \therefore \quad t=0,\ 1$$

$t=0$ は $1 \leqq t \leqq 2$ を満たしませんが，$t=1$ は満たしていて OK ですね。つまり

線分 PQ は 1 回($t=1$ のとき)，点 $(1,\ 0)$ を通る

ことがわかります。

これを一般化すると

「線分 PQ が点 $(x,\ y)$ を通る」

⇔「$y=-t^2x+t$ かつ $1 \leqq t \leqq 2$ を満たす t が存在する」

⇔「t の方程式 $xt^2-t+y=0$ が $1 \leqq t \leqq 2$ の範囲に少なくとも 1 つ解をもつ」

となります。「**多変数**」へのアプローチ ❷ **存在条件に帰着**と同じ考え方になりますね。

実行

$t>0$ より，直線 PQ の方程式は

$$\frac{x}{\frac{1}{t}}+\frac{y}{t}=1 \qquad \therefore \quad y=-t^2x+t$$

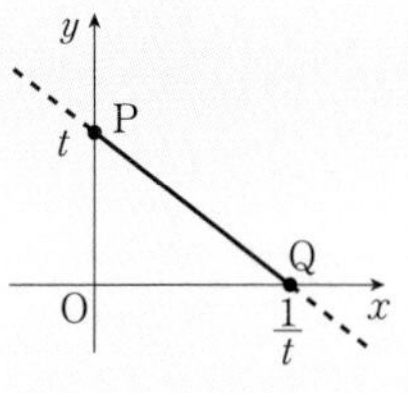

であるから，線分 PQ の方程式は，両端を含むと考えて，

$$y=-t^2x+t,\ x \geqq 0,\ y \geqq 0$$

である。よって，線分 PQ の通過する部分は，$x \geqq 0$，$y \geqq 0$ のもとで，

「$y=-t^2x+t$　かつ　$1 \leqq t \leqq 2$ を満たす t が存在する」

すなわち,

「t の方程式 $xt^2-t+y=0$ ……①

が $1\leqq t\leqq 2$ の範囲に少なくとも1つ解をもつ」 ……$(*)$

ような点 $(x,\ y)$ の集合である。

いわゆる「2次方程式の解の配置」の問題で，条件に「少なくとも1つ」がある問題です。何らかの場合分けが必要になりますが，ここでは“境界の点の Y 座標 $g(1)$，$g(2)$ の正負”で場合分けしました。

(I) $x=0$ のとき，①は

$$-t+y=0 \qquad \therefore \quad t=y$$

となるから，

$$(*)\Leftrightarrow 1\leqq y\leqq 2$$

(II) $x>0$ のとき，①の左辺を $g(t)$ とおく。

(i) $g(1)\cdot g(2)\leqq 0$ のとき，

$(*)$ が成り立ち，このとき，

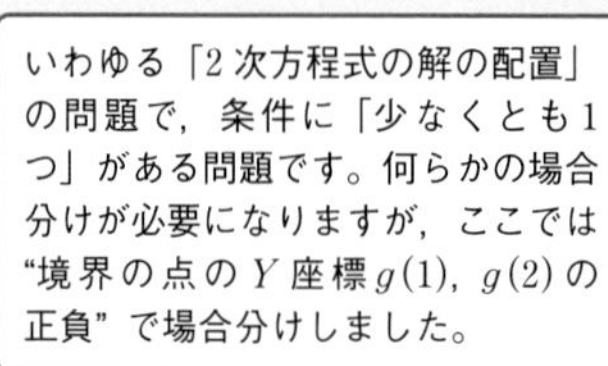

$$(x-1+y)(4x-2+y)\leqq 0$$

$$\therefore \begin{cases} y\geqq -x+1 \\ y\leqq -4x+2 \end{cases}$$

$$\text{または} \begin{cases} y\leqq -x+1 \\ y\geqq -4x+2 \end{cases}$$

(ii) $g(1)\cdot g(2)>0$ のとき，

右のグラフより，

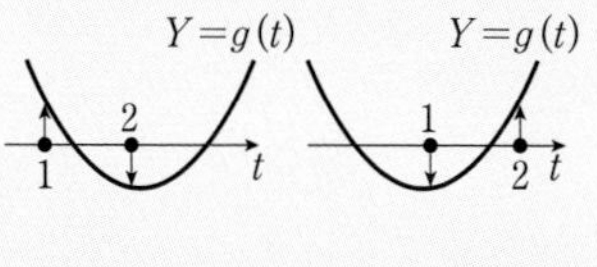

$$(*)\Leftrightarrow \begin{cases} g(1)=x-1+y>0 \\ g(2)=4x-2+y>0 \\ \text{軸}:1<\dfrac{1}{2x}<2 \\ (\text{判別式})=(-1)^2-4xy\geqq 0 \end{cases}$$

であるから，$x\geqq 0$，$y\geqq 0$ に注意して，

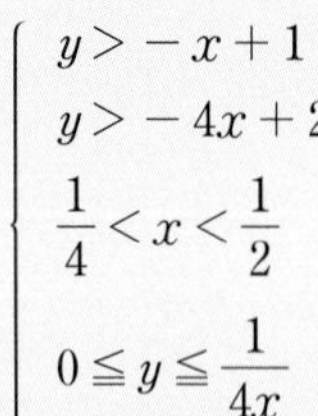

$$\begin{cases} y>-x+1 \\ y>-4x+2 \\ \dfrac{1}{4}<x<\dfrac{1}{2} \\ 0\leqq y\leqq \dfrac{1}{4x} \end{cases}$$

以上より，線分PQ(両端を含む)が通過する部分は，右の図の網掛部分(境界を含む)のようになる。

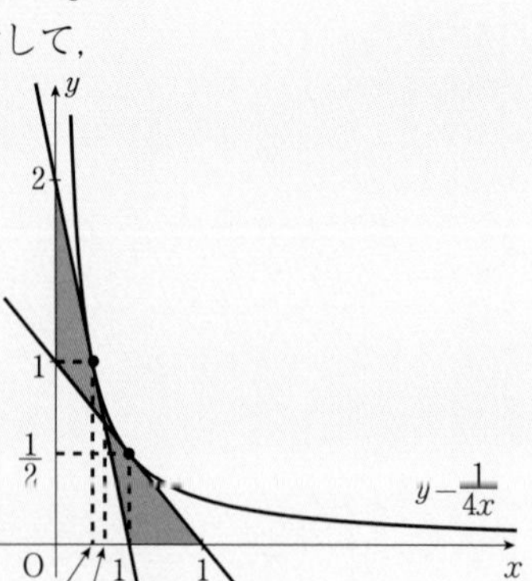

さて，最後に，『曲線の通過範囲』のウラ技

3 包絡線（ほうらくせん）の利用

です。キチンとした説明は高校数学の範囲を超えてしまうのですが，「y が t の2次式」になっているときは，高校数学の範囲で解答を書くことができる場合があります。

まず，直線PQの方程式

$$y = -t^2x + t \quad \cdots\cdots ⓐ$$

の右辺を $F(x)$ としましょう。

$$F(x) = -t^2x + t \qquad \text{直線PQ} : y = F(x)$$

次に，実行でやりましたように，ⓐを“t の2次式”と見て，平方完成します。あ，$x=0$ のときは“t の1次式”ですので，これは別にして，$x>0$ で考えます。

$$y = \underline{\underline{-x\left(t-\frac{1}{2x}\right)^2}} + \frac{1}{4x}$$

ここで，＝＝以外の部分〰〰を $G(x)$ とおき，$y=G(x)$ の表す曲線を C としてみますね。

$$G(x) = \frac{1}{4x}, \quad \text{曲線} C : y = G(x)$$

さて，$y=F(x)$ と $y=G(x)$ から，y を消去するとどうなりますか？

$$F(x) = G(x) \qquad \therefore \quad -t^2x + t = \frac{1}{4x} \quad \xrightarrow{\times 4x} \quad \therefore \quad 4t^2x^2 - 4tx + 1 = 0$$

$$\therefore \quad 4t^2\left(x - \frac{1}{2t}\right)^2 = 0 \qquad \therefore \quad x = \frac{1}{2t} \ (\text{重解})$$

$F(x)=G(x)$ が重解 $x=\dfrac{1}{2t}$ をもちました。つまり

直線PQ : $y=F(x)$ は曲線 C : $y=G(x)$ に

$x=\dfrac{1}{2t}$ で接しながら動く

ということがわかりました。この曲線 C のような，直線PQが動くときの“レール”のような曲線を「包絡線（ほうらくせん）」といいます。

さて，何が起こったかといいますと，ⓐを t の式として平方完成して，

$$(y=)\underbrace{-t^2x + t}_{F(x)} = \underline{\underline{-x\left(t-\frac{1}{2x}\right)^2}} + \underbrace{\frac{1}{4x}}_{G(x)}$$

とおき，$G(x)$ を左辺に移項すると，＝＝の部分が

$$F(x)-G(x)=-x\left(t-\frac{1}{2x}\right)^2$$

$$=-\frac{1}{x}\left(xt-\frac{1}{2}\right)^2$$

$t-\dfrac{1}{2x}=\dfrac{1}{x}\left(xt-\dfrac{1}{2}\right)$ で分母の x を払った

$$=-\frac{t^2}{x}\left(x-\frac{1}{2t}\right)^2 \quad \cdots\cdots ⓑ$$

t を（ ）の外へ出した

となります。$(x-○)^2$ の形が作れたので

$F(x)=G(x)$ が $x=\dfrac{1}{2t}$ を重解（？）にもつ

よって

$y=F(x)$ と $y=G(x)$ が $x=\dfrac{1}{2t}$ で接する

という流れです。ただ，ココに「？」と書きましたように，ⓑは $\left(x-\dfrac{1}{2t}\right)^2$ ではなくて，$-\dfrac{t^2}{x}\left(x-\dfrac{1}{2t}\right)^2$ で，変なトコロに x が残ります。ですから，「重解」「接する」と解答に書くのはなんだかコワいですよね。

でも，せっかく曲線 C を見つけましたから，微分で

$C: y=\dfrac{1}{4x}$ の $x=\dfrac{1}{2t}$ における接線　……Ⓐ

を求めて

この接線が直線 PQ に一致している　……Ⓑ

という流れで解答してみましょうか。$C: y=\dfrac{1}{4x}$ を唐突に書くことになりますが，数学的にアブナいところは回避できます。

このように，$y=F(x)$ の $F(x)$ にパラメータ t が 2 次式の形で入っているときは，平方完成して，$(t-○)^2$ 以外の部分を $G(x)$ とおくと，$y=G(x)$ が包絡線になっていることがあります。ただし，単純に「重解」とはいえない本問のようなケースもあるので，答案としてはⒶ→Ⓑの順で書くと良いでしょう。

$t>0$ より，直線 PQ の方程式は

$$\frac{x}{\frac{1}{t}}+\frac{y}{t}=1 \qquad \therefore \quad y=-t^2x+t \quad \cdots\cdots ①$$

一方，

$$C : y=\frac{1}{4x}$$

$y=\frac{1}{4x}$ に $x=\frac{1}{2t}$ を代入

とおくと，$y'=-\frac{1}{4x^2}$ である。よって，C 上の点 $\left(\frac{1}{2t},\ \frac{t}{2}\right)$ における C の接線の方程式は

$$y=-\frac{4t^2}{4}\left(x-\frac{1}{2t}\right)+\frac{t}{2} \qquad \therefore \quad y=-t^2x+t$$

であり，これは①に一致する。

したがって，t が $1 \leqq t \leqq 2$ の範囲を動くとき，直線 PQ は曲線 C に点 $\left(\frac{1}{2t},\ \frac{t}{2}\right)$ で接しながら動く。線分 PQ(両端を含むとする)の通過する部分は，直線 PQ が通過する部分のうち，$x \geqq 0$，$y \geqq 0$ を満たす部分であるから，これを図示すると，右下の図の網掛部分(境界を含む)のようになる。

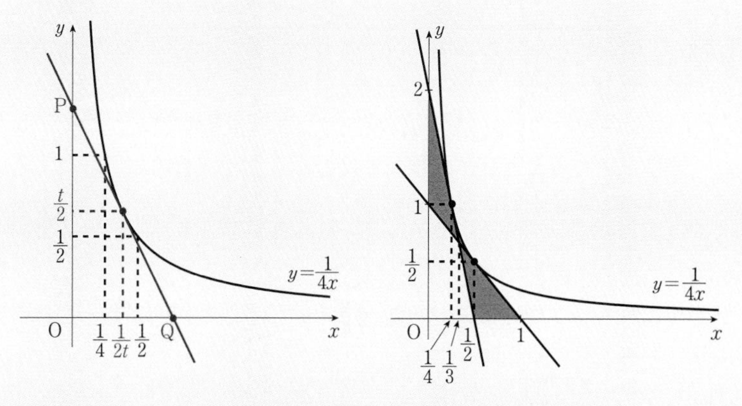

第12章 体　積

プロローグ

さて，大物です。**第6章 立体図形**でもお話ししましたが，阪大の理系では，数学Ⅲの積分で立体の体積を求めさせる問題が頻出です。わりと普通な xy 平面上の領域を x 軸のまわりに回しただけの体積もあるのですが，そのかわり，問題35，問題39のように，あとで極限が問われたりします。それは自分で練習できると思いますので，この章では，「The 阪大」的な体積を扱います。

はじめにでお話ししましたように，2021，2022年は阪大の数学の問題が全体的に易しくなっていて，体積は出題されていません。しかし，今までの阪大の歴史を考えると，また出題されることは間違いありません。がんばっていきましょう。

まず，立体図形の扱いのおさらいです。

> **ナナメから見た図(立体図)だけでなく，**
> **まっすぐ見た図(平面図)をたくさん描く。**

でしたね。阪大では，ヘタをするとナナメから見た図はまったく描けない場合があります。でも，大丈夫。体積は，断面積がわかればいいだけです。むしろ，いかに切り口(平面図)を把握するかが重要です。

体積を求めるときは，立体の形はわからなくてもよい。
切り口の面積がわかればOK！

という意識をもちましょう。とくに阪大は複雑な立体を出されることがあるので，この意識は大切です。

あと，これも第6章の**プロローグ**でいいましたが，複数の立体を重ねた立体では

> **重ねてから切るな，切ってから重ねろ。**

というコツがありましたね。似たものとして，回転体のとき

> **回してから切るな，切ってから回せ。**

というコツもあります。

例題

半径1の円を底面とし，高さが1の直円柱がある。この底面の直径を含み，底面と45°の傾きをなす平面で，この直円柱を2つの立体に分けるとき，小さい方の立体の体積を求めよ。

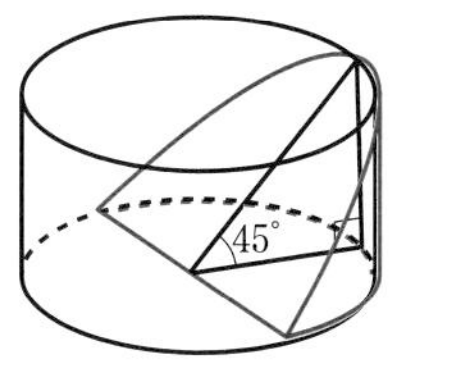

有名問題で，もう頭に解法が浮かんじゃったかもしれませんが，理解から順にいきますよ。

まず，切り口を考えるわけですが，立体図形では必ず3通りの切り口があるはずです。x軸，y軸，z軸ですね。この立体ですと，図1のようになると思います。さっき頭に浮かんだ解法は，x軸に垂直に切る方針だったのではないでしょうか？　切り口は直角二等辺三角形ですね。では

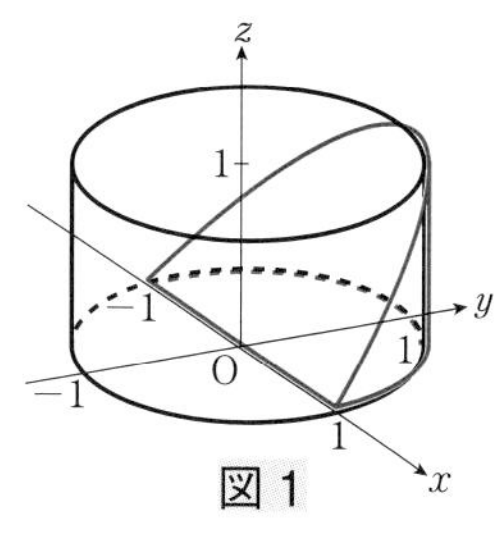

図1

なぜ，y軸やz軸に垂直に切らないんでしょう？

なぜ，切り口は直角二等辺三角形なんでしょう？

こういうことを考察したことがなく，単にこの問題の解法を覚えているだけだとしたら，そりゃあ阪大レベルの体積なんか解けるわけないじゃないですか。

順に切ってみましょう。まずはx軸に垂直な切り口を考えます。

平面$x=t$　$(-1 \leqq t \leqq 1)$

で切ります。形は直角二等辺三角形なのですが，パッとわからない人は

重ねてから切るな，切ってから重ねろ。

です。次の図2のようになります。

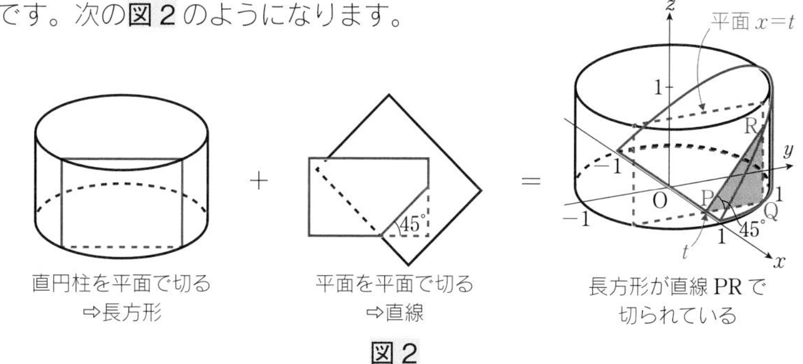

図2

ということで，形は直角二等辺三角形 PQR です。ま上から見ると（xy 平面への正射影）**図 3** のようになりますから，ま横から見ると（yz 平面への正射影）**図 4** のようになります。

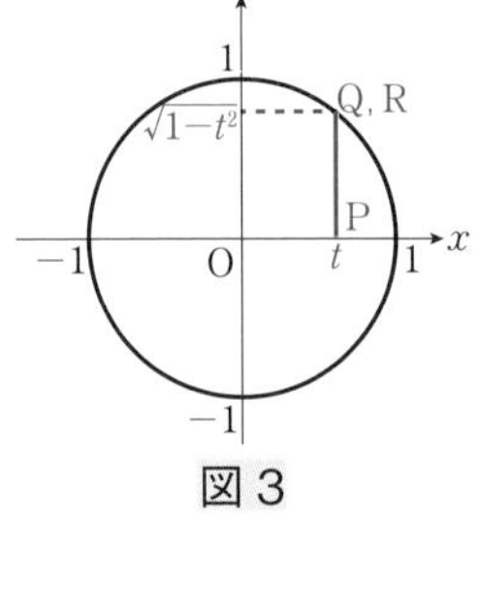

図 3

$$\mathrm{PQ}=\mathrm{QR}=\sqrt{1-t^2}$$

であり，切り口の面積を $S(t)$ とすると

$$S(t)=\frac{1}{2}\mathrm{PQ}^2=\frac{1}{2}(1-t^2)$$

ですから，体積 V は

$$V=\int_{-1}^{1}S(t)dt$$
$$=\frac{1}{2}\int_{-1}^{1}(1-t^2)dt$$
$$=-\frac{1}{2}\int_{-1}^{1}(t-1)(t+1)dt$$
$$=-\frac{1}{2}\left(-\frac{1}{6}\right)\{1-(-1)\}^3$$
$$=\frac{2}{3}$$

$\int_\alpha^\beta(x-\alpha)(x-\beta)dx = -\frac{1}{6}(\beta-\alpha)^3$

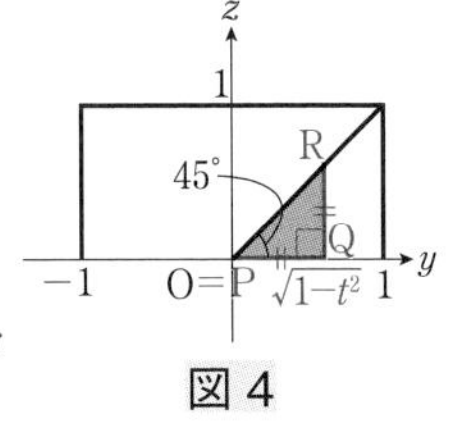

図 4

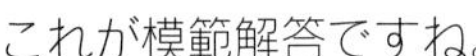
これが模範解答ですね。

次に

　　平面 $y=t$　$(0\leqq t\leqq 1)$

で切ってみましょうか。今と同様に考えて，切り口は**図 5** のような長方形 PQQ′P′ になり，ま上から見ると**図 6**，ま横から見ると**図 7** のようになります。

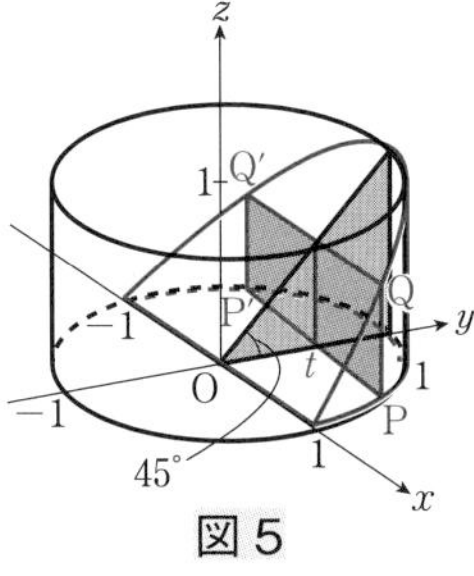

図 5

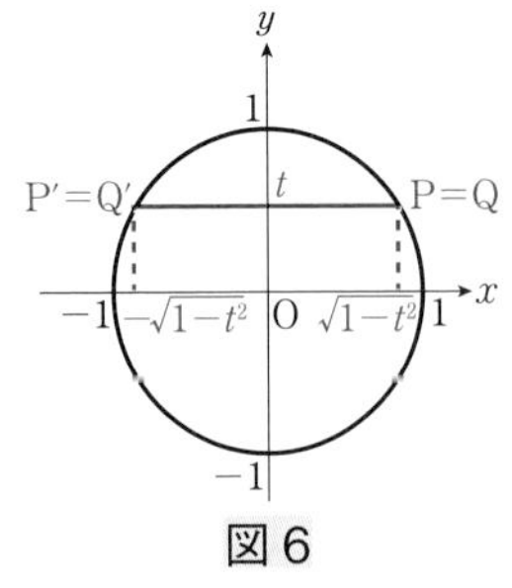

図 6

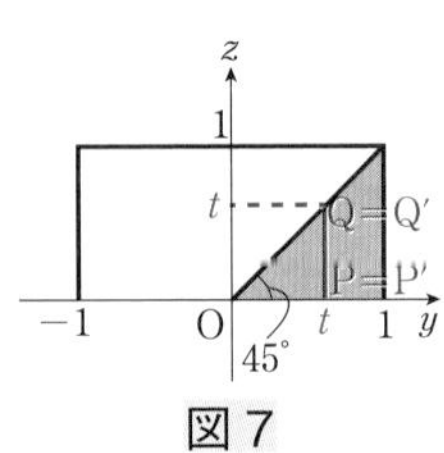

図 7

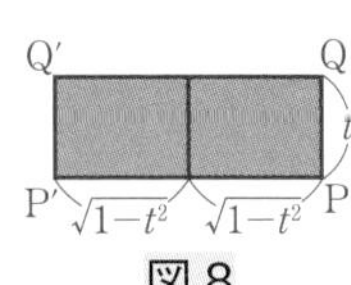

図 8

よって，切り口の面積 $S(t)$ は

$$S(t)=\mathrm{PQ}\times\mathrm{PP}'=t\times2\sqrt{1-t^2}$$

となり，体積 V は

$$V=\int_0^1 2t\sqrt{1-t^2}\,dt$$

となります。これで，y 軸に垂直に切るより x 軸に垂直に切った方がよいことがわかりましたね。x 軸に垂直に切ったときの積分計算は数学Ⅱの範囲の積分でしたが，こっちは数学Ⅲの範囲の積分ですね。といっても **問題40** の p.365 でとり上げた

> $\displaystyle\int x\sqrt{a^2-x^2}\,dx \Rightarrow \int\{g(x)\}^{\alpha}g'(x)\,dx=\frac{1}{\alpha+1}\{g(x)\}^{\alpha+1}+C$
> **（α は実数の定数で $\alpha\neq-1$，C は積分定数）**

の形になっているので，そんなに難しいわけではないですよ。やっておきますと

$$V=\int_0^1(1-t^2)^{\frac{1}{2}}\underbrace{(1-t^2)'\cdot(-1)}_{=2t}dt$$

ていねいにやると
$u=1-t^2$ で置換です。

$$=-\left[\frac{1}{\frac{1}{2}+1}(1-t^2)^{\frac{1}{2}+1}\right]_0^1$$

$$=-\left[\frac{2}{3}(1-t^2)^{\frac{3}{2}}\right]_0^1$$

$$=\frac{2}{3}$$

さっきと一致しました。よかったよかった。

次に

平面 $z=t\quad(0\leqq t\leqq 1)$

で切ってみますと，切り口は**図 9** のように，円とその弦で囲まれた「弓形」と呼ばれる形になります。形はなんとかわかるのですが，この面積を求めるためには扇形の面積を考えないといけないので，中心角が必要です。ま上から見た図が**図 10** で，ちょっと中心角はわかりませんね。だから，この切り口はナシなんです。

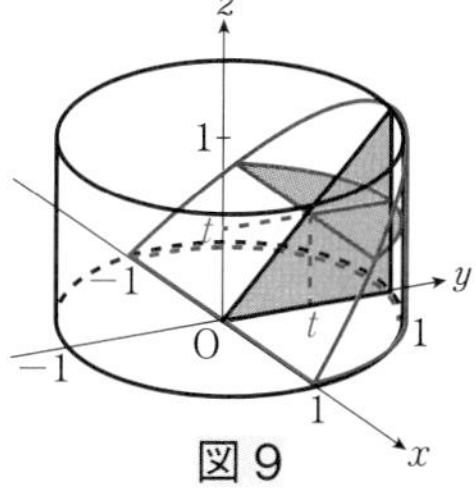

図 9

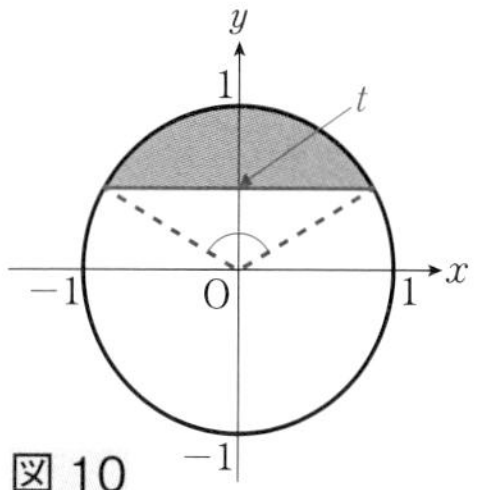

図 10

実は，$t=\cos\theta$ と置換すると中心角がわかるのですが，これはヒントがつくと思いますので，自力で思いつく必要はないです。実際，阪大では2012 年，2017 年に切り口が弓形になる立体の体積が出題されていて，どちらもヒントがついてました。問題 51 で 2017 年の問題を扱いますので，そこで解説しましょう。

さて，阪大対策として，この例題でもう一つ勉強しておきましょう。

空間座標で立体の方程式(不等式)を立ててしまう

という方法です。これは立体にもよるのですが，方程式(不等式)が立てられるなら，立ててしまえば，切り口は機械的に調べることができます。

本問は直円柱と平面からなる立体で，直円柱は底面が原点中心で半径 1 の円，上面が $z=1$，底面が $z=0$（xy 平面）ですから

$$\begin{cases} x^2+y^2 \leqq 1 \\ 0 \leqq z \leqq 1 \end{cases}$$

と不等式で表せますね。x 軸を含み xy 平面と 45° をなす平面のうち，点 $(0,\ 1,\ 1)$ を含むものは

$$z=y$$

で，題意の立体はこの下側です。ということで，これらをあわせますと，この立体は

$$\begin{cases} x^2+y^2 \leqq 1 \\ 0 \leqq z \leqq y \end{cases} \quad \cdots\cdots ⓐ$$

と表せます。

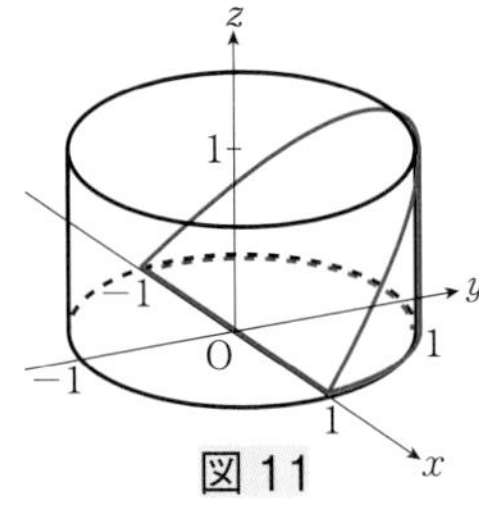

図 11

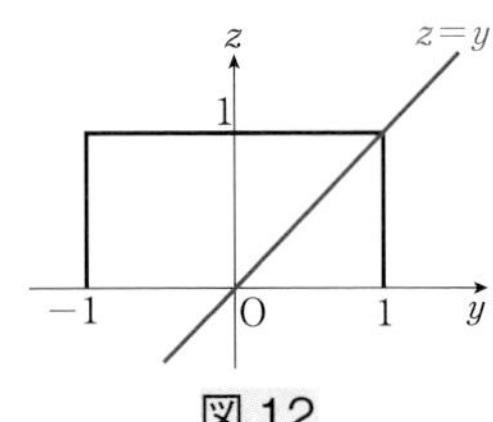

図 12

そうしますと

平面 $x=t \quad (-1 \leqq t \leqq 1)$

による切り口は，ⓐで $x=t$ として

$$\begin{cases} t^2+y^2 \leqq 1 \\ 0 \leqq z \leqq y \end{cases}$$

上の式より，$y^2 \leqq 1-t^2$ ですから

$$\therefore \quad -\sqrt{1-t^2} \leqq y \leqq \sqrt{1-t^2}$$

これを yz 平面を図示しますと，図 13 のようになり，図 4 と同じ形が出てきましたね。

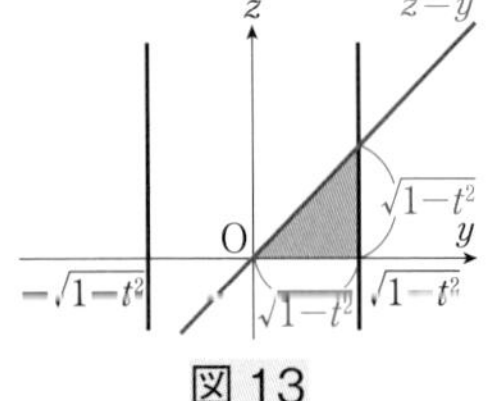

図 13

次は

平面 $y=t \quad (0 \leqq t \leqq 1)$

による切り口です。ⓐで $y=t$ として

$$\begin{cases} x^2+t^2 \leqq 1 \\ 0 \leqq z \leqq t \end{cases}$$

上の式より，$x^2 \leqq 1-t^2$ ですから，

$$\therefore \quad -\sqrt{1-t^2} \leqq x \leqq \sqrt{1-t^2}$$

これを zx 平面に図示しますと，**図 14** のようになり，**図 8** と同じ形が出てきましたね。

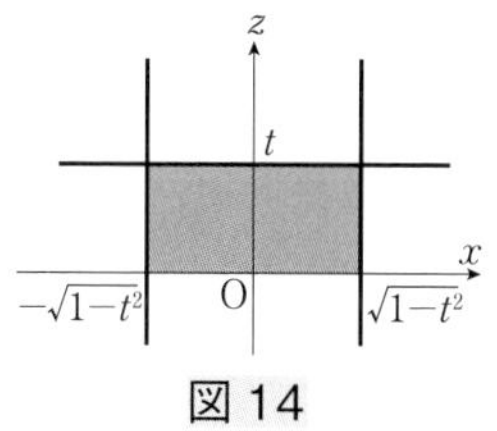

図 14

最後に

平面 $z=t \quad (0 \leqq t \leqq 1)$

による切り口ですが，ⓐで $z=t$ として

$$\begin{cases} x^2+y^2 \leqq 1 \\ (0 \leqq)t \leqq y \end{cases}$$

となって，これを xy 平面に図示しますと，**図 15** のようになり，**図 10** と同じです。

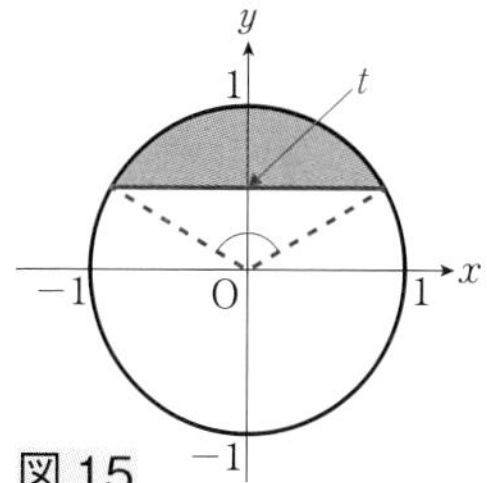

図 15

いかがですか？　式が立てられるなら，立ててしまって

$$x=t,\ y=t,\ z=t$$

を順に代入して，形がわかり易い，面積が求め易い，積分がし易い切り口を見つければいいんですね。体積を求めるときのコツです。

> **x 軸，y 軸，z 軸に垂直に切ってみて，**
> **形がわかり易い，面積が求め易い，積分がし易い切り口を選ぶ**

テーマ

49 体積 ①

問題 49 ★☆☆ 30分

実数 s，t が $s^2+t^2 \leqq 6$ を満たしながら変わるとき，xy 平面上で点 $(s+t,\ st)$ が動く領域を A とする。このとき以下の問いに答えよ。

(1) $(2,\ \sqrt{2})$ が領域 A の点かどうか判定せよ。

(2) A を図示せよ。

(3) A を x 軸のまわりに1回転してできる回転体の体積を求めよ。

（阪大・理系・19）

お！　**第11章多変数のプロローグ**でやりましたね。**2 存在条件**の2つめに出てきた

ですよ！　ご丁寧に(1)の誘導までついています。

点 $(s+t,\ st)$ はわかりにくいですから

$$x=s+t,\ y=st$$

とおいて，点 $(x,\ y)$ としましょうか。そうしますと(1)は，$(x,\ y)=(2,\ \sqrt{2})$ より

$$s+t=2,\ st=\sqrt{2}$$

ですから，s，t は u の2次方程式

$$u^2-2u+\sqrt{2}=0$$

の2解ですね。これを解くと $u=1\pm\sqrt{1-\sqrt{2}}$ で，あ，$1-\sqrt{2}<0$ ですから，コレは虚数ですね。ということで「領域 A の点ではない」です。

(2)は

$$s+t=x,\ st=y$$

として，同じように2次方程式を作り，(判別式)$\geqq 0$ で OK ですね。まず(1)，(2)を済ませましょう。

実行

(1)　点$(2,\ \sqrt{2})$が領域Aに含まれる条件は，

$$\begin{cases} s+t=2 & \cdots\cdots① \\ st=\sqrt{2} & \cdots\cdots② \\ s^2+t^2 \leqq 6 & \cdots\cdots③ \end{cases}$$

①，②より，
$s^2+t^2=(s+t)^2-2st$
$=4-2\sqrt{2}<6$
より，③は成り立ちますが，どのみち，①かつ②を満たす実数s，tが存在しませんので，解答ではスルーします。

を満たす実数s，tが存在することである。

①，②より，s，tはuの2次方程式

$$u^2-2u+\sqrt{2}=0$$

の2解であるが，$\dfrac{(\text{判別式})}{4}=1-\sqrt{2}<0$ より，これは実数解をもたない。

よって，「①かつ②」を満たす実数s，tは存在しないから，

点$(2,\ \sqrt{2})$は領域Aの点ではない。

(2)　点$(x,\ y)$が領域Aに含まれる条件は，

$$\begin{cases} s+t=x & \cdots\cdots④ \\ st=y & \cdots\cdots⑤ \\ s^2+t^2 \leqq 6 & \cdots\cdots⑥ \end{cases}$$

を満たす実数s，tが存在することである。

④，⑤より，s，tはuの2次方程式

$$u^2-xu+y=0$$

の2解であるから，「④かつ⑤」を満たす実数s，tが存在する条件は，

$$(\text{判別式})=x^2-4y \geqq 0$$

$$\therefore\quad y \leqq \frac{1}{4}x^2 \quad \cdots\cdots⑦$$

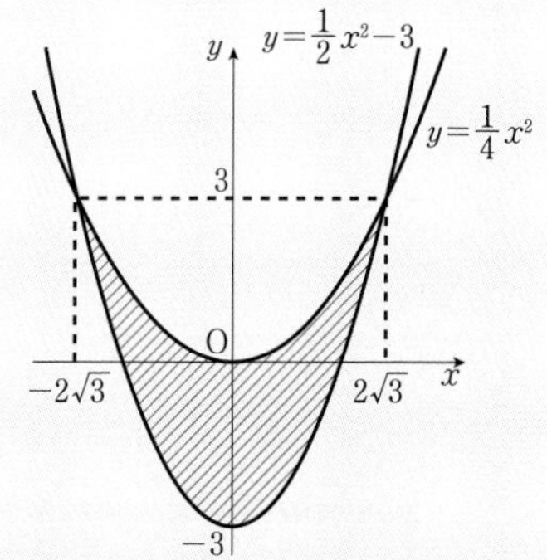

また，⑥より，

$$(s+t)^2-2st \leqq 6$$

であるから，④，⑤を代入して，

$$x^2-2y \leqq 6$$

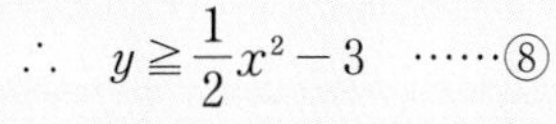

$$\therefore\quad y \geqq \frac{1}{2}x^2-3 \quad \cdots\cdots⑧$$

よって，「④かつ⑤かつ⑥」を満たす実数s，tが存在する条件は「⑦かつ⑧」であるから，領域Aを図示すると，上の図の斜線部分(境界を含む)のようになる。

理解　では(3)です。y 軸対称はすぐに気づくと思いますから，$x \geqq 0$ で考えて，あとで 2 倍しましょう。問題は A が回転軸である x 軸をまたいでいることです。これを回転させますと，x 軸より上の部分(**図 1** の黒斜線部分)と，x 軸より下の部分(**図 1** の赤斜線部分)が，それぞれ立体を作ります。ですから，**図 2** のようになりますね。

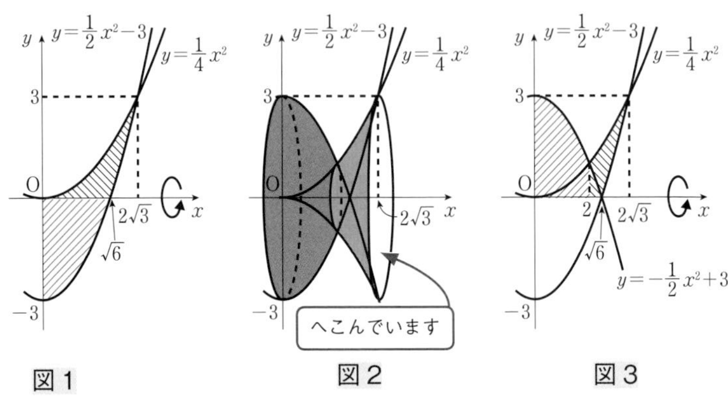

図 1　　図 2　　図 3

計画　さて，**図 2** の赤網部分は $y=\dfrac{1}{2}x^2-3$ を x 軸に関して対称移動した $y=-\dfrac{1}{2}x^2+3$ がつくる回転体と同じですね。**図 2** の黒網部分は $y=\dfrac{1}{4}x^2$ がつくる回転体から，$y=\dfrac{1}{2}x^2-3$ がつくる回転体をくり抜いたものになります。ですから，**図 3** の斜線部分を x 軸のまわりに 1 回転してできる回転体に一致します。

図 3 の赤斜線部分がつくる回転体が，**図 2** の赤網部分

図 3 の黒斜線部分がつくる回転体が，**図 2** の黒網部分

このように

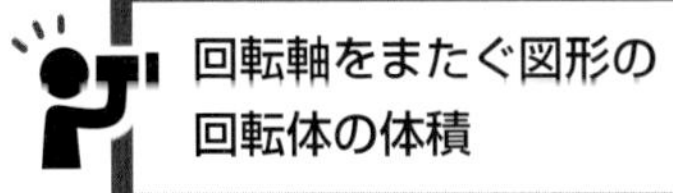

回転軸をまたぐ図形の回転体の体積 ➡ **回転軸に関して折り返した図形を考える**

ということになります。

実行

(3) 領域 A を x 軸のまわりに1回転してできる回転体は，右の図の斜線部分を x 軸のまわりに1回転してできる回転体に一致する。

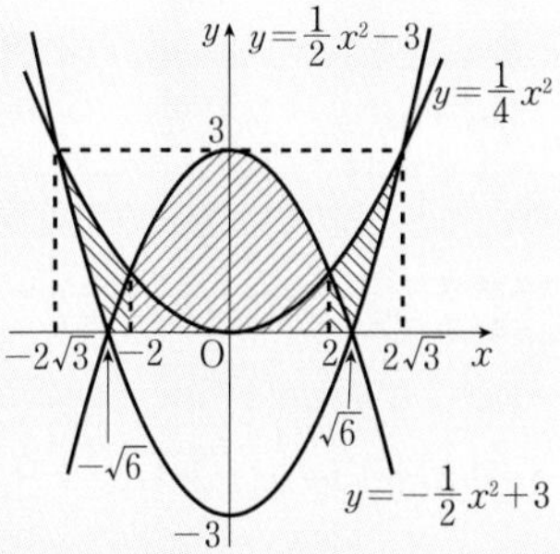

よって，求める体積を V とすると，y 軸に関する対称性を考慮して，

$$\frac{V}{2}=\int_0^2\pi\left(-\frac{1}{2}x^2+3\right)^2dx+\int_2^{2\sqrt{3}}\pi\left(\frac{1}{4}x^2\right)^2dx-\int_{\sqrt{6}}^{2\sqrt{3}}\pi\left(\frac{1}{2}x^2-3\right)^2dx$$

$$\therefore\quad \frac{V}{2\pi}=\int_0^2\left(\frac{1}{4}x^4-3x^2+9\right)dx+\int_2^{2\sqrt{3}}\frac{1}{16}x^4dx-\int_{\sqrt{6}}^{2\sqrt{3}}\left(\frac{1}{4}x^4-3x^2+9\right)dx$$

$$=\left[\frac{1}{20}x^5-x^3+9x\right]_0^2+\left[\frac{1}{80}x^5\right]_2^{2\sqrt{3}}-\left[\frac{1}{20}x^5-x^3+9x\right]_{\sqrt{6}}^{2\sqrt{3}}$$

$$=\left(\frac{8}{5}-8+18\right)+\left(\frac{18}{5}\sqrt{3}-\frac{2}{5}\right)-\left(\frac{72}{5}\sqrt{3}-24\sqrt{3}+18\sqrt{3}\right)+\left(\frac{9}{5}\sqrt{6}-6\sqrt{6}+9\sqrt{6}\right)$$

$$=\frac{56}{5}-\frac{24}{5}\sqrt{3}+\frac{24}{5}\sqrt{6}$$

したがって，求める体積 V は

$$V=\boldsymbol{\frac{112-48\sqrt{3}+48\sqrt{6}}{5}\pi}$$

テーマ

50 体積②

問題 50 ★★☆ 30分

xyz 空間内に2つの立体 K と L がある。どのような a に対しても，平面 $z=a$ による立体 K の切り口は3点 $(0,\ 0,\ a)$，$(1,\ 0,\ a)$，$\left(\dfrac{1}{2},\ \dfrac{\sqrt{3}}{2},\ a\right)$ を頂点とする正三角形である。また，どのような a に対しても，平面 $y=a$ による立体 L の切り口は3点 $(0,\ a,\ 0)$，$\left(0,\ a,\ \dfrac{2}{\sqrt{3}}\right)$，$\left(1,\ a,\ \dfrac{1}{\sqrt{3}}\right)$ を頂点とする正三角形である。

このとき，立体 K と L の共通部分の体積を求めよ。

（阪大・理系・99 前）

理解 「平面 $z=a$ による立体 K の切り口は」とありますので，描いてみましょう。

$$(0,\ 0,\ a),\ (1,\ 0,\ a),\ \left(\frac{1}{2},\ \frac{\sqrt{3}}{2},\ a\right)$$

と，a が入っているのですが，よく見ると，a は z 座標だけで，x，y 座標は具体的な値ですね。図1のような寸法の決まった正三角形で，a の値によらないんですね。これを，たとえば平面 $x=t$ で切ると，図1の赤い線分のような図形になります。

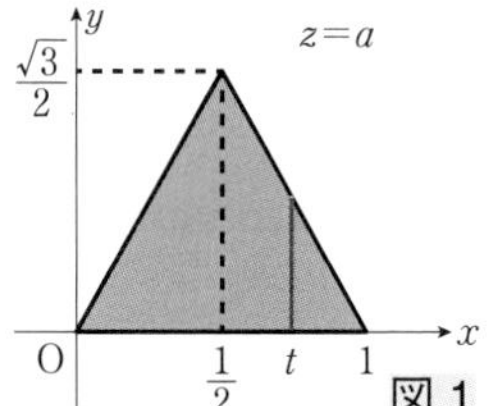

図1

a が変化すると，z 座標だけが動くことになりますので，立体 K は（無限に続く）三角柱ですね。図2のようになります。図1の赤い線分は，図2の赤い斜線部分のような帯状になりますね。

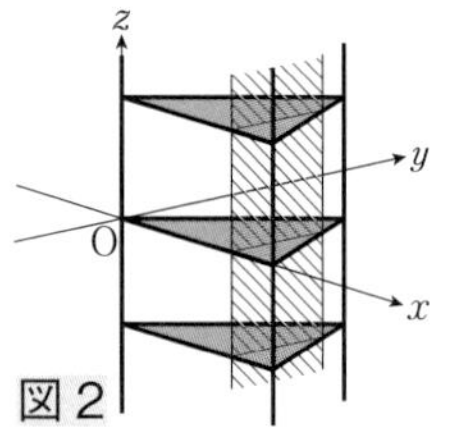

図2

立体 L も同様ですが，切り口の正三角形は立体 K よりも少し大きいですね。立体 K の切り口の正三角形は1辺の長さが1ですが，立体 L の切り口の正三角形は，図3のように高さが1に

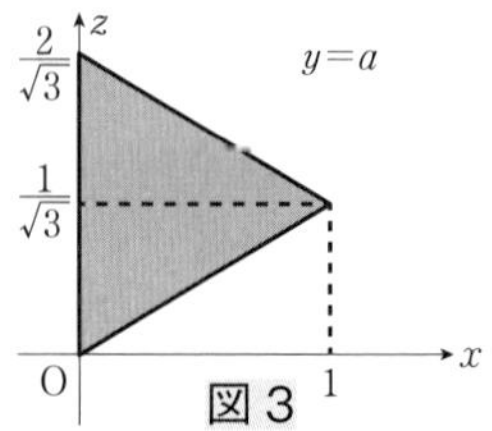

図3

なっています。で，この立体 K と立体 L を合体した図ですが……。すいません，僕では描けません(笑)。

でも大丈夫。平面 $z=a$ と平面 $y=a$ という，ちがう平面ではありますが，切り口はわかっていますし，式もすぐ作れそうです。3通り切ってみましょう。

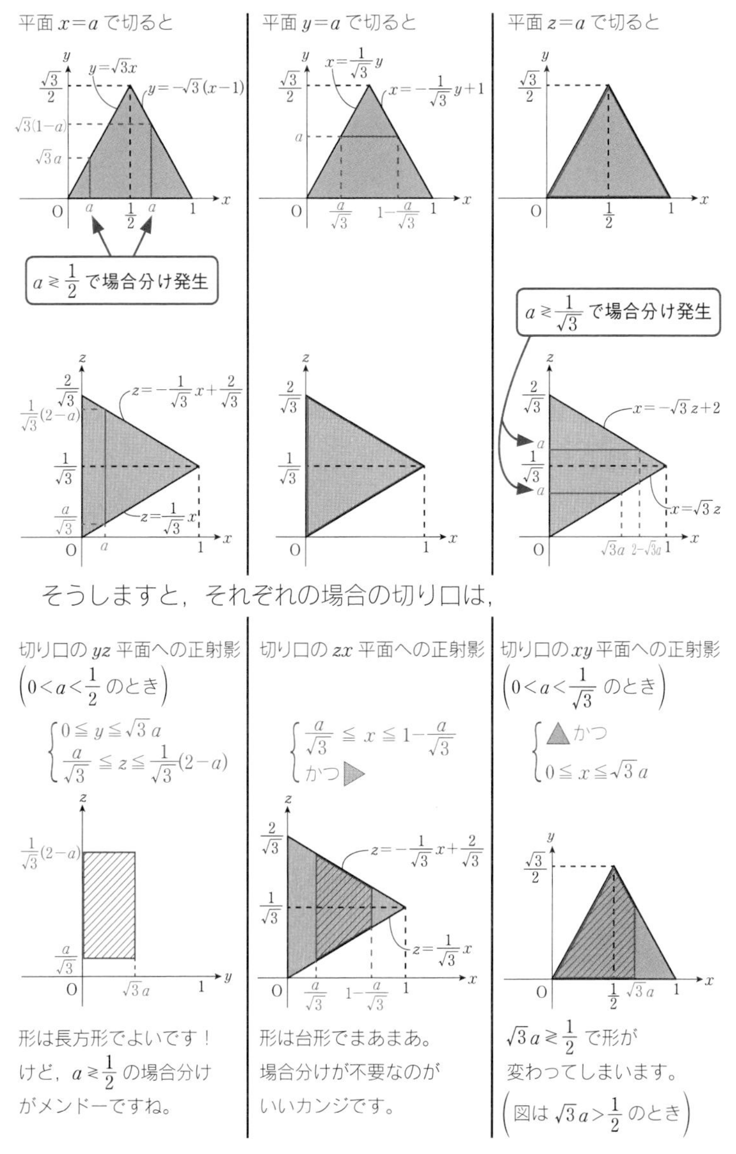

計画 ということで，平面 $y=a$ で切ることになりました。もう一度形を確認していきますよ。z 軸に垂直な平面による切り口は正三角形で(**図 4**)，平面 $y=a$ による切り口は

$$\frac{a}{\sqrt{3}} \leqq x \leqq 1-\frac{a}{\sqrt{3}},$$

$$z \text{は任意の実数} \quad \cdots\cdots ⓐ$$

で帯状の図形になります(**図 5**)。正三角形は $0 \leqq y \leqq \frac{\sqrt{3}}{2}$ の領域にありますから，切り口が存在する a の値の範囲も

$$0 \leqq a \leqq \frac{\sqrt{3}}{2} \quad \cdots\cdots ⓑ$$

ですね。

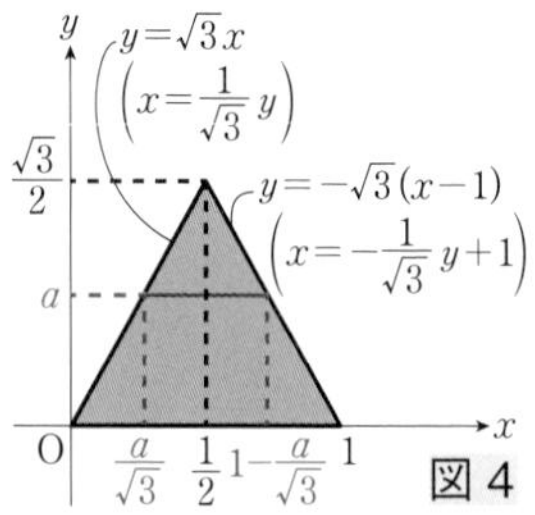

図 4

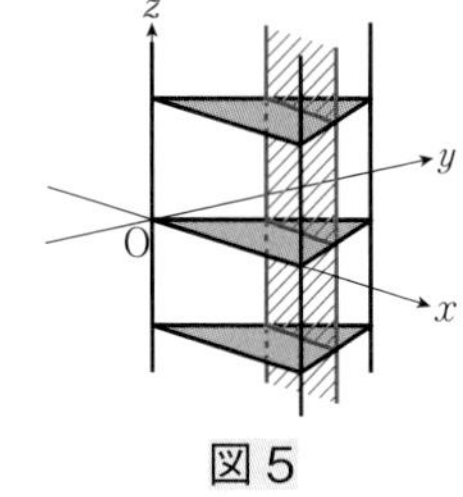

図 5

立体 L の平面 $y=a$ による切り口は，**図 3** の正三角形で，これは a の値によらず一定の形です。この正三角形とⓐとの共通部分である**図 6** の赤い台形が，立体 K と L の共通部分の平面 $y=a$ による切り口です。

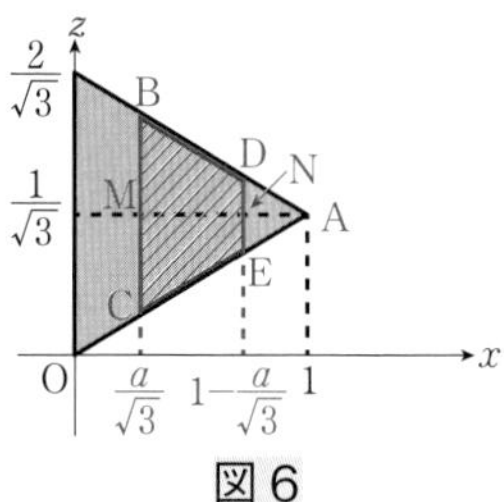

図 6

では，面積を求めてみましょう。正三角形の一部を切った台形ですから，相似を使いましょうか。正三角形の面積は高さを h とすると

$$\frac{1}{2} \cdot \frac{2h}{\sqrt{3}} \cdot h = \frac{1}{\sqrt{3}} h^2$$

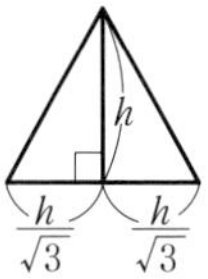

ですから，面積を $S(a)$ とすると，**図 7** のように考えて，

$$\begin{aligned} S(a) &= \triangle \mathrm{ABC} - \triangle \mathrm{ADE} \\ &= \frac{1}{\sqrt{3}} \mathrm{AM}^2 - \frac{1}{\sqrt{3}} \mathrm{AN}^2 \\ &= \frac{1}{\sqrt{3}} \left(1-\frac{a}{\sqrt{3}}\right)^2 - \frac{1}{\sqrt{3}} \left(\frac{a}{\sqrt{3}}\right)^2 \\ &= \frac{1}{\sqrt{3}} - \frac{2a}{3} \end{aligned}$$

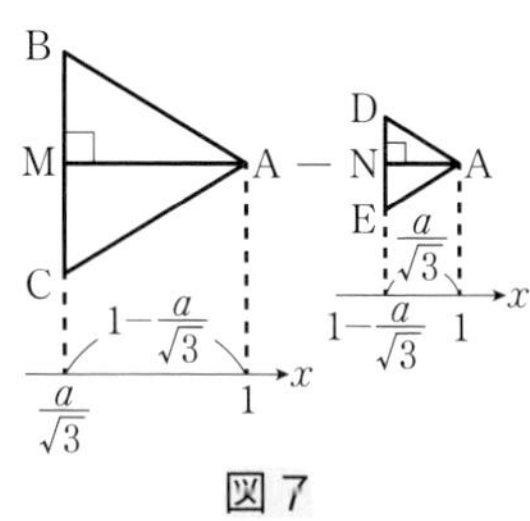

図 7

これをⓑの範囲で積分すれば体積です。積分の計算はすごくカンタンですね。

実行　立体 K の z 軸に垂直な平面による切り口の，xy 平面への正射影は右の図のような正三角形で，3 つの線分

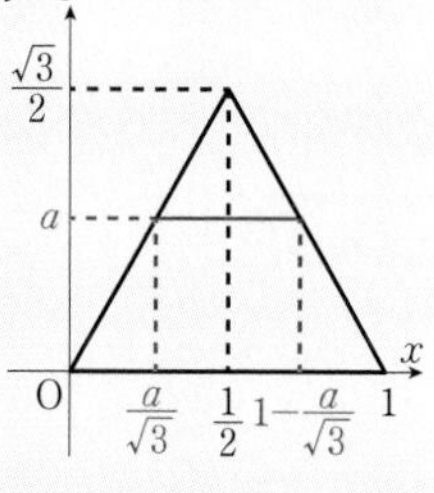

$$\begin{cases} y=\sqrt{3}x & \left(0 \leqq x \leqq \dfrac{1}{2}\right) \\ y=-\sqrt{3}(x-1) & \left(\dfrac{1}{2} \leqq x \leqq 1\right) \\ y=0 & (0 \leqq x \leqq 1) \end{cases}$$

で囲まれている。よって，立体 K の平面 $y=a$ による切り口は，$0 \leqq a \leqq \dfrac{\sqrt{3}}{2}$ のときに存在して，

$$\frac{a}{\sqrt{3}} \leqq x \leqq 1-\frac{a}{\sqrt{3}},\ z \text{ は任意の実数}$$

で表される領域である。

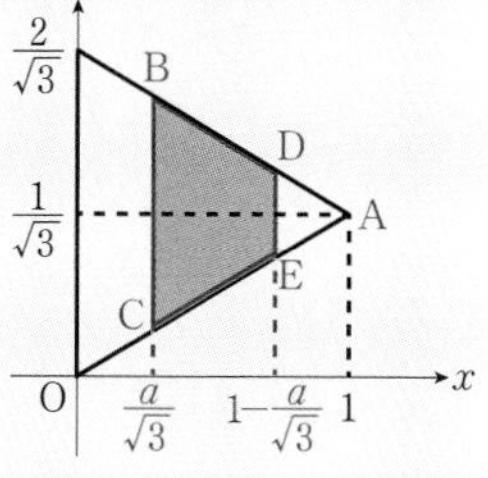

次に立体 L の平面 $y=a$ による切り口の xz 平面への正射影は右の図のような正三角形で 3 つの線分

$$\begin{cases} z=\dfrac{1}{\sqrt{3}}x & \left(0 \leqq z \leqq \dfrac{1}{\sqrt{3}}\right) \\ z=-\dfrac{1}{\sqrt{3}}x+\dfrac{2}{\sqrt{3}} & \left(\dfrac{1}{\sqrt{3}} \leqq z \leqq \dfrac{2}{\sqrt{3}}\right) \\ x=0 & \left(0 \leqq z \leqq \dfrac{2}{\sqrt{3}}\right) \end{cases}$$

で囲まれている。

よって，立体 K と L の共通部分の平面 $y=a\left(0<a<\dfrac{\sqrt{3}}{2}\right)$ による切り口は，図のような台形 BCED となり，この面積を $S(a)$ とすると

$$S(a)=\triangle\mathrm{ABC}-\triangle\mathrm{ADE}=\frac{1}{\sqrt{3}}\left(1-\frac{a}{\sqrt{3}}\right)^2-\frac{1}{\sqrt{3}}\left(\frac{a}{\sqrt{3}}\right)^2=\frac{1}{\sqrt{3}}-\frac{2a}{3}$$

また，平面 $y=0$ による切り口は $\triangle\mathrm{ABC}$，平面 $y=\dfrac{\sqrt{3}}{2}$ による切り口は線分 BC となるから，これは $a=0,\ \dfrac{\sqrt{3}}{2}$ のときも成り立つ。

したがって，求める体積は

$$\int_0^{\frac{\sqrt{3}}{2}} S(a)da=\int_0^{\frac{\sqrt{3}}{2}}\left(\frac{1}{\sqrt{3}}-\frac{2a}{3}\right)da=\left[\frac{1}{\sqrt{3}}a-\frac{a^2}{3}\right]_0^{\frac{\sqrt{3}}{2}}=\frac{1}{2}-\frac{1}{4}=\frac{1}{4}$$

テーマ

51 体 積 ③

問題 51 ★★☆ 40分

xy 平面上で放物線 $y=x^2$ と直線 $y=2$ で囲まれた図形を，y 軸のまわりに1回転してできる回転体を L とおく。回転体 L に含まれる点のうち，xy 平面上の直線 $x=1$ からの距離が1以下のもの全体がつくる立体を M とおく。

(1) t を $0 \leqq t \leqq 2$ をみたす実数とする。xy 平面上の点 $(0,\ t)$ を通り，y 軸に直交する平面による M の切り口の面積を $S(t)$ とする。$t=(2\cos\theta)^2\left(\dfrac{\pi}{4} \leqq \theta \leqq \dfrac{\pi}{2}\right)$ のとき，$S(t)$ を θ を用いて表せ。

(2) M の体積 V を求めよ。（阪大・理系・17）

理解 (1) いきなり立体 M はよくわからないので，順にいきましょう。立体 L は図1のような立体ですね。これはすぐわかります。

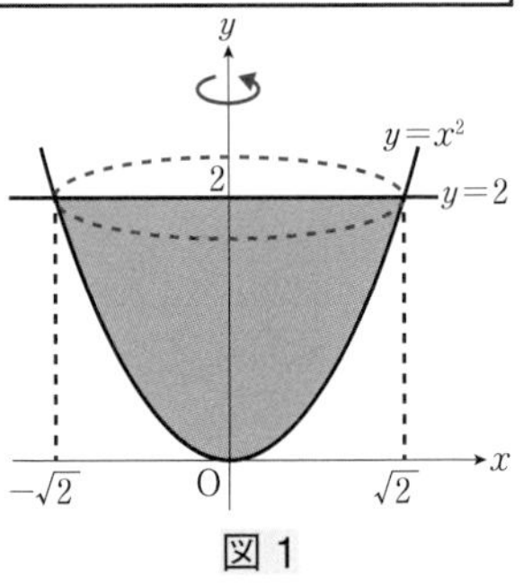

図1

次に「xy 平面上の直線 $x=1$ からの距離が1以下」の図形ってわかりました？ 図2の黒網部分みたいな，xy 平面上の

$0 \leqq x \leqq 2$，y は任意の実数

で表された，帯状の部分とか思いませんでしたか？ でも，これだと「立体 M」ができないですもんね。立体 L も xy 平面上の図形を回転して作ったものですので，要はこの紙面と垂直に，z 軸が立ってると思ってもらうといいんです。ですから，「xy 平面の直線 $x=1$ からの距離が1以下」の図形って，直線 $x=1$ を中心とする半径1の(無限に続く)直円柱ですね。これを立体 N とすると，立体 L と N の共通部分が立体 M ですね。では立体 M を描くと……すいません，問題 50に続いて，また描けません(笑)。

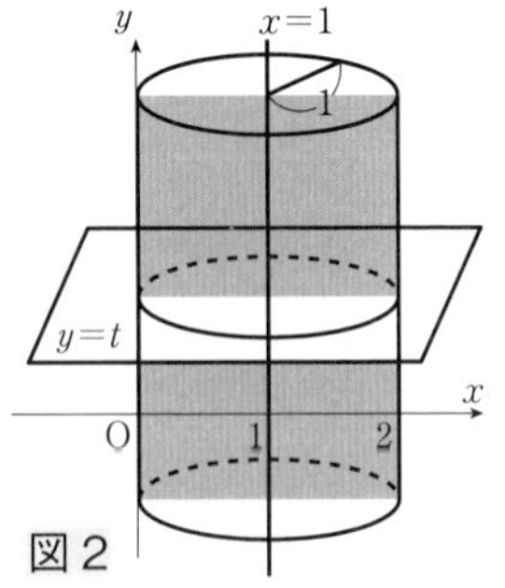

図2

計画 でも，またまた心配はいりません。要は切り口がわかればいいんですよね。しかも，切り方は指定されています。「xy 平面上の点 $(0,\ t)$ を通り，y 軸に直交する平面」つまり

平面 $y=t\quad(0\leqq t\leqq 2)$

で切るんですね。

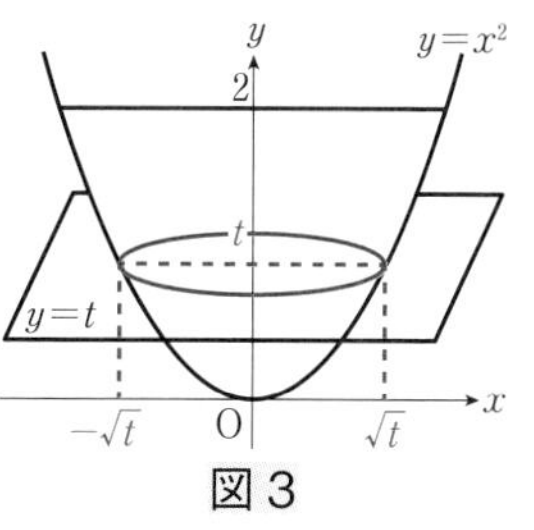

図 3

立体 L をこの平面で切りますと，切り口は**図 3** の赤い円，すなわち

中心 $(0,\ t,\ 0)$　半径 $\sqrt{t}$ の円

$x^2+z^2=t,\ y=t$　……ⓐ

の周および内部（$t=0$ のときは原点 O）です。

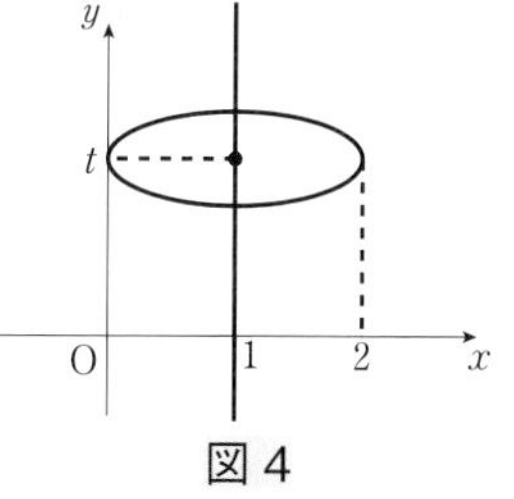

図 4

また，立体 N をこの平面で切りますと，切り口は**図 4** の黒い円，すなわち

中心 $(1,\ t,\ 0)$　半径 1 の円

$(x-1)^2+z^2=1,\ y=t$　……ⓑ

の周および内部です。

以下，$0<t<2\left(\dfrac{\pi}{4}<\theta<\dfrac{\pi}{2}\right)$ で考える。**図 5** の赤い円ⓐの周および内部と黒い円ⓑの周および内部の共通部分が，立体 M の平面 $y=t$ による切り口で，これを zx 平面に正射影したものが**図 5** の網掛部分になります。弓形 2 つを足した形になっていますので，図のように点 A，P，Q とおくと，中心角 ∠POQ や ∠PAQ がほしいですね。$t=(2\cos\theta)^2$ がヒントなんでしょう。

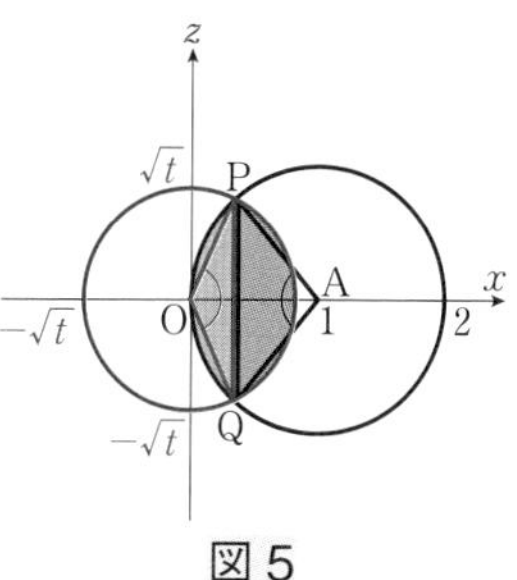

図 5

寸法がわかっているのが

中心間距離から $\mathrm{OA}=1$

ⓐの半径から $\mathrm{OP}=\mathrm{OQ}=\sqrt{t}=2\cos\theta$

ⓑの半径から $\mathrm{AP}=\mathrm{AQ}=1$

ですから，**図 6** のような二等辺三角形 OAP が見つかると思います。

> **二等辺三角形 ➡ 中線を引く**
> **（垂線になる）**

で，中線 AM を引くと，直角三角形 AOM で

$$\mathrm{OA}=1,\ \mathrm{OM}=\cos\theta$$

ですから

$$\angle\mathrm{AOM}=\theta \qquad \therefore\ \ \angle\mathrm{AOP}=\theta$$

です！　ここで中心角が求まるんですね。同様に

$$\angle\mathrm{AOQ}=\theta \qquad \therefore\ \ \angle\mathrm{POQ}=2\theta$$

であり

$$\angle\mathrm{OAP}=\angle\mathrm{OAQ}=\pi-2\theta$$

$$\therefore\ \ \angle\mathrm{PAQ}=2\pi-4\theta$$

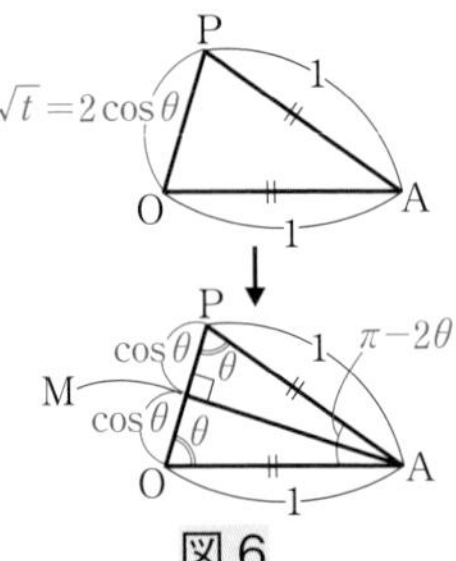

図 6

ですから，それぞれの弓形は，図 7 のようになっていて，求める面積 $S(t)$ は

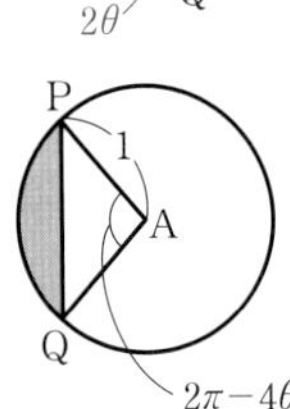

図 7

$$S(t)=\ \text{(扇形 OPQ)}-\text{(三角形 OPQ)}+\text{(扇形 APQ)}-\text{(三角形 APQ)}$$

$$=\frac{1}{2}(\sqrt{t})^2\cdot 2\theta-\frac{1}{2}(\sqrt{t})^2\sin 2\theta$$

$$\quad+\frac{1}{2}\cdot 1^2\cdot(2\pi-4\theta)-\frac{1}{2}\cdot 1^2\cdot\sin(2\pi-4\theta)$$

$$=\frac{1}{2}t(2\theta-\sin 2\theta)+\pi-2\theta+\frac{1}{2}\sin 4\theta$$

「$S(t)$ を θ を用いて表せ」なので，$t=(2\cos\theta)^2$ を代入すると

$$S(t)=\underset{\sim\sim\sim}{2\cos^2\theta}(2\theta-\sin 2\theta)+\pi-2\theta+\frac{1}{2}\sin 4\theta$$

(1)としてはこのまま答えてよいのですが。(2)で積分しないといけなそうなので，「次数下げ」をしておきましょうか。とりあえず～～部で 2 倍角の公式 $\cos 2\theta=\underset{\sim\sim\sim}{2\cos^2\theta}-1$ を使います。

$$S(t)=(1+\cos 2\theta)(2\theta-\sin 2\theta)+\pi-2\theta+\frac{1}{2}\sin 4\theta$$

$$=(\cancel{2\theta}+2\theta\cos 2\theta-\sin 2\theta-\cancel{\sin 2\theta\cos 2\theta})+\pi-\cancel{2\theta}+\underset{\cancel{\sin 2\theta\cos 2\theta}}{\underbrace{\frac{1}{2}\sin 4\theta}}$$

$$=2\theta\cos 2\theta-\sin 2\theta+\pi \quad \left(\theta=\frac{\pi}{4},\frac{\pi}{2}\ \text{のときも成立}\right)$$

お！　なかなかキレイになりましたね。

そうしますと(2)なんですが，「あ，積分したらおわりや！」と思って

$$V=\int_{\frac{\pi}{4}}^{\frac{\pi}{2}}S(t)\,d\theta$$

ってやっちゃダメですよ！

本問は，平面 $y=t$ で切っていますので

t で積分しないとダメ！

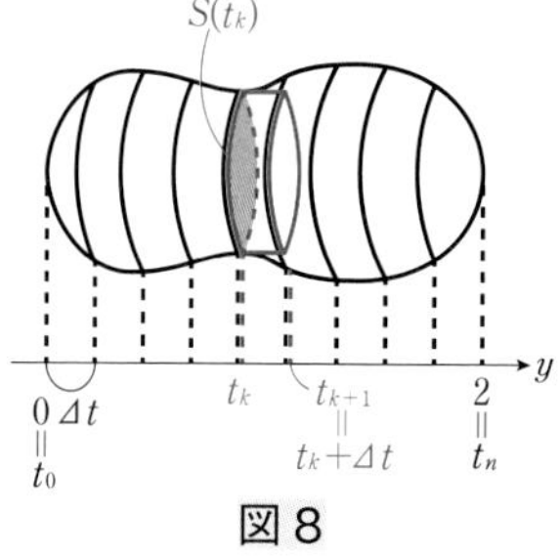

図８

です。何となく「積分したら体積が出る」と思っていると，こういう間違いをしてしまいます。ちょっとおさらいをしましょう。区分求積法を思い出してください。$0 \leqq y \leqq 2$ の区間を n 等分して，図８のようにします。

$$t_0=0,\ t_n=2,\ \Delta t=\frac{2}{n}$$

です。各分点を通り

y 軸に垂直な平面でこの立体を分割

します。この分割した立体を，断面積 $S(t_k)$，厚さ Δt の板状の立体であるとみなすと，ひとつひとつの体積は $S(t_k)\,\Delta t$ ですから，この和を V_n とすると

$$\begin{aligned} V_n &= S(t_0)\,\Delta t + S(t_1)\,\Delta t + \cdots + S(t_{n-1})\,\Delta t \\ &= \sum_{k=0}^{n-1} S(t_k)\,\Delta t \end{aligned}$$

$n \to \infty$ のとき，$V_n \to V$ と考えられて，区分求積法と定積分の関係から

$$V=\lim_{n\to\infty}\sum_{k=0}^{n-1} S(t_k)\,\Delta t=\int_0^2 S(t)dt$$

となります。

ね，この立体のどこにも「θ 軸」なんてないんですから，「厚さ $\Delta\theta$」なんて寸法は出てこないですよね。

話が長くなりました。ですから，V はあくまで $S(t)$ を t で積分して

$$V=\int_0^2 S(t)\underline{\underline{dt}}$$

です。しかし，$S(t)$ は θ の式で

$$V=\int_{t=0}^{t=2}(2\theta\cos 2\theta-\sin 2\theta+\pi)dt$$

$\int_{t=0}^{t=2}$ の「$t=$」はなくてもよいのですがわかりやすくするためつけています。

となってしまいますので，「θ の式を t で積分」ですね。ですから，「θ で積分」に変換します。

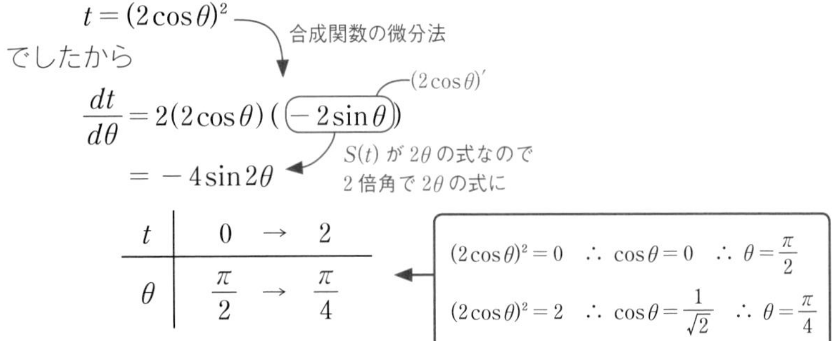

$t=(2\cos\theta)^2$

でしたから

$$\frac{dt}{d\theta}=2(2\cos\theta)(-2\sin\theta)$$
$$=-4\sin 2\theta$$

t	$0 \to 2$
θ	$\frac{\pi}{2} \to \frac{\pi}{4}$

となりますね。ですから

$$V=\int_{t=0}^{t=2} S(t)\,dt$$
$$=\int_{\theta=\frac{\pi}{2}}^{\theta=\frac{\pi}{4}} S(t)\cdot\frac{dt}{d\theta}\,d\theta$$
$$=\int_{\frac{\pi}{2}}^{\frac{\pi}{4}}(2\theta\cos 2\theta-\sin 2\theta+\pi)\cdot(-4\sin 2\theta)\,d\theta$$
$$=\int_{\frac{\pi}{4}}^{\frac{\pi}{2}}(8\theta\cos 2\theta\sin 2\theta-4\sin^2 2\theta+4\pi\sin 2\theta)\,d\theta$$

$8\theta\cos 2\theta\sin 2\theta$ は 2 倍角で cos と sin の積を 1 つにまとめると，$4\theta\sin 4\theta$ になり，部分積分ですね。$4\sin^2 2\theta$ も 2 倍角で次数下げ，$4\pi\sin 2\theta$ はそのままイケますね。答えの数値までちゃんと合わせましょう!!

実行

(1)　xy 平面に垂直に z 軸をとる。

この座標空間において，立体 L の平面 $y=t$ $(0\leqq t\leqq 2)$ による切り口は，点 $(0,\ t,\ 0)$ を中心とする半径 $\sqrt{t}$ の円の周および内部($t=0$ ときは点)である。

また，xy 平面上の直線 $x=1$ からの距離が 1 以下の点全体がつくる立体の平面 $y=t$ による切り口は，この平面上で，点 $(1,\ t,\ 0)$ を中心とする半径 1 の円の周および内部である。

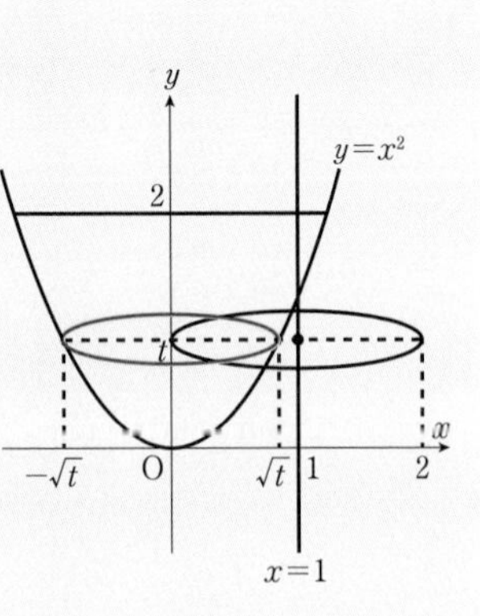

よって，$0<t<2\ \left(\dfrac{\pi}{4}<\theta<\dfrac{\pi}{2}\right)$ のとき，立体 M の平面 $y=t$ による切り口の zx 平面への正射影は，右の図の網掛部分のようになる。

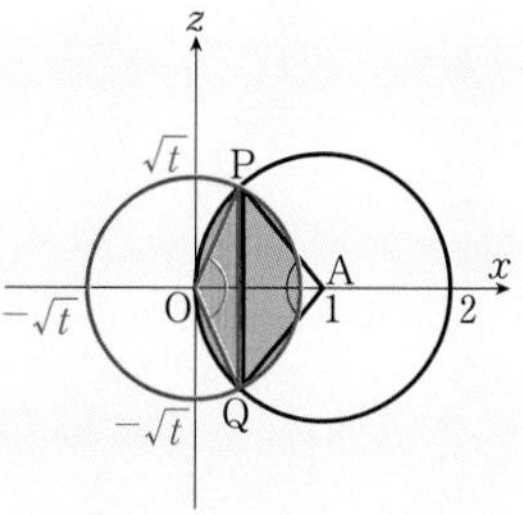

図のように点 A，P，Q をおき，線分 OP の中点を M とおくと，

$$\mathrm{OP}=\sqrt{t}=2\cos\theta \quad \therefore\ \mathrm{OM}=\cos\theta$$

であるから，

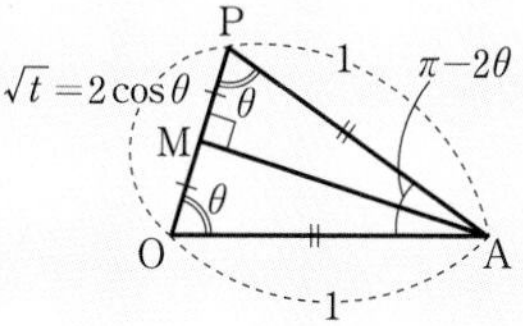

$$\cos\angle\mathrm{AOP}=\frac{\mathrm{OM}}{\mathrm{OA}}=\cos\theta$$

$\dfrac{\pi}{4}<\theta<\dfrac{\pi}{2}$ であるから，

$$\angle\mathrm{AOP}=\theta \qquad \therefore\quad \angle\mathrm{POQ}=2\theta$$

また，

$$\angle\mathrm{OAP}=\pi-2\theta \qquad \therefore\quad \angle\mathrm{PAQ}=2\pi-4\theta$$

よって，

$S(t)=$ （扇形 OPQ の弓形部分）$+$（扇形 APQ の弓形部分）

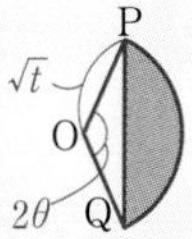

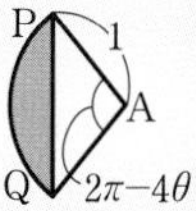

$$=\frac{1}{2}(\sqrt{t})^2\cdot 2\theta-\frac{1}{2}(\sqrt{t})^2\sin 2\theta$$

$$+\frac{1}{2}\cdot 1^2\cdot(2\pi-4\theta)-\frac{1}{2}\cdot 1^2\cdot\sin(2\pi-4\theta)$$

$$=2\cos^2\theta(2\theta-\sin 2\theta)+\pi-2\theta+\frac{1}{2}\sin 4\theta$$

2θ の式にソロエル

$$=(1+\cos 2\theta)(2\theta-\sin 2\theta)+\pi-2\theta+\sin 2\theta\cos 2\theta$$

$$=\boldsymbol{2\theta\cos 2\theta-\sin 2\theta+\pi} \quad \left(\theta=\frac{\pi}{4},\ \frac{\pi}{2}\text{ のときも成立}\right)$$

(2)　$t=(2\cos\theta)^2\ \left(\dfrac{\pi}{4}\leqq\theta\leqq\dfrac{\pi}{2}\right)$ より，

$$\frac{dt}{d\theta}=2(2\cos\theta)(-2\sin\theta)=-4\sin 2\theta$$

t	$0\ \rightarrow\ 2$
θ	$\dfrac{\pi}{2}\rightarrow\dfrac{\pi}{4}$

であるから，立体 M の体積 V は

$$V=\int_0^2 S(t)dt$$

$$=\int_{\frac{\pi}{2}}^{\frac{\pi}{4}} S(t)\cdot\frac{dt}{d\theta}d\theta$$

$$=\int_{\frac{\pi}{2}}^{\frac{\pi}{4}} (2\theta\cos 2\theta-\sin 2\theta+\pi)\cdot(-4\sin 2\theta)d\theta$$

$$=\int_{\frac{\pi}{4}}^{\frac{\pi}{2}} (8\theta\cos 2\theta\sin 2\theta-4\sin^2 2\theta+4\pi\sin 2\theta)d\theta \quad \cdots\cdots ①$$

ここで,

$$\int_{\frac{\pi}{4}}^{\frac{\pi}{2}} 8\theta\cos 2\theta\sin 2\theta d\theta$$

$$=\int_{\frac{\pi}{4}}^{\frac{\pi}{2}} 4\theta\sin 4\theta d\theta=\Big[-\theta\cos 4\theta\Big]_{\frac{\pi}{4}}^{\frac{\pi}{2}}+\int_{\frac{\pi}{4}}^{\frac{\pi}{2}}\cos 4\theta d\theta$$

ひ　せ

$$4\left(-\frac{1}{4}\cos 4\theta\right)$$

$$=\left(-\frac{\pi}{2}\right)-\frac{\pi}{4}+\left[\frac{1}{4}\sin 4\theta\right]_{\frac{\pi}{4}}^{\frac{\pi}{2}}=-\frac{3\pi}{4}$$

$$\int_{\frac{\pi}{4}}^{\frac{\pi}{2}} 4\sin^2 2\theta d\theta=\int_{\frac{\pi}{4}}^{\frac{\pi}{2}} 2(1-\cos 4\theta)d\theta=2\left[\theta-\frac{1}{4}\sin 4\theta\right]_{\frac{\pi}{4}}^{\frac{\pi}{2}}$$

$$=2\left(\frac{\pi}{2}-\frac{\pi}{4}\right)=\frac{\pi}{2}$$

$$\int_{\frac{\pi}{4}}^{\frac{\pi}{2}} 4\pi\sin 2\theta d\theta=2\pi\Big[-\cos 2\theta\Big]_{\frac{\pi}{4}}^{\frac{\pi}{2}}=2\pi(1-0)=2\pi$$

であるから，①より，

$$V=\left(-\frac{3\pi}{4}\right)-\frac{\pi}{2}+2\pi=\frac{3\pi}{4}$$

検討　この手の積分計算で，①のあと，ダラダラと計算を続けてしまう人がいます。しかし，上でもわかるように，今回 3 つある積分計算は，それぞれやることがちがいますので．このまま続けてしまうと，あるところは，部分積分，あるところは次数下げ，あるところはそのまま積分……と頭の中がゴチャゴチャになってしまいます。ミスも発生し易いですし，採点する先生にとっても見にくいです。何種類かの積分計算を含む面積や体積の計算では，この解答のように立式した①で止めて，1 つずつ積分計算を書いた方が，いろいろな意味で安全だと思います。

テーマ

52 体積④

問題 52 ★★★ 35分

xyz 空間内の3点 O(0, 0, 0), A(1, 0, 0), B(1, 1, 0) を頂点とする三角形 OAB を x 軸のまわりに1回転させてできる円すいを V とする。円すい V を y 軸のまわりに1回転させてできる立体の体積を求めよ。

（阪大・理系・13）

理解 △OAB が右の図の網掛部分のようになっていて，これを x 軸のまわりに1回転させて（黒矢印）できる円錐 V は右の図のようになります。ここまではよいとして，「V を y 軸のまわりに，1回転させて（赤矢印）できる立体」のところで，「？」となりますね。

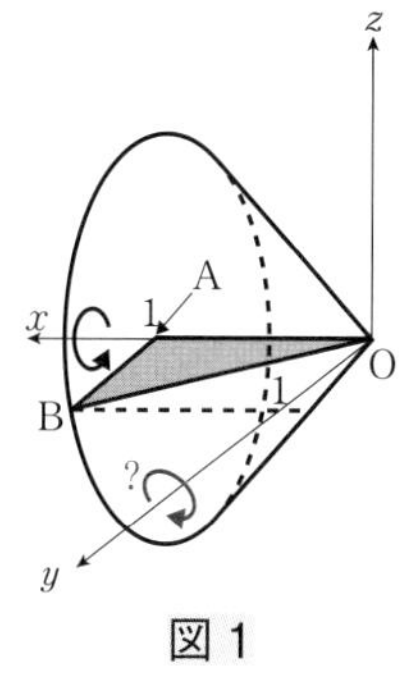

図1

問題49～問題52みたいな問題を模試なんかで出題しますと，数枚なんですけど，ものすごくリアルな立体図を描いてくれている答案があります。この問題でしたら，ちゃんと回転させて，陰影までつけて！　でも，だいたいそういう答案は，計算はまったくやってなくて，花マルはあげたくなるんですけど，点数は0点なんですよね（笑）。

で，例によって切り口です。コツは プロローグ でお話ししました。

回してから切るな，切ってから回せ。

です。問題51もそうだったんですが，あれは放物線を対称軸のまわりに回転したり，直線 $x=1$ から距離が1の直線を $x=1$ のまわりに回転したりしただけで，簡単でしたから，この意識がなくても難しくなかったです。

では，円錐 V を回転軸である y 軸に垂直な平面 $y=t$　$(-1 \leqq t \leqq 1)$ で切ってみましょう。ところで，「円錐を平面で切る」というと，切り口が2次曲線になるのをご存知ではないでしょうか。

円錐を

母線に平行な平面で切ると，放物線

母線に平行でなく，

一方の円錐とだけ交わる平面で切ると，円か楕円，

両方の円錐と交わる平面で切ると，双曲線

となるってやつです。本問ですと，切り口は双曲線となり，これを y 軸まわりに回転させることになります。

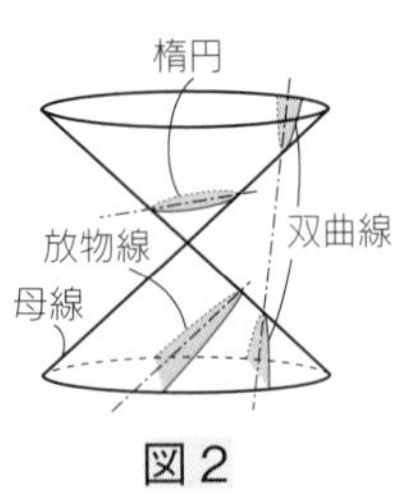

図 2

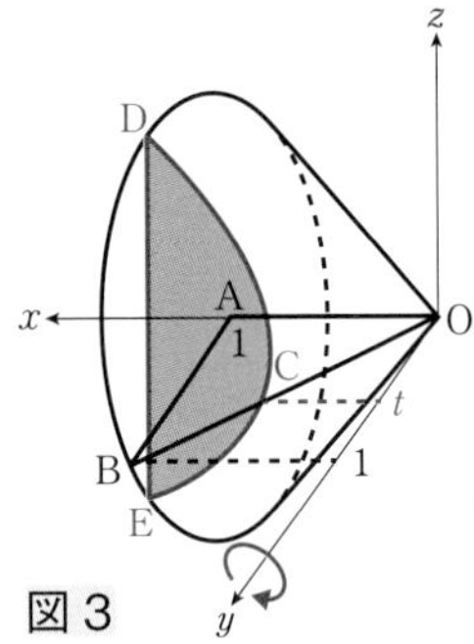

図 3

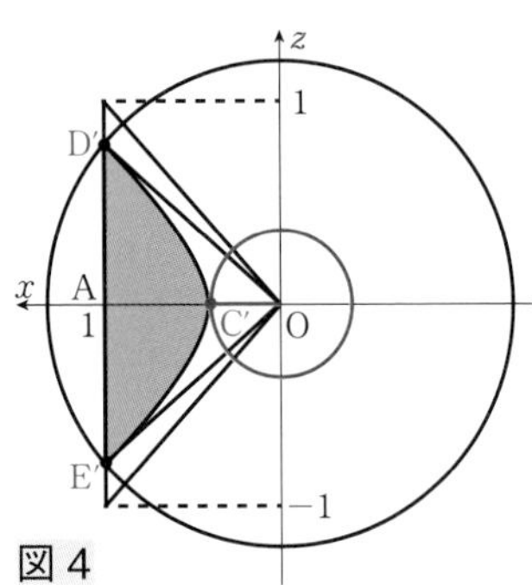

図 4

図 3 のような感じですね。双曲線の頂点を C，双曲線と底面の円の交点を D，E として，zx 平面に正射影したものが図 4 です。C，D，E の正射影がそれぞれ C′，D′，E′ です。だから，題意の立体の切り口は，O を中心として点 D′ を回転した黒い円と，点 C′ を回転した赤い円の間にはさまれた部分ですね。

で，また，まっすぐ見た図を描きますと，点 C は xy 平面で，線分 OB 上の $y=t$ の点ですから，図 5 のようになり

$$\mathrm{C}(t,\ t,\ 0) \qquad \therefore \quad \mathrm{C}'(t,\ 0,\ 0)$$

点 D，E は，平面 $x=1$ で円 $y^2+z^2=1$ の $y=t$ の点ですから，図 6 のようになり

$$\mathrm{D}\,(1,\ t,\ \sqrt{1-t^2}\,),$$

$$\mathrm{E}\,(1,\ t,\ -\sqrt{1-t^2}\,)$$

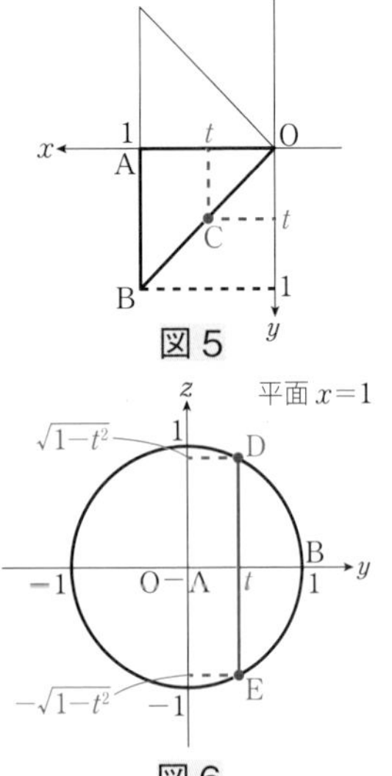

図 5

図 6

$$\therefore \quad D'(1,\ 0,\ \sqrt{1-t^2}),\ E'(1,\ 0,\ -\sqrt{1-t^2})$$

です。

x 軸が右向きになるように図 4 を描き直しますと，右の図 7 のようになり，切り口の面積 $S(t)$ は

$$\begin{aligned} S(t) &= \pi \mathrm{OD}'^2 - \pi \mathrm{OC}'^2 \\ &= \pi\{1^2+(\sqrt{1-t^2})^2\}-\pi t^2 \\ &= \pi\{1+(1-t^2)-t^2\} \\ &= 2\pi(1-t^2) \end{aligned}$$

です。よって，求める体積は

$$\int_{-1}^{1} S(t)dt = 2\pi\int_{-1}^{1}(1-t^2)dt$$

で，積分は楽勝です。

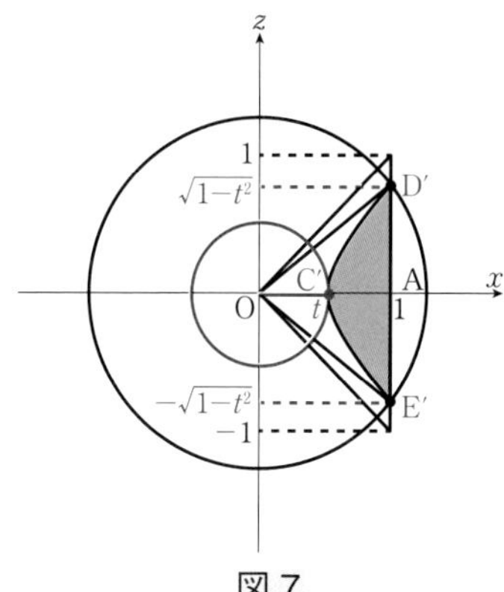

図 7

コレでもう解答を書けるんですけど，せっかくですので，阪大対策として，この「円錐の側面の方程式」が立てられるようになりましょうか。2 つ方法があって，

回転体の曲面の方程式として立てる方法，

ベクトルの内積を利用して立てる方法

の 2 つです。

まずは，「回転体の曲面の方程式」から。これは x 軸まわり，y 軸まわり，z 軸まわりの回転体のいずれかの場合しかできないのですが，「回転体の体積」を求めるのと同じ手順で切り口の円の方程式を立てて，“パラメータ消去” するんです。x 軸まわりでいきましょうか。

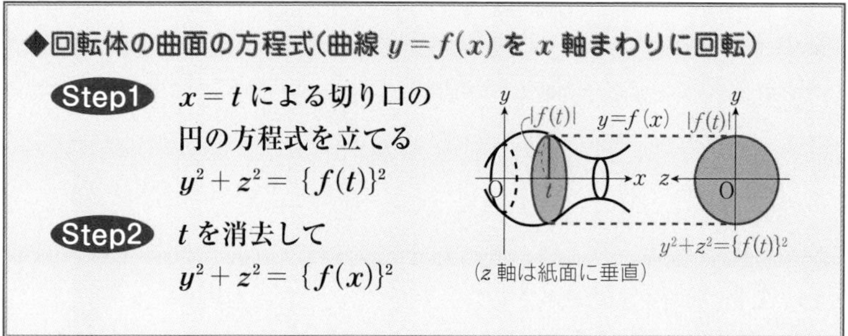

たとえば**問題51**の放物線 $y=x^2$ を y 軸まわりに1回転した立体 L ですと，p.463 の ⓐ でやりましたように，平面 $y=t$ による切り口の方程式は，**図8**より

$$x^2+z^2=t,\ y=t \quad (t \geqq 0)$$

でした。これで t を消去して

$$x^2+z^2=y \quad (y \geqq 0)$$

これが，この立体 L の(表面の)方程式です。

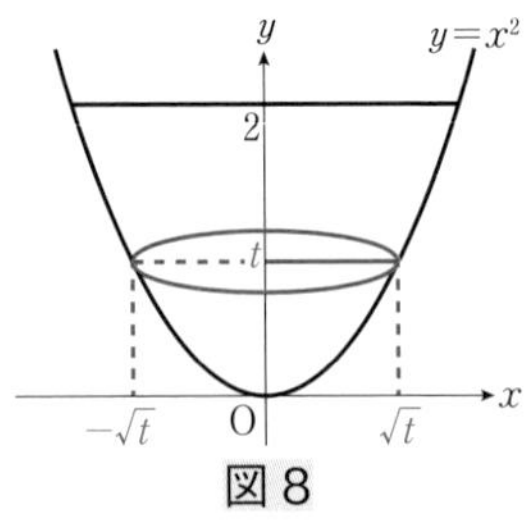

図8

だから，たとえばこの曲面を平面 $z=u$ で切るなら，この方程式に $z=u$ を代入して

$$x^2+u^2=y \qquad \therefore \quad y=x^2+u^2$$

となりますから，これを xy 平面に正射影すると放物線になる，とわかるわけです(**図9**)。

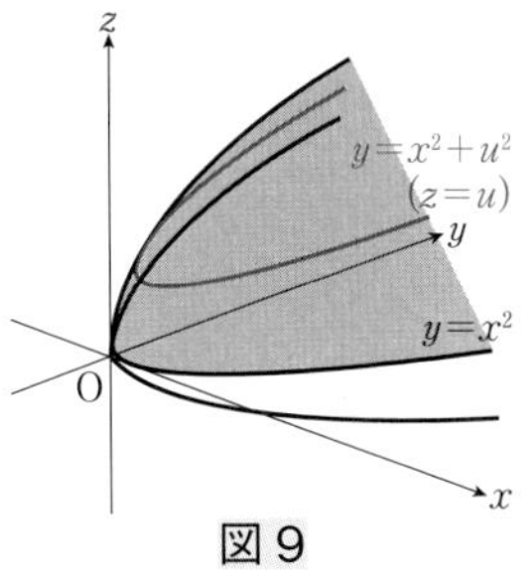

図9

本問の△OAB を x 軸まわりに1回転した円錐 V ですと，平面 $x=u \quad (0 \leqq u \leqq 1)$ による切り口の方程式は，**図10**より

$$y^2+z^2=u^2$$

となります。これで u を消去して

$$y^2+z^2=x^2 \ (0 \leqq x \leqq 1) \quad \cdots\cdots ⓐ$$

これが，円錐 V の側面の方程式です。

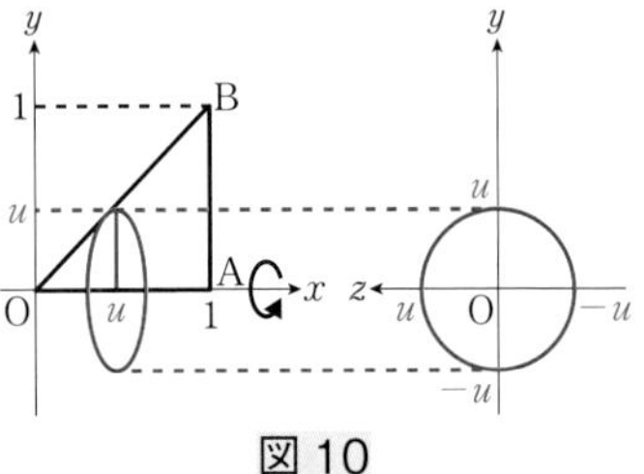

図10

では，平面 $y=t \quad (0 \leqq t \leqq 1)$ で切ると，この方程式に $y=t$ を代入して

$$t^2+z^2=x^2$$

$$\therefore \quad x^2-z^2=t^2$$

ということで，**図11**のような双曲線が出てきましたね。この $0 \leqq x \leqq 1$ の部分だけになるので，これで**図7**の網掛部分が出てきました。

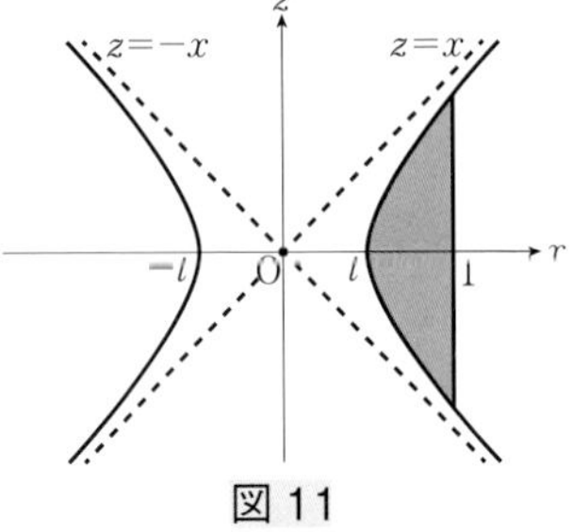

図11

国公立の総合大学では，回転体の曲面の方程式はほとんど見たことがありませんが，私大や単科医科大などではたまに見かけます。高校の範囲外ではありますがそれほど難しいことでもありませんので，ここでマスターしといちゃいましょうか。

じゃあ，次はベクトルの内積を利用した一般的な「円錐の側面の方程式」の立て方にいきましょう。

◆円錐の側面の方程式

A を頂点，AB を軸，軸と母線のなす角が θ の円錐の側面上の点 P に対して

$$\overrightarrow{\mathrm{AB}}\cdot\overrightarrow{\mathrm{AP}}=|\overrightarrow{\mathrm{AB}}||\overrightarrow{\mathrm{AP}}|\cos\theta$$

が成り立つことを利用して，方程式を導く。

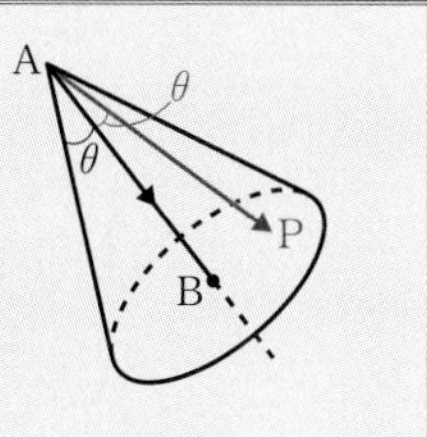

これを使うのは「点光源」のネタが多いですね。たとえば

球 $x^2+y^2+(z-1)^2=1$ に点 A$(0,\ -1,\ 3)$ から光をあてたとき，xy 平面にできる影はどのような図形か。

みたいな問題で，図 12 のような状態です。A から出た光を直線と見て，球と接している直線の 1 つを直線 AP としましょうか。AP と球の接点を T，球の中心を B としますと，P の位置に関らず直角三角形 ABT の形は一定ですよね。

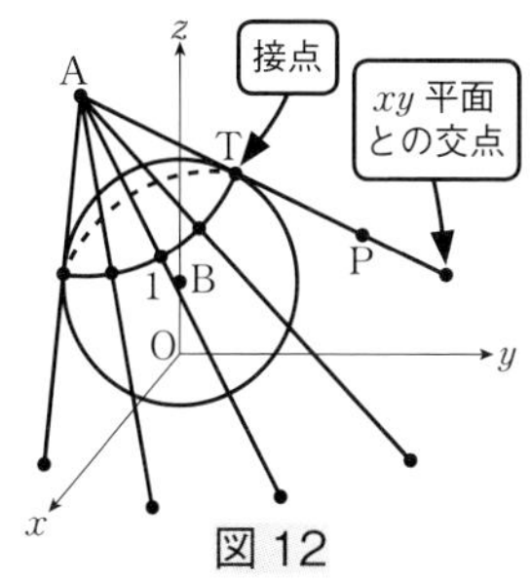

図 12

A$(0,\ -1,\ 3)$，B$(0,\ 0,\ 1)$ ですから

$$\mathrm{AB}=\sqrt{0^2+1^2+2^2}=\sqrt{5}$$

であり，BT は球の半径で BT $=1$ ですから，図 13 より三平方の定理で

$$\mathrm{AT}=\sqrt{\mathrm{AB}^2-\mathrm{BT}^2}=\sqrt{5-1}=2$$

よって，$\angle\mathrm{PAB}=\theta$ とおくと

$$\cos\theta=\frac{\mathrm{AT}}{\mathrm{AB}}=\frac{2}{\sqrt{5}}$$

また

$$\overrightarrow{\mathrm{AB}}=(0,\ 1,\ -2)$$

であり，P$(x,\ y,\ z)$ とおくと

$$\overrightarrow{\mathrm{AP}}=(x,\ y+1,\ z-3)$$

ですから，

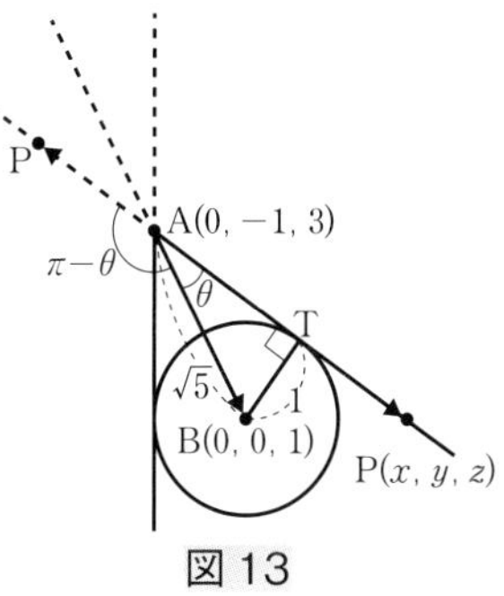

図 13

$$\boxed{\overrightarrow{\mathrm{AB}}\cdot\overrightarrow{\mathrm{AP}}=|\overrightarrow{\mathrm{AB}}||\overrightarrow{\mathrm{AP}}|\cos\theta}$$

にこれらを代入します。あ，ついでなんで，上側の円錐の方程式とまとめて作っちゃいましょうか。**図 13** の点線部分に P がある場合で，$\cos\theta$ のところが $\cos(\pi-\theta)=-\cos\theta$ になりますので

$$0\cdot x+1\cdot(y+1)-2(z-3)=\sqrt{5}\sqrt{x^2+(y+1)^2+(z-3)^2}\cdot\left(\pm\frac{2}{\sqrt{5}}\right)$$

$$y-2z+7=\pm 2\sqrt{x^2+(y+1)^2+(z-3)^2}\ \cdots\cdots ⓑ$$

両辺を 2 乗して

$$(y-2z+7)^2=4\{x^2+(y+1)^2+(z-3)^2\}$$

$$y^2+4z^2+49-4yz-28z+14y=4(x^2+y^2+z^2+2y-6z+10)$$

$$4x^2+3y^2+4yz-6y+4z-9=0\qquad\cdots\cdots ⓒ$$

一般的にやったので，ちょっとハデになりました。実際は xy 平面にできる影を求めたいだけなので，$\mathrm{P}(x,\ y,\ 0)$ つまり $z=0$ としてよいので，ⓑは

$$y+7=\pm 2\sqrt{x^2+(y+1)^2+9}$$

となりますから，これを 2 乗するのはそんなに難しくないですよね。ⓒで $z=0$ としても同じですが

$$4x^2+3y^2-6y-9=0$$

$$4x^2+3(y-1)^2=12$$

$$\frac{x^2}{3}+\frac{(y-1)^2}{4}=1$$

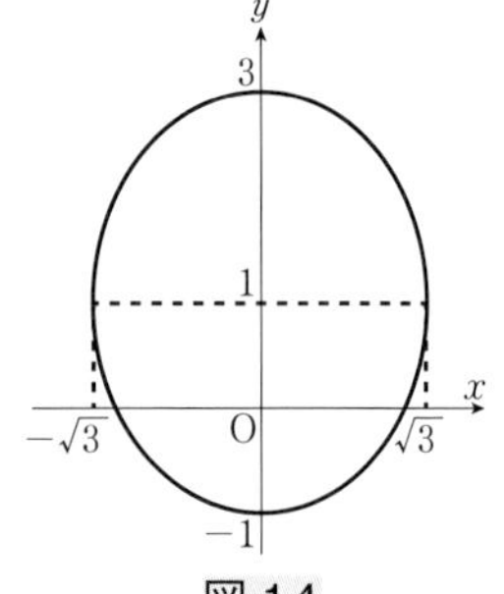

図 14

となり，**図 14** のような楕円ができます。

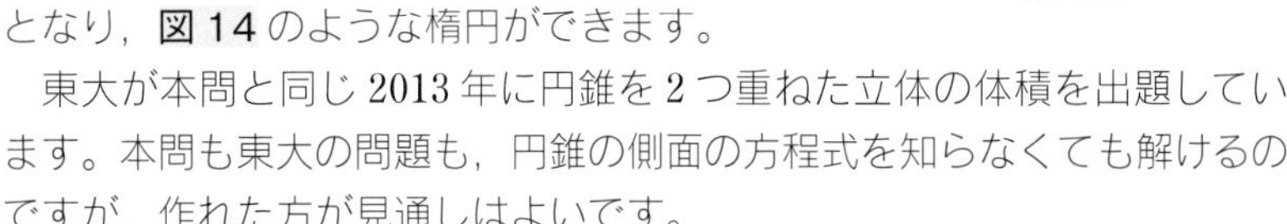

東大が本問と同じ 2013 年に円錐を 2 つ重ねた立体の体積を出題しています。本問も東大の問題も，円錐の側面の方程式を知らなくても解けるのですが，作れた方が見通しはよいです。

じゃあ，本問の円錐の側面の方程式ですが，「回転体の曲面の方程式」のやり方はやっちゃいましたので，この内積を利用したやり方で作る方を解答でやってみますね。

実行

円錐 V の側面上の点を $\mathrm{P}(x,\ y,\ z)$ $(0 \leqq x \leqq 1)$ とおくと，$\mathrm{P} \neq \mathrm{O}$ のとき，

$$\angle\mathrm{AOP} = \angle\mathrm{AOB} = \frac{\pi}{4}$$

であるから，

$$\overrightarrow{\mathrm{OA}} \cdot \overrightarrow{\mathrm{OP}} = |\overrightarrow{\mathrm{OA}}||\overrightarrow{\mathrm{OP}}|\cos\frac{\pi}{4}$$

であり，これは $\mathrm{P} = \mathrm{O}$ のときも成り立つ。

よって，

$$x = 1 \cdot \sqrt{x^2 + y^2 + z^2} \cdot \frac{1}{\sqrt{2}}$$

であり，$x \geqq 0$ であるから，両辺を 2 乗して，

$$x^2 = \frac{1}{2}(x^2 + y^2 + z^2)$$

$$y^2 + z^2 = x^2 \quad \cdots\cdots ①$$

p.472 のⓐ
が出てきました。

①において $y = t$ $(0 < t \leqq 1)$ とおくと，

$$\frac{x^2}{t^2} - \frac{z^2}{t^2} = 1$$

となるから，円錐 V の平面 $y = t$ $(0 < t \leqq 1)$ による切り口は，右の図の網掛部分のようになる。よって，図のように点C，Dをおくと，V を y 軸のまわりに 1 回転させてできる立体の平面 $y = t\,(0 < t \leqq 1)$ による切り口は，O を中心として D を 1 回転してできる円から，O を中心として C を 1 回転してできる円を除いたものである。

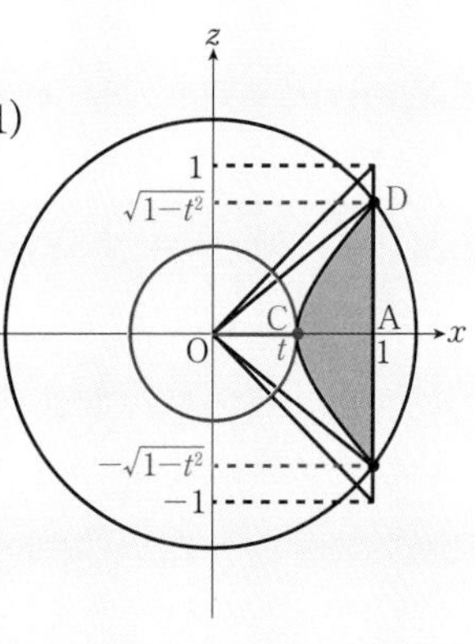

よって，この切り口の面積を $S(t)$ とおくと，

$$S(t) = \pi\mathrm{OD}^2 - \pi\mathrm{OC}^2 = \pi\{1^2 + (\sqrt{1-t^2})^2\} - \pi t^2 = 2\pi(1-t^2)$$

であり，これは $t = 0$ のときも成り立つから，求める体積は，xz 平面に関する対称性を考慮して，

$$\int_{-1}^{1} S(t)dt = 2\int_0^1 2\pi(1-t^2)dt = 4\pi\left[t - \frac{t^3}{3}\right]_0^1 = \frac{8\pi}{3}$$

第13章

2次曲線

プロローグ

ちゃんと統計的処理をしたことはないんですが，僕の中で，阪大は2次曲線を素材にすることが多い大学の1つです。2次曲線は数学Ⅲで習いますが，数学Ⅲはやはり微分積分がメインですし，2次曲線は公式もアブナイ人が多いのではないでしょうか？

ただ，公式をちゃんと覚えて，焦点や準線など，2次曲線固有の用語が理解できていたら，2次曲線は円や放物線の延長です。たとえば直線と接するときは，「y を消去して (判別式)$=0$」なんてのは，放物線と同じですよね。また，楕円や双曲線は式がキタナイですが，図形的には美しい性質をたくさんもっています。だからこそ問題の素材になるんです。ですから，計算の最初こそ，キタナイ式が出てきて，「うわぁ～」という気分になりますが，だんだんキレイになっていくことが多いです。入り口であきらめてしまわずに，ていねいに進めていけば大丈夫ですよ。

では，まず，公式を確認しておきましょう。

◆楕円　$\dfrac{x^2}{a^2}+\dfrac{y^2}{b^2}=1\quad(a>b>0)$

・$\mathrm{FP}+\mathrm{F'P}=2a$　……$(*)$

・焦点 F，F′　$(\pm\sqrt{a^2-b^2},\ 0)$

長軸の長さが $2a$，短軸の長さが $2b$ とか，点 $(x_0,\ y_0)$ における接線の方程式が $\dfrac{x_0x}{a^2}+\dfrac{y_0y}{b^2}=1$ とかは大丈夫だと思うんです。焦点の座標や $(*)$ の式が丸暗記，もしくは覚えられていないんじゃないかなと思うんです。$(*)$ はかなり重要な式で，F，F′ の座標もコレで求められますし，図形の問題で条件を整理すると $(*)$ の式になって「楕円だ」とわかることもあります。そもそも，楕円の方程式 $\dfrac{x^2}{a^2}+\dfrac{y^2}{b^2}=1$ が $(*)$ から作られるんですしね。

$\mathrm{F}(c,\ 0)$，$\mathrm{F'}(-c,\ 0)$ として，楕円上の点 $\mathrm{P}(x,\ y)$ に対して，$(*)$ より

$$\sqrt{(x-c)^2+y^2}+\sqrt{(x+c)^2+y^2}=2a$$

これを変形していって，$a^2-c^2=b^2$ とおき直しますが，結構大変です。

ほとんどの人は，楕円の方程式 $\dfrac{x^2}{a^2}+\dfrac{y^2}{b^2}=1$ は覚えていて，(＊)を忘れていると思うので，その前提で説明しますね。

楕円：2 定点 F，F′ からの距離の和 FP＋F′P が
一定の値となる点 P の集合

というのは，うっすら覚えてますよね。問題は，この FP＋F′P の値が長軸の長さ $2a$ になることをどう覚えるか，なんですけど，実はカンタンです。図 1 のように P を点 $(a,\ 0)$ にもってくるんです。左右対称は自明として，$\mathrm{P'}(-a,\ 0)$ とおくと，FP＝F′P′ になりますよね。そうしますと

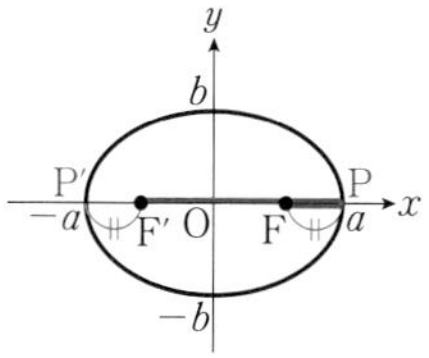

$$\mathrm{FP}+\mathrm{F'P}=\mathrm{F'P'}+\mathrm{F'P}=\mathrm{P'P}=2a \quad（長軸の長さ）$$

図 1

となります。

次に焦点 F，F′ の座標ですが，今度は図 2 のように P を点 $(0,\ b)$ にもってきます。また左右対称は自明として，FP＋F′P＝$2a$ から

$$\mathrm{FP}=\mathrm{F'P}=a$$

になります。そうしますと，直角三角形 OPF に三平方の定理を用いて

$$\mathrm{OF}=\sqrt{\mathrm{FP}^2-\mathrm{OP}^2}=\sqrt{a^2-b^2}$$

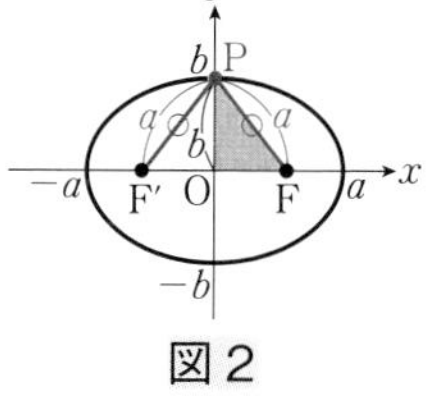

図 2

ということで

$$\mathrm{F}(\sqrt{a^2-b^2},\ 0),\ \mathrm{F'}(-\sqrt{a^2-b^2},\ 0)$$

となります。図 2 のように補助線を引けば F, F′ がすぐに求められますね。

(＊)の式はこんな使い方もあります。右の図 3 のように円 C_1 に円 C_2 が含まれているとき，「2 円 C_1，C_2 に接しながら動く円 C の中心 P の軌跡」を考える問題があったとします。

2 円が接する ➡ 中心を結ぶ

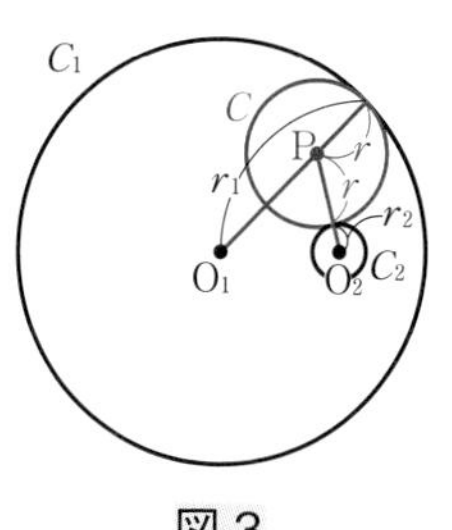

図 3

が基本ですから，C_1 の中心を O_1，半径を r_1，C_2 の中心を O_2，半径を r_2，C の半径を r とします（r は C の位置によって変化します）。

すると，図 3 のようになり

$$O_1P = r_1 - r$$

$$O_2P = r_2 + r$$

よって，辺々の和をとりますと

$$O_1P + O_2P = r_1 + r_2 \quad (一定)$$

となります。逆にこのとき，上の式をみたす正の数 r が存在しますから，P の軌跡は

O₁，O₂ を焦点とする

長軸の長さ $r_1 + r_2$ の楕円

とわかるわけです。

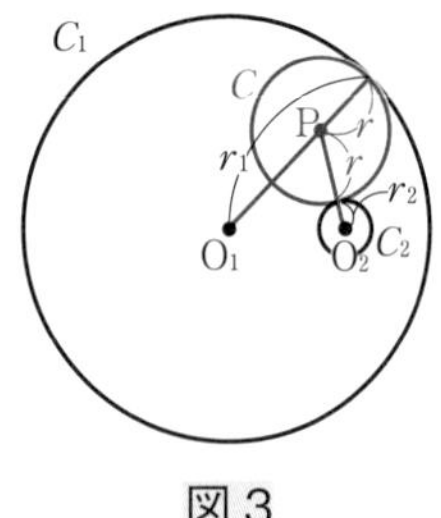

図 3

たとえば，図 4 のように

$$O_1(-1,\ 0),\ r_1 = \frac{7}{2}$$

$$O_2(1,\ 0),\ r_2 = \frac{1}{2}$$

としますと，楕円の中心は線分 O_1O_2 の中点で，原点 O ですので，この楕円の方程式は

$$\frac{x^2}{a^2} + \frac{y^2}{b^2} = 1$$

とおけます。

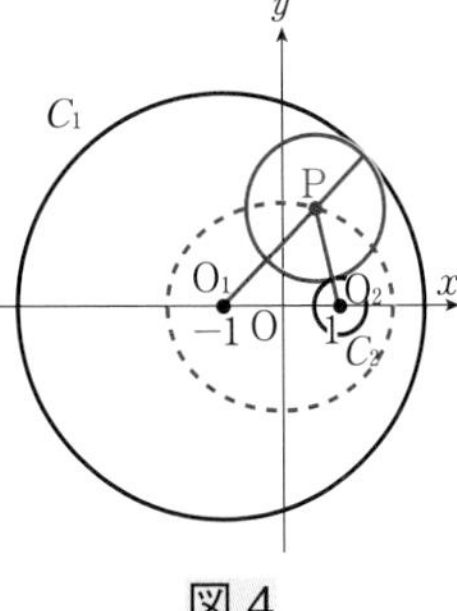

図 4

$$O_1P + O_2P = r_1 + r_2 = 4$$

より，長軸の長さ $2a$ が

$$2a = 4 \qquad \therefore \quad a = 2$$

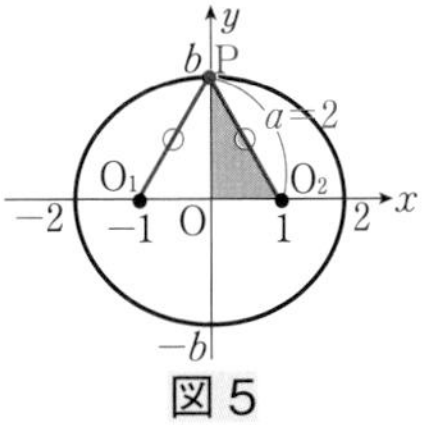

ですから，図 5 で例の直角三角形 OO_2P を考えて

$$b = \sqrt{a^2 - OO_2{}^2} = \sqrt{4-1} = \sqrt{3}$$

よって，P の軌跡は

$$楕円\ \frac{x^2}{4} + \frac{y^2}{3} = 1$$

となります。

図 5

次に双曲線です。

◆**双曲線** $\dfrac{x^2}{a^2}-\dfrac{y^2}{b^2}=1 \quad (a>0,\ b>0)$

- $|\mathrm{FP}-\mathrm{F'P}|=2a \quad \cdots\cdots(*)$
- **焦点** $\mathrm{F},\ \mathrm{F'} \quad (\pm\sqrt{a^2+b^2},\ 0)$
- **漸近線** $\dfrac{x}{a}\pm\dfrac{y}{b}=0$

図形的な定義は

双曲線：2 定点 F，F′ からの距離の差 |FP − F′P| が
0 でない一定の値となる点 P の集合

で，“楕円と ± 逆”と覚えておけば大丈夫ですね。

楕円 $\dfrac{x^2}{a^2}\oplus\dfrac{y^2}{b^2}=1$	⟷	双曲線 $\dfrac{x^2}{a^2}\ominus\dfrac{y^2}{b^2}=1$
$\cdot\ \mathrm{FP}\oplus\mathrm{F'P}=2a$	⟷	$\cdot\ |\mathrm{FP}\ominus\mathrm{F'P}|=2a$
$\cdot\ \mathrm{F},\ \mathrm{F'}(\pm\sqrt{a^2\ominus b^2},\ 0)$	⟷	$\cdot\ \mathrm{F},\ \mathrm{F'}(\pm\sqrt{a^2\oplus b^2},\ 0)$

問題は漸近線の方程式だと思うのですが，覚えるだけなら，双曲線の方程式の「＝1」を「＝0」にすれば OK です。

$$\frac{x^2}{a^2}-\frac{y^2}{b^2}=0$$

$$\left(\frac{x}{a}-\frac{y}{b}\right)\left(\frac{x}{a}+\frac{y}{b}\right)=0$$

$$\frac{x}{a}-\frac{y}{b}=0 \quad \text{または} \quad \frac{x}{a}+\frac{y}{b}=0$$

$$y=\frac{b}{a}x \quad \text{または} \quad y=-\frac{b}{a}x$$

双曲線を書くときは，図 6 のような長方形を描いておくとよいですね。長方形の対角線を延長したものが漸近線になります。

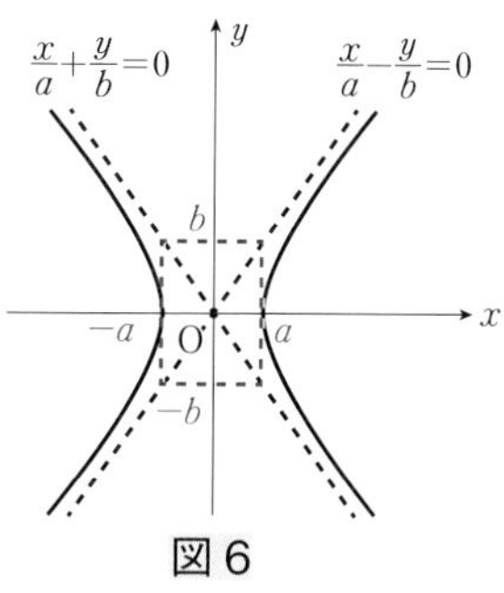

図 6

最後に放物線ですが，これは楕円や双曲線とちがって，放物線は式を覚えてない人が多いのではないでしょうか。

> **◆放物線　$y^2 = 4px$ $(p \neq 0)$**
> - **焦点　$\mathrm{F}(p,\ 0)$**
> - **準線　$l : x = -p$**
> - **$\mathrm{FP} = \mathrm{PH}$　……$(*)$**
> - **点 $(x_0,\ y_0)$ における接線**
>
>   **$y_0 y = 2p(x + x_0)$**

逆に $(*)$ は覚えてるんじゃないですか？

放物線：焦点 F との距離 FP と，
準線 l との距離 PH が等しい点 P の集合

これですね。楕円，双曲線とちがって，放物線の方程式はココからすぐに作れますから，「$y^2 = 4px$」は覚えずに，その場で作ってはどうでしょう。

P$(x,\ y)$ とおくと，F$(p,\ 0)$ ですから

$$\mathrm{FP} = \sqrt{(x-p)^2 + y^2}$$

ですし，P と l の距離は P から l に下ろした垂線の足を H とすると，P の x 座標 x と H の x 座標 $-p$ の差が PH で

$$\mathrm{PH} = |x - (-p)|$$

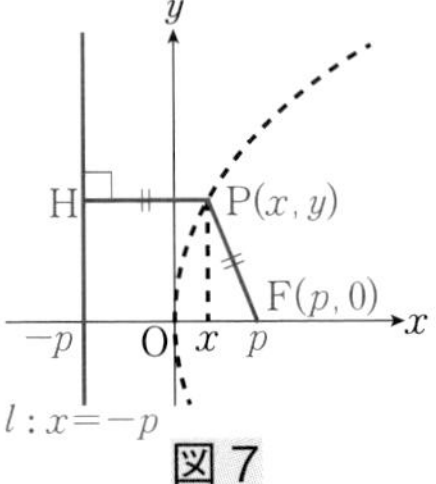

図 7

放物線ではあり得ないのですが，一般的には P と H の位置が図 7 とは左右逆になることもあるので，絶対値をつけておきました。$(*)$ より

$$\sqrt{(x-p)^2 + y^2} = |x + p|$$

両辺を 2 乗するとルートと絶対値記号が同時にはずせて

$$(x-p)^2 + y^2 = (x+p)^2$$
$$\cancel{x^2} - 2px + \cancel{p^2} + y^2 = \cancel{x^2} + 2px + \cancel{p^2}$$
$$y^2 = 4px$$

できました！

さて，覚えにくいし，作りにくいのが

接線　$y_0y = 2p(x + x_0)$　　……ⓐ

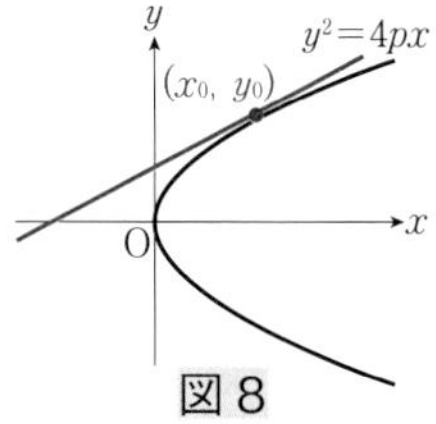

図 8

です。とりあえず作ってみましょうか。放物線の接線ですので，判別式か微分です。どっちでもよいのですが，微分でいきましょうか。

$y^2 = 4px$

の両辺を x で微分して

$$2y \cdot \frac{dy}{dx} = 4p$$

陰関数の微分法です。y^2 をいったん y で微分して $2y$ とし，後ろに $\frac{dy}{dx}$ をつけます。

いったん $y \neq 0$ のときを考えて

$$\frac{dy}{dx} = \frac{2p}{y}$$

$y=0$ のとき接線は $x=0$ で図 9 のように直線 $x=0$（y 軸）です。

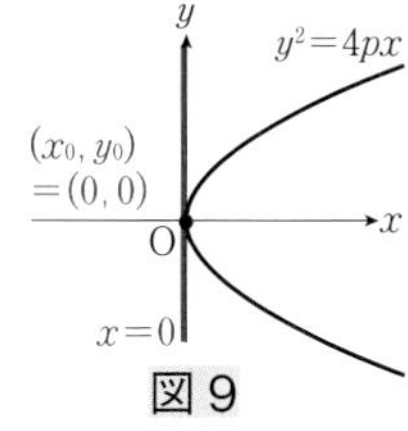

図 9

よって，点 $(x_0,\ y_0)$ における接線の方程式は

$$y = \frac{2p}{y_0}(x - x_0) + y_0$$

$\times y_0$

$$\therefore\quad y_0y = 2p(x - x_0) + y_0{}^2 \quad \cdots\cdots ⓑ$$

これは $(x_0,\ y_0) = (0,\ 0)$ のとき $x=0$ となり，成り立ちますが，ⓐと形がちがいますね。？です。ここで，点 $(x_0,\ y_0)$ は放物線 $y^2 = 4px$ 上の点ですから，x_0 と y_0 の間に

$$y_0{}^2 = 4px_0$$

という関係式が成り立ってますよね。これをⓑの 〰〰 部に代入しますと

$$\begin{aligned} y_0y &= 2p(x - x_0) + 4px_0 \\ &= 2p(x - x_0 + 2x_0) \\ &= 2p(x + x_0) \end{aligned}$$

これでⓐになりました。ⓑの 〰〰 部に代入するんですけど，＝＝ 部には代入しないんですよね。なんか不自然ですよね。

でも，ⓐの形だとちょっと面白い性質がわかるんです。$y=0$ にすると $x = -x_0$ でしょ。すると，この接線は x 軸と点 $(-x_0,\ 0)$ で交わるんです。接点の x 座標 x_0 とちょうど符号が逆になるんですよ。

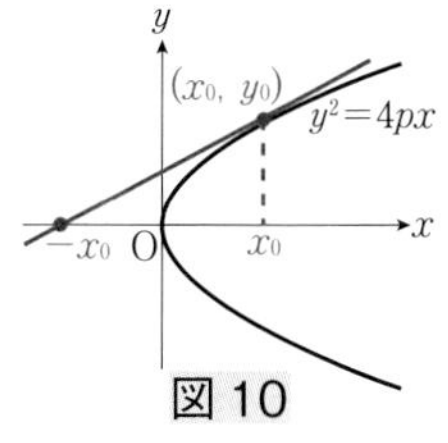

図 10

知ってましたか？　これは平行移動しても成り立ちますから，一般の放物線の接線について，**図 11** のような位置関係が成り立っているんです。接点，頂点，接線と軸の交点の y 座標が等間隔になってるんですね。

ということで，放物線 $y^2=4px$ の点 $(x_0,\ y_0)$ における接線の方程式

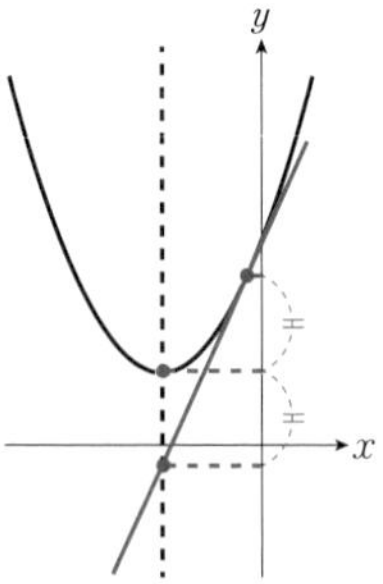

$$y_0y=2p(x+x_0)$$

図 11

ですが，そんなに頻出ではありませんし，放物線が具体的であれば判別式でも微分でもすぐに求められますから，覚えなくても大丈夫です。ただ，2 次曲線の問題で，**図 10**，**図 11** の位置関係に気づくと楽なものもありますので，覚えられたら覚えてください。丸暗記でもよいですし，ⓑまでは作れるはずですから，ⓐへの変形方法だけ覚えておく手もあります。ちなみに僕は変な覚え方で，上の性質をはじめて知ったとき感動したものですから（笑），この性質を覚えて，そこから作ってます。

点 $(-x_0,\ 0)$ を通ることを覚えているので，

微分で傾き $\dfrac{2p}{y_0}$ を求めて

$$y=\frac{2p}{y_0}\{x-(-x_0)\}$$

$$\therefore\quad y_0y=2p(x+x_0)\quad\cdots\cdots ⓐ$$

こんなカンジ。あ，教科書には「証明しなさい」という例題が載っていることが多いですが，入試では自明として解答でイキナリ使って大丈夫です。

Column 大前提

僕も受験生のときによくありましたが，やり方はわかったけど，計算のややこしい問題をやっているときに，「どうせこの計算合わへんねんやろうなぁ～」と思いながら計算していませんか？　そりゃあ合わないですって(笑)！

同じように，ちょっと難しい問題にあたったときに，

「これ難しいんちゃうか？」

⇒「また解けへんのちゃうか？」

⇒「何にも思いつかん(すでにテンパってる)」

⇒「やっぱり解けへん」

の悪循環になってませんか？　そりゃあ解けないですよ。だって，「自分は解けない」前提ですもん。

ちょっと前に『ナイナイアンサー』って番組に出演しておられた，心理カウンセラーの心屋仁之助さんは，どんなに難しい相談でも，「あ，そんなのカンタンです」ってとりあえず言うことにしているらしいです。そうすると，ホントに簡単な解決策が(天から？)降りてくるんだそうです(たまに降りてこないらしい(笑))。

あと，知り合いの超賢い先生も「“入試なんて解けるように作ってあるんだから，解けるに決まってんじゃん！”って思って解くんだよ」って仰ってました。

次に難しい問題にあたったときは，

「こんなのカンタンじゃん」

「解けるに決まってんじゃん」

って心の中でつぶやいてみましょう。

テーマ 53

2 次曲線①

問題 53 ★★☆ 30分

3 辺の長さの和が 2 である三角形 ABC において，辺 BC の長さを a，辺 CA の長さを b で表す。三角形 ABC を辺 BC を軸として 1 回転させてできる回転体の体積を V とする。以下の問いに答えよ。

(1) a の値を固定して b の値を変化させるとき，V が最大になるのは，三角形 ABC が辺 BC を底辺とする二等辺三角形となるときである。これを示せ。

(2) a，b の値をともに変化させるとき，V の最大値と，最大値を与える a，b の値をそれぞれ求めよ。

（阪大・理系・20）

(1)で「a の値を固定して b の値を変化させるとき」

(2)で「a，b の値をともに変化させるとき」

ですから，**第 11 章 多変数**でやりました，**3 予選決勝法**を誘導してくれていますね。

(1)では a の値，すなわち辺 BC の長さが固定されていて，b の値，すなわち

$$CA = b,\ AB = 2-(a+b)$$

が変化します。何か気づくことはありますか？

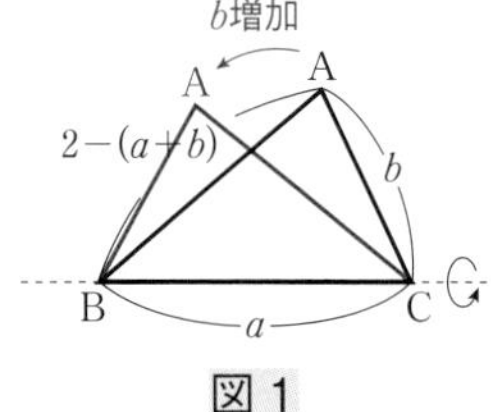

図 1

b の値を変化させますと

b 増加 ⟶ CA 増加，AB 減少

b 減少 ⟶ CA 減少，AB 増加

ですよね。もう少し詳しく見てみてください。CA が Δb 増えると AB は……Δb 減りますね。そうです！

$$BC + CA + AB = 2 \quad \text{で}\ BC = a\ （一定）$$

ですから，

$$CA + AB = 2 - a\ （一定）$$

となっているんです。ということは……これを B，C が固定されていると見れば

　A は B，C を焦点とする楕円上にあることがわかります。

プロローグ でやりましたけど，ここから楕円の方程式が導けますか？　右の **図 2** のように座標平面に △ABC をおきましょう。

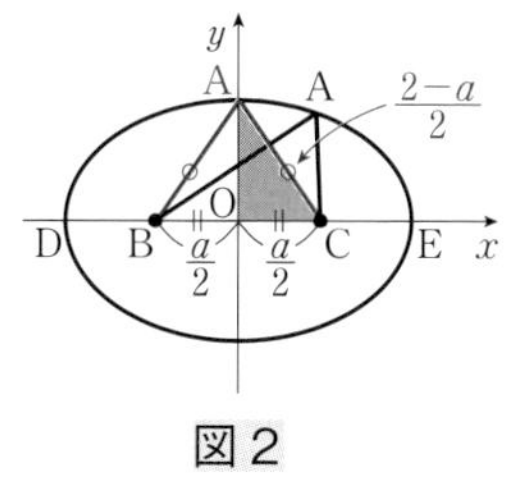

図 2

　BC $= a$ より

$$\mathrm{OB} = \mathrm{OC} = \frac{a}{2}$$

CA + AB $= 2 - a$ であり，これが長軸の長さになりますから，楕円と x 軸の交点を D，E として

$$\mathrm{OD} = \mathrm{OE} = \frac{2-a}{2}$$

また，A を図の赤線のように y 軸上に移動させると

$$\mathrm{AB} = \mathrm{AC} = \frac{2-a}{2}$$

よって，△OAC に三平方の定理を用いると

$$\mathrm{OA} = \sqrt{\mathrm{AC}^2 - \mathrm{OC}^2} = \sqrt{\left(\frac{2-a}{2}\right)^2 - \left(\frac{a}{2}\right)^2} = \sqrt{1-a}$$

となりますから，この楕円の方程式は

$$\frac{x^2}{\left(\frac{2-a}{2}\right)^2} + \frac{y^2}{(\sqrt{1-a})^2} = 1$$

です。できましたか？

あれ？　ルートの中が $1-a$ なので，$0 < a < 1$ でないといけませんね……大丈夫です。「三角形の成立条件 $|b-c| < a < b+c$」で $c = 2-(a+b)$ とすると $a < 1$，$b < 1$ が出てきます。

出てきた式を，ボ〜と見ないこと，「あれ？」と思ったら check することが大切ですよ。

計画　では，この △ABC を辺 BC を軸として 1 回転させるのですが，A はいろいろ動かしてみましたか？　A の位置によって，体積の計算が 3 通りになることに気づきましたか？　気づかなかった人は

図形問題では，自分が最初に描いた図以外の
位置関係がないかどうか確認する

作業を忘れないようにしてください。

　A から BC に下ろした垂線の足が辺 BC 上にあるか，C 側の延長上にあるか，B 側の延長上にあるか，の 3 通りです。

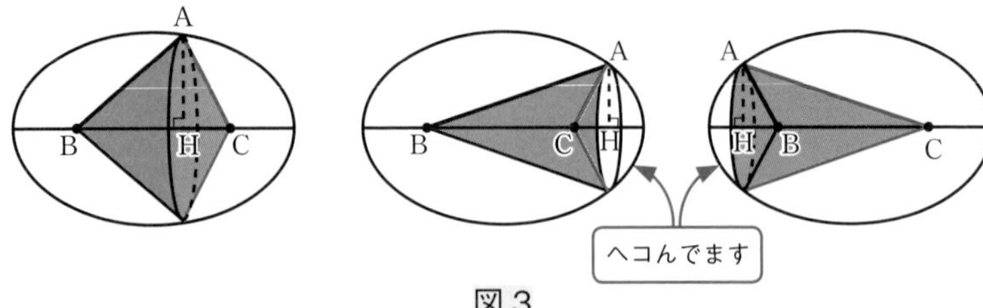

図 3

$V=\frac{1}{3}\times\pi\,\mathrm{AH}^2\times\mathrm{BH}$
$\quad+\frac{1}{3}\times\pi\,\mathrm{AH}^2\times\mathrm{CH}$
$\quad=\frac{1}{3}\times\pi\,\mathrm{AH}^2\times\underbrace{(\mathrm{BH}+\mathrm{CH})}_{=\mathrm{BC}}$

$V=\frac{1}{3}\times\pi\,\mathrm{AH}^2\times\mathrm{BH}$
$\quad-\frac{1}{3}\times\pi\,\mathrm{AH}^2\times\mathrm{CH}$
$\quad=\frac{1}{3}\times\pi\,\mathrm{AH}^2\times\underbrace{(\mathrm{BH}-\mathrm{CH})}_{=\mathrm{BC}}$

$V=\frac{1}{3}\times\pi\,\mathrm{AH}^2\times\mathrm{CH}$
$\quad-\frac{1}{3}\times\pi\,\mathrm{AH}^2\times\mathrm{BH}$
$\quad=\frac{1}{3}\times\pi\,\mathrm{AH}^2\times\underbrace{(\mathrm{CH}-\mathrm{BH})}_{=\mathrm{BC}}$

結局すべて

$$V=\frac{1}{3}\times\pi\,\mathrm{AH}^2\times\mathrm{BC}$$

となるのですが，左だけしか考えていない答案と，3 つとも考えた答案があったら，採点者として差をつけないといけませんよね。

(1)では，$\mathrm{BC}=a$（一定）ですから

$$V=\frac{1}{3}\times\pi\,\mathrm{AH}^2\times a$$

となります。ということで

「V が最大」 $\Longleftrightarrow$ 「AH が最大」

で，右の 図 4 のときですね。たしかに
「△ABC が辺 BC を底辺とする二等辺三角形」
となりますから，(1)は OK です。

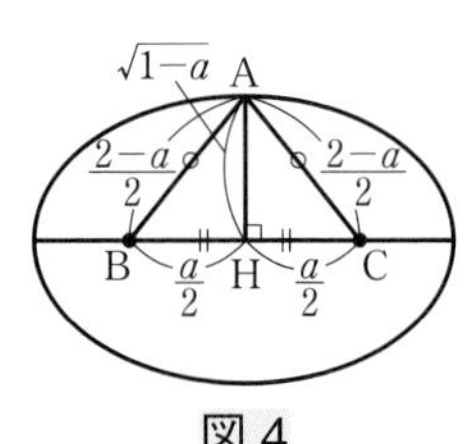

図 4

このとき

$$V=\frac{1}{3}\times\pi(\sqrt{1-a})^2\times a=\frac{\pi}{3}a(1-a)$$

で，V は a の 2 次関数ですから，(2)もイケますね。

実行

AB＋BC＋CA＝2，BC＝a，CA＝b より，

$$AB = 2-(a+b)$$

であり，AB＞0，BC＞0，CA＞0 より，

$$a>0,\ b>0,\ a+b<2$$

また，三角形の成立条件より，

$$\begin{cases} a<b+\{2-(a+b)\} \\ b<a+\{2-(a+b)\} \\ 2-(a+b)<a+b \end{cases}$$

$$\therefore \quad \begin{cases} a<1 \\ b<1 \\ a+b>1 \end{cases}$$

> 先に「三角形の成立条件」を済ませておきましょうか。
>
> $|b-c|<a<b+c \iff \begin{cases} a<b+c \\ b<c+a \\ c<a+b \end{cases}$

これらを図示すると，右の図の網掛部分(境界は含まない)のようになるから，a，b の満たす条件は

$$0<a<1,\ 1-a<b<1 \quad \cdots\cdots(*)$$

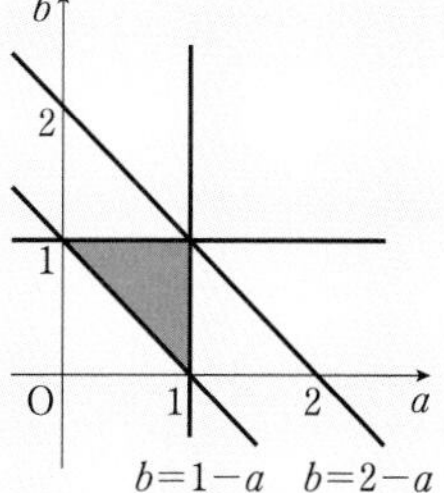

(1)　AB＋BC＋CA＝2 であるから，BC＝a(一定)のとき，B，C の位置を固定しても一般性は失われない。

$$AB+AC=2-a\text{(一定)}$$

であるから，点 A は 2 点 B，C を焦点とし，長軸の長さが $2-a$ の楕円上にある。ただし，A がこの楕円と直線 BC の交点と一致するときは，3 点 A，B，C が三角形をなさないので，この 2 交点は除く。

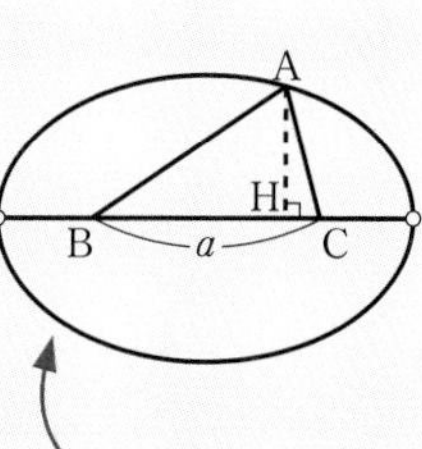

> AH の最大値が欲しいだけなので，楕円の方程式は不要です。ということで座標軸は設定しませんでした。

点 A から直線 BC に下ろした垂線の足を H とすると，題意の体積 V は H の位置で場合分けして，次のようになる。

(i) Hが辺BC（両端を含む）上

(ii) Hが辺BCのC側への延長上

(iii) Hが辺BCのB側への延長上

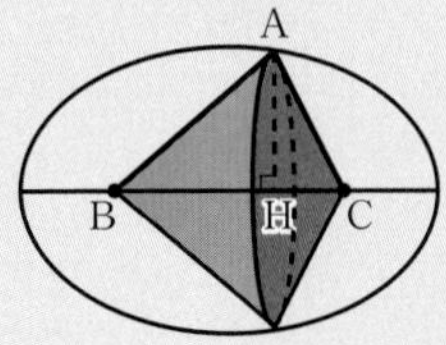

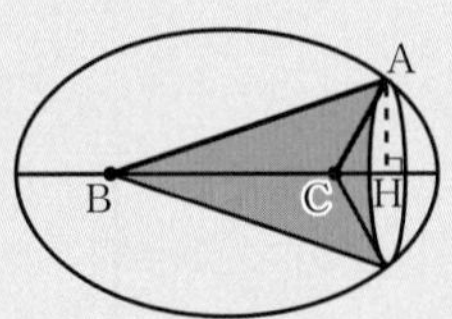

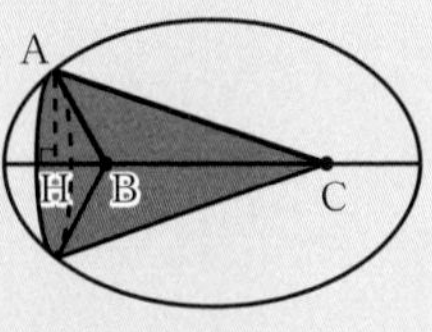

$$V=\frac{1}{3}\times\pi \mathrm{AH}^2\times \mathrm{BH}+\frac{1}{3}\times\pi \mathrm{AH}^2\times \mathrm{CH}=\frac{1}{3}\times\pi \mathrm{AH}^2\times(\mathrm{BH}+\mathrm{CH})=\frac{1}{3}\times\pi \mathrm{AH}^2\times \mathrm{BC}$$

$$V=\frac{1}{3}\times\pi \mathrm{AH}^2\times \mathrm{BH}-\frac{1}{3}\times\pi \mathrm{AH}^2\times \mathrm{CH}=\frac{1}{3}\times\pi \mathrm{AH}^2\times(\mathrm{BH}-\mathrm{CH})=\frac{1}{3}\times\pi \mathrm{AH}^2\times \mathrm{BC}$$

$$V=\frac{1}{3}\times\pi \mathrm{AH}^2\times \mathrm{CH}-\frac{1}{3}\times\pi \mathrm{AH}^2\times \mathrm{BH}=\frac{1}{3}\times\pi \mathrm{AH}^2\times(\mathrm{CH}-\mathrm{BH})=\frac{1}{3}\times\pi \mathrm{AH}^2\times \mathrm{BC}$$

よって，(i)，(ii)，(iii)いずれの場合も，

$$V=\frac{1}{3}\times\pi \mathrm{AH}^2\times \mathrm{BC}=\frac{\pi a}{3}\cdot \mathrm{AH}^2$$

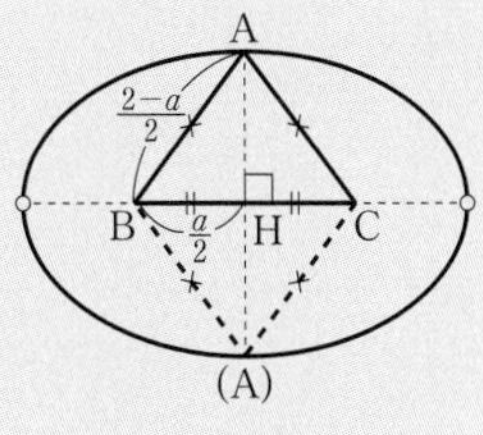

であるから，V が最大になるのは，AH が最大になるときである。これはAが楕円の短軸の両端の一方に一致するときであり，このとき，Hは辺BCの中点であるから，AB＝ACである。したがって，V が最大になるのは，三角形ABCが辺BCを底辺とする二等辺三角形となるときである。

（証明おわり）

(2) (1)より，AB＝ACのときを考えればよい。このとき，

予選は(1)で済。

$$\mathrm{BH}=\mathrm{CH}=\frac{a}{2},\quad \mathrm{AB}=\mathrm{AC}=\frac{2-a}{2}$$

であるから，直角三角形ABHに三平方の定理を用いて，

$$\mathrm{AH}=\sqrt{\mathrm{AB}^2-\mathrm{BH}^2}=\sqrt{\left(\frac{2-a}{2}\right)^2-\left(\frac{a}{2}\right)^2}=\sqrt{1-a}$$

よって，

$$V=\frac{\pi a}{3}(1-a)$$

次に a の値を変化させると，

$$V=\frac{\pi}{3}\left\{-\left(a-\frac{1}{2}\right)^2+\frac{1}{4}\right\}$$

$$\leqq\frac{\pi}{12}$$

決勝は
平方完成で。

であり，等号が成立する条件は，

$$(*)\text{ かつ } a=\frac{1}{2} \text{ かつ } b=\frac{2-a}{2}$$

すなわち，

$$(a,\ b)=\left(\frac{1}{2},\ \frac{3}{4}\right)$$

である。

以上より，

V の最大値は $\boldsymbol{\frac{\pi}{12}}$，このとき $(a,\ b)=\left(\boldsymbol{\frac{1}{2}},\ \boldsymbol{\frac{3}{4}}\right)$

テーマ

54　2次曲線②

問題 54　★☆☆　25分

$a>0$ とする。C_1 を曲線 $x^2+\dfrac{y^2}{a^2}=1$, C_2 を直線 $y=2ax-3a$ とする。このとき，以下の問いに答えよ。

(1) 点Pが C_1 上を動き，点Qが C_2 上を動くとき，線分PQの長さの最小値を $f(a)$ とする。$f(a)$ を a を用いて表せ。

(2) 極限値 $\lim_{a\to\infty}f(a)$ を求めよ。

（阪大・理系・12前）

C_1 は右の図1のような楕円です。a が大きくなると，タテに伸びますね。C_2 は直線ですが，a が入っているので動きます。何か特徴はありますか？　傾き $2a$ でくくると

$$y=2a\left(x-\frac{3}{2}\right)$$

ですから，定点 $\left(\dfrac{3}{2},\ 0\right)$ を通っています。

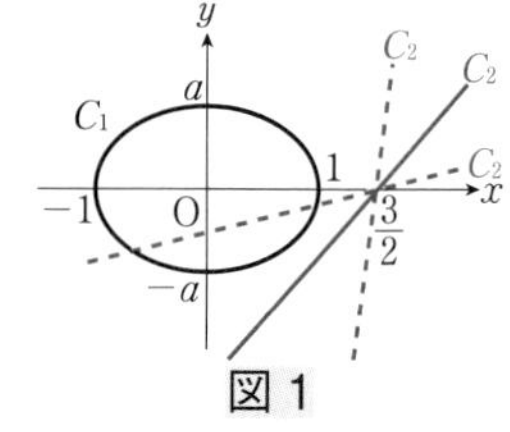

図1

C_1 と C_2 は交わるんですかね？　ちょっと調べてみましょうか。C_1 と C_2 の方程式から，y を消去して

$$x^2+\frac{(2ax-3a)^2}{a^2}=1$$

$$\therefore\quad x^2+(2x-3)^2=1 \qquad \therefore\quad 5x^2-12x+8=0$$

判別式を D として

$$\frac{D}{4}=6^2-5\cdot8=-4<0$$

ですから，C_1 と C_2 は共有点をもたないですね。

図2のようになって，2点P，Qが動くときのPQの長さの最小値を求めます。2点が動きますので，**第11章多変数**を思い出してください。あの章では数式の扱いばかりでしたが，**プロローグ**のところでちょっとだけ図形の場合のお話しをしましたよね。円上を動く点と直線上を動く点

の距離でした。p.405のあれです。「予選決勝法」が使えます。

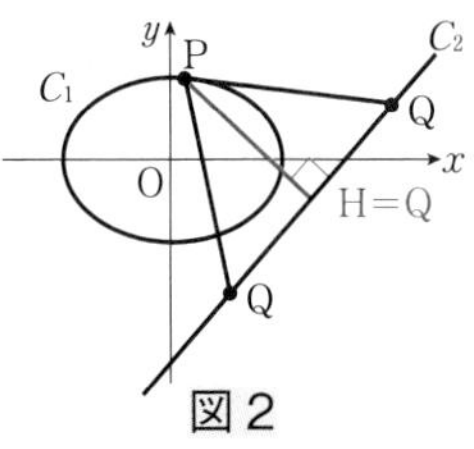

図2

まず予選としてPを固定してQを動かしましょうか。そうしますと，PQが最小になるのは，QがPからC_2に下ろした垂線の足Hに一致するときです。図2で黒い線のPQに対し，赤い線のPQが最小のときです。

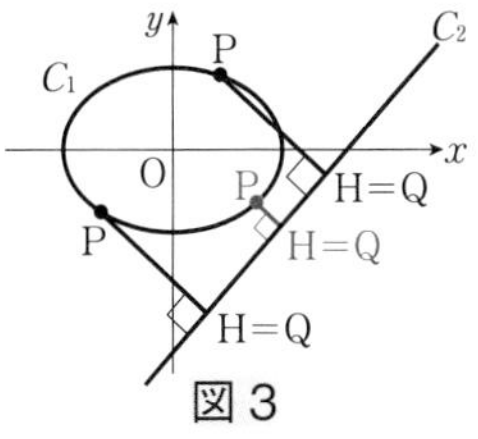

図3

次に決勝でPを動かすのですが，第11章ののときとちがって，今回は楕円ですので，図形的に処理するのは難しそうです。

計画　では，数式的に考えてみましょう。

$$\text{楕円 } C_1 : x^2+\frac{y^2}{a^2}=1$$

上を動く点Pを表せますか？　3通りあります。ここで整理しておきましょう。

◆楕円　$\dfrac{x^2}{a^2}+\dfrac{y^2}{b^2}=1$　$(a>0,\ b>0,\ a \neq b)$ 上の点Pのおき方

1 $\mathrm{P}(x_0,\ y_0)$　条件 $\boxed{\dfrac{x_0{}^2}{a^2}+\dfrac{y_0{}^2}{b^2}=1}$ がつく

2 $\mathrm{P}(a\cos\theta,\ b\sin\theta)$　条件 なし

要は「極方程式」

3 $\mathrm{P}(r\cos\theta,\ r\sin\theta)$　条件 $\boxed{\dfrac{r^2\cos^2\theta}{a^2}+\dfrac{r^2\sin^2\theta}{b^2}=1}$ がつく

まず**1**ですが，これはよくありますよね。接線の公式でもこうおいてました。ただし，

　放物線 $y=x^2$ 上の点を $(t,\ t^2)$ とおく

のとはワケがちがうのは大丈夫ですか？　このおき方ですと

$$x=t,\ y=t^2$$

ですから，t を消去すると

$$y=x^2$$

に戻ります。つまり，$(t,\ t^2)$ というおき方自体に「$y=x^2$ 上にあるよ」という意味が入っているわけです。しかし，**1**のおき方にはそれがありません。というか，$(x_0,\ y_0)$ なんておき方は，xy 平面のどんな点でもコレ

で表せます(笑)。ですから，

「$P(x_0,\ y_0)$ が楕円 $\dfrac{x^2}{a^2}+\dfrac{y^2}{b^2}=1$ 上にある」

という条件がついてきます。それが

$$\boxed{\frac{x_0{}^2}{a^2}+\frac{y_0{}^2}{b^2}=1}$$

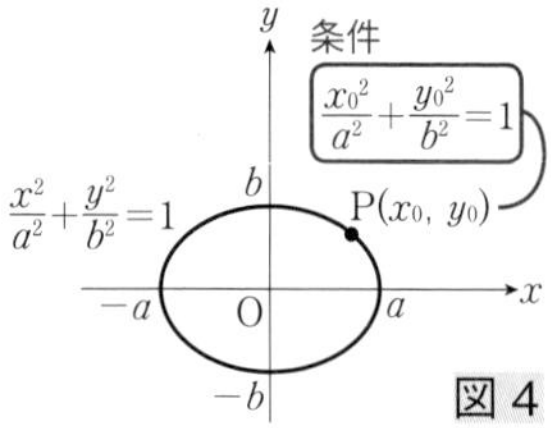

図4

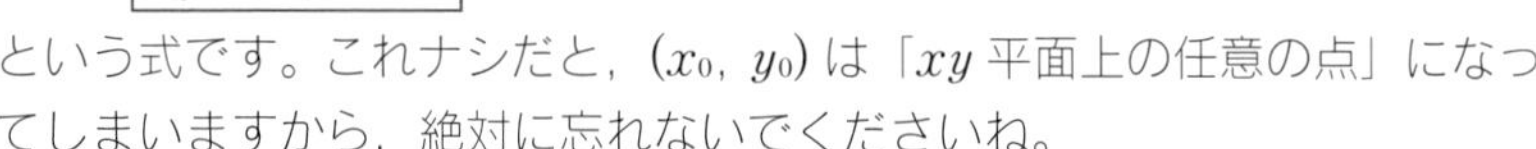

という式です。これナシだと，$(x_0,\ y_0)$ は「xy 平面上の任意の点」になってしまいますから，絶対に忘れないでくださいね。

じゃあ，$y=x^2$ 上の点を $(t,\ t^2)$ とおくようなおき方はないのか？ というと，ありますよね。**2** です。実際

$$x=a\cos\theta,\ \ y=b\sin\theta$$

において，$\cos^2\theta+\sin^2\theta=1$ により，θ を消去しますと

$$\left(\frac{x}{a}\right)^2+\left(\frac{y}{b}\right)^2=1 \qquad \therefore\ \ \frac{x^2}{a^2}+\frac{y^2}{b^2}=1$$

となります。これは何の条件もナシで使うことができます。

ところで，この式の θ の意味はご存知ですか？ けっこうカンちがいしている人がいて，**3** とゴチャゴチャになっていることがあるので確認します。楕円には「円を y 軸方向(または x 軸方向)に縮小(または拡大)したもの」という性質があり，これを使っています。

まず，図5の補助円上の点 P' を媒介変数 θ を用いて

$$P'(a\cos\theta,\ a\sin\theta)$$

と表します。x 軸から動径 OP' に向かってはかった角が θ です。これを y 軸方向に縮めます。補助円と y 軸との交点 $(0,\ a)$ が，楕円と y 軸との交点 $(0,\ b)$ になりますので，「y 軸方向に $\dfrac{b}{a}$ 倍」です。そうすると

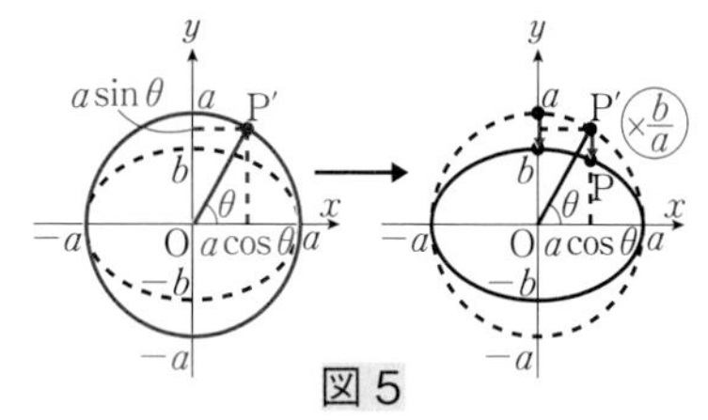

図5

2 $\boldsymbol{P(a\cos\theta,\ b\sin\theta)}$

となりますね。ですから

θ は x 軸から OP に向かってはかった角ではない

(x 軸から OP' に向かってはかった角である)

ことに注意してください。

でも，x 軸からOPに向かってはかった角を θ とおきたいときもあります。たとえば，**図6** のような「楕円上に2点P，Qがあって，$\angle\mathrm{POQ}=\dfrac{\pi}{2}$」といった設定のときです。そうしますと，$\mathrm{OP}=r$ として

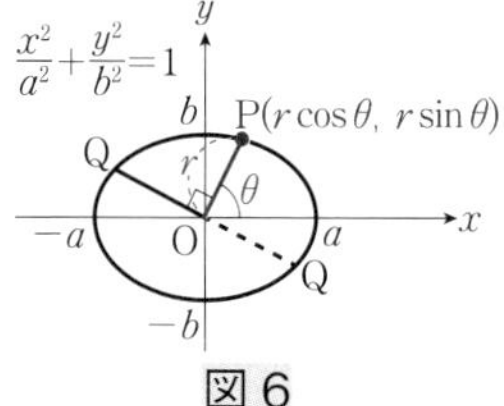

図6

❸ $\mathrm{P}(r\cos\theta,\ r\sin\theta)$

とおきます。❸ ですね。❷ とよく似ていますが，ちがいはわかりますか？

❷ の a，b は定数

❸ の r は θ によって変化

です。r が一定なら「円」です。要は「極座標」ですね。❸ は極座標でおかれた点Pの座標を xy 座標で表したものですよね。❸ も ❶ 同様，おいただけでは平面上の任意の点を表してしまいますから，楕円 $\dfrac{x^2}{a^2}+\dfrac{y^2}{b^2}=1$ 上にあるという条件式

$$\boxed{\frac{r^2\cos^2\theta}{a^2}+\frac{r^2\sin^2\theta}{b^2}=1} \qquad \therefore\quad \frac{1}{r^2}=\frac{\cos^2\theta}{a^2}+\frac{\sin^2\theta}{b^2} \quad \cdots\cdots ⓐ$$

をつけてあげないといけません。「極方程式」です。

極方程式はたいてい
$r=(\theta$ の式$)$
の形にしますが，楕円ではこの形が使い易いです。

ついでに

$$\frac{1}{\mathrm{OP}^2}=\frac{1}{r^2}=\frac{\cos^2\theta}{a^2}+\frac{\sin^2\theta}{b^2} \quad \cdots\cdots ⓑ$$

ですが，$\dfrac{1}{\mathrm{OQ}^2}$ は求められますか？　θ を $\theta\pm\dfrac{\pi}{2}$ に変えて

$$\frac{1}{\mathrm{OQ}^2}=\frac{\cos^2\left(\theta\pm\dfrac{\pi}{2}\right)}{a^2}+\frac{\sin^2\left(\theta\pm\dfrac{\pi}{2}\right)}{b^2}=\frac{\sin^2\theta}{a^2}+\frac{\cos^2\theta}{b^2} \quad \cdots\cdots ⓒ$$

でいいんですけど，わかります？　たまに，「えっ，勝手にそんなことをしていいんですか？」とかいわれるんですけど(笑)。不安なら $\mathrm{OQ}=s$ としてやってみましょう。

$$\mathrm{Q}\left(s\cos\left(\theta\pm\frac{\pi}{2}\right),\ s\sin\left(\theta\pm\frac{\pi}{2}\right)\right)$$

で，これが楕円上にありますから

$$\frac{s^2\cos^2\left(\theta\pm\dfrac{\pi}{2}\right)}{a^2}+\frac{s^2\sin^2\left(\theta\pm\dfrac{\pi}{2}\right)}{b^2}=1$$

$$\therefore\quad \frac{1}{s^2}=\frac{\cos^2\left(\theta\pm\dfrac{\pi}{2}\right)}{a^2}+\frac{\sin^2\left(\theta\pm\dfrac{\pi}{2}\right)}{b^2} \quad \text{(以上，すべて複号同順)}$$

ね，OK です。勝手にやってるんじゃないですよ。ⓐで極方程式なんですから，任意の θ に対して楕円上の点を表してくれます。ⓑ＋ⓒをして

$$\frac{1}{\mathrm{OP}^2}+\frac{1}{\mathrm{OQ}^2}=\frac{\cos^2\theta+\sin^2\theta}{a^2}+\frac{\sin^2\theta+\cos^2\theta}{b^2}=\frac{1}{a^2}+\frac{1}{b^2}\text{（一定）}$$

を示すのが，有名な問題ですよね。

話が長くなりました。**問題54**に戻ります。

楕円 $C_1 : x^2+\dfrac{y^2}{a^2}=1$

上の点 P を表さないといけないのですが，P が動くので，余計な条件のつかない **2** がよさそうです。

$\mathrm{P}(\cos\theta,\ a\sin\theta)$

とおきましょうか。ダメだったら **1**，**3** で再挑戦しましょう。

H は P から $C_2 : 2ax-y-3a=0$ に下ろした垂線の足でしたから，「点と直線の距離の公式」で

$$\mathrm{PH}=\frac{|2a\cos\theta-a\sin\theta-3a|}{\sqrt{4a^2+1}}=\frac{a|2\cos\theta-\sin\theta-3|}{\sqrt{4a^2+1}}$$

$a>0$ なので，a を分子の絶対値記号の外へ出しました。そうしますと，θ の式の部分は●$\sin\theta$＋■$\cos\theta$ の形ですから「sin 合成」ですね。う〜ん，$\sin\theta$ の前が $-$（マイナス）よりは $+$（プラス）の方が見易いので，$|-x|=|x|$ を使いますね。

$$\mathrm{PH}=\frac{a|\sin\theta-2\cos\theta+3|}{\sqrt{4a^2+1}}=\frac{a|\sqrt{5}\sin(\theta+\alpha)+3|}{\sqrt{4a^2+1}}$$

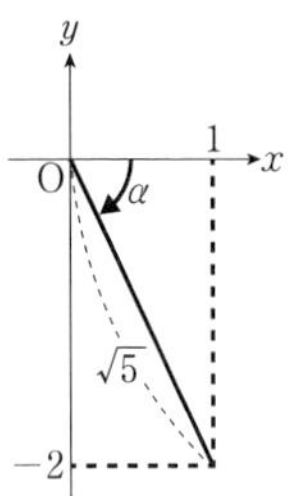

α は右の図のような定角です。θ は任意ですから

$$-1\leqq\sin(\theta+\alpha)\leqq 1$$

$$\therefore\quad -\sqrt{5}+3\leqq\sqrt{5}\sin(\theta+\alpha)+3\leqq\sqrt{5}+3$$

$-\sqrt{5}+3>0$ ですから絶対値記号ははずせます。

$$\mathrm{PH}=\frac{a\{\sqrt{5}\sin(\theta+\alpha)+3\}}{\sqrt{4a^2+1}}$$

よって，最小値 $f(a)$ は $\sin(\theta+\alpha)=-1$ のときで

$$\mathrm{PH}=\frac{a(-\sqrt{5}+3)}{\sqrt{4a^2+1}}\quad (=f(a))$$

(2)の $\displaystyle\lim_{a\to\infty}f(a)$ は，おまけのサービス問題ですね（笑）。

(1)　C_1 と C_2 の方程式から y を消去すると，

$$x^2+\frac{(2ax-3a)^2}{a^2}=1 \qquad \therefore \quad 5x^2-12x+8=0$$

であり，判別式を D とすると，$\frac{D}{4}=6^2-5\cdot 8=-4<0$ であるから，C_1 と C_2 は共有点をもたない。

まず点Pを固定し，点Qを直線 C_2 上で動かして考える。線分PQの長さが最小となるのは，QがPから C_2 に下ろした垂線の足Hに一致するときである。← 予選

次に点Pを楕円 $C_1: x^2+\frac{y^2}{a^2}=1$ 上で ← 決勝 動かす。

y, x, a, P, C_2, C_1, Q, -1, O, 1, H, $-a$

$\mathrm{P}(\cos\theta,\ a\sin\theta)$　（θ は任意の実数）とおけて，Pと直線 $C_2: 2ax-y-3a=0$ の距離を考えて，

$$\mathrm{PH}=\frac{|2a\cos\theta-a\sin\theta-3a|}{\sqrt{4a^2+1}}$$

$$=\frac{a|\sqrt{5}\sin(\theta+\alpha)+3|}{\sqrt{4a^2+1}}\ (\alpha\text{は右の図のような定角})$$

y, 1, x, O, α, $\sqrt{5}$, -2

$$=\frac{a\{\sqrt{5}\sin(\theta+\alpha)+3\}}{\sqrt{4a^2+1}} \quad (\because\ -1\leqq\sin(\theta+\alpha)\leqq 1)$$

よって，PHは $\sin(\theta+\alpha)=-1$ のとき最小となるから，PQの最小値 $f(a)$ は

$$f(a)=\boldsymbol{\frac{(3-\sqrt{5})a}{\sqrt{4a^2+1}}}$$

$a\to\infty$ とすると，$\frac{\infty}{\infty}$ の不定形ですから，分母の主要項 $\sqrt{a^2}=a$ で分子・分母を割ります。

(2)　(1)の結果より，

$$\lim_{a\to\infty}f(a)=\lim_{a\to\infty}\frac{3-\sqrt{5}}{\sqrt{4+\frac{1}{a^2}}}=\frac{3-\sqrt{5}}{\sqrt{4}}=\boldsymbol{\frac{3-\sqrt{5}}{2}}$$

検討　**理解** のところで予選が終わって，決勝でPを動かすとき，「図形的に処理するのは難しそう」といったんですが，実は図形的にもできます。

図7でPを動かしながら，PHが最小となる位置を探していくと，何か気づきませんか？

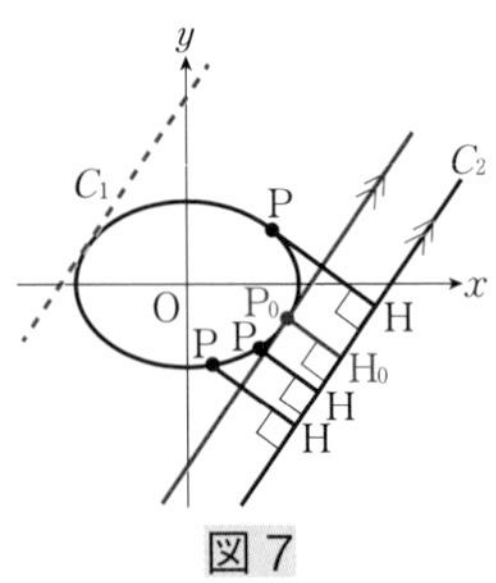

図7

そうなんです！　C_2と平行なC_1の2本の接線のうち，C_2と近い方の接線とC_1の接点がPとなるとき，PHが最小なんです。図7の赤い実線がその接線で，PHの中で，P_0H_0が一番短くなっていますよね。ですから，予選，決勝とも図形的に説明することもできます。別解としてやっておきましょう。

〈(1)の「C_1とC_2は共有点をもたない」からの別解〉

$$C_1 : x^2+\frac{y^2}{a^2}=1 \quad \cdots\cdots①$$

の両辺をxで微分すると，

$$2x+\frac{2y}{a^2}\cdot\frac{dy}{dx}=0$$

> 陰関数の微分法
> y^2をいったんyで微分して，
> 後ろに$\dfrac{dy}{dx}$をつけます。

であるから，C_1の接線が$C_2 : y=2ax-3a$と平行になるとき，

$\dfrac{dy}{dx}=2a$ より，

$$x+\frac{y}{a^2}\cdot 2a=0 \qquad \therefore \quad y=-\frac{a}{2}x \quad \cdots\cdots②$$

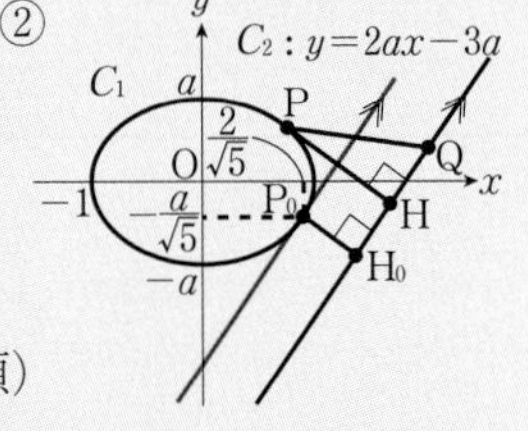

①，②からyを消去すると，

$$x^2+\frac{1}{4}x^2=1 \qquad \therefore \quad x=\pm\frac{2}{\sqrt{5}}$$

$$\therefore \quad (x,\ y)=\left(\pm\frac{2}{\sqrt{5}},\ \mp\frac{a}{\sqrt{5}}\right) \quad (\text{複号同順})$$

PからC_2に下ろした垂線の足をH，$P_0\left(\dfrac{2}{\sqrt{5}},\ -\dfrac{a}{\sqrt{5}}\right)$から$C_2$に下ろした垂線の足を$H_0$とすると，右上の図より，

$$PQ \geqq PH \geqq P_0H_0=\frac{\left|2a\cdot\frac{2}{\sqrt{5}}-\left(-\frac{a}{\sqrt{5}}\right)-3a\right|}{\sqrt{4a^2+1}}$$

$$=\frac{a\,|\sqrt{5}-3|}{\sqrt{4a^2+1}}=\frac{a(3-\sqrt{5})}{\sqrt{4a^2+1}}$$

よって，PQは$P=P_0$，$Q=H_0$のとき最小となり，最小値$f(a)$は

$$f(a)=\boldsymbol{\frac{a(3-\sqrt{5})}{\sqrt{4a^2+1}}}$$

テーマ

55　2次曲線③

問題 55　★★★　30分

直線 $y=x$ を l で，直線 $y=-x$ を l' で表す。直線 l，l' のどちらの上にもない点 $\mathrm{A}(a,\ b)$ をとる。点Aを通る直線 m が2直線 l，l' とそれぞれ点P，P′で交わるとする。点Qを

$$\overrightarrow{\mathrm{OP}}+\overrightarrow{\mathrm{OP'}}=\overrightarrow{\mathrm{OA}}+\overrightarrow{\mathrm{OQ}}$$

をみたすようにとる。ただし，Oは xy 平面の原点である。直線 m を変化させるとき，点Qの軌跡は l と l' を漸近線とする双曲線となることを示せ。

（阪大・理系・06前）

理解　直線 m が通る点 $\mathrm{A}(a,\ b)$ は設定されてますけど，傾きがありませんね。m が y 軸と平行でないときを考えて，傾きを k とでもおきましょうか。l，l' と交わらないといけないんで，$m \not\parallel l$，$m \not\parallel l'$ より

$$k \fallingdotseq \pm 1$$

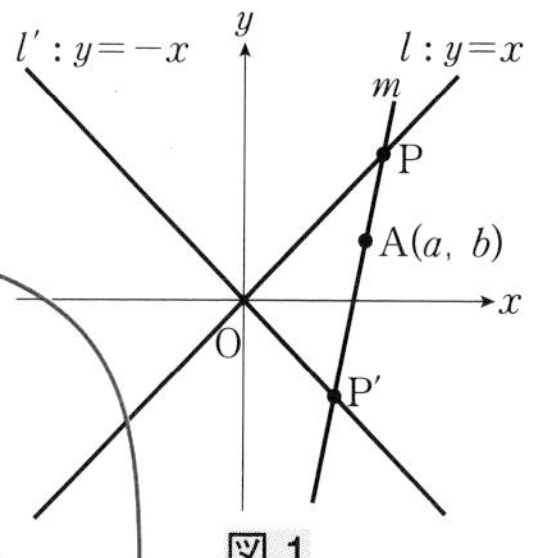

図1

ですね。そうしますと

$$l : y=x,\ l' : y=-x,\ m : y=k(x-a)+b$$

ですから，l と m の方程式から y を消去すると

$$x=k(x-a)+b \qquad \therefore\ (k-1)x=ka-b$$

$k \fallingdotseq 1$ より

$$x=\frac{ka-b}{k-1} \qquad \therefore\ y=x=\frac{ka-b}{k-1}$$

$$\therefore\ \mathrm{P}\left(\frac{ka-b}{k-1},\ \frac{ka-b}{k-1}\right)$$

Pの座標が求まりましたね。P′についても同様で

$$-x=k(x-a)+b \qquad \therefore\ x=\frac{ka-b}{k+1}$$

$$\therefore\ \mathrm{P'}\left(\frac{ka-b}{k+1},\ -\frac{ka-b}{k+1}\right)$$

> m が y 軸と平行なときは
>
> $m : x=a$
>
> で，
>
> $\mathrm{P}(a,\ a)\quad \mathrm{P'}(a,\ -a)$
>
> となり，
>
> $\overrightarrow{\mathrm{OQ}}=\overrightarrow{\mathrm{OP}}+\overrightarrow{\mathrm{OP'}}-\overrightarrow{\mathrm{OA}}$ より
>
> $\mathrm{Q}(a,\ -b)$
>
> となります。

です。そうしますと，$\overrightarrow{\mathrm{OP}}+\overrightarrow{\mathrm{OP'}}=\overrightarrow{\mathrm{OA}}+\overrightarrow{\mathrm{OQ}}$ですから，$\mathrm{Q}(x,\ y)$とおくと

$$\overrightarrow{\mathrm{OQ}}=\overrightarrow{\mathrm{OP}}+\overrightarrow{\mathrm{OP'}}-\overrightarrow{\mathrm{OA}}$$

より

$$(x,\ y)=\left(\frac{ka-b}{k-1}+\frac{ka-b}{k+1}-a,\ \frac{ka-b}{k-1}-\frac{ka-b}{k+1}-b\right)$$

$$=\left(\frac{(ka-b)\{(k+1)+(k-1)\}-(k^2-1)a}{k^2-1},\ \frac{(ka-b)\{(k+1)-(k-1)\}-(k^2-1)b}{k^2-1}\right)$$

$$=\left(\frac{2k(ka-b)-(k^2-1)a}{k^2-1},\ \frac{2(ka-b)-(k^2-1)b}{k^2-1}\right)$$

$$=\left(\frac{(k^2+1)a-2kb}{k^2-1},\ \frac{2ka-(k^2+1)b}{k^2-1}\right)$$

ですから

$$\begin{cases} x=\dfrac{(k^2+1)a-2kb}{k^2-1} & \cdots\cdots ⓐ \\ y=\dfrac{2ka-(k^2+1)b}{k^2-1} & \cdots\cdots ⓑ \end{cases}$$

となります。

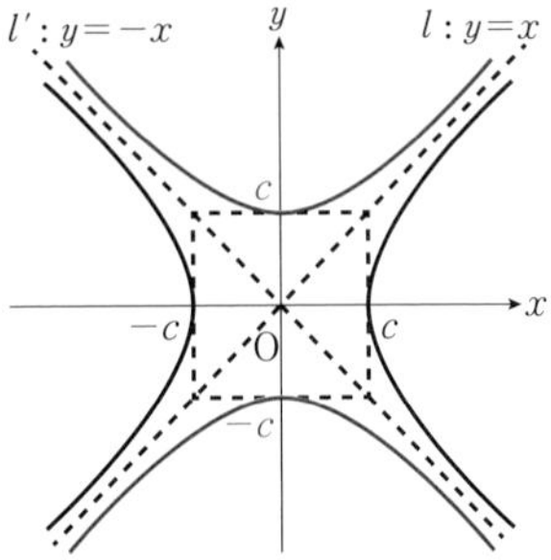

直線 m が変化，すなわち k が変化したとき $\mathrm{Q}(x,\ y)$ の軌跡が l と l' を漸近線とする双曲線になるそうなんで，頂点を $(\pm c,\ 0)$，あるいは $(0,\ \pm c)$ とすると

図2

$$\frac{x^2}{c^2}-\frac{y^2}{c^2}=\pm 1$$

$$\therefore\quad x^2-y^2=\pm c^2 \qquad \cdots\cdots ⓒ$$

となるんですね。じゃあ，ⓐ$^2-$ⓑ^{2} をやりましょうか。イヤ，ちょっと大変そうですね。ⓒを

$$(x+y)(x-y)=\pm c^2$$

としておいて，ⓐ+ⓑ，ⓐ−ⓑで $x+y$，$x-y$ を作ってから掛け合わせましょうか。少し計算がマシになりそうです。

ⓐ+ⓑより

$$x+y=\frac{(k^2+2k+1)a-(k^2+2k+1)b}{k^2-1}=\frac{(k+1)^2(a-b)}{(k+1)(k-1)}$$

$$=\frac{k+1}{k-1}(a-b) \quad \cdots\cdots ⓓ$$

ⓐ－ⓑより

$$x-y=\frac{(k^2-2k+1)a+(k^2-2k+1)b}{k^2-1}=\frac{(k-1)^2(a+b)}{(k-1)(k+1)}$$

$$=\frac{k-1}{k+1}(a+b)\quad\cdots\cdots ⓔ$$

お，思ったよりキレイになりましたね。ⓓ×ⓔをして

$$(x+y)(x-y)=\frac{k+1}{k-1}(a-b)\cdot\frac{k-1}{k+1}(a+b)$$

$$x^2-y^2=a^2-b^2\qquad\cdots\cdots ⓕ$$

ⓒの形になりましたね。$a^2-b^2>0$ なら ⟩⟨ の形，$a^2-b^2<0$ なら ⌣⌢ の形です。$a^2-b^2=0$ にはならないです。A$(a,\ b)$ は l，l' 上にないので，$b \neq \pm a$ ですから $a^2-b^2 \neq 0$ です。

さて，これで「軌跡の方程式」は求められたのですが，「軌跡の範囲」はどうしましょう？　たとえば点 $(x,\ y)$ が媒介変数 θ を用いて

$x=\cos\theta$，$y=\sin^2\theta$　（θ は任意の実数）

と表されているとき，θ を消去して

$y=\sin^2\theta=1-\cos^2\theta=1-x^2$

「よって，軌跡は放物線 $y=1-x^2$」としたら，「△」ですよね。θ が任意であっても，$-1 \leqq \cos\theta \leqq 1$ ですから，$-1 \leqq x \leqq 1$ です。だから

軌跡は放物線 $y=1-x^2$ の $-1 \leqq x \leqq 1$ を満たす部分

となります。このように「軌跡」を求める場合，たいがい「軌跡の方程式」だけでなく「軌跡の範囲」も説明しないといけません。別のいい方をすると，「文字を消去したら，範囲を check」ってヤツですね。

本問の場合はどうなんでしょう？　点 Q はⓕの双曲線 $x^2-y^2=a^2-b^2$ の全体を動けるんでしょうか？　ここで，問題54でやった「楕円上の点のおき方」の双曲線バージョンをやっておきましょう。

◆双曲線 $\dfrac{x^2}{a^2}-\dfrac{y^2}{b^2}=1\quad(a>0,\ b>0)$ 上の点Pのおき方

1 $\mathrm{P}(x_0,\ y_0)$　　条件 $\boxed{\dfrac{{x_0}^2}{a^2}-\dfrac{{y_0}^2}{b^2}=1}$ がつく

2 $\mathrm{P}\left(\dfrac{a}{\cos\theta},\ b\tan\theta\right)$　　条件 なし

2′ $\mathrm{P}\left(\dfrac{a}{2}\left(t+\dfrac{1}{t}\right),\ \dfrac{b}{2}\left(t-\dfrac{1}{t}\right)\right)$　　条件 なし

3 $\mathrm{P}(r\cos\theta,\ r\sin\theta)$　　条件 $\boxed{\dfrac{r^2\cos^2\theta}{a^2}-\dfrac{r^2\sin^2\theta}{b^2}=1}$ がつく（要は「極方程式」）

1，**3** は楕円のときと同じです。**2** は見たことがあるかな？　**2′** は見たことがないのではないでしょうか？　ただ，楕円とちがい，双曲線の場合，**2**，**2′** は受験生が自力でおきかえないといけない問題はほぼなくて，

・問題文で誘導されて，使う

・計算の結果，この形が出てきて，「双曲線」と気づく

のどちらかですので，“うっすら” 覚えておいてもらえばOKです。

2 は

楕円では　$\cos^2\theta+\sin^2\theta=1$

双曲線では　$1+\tan^2\theta=\dfrac{1}{\cos^2\theta}\qquad\therefore\quad\dfrac{1}{\cos^2\theta}-\tan^2\theta=1$

を利用しています。ただ，楕円は「円の縮小」という図形的意味があるのに対して，双曲線の図形的意味はイマイチわかりにくいんです。まあ，これも “うっすら” 覚えておいてください。**図3**の直角三角形OATの∠AOTがθです。OT$=a$ですので，OA$=\dfrac{a}{\cos\theta}$となりますね。これがPのx座標です。このま上（またはま下）の双曲線上の点がPです。y座標は$x=\dfrac{a}{\cos\theta}$を$\dfrac{x^2}{a^2}-\dfrac{y^2}{b}=1$に代入して計算します。

$$\frac{1}{a^2}\cdot\frac{a^2}{\cos^2\theta}-\frac{y^2}{b^2}=1$$

$$\therefore\quad y^2=b^2\left(\frac{1}{\cos^2\theta}-1\right)=b^2\tan^2\theta$$

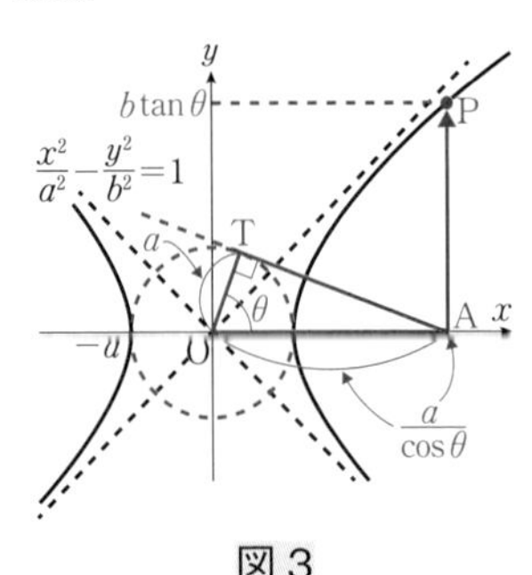

図3

次に **2**′ です。**2** よりこちらの方が出題率は高いと思います。漸近線 $\dfrac{x}{a}+\dfrac{y}{b}=0$ と平行な直線

$$\frac{x}{a}+\frac{y}{b}=t \quad (t \neq 0) \qquad \cdots\cdots ⓖ$$

を考えます。これと，双曲線 $\dfrac{x^2}{a^2}-\dfrac{y^2}{b^2}=1$ の交点がPなのですが，まともに計算すると大変そうでしょ。そこで，双曲線の方程式を因数分解します。

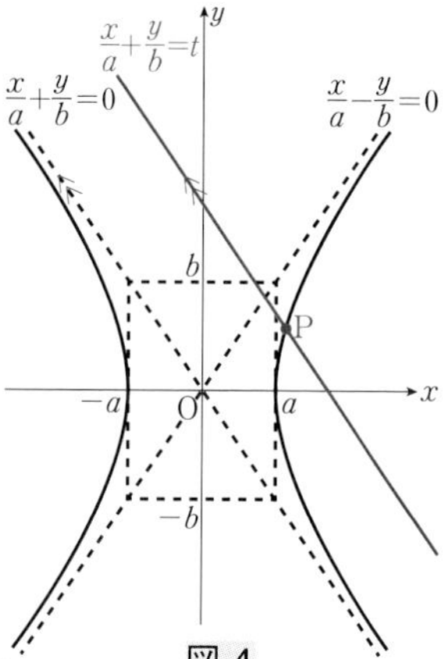

図 4

$$\left(\frac{x}{a}+\frac{y}{b}\right)\left(\frac{x}{a}-\frac{y}{b}\right)=1$$

ココがウマいですよね〜。

ここに，ⓖを代入すると

$$t\left(\frac{x}{a}-\frac{y}{b}\right)=1 \qquad \therefore \quad \frac{x}{a}-\frac{y}{b}=\frac{1}{t} \qquad \cdots\cdots ⓗ$$

$(ⓖ+ⓗ)\times\dfrac{a}{2}$，$(ⓖ-ⓗ)\times\dfrac{b}{2}$ で

$$x=\frac{a}{2}\left(t+\frac{1}{t}\right),\ y=\frac{b}{2}\left(t-\frac{1}{t}\right)$$

これで **2**′ ができました。

2′ でよく見るのは

$$x=\frac{e^{\theta}+e^{-\theta}}{2},\ y=\frac{e^{\theta}-e^{-\theta}}{2} \quad (\theta \text{ は任意の実数})$$

で表される点 $(x,\ y)$ の軌跡を求めるような問題です。けっこうな数の人が双曲線と気づかず，x，y をそれぞれ微分して増減を調べてグラフをかこうとします。でも

$$x+y=\boxed{e^{\theta}},\ x-y=\boxed{e^{-\theta}}$$

ココが逆数

ですから

$$x^2-y^2=(x+y)(x-y)=e^{\theta}\cdot e^{-\theta}=1$$

で，すぐに「軌跡の方程式」が求まります(このあと「軌跡の範囲」をcheckします)。

さて，話が長くなりました。本問にもどりましょう。そうしますと，ⓓ，ⓔがこの **2**′ になっていたことに気づきましたか？

ココが逆数

$$x+y=\boxed{\frac{k+1}{k-1}}(a-b) \quad \cdots\cdots ⓓ \qquad x-y=\boxed{\frac{k-1}{k+1}}(a+b) \quad \cdots\cdots ⓔ$$

ね。ですから，この点 Q$(x,\ y)$ というのは

双曲線：$x^2-y^2=a^2-b^2$ ……ⓕ

と，直線ⓓ(または直線ⓔ)の交点なんです。$a>b>0$ の場合で図を描きますと**図 5** のようになっているんですね。

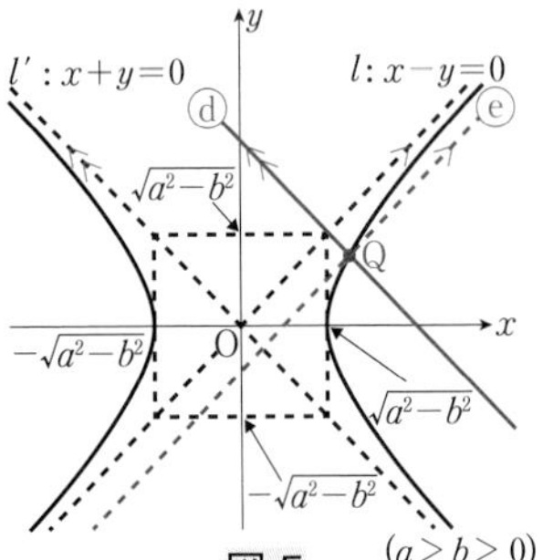

図 5

そうしますと，ⓓの動きがわかればQの動く範囲もわかります。ⓓは l'：$x+y=0$ と平行な直線ってことはわかってますから，あとは「$\dfrac{k+1}{k-1}(a-b)$」の部分ですよね。k は $k \neq \pm 1$ の範囲で変化します。そうすると $\dfrac{1\text{次式}}{1\text{次式}}$ の分数関数ですので，割り算しましょう。

$$\frac{k+1}{k-1}=\frac{(k-1)+2}{k-1}=\frac{2}{k-1}+1$$

となります。**図 5** と同様 $a>b>0$ の場合の $t=(a-b)\dfrac{k+1}{k-1}$ のグラフを考えますと，右の**図 6** のようになり，t は 0 と $a-b$ 以外のすべての実数をとり得ます。つまり

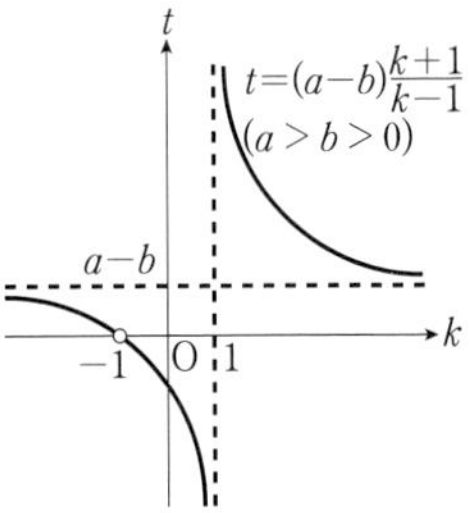

直線：$x+y=\dfrac{k+1}{k-1}(a-b)$ ……ⓓ

$\therefore\ \ x+y=t$

図 6

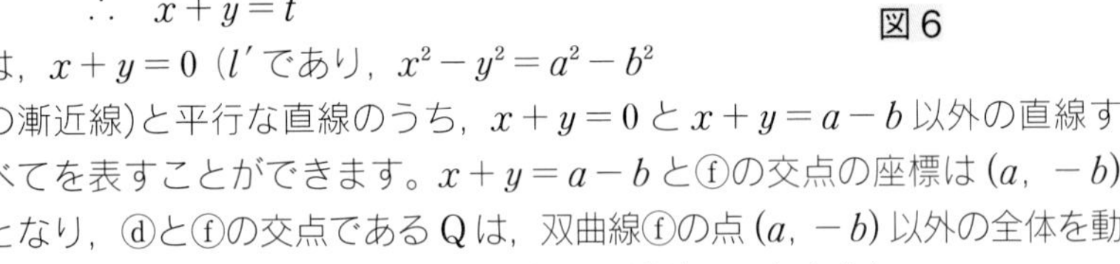

は，$x+y=0$ (l' であり，$x^2-y^2=a^2-b^2$ の漸近線)と平行な直線のうち，$x+y=0$ と $x+y=a-b$ 以外の直線すべてを表すことができます。$x+y=a-b$ とⓕの交点の座標は $(a,\ -b)$ となり，ⓓとⓕの交点であるQは，双曲線ⓕの点 $(a,\ -b)$ 以外の全体を動くことができます。これで「軌跡の範囲」が説明できますね。

実行

(i) 直線 m が y 軸と平行であるとき，

$\mathrm{P}(a,\ a)$，$\mathrm{P}'(a,\ -a)$ であり，$\overrightarrow{\mathrm{OQ}}=\overrightarrow{\mathrm{OP}}+\overrightarrow{\mathrm{OP'}}-\overrightarrow{\mathrm{OA}}$ より，

$$\mathrm{Q}(a,\ -b)$$

(ii) 直線 m が y 軸と平行でないとき，

直線 m の傾きを k とおくと，

$m \nparallel l$，$m \nparallel l'$ より，

$$k \neq \pm 1 \quad \cdots\cdots①$$

であり

$$\text{直線 } m : y=k(x-a)+b$$

である。

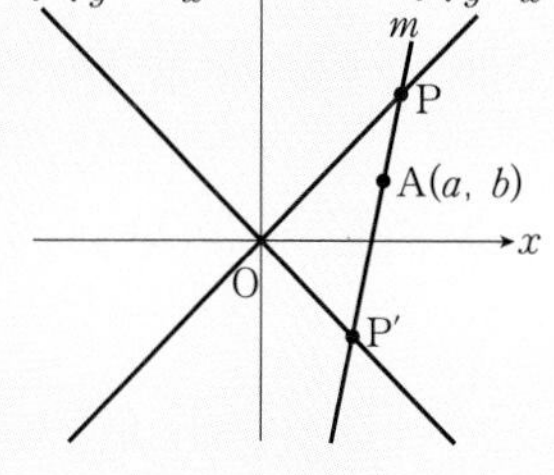

m と l，l' の交点がそれぞれ P，P$'$ であるから，

$$\mathrm{P}\left(\frac{ka-b}{k-1},\ \frac{ka-b}{k-1}\right),\ \mathrm{P}'\left(\frac{ka-b}{k+1},\ -\frac{ka-b}{k+1}\right)$$

であり，$\overrightarrow{\mathrm{OQ}}=\overrightarrow{\mathrm{OP}}+\overrightarrow{\mathrm{OP'}}-\overrightarrow{\mathrm{OA}}$ であるから，$\mathrm{Q}(x,\ y)$ とおくと，

$$(x,\ y)=\left(\frac{ka-b}{k-1}+\frac{ka-b}{k+1}-a,\ \frac{ka-b}{k-1}-\frac{ka-b}{k+1}-b\right)$$

よって，

$$x+y=\frac{2(ka-b)}{k-1}-a-b=\frac{2(ka-b)-(k-1)(a+b)}{k-1}$$

$$\therefore\quad x+y=\frac{k+1}{k-1}(a-b) \quad \cdots\cdots②$$

$$x-y=\frac{2(ka-b)}{k+1}-a+b=\frac{2(ka-b)-(k+1)(a-b)}{k+1}$$

$$\therefore\quad x-y=\frac{k-1}{k+1}(a+b) \quad \cdots\cdots③$$

> 理解 では ⓐ，ⓑ
> $x=\cdots,\ y=\cdots$
> と x，y について整理しましたが，整理しない方が ②，③ の形が導き易いです。

② × ③ より，

$$(x+y)(x-y)=\frac{k+1}{k-1}(a-b)\cdot\frac{k-1}{k+1}(a+b)$$

$$\therefore\quad x^2-y^2=a^2-b^2 \quad \cdots\cdots④$$

である。また，$\mathrm{A}(a,\ b)$ は l，l' のどちらの上にもないから，$b \neq \pm a$ である。よって，$a^2-b^2 \neq 0$ であるから，④ は l，l' を漸近線とする双曲線を表す。

Qは双曲線④と直線②の交点であるから，直線②の右辺 $\dfrac{k+1}{k-1}(a-b)$ のとり得る値の範囲を考える。$a-b \neq 0$ であるから①のとき，

$$\frac{k+1}{k-1}(a-b)=(a-b)\left(\frac{2}{k-1}+1\right)$$

は，0と $a-b$ 以外のすべての実数値をとり得る。よって，直線②は l' に平行な直線のうち，直線 l' と $x+y=a-b$ 以外のすべての直線を表す。

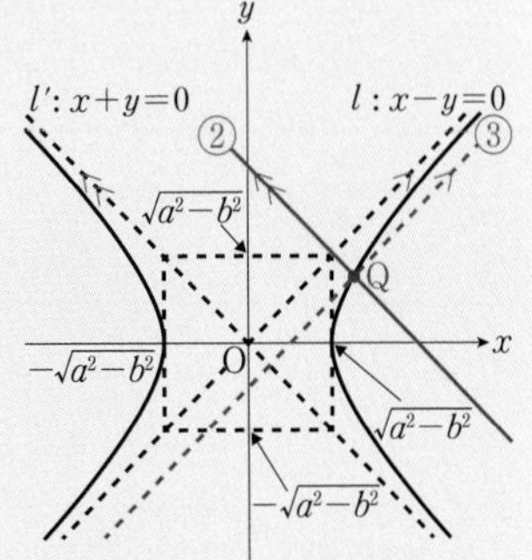

ここで，双曲線④と直線 $x+y=a-b$ の交点の座標は

$$x+y=a-b$$

のとき，④より，

$$x-y=a+b$$

であるから，

$$(x,\ y)=(a,\ -b)$$

となる。

したがってQは双曲線④のうち点 $(a,\ -b)$ を除いた全体を動く。

(i)，(ii)より点Qの軌跡は l，l' を漸近線とする

双曲線 $x^2-y^2=a^2-b^2$

である。　　　　(証明おわり)

第 14 章

媒介変数表示

プロローグ

第 13 章 2 次曲線で，楕円の媒介変数表示や，双曲線の媒介変数表示を勉強しました。阪大ではこれらを含め，「媒介変数表示された曲線」を素材にした問題が頻出です。阪大の問題はちょっとヘビーなものが多いんですが，がんばって勉強しておきましょう。

媒介変数表示された曲線を扱う問題は，媒介変数表示を

・受験生が作るもの　　・問題文で与えるもの

の 2 種類があります。前者の代表は「サイクロイド」ですので，これで基本を確認しておきましょう。

● 例題（サイクロイド） ●

xy 平面に点 $\mathrm{C}(0,\ a)$ を中心とする半径 a の円 C があり，C は x 軸に接しながら，滑ることなく回転していく。円 C 上の点 P ははじめ原点 O にあり，円 C が角 θ だけ回転して，x 軸と点 T で接するとき，すなわち $\angle\mathrm{PCT}=\theta$ となったときの P の座標を $(x,\ y)$ とする。x，y を θ の式で表せ。

図 1 のようになりますね。さて，

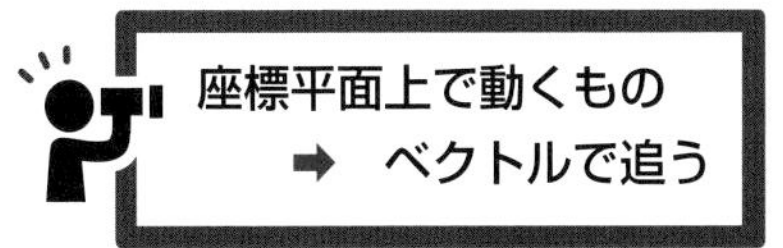

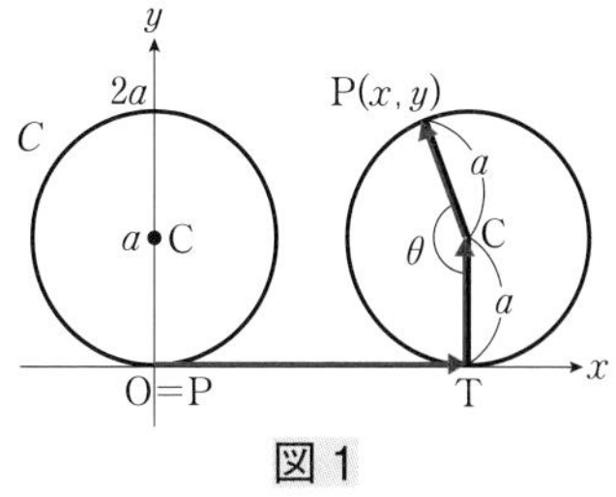

図 1

というのがあります。ベクトルは物理で運動を表すときにも使われるものですから，動くものには強いです。そうすると，まず原点 O からスタートして，“レール” である x 軸と “車輪” である円 C の境界 T まで行って ($\overrightarrow{\mathrm{OT}}$)，次に回転しているものは中心をおさえますから C まで行き ($\overrightarrow{\mathrm{TC}}$)，最後に動点 P ($\overrightarrow{\mathrm{CP}}$) ですかね。図 1 の赤いベクトル

に分解されて

$$\overrightarrow{\mathrm{OP}}=\overrightarrow{\mathrm{OT}}+\overrightarrow{\mathrm{TC}}+\overrightarrow{\mathrm{CP}} \quad \cdots\cdots ⓐ$$

となります。

次に,「滑ることなく回転」しますから,“レール”にあたる線分OTの長さと,“車輪”にあたる弧$\overset{\frown}{\mathrm{PT}}$の長さが一致します。曲がっているものに“等しい”という＝記号をつけていいのかどうかわかりませんが,**図2**のようになり

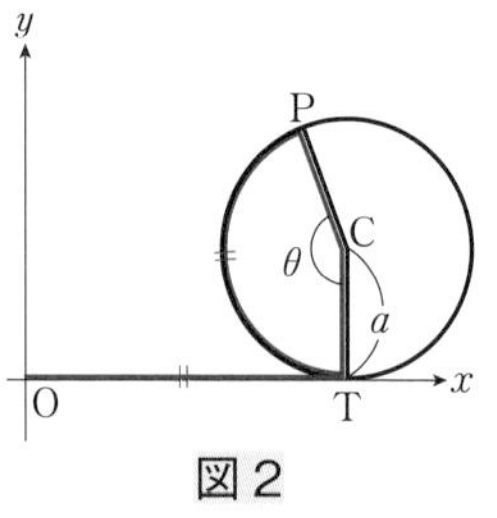

図2

$$\mathrm{OT}=\overset{\frown}{\mathrm{PT}}=a\theta$$

です。よって

$$\overrightarrow{\mathrm{OT}}=(a\theta,\ 0) \quad \cdots\cdots ⓑ$$

次に

$$\overrightarrow{\mathrm{TC}}=(0,\ a) \quad \cdots\cdots ⓒ$$

は自明ですね。

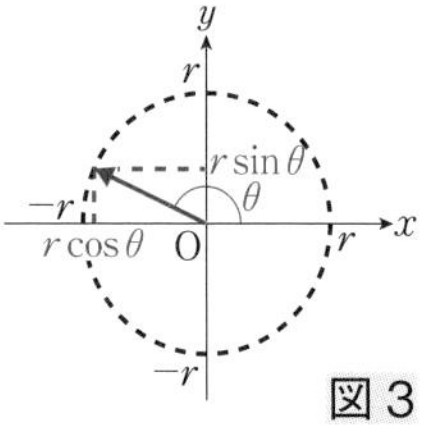

図3

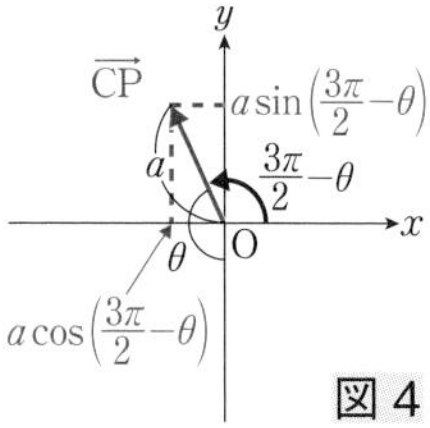

図4

最後に$\overrightarrow{\mathrm{CP}}$ですが,これはどうでしょう? 複素数平面や,極座標でわかりますように,僕らは**図3**のようにx軸の正方向からの回転角(偏角)と大きさがわかれば,ベクトルの成分を求めることができます。$\overrightarrow{\mathrm{CP}}$の始点を原点Oにもってきてあげると**図4**のようになり,$\overrightarrow{\mathrm{CP}}$の$x$軸の正方向からの回転角は$\dfrac{3\pi}{2}-\theta$,大きさは$a$とわかります。

よって

$$\overrightarrow{\mathrm{CP}}=\left(a\cos\left(\frac{3\pi}{2}-\theta\right),\ a\sin\left(\frac{3\pi}{2}-\theta\right)\right)$$

$$=(-a\sin\theta,\ -a\cos\theta) \quad \cdots\cdots ⓓ$$

したがって,ⓑ,ⓒ,ⓓをⓐに代入して

$$\overrightarrow{\mathrm{OP}}=(a\theta-a\sin\theta,\ a-a\cos\theta)$$

となりますので,$\mathrm{P}(x,\ y)$とおくと

$$\boldsymbol{x=a(\theta-\sin\theta),\ \ y=a(1-\cos\theta)}$$

と媒介変数表示されました。

テーマ

56 媒介変数表示①

問題 56 ★★★ 40分

$f(x)=-\dfrac{e^x+e^{-x}}{2}$ とおき，曲線 $C：y=f(x)$ を考える。1辺の長さ a の正三角形PQRは最初，辺QRの中点Mが曲線 C 上の点 $(0,\ f(0))$ に一致し，QRが C に接し，さらにPが $y>f(x)$ の範囲にあるようにおかれている。ついで，△PQRが曲線 C に接しながら滑ることなく右に傾いてゆく。最初の状態から，点Rが初めて曲線 C 上にくるまでの間，点Pの y 座標が一定であるように，a を定めよ。

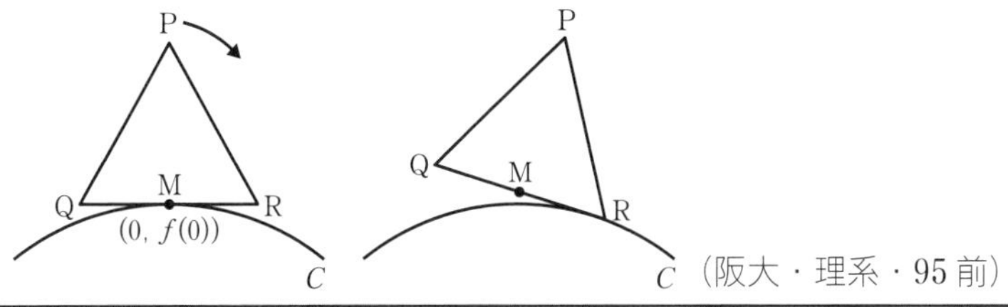

（阪大・理系・95前）

僕の中で，サイクロイドの最強問題です。円じゃなくて，三角形なんで，「サイクロイド」じゃないんですけどね(笑)。

$$y=\frac{e^x+e^{-x}}{2}$$

は「懸垂(けんすい)曲線」とか「カテナリー」と呼ばれる曲線で，$C：y=f(x)$ はこれと上下さかさまの曲線です。この曲線には超有名な性質がありまして，「曲線の長さ」の問題の素材として出題されることが多いんです。ご存知ですか？

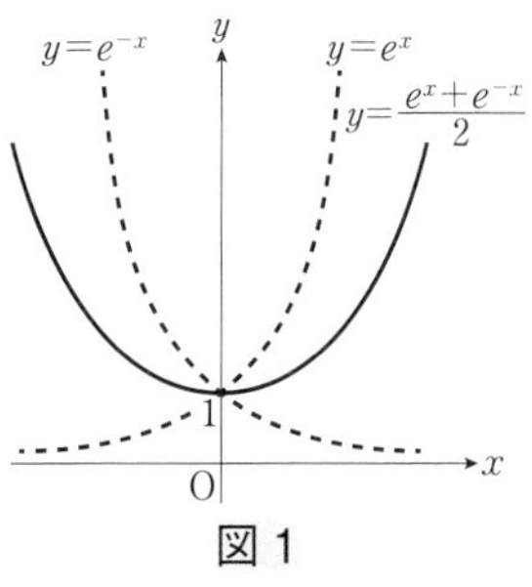

図1

形としては，$y=e^x$ と $y=e^{-x}$ のグラフの "平均" として，放物線に近い形になります。ヒモの両端をもって垂らした状態を力学的に計算すると，この式になるそうです。これを微分しますと

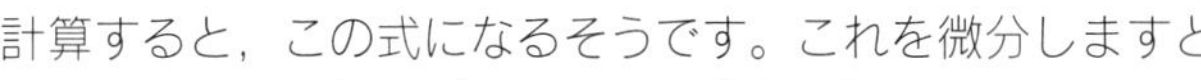

$$y'=\frac{e^x-e^{-x}}{2} \qquad y''=\frac{e^x+e^{-x}}{2}$$

ですから「$y''=y$」はすぐ気づきますよね。「$y^2-y'^2=1$」はどうですか？

$$y^2-y'^2=(y+y')(y-y')=e^x\cdot e^{-x}=1$$

でしょ。そうしますと

◆曲線の長さ l

・媒介変数表示された関数　$l=\displaystyle\int_\alpha^\beta\sqrt{\left(\frac{dx}{dt}\right)^2+\left(\frac{dy}{dt}\right)^2}\,dt$

・$y=f(x)$　$l=\displaystyle\int_a^b\sqrt{1+\{f'(x)\}^2}\,dx$

の「$y=f(x)$」の場合の式とめっちゃ相性がよいのわかりますか？　ほら

$$l=\int_a^b\sqrt{1+(y')^2}\,dx=\int_a^b\sqrt{y^2}\,dx=\int_a^b|y|\,dx=\int_a^b\frac{e^x+e^{-x}}{2}dx$$

$y^2-(y')^2=1$　　$\sqrt{A^2}=|A|$　　$y=\dfrac{e^x+e^{-x}}{2}>0$

ね。本問は先頭にマイナスがついていて上下が逆ですが，これを思い出しておきましょう。

◆懸垂曲線（カテナリー）

$y=\dfrac{e^x+e^{-x}}{2}$ のとき $\boxed{y''=y}$，$\boxed{y^2-y'^2=1}$ が成り立つ

次に$\overrightarrow{\mathrm{OP}}$を分解しましょう。あ，原点Oの位置は本当はMのま上なんですが，ちょっと見にくいので下にズラしています。辺QRと曲線 C の接点をTとして，正三角形や二等辺三角形では「中線」をおさえますから

原点Oから接点T，
接点Tから中点M，
中点Mから動点P（これが中線）

とつないでいって

$$\overrightarrow{\mathrm{OP}}=\overrightarrow{\mathrm{OT}}+\overrightarrow{\mathrm{TM}}+\overrightarrow{\mathrm{MP}}\quad\cdots\cdots ⓐ$$

と分解しましょうか。図2のようになります。

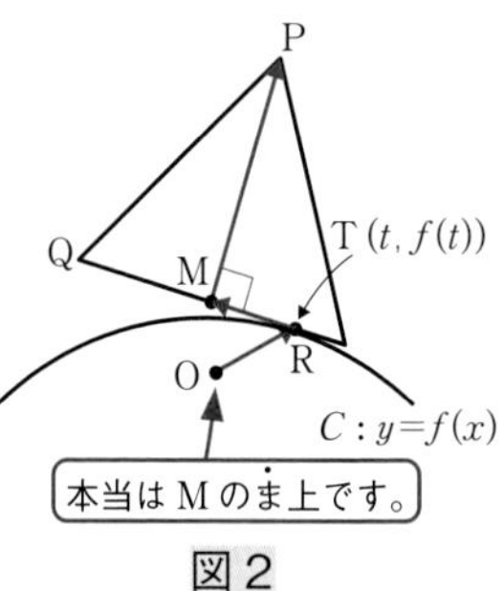

図2

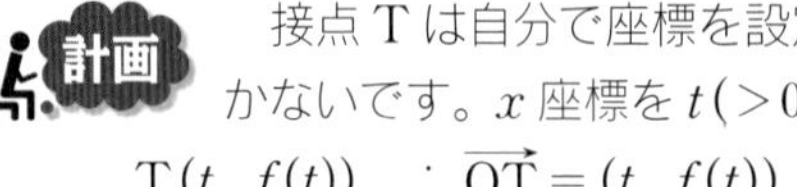

接点Tは自分で座標を設定するしかないです。x 座標を $t\,(>0)$ として

$$\mathrm{T}(t,\ f(t))\quad\therefore\ \overrightarrow{\mathrm{OT}}=(t,\ f(t))\quad\cdots\cdots ⓑ$$

としましょうか。それから，C のTにおける接線の傾きは $f'(t)$ ですから，これと平行で右向きのベクトルを $\vec{l}$ とし，その x 成分を1と

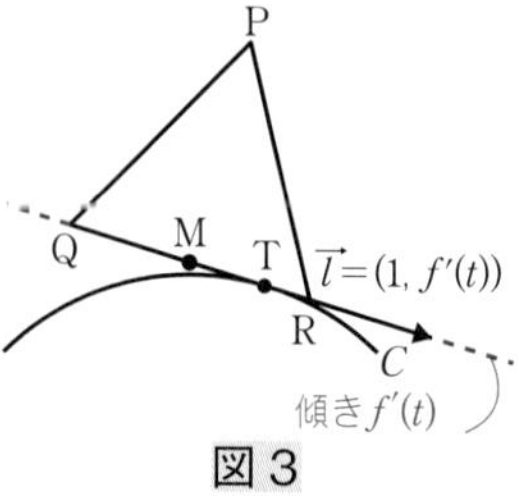

図3

すると，**図3**のようになり

$$\vec{l}=(1,\ f'(t))$$

です。

じゃあ，**図2**の $\overrightarrow{\mathrm{TM}}$ は $\vec{l}$ と反対向きですから，あとは大きさ $|\overrightarrow{\mathrm{TM}}|$ がわかれば

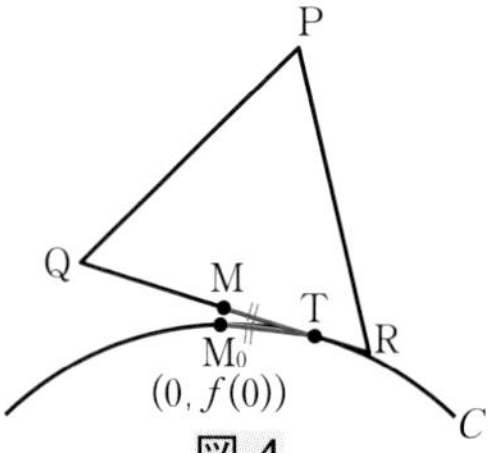

$$\overrightarrow{\mathrm{TM}}=-\frac{|\overrightarrow{\mathrm{TM}}|}{|\vec{l}|}\vec{l}\quad\cdots\cdots ⓒ$$

P Q M T R $\mathrm{M_0}$ $(0,\ f(0))$ C

図4

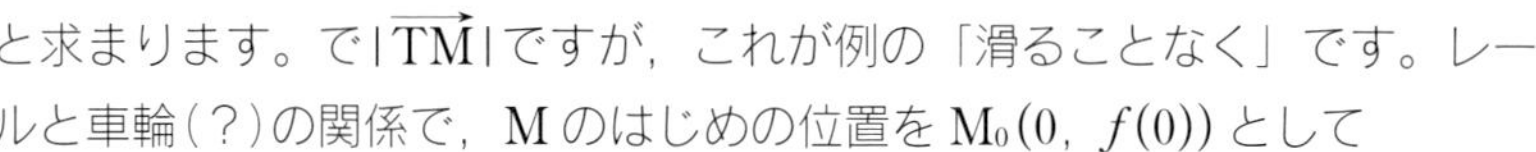

と求まります。で $|\overrightarrow{\mathrm{TM}}|$ ですが，これが例の「滑ることなく」です。レールと車輪（？）の関係で，M のはじめの位置を $\mathrm{M_0}(0,\ f(0))$ として

$$|\overrightarrow{\mathrm{TM}}|=\overset{\frown}{\mathrm{TM_0}}$$

です。ここで「カテナリー」登場ですね。

$$f(x)=-\frac{e^x+e^{-x}}{2},\ f'(x)=-\frac{e^x-e^{-x}}{2},\ f''(x)=-\frac{e^x+e^{-x}}{2}=f(x)\quad\cdots\cdots ⓓ$$

$$\begin{aligned}\therefore\quad \{f(x)\}^2-\{f'(x)\}^2&=\{f(x)+f'(x)\}\{f(x)-f'(x)\}\\&=(-e^x)(-e^{-x})=1\end{aligned}\quad\cdots\cdots ⓔ$$

ですから

$$\begin{aligned}\sqrt{1+\{f'(x)\}^2}&=\sqrt{\{f(x)\}^2}=|f(x)|\\&=\left|-\frac{e^x+e^{-x}}{2}\right|=\frac{e^x+e^{-x}}{2}=-f(x)\end{aligned}\quad\cdots\cdots ⓕ$$

です。よって

$$\begin{aligned}|\overrightarrow{\mathrm{TM}}|=\overset{\frown}{\mathrm{TM_0}}&=\int_0^t\sqrt{1+\{f'(x)\}^2}\,dx\\&=-\int_0^t f(x)\,dx\\&=-\int_0^t f''(x)\,dx\\&=-\Big[f'(x)\Big]_0^t\\&=-f'(t)+f'(0)\\&=-f'(t)\quad\left(\because\ f'(0)=-\frac{e^0-e^0}{2}=0\right)\end{aligned}$$

ⓕ　ⓓ　$f''(x)$ ㋝ $f'(x)$ ㋪

> ココ，ちょっと上手です！この関数，結局，何回微分しても積分しても，$f(x)$ と $f'(x)$ のどちらかですので，いったん
>
> $f(x)=f''(x)$
>
> としてから積分すると
>
> $f''(x)\xrightarrow{㋝}f'(x)$
>
> です。

おー，キレイなのが出ましたね。カテナリーさまさまです。他の曲線ではなかなかこうはいきませんからね。ついでにⓒの分母も

$$|\vec{l}|=\sqrt{1^2+\{f'(t)\}^2}=\sqrt{\{f(t)\}^2}=|f(t)|=-f(t)$$

です。これもキレイに決まりましたね。そうしますと，ⓒは

$$\overrightarrow{\mathrm{TM}}=-\frac{|\overrightarrow{\mathrm{TM}}|}{|\vec{l}|}\vec{l}=-\frac{-f'(t)}{-f(t)}(1,\ f'(t))=\left(-\frac{f'(t)}{f(t)},\ -\frac{\{f'(t)\}^2}{f(t)}\right)$$

……ⓒ′

となります。

最後に $\overrightarrow{\mathrm{MP}}$ です。大きさは1辺の長さ a の正三角形の高さに等しいですから

$$|\overrightarrow{\mathrm{MP}}|=\frac{\sqrt{3}}{2}a$$

ですね。向きは $\vec{l}$ と垂直，右上方向になりますから，$\vec{l}$ を反時計まわりに90°回転したベクトルを $\vec{m}$ としましょうか。成分を考えるので，始点を原点にもってきて（図5）

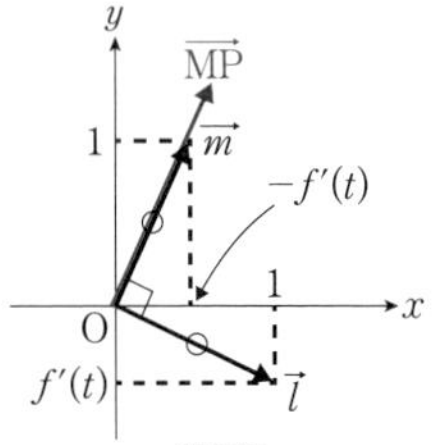

$$\vec{m}=(-f'(t),\ 1)$$

図5

となります。$f'(t)$ はマイナスであることに注意してくださいね。図からでもよいですし，$t>0$ より，$e^t>1>e^{-t}>0$ ですから，

$f'(t)=-\dfrac{e^t-e^{-t}}{2}<0$ ですよね。

$$|\vec{m}|=|\vec{l}|=-f(t)$$

ですから

$$\overrightarrow{\mathrm{MP}}=\frac{|\overrightarrow{\mathrm{MP}}|}{|\vec{m}|}\vec{m}=\frac{\frac{\sqrt{3}}{2}a}{-f(t)}(-f'(t),\ 1)$$

$$=\left(\frac{\sqrt{3}a}{2}\frac{f'(t)}{f(t)},\ -\frac{\sqrt{3}a}{2f(t)}\right)$$

……ⓖ

これで出そろいましたね。ⓐに，ⓑ，ⓒ′，ⓖを代入して

$$\overrightarrow{\mathrm{OP}}=\overrightarrow{\mathrm{OT}}+\overrightarrow{\mathrm{TM}}+\overrightarrow{\mathrm{MP}}$$

$$=(t,\ f(t))+\left(-\frac{f'(t)}{f(t)},\ -\frac{\{f'(t)\}^2}{f(t)}\right)+\left(\frac{\sqrt{3}a}{2}\frac{f'(t)}{f(t)},\ -\frac{\sqrt{3}a}{2f(t)}\right)$$

$$=\left(t-\frac{f'(t)}{f(t)}+\frac{\sqrt{3}a}{2}\frac{f'(t)}{f(t)},\ f(t)-\frac{\{f'(t)\}^2}{f(t)}-\frac{\sqrt{3}a}{2f(t)}\right)$$

あ，Pの y 座標だけでよかったですね。これを Y としますと

$$Y=f(t)-\frac{\{f'(t)\}^2}{f(t)}-\frac{\sqrt{3}a}{2f(t)}$$ 通分

$$=\frac{1}{f(t)}\left[\{f(t)\}^2-\{f'(t)\}^2-\frac{\sqrt{3}a}{2}\right]$$

ⓔ

$$=\frac{1}{f(t)}\left(1-\frac{\sqrt{3}a}{2}\right)$$

またまたカテナリーさまさまでした！　コレが t によらず一定ですから

$$1-\frac{\sqrt{3}a}{2}=0 \qquad \therefore \quad a=\frac{2}{\sqrt{3}}$$

ですね。

実行

$$f(x)=-\frac{e^x+e^{-x}}{2},\ f'(x)=-\frac{e^x-e^{-x}}{2},\ f''(x)=-\frac{e^x+e^{-x}}{2}$$

であるから，

$$f''(x)=f(x) \qquad \cdots\cdots①$$

$$\{f(x)\}^2-\{f'(x)\}^2=\{f(x)+f'(x)\}\{f(x)-f'(x)\}$$
$$=(-e^x)\cdot(-e^{-x})$$
$$=1 \qquad \cdots\cdots②$$

である。

辺 QR と曲線 C の接点を $\mathrm{T}(t,\ f(t))\,(t>0)$ とおくと，

$$\overrightarrow{\mathrm{OT}}=(t,\ f(t)) \qquad \cdots\cdots③$$

であり，接線 QR の傾きは $f'(t)$ であるから，この直線の方向ベクトルの1つとして，

$$\vec{l}=(1,\ f'(t))$$

をとると，

$$|\vec{l}|=\sqrt{1+\{f'(t)\}^2}=\sqrt{\{f(t)\}^2}$$
$$=|f(t)|=-f(t)\quad(\because\ ②と f(t)<0)$$

また，$\triangle$PQR は曲線 C に接しながら滑ることなく右に傾いてゆくので，$\mathrm{M_0}(0,\ f(0))$ とすると，

$$|\overrightarrow{\mathrm{TM}}|=\overset{\frown}{\mathrm{TM_0}}=\int_0^t\sqrt{1+\{f'(x)\}^2}\,dx=-\int_0^t f(x)\,dx$$
$$=-\int_0^t f''(x)\,dx\quad(\because\ ①)$$

$$= -\Big[f'(x)\Big]_0^t = -f'(t) \quad (\because \quad f'(0)=0)$$

であるから，$\vec{l}$ と $\overrightarrow{\mathrm{TM}}$ が逆向きであることに注意して，

$$\overrightarrow{\mathrm{TM}} = -\frac{|\overrightarrow{\mathrm{TM}}|}{|\vec{l}|}\vec{l} = -\frac{f'(t)}{f(t)}(1,\ f'(t)) = \left(-\frac{f'(t)}{f(t)},\ -\frac{\{f'(t)\}^2}{f(t)}\right)$$

……④

次に $\vec{l}$ を反時計まわりに $90°$ 回転したベクトルを $\vec{m}$ とすると，

$$\vec{m} = (-f'(t),\ 1),\ |\vec{m}| = |\vec{l}| = -f(t)$$

であり，

$$|\overrightarrow{\mathrm{MP}}| = \frac{\sqrt{3}}{2}\mathrm{QR} = \frac{\sqrt{3}}{2}a$$

であるから，

$$\overrightarrow{\mathrm{MP}} = \frac{|\overrightarrow{\mathrm{MP}}|}{|\vec{m}|}\vec{m} = -\frac{\sqrt{3}a}{2f(t)}(-f'(t),\ 1)$$

$$= \left(\frac{\sqrt{3}a f'(t)}{2f(t)},\ -\frac{\sqrt{3}a}{2f(t)}\right) \quad \cdots\cdots ⑤$$

$\overrightarrow{\mathrm{OP}} = \overrightarrow{\mathrm{OT}} + \overrightarrow{\mathrm{TM}} + \overrightarrow{\mathrm{MP}}$ であるから，点Pの y 座標を Y とおくと，③，④，⑤より，

$$Y = f(t) - \frac{\{f'(t)\}^2}{f(t)} - \frac{\sqrt{3}a}{2f(t)}$$

$$= \frac{1}{f(t)}\left[\{f(t)\}^2 - \{f'(t)\}^2 - \frac{\sqrt{3}a}{2}\right]$$

$$= -\frac{2}{e^t + e^{-t}}\left(1 - \frac{\sqrt{3}a}{2}\right) \quad (\because \quad ②より)$$

したがって，t の値によらず Y が一定となる条件は

$$1 - \frac{\sqrt{3}a}{2} = 0$$

であるから，求める a の値は

$$a = \frac{2}{\sqrt{3}} = \frac{2\sqrt{3}}{3}$$

57 媒介変数表示②

問題57 ★★★ 40分

関数 $f(\theta)=\sqrt{2}\sin^2\theta+\cos\theta$ に対し，次の条件をみたす正の数 a を考える。

$$\begin{cases}|\theta|<a \text{ ならば } f(\theta)>0\\ |\theta|=a \text{ ならば } f(\theta)=0\end{cases}$$

(1) a の値を求めよ。

(2) 曲線 C を媒介変数 $\theta(-a\leqq\theta\leqq a)$ を用いて

$$C:\begin{cases}x=f(\theta)\\ y=\sin\theta\end{cases}$$

で定める。x 軸に平行な直線 $y=t$ と曲線 C が共有点をもつような実数 t の範囲を求め，共有点の x 座標を t で表せ。

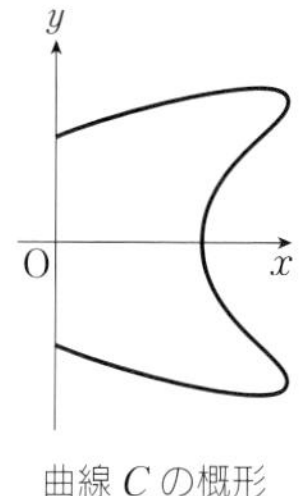

曲線 C の概形

(3) 曲線 C と y 軸とで囲まれる図形を，y 軸のまわりに1回転してできる立体の体積を求めよ。

（阪大・理系・97前）

理解 問題56に続いて，コレも見た目でビビってしまいますが，落ちついて，ひとつひとつ作業を進めていきましょう。ヒントっぽい小問もありますしね。

(1)では $f(\theta)>0$ となる θ の範囲 $(|\theta|<a)$ を調べるんですね。$\sin^2\theta$ と $\cos\theta$ の式ですから，$\sin^2\theta=1-\cos^2\theta$ で $\cos\theta$ だけにそろえましょうか。

$$\begin{aligned}f(\theta)&=\sqrt{2}\sin^2\theta+\cos\theta\\&=\sqrt{2}(1-\cos^2\theta)+\cos\theta\\&=-\sqrt{2}\cos^2\theta+\cos\theta+\sqrt{2}\\&=-(\cos\theta-\sqrt{2})(\sqrt{2}\cos\theta+1)\end{aligned}$$

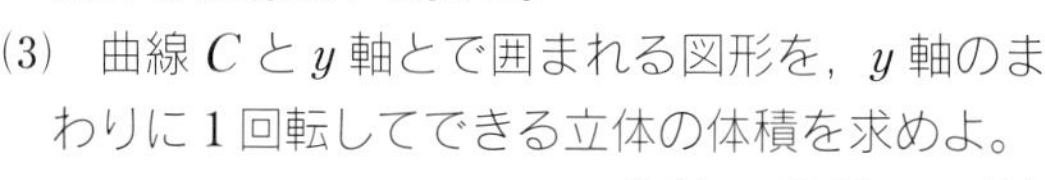

因数分解が思いつかなければ
$-\sqrt{2}t^2+t+\sqrt{2}=0$
を解の公式で解いて，
$$t=\frac{-1\pm\sqrt{1+8}}{-2\sqrt{2}}=\frac{-1\pm3}{-2\sqrt{2}}=-\frac{1}{\sqrt{2}},\ \sqrt{2}$$

$-1\leqq\cos\theta\leqq1$ より，$-(\cos\theta-\sqrt{2})>0$ ですから，$f(\theta)>0$ となるのは

$$\sqrt{2}\cos\theta+1>0\quad\therefore\quad\cos\theta>-\frac{1}{\sqrt{2}}$$

のときです。

「えっ？　こんなθの範囲なんて，無数にあるやん?!」と思いませんでしたか？　本問では**図1**の赤い線の部分だけですよ。

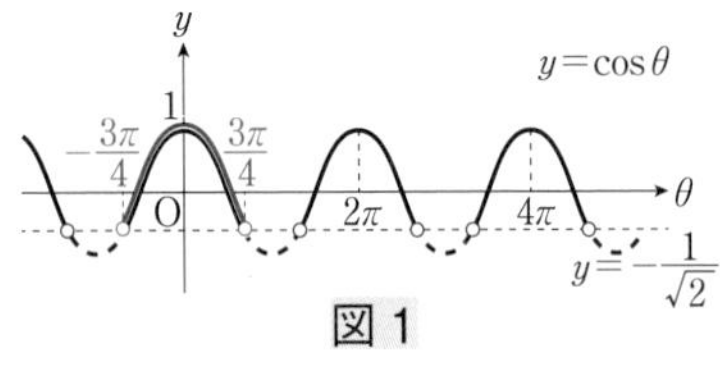

図1

「$|\theta|<a$ ならば $f(\theta)>0$」

つまり

「$-a<\theta<a$ ならば $f(\theta)>0$」

で，このθの区間はOに関して対称になっていないといけません。また，この区間でつねに$f(\theta)>0$でないといけません。まず，$0<a<\dfrac{3\pi}{4}$をみたすaであれば

「$-a<\theta<a$　ならば　$f(\theta)>0$」

が成り立ちます。さらに，もう一つの条件

「$\theta=\pm a$　ならば　$f(\theta)=0$」

が成り立ちますから，$a=\dfrac{3\pi}{4}$に確定ですね。

次に(2)ですが，変な形ですね。とりあえずθは「$-a\leqq\theta\leqq a$」つまり，

$$-\frac{3\pi}{4}\leqq\theta\leqq\frac{3\pi}{4}$$

の範囲を動くので

$$y=\sin\theta$$

は，右の**図2**より

図2

θ	$-\dfrac{3\pi}{4}$	$\cdots$	$-\dfrac{\pi}{2}$	$\cdots$	$\dfrac{\pi}{2}$	$\cdots$	$\dfrac{3\pi}{4}$
y	$-\dfrac{1}{\sqrt{2}}$	↘	-1	↗	1	↘	$\dfrac{1}{\sqrt{2}}$

と変化することがわかります。与えられたCの概形にあてはめると，右の**図3**のようになっているようです。

図3

じゃあ，「x軸に平行な直線$y=t$」とCが共有点をもつのは，$-1\leqq t\leqq 1$のときですが，

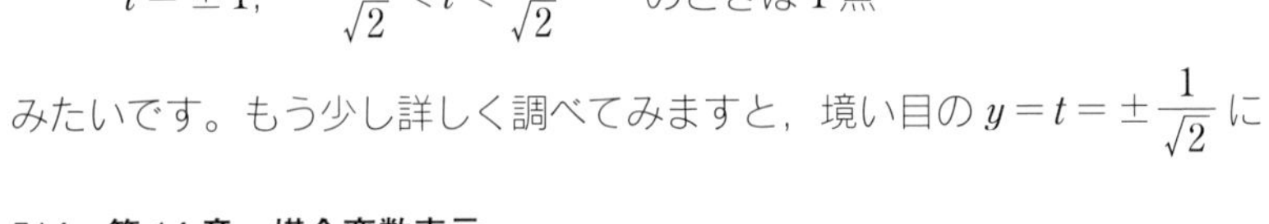

$-1<t\leqq-\dfrac{1}{\sqrt{2}}$，$\dfrac{1}{\sqrt{2}}\leqq t<1$　のときは2点

$t=\pm1$，$-\dfrac{1}{\sqrt{2}}<t<\dfrac{1}{\sqrt{2}}$　　のときは1点

みたいです。もう少し詳しく調べてみますと，境い目の$y=t=\pm\dfrac{1}{\sqrt{2}}$に

なるのは，右の**図 4** から，

$$\theta=\pm\frac{3\pi}{4} \text{ と } \theta=\pm\frac{\pi}{4}$$

のときで，**図 5** のようになっているみたいです。

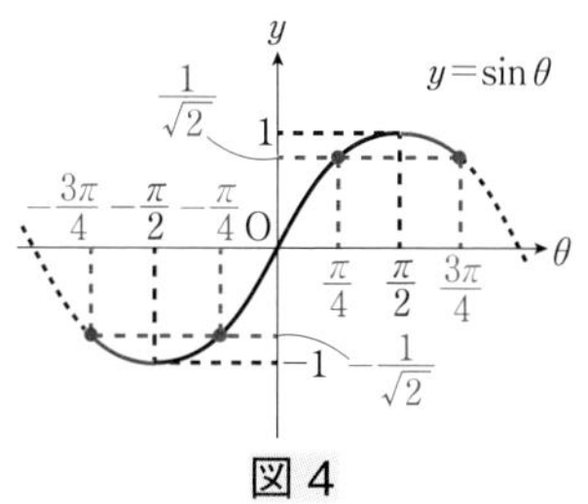

図 4

じゃあ，次は x 座標

$$x=f(\theta)=\sqrt{2}\sin^2\theta+\cos\theta \quad \cdots\cdots ⓐ$$
$$=-\sqrt{2}\cos^2\theta+\cos\theta+\sqrt{2}$$

を調べてみましょうか。“$\cos\theta$ の 2 次式”になっていますので，平方完成すると

$$f(\theta)=-\sqrt{2}\left(\cos\theta-\frac{\sqrt{2}}{4}\right)^2+\frac{9\sqrt{2}}{8}$$

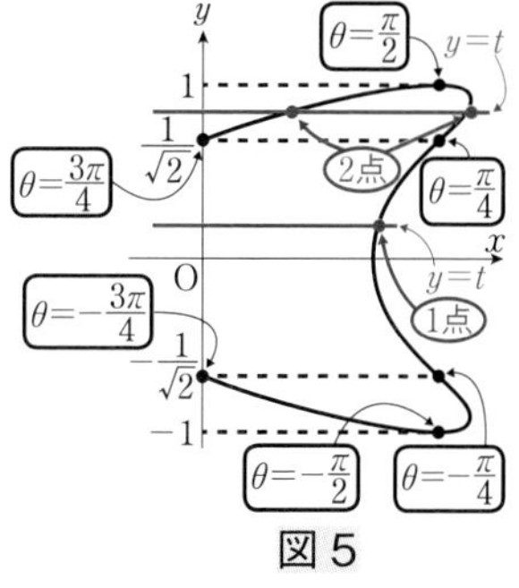

図 5

となります。しかし，θ が増加すると $\cos\theta$ は減少しますし，その上で 2 次関数の増減を考えないといけませんので，まあまあ大変そうです。微分でいきましょうか。

$$f'(\theta)=-2\sqrt{2}\cos\theta(-\sin\theta)+(-\sin\theta)$$
$$=2\sqrt{2}\sin\theta\left(\cos\theta-\frac{\sqrt{2}}{4}\right) \quad \cdots\cdots ⓑ$$

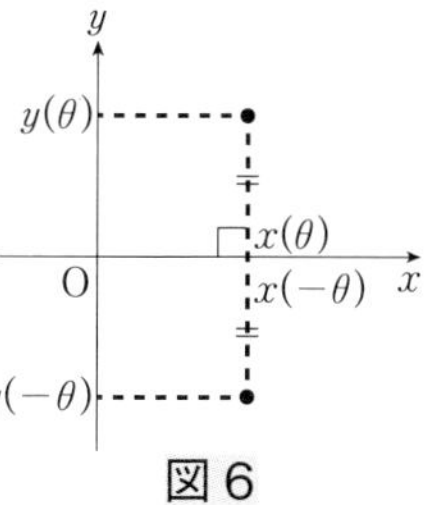

図 6

となります。そうそう，気がついていると思いますが，**図 3** や**図 5** から曲線 C は x 軸に関して対称で，θ と $-\theta$ の点が対応しそうです。

$x(\theta)=f(\theta)$，$y(\theta)=\sin\theta$ とおくと，

$$x(-\theta)=f(-\theta)=\sqrt{2}\sin^2(-\theta)+\cos(-\theta)$$
$$=\sqrt{2}\sin^2\theta+\cos\theta=f(\theta)=x(\theta)$$
$$y(-\theta)=\sin(-\theta)=-\sin\theta=-y(\theta)$$

ですので，**図 6** のようになっています。じゃあ $y\geqq 0$ の部分，θ でいうと $0\leqq\theta\leqq\frac{3\pi}{4}$ の部分を考えればよいですね。

微分は端を除いて，$0<\theta<\frac{3\pi}{4}$ 範囲で考えて，ⓑの $\sin\theta$ は正です。また，$\cos\theta=\frac{\sqrt{2}}{4}$ となる θ $\left(0<\theta<\frac{3\pi}{4}\right)$ がただ 1 つ存在しますから(**図 7**)，

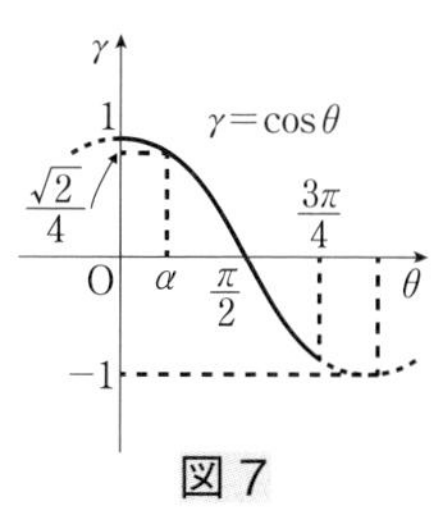

図 7

この値を α とおくと，ⓑより x の増減は次のようになります。

θ	0	$\cdots$	α	$\cdots$	$\frac{3\pi}{4}$
$f'(\theta)$		$+$	0	$-$	
$x=f(\theta)$	1	↗		↘	0

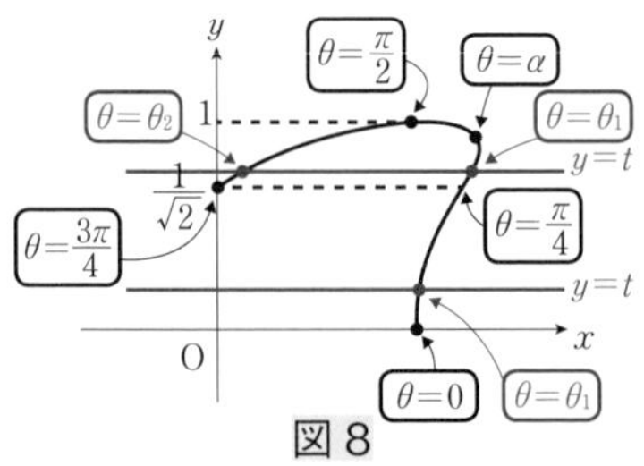

図 8

与えられた C の概形にあてはめると，右の図 8 のようになっているようです。

では，直線 $y=t$ と C の共有点の x 座標を考えてみましょう。

・$0\leqq\theta\leqq\frac{\pi}{2}$ において $t=\sin\theta$ となる θ はただ 1 つで，これを θ_1 とすると，$0\leqq\theta_1\leqq\frac{\pi}{2}$ より　$\cos\theta_1=\sqrt{1-\sin^2\theta_1}=\sqrt{1-t^2}$ ですから，ⓐより

$$x=f(\theta_1)=\sqrt{2}\sin^2\theta_1+\cos\theta_1=\sqrt{2}\,t^2+\sqrt{1-t^2}$$

・$\frac{\pi}{2}\leqq\theta\leqq\frac{3\pi}{4}$ において $t=\sin\theta$ となる θ はただ 1 つで，これを θ_2 とすると，$\frac{\pi}{2}\leqq\theta_2\leqq\frac{3\pi}{4}$ より　$\cos\theta_2=-\sqrt{1-\sin^2\theta_2}=-\sqrt{1-t^2}$ ですから，ⓐより

$$x=f(\theta_2)=\sqrt{2}\sin^2\theta_2+\cos\theta_2=\sqrt{2}\,t^2-\sqrt{1-t^2}$$

となりますね。

最後に(3)の体積ですが，x 軸対称ですので，$y\geqq0$ の部分，θ でいうと $0\leqq\theta\leqq\frac{3\pi}{4}$ の部分を y 軸のまわりに 1 回転させた体積を求めて 2 倍しましょう。

$$x=\begin{cases}\sqrt{2}\,t^2\pm\sqrt{1-t^2} & \left(\frac{1}{\sqrt{2}}\leqq t\leqq1\text{ のとき}\right)\\ \sqrt{2}\,t^2+\sqrt{1-t^2} & \left(0\leqq t\leqq\frac{1}{\sqrt{2}}\text{ のとき}\right)\end{cases}$$

$t=\frac{1}{\sqrt{2}}$ のときは一致して，1 点になります。

であり，求める体積は図 9 の黒い回転体の体積から，赤い回転体の体積を引いたもの(の 2 倍)になります。そうしますと，上下というか左右というか，“外側の回転体”（図 10 の黒網部分を回したもの），

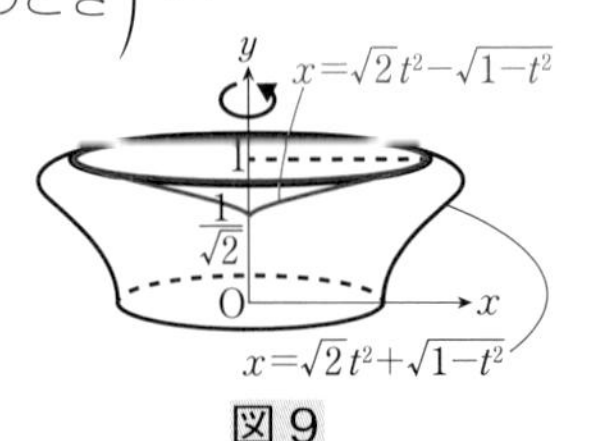

図 9

“内側の回転体”（**図 11** の赤網部分を回したもの），に分かれますよね。

$$\sqrt{2}\,t^2 \oplus \sqrt{1-t^2} \geqq \sqrt{2}\,t^2 \ominus \sqrt{1-t^2}$$

ですから，曲線 C のうち

外側の黒い太線が $x=\sqrt{2}\,t^2 \oplus \sqrt{1-t^2}$

内側の赤い太線が $x=\sqrt{2}\,t^2 \ominus \sqrt{1-t^2}$

x 大→外側
x 小→内側

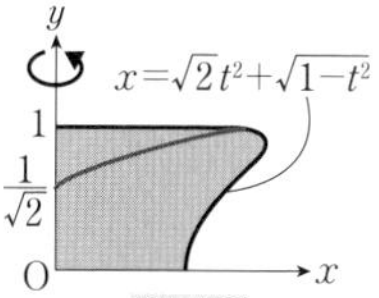

になっています。ですから

$$x_1=\sqrt{2}\,t^2+\sqrt{1-t^2}$$

$$x_2=\sqrt{2}\,t^2-\sqrt{1-t^2}$$

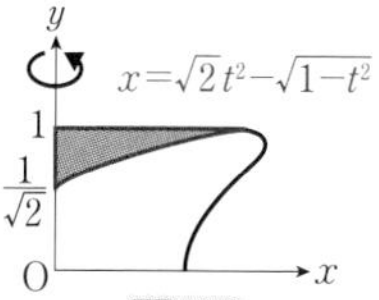

とおいて，求める体積を V とおくと

$$\frac{V}{2}=\int_0^1 \pi {x_1}^2\,dt-\int_{\frac{1}{\sqrt{2}}}^1 \pi {x_2}^2\,dt$$

$$=\pi\int_0^1\{2t^4+2\sqrt{2}\,t^2\sqrt{1-t^2}+(1-t^2)\}dt$$

$$-\pi\int_{\frac{1}{\sqrt{2}}}^1\{2t^4-2\sqrt{2}\,t^2\sqrt{1-t^2}+(1-t^2)\}dt$$

$x=\sqrt{2}t^2+\sqrt{1-t^2}$

y
1
$\frac{1}{\sqrt{2}}$
0
x

図 10

$x=\sqrt{2}t^2-\sqrt{1-t^2}$

y
1
$\frac{1}{\sqrt{2}}$
0
x

図 11

$2t^4$，$1-t^2$ の部分の積分は楽勝ですね。$2\sqrt{2}\,t^2\sqrt{1-t^2}$ の部分の積分はどうですか？

$$\sqrt{a^2-x^2} \ \Rightarrow\ x=a\sin\theta$$

$\int\sqrt{a^2-x^2}\,dx$ と $\int x\sqrt{a^2-x^2}\,dx$ は $x=a\sin\theta$ をしないんでしたよね。忘れた人は p.364，365 参照。

ですね，そういえば $y=\sin\theta=t$ でした。$\dfrac{dt}{d\theta}=\cos\theta$ ですから

$$\int_0^1 2\sqrt{2}\,t^2\sqrt{1-t^2}\,dt=\int_0^{\frac{\pi}{2}}2\sqrt{2}\sin^2\theta\sqrt{1-\sin^2\theta}\cos\theta\,d\theta$$

$$=\int_0^{\frac{\pi}{2}}2\sqrt{2}\sin^2\theta\cos^2\theta\,d\theta$$

$\sqrt{1-\sin^2\theta}=\sqrt{\cos^2\theta}=|\cos\theta|$ ですが，$0\leqq\theta\leqq\dfrac{\pi}{2}$ で積分しますので，絶対値記号はとれます。

$$=\int_0^{\frac{\pi}{2}}\frac{1}{\sqrt{2}}(2\sin\theta\cos\theta)^2\,d\theta$$

2 倍角で次数下げ

$$=\int_0^{\frac{\pi}{2}}\frac{1}{\sqrt{2}}\sin^2 2\theta\,d\theta$$

さらに 2 倍角で次数下げ

$$=\int_0^{\frac{\pi}{2}}\frac{1-\cos 4\theta}{2\sqrt{2}}\,d\theta$$

お，イケますね。計算ミスのないように気をつけましょう。

実行

(1) $f(\theta)=\sqrt{2}\sin^2\theta+\cos\theta$

$$=-\sqrt{2}\cos^2\theta+\cos\theta+\sqrt{2}$$

$$=(\sqrt{2}-\cos\theta)(\sqrt{2}\cos\theta+1)$$

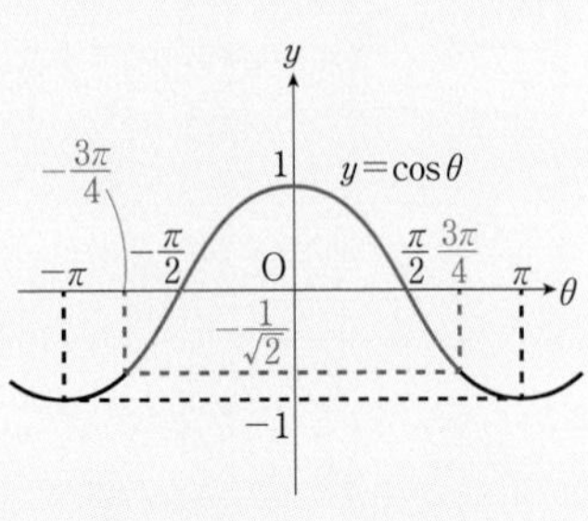

$\sqrt{2}-\cos\theta>0$ であるから,

$$f(\theta)>0 \Leftrightarrow -\frac{1}{\sqrt{2}}<\cos\theta\ (\leqq 1)$$

$$f(\theta)=0 \Leftrightarrow \cos\theta=-\frac{1}{\sqrt{2}}$$

$$f(\theta)<0 \Leftrightarrow (-1\leqq)\cos\theta<-\frac{1}{\sqrt{2}}$$

よって, 右のグラフより,

$|\theta|<a$ すなわち $-a<\theta<a$ ならば $f(\theta)>0$

$|\theta|=a$ すなわち $\theta=\pm a$ ならば $f(\theta)=0$

となる正の数 a の値は

$$a=\frac{3\pi}{4}$$

(2) $-\frac{3\pi}{4}\leqq\theta\leqq\frac{3\pi}{4}$ のとき, $y=\sin\theta$

のとり得る値の範囲は

$$-1\leqq y\leqq 1$$

であるから, 直線 $y=t$ と曲線 C が共有点をもつような実数 t の範囲は

$$-1\leqq t\leqq 1$$

次に, $x(\theta)=f(\theta)=\sqrt{2}\sin^2\theta+\cos\theta$, $y(\theta)=\sin\theta$ とおくと

$$x(-\theta)=\sqrt{2}\sin^2(-\theta)+\cos(-\theta)=\sqrt{2}\sin^2\theta+\cos\theta=x(\theta)$$

$$y(-\theta)=\sin(-\theta)=-\sin\theta=-y(\theta)$$

であるから, 曲線 C の $0\leqq\theta\leqq\frac{3\pi}{4}$ に対応する部分と $-\frac{3\pi}{4}\leqq\theta\leqq 0$ に対応する部分は, x 軸に関して対称である。

$0\leqq\theta\leqq\frac{\pi}{2}$ において, $t=\sin\theta$ となる θ はただ1つ存在し, この値を θ_1 とおくと, $0\leqq\theta_1\leqq\frac{\pi}{2}$ より $\cos\theta_1=\sqrt{1-\sin^2\theta_1}=\sqrt{1-t^2}$ であるから, 直線 $y=t$ と曲線 C の共有点の x 座標は

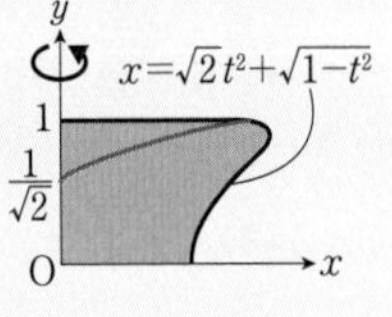

$$x=f(\theta_1)=\sqrt{2}\sin^2\theta_1+\cos\theta_1=\sqrt{2}\,t^2+\sqrt{1-t^2}\quad(0\leqq t\leqq 1)$$

$\dfrac{\pi}{2}\leqq\theta\leqq\dfrac{3\pi}{4}$ において, $t=\sin\theta$ となる θ はただ1つ存在し, この値を

θ_2 とおくと, $\dfrac{\pi}{2}\leqq\theta_2\leqq\dfrac{3\pi}{4}$ より　$\cos\theta_2=-\sqrt{1-\sin^2\theta_2}=-\sqrt{1-t^2}$

であるから, 直線 $y=t$ と曲線 C の共有点の x 座標は

$$x=f(\theta_2)=\sqrt{2}\sin^2\theta_2+\cos\theta_2=\sqrt{2}\,t^2-\sqrt{1-t^2}\quad\left(\frac{1}{\sqrt{2}}\leqq t\leqq 1\right)$$

したがって, x 軸に関する対称性を考慮して,

$$\boldsymbol{x}=\begin{cases}\sqrt{2}\,\boldsymbol{t}^2\pm\sqrt{1-\boldsymbol{t}^2}&\left(\dfrac{1}{\sqrt{2}}\leqq|\boldsymbol{t}|\leqq 1\text{のとき}\right)\\[2ex]\sqrt{2}\,\boldsymbol{t}^2+\sqrt{1-\boldsymbol{t}^2}&\left(|\boldsymbol{t}|\leqq\dfrac{1}{\sqrt{2}}\text{のとき}\right)\end{cases}$$

(3)　$x_1=\sqrt{2}\,t^2+\sqrt{1-t^2}$, $x_2=\sqrt{2}\,t^2-\sqrt{1-t^2}$

とおき, 求める体積を V とおくと, 右の図より,

(figure labels: y, $(x_2,\ t)$, $(x_1,\ t)$, 1, t, $\frac{1}{\sqrt{2}}$, O, x_2, x_1, x)

$$\begin{aligned}\frac{V}{2}&=\int_0^1\pi x_1{}^2dt-\int_{\frac{1}{\sqrt{2}}}^1\pi x_2{}^2dt\\&=\pi\int_0^1(2t^4+1-t^2+2\sqrt{2}\,t^2\sqrt{1-t^2})\,dt\\&\quad-\pi\int_{\frac{1}{\sqrt{2}}}^1(2t^4+1-t^2-2\sqrt{2}\,t^2\sqrt{1-t^2})\,dt\\&=\pi\int_0^{\frac{1}{\sqrt{2}}}(2t^4+1-t^2)\,dt\\&\quad+2\sqrt{2}\,\pi\int_0^1t^2\sqrt{1-t^2}\,dt\\&\quad+2\sqrt{2}\,\pi\int_{\frac{1}{\sqrt{2}}}^1t^2\sqrt{1-t^2}\,dt\end{aligned}$$

である。ここで,

$$\begin{aligned}&\int_0^{\frac{1}{\sqrt{2}}}(2t^4+1-t^2)\,dt\\&=\left[\frac{2}{5}t^5+t-\frac{1}{3}t^3\right]_0^{\frac{1}{\sqrt{2}}}\\&=\frac{\sqrt{2}}{20}+\frac{\sqrt{2}}{2}-\frac{\sqrt{2}}{12}=\frac{7\sqrt{2}}{15}\end{aligned}$$

である。

> 〰部分について,
>
> $$\int_0^1\sim dt-\int_{\frac{1}{\sqrt{2}}}^1\sim dt=\int_0^1\sim dt+\int_1^{\frac{1}{\sqrt{2}}}\sim dt=\int_0^{\frac{1}{\sqrt{2}}}\sim dt$$
>
> と積分区間をつなぎました。
>
> $$\int_a^bf(x)\,dx+\int_b^cf(x)\,dx=\int_a^cf(x)\,dx$$
>
> は a, b, c の大小に関係なく成立します。
>
> $f(x)\overset{\text{㋝}}{\curvearrowright}F(x)$ として
>
> $$\begin{aligned}&\int_a^bf(x)\,dx+\int_b^cf(x)\,dx\\&=[F(x)]_a^b+[F(x)]_b^c\\&=\{F(b)-F(a)\}+\{F(c)-F(b)\}\\&=F(c)-F(a)=\int_a^cf(x)\,dx\end{aligned}$$

また，$t=\sin\theta\left(-\dfrac{\pi}{2}\leqq\theta\leqq\dfrac{\pi}{2}\right)$とおくと，

$\dfrac{dt}{d\theta}=\cos\theta$

t	$0\to1$
θ	$0\to\frac{\pi}{2}$

t	$\frac{1}{\sqrt{2}}\to1$
θ	$\frac{\pi}{4}\to\frac{\pi}{2}$

であるから，

$$\int_0^1 t^2\sqrt{1-t^2}\,dt$$
$$=\int_0^{\frac{\pi}{2}}\sin^2\theta\sqrt{1-\sin^2\theta}\cos\theta d\theta=\int_0^{\frac{\pi}{2}}\sin^2\theta\cos^2\theta d\theta$$
$$=\frac{1}{4}\int_0^{\frac{\pi}{2}}\sin^2 2\theta d\theta=\frac{1}{8}\int_0^{\frac{\pi}{2}}(1-\cos4\theta)d\theta$$
$$=\frac{1}{8}\left[\theta-\frac{1}{4}\sin4\theta\right]_0^{\frac{\pi}{2}}=\frac{1}{8}\cdot\frac{\pi}{2}=\frac{\pi}{16}$$
$$\int_{\frac{1}{\sqrt{2}}}^1 t^2\sqrt{1-t^2}\,dt=\frac{1}{8}\left[\theta-\frac{1}{4}\sin4\theta\right]_{\frac{\pi}{4}}^{\frac{\pi}{2}}$$
$$=\frac{1}{8}\left(\frac{\pi}{2}-\frac{\pi}{4}\right)=\frac{\pi}{32}$$

したがって求める体積 V は

$$V=2\left(\pi\cdot\frac{7\sqrt{2}}{15}+2\sqrt{2}\pi\cdot\frac{\pi}{16}+2\sqrt{2}\pi\cdot\frac{\pi}{32}\right)$$
$$=\boldsymbol{\frac{14\sqrt{2}}{15}\pi+\frac{3\sqrt{2}}{8}\pi^2}$$

検討 本問は(2)で，「共有点の x 座標を t で表せ」と指示がありますので，t の式で表して積分しましたが，元々は媒介変数 θ で表された式ですので，θ の式として考えることもできます。本問は媒介変数表示された関数についての面積や体積の問題の中でも，ちょっと難易度の高い「へこみ」とか「オーバーハング」とか呼ばれるネタが入っていますので，その処理の仕方を，ここで勉強しておきましょう。

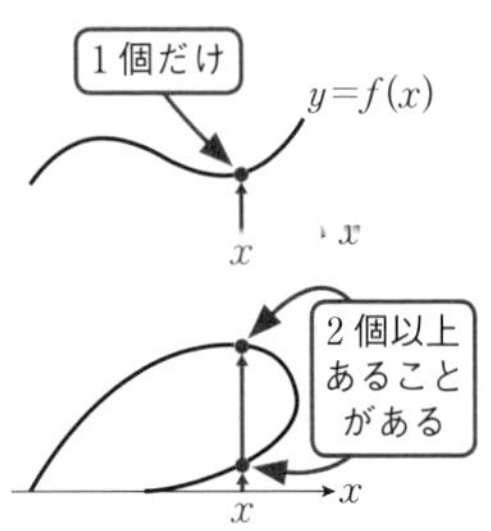

媒介変数表示された関数では，1本の曲線で上下関係を作ってしまうことがあります。$y=f(x)$

では1つのxに対して，yは1つしかありません。でも，媒介変数表示された関数では起こり得ますよね。これを「へこみ」とか「オーバーハング」とか呼んでいます。いつもあるわけじゃないですし，入試で出題されたら大物です。解答でやりましたように外側の回転体から内側の回転体を引かないといけませんが，実は，その後の積分の式がある処理でキレイになるんです！

x軸に関して上下対称はOKにします。上の解答と同様に外側の黒い線の部分をx_1，内側の赤い部分をx_2としますと

$0 \leqq \theta \leqq \dfrac{\pi}{2}$ に対応するxがx_1

$\dfrac{\pi}{2} \leqq \theta \leqq \dfrac{3\pi}{4}$ に対応するxがx_2

となっていて，これをy軸まわりに1回転させますから

$$\frac{V}{2}=\int_{y=0}^{y=1}\pi {x_1}^2 dy-\int_{y=\frac{1}{\sqrt{2}}}^{y=1}\pi {x_2}^2 dy$$

となります。しかし，x_1，x_2，yはθの式ですので，ここから置換していきます。

$y=0$ のとき $\theta=0$，$y=1$ のとき $\theta=\dfrac{\pi}{2}$，

$y=\dfrac{1}{\sqrt{2}}$（赤い線）のとき $\theta=\dfrac{3\pi}{4}$

ですから

$$\frac{V}{2}=\int_{\theta=0}^{\theta=\frac{\pi}{2}}\pi x^2\cdot\frac{dy}{d\theta}d\theta-\int_{\theta=\frac{3\pi}{4}}^{\theta=\frac{\pi}{2}}\pi x^2\cdot\frac{dy}{d\theta}d\theta$$

となります。x_1，x_2はθの式としては同じ$x=f(\theta)$です。置換積分では，$\dfrac{dy}{d\theta}$をかけてからθで積分すればOKでしたよね。さて，積分区間の「$y=$」，「$\theta=$」は普通はつけないのですが，置換したことを強調するためにつけました。でも，そろそろじゃまくさいんで，とりますね。

$$\frac{V}{2}=\int_0^{\frac{\pi}{2}}\pi x^2\cdot\frac{dy}{d\theta}d\theta-\int_{\frac{3\pi}{4}}^{\frac{\pi}{2}}\pi x^2\cdot\frac{dy}{d\theta}d\theta$$

そうしますと，後ろの積分の積分区間の上下を逆にすると，前のマイナスがプラスになって

$$\frac{V}{2}=\int_0^{\frac{\pi}{2}}\pi x^2\cdot\frac{dy}{d\theta}d\theta+\int_{\frac{\pi}{2}}^{\frac{3\pi}{4}}\pi x^2\cdot\frac{dy}{d\theta}d\theta$$

$$\int_b^a f(x)dx=-\int_a^b f(x)dx$$

そうしますと，被積分関数がまったく同じで積分区間が連続しますから，積分区間が連結できます。

$$\frac{V}{2}=\int_0^{\frac{\pi}{2}}\pi x^2\cdot\frac{dy}{d\theta}d\theta+\int_{\frac{\pi}{2}}^{\frac{3\pi}{4}}\pi x^2\cdot\frac{dy}{d\theta}d\theta$$

$$=\int_0^{\frac{3\pi}{4}}\pi x^2\cdot\frac{dy}{d\theta}d\theta$$

$$\int_a^b f(x)\,dx+\int_b^c f(x)\,dx=\int_a^c f(x)\,dx$$

お！　1つの式にまとまりました！　そうなんです。「オーバーハング」している曲線の面積や体積って，媒介変数表示でやると，範囲の端から端まで積分したらOKなんです。でも，コレは自明にできません。というか，「オーバーハング」が出題されたら，ココが見せ場です。ちゃんと xy 平面で上下関係を把握した式を立て，媒介変数に置換し，積分区間をつなぐところを見せつけましょう。もう一度流してみます。

$$\frac{V}{2}=\int_0^1\pi x_1{}^2dy-\int_{\frac{1}{\sqrt{2}}}^1\pi x_2{}^2dy$$

まず x, y で立式

θの式に置換

$$=\int_0^{\frac{\pi}{2}}\pi x^2\cdot\frac{dy}{d\theta}d\theta-\int_{\frac{3\pi}{4}}^{\frac{\pi}{2}}\pi x^2\cdot\frac{dy}{d\theta}d\theta$$

積分区間をひっくり返して

$$=\int_0^{\frac{\pi}{2}}\pi x^2\cdot\frac{dy}{d\theta}d\theta+\int_{\frac{\pi}{2}}^{\frac{3\pi}{4}}\pi x^2\cdot\frac{dy}{d\theta}d\theta$$

積分区間をつなぐ

$$=\int_0^{\frac{3\pi}{4}}\pi x^2\cdot\frac{dy}{d\theta}d\theta$$

$x=f(\theta)=\sqrt{2}\,\sin^2\theta+\cos\theta$ であり，$y=\sin\theta$ より $\dfrac{dy}{d\theta}=\cos\theta$ ですから

$$\frac{V}{2\pi}=\int_0^{\frac{3\pi}{4}}(\sqrt{2}\sin^2\theta+\cos\theta)^2\cos\theta d\theta$$

$$=\int_0^{\frac{3\pi}{4}}(2\sin^4\theta\cos\theta+2\sqrt{2}\sin^2\theta\cos^2\theta+\cos^3\theta)d\theta \quad \cdots\cdots ㋐$$

〰〰部の積分は解答と同様です。〰〰部と------部はイケますか？　これは

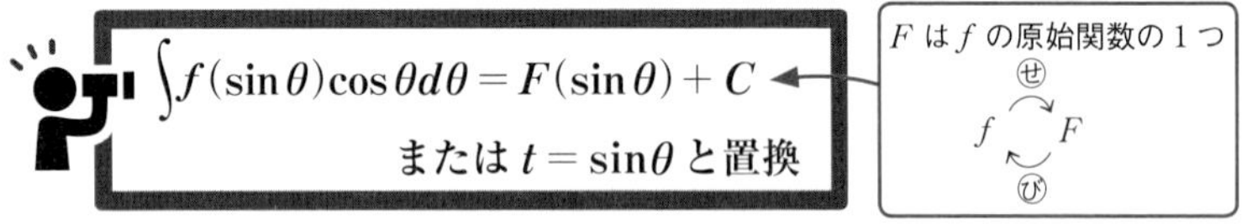

です。「$t=\sin\theta$ と置換」をするには

$$\frac{dt}{d\theta}=\cos\theta$$

ですから，必ず「$\cos\theta$ が1つ余って」いないとダメなんです。これが「置換の合図」になります。$f(t)$ の原始関数の1つを $F(t)$ としますと

$$\int f(\sin\theta)\cos\theta d\theta = \int f(t)dt = F(t) + C = F(\sin\theta) + C$$

と一般化することができますので，$f(t)$ が簡単な関数なら置換せずに暗算したらよいです。～～部は $f(t) = t^4$ のときで $F(t) = \frac{1}{5}t^5$ とできますので，

$$\int_0^{\frac{3\pi}{4}} 2\sin^4\theta\cos\theta d\theta = 2\left[\frac{1}{5}\sin^5\theta\right]_0^{\frac{3\pi}{4}} = \frac{2}{5}\left(\frac{1}{\sqrt{2}}\right)^5 = \frac{\sqrt{2}}{20} \quad \cdots\cdots ㋑$$

微分すると $\left(\frac{1}{5}\sin^5\theta\right)' = \sin^4\theta\cos\theta$ となり OK。

$t = \sin\theta$ で置換積分すると $\int_0^{\frac{3\pi}{4}} 2\sin^4\theta\cos\theta d\theta = \int_0^{\frac{1}{\sqrt{2}}} 2t^4 dt = \left[\frac{2}{5}t^5\right]_0^{\frac{1}{\sqrt{2}}} = \frac{\sqrt{2}}{20}$ です。

となります。------部も実はコレで

$$\int_0^{\frac{3\pi}{4}} \cos^3\theta d\theta = \int_0^{\frac{3\pi}{4}} (1-\sin^2\theta)\cos\theta d\theta = \left[\sin\theta - \frac{1}{3}\sin^3\theta\right]_0^{\frac{3\pi}{4}}$$

$$= \frac{1}{\sqrt{2}} - \frac{1}{3}\left(\frac{1}{\sqrt{2}}\right)^3 = \frac{5\sqrt{2}}{12} \quad \cdots\cdots ㋒$$

$f(t) = 1 - t^2$ のときで $F(t) = t - \frac{1}{3}t^3$ です。

あとは～～部です。解答でやりましたんで，ちょっとサボります。

$$\int_0^{\frac{3\pi}{4}} 2\sqrt{2}\sin^2\theta\cos^2\theta d\theta = \frac{\sqrt{2}}{2}\int_0^{\frac{3\pi}{4}} \sin^2 2\theta d\theta = \frac{\sqrt{2}}{4}\int_0^{\frac{3\pi}{4}} (1-\cos 4\theta)d\theta$$

$$= \frac{\sqrt{2}}{4}\left[\theta - \frac{1}{4}\sin 4\theta\right]_0^{\frac{3\pi}{4}} = \frac{\sqrt{2}}{4}\cdot\frac{3\pi}{4} \quad \cdots\cdots ㋓$$

ということで，㋐に㋑，㋒，㋓を代入して，

$$V = 2\pi\left(\frac{\sqrt{2}}{20} + \frac{\sqrt{2}}{4}\cdot\frac{3\pi}{4} + \frac{5\sqrt{2}}{12}\right) = 2\sqrt{2}\pi\left(\frac{7}{15} + \frac{3\pi}{16}\right)$$

できました！　「置換の合図」には他に

$$\int f(\cos\theta)\sin\theta d\theta = -F(\cos\theta) + C$$

または $t = \cos\theta$ と置換

マイナスがつくことに注意。$(\cos\theta)' = -\sin\theta$ のマイナスです。

$$\int f(\tan\theta)\frac{1}{\cos^2\theta}d\theta = F(\tan\theta) + C$$

または $t = \tan\theta$ と置換

$\frac{1}{\cos^2\theta} = 1 + \tan^2\theta$ なので，かくれていることが多い。

$$\int f(\log x)\frac{1}{x}dx = F(\log x) + C$$

または $t = \log x$ と置換　　(**C は積分定数**)

というのがあります。大丈夫ですか？

第15章 複素数平面

プロローグ

「複素数平面」はニガ手な受験生が多いですね～。

ご存知かと思いますが，「複素数平面」は高校数学に出たり入ったりしていまして。最近でいうと，

旧々課程	(1999～2005年)	数学Bで選択 (文系もアリ，センターもアリ)
旧課程	(2006～2014年)	ナシ
現課程	(2015年～)	数学Ⅲ

です。僕は旧々課程でしたので，習っていません。大学では習うには習うのですが，大学受験に出てくるようなものではないので，ちょっと違うんですよね。

で，これが受験生がニガ手な原因の一つだと思うんです。要は，大学入試に出たり，消えたりしているんで，問題がこなれてきたり，受験生や先生が慣れてきたところで消えちゃう。10年くらいは戻ってきませんから，戻ってきたときにはまた一からです。教科書に載る公式も増えたり，減ったりしますから，昔の問題が使えなくなっていたり，全然違う解き方になっていたり。で，10年ほどしてやっと問題集なんかが整理されてきたら，また高校の範囲から消えちゃったり。そりゃあ混乱しますわ。

でも，受験生がニガ手な一番大きい原因は

複素数平面には4つのアプローチがある。

ってことです。これに気づいてない人が多いんですよね。それをごっちゃにしてるから，難しく思えるんです。また，タチの悪いことに，同じ問題でも，複数のアプローチで解けることがあるんです。同じ問題が，別の問題集では全然ちがう解き方をしていた，なんて経験ありませんか？

ここで，「複素数平面」への4つのアプローチをまとめて，1つの問題が複数のアプローチで解けることを，簡単な問題で確認してみましょう。

複素数平面へのアプローチ ➡
- **1** $z = x + yi$ (x, y は実数)とおく
- **2** 共役複素数 $\overline{z}$ を利用する
- **3** 極形式 $z = r(\cos\theta + i\sin\theta)$ で表す
- **4** 図形的に考える

です。やってみるのは次の問題です。

● 問題 ●

z は虚数であり，$z + \dfrac{1}{z}$ は実数であるとする。このとき $|z|$ を求めよ。

1 $z = x + yi$ (x, y は実数)とおく

複素数の問題を解くアプローチの中で，基本中の基本ですよね。最終目標はたいがい

◆複素数の相等

a, b, c, d を実数とするとき，

$$a + bi = c + di \iff a = c,\ b = d$$

とくに，$a + bi = 0 \iff a = b = 0$

にもちこむことです。とにかく式を，

(実部) + (虚部)i の形に整理

して，そこから考えます。

この問題では「z は虚数」ですから，

$z = x + yi$　(x, y は実数で，$y \neq 0$)

とおけます。このとき，

$$z + \frac{1}{z} = x + yi + \frac{1}{x + yi}$$

$\times \dfrac{x - yi}{x - yi}$ で分母の実数化

$$= x + yi + \frac{x - yi}{x^2 - y^2 i^2}$$

(実部) + (虚部)i の形

$$= \left(x + \frac{x}{x^2 + y^2}\right) + \left(y - \frac{y}{x^2 + y^2}\right)i$$

$$= \frac{x(x^2 + y^2 + 1)}{x^2 + y^2} + \frac{y(x^2 + y^2 - 1)}{x^2 + y^2}i$$

となり，これが実数となりますから，(虚部) $= 0$ より

$$\frac{y(x^2+y^2-1)}{x^2+y^2}=0 \quad \therefore \quad y=0 \quad \text{または} \quad x^2+y^2=1$$

です。z が虚数なので $y \neq 0$ でしたから，これが成り立つとき

$$x^2+y^2=1$$

です。よって

$$|z|=\sqrt{x^2+y^2}=1$$

問題集や参考書では，複素数平面上の軌跡の問題を，よく，次の **2 共役複素数 $\overline{z}$ を利用する**解法で解いているのですが，個人的にはこの **1 $z=x+yi$ とおく**解法の方がよいように思います。$\overline{z}$ を利用できた方がカッコいいのですが，計算に慣れていない人が多く，模試などでも変形をミスっている答案をたくさん見ます。たとえば

「z が $z\overline{z}+2iz-2i\overline{z}=0$ をみたすときの点 $\mathrm{P}(z)$ の軌跡を求めよ」

という問題を解き比べてみますと

2 $\overline{z}$ 利用

$z\overline{z}+2iz-2i\overline{z}=0$ （z でくくる）

$z(\overline{z}+2i)-2i\overline{z}=0$ （$\overline{z}+2i$ を作る）

$z(\overline{z}+2i)-2i(\overline{z}+2i)+2i\cdot 2i=0$ （$\overline{z}+2i$ でくくる）

$(z-2i)(\overline{z}+2i)+4i^2=0$ （$2i=-\overline{2i}$）

$(z-2i)(\overline{z}-\overline{2i})=4$ （$\overline{\alpha}\pm\overline{\beta}=\overline{\alpha\pm\beta}$）

$(z-2i)(\overline{z-2i})=4$ （$\alpha\overline{\alpha}=|\alpha|^2$）

$|z-2i|^2=4$

$|z-2i|=2$

よって，

点 $2i$ を中心とする半径 2 の円

1 $z=x+yi$ とおく

$(x+yi)(x-yi)+2i(x+yi)$

$-2i(x-yi)=0$

$x^2-y^2i^2+4yi^2=0$

$x^2+y^2-4y=0$

$x^2+(y-2)^2=4$

よって，

点 $(0,\ 2)$ を中心とする半径 2 の円

すなわち，

点 $2i$ を中心とする半径 2 の円

という感じです。こんなショボい問題なのに，左の **2 $\overline{z}$ 利用**の解答は変形方針が高度ですし，いろいろな知識も使っています。それに対して右の **1 $z=x+yi$ とおく**解答は数学Ⅱの範囲だけで解けています。

これがこの章のはじめにいった，「似たような問題（というか同じ問題）なのに問題集によって解法がちがう」ってやつです。複素数平面の分野を難しく感じさせている原因の一つです。

ただし，複雑な問題では，最初から $z=x+yi$ とおいてしまうと，すさまじい計算になってしまうこともあり，$\overline{z}$ を利用して式をある程度整えてから $z=x+yi$ とおいた方がよいこともあります。$\overline{z}$ が不要なわけで

はありませんし，$\overline{z}$ の方がスッキリ解ける問題もあります。こちらもしっかりマスターしましょう。

2 共役複素数 $\overline{z}$ を利用する

このアプローチが有効なのは

> **◆複素数の絶対値と共役複素数の関係**
> $|z|^2 = z\overline{z}$

を利用する「絶対値を含む式」を扱う問題と

> **◆実数条件，純虚数条件**
> ● z が実数 $\iff$ $z = \overline{z}$
> ● z が純虚数 $\iff$ $z + \overline{z} = 0$ かつ $z \neq 0$

を利用する「実数である」，「純虚数である」を扱う問題のときでしょう。

$z = x + yi$ (x，y は実数) とおくと
$z\overline{z} = (x+yi)(x-yi)$
$= x^2 - y^2i^2$
$= x^2 + y^2$
$= |z|^2$

$z = x + yi$ (x，y は実数) とおくと $\overline{z} = x - yi$ で，
(z の実部) $= \dfrac{z+\overline{z}}{2}$
(z の虚部) $= \dfrac{z-\overline{z}}{2i}$
ですので，これが成り立ちます。

前ページの軌跡の問題の左の解答は上の $|z|^2 = z\overline{z}$ を使ったものでした。

では前々ページの例に「実数条件」を用いてみます。

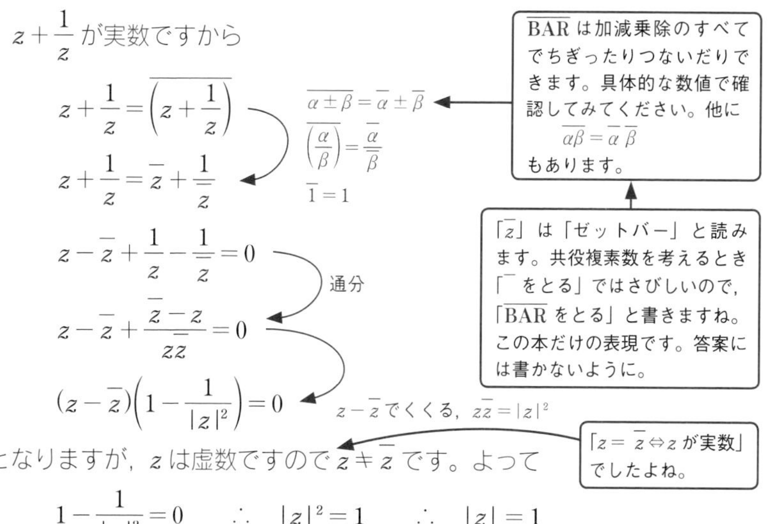

$z + \dfrac{1}{z}$ が実数ですから

$$z + \frac{1}{z} = \overline{\left(z + \frac{1}{z}\right)}$$

$$z + \frac{1}{z} = \overline{z} + \frac{1}{\overline{z}}$$

$$z - \overline{z} + \frac{1}{z} - \frac{1}{\overline{z}} = 0$$

$$z - \overline{z} + \frac{\overline{z} - z}{z\overline{z}} = 0$$

$$(z - \overline{z})\left(1 - \frac{1}{|z|^2}\right) = 0$$

となりますが，z は虚数ですので $z \neq \overline{z}$ です。よって

$$1 - \frac{1}{|z|^2} = 0 \qquad \therefore\ |z|^2 = 1 \qquad \therefore\ |z| = 1$$

3 極形式 $z=r(\cos\theta+i\sin\theta)$ で表す

極形式を利用する最大のメリットは積や商で

> **◆極形式と乗法・除法**
> 　0 でない複素数 z_1，z_2 が
> $$z_1=r_1(\cos\theta_1+i\sin\theta_1),\quad z_2=r_2(\cos\theta_2+i\sin\theta_2)$$
> と表せるとき，
> $$z_1z_2=r_1r_2\{\cos(\theta_1+\theta_2)+i\sin(\theta_1+\theta_2)\}$$
> $$\frac{z_1}{z_2}=\frac{r_1}{r_2}\{\cos(\theta_1-\theta_2)+i\sin(\theta_1-\theta_2)\}$$

が成り立つことでしょう。証明は加法定理を用いた計算でやりますが，図形的な意味の方が重要です。

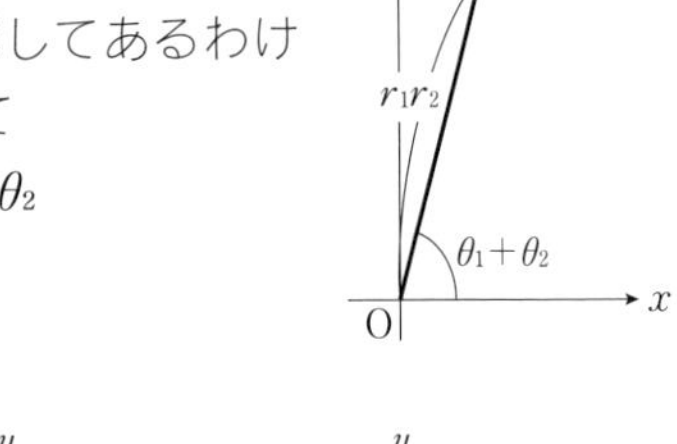

　z_1z_2 の式を見ますと，テキトーに変形してあるわけではなくて，ちゃんと極形式に戻っていて

　　z_1z_2 の絶対値が r_1r_2，偏角が $\theta_1+\theta_2$

になっていることがわかります。

　　z_1 の絶対値は r_1，偏角は θ_1

　　z_2 の絶対値は r_2，偏角は θ_2

ですから

　　「z_1 に z_2 を掛けた」

ときの図形的な意味を考えると，z_1 の表す点を P，z_1z_2 の表す点を Q として

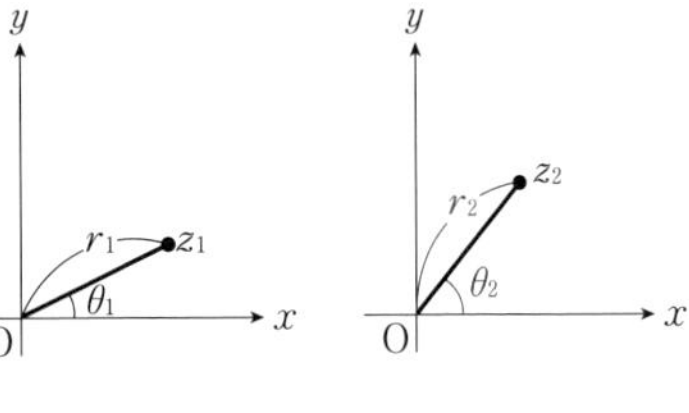

「$\overrightarrow{\mathrm{OQ}}$ は $\overrightarrow{\mathrm{OP}}$ を

　　$\theta_2(=\arg z_2)$ だけ回転し，

　　$r_2(=|z_2|)$ 倍に拡大したもの」

となります。

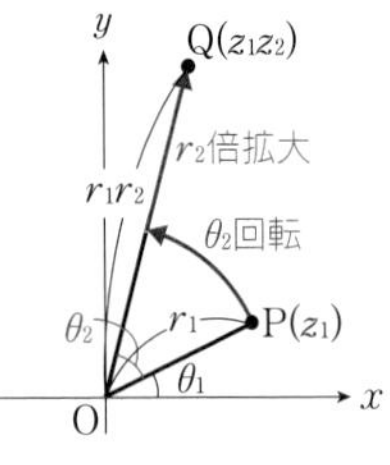

　極形式はこのように，積・商の計算と，複素数平面上での回転・拡大をつなぐ表現になっているんですね。まとめると

> $\times z\ (z\neq 0)$ は，$\arg z$ 回転，$|z|$ 倍拡大または縮小

です。

ここから，ド・モアブルの定理が図形的に導けて，$z=\cos\theta+i\sin\theta$ とすると $\arg z=\theta$，$|z|=1$ ですから

z^n は θ 回転を n 回，1 倍拡大を n 回

を意味していて，右の図のようになっています。

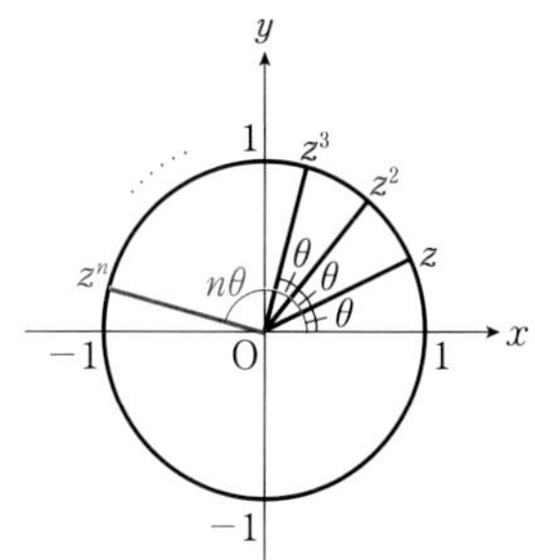

これは n が正の整数のときだけでなく，負の整数のときも成り立ち，次のようになります。

◆ド・モアブルの定理

n が整数のとき，

$$(\cos\theta+i\sin\theta)^n=\cos n\theta+i\sin n\theta$$

また，積や商の絶対値について

◆積・商と絶対値

$$|z_1z_2|=|z_1||z_2|,\quad \left|\frac{z_1}{z_2}\right|=\frac{|z_1|}{|z_2|}$$

$|z_1z_2|=r_1r_2=|z_1||z_2|$
もともとの長さ r_1 が
$\times z_2$ で r_2 倍にされた。

和のときは等式でなく
$|z_1+z_2|\leqq|z_1|+|z_2|$
となります。

極形式そのものは「0 でない複素数」に対して定義されますが，これは $z_1=0$ のときも成り立ちますね。

積や商の偏角について

◆積・商と偏角

$$\arg z_1z_2=\arg z_1+\arg z_2$$

$$\arg\frac{z_1}{z_2}=\arg z_1-\arg z_2$$

$\arg z_1z_2=\theta_1+\theta_2=\arg z_1+\arg z_2$
もともとの偏角 θ_1 が
$\times z_2$ で θ_2 だけ増加した。

$\log_a PQ=\log_a P+\log_a Q$，
$\log_a \dfrac{P}{Q}=\log_a P-\log_a Q$
と似ているのでおぼえ易い。

が成り立つことも，図形的にわかります。

長くなりました。問題に戻りましょう。

z を極形式で表すと，$z\neq0$ より

$$z=r(\cos\theta+i\sin\theta)\ (r>0)$$

で，z が虚数であることから，$\sin\theta\neq0$ ですので

$$0<\theta<\pi,\ \pi<\theta<2\pi$$

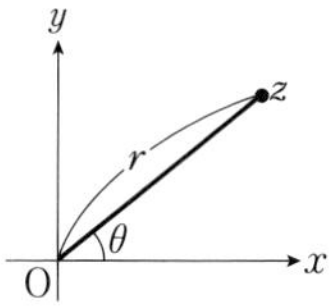

としましょう。このとき $\dfrac{1}{z}$ は

$$\frac{1}{z}=\frac{1}{r(\cos\theta+i\sin\theta)}$$
$$=\frac{\cos\theta-i\sin\theta}{r(\cos^2\theta+\sin^2\theta)}$$
$$=\frac{1}{r}(\cos\theta-i\sin\theta)$$

$\times\dfrac{\cos\theta-i\sin\theta}{\cos\theta-i\sin\theta}$ で分母の実数化

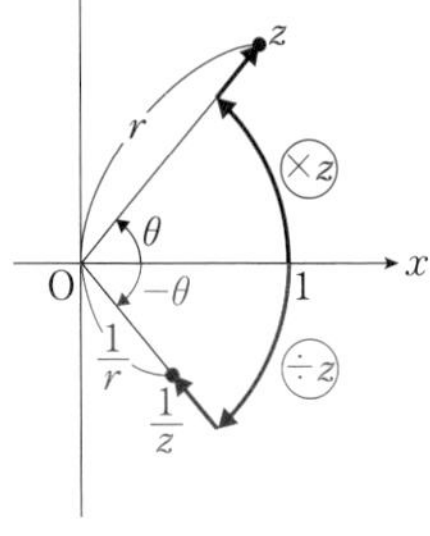

となります。あ，そうそう，これは「$\dfrac{1}{z}=1\div z$」と見ると「$\times z$」が「θ 回転，r 倍」ですから，「$\div z$」は「$-\theta$ 回転，$\dfrac{1}{r}$ 倍」となり

$$\frac{1}{z}=\frac{1}{r}\{\cos(-\theta)+i\sin(-\theta)\}$$
$$=\frac{1}{r}(\cos\theta-i\sin\theta)$$

と求めることもできます。

よって

$$z+\frac{1}{z}=r(\cos\theta+i\sin\theta)+\frac{1}{r}(\cos\theta-i\sin\theta)$$
$$=\left(r+\frac{1}{r}\right)\cos\theta+i\left(r-\frac{1}{r}\right)\sin\theta$$

(実部)＋(虚部)i の形に整理

となり，これが実数ですから，(虚部)$=0$ で

$$\left(r-\frac{1}{r}\right)\sin\theta=0$$

$0<\theta<\pi$，$\pi<\theta<2\pi$ より $\sin\theta\neq0$ ですから

$$r-\frac{1}{r}=0 \qquad \therefore\ r^2=1 \qquad \therefore\ |z|=r=1$$

極形式でも求めることができましたね。

4 図形的に考える

さて，最後の大物です。複素数平面の分野の図形に関する公式や定理はたくさんあるように見えるのですが，じつは主に 2 つの関係しか使っていません。それは複素数の計算と，複素数平面上での図形の動きの次の 2 つの関係です。

①複素数の和・差・実数倍 $\Longleftrightarrow$ ベクトルの和・差・実数倍
②複素数の積・商・n 乗 $\Longleftrightarrow$ 回転 ＋ 拡大(縮小)

②の関係を担当している表現が極形式なわけです。**3 $z=r(\cos\theta+i\sin\theta)$ で表す**で説明しましたよね。①の関係を担当している表現が $z=x+yi$ です。

複素数の和では，実部と実部，虚部と虚部を足しますよね。

ベクトルの和では，x 成分と x 成分，y 成分と y 成分を足しますから，同じ構造になっているわけです。差や実数倍でも同じです。

ベクトル

A$(x_1,\ y_1)$，B$(x_2,\ y_2)$ として

$\overrightarrow{OC}=\overrightarrow{OA}+\overrightarrow{OB}=(x_1+x_2,\ y_1+y_2)$

複素数平面

A$(\alpha=x_1+y_1i)$，B$(\beta=x_2+y_2i)$，C(γ) として

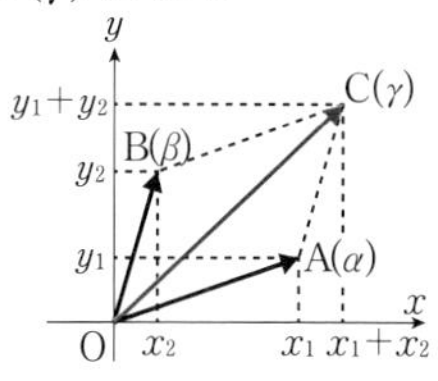

$\gamma=\alpha+\beta=(x_1+x_2)+(y_1+y_2)i$

ですから，2 点間の距離や，内分・外分の公式，三角形の重心の式などが

ベクトル　$|\overrightarrow{AB}|=|\overrightarrow{OB}-\overrightarrow{OA}|$　$\dfrac{n\overrightarrow{OA}+m\overrightarrow{OB}}{m+n}$　$\dfrac{\overrightarrow{OA}+\overrightarrow{OB}+\overrightarrow{OC}}{3}$

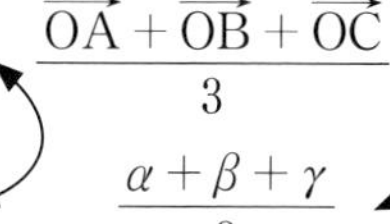

複素数平面　$AB=|\beta-\alpha|$　$\dfrac{n\alpha+m\beta}{m+n}$　$\dfrac{\alpha+\beta+\gamma}{3}$

このように似ているわけです。

では，問題を考えてみましょう。

z，$\dfrac{1}{z}$ が複素数平面上で表す点をそれぞれを P，Q としましょう。

3 $z=r(\cos\theta+i\sin\theta)$ で表すのところでも説明しましたが，$\dfrac{1}{z}$ は $1\div z$ と考えると割り算ですので，回転のイメージでとらえましょう。

z が θ 回転，r 倍

なら

$\dfrac{1}{z}$ は $-\theta$ 回転，$\dfrac{1}{r}$ 倍

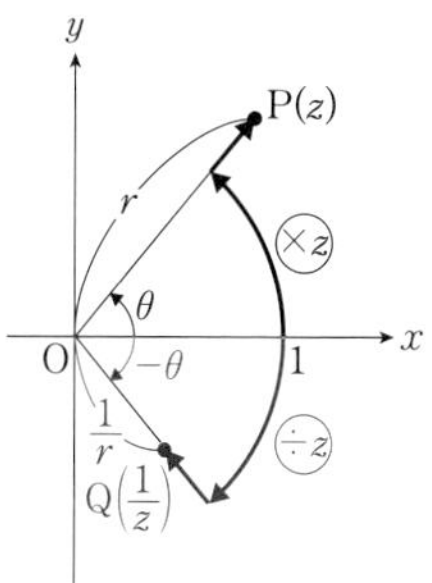

です。

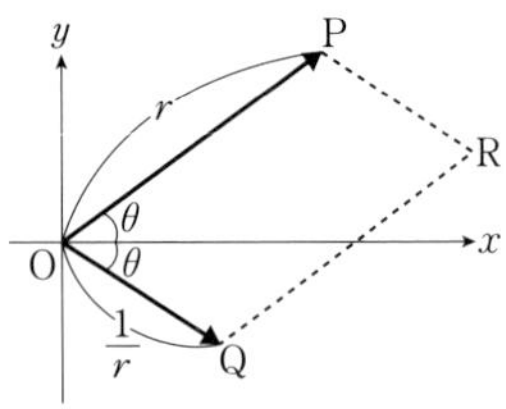

z は虚数ですから，P は実軸上にはありません。ですから，P と Q は実軸に関して反対側にあり，$\overrightarrow{\mathrm{OP}}$ と $\overrightarrow{\mathrm{OQ}}$ が x 軸の正方向となす角は等しく，さらに

$$\mathrm{OP}=r,\ \mathrm{OQ}=\frac{1}{r}$$

となっています。

一方，$z+\dfrac{1}{z}$ は足し算ですので，ベクトルのイメージでとらえて

$$\overrightarrow{\mathrm{OR}}=\overrightarrow{\mathrm{OP}}+\overrightarrow{\mathrm{OQ}}$$

とすると，「$z+\dfrac{1}{z}$ が実数」とは，「R が実軸上」ということです。

この 2 つの図形的な性質から

平行四辺形 OPRQ は対角線 OR が実軸上

ということになります。よって，$\angle\mathrm{POR}=\angle\mathrm{QOR}$ です。また，平行四辺形ですので，$\angle\mathrm{PRO}=\angle\mathrm{QOR}$ ですので，$\angle\mathrm{PRO}=\angle\mathrm{POR}$ となり，$\mathrm{OP}=\mathrm{PR}$ です。さらに平行四辺形であることから $\mathrm{OQ}=\mathrm{PR}$ ですので

$$\mathrm{OP}=\mathrm{OQ}$$ ←要は菱形です。

です。よって

$$r=\frac{1}{r}\qquad\therefore\quad r^2=1\qquad\therefore\quad |z|=r=1$$

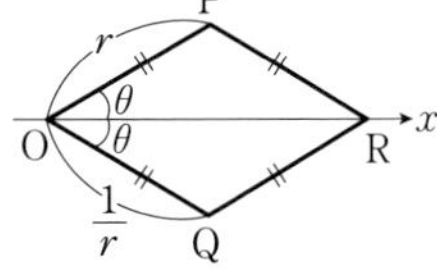

となります。

簡単な問題でしたが，4 つのアプローチすべてで解けましたね。いつも 4 つともで解けるわけではありませんが，1 つの問題を 4 つの視点から見てみると，1 つくらいはいい切り口が見つかると思います。

最後に，定理を 1 つ証明してみます。

◆垂直条件

$A(\alpha)$，$B(\beta)$，$C(\gamma)$ を相異なる点とするとき

$$\mathbf{AB \perp AC} \iff \frac{\gamma-\alpha}{\beta-\alpha} \text{ が純虚数}$$

$$\iff (\gamma-\alpha)(\overline{\beta}-\overline{\alpha})+(\overline{\gamma}-\overline{\alpha})(\beta-\alpha)=0$$

〰〰部分は教科書で太字になっているのですが，これを丸暗記，しかも〰〰部分は式まで丸暗記している人がいて，記憶力に驚かされます。覚えられればそれでいいのですが，“1 分以内に導ける公式は覚えない”の原則で，導いてみましょう。さきほどもいいましたが

①**和・差・実数倍**　$\iff$　**ベクトル**

②**積・商・n 乗**　$\iff$　**回転 ＋ 拡大**

の 2 つですべて組み立てられますから。

まず，垂直ですので，“90°回転”を考えますが，複素数の積による回転は原点を中心とする回転ですので，A を原点 O に移動します。ベクトルのイメージですね。

A $\longrightarrow$ O　すなわち　$\alpha \longrightarrow 0$

となる和・差・実数倍を考えて，「$-\alpha$ すればよい」ことに気づきます。これにともなって

B $\longrightarrow$ B′，C $\longrightarrow$ C′

と平行移動したとすると，

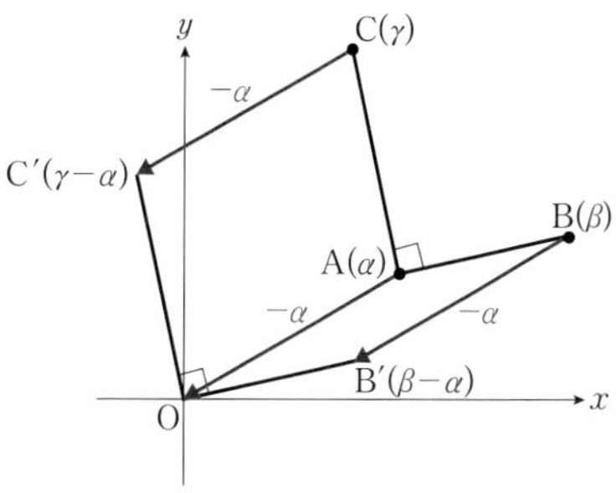

$A(\alpha) \underset{-\alpha}{\longrightarrow} O(0)$，$B(\beta) \underset{-\alpha}{\longrightarrow} B'(\beta-\alpha)$，$C(\gamma) \underset{-\alpha}{\longrightarrow} C'(\gamma-\alpha)$

となります。

$\angle BAC=90°$ より $\angle B'OC'=90°$ ですので

「C′ は B′ を O を中心として 90°回転した点」

ということになるのですが，$AB=AC$ つまり $OB'=OC'$ とは限りません。また，時計まわりの回転と反時計まわりの回転の 2 つの可能性があります。ですから，正確には

「C′ は B′ を O を中心として ±90°回転して r 倍 $(r>0)$ した点」と考えて,

$$\gamma-\alpha=(\beta-\alpha)\times r\left\{\cos\left(\pm\frac{\pi}{2}\right)+i\sin\left(\pm\frac{\pi}{2}\right)\right\}$$

$\overrightarrow{OC}-\overrightarrow{OA}$　$\overrightarrow{OB}-\overrightarrow{OA}$

$\overrightarrow{AC}$ は $\overrightarrow{AB}$ を r 倍　$\pm\frac{\pi}{2}$ 回転

このように
ベクトルを回転＋拡大
と読み取れるようになると,
グンと level up します。

となり, $\cos\left(\pm\frac{\pi}{2}\right)=0$, $\sin\left(\pm\frac{\pi}{2}\right)=\pm1$ ですから

$$\gamma-\alpha=(\beta-\alpha)\times(\pm ri)$$

$$\frac{\gamma-\alpha}{\beta-\alpha}=\pm ri$$　(以上すべて複号同順)

となります。だから

「$\dfrac{\gamma-\alpha}{\beta-\alpha}$ が純虚数」

となるわけです。さらに, **2 $\overline{z}$ を利用する**, の

「z が純虚数」 $\Longleftrightarrow$ $z+\overline{z}=0$ かつ $z\neq0$

を使いますと, α, β, γ が相異なるという条件のもとで

$$\frac{\gamma-\alpha}{\beta-\alpha}+\overline{\left(\frac{\gamma-\alpha}{\beta-\alpha}\right)}=0$$

$\overline{\left(\frac{\alpha}{\beta}\right)}=\frac{\overline{\alpha}}{\overline{\beta}}$, $\overline{\alpha\pm\beta}=\overline{\alpha}\pm\overline{\beta}$

$$\frac{\gamma-\alpha}{\beta-\alpha}+\frac{\overline{\gamma}-\overline{\alpha}}{\overline{\beta}-\overline{\alpha}}=0$$

分母を払った

$$(\gamma-\alpha)(\overline{\beta}-\overline{\alpha})+(\overline{\gamma}-\overline{\alpha})(\beta-\alpha)=0$$

となります。

このように, 複素数平面上の図形に関する定理や公式のほとんどは

①**和・差・実数倍**　$\Longleftrightarrow$　**ベクトル**

②**積・商・n 乗**　$\Longleftrightarrow$　**回転 ＋ 拡大**

の 2 つで導くことができます。他のものでもやってみてください。はじめから丸暗記しようとするのではなく,「何回か導いているうちに覚えちゃった」というのが理想です。

テーマ 58 複素数平面①

問題 58 ★☆☆ 30分

a を正の実数，$w=a(\cos 5^\circ+i\sin 5^\circ)$ とする。ただし i は虚数単位である。また，複素数の列 $\{z_n\}$ を $z_1=w$, $z_{n+1}=z_n w^{2n+1}$ $(n=1,\ 2,\ \cdots)$ で定める。

(1) z_n が実数になるための必要十分条件は n が 6 の倍数であることを示せ。

(2) 複素数平面で原点を O とし z_n を表す点を P_n とする。$1\leqq n\leqq 17$ であるような n について，$\triangle \mathrm{OP}_n\mathrm{P}_{n+1}$ が直角二等辺三角形となるような n と a を求めよ。

（阪大・理系・03 前）

理解 お，変な漸化式ですね。$z_{n+1}=z_n w$ なら「公比 w の等比数列」ですが，「w^{2n+1}」になってますね。ちょっと書き出してみましょうか。

$$z_{n+1}=z_n w^{2n+1}$$

$(n=1)$ $z_2=z_1w^3=w\cdot w^3=w^{1+3}=w^4$ $(\because\ z_1=w)$

$(n=2)$ $z_3=z_2w^5=w\cdot w^3\cdot w^5=w^{1+3+5}=w^9$

$(n=3)$ $z_4=z_3w^7=w\cdot w^3\cdot w^5\cdot w^7=w^{1+3+5+7}=w^{16}$

「以下同様に」でいいですね。

$$\begin{aligned} z_n&=z_{n-1}w^{2n-1}=z_{n-2}w^{2n-3}\cdot w^{2n-1}=\cdots\\ &=w\cdot w^3\cdot w^5\cdot\cdots\cdot w^{2n-3}\cdot w^{2n-1}\\ &=w^{1+3+5+\cdots+(2n-1)}\\ &=w^{\frac{n}{2}\{1+(2n-1)\}}\\ &=w^{n^2}\end{aligned}$$

初項 1，末項 $2n-1$，項数 n の等差数列の和

初項 a，末項 l，項数 n の等差数列の和を S_n とすると

$$S_n=\frac{n}{2}(a+l)$$

$l=a+(n-1)d$ を代入すると，いつもの

$$S_n=\frac{n}{2}\{2a+(n-1)d\}$$

$w=a(\cos 5^\circ+i\sin 5^\circ)$ ですから，ド・モアブルの定理を用いて

$$z_n=a^{n^2}\{\cos(5^\circ\times n^2)+i\sin(5^\circ\times n^2)\}$$

となりました。

(1)の「z_n が実数になる」は

$$(z_n\text{の虚部}) = \sin(5^\circ \times n^2) = 0$$

ですから，k を正の整数として

$$5^\circ \times n^2 = 180^\circ \times k$$

図形的には「実軸上にある」ということですね。
両辺を 5° で割ると

$$n^2 = 36k$$

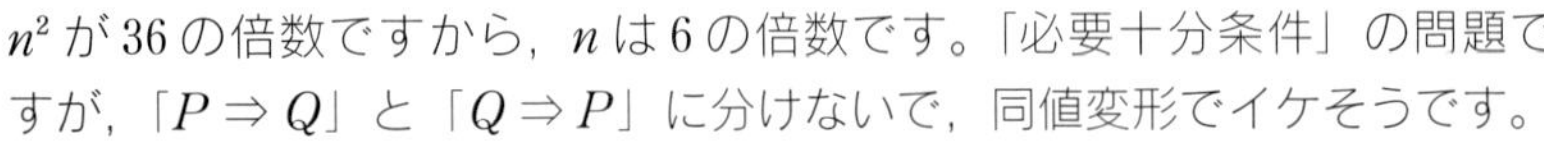

n^2 が36の倍数ですから，n は6の倍数です。「必要十分条件」の問題ですが，「$P \Rightarrow Q$」と「$Q \Rightarrow P$」に分けないで，同値変形でイケそうです。

(2)の「$1 \leqq n \leqq 17$」は，何か不思議な範囲ですね。何なんでしょう？
このとき

z_n の絶対値　$|z_n| = a^{n^2}$　は　$a^1 \leqq z_n \leqq a^{289}$

z_n の偏角　$\arg z_n = 5^\circ \times n^2$　は　$5^\circ \leqq \arg z_n \leqq 1445^\circ$

ですが，あんまり意味はなさそうですね。

「$\triangle \mathrm{OP}_n\mathrm{P}_{n+1}$」を扱うので，$z_n$ と z_{n+1} の関係を見てみましょうか。

$$z_{n+1} = z_n \times w^{2n+1}$$
$$= z_n \times a^{2n+1}\{\cos(5^\circ \times (2n+1)) + i\sin(5^\circ \times (2n+1))\}$$

$\overrightarrow{\mathrm{OP}_{n+1}}$ は $\overrightarrow{\mathrm{OP}_n}$ を a^{2n+1} 倍　$5^\circ \times (2n+1)$ 回転

「拡大率」という言葉は
数学用語ではないので
解答には使わないように(笑)。

ですから，$1 \leqq n \leqq 17$ のとき，

拡大率(？)$|w^{2n+1}| = a^{2n+1}$　は　$a^3 \leqq a^{2n+1} \leqq a^{35}$

回転角 $\arg w^{2n+1} = 5^\circ \times (2n+1)$　は　$15^\circ \leqq \arg w^{2n+1} \leqq 175^\circ$

あ，たぶん，「回転角が 0°～180° の間だよ」って意味ですね。

そうしますと，「$\triangle \mathrm{OP}_n\mathrm{P}_{n+1}$ が直角二等辺三角形」になるのは，O，P_n，P_{n+1} のどこが直角かで3通り考えられて，

(i)　$\angle \mathrm{P}_n\mathrm{OP}_{n+1} = 90^\circ$

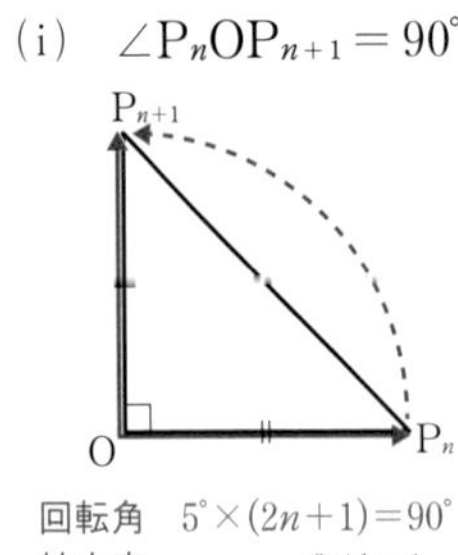

回転角　$5^\circ \times (2n+1) = 90^\circ$
拡大率　$a^{2n+1} = 1$

(ii)　$\angle \mathrm{OP}_n\mathrm{P}_{n+1} = 90^\circ$

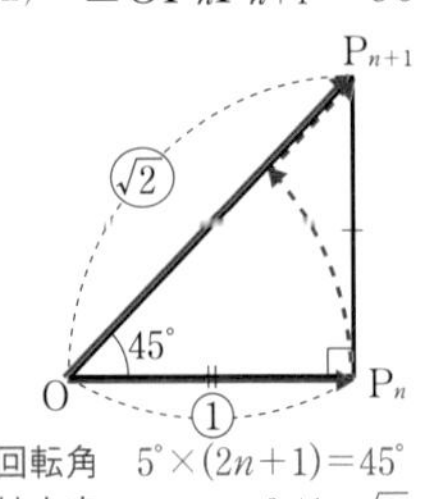

回転角　$5^\circ \times (2n+1) = 45^\circ$
拡大率　$a^{2n+1} = \sqrt{2}$

(iii)　$\angle \mathrm{OP}_{n+1}\mathrm{P}_n = 90^\circ$

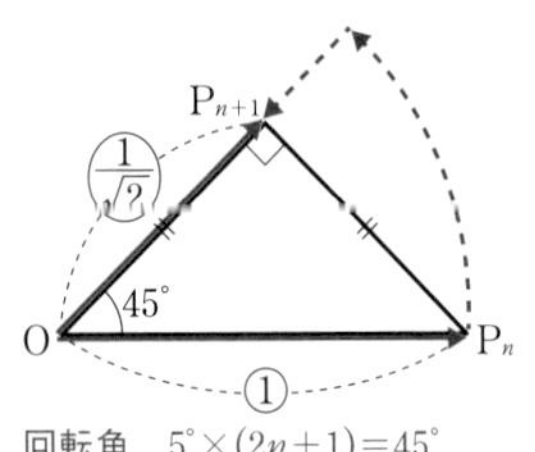

回転角　$5^\circ \times (2n+1) = 45^\circ$
拡大率　$a^{2n+1} = \dfrac{1}{\sqrt{2}}$

の 3 通りです。

$$15^\circ \leqq \arg w^{2n+1} \leqq 175^\circ$$

のおかげで，たとえば(i)の場合

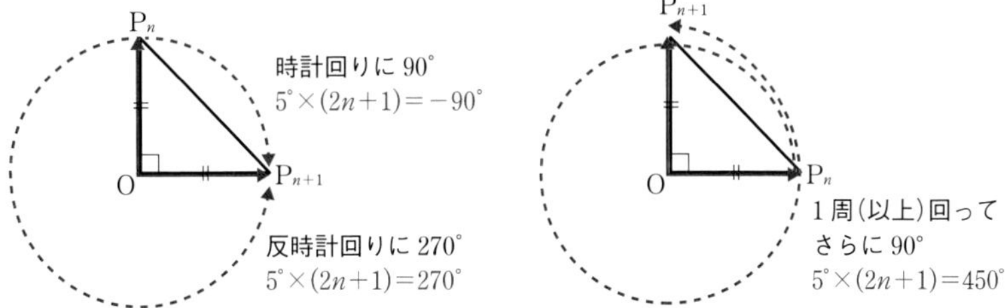

こんなケースを考えなくてもいいわけですね。なるほど〜です。

(i)，(ii)，(iii)とも a と n の 2 文字で 2 式あるので，答えが出ます。

$$z_{n+1}=z_n w^{2n+1} \quad \cdots\cdots ①$$

(1) ①より，$n \geqq 2$ のとき，

次の行で①の n を $n-1$ としたので，念のため「$n\geqq 2$」をつけました。「$z_n=z_{n-1}w^{2n-1}$」で $n=1$ とすると $z_1=z_0w^1$ となり，未定義の z_0 が出てしまいますので，念のため。

そんなことをいいだしたら，次の「$z_{n-2}w^{2n-3}\cdot w^{2n-1}$」で $n=2$ とすると，$z_0w\cdot w^3$ になってしまうのですが(笑)。2 行目以下はあくまで説明ですので，1 行目が成立していれば OK です。

$$\begin{aligned} z_n &= z_{n-1}w^{2n-1} \\ &= z_{n-2}w^{2n-3}\cdot w^{2n-1} \\ &\ \vdots \\ &= z_1 w^3\cdot w^5\cdot w^7\cdot \cdots \cdot w^{2n-1} \\ &= w^{1+3+5+7+\cdots+(2n-1)} \\ &\qquad\qquad (\because \ z_1=w \text{ より}) \\ &= w^{\frac{n}{2}\{1+(2n-1)\}} \\ &= w^{n^2} \end{aligned}$$

であり，これは $n=1$ のときも成り立つ。

$w=a(\cos 5^\circ \times i\sin 5^\circ)$ であるから，ド・モアブルの定理より，

$$z_n=a^{n^2}\{\cos(5^\circ\times n^2)+i\sin(5^\circ\times n^2)\}$$

よって，

「z_n が実数」

$\Leftrightarrow \ \sin(5^\circ\times n^2)=0$

$\Leftrightarrow$ 「$5^\circ\times n^2=180^\circ\times k$ すなわち $n^2=36k$ となる正の整数 k が存在」

$\Leftrightarrow$ 「n^2 が 36 の倍数」

$\Leftrightarrow$ 「n が 6 の倍数」

である。

> 厳密には，素因数分解して考えて，「n^2 が $36 = 2^2 \cdot 3^2$ の倍数より，n^2 は 2 の倍数かつ 3 の倍数。よって，n は 2 の倍数かつ 3 の倍数であるから，n は 6 の倍数」となります。

（証明おわり）

(2) ①と，ド・モアブルの定理より，

$$z_{n+1} = z_n \times a^{2n+1}\{\cos(5^\circ \times (2n+1)) + i\sin(5^\circ \times (2n+1))\}$$

であるから，$\overrightarrow{\mathrm{OP}_{n+1}}$ は $\overrightarrow{\mathrm{OP}_n}$ を $5^\circ \times (2n+1)$ だけ回転し，a^{2n+1} 倍したものであり，$1 \leqq n \leqq 17$ のとき，

$$15^\circ \leqq 5^\circ \times (2n+1) \leqq 175^\circ \quad \cdots\cdots ②$$

である。

$\triangle \mathrm{OP}_n\mathrm{P}_{n+1}$ が直角二等辺三角形となるのは，

(i) $\angle \mathrm{P}_n\mathrm{OP}_{n+1} = 90^\circ$　　(ii) $\angle \mathrm{OP}_n\mathrm{P}_{n+1} = 90^\circ$

(iii) $\angle \mathrm{OP}_{n+1}\mathrm{P}_n = 90^\circ$

のいずれかであり，②を考慮すると，各々について n と a は次のようになる。

(i) $\angle \mathrm{P}_n\mathrm{OP}_{n+1} = 90^\circ$ のとき

$$5^\circ \times (2n+1) = 90^\circ \qquad \therefore \quad n = \frac{17}{2}$$

であるが，n は整数であるから不適。

(ii) $\angle \mathrm{OP}_n\mathrm{P}_{n+1} = 90^\circ$ のとき

$$\begin{cases} 5^\circ \times (2n+1) = 45^\circ \\ a^{2n+1} = \sqrt{2} \end{cases} \qquad \therefore \begin{cases} n = 4 \\ a = 2^{\frac{1}{18}} \end{cases}$$

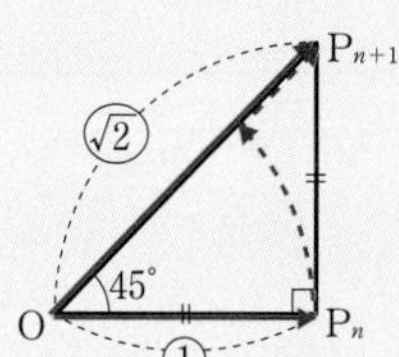

(iii) $\angle \mathrm{OP}_{n+1}\mathrm{P}_n = 90^\circ$ のとき

$$\begin{cases} 5^\circ \times (2n+1) = 45^\circ \\ a^{2n+1} = \dfrac{1}{\sqrt{2}} \end{cases} \qquad \therefore \begin{cases} n = 4 \\ a = 2^{-\frac{1}{18}} \end{cases}$$

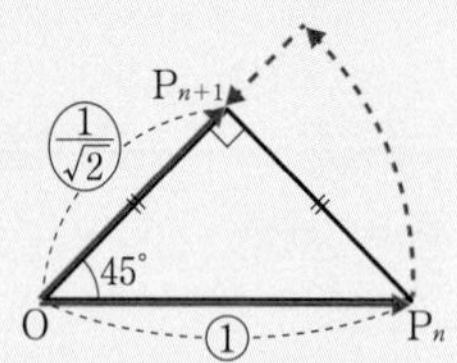

以上(i), (ii), (iii)より，求める n と a の値は

$$n = 4, \quad a = 2^{\pm\frac{1}{18}}$$

テーマ

59 複素数平面②

問題 59 ★★★ 30分

平面上において，7点 A，P，Q，R，S，R′，S′ を右図のようにとる。ただし，

$AP=a$，$PQ=b$，

$QR=QR'=c$，$RS=R'S'=d$，

$\angle APQ=\angle SRQ=\angle S'R'Q=\alpha$

$(0\leqq\alpha\leqq\pi)$

$\angle RQP=\angle PQR'=\beta \quad (0\leqq\beta\leqq\pi)$

である。このとき

$AS^2-AS'^2$

を $\sin\alpha$，$\sin\beta$ および a，b，c，d を用いて表せ。

（阪大・理系・98前）

理解 さあて，エグい形をしておりますが……よく見ると，図1の赤い折れ線 QRS と QR′S′ は同じ形をしていることに気がつきます。折れ線 QPA はちがいますね。阪大の先生も気をつかって，R と R′，S と S′ のように文字を対応させてくださってます。気づいてくださいね。

さて，そうしますと，**第14章媒介変数表示**でやりました

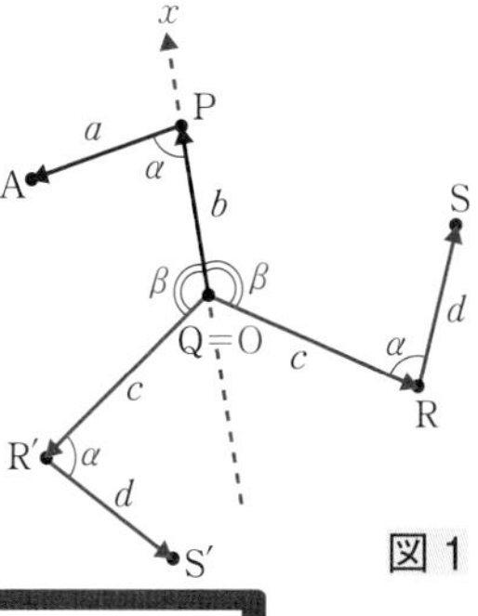

図1

座標平面で動くもの ➡ ベクトルで追う

でしょうか。動いているわけではないんですけど，「Q から P へ行って，それから A に行く」みたいに見えません？　そうすると，$\overrightarrow{QP}$ や $\overrightarrow{PA}$ に分解できて，ベクトルが回転していますから，

複素数平面

が候補になります。

Qを原点Oとして，Pを実軸（x 軸）の正の部分におくと図2のようになり，$\mathrm{OP}=\mathrm{QP}=b$ より，

$\overrightarrow{\mathrm{OP}}$ に対応する複素数は b（実数）

です。$\overrightarrow{\mathrm{PA}}$ の始点を原点にもってきたときにAの移った先をA′とすると，点A′を表す複素数は，絶対値 a，偏角 $\pi-\alpha$ なので

$$a\{\cos(\pi-\alpha)+i\sin(\pi-\alpha)\}$$

です。ちょっと長いので，{ }の部分を

$$w=\cos(\pi-\alpha)+i\sin(\pi-\alpha)\quad\cdots\cdots ⓐ$$

とおきましょうか。すると

$\overrightarrow{\mathrm{PA}}=\overrightarrow{\mathrm{OA'}}$ に対応する複素数は aw

となります。そうしますと

$$\overrightarrow{\mathrm{OA}}=\overrightarrow{\mathrm{OP}}+\overrightarrow{\mathrm{PA}}$$

に対応する複素数，つまり点Aを表す複素数は

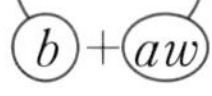

$$b+aw$$

となりますね。

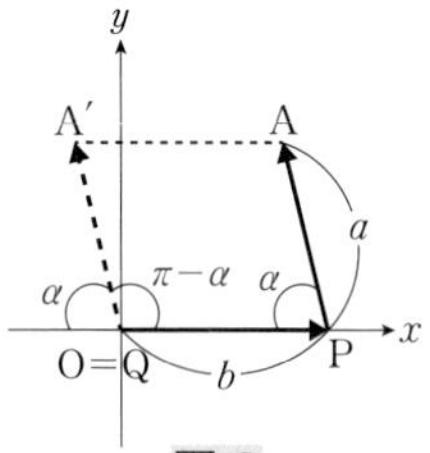

図2

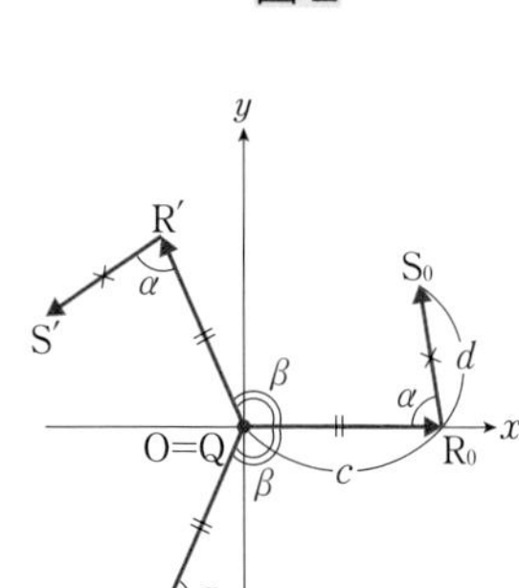

図3

図3のように点 $\mathrm{R_0}$，$\mathrm{S_0}$ をおきますと，$\overrightarrow{\mathrm{OS'}}$，$\overrightarrow{\mathrm{OS}}$ は $\overrightarrow{\mathrm{OS_0}}$ を $\pm\beta$ 回転したものですから，まず点 $\mathrm{S_0}$ を表す複素数を求めましょう。上と同様に

$\overrightarrow{\mathrm{OR_0}}$ に対応する複素数は c（実数）

$\overrightarrow{\mathrm{R_0S_0}}$ に対応する複素数は dw

ですから

$$\overrightarrow{\mathrm{OS_0}}=\overrightarrow{\mathrm{OR_0}}+\overrightarrow{\mathrm{R_0S_0}}$$

に対応する複素数，つまり点 $\mathrm{S_0}$ を表す複素数は

$$c+dw$$

です。原点を中心として β 回転を表す複素数を z とおくと

$$z=\cos\beta+i\sin\beta\quad\cdots\cdots ⓑ$$

ですから，原点を中心として $-\beta$ 回転を表す複素数は

$$\begin{aligned}&\cos(-\beta)+i\sin(-\beta)\\&=\cos\beta-i\sin\beta\\&=\overline{z}\quad\cdots\cdots ⓒ\end{aligned}$$

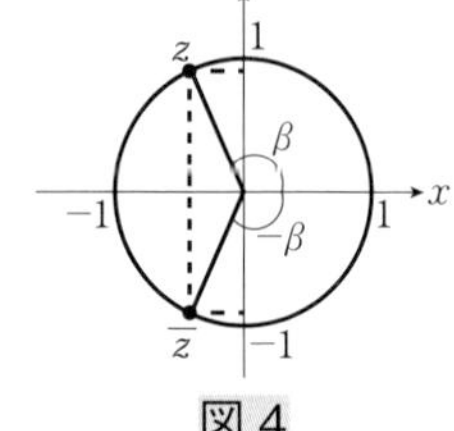

図4

です。ということで

点 S′ を表す複素数は　$(c+dw)z$

点 S を表す複素数は　$(c+dw)\overline{z}$

そうしますと

$$|\overrightarrow{\mathrm{AS}}|^2=|\overrightarrow{\mathrm{OS}}-\overrightarrow{\mathrm{OA}}|^2$$

ですから

$$\begin{aligned}\mathrm{AS}^2&=|(c+dw)\overline{z}-(b+aw)|^2\\&=(c\overline{z}+dw\overline{z}-b-aw)\overline{(c\overline{z}+dw\overline{z}-b-aw)}\end{aligned}$$

$|z|^2=z\overline{z}$

となりますが，これはなかなかエグい計算になりそうです。

いったん，点 A を表す複素数を t，点 $\mathrm{S_0}$ を表す複素数を s とおきましょうか。

$$t=b+aw,\ s=c+dw \quad \cdots\cdots ⓓ$$

で，点 S′，S を表す複素数が，それぞれ sz，$s\overline{z}$ になります。そうしますと

$$\begin{aligned}\mathrm{AS}^2&=|s\overline{z}-t|^2\\&=(s\overline{z}-t)\overline{(s\overline{z}-t)}\\&=(s\overline{z}-t)(\overline{s}z-\overline{t})\\&=s\overline{s}z\overline{z}-s\overline{t}\,\overline{z}-\overline{s}tz+t\overline{t}\end{aligned}$$

$|z|^2=z\overline{z}$

$\overline{\alpha\pm\beta}=\overline{\alpha}\pm\overline{\beta}$，$\overline{\alpha\beta}=\overline{\alpha}\,\overline{\beta}$，$\overline{\overline{\alpha}}=\alpha$

展開

$\mathrm{AS'}^2$ は z を $\overline{z}$ にかえるだけですから

$$\mathrm{AS'}^2=s\overline{s}\,\overline{z}z-s\overline{t}z-\overline{s}t\overline{z}+t\overline{t}$$

となり，$\mathrm{AS}^2-\mathrm{AS'}^2$ をすると，⋰ のところが消えて，共通因数でくくったりできそうです。

$$\begin{aligned}\mathrm{AS}^2-\mathrm{AS'}^2&=-s\overline{t}\,\overline{z}-\overline{s}tz+s\overline{t}z+\overline{s}t\overline{z}\\&=(\overline{s}t-s\overline{t})\overline{z}+(s\overline{t}-\overline{s}t)z\\&=(s\overline{t}-\overline{s}t)(z-\overline{z})\end{aligned}$$

$\overline{z}$，z でくくる

因数分解できた！　……ⓔ

計画　お！　キレイになりましたね！　ⓑ，ⓒから

$$z-\overline{z}=(\cos\beta+i\sin\beta)-(\cos\beta-i\sin\beta)=2i\sin\beta \quad \cdots\cdots ⓕ$$

です。$\sin\beta$ が出てきました。「$\sin\alpha$，$\sin\beta$ および a，b，c，d を用いて表せ」ですから，イイ感じです。

次にⓓから

$$s\bar{t}=(c+dw)(\overline{b+aw})$$
$$=(c+dw)(\bar{b}+\bar{a}\,\bar{w})$$
$$=(c+dw)(b+a\bar{w})$$
$$=bc+ac\bar{w}+bdw+adw\bar{w}$$

a，b は実数なので $\bar{a}=a$，$\bar{b}=b$

$$\bar{s}t=(\overline{c+dw})(b+aw)$$
$$=(c+d\bar{w})(b+aw)$$
$$=bc+acw+bd\bar{w}+adw\bar{w}$$

ですから，$s\bar{t}-\bar{s}t$ とすると，⁄ のところが消えて

$$s\bar{t}-\bar{s}t=ac\bar{w}+bdw-acw-bd\bar{w}$$
$$=(ac-bd)\bar{w}+(bd-ac)w$$
$$=(ac-bd)(\bar{w}-w) \quad \cdots\cdots ⓖ$$

$\bar{w}$，w でくくる

因数分解できた！

ここで，ⓐから

$$\bar{w}-w=\{\cos(\pi-\alpha)-i\sin(\pi-\alpha)\}-\{\cos(\pi-\alpha)+i\sin(\pi-\alpha)\}$$
$$=-2i\sin(\pi-\alpha)$$
$$=-2i\sin\alpha$$

ですから，ⓖは

$$s\bar{t}-\bar{s}t=-2(ac-bd)i\sin\alpha \quad \cdots\cdots ⓖ'$$

となります。

ⓔにⓕ，ⓖ′を代入して

$$\mathrm{AS}^2-\mathrm{AS}'^2=(s\bar{t}-\bar{s}t)(z-\bar{z})$$
$$=-2(ac-bd)i\sin\alpha\times 2i\sin\beta$$
$$=4(ac-bd)\sin\alpha\sin\beta$$

できました！

実行

Oを原点とする複素数平面を考え，与えられた図形を，点Qが原点Oと一致し，点Pが実軸の正の部分にあるようにおく。また，

$$w=\cos(\pi-\alpha)+i\sin(\pi-\alpha)$$
$$=-\cos\alpha+i\sin\alpha \quad \cdots\cdots①$$
$$z=\cos\beta+i\sin\beta \quad \cdots\cdots②$$

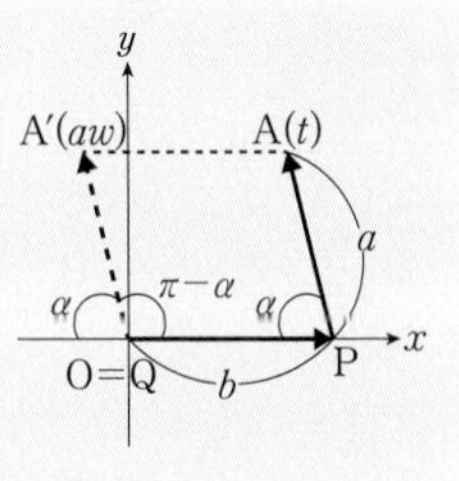

とおくと，$\bar{z}=\cos\beta-i\sin\beta=\cos(-\beta)+i\sin(-\beta)$ である。

点Pを表す複素数はbである。また，$\overrightarrow{\mathrm{OA'}}=\overrightarrow{\mathrm{PA}}$となるように点A′をとると，点A′を表す複素数は絶対値a，偏角$\pi-\alpha$であるからawである。よって，点Aを表す複素数をtとおくと，$\overrightarrow{\mathrm{OA}}=\overrightarrow{\mathrm{OP}}+\overrightarrow{\mathrm{PA}}$より，

$$t=b+aw \quad \cdots\cdots③$$

次に点$\mathrm{R_0}$，$\mathrm{S_0}$を右の図のようにとり，点$\mathrm{S_0}$を表す複素数をsとおくと，上と同様にして，

$$s=c+dw \quad \cdots\cdots④$$

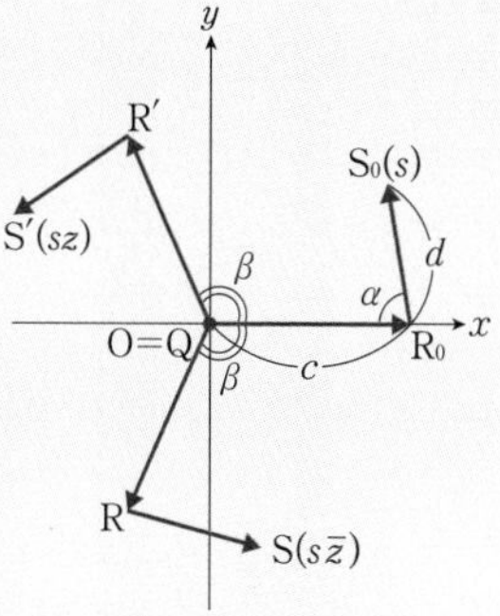

である。S′，Sは$\mathrm{S_0}$を原点Oのまわりにそれぞれβ，$-\beta$だけ回転した点であるから，それぞれを表す複素数は，

$$sz,\ s\overline{z}$$

である。

よって，

$$\begin{aligned}\mathrm{AS}^2-\mathrm{AS'}^2&=|s\overline{z}-t|^2-|sz-t|^2\\&=(s\overline{z}-t)(\overline{s}z-\overline{t})-(sz-t)(\overline{s}\,\overline{z}-\overline{t})\\&=-s\overline{t}\,\overline{z}-\overline{s}tz+s\overline{t}z+\overline{s}t\overline{z}\\&=(s\overline{t}-\overline{s}t)(z-\overline{z}) \qquad \cdots\cdots⑤\end{aligned}$$

である。ここで，②より，

$$z-\overline{z}=(\cos\beta+i\sin\beta)-(\cos\beta-i\sin\beta)=2i\sin\beta \quad \cdots\cdots⑥$$

である。また，③，④より，

$$\begin{aligned}s\overline{t}-\overline{s}t&=(c+dw)(\overline{b+aw})-(\overline{c+dw})(b+aw)\\&=(c+dw)(b+a\overline{w})-(c+d\overline{w})(b+aw)\\&\qquad(\because\ a,\ b,\ c,\ d\text{は実数})\\&=ac\overline{w}+bdw-acw-bd\overline{w}\\&=(ac-bd)(\overline{w}-w)\\&=(ac-bd)\{(-\cos\alpha-i\sin\alpha)-(-\cos\alpha+i\sin\alpha)\}\\&\qquad(\because\ ①\text{より})\\&=-2(ac-bd)i\sin\alpha \qquad \cdots\cdots⑦\end{aligned}$$

であるから，⑤，⑥，⑦より，

$$\begin{aligned}\mathrm{AS}^2-\mathrm{AS'}^2&=-2(ac-bd)i\sin\alpha\times 2i\sin\beta\\&=\boldsymbol{4(ac-bd)\sin\alpha\sin\beta}\end{aligned}$$

テーマ

60 複素数平面③

問題 60 ★★☆ 30 分

n を自然数とする。

(1) n 個の複素数 z_k $(k=1,\ 2,\ \cdots,\ n)$ が

$$0 \leqq \arg z_k \leqq \frac{\pi}{2}$$

をみたすならば，不等式

$$|z_1|^2+|z_2|^2+\ \cdots\ +|z_n|^2 \leqq |z_1+z_2+\ \cdots\ +z_n|^2$$

が成り立つことを示せ。

(2) n 個の実数 θ_k $(k=1,\ 2,\ \cdots,\ n)$ が

$$0 \leqq \theta_k \leqq \frac{\pi}{2} \text{ かつ } \cos\theta_1+\cos\theta_2+\ \cdots\ +\cos\theta_n=1$$

をみたすならば，不等式

$$\sqrt{n-1} \leqq \sin\theta_1+\sin\theta_2+\ \cdots\ +\sin\theta_n$$

が成り立つことを示せ。

（阪大・理系・04 前）

(1)で「$0 \leqq \arg z_k \leqq \frac{\pi}{2}$」とありますので，**3 極形式**かな？と思って，$k=1,\ 2,\ 3,\ \cdots,\ n$ に対して

$$z_k=r_k(\cos\theta_k+i\sin\theta_k) \quad \left(r_k>0,\ 0 \leqq \theta_k \leqq \frac{\pi}{2}\right)$$

とおくと，左辺の

$$|z_1|^2+|z_2|^2+\ \cdots\ +|z_n|^2=r_1{}^2+r_2{}^2+\ \cdots\ +r_n{}^2$$

はよいのですが，右辺の

> 0 は偏角が定義されていません。本問は $\arg z_k$ が定義されていますので，$z_k \neq 0$ で考えます。

$$\begin{aligned}|z_1+z_2+\ \cdots\ +z_n|^2 &= |r_1(\cos\theta_1+i\sin\theta_1) \\ &\quad +r_2(\cos\theta_2+i\sin\theta_2) \\ &\quad\ \vdots \\ &\quad +r_n(\cos\theta_n+i\sin\theta_n)|^2 \\ &= |(r_1\cos\theta_1+r_2\cos\theta_2+\ \cdots\ +r_n\cos\theta_n) \\ &\quad +i(r_1\sin\theta_1+r_2\sin\theta_2+\ \cdots\ +r_n\sin\theta_n)|^2 \\ &= (r_1\cos\theta_1+r_2\cos\theta_2+\ \cdots\ +r_n\cos\theta_n)^2 \\ &\quad +(r_1\sin\theta_1+r_2\sin\theta_2+\ \cdots\ +r_n\sin\theta_n)^2 \quad \cdots\cdots ⓐ\end{aligned}$$

> $|a+bi|^2 = a^2+b^2$

が，ちょっと苦しいです。

1 $\boldsymbol{z=x+yi}$　でやってみましょうか。

$$z_k=x_k+y_ki \quad (k=1,\ 2,\ \cdots,\ n)$$

とおくと，$0\leqq \arg z_k \leqq \dfrac{\pi}{2}$ より

$$x_k\geqq 0,\ y_k\geqq 0 \quad (k=1,\ 2,\ \cdots,\ n)$$

ですね。

左辺は

$$|z_1|^2+|z_2|^2+\cdots+|z_n|^2=(x_1{}^2+y_1{}^2)+(x_2{}^2+y_2{}^2)+\cdots+(x_n{}^2+y_n{}^2) \quad \cdots\cdots ⓑ$$

となり，右辺は

$$|z_1+z_2+\cdots+z_n|^2=|(x_1+x_2+\cdots+x_n)+(y_1+y_2+\cdots+y_n)i|^2$$
$$=(x_1+x_2+\cdots+x_n)^2+(y_1+y_2+\cdots+y_n)^2 \quad \cdots\cdots ⓒ$$

となります。ここで

$$(a+b)^2=a^2+b^2+2ab$$
$$(a+b+c)^2=a^2+b^2+c^2+2ab+2bc+2ca$$

は，以下同様につづきますから，ⓒは

$$|z_1+z_2+\cdots+z_n|^2$$
$$=x_1{}^2+x_2{}^2+\cdots+x_n{}^2+2(x_1x_2+x_1x_3+\cdots+x_{n-1}x_n)$$
$$+y_1{}^2+y_2{}^2+\cdots+y_n{}^2+2(y_1y_2+y_1y_3+\cdots+y_{n-1}y_n)$$
$$=|z_1|^2+|z_2|^2+\cdots+|z_n|^2+2(\quad)+2(\quad)$$
$$\geqq |z_1|^2+|z_2|^2+\cdots+|z_n|^2$$

となり，できました！

計画　じゃあ(2)ですが，おそらく(1)を利用しますので，「(1)の z_k をどうおくか？」が勝負です。でも，まあ，$\cos\theta_k$ や $\sin\theta_k$ が条件や証明の目標の式に入ってますから，(1)では失敗した **3 極形式** でしょう。**理解** のⓐです。(1)では苦しかったですが，条件の

$$\cos\theta_1+\cos\theta_2+\cdots+\cos\theta_n=1 \quad \cdots\cdots ⓓ$$

や，**目標** の

目標
$$\sqrt{n-1}\leqq \sin\theta_1+\sin\theta_2+\cdots+\sin\theta_n$$

を見ますと

$$r_1 = r_2 = \cdots = r_n = 1$$

が思いつきます。

$$z_k = \cos\theta_k + i\sin\theta_k \quad (k = 1,\ 2,\ \cdots,\ n)$$

としますと，(1)の左辺は

$$\begin{aligned}|z_1|^2 + |z_2|^2 + \cdots + |z_n|^2 &= 1^2 + 1^2 + \cdots + 1^2 \\ &= n \qquad \cdots\cdots ⓔ\end{aligned}$$

(1)の右辺は，ⓐで $r_1 = r_2 = \cdots = r_n = 1$ として

$$\begin{aligned}&|z_1 + z_2 + \cdots + z_n|^2 \\ &= (\cos\theta_1 + \cos\theta_2 + \cdots + \cos\theta_n)^2 + (\sin\theta_1 + \sin\theta_2 + \cdots + \sin\theta_n)^2 \\ &= 1 + (\sin\theta_1 + \sin\theta_2 + \cdots + \sin\theta_n)^2 \qquad \cdots\cdots ⓕ\end{aligned}$$

ということで，(1)の結果にⓔ，ⓕを入れると

$$n \leqq 1 + (\sin\theta_1 + \sin\theta_2 + \cdots + \sin\theta_n)^2$$

$$n - 1 \leqq (\sin\theta_1 + \sin\theta_2 + \cdots + \sin\theta_n)^2$$

$0 \leqq \theta_k \leqq \dfrac{\pi}{2}$ より，$\sin\theta_k \geqq 0$ ですから，両辺の平方根をとって

$$\sqrt{n-1} \leqq \sin\theta_1 + \sin\theta_2 + \cdots + \sin\theta_n$$

できました！

実行

(1) $0 \leqq \arg z_k \leqq \dfrac{\pi}{2}$ より，

$$z_k = x_k + y_k i \quad (x_k \geqq 0,\ y_k \geqq 0) \quad (k = 1,\ 2,\ \cdots,\ n)$$

とおける。このとき，

$$\begin{aligned}&|z_1 + z_2 + \cdots + z_n|^2 - (|z_1|^2 + |z_2|^2 + \cdots + |z_n|^2) \\ &= |(x_1 + x_2 + \cdots + x_n) + (y_1 + y_2 + \cdots + y_n)i|^2 \\ &\qquad - (x_1^2 + y_1^2) - (x_2^2 + y_2^2) - \cdots - (x_n^2 + y_n^2) \\ &= (x_1 + x_2 + \cdots + x_n)^2 + (y_1 + y_2 + \cdots + y_n)^2 \\ &\qquad - (x_1^2 + x_2^2 + \cdots + x_n^2 + y_1^2 + y_2^2 + \cdots + y_n^2) \\ &= 2(x_1x_2 + x_1x_3 + \cdots + x_{n-1}x_n + y_1y_2 + y_1y_3 + \cdots + y_{n-1}y_n) \\ &\geqq 0\end{aligned}$$

であるから，

$$|z_1|^2 + |z_2|^2 + \cdots + |z_n|^2 \leqq |z_1 + z_2 + \cdots + z_n|^2$$

が成り立つ。

（証明おわり）

(2) $0 \leqq \theta_k \leqq \dfrac{\pi}{2} \quad (k=1,\ 2,\ 3,\ \cdots,\ n)$ ……①

$\cos\theta_1+\cos\theta_2+\cdots+\cos\theta_n=1$ ……②

①より，(1)の結果において，

$$z_k=\cos\theta_k+i\sin\theta_k \quad (k=1,\ 2,\ 3,\ \cdots,\ n)$$

とおくことができて，

$$1^2+1^2+\cdots+1^2 \leqq |(\cos\theta_1+\cos\theta_2+\cdots+\cos\theta_n)$$
$$+i(\sin\theta_1+\sin\theta_2+\cdots+\sin\theta_n)|^2$$
$$n \leqq (\cos\theta_1+\cos\theta_2+\cdots+\cos\theta_n)^2$$
$$+(\sin\theta_1+\sin\theta_2+\cdots+\sin\theta_n)^2$$

が成り立つ。

よって，②より，

$$n-1 \leqq (\sin\theta_1+\sin\theta_2+\cdots+\sin\theta_n)^2$$

であり，①より $\sin\theta_1+\sin\theta_2+\cdots+\sin\theta_n \geqq 0$ であるから，

$$\sqrt{n-1} \leqq \sin\theta_1+\sin\theta_2+\cdots+\sin\theta_n$$

（証明おわり）

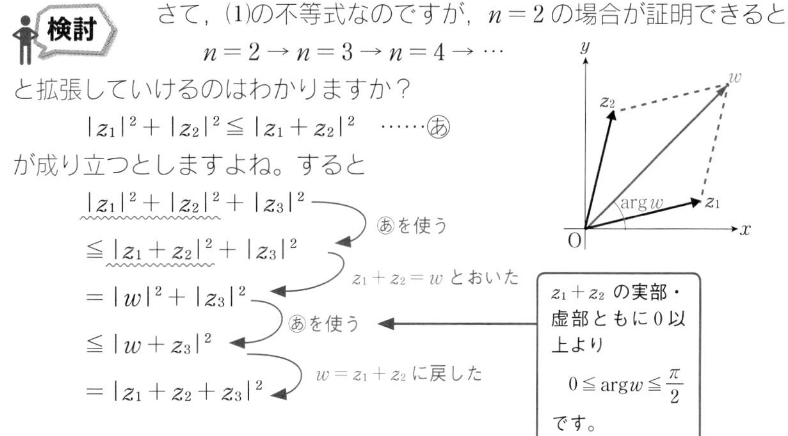

さて，(1)の不等式なのですが，$n=2$ の場合が証明できると

$$n=2 \to n=3 \to n=4 \to \cdots$$

と拡張していけるのはわかりますか？

$$|z_1|^2+|z_2|^2 \leqq |z_1+z_2|^2 \quad \cdots\cdots あ$$

が成り立つとしますよね。すると

$$|z_1|^2+|z_2|^2+|z_3|^2$$
$$\leqq |z_1+z_2|^2+|z_3|^2$$
$$=|w|^2+|z_3|^2$$
$$\leqq |w+z_3|^2$$
$$=|z_1+z_2+z_3|^2$$

ね，これで，どんどん拡張していけば一般の n の場合になるでしょ。

この証明法は「三角不等式」の拡張のときに使われるのが有名で

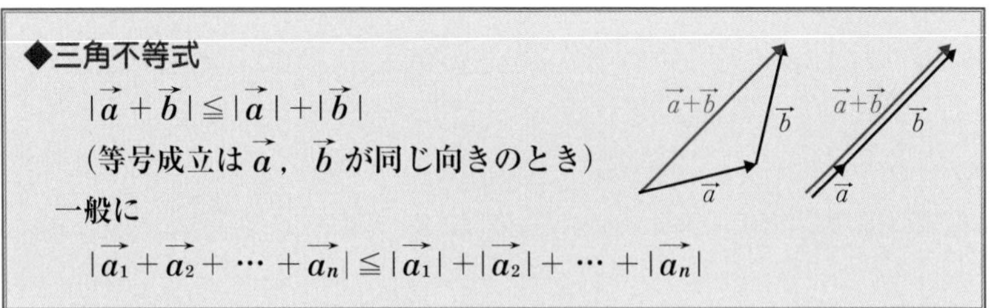

◆三角不等式

$|\vec{a}+\vec{b}| \leqq |\vec{a}|+|\vec{b}|$

(等号成立は $\vec{a}$，$\vec{b}$ が同じ向きのとき)

一般に

$|\vec{a_1}+\vec{a_2}+\cdots+\vec{a_n}| \leqq |\vec{a_1}|+|\vec{a_2}|+\cdots+|\vec{a_n}|$

$n=2$ の場合は図形的に説明してもよいですし，$\vec{a}$ と $\vec{b}$ のなす角を θ とすれば

$$\begin{aligned}(|\vec{a}|+|\vec{b}|)^2-|\vec{a}+\vec{b}|^2 &= |\vec{a}|^2+2|\vec{a}||\vec{b}|+|\vec{b}|^2-(|\vec{a}|^2+2\vec{a}\cdot\vec{b}+|\vec{b}|^2)\\ &= 2|\vec{a}||\vec{b}|(1-\cos\theta)\\ &\geqq 0 \quad (\text{これは }\vec{a}=\vec{0},\ \vec{b}=\vec{0}\text{ のときも成り立つ})\end{aligned}$$

で，すぐに証明できます。で，一般の場合は

$$\begin{aligned}&|\vec{a_1}+\vec{a_2}+\vec{a_3}+\cdots+\vec{a_n}|\\ \leqq\ &|\vec{a_1}|+|\vec{a_2}+\vec{a_3}+\cdots+\vec{a_n}|\\ \leqq\ &|\vec{a_1}|+|\vec{a_2}|+|\vec{a_3}+\cdots+\vec{a_n}|\\ &\qquad\vdots\\ \leqq\ &|\vec{a_1}|+|\vec{a_2}|+|\vec{a_3}|+\cdots+|\vec{a_n}|\end{aligned}$$

$\vec{b_1}=\vec{a_2}+\vec{a_3}+\cdots+\vec{a_n}$ とすれば $|\vec{a_1}+\vec{b_1}| \leqq |\vec{a_1}|+|\vec{b_1}|$

$\vec{b_2}=\vec{a_3}+\cdots+\vec{a_n}$ とすれば $|\vec{a_2}+\vec{b_2}| \leqq |\vec{a_2}|+|\vec{b_2}|$

と，1つずつ拡張していくんです。

これで，(1)の別解を作ってみましょうか。ついでに，**2 $\bar{z}$ 利用**，**3 極形式** も使って総復習にします。

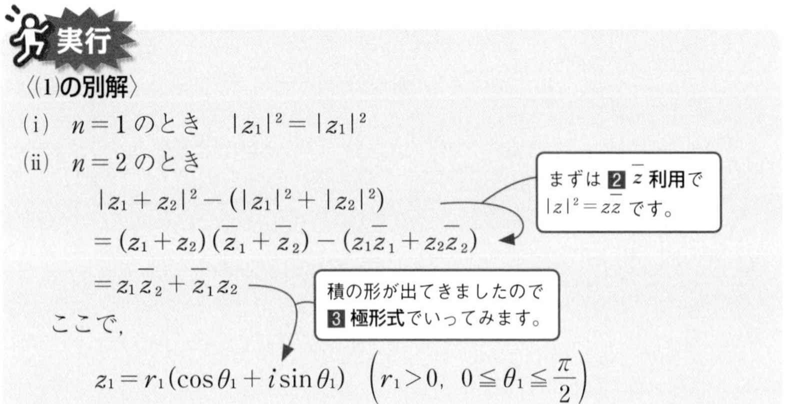

実行

〈(1)の別解〉

(i) $n=1$ のとき　$|z_1|^2=|z_1|^2$

(ii) $n=2$ のとき

$$\begin{aligned}&|z_1+z_2|^2-(|z_1|^2+|z_2|^2)\\ &=(z_1+z_2)(\overline{z}_1+\overline{z}_2)-(z_1\overline{z}_1+z_2\overline{z}_2)\\ &=z_1\overline{z}_2+\overline{z}_1z_2\end{aligned}$$

まずは **2 $\bar{z}$ 利用**で $|z|^2=z\bar{z}$ です。

積の形が出てきましたので **3 極形式**でいってみます。

ここで，

$$z_1=r_1(\cos\theta_1+i\sin\theta_1)\quad \left(r_1>0,\ 0\leqq\theta_1\leqq\frac{\pi}{2}\right)$$

$$z_2 = r_2(\cos\theta_2 + i\sin\theta_2) \quad \left(r_2 > 0,\ 0 \leqq \theta_2 \leqq \frac{\pi}{2}\right)$$

とおくと，

$$\begin{aligned} z_1\overline{z_2} + \overline{z_1}z_2 &= r_1(\cos\theta_1 + i\sin\theta_1) \cdot r_2(\cos\theta_2 - i\sin\theta_2) \\ &\quad + r_1(\cos\theta_1 - i\sin\theta_1) \cdot r_2(\cos\theta_2 + i\sin\theta_2) \\ &= 2r_1r_2(\cos\theta_1\cos\theta_2 + \sin\theta_1\sin\theta_2) \\ &= 2r_1r_2\cos(\theta_1 - \theta_2) \end{aligned}$$

加法定理！

お！　キレイになりました。

$r_1 > 0$，$r_2 > 0$ であり，$-\frac{\pi}{2} \leqq \theta_1 - \theta_2 \leqq \frac{\pi}{2}$ より

$\cos(\theta_1 - \theta_2) \geqq 0$ であるから，

$$\begin{aligned} &|z_1 + z_2|^2 - (|z_1|^2 + |z_2|^2) \\ &= z_1\overline{z_2} + \overline{z_1}z_2 \\ &= 2r_1r_2\cos(\theta_1 - \theta_2) \\ &\geqq 0 \end{aligned}$$

よって，

$$|z_1|^2 + |z_2|^2 \leqq |z_1 + z_2|^2 \quad \cdots\cdots ①$$

「(ii) $n = 2$ のとき」は
1 $\boldsymbol{z = x + yi}$ **とおく**
でもイケます。
$z_1 = a + bi$，$z_2 = c + di$
$(a,\ b,\ c,\ d \geqq 0)$
とおけて
$|z_1 + z_2|^2 - (|z_1|^2 + |z_2|^2)$
$= \cdots\cdots$
$= 2(ac + bd)$
$\geqq 0$
となります。

(iii)　$n \geqq 3$ のとき

$$\begin{aligned} &|z_1|^2 + |z_2|^2 + |z_3|^2 + \cdots + |z_n|^2 \\ &\leqq |z_1 + z_2|^2 + |z_3|^2 + \cdots + |z_n|^2 \quad (\because\ ①) \\ &\leqq |z_1 + z_2 + z_3|^2 + \cdots + |z_n|^2 \end{aligned}$$

$$\left(\begin{aligned} &\because\quad z_1 + z_2 \text{ の実部・虚部は 0 以上より} \\ &\qquad\qquad 0 \leqq \arg(z_1 + z_2) \leqq \frac{\pi}{2} \end{aligned}\right)$$

$$\vdots$$

$$\leqq |z_1 + z_2 + \cdots + z_n|^2$$

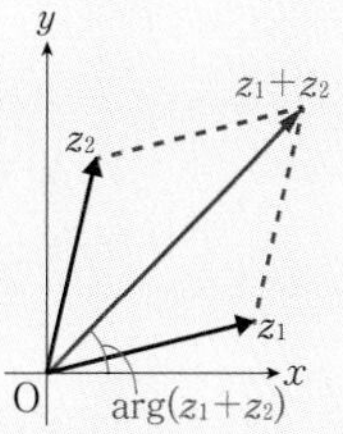

以上(i)，(ii)，(iii)より，すべての自然数 n について，

$$|z_1|^2 + |z_2|^2 + \cdots + |z_n|^2 \leqq |z_1 + z_2 + \cdots + z_n|^2$$

（証明おわり）

【真相】共通テストでコケんなよ！

阪大理系受験者を見ていて毎年感じるのが，「共通テストの数学でコケる人が意外に多い！」ということです。僕の所属する予備校で見せてもらったデータによると，阪大文系の受験者は，ちゃんと共通テストの数学で高得点を取っているんです。たとえコケたとしても，数学①と数学②の一方だけなんですが，なぜか阪大理系受験者は両方ともコケる人がかなりいるんです。2022 年度の共通テストは，ご存知のように，史上最低の平均点でしたので例外として，その以前の散布図はだいたいこんなカンジでした。

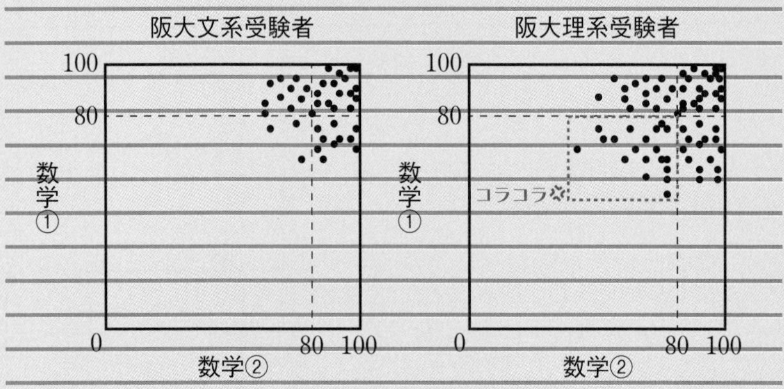

二次試験の難しい問題の対策をやり過ぎて，共通テストレベルの問題に合わせられなくなるのか，それとも単にナメているのか…原因はわからないのですが，とにかくコケる人が多い印象です。数学でコケて動揺し，あとの試験でも失敗してしまったりしたら，もう大変です。

共通テストで失敗すると，阪大をあきらめて神戸大や大阪公立大に受験校を変える人がいますが，むしろ共通テストの配点が高くなったりして，より危険になっている場合もあります。神戸大や大阪公立大をナメてはいけません。どちらも名門で，ここを第一志望に頑張ってきた受験者がたくさんいるんです。

逆に，「はじめに」でも述べましたが，他の科目も合わせて，共通テストでしっかり点が取れれば，二次試験は 5 割，数学だけで言うなら 4 割程度でも受かります。僕が聞いた最低記録は 2013 年で，$\sin x/x \to 1$ の証明が出た年ですが，これが解けず，第 2 問「不等式 $1 \leqq ||x|-2|+||y|-2| \leqq 3$ の表す領域を xy 平面上に図示せよ。」だけを 1 時間かけて解いただけで合格した人がいます。もちろん他の科目がちゃんと取れたからでしょうけどね。

数学を含めて共通テスト対策はしっかりやりましょう！

おわりに

高校生のときに通っていた塾の先生(京大理学部数学科の大学生)が,「阪大は受かる気がせんかった」とおっしゃっていました。僕も京大に合格したとき,その年の阪大の問題を見てみたのですが,「うわぁ,これは無理」と思いました。

今見ると,京大の数学は「理解」に重点がおかれた問題が多く,阪大の数学は「理解」はもとより「計画」にも重点がおかれた問題が多いかなという印象があります。どちらも「解答用紙に答案を書き始める前の思考のプロセス」が大切にされているのですが,当時はそこまで分からず,単に「これはしんどいなぁ」と思っただけでした。

阪大の数学は,本書で見てきましたように,「明確な意図や意識」を持って入試問題が作られている数少ない大学のひとつです。「理解」と「計画」のところで,問題の構造を詳細に分析することが求められています。また,その試験に耐え得る受験生が集まる全国屈指の名門大学です。阪大生はそれを乗り越えた人達ですから,そりゃあ優秀ですし,当然OBの方々も優秀です。僕は大手予備校の関西地区に所属していますので,まわりには阪大出身の優秀な先生がたくさんおられます。あ,この本をチェックしていただいた西浦先生,引野先生も阪大の数学科出身です。マジで賢いです。

あなたがこの難関を乗り越えて阪大生となり,

充実した大学生活が送れることを祈ります!

池谷　哲（いけや　さとし）
駿台予備学校、河合塾数学科講師。テキスト作成、模試作成も担当している。京都教育大学附属高校から２年間の浪人生活を経て京大に合格した苦労人。京大工学部卒、同大学院修了。人工知能の研究者になりたかったが挫折。予備校講師の世界に身を投じる。
「理解」「計画」を重視し、授業ではまず問題のどこに着目するか、どのように切り崩していくかを“下書き”する。そして解答の大筋が見えてから、あらためて解答を作成するスタイル。思考過程や解答作成において飛躍のない丁寧な授業を心掛けている。本人は普通にしゃべっているつもりだが、落語好きのためか、学生から「落語家さんのようなしゃべり方」と言われることも少なくない（ちょっとうれしい）。
著書に、『改訂第２版　世界一わかりやすい　京大の理系数学　合格講座』『改訂版　世界一わかりやすい　京大の文系数学　合格講座』（以上、KADOKAWA）などがある。

改訂版　世界一わかりやすい　阪大の理系数学　合格講座
人気大学過去問シリーズ

2022年12月９日　初版発行
2024年９月10日　３版発行

著者／池谷 哲

発行者／山下 直久

発行／株式会社KADOKAWA
〒102-8177　東京都千代田区富士見2-13-3
電話　0570-002-301（ナビダイヤル）

印刷所／株式会社加藤文明社印刷所

●お問い合わせ
https://www.kadokawa.co.jp/（「お問い合わせ」へお進みください）
※内容によっては、お答えできない場合があります。
※サポートは日本国内のみとさせていただきます。
※Japanese text only

定価はカバーに表示してあります。

ISBN 978-4-04-605628-3　C7041